高等学校教材

内燃机构造与原理

（第二版）

中南大学　李飞鹏　主编
西南交通大学　沈权　主审

中国铁道出版社有限公司
2019年·北京

(京)新登字 063 号

内 容 简 介

本书以工程机械和汽车用高速内燃机为主，较详细地介绍了现代内燃机的结构与基本工作原理。全书共分十三章，内容包括：内燃机工作过程的基本原理、性能指标、内燃机各机构和系统的结构与工作原理、内燃机特性、增压技术及内燃机试验等，特别是针对现代内燃机上日益广泛采用的电控燃油喷射、电子点火系统、内燃机排放及其控制等内容作了较详细的介绍。

本书为高等学校机械设计制造及其自动化专业（如起重运输与工程机械方向）本科生教材，也可作为其他非动力类专业（如筑路机械、矿山机械、港口工程机械、军用机械等）的教学用书，亦可供有关工程技术人员及使用维修人员参考。

图书在版编目(CIP)数据

内燃机构造与原理/李飞鹏编著．—2 版．—北京：中国铁道出版社，2002.10（2019.8 重印）
ISBN 978-7-113-04971-3

Ⅰ．内… Ⅱ．李… Ⅲ．①内燃机—构造②内燃机—理论 Ⅳ．TK40

中国版本图书馆 CIP 数据核字（2002）第 074168 号

书　　名：内燃机构造与原理（第二版）
作　　者：李飞鹏
出版发行：中国铁道出版社有限公司（100054，北京市西城区右安门西街 8 号）
责任编辑：程东海
封面设计：马　利
印　　刷：三河市航远印刷有限公司
开　　本：787×1092　1/16　**印张：**21.25　**字数：**532 千
版　　本：1992 年 4 月第 1 版　　2003 年 2 月第 2 版　　2019 年 8 月第 8 次印刷
印　　数：19 001～20 000 册
书　　号：ISBN 978-7-113-04971-3
定　　价：45.00 元

第二版前言

本书是在1992年出版的《内燃机构造与原理》(长沙铁道学院李飞鹏主编)教材的基础上修订的。在此期间,内燃机工业有了很大的发展,一些新技术的采用使内燃机性能有了较大的提高。为了保持本书的特色,既要反映内燃机领域新的成果和技术发展方向,又要适应专业拓宽的需要,根据原铁路高等工科院校机械类专业教学指导委员会的意见,对原教材进行必要的修订。

在本书编写过程中,我们对原教材的内容进行了精选,删除了部分较陈旧的内容,充实了一些新的内容,力图反映内燃机的技术发展趋势。在突出工程机械和汽车用高速内燃机时,仍将构造与原理有机地融合起来,贯彻"少而精"的原则。

本书主要作为高等学校机械设计制造及其自动化专业(如起重运输与工程机械方向)本科生教材,也可作为其他非动力类专业(如筑路机械、矿山机械、港口工程机械、军用机械等)的教学用书。

本书由中南大学铁道学院(原长沙铁道学院)李飞鹏教授主编,西南交通大学沈权教授主审。参加本书编写工作的有:中南大学铁道学院李飞鹏教授(第一章第一、四节,第二、八、九、十二章及第三章第一至三节,第六章第一至十节);石家庄铁道学院蒋林章副教授(第一章第二、三节,第五章第一至七节及第十章第一节);湖南交通职业技术学院王定祥副教授(第三章第四至六节,第四章);中南大学铁道学院钟建国高级工程师(第五章第八节,第六章第十一节,第七章);石家庄铁道学院郑明军讲师(第十章第二、三节);西南交通大学沈权教授(第十一、十三章)。

在本书编写过程中,我们参考或引用了国内有关工厂、科研单位的技术资料和部分学者的文献资料、教材,在此对这些著作的作者表示衷心的感谢。

由于我们水平所限,书中难免有不妥或错误之处,恳请读者批评指正。

编　者

2002年7月

第一版前言

本教材是在1981年出版的《内燃机构造与原理》(长沙铁道学院主编)试用教材的基础上修订的。原试用教材分上、下两册出版,选材符合当时的教学需要,在教学工作中起到了积极作用。但随着科学技术的发展和教学改革的深入,原试用教材的内容和教材的体系已不能适应新的需要,根据铁道部高等学校起重运输与工程机械专业教学指导委员会的意见,对原试用教材进行必要的修订。

由于教学时数的减少,因此,对原试用教材的内容进行了精选,调整了内容的结构,删除了一些比较陈旧的内容,使修订后的教材更适应新的教学需要。修订后,将上、下两册合并为一册出版。与原试用教材相比较,本书在突出工程机械和汽车用高速内燃机时,将构造与原理有机地融合起来,合并了章节,由原书二十一章合并成十二章;根据国家有关规定,教材中采用了国家法定计量单位,名词术语与国家标准(GB1883-80)一致。

本教材适用于起重运输与工程机械专业,讲授70学时左右,也可作为建筑机械、矿山机械、筑路机械、港口工程机械等专业的教学用书。

本书由长沙铁道学院李飞鹏主编,西南交通大学沈权主审。参加本书修订工作的有:长沙铁道学院李飞鹏(第一章第一节、第二、六、九章及第三章第一至三节、第八章第一至五节),长沙铁道学院谢逢申(第一章四、五节、第四章及第三章第四至第六节、第八章第六、七节),石家庄铁道学院蒋林章(第一章第二、三节、第五、十章),长沙铁道学院孙绵光(第七章),西南交通大学沈权(第十一章),西南交通大学陈玉华(第十二章)。

本书在修订过程中,曾得到原石家庄铁道学院赵位西同志的热情帮助,认真审阅书稿,并参加了审稿会,对本书的修订做了很多工作。华北水利水电学院周林森、上海铁道学院傅国强、工程兵工程学院胡东朝等兄弟院校的代表参加了审稿会,并提出了很多宝贵的意见。长沙铁道学院张荣华等同志对本书的修订工作给予了热情帮助,在此一并致以谢意。

编　者

1990年11月

目　　录

第一章　内燃机的总体构造与基本工作原理

第一节　概　　述

内燃机是发动机的一种。发动机是把某种形式的能转变为机械功的机器。将燃料中的化学能经过燃烧过程转变为热能，并通过一定的机构使之再转化为机械功的发动机称为热力发动机(简称热机)。如燃料的燃烧是在产生动力的空间(通常就是气缸)中进行的，这种热机就称为内燃机。内燃机根据活塞的运动方式可分为往复活塞式和旋转活塞式两种。汽车和工程机械多以往复活塞式内燃机为动力，本书所说的内燃机(或发动机)即指此种内燃机而言。

一、内燃机的分类

内燃机的分类方法很多，但常用的有按燃料、用途、着火方式、气缸布置形式进行分类。

1. 按燃料分，有汽油机、柴油机、煤气机、气体燃料及多种燃料发动机等。

2. 按着火方式分，有压缩着火(压燃式)和强制点火(点燃式)两类。

3. 按冷却方式分，有水冷式和风冷式两种。汽车和工程机械用内燃机多数是水冷式的。

4. 按工作循环所需行程数及进气状态分，按照完成一个工作循环(工作循环指把热能转变为机械功的一系列连续过程)所需的行程数来分，有四冲程内燃机和二冲程内燃机，汽车和工程机械用内燃机多为四冲程内燃机；按照进气状态分类，内燃机又有非增压式和增压式之分。

5. 按气缸布置形式分，有直列式、V形、卧式、对置式等，如图1—1所示。

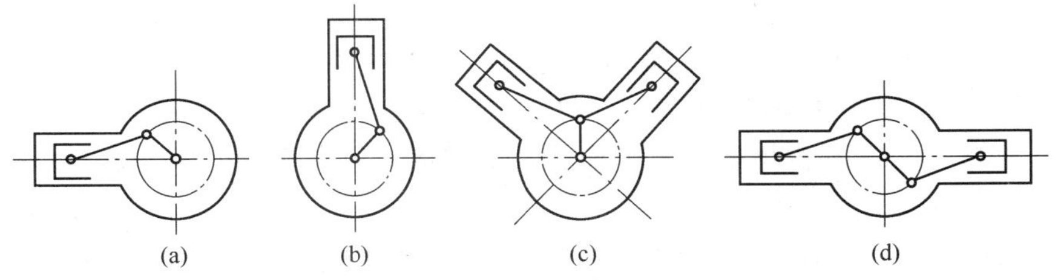

图1—1　气缸布置形式

(a)卧式；(b)直列式；(c)V形；(d)对置式。

6. 按用途分，可分为汽车用、工程机械用、农用、拖拉机用、发电用、机车用、船舶用、摩托车用、坦克用等内燃机。

7. 其他，除以上方式分类外，还可按转速来分，有高速、中速和低速等几种；按气缸数来分有单缸、双缸、多缸内燃机。

二、内燃机的优缺点

与其他热机相比，内燃机的优点是：

1. 热效率高。热效率高，即燃油消耗率低，经济性好，尤其是柴油机，它是热效率最高的热机，最高有效热效率已达46%。

2. 功率范围广。单机功率可从零点几千瓦到上万千瓦，故适用范围大。

3. 结构紧凑、质量轻、比质量*较小、便于移动。

4. 起动迅速、操作简便，并能在起动后很快达到全负荷运行。

缺点是：

1. 对燃料要求较高。高速内燃机一般使用汽油或轻柴油作燃料，并且对燃料的清洁度要求严格。在气缸内部难以使用固体燃料或劣质燃料。

2. 排气污染和噪声引起公害。由于内燃机已广泛地应用在国民经济的各个领域中，其产量和保有量极大，对环境的污染也越来越严重。

3. 结构较复杂，零部件加工精度要求较高。

三、内燃机的应用范围

内燃机的应用范围非常广泛。地面上各种运输车辆（汽车、拖拉机、内燃机车等），矿山、石油、建筑及工程等机械，农业机械、林业机械和发电站等方面大量使用内燃机为动力。水上运输可作内河及海上船舶的主机和辅机。在航空方面，一些小型民用飞机还采用内燃机作动力。

内燃机还广泛使用在军事装备上，如坦克、装甲车、步兵战车、重武器牵引车以及各种水面舰艇及潜水艇等方面都大量使用内燃机。

四、内燃机的发展趋势

近几十年来，基于提高内燃机的动力性、经济性和降低排放及噪声的要求，许多国家和内燃机厂商、科研机构投入了大量的人力、物力进行新技术的研究与开发，特别是电子技术的应用与发展，使内燃机获得了新的发展。

（一）内燃机性能指标的发展

1. 强化程度不断提高。提高内燃机的强化程度，使之在有限的气缸工作容积条件下提高内燃机的功率始终是其发展的目标。提高强化程度系指提高平均有效压力和活塞平均速度。采用增压技术来提高平均有效压力是提高内燃机功率的主要手段。

2. 降低燃油消耗率、提高经济性。由于内燃机的燃油消耗占其运行成本的绝大部分，因此，降低燃油消耗率历来是内燃机技术进步的主要目标。用提高热效率和降低内燃机的摩擦损失等措施来降低燃油消耗率。

3. 提高内燃机的可靠性和耐久性。由于内燃机的任何故障停车或事故都会使用户遭受经济损失，并损坏企业声誉，因而内燃机企业对其产品可靠性极为重视，某种程度上它已成为产品市场竞争的首要因素。国外许多高速柴油机企业可保证其产品在使用后的1 000～2 500 h内无任何故障，个别企业甚至可保证无故障期为5 000 h。我国内燃机产品与国外相比还存在着差距，有待于改进以适应国际市场竞争的需要。

内燃机产品的耐久性影响其利用率。表征耐久性的指标是大修期。内燃机的大修已不再是以气缸内壁或曲轴是否达到磨损极限为依据，现在认为内燃机需全面解体即为大修。常以压缩压力下降到一定值（2.2～2.7 MPa）或各缸压力差增大到一定值（0.3 MPa）即认为应当大修。可以肯定，内燃机的耐久性水平将不断提高。

---

* 比质量是内燃机整机质量与其标定功率的比值。

4. 降低废气中有害排放和噪声。随着工业的发展，环境污染日益严重，在众多的污染源中内燃机有害排放占了很大部分。为此，世界各国都相继制定了严格的排放法规以限制内燃机废气有害排放。内燃机的有害排放物包括 CO、HC、NO_x、SO_2 和微粒等，其中以 NO_x 和微粒最难消除，因而成为内燃机排放研究的重点和主攻方向。

噪声有害于健康，也是一种环境污染。车辆和工程机械是污染环境的主要噪声源之一。汽车及工程机械的噪声主要来自发动机，应予以减轻和消除。

（二）内燃机技术的发展动向

1. 电子技术的应用。以微型计算机为中心的电子技术，在内燃机产品设计研究、测试、制造方面均已普遍应用，计算机辅助设计（CAD）、计算机辅助制造（CAM）、计算机辅助测试（CAT）、计算机辅助工艺设计（CAPP）技术发展迅速。为满足内燃机日益苛刻的排放法规和经济性及动力性要求，电控汽油机已得到迅速发展。汽油机采用电控燃油喷射避免了化油器喉口处的流动损失，保证了燃油量的精确控制，使输出功率提高。电控点火定时和爆燃控制可使汽油机在不产生爆燃的条件下最大限度地提高发动机的扭矩和功率，保证发动机在各种转速和负荷下实现最佳控制，现代汽油机已广泛采用这一技术。

柴油机采用电控技术可优化控制喷油规律及喷油量，控制预混合燃烧和扩散燃烧部分的燃油量，提高柴油机的功率，降低柴油机的噪声。在主喷射前进行预喷射可有效降低 NO_x 和噪声。

废气再循环（EGR）是汽油机和柴油机降低 NO_x 排放的有效措施，但过量的 EGR 会导致燃烧恶化。电控 EGR 可保证在各种工况下实现最佳的 EGR 率。

由于电子技术的应用与发展，使内燃机从传统的机械产品进入到机电一体化技术密集型产品。

2. 采用增压技术。增压技术尤其是增压中冷技术，一直被视作提高发动机动力性能、经济性能和降低排放的有效措施。过去增压技术较多地用在中、大缸径的柴油机上，近年来在小缸径直喷柴油机上也采用了增压。汽油机增压主要受到爆燃的限制，随着汽油机抗爆燃技术的提高，汽油机增压技术将得到较大发展。过去汽油机增压主要作为高原恢复功率的手段，目前已出现了一批高性能的涡轮增压汽油机。

3. 汽油机稀燃-速燃技术。稀燃可提高汽油机经济性和降低排放，提高压缩比，但汽油机燃用稀混合气会降低火焰传播速度和燃烧速率，因此，组织快速燃烧是组织好稀燃的关键因素。稀燃-速燃可通过采用紧凑型燃烧室，组织燃烧室内较强的涡流、挤流、滚流和湍流来实现。另外，使用高能点火系统可保证可燃混合气正常点燃，确保稀燃系统稳定燃烧，降低燃烧循环变动。

4. 汽油机缸内喷射分层燃烧技术。汽油机缸内喷射分层燃烧系统中，由于燃油是在压缩终了时喷入缸内，终燃混合气又是稀混合气，从而可以采用高压缩比（11.5～12），加之功率调节采用变质调节，从而可得到接近于柴油机的热效率。其发动机的功率和扭矩都有所提高，燃油消耗率下降。

5. 柴油机采用直喷式燃烧系统。直喷式燃烧系统比间喷式燃烧系统的热效率可提高10%～15%，是提高柴油机经济性的有效措施。随着燃烧系统和喷油系统技术的不断完善，小缸径柴油机直喷化已成为柴油机发展的一个显著特点。

6. 提高柴油机燃油喷射压力。高压喷射也是现代柴油机发展的一个趋势，其喷油压力目前已达 120～150 MPa。

7. 排气后处理技术。汽油机三效催化转化器仍是降低排放的主要方法，富氧条件下三效催化转化器的研究与开发会使汽油机稀燃、层燃系统有望取得更大的发展，也可使柴油机实现

CO、HC 及 NO_x 的同时净化。氧化催化器和水洗涤净化器在柴油机上已取得了一定的应用，再生性微粒净化装置的寿命和再生能力将获得进一步的提高，并将主要用于消除柴油机的微粒排放。

8. 采用代用燃料。20 世纪 80 年代以来，随着石油资源的逐渐枯竭，世界各国都加紧研究和开发内燃机的各种代用燃料。其中醇类、植物油和氢是较有希望的代用燃料。气体燃料曾是内燃机的主要燃料。由于气体燃料的能量密度小(单位体积热值低)且储运不便，致使液体燃料逐步取代了气体燃料。近年来，随着石油资源的逐渐枯竭，特别是随着对内燃机排放要求的日益严格，气体燃料在内燃机上的使用又进入了一个新的发展时期。

目前，在内燃机上使用的气体燃料有天然气、液化石油气、沼气、焦炉煤气、高炉煤气等，其中以压缩天然气(CNG)和液化石油气(LPG)为主。CNG 及 LPG 发动机的最大优点是燃料费用及污染物排放低，对降低汽车所造成的环境污染十分有利，比较适宜于在城市公交车辆、出租车和对环境保护要求严格的地区(如旅游风景区)推广使用。

我国在"十五"期间将推广使用车用乙醇汽油。这种乙醇汽油是在汽油中掺入 10%的乙醇制成，它对发动机的动力性能影响不大，能使 CO 排放下降 30%，HC 排放也有所降低。

五、工程机械用柴油机的特点和要求

工程机械的种类繁多，大多数都采用柴油机作为动力。各种工程机械的负荷变化情况各异。而不同的地区、气候条件差异极大，故其使用环境可能十分恶劣，经常会遇到风沙、泥泞、日晒、雨淋等，其主要特点和要求如下：

1. 工程机械功率范围十分宽广，其功率标定与作业负荷变化、最大负荷延续时间及负荷率的大小有关。其功率标定大致可分为以下 3 种类型：

(1)以推土机、铲运机和压路机为代表的工程机械，具有较高的负荷率，它们通常在大型工地连续作业，因而常以12 h或介于12 h和1 h之间的功率标定。

(2)装载机或以它为代表的轮式土方机械，包括轮式推土机、平地机等以及挖掘机，负荷率为中等水平，通常以1 h功率标定。

(3)以汽车起重机、叉车为代表的负荷率较低的起重运输机械，其工作条件接近于汽车，可用15 min功率标定。

此 3 种标定功率大致以 0.85～0.90 的系数递减。

2. 为了克服作业阻力和防止驾驶员因来不及换挡而造成的发动机熄火，一般要求有 1.15～1.45 的扭矩储备系数和 1.7～2.0 的转速适应性系数。

3. 推土机、挖掘机、铲运机等工程机械在作业时受到很大冲击。为了减少由于底盘变形而对柴油机可靠性造成的影响，柴油机一般采用三点支承，并有减振措施。柴油机机体等固定件应有足够的刚度。因此其比质量一般较大。

4. 为了保证柴油机能在急剧的变速变负荷工况下工作，应采用全程式调速器，其瞬时调速率<12%，稳定调速率<8%。调速器除装置油量校正器外，有的还附加低速增扭弹簧。

5. 为了保证工程机械在斜坡上可靠地工作，要求柴油机能在纵倾 35°、横倾 30°下工作，故应采用双级机油泵和较深、容量较大的油底壳。曲轴应双向密封，以防倾斜作业时机油与离合器(或变矩器)中的工作油液互渗。

6. 工程机械由于工作环境恶劣，故应采用高效率、大容量、低阻力的空气滤清器(一般选用旋流复合式)和高效的燃油及机油滤清器，并应带有离心式机油滤清器。

7. 水冷式柴油机的冷却系统除了柴油机本身的冷却外，还要担负工程机械中液力变矩器和液压系统工作油液的热量传递与散失。在最大扭矩工况时的冷却系统也必需满足冷却的需要，故应加大冷却系统的冷却能力，采用大流量水泵、大直径宽叶片低速风扇，增大散热器散热面积或提高散热器的散热能力。

8. 有些工程机械常有辅助动力输出轴，可输出50%～70%的功率以带动作业机械。有的工程机械甚至要求前端能输出50%～100%的功率。

9. 为满足有的工程机械液压系统多个液压泵的驱动，在柴油机的飞轮处，设有分动箱，使这些泵直接由柴油机驱动，而不受主离合器的影响。

10. 由于一些工程机械将柴油机下部密封于大梁内不易接近，故经常需要保养的部件应布置于柴油机上部。

11. 隧道、矿井等地下作业用的柴油机，对废气排放有极严格的要求，应采用低污染柴油机，并带有机外净化装置。在有瓦斯及煤尘爆炸危险的隧道和矿井中，柴油机除有严格的废气排放要求外，还应采取防爆措施，以免发生爆炸事故。

12. 柴油机要有良好的使用适应能力，应具有高原环境和沙漠环境的适应能力。在热带、寒冷、沙漠和高原地区使用时，柴油机应能在±40℃环境温度下正常工作，要求低温下容易起动；高温下保证足够的冷却水和机油的散热能力；在海拔2 000 m以上的高原地区工作时，非增压柴油机应能有足够的匹配功率储备，匹配功率余量较小的应加装增压器，以恢复柴油机的功率，改善其性能参数；增压柴油机的增压器工作能力要有裕量，不致于产生压气机喘振或由排温过高造成涡轮损坏。在水下作业时，柴油机需采用防水密封结构，并考虑遥控措施。

13. 柴油机应有高的可靠性和耐久性。

第二节　内燃机的总体构造

一、基本名词术语

图1—2示出内燃机的基本机构，它包括气缸、气缸盖、活塞、活塞销、连杆、曲轴、飞轮、曲轴箱和进、排气门等。

活塞可在气缸内上下往复运动。活塞销穿过活塞和连杆的上端，使活塞和连杆成为铰链似的连接。连杆下端套在曲轴弯曲部分的曲柄销（连杆轴颈）上，也是铰链似的连接。

曲轴两端由曲轴箱上的轴承来支承，曲轴可在轴承中转动。

活塞在气缸中往复运动时，曲轴则绕其轴心线作旋转运动。很明显，曲轴每转一周，活塞向上向下各行一次（两个行程）。

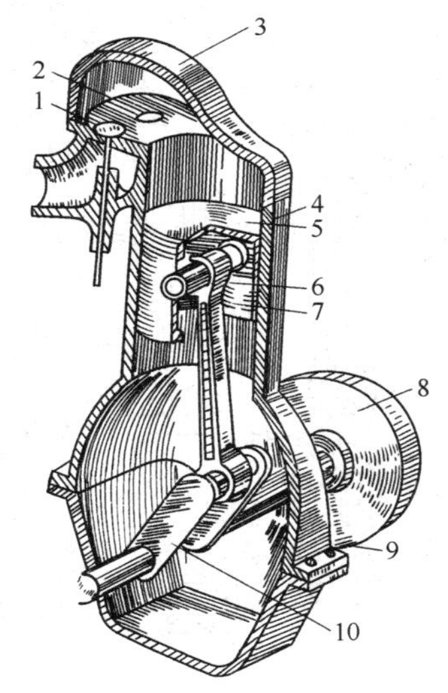

图1—2　内燃机的基本机构
1—进气门；2—排气门；3—气缸盖；4—气缸；5—活塞；6—活塞销；7—连杆；8—飞轮；9—曲轴箱；10—曲轴。

活塞离曲轴中心最大距离的位置称为上止点（图1—3）；活塞离曲轴中心最小距离的位置称为下止点。在上、下止点时，活塞的运动方向改变，同时它的速度等于零。

上止点与下止点间的距离称为活塞行程 S。由图 1—3 可见,活塞行程 S 等于曲柄半径 r 的两倍,即

$$S=2r$$

在一个气缸中,活塞从上止点到下止点所扫过的容积称为气缸工作容积 V_h。如气缸直径 D 和活塞行程 S 都以 mm 为单位,则以 L 为单位的气缸工作容积可用下式计算:

$$V_h=\frac{\pi D^2}{4\times10^6}S \quad (\text{L})$$

如内燃机有 i 个气缸,i 个气缸的工作容积的总和称为内燃机的总排量,用 V_h 表示,则

$$V_h=V_h\cdot i=\frac{\pi D^2}{4\times10^6}S\cdot i \quad (\text{L})$$

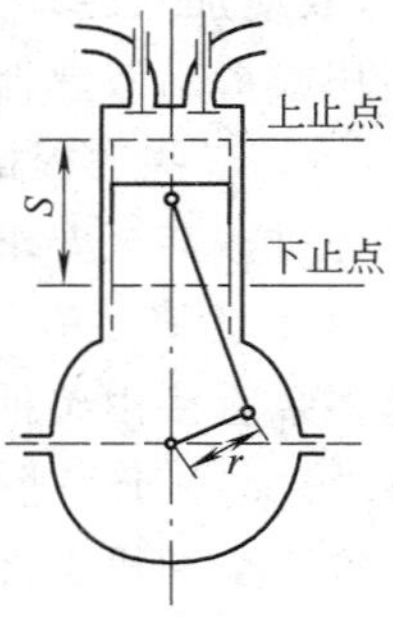

图 1—3 内燃机简图

当活塞在下止点时,活塞上方的气缸容积称为气缸总容积并以 V_a 表示。当活塞在上止点时,活塞上方的气缸容积称为燃烧室容积并以 V_c 表示。

因此,气缸总容积

$$V_a=V_h+V_c$$

气缸总容积与燃烧室容积之比称为压缩比,即

$$\varepsilon=\frac{V_a}{V_c}$$

压缩比 ε 表示气缸中的气体被压缩后体积缩小的倍数,它对内燃机的性能有重要影响。

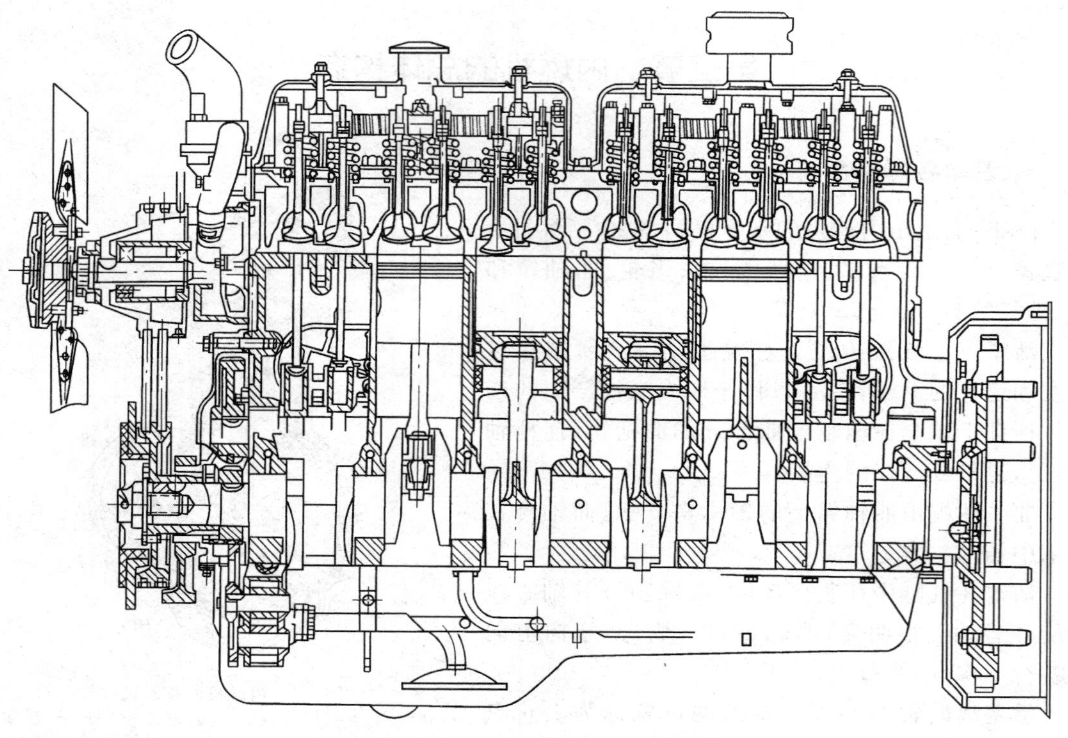

图 1—4 CA6102 型汽油机纵剖视图

二、总体构造

现以四冲程汽油机为例，说明内燃机的总体构造。图 1—4、图 1—5 为 CA6102 型汽油机纵、横剖视图。

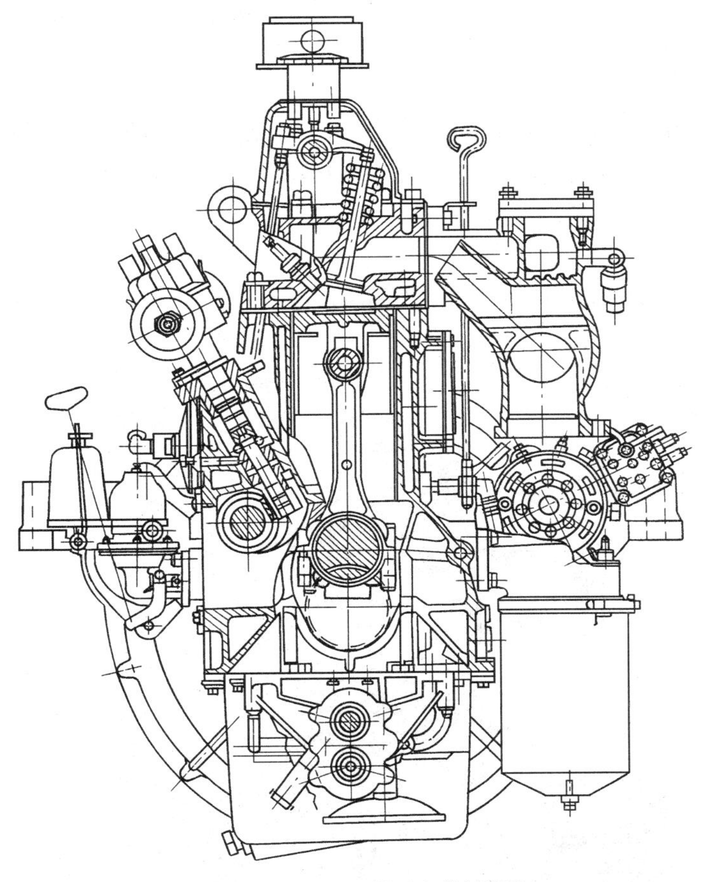

图 1—5　CA6102 型汽油机横剖视图

四冲程汽油机主要由下列机构和系统组成：曲柄连杆机构、配气机构、供给系、点火系、润滑系、冷却系和起动装置。

1. 曲柄连杆机构

曲柄连杆机构的主要机件是：气缸体、气缸盖、活塞、连杆、带有飞轮的曲轴和曲轴箱。曲柄连杆机构是内燃机的基本机构。在燃油燃烧时，活塞承受气体膨胀的压力，并通过连杆使曲轴旋转，将活塞的往复直线运动变为曲轴的旋转运动而输出动力。

2. 配气机构

配气机构的功用是使燃油与空气所组成的可燃混合气可以在一定的时刻被吸进气缸，并使燃烧后的废气可以在一定的时刻被排出。配气机构包括进气门、排气门、挺柱、推杆、摇臂、摇臂轴以及凸轮轴等。

气门的开闭是由凸轮轴上的凸轮控制的，凸轮轴通常由曲轴通过齿轮来驱动。

根据气门安装位置的不同，配气机构的布置形式主要有侧置式（顺装气门）和顶置式（倒装气门)两种。

3. 供给系

供给系的功用是供给气缸空气和燃油(可燃混合气),并排出燃烧后的废气。

化油器式汽油机工作时,汽油泵将汽油箱中的汽油吸出,经汽油滤清器滤清后压送到化油器;同时空气经空气滤清器滤清后也进入化油器。在化油器中汽油被喷散,并在很大的程度上被蒸发,汽油与空气混合后形成可燃混合气经进气管被吸入气缸。燃烧形成的废气经排气管和排气消声器排入大气。

4. 点火系

混合气在气缸内被压缩后要用电火花来点火。供给低压电流的电源(蓄电池和发电机),将低压电流变为高压电流的设备(点火线圈和断电器),以及将高压电流分配给火花塞(装在气缸盖上)的设备(分电器)组成汽油机的点火系。

5. 润滑系

润滑系的功用是向内燃机的摩擦零件供给润滑油,以减少零件磨损和零件间的摩擦阻力。

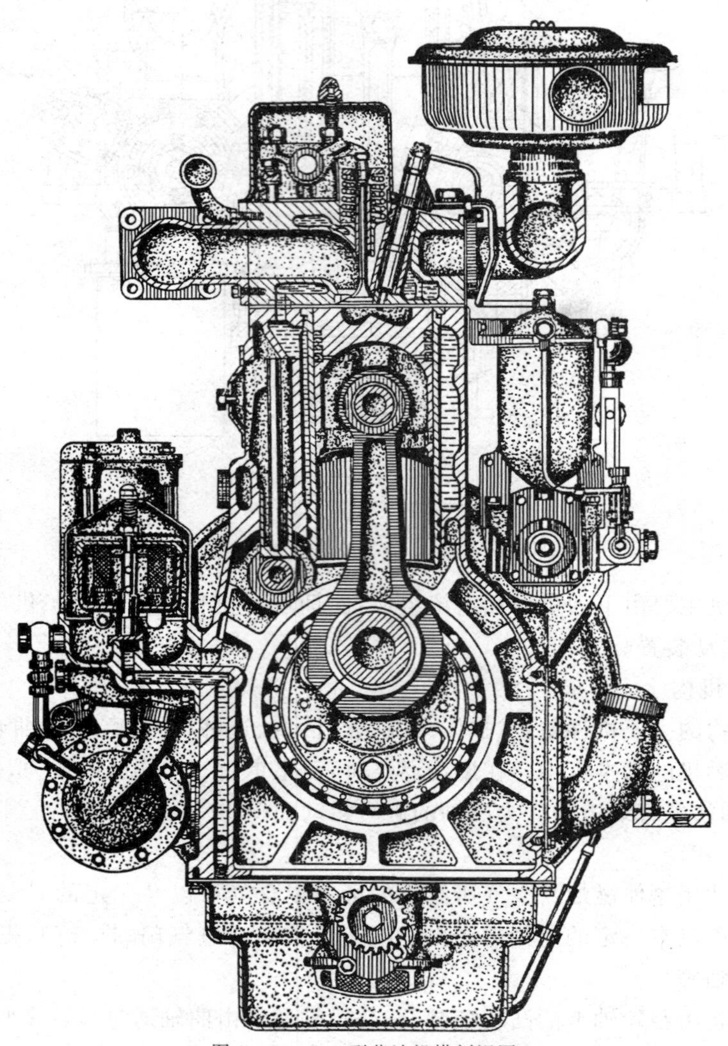

图 1—6 4135 型柴油机横剖视图

润滑系包括油底壳、机油泵、机油滤清器、机油管路和通道以及机油标尺等。

由于机油在润滑系中的环流和飞溅，内燃机的运动件就得到了润滑。

6. 冷却系

冷却系的功用是将内燃机受热零件的热量传出，以保持内燃机正常的工作温度（水温约80～90℃）。

多数内燃机采用水冷系，它包括气缸周围和气缸盖中的水套、散热器（水箱）、水泵和风扇。由于水泵的作用，冷却水就在水套和散热器间循环流动，将内燃机需要散出的热量通过散热器散入大气中。

也有的内燃机采用风冷系（空气冷却）。

7. 起动装置

起动装置的功用是借助外力（人力或其他动力）将静止的内燃机转为自行运转。不同的起动方法，有不同的起动装置。它主要包括起动机、传动机构和操纵机构等。为便于起动，有的内燃机上还设有起动辅助装置。

四冲程柴油机的构造除点火系和供给系外，与汽油机的大体相同。

柴油机是用气缸内空气被压缩后的高温来发火的（压缩着火），所以没有点火系。柴油机的燃油供给部分也和汽油机的不同。在柴油机中是用输油泵将柴油箱中的柴油吸出，经柴油滤清器滤清后送到喷油泵，喷油泵再将柴油以很高的压力压出经高压油管由喷油器喷入气缸。

图 1—6 和图 1—7 为 4135 型柴油机的剖视图。

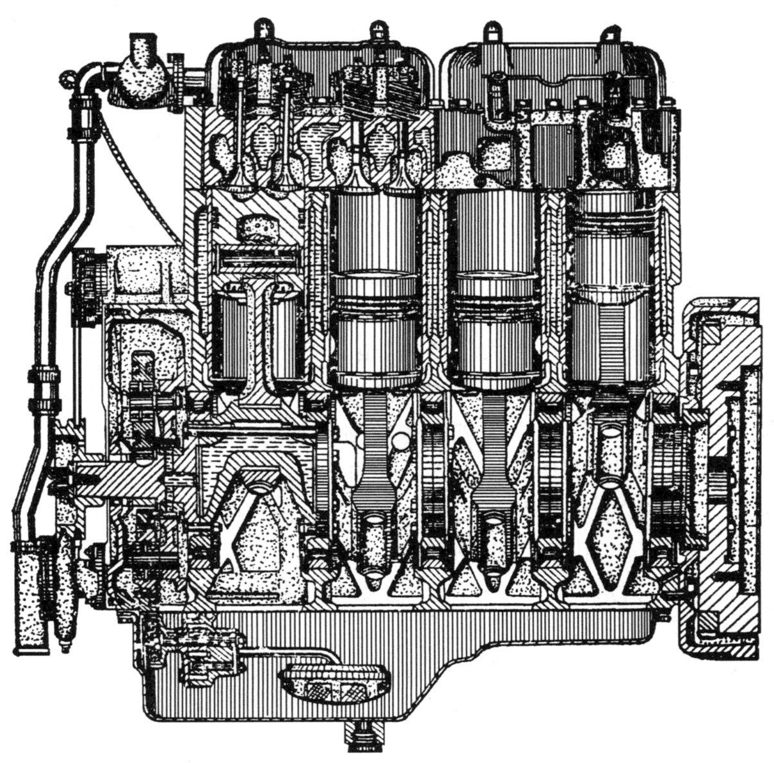

图 1—7　4135 型柴油机纵剖视图

第三节 内燃机的基本工作原理

内燃机气缸中进行的每一次将热能转变为机械功的一系列连续过程称为内燃机的一次工作循环(作一次功)。

每一次工作循环都包括进气、压缩、燃烧—膨胀和排气等4个过程。四冲程内燃机的工作循环是在曲轴旋转两周,即4个行程中完成的;而二冲程内燃机的工作循环则是在曲轴旋转一周,即两个行程中完成的。

一、四冲程汽油机的工作原理

图1—8为四冲程化油器式汽油机的简图。

研究内燃机的工作循环时,可以利用一种表示气缸内气体压力p和相当于活塞不同位置时的气缸容积V之间的变化关系图。此图能表示一个工作循环中气体在气缸内所作的功,所以称为示功图。图1—9是四冲程化油器式汽油机的示功图。

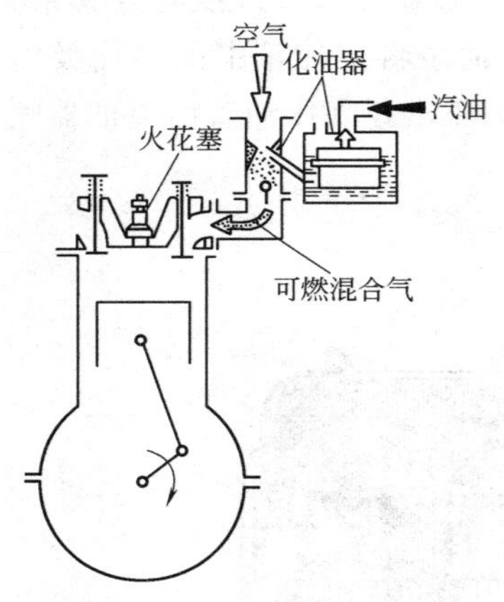

图1—8 四冲程化油器式汽油机简图

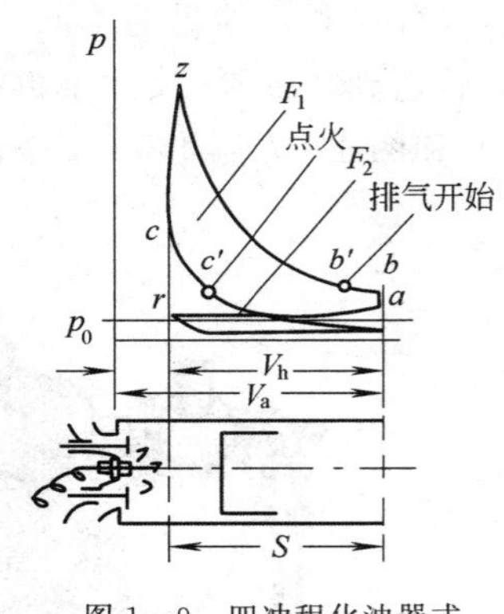

图1—9 四冲程化油器式汽油机的示功图

1. 进气过程

在进气过程中,活塞从上止点向下止点移动,进气门开启,排气门关闭。这时活塞上方的气缸容积增大,于是压力降低到小于大气压力,也就是产生了真空度。在外界大气压力的作用下,空气经空气滤清器进入化油器式汽油机的化油器,在化油器中与汽油混合而成可燃混合气,经进气管和进气门进入气缸。由于进气系统对气流有阻力,所以进气终了时气缸内的气体压力低于大气压力p_0。进气过程在示功图上以曲线ra表示。

流入气缸的新鲜混合气,因为与气缸壁、活塞顶等高温机件接触并与前一循环留下来的高温残余废气混合*,因而温度升高,密度减小。

当活塞到达下止点时,进气终了,这时气缸中的气体压力约为0.075~0.09 MPa(当节气门完全开启时),温度为370~400 K。

可燃混合气充满气缸的程度可用充量系数η_v来表示。充量系数是每工作循环实际进入

* 可燃混合气与气缸内残余废气的混合物称为工作混合气。

气缸的新气质量与理论上可充入气缸的新气质量之比。汽油机的充量系数约为0.70～0.85。充量系数随化油器节气门的开启程度、发动机转速、进气系统阻力、可燃混合气进入气缸前的受热程度以及残余废气的压力和温度等而变化。

充量系数较大，表明进入气缸的可燃混合气的量较多，因而发动机的功率也可以较大。

2. 压缩过程

为使气缸中的混合气能迅速燃烧以产生较大的压力，从而使发动机发出较大的功率，必须在燃烧前将混合气压缩，使其容积缩小，密度增大，温度升高，即需要有压缩过程。

在进气过程终了后，进、排气门都关闭，曲轴继续旋转，活塞自下止点向上止点移动，将气缸中的混合气压缩，进行压缩过程。压缩过程在示功图上以曲线 ac 表示。随着气体容积的缩小，它的压力和温度就升高。压缩终了时气体的压力和温度主要视压缩比的大小而定，压力约为0.85～2 MPa，温度可达600～700 K。

压缩比愈大，压缩终了时混合气的压力和温度也愈高，混合气的燃烧速度以及燃烧过程的最高温度和压力就愈高；因此，在其他条件相同时，发动机的功率愈大，而经济性也愈好。

但是，汽油机压缩比的提高受到一定的限制。当压缩比过大时，不但不能进一步改善燃烧情况，反而会出现不正常的燃烧——爆震燃烧*（简称爆燃）。

爆燃是一种有害的现象，汽油机是不允许在爆燃的情况下工作的。

所以，汽油机压缩比的提高主要受到爆燃的限制。目前，汽油机的压缩比约为6～10。

3. 燃烧-膨胀过程

燃烧-膨胀过程是混合气燃烧、膨胀而作功的过程。

当压缩过程接近上止点时（图1—9中的 c' 点），火花塞发出电火花，将混合气点燃。混合气燃烧时放出大量的热，气缸内气体的温度和压力骤增（这时进、排气门都是关闭的），如曲线 cz 所示。在气体压力的作用下，活塞向下止点移动，并通过连杆使曲轴旋转而作功。

在燃烧开始时，气缸中气体的压力约为3～5 MPa，温度可达2 200～2 800 K。随着活塞的下移，气缸内容积增大，气体的压力和温度都随之下降（曲线 zb）。到膨胀终了时，压力降到0.3～0.5 MPa，温度则降为1 500～1 700 K。

4. 排气过程

气缸中的混合气燃烧后成为废气。为了使发动机能够连续不断地工作，就需要把废气排出气缸，这才有可能进行下一个进气过程。所以在燃烧-膨胀过程后应该是排气过程。

排气过程中，活塞由下止点向上止点移动，排气门开启，进气门保持关闭。由于燃烧室的存在，气缸中的废气是不可能被完全清除的。残余废气约占进入气缸的新鲜混合气的5%～15%（以质量计）。

示功图上的曲线 br 表示排气过程。由于有排气阻力，排气过程中气缸内气体的压力总是稍高于大气压力，约为0.105～0.12 MPa，此压力随发动机压缩比的增大和转速的降低而降低。排气终了时的废气温度约为900～1 100 K。

汽油机工作时，在气缸中连续不断周而复始地进行着上述过程。

二、四冲程柴油机的工作原理

四冲程柴油机和汽油机一样，每个工作循环也经历进气、压缩、燃烧-膨胀和排气4个过程。其工作过程与汽油机的不同，在于可燃混合气的形成和着火的方法。在柴油机中吸进和压缩的是空

---

* 有关“爆燃”的概念见第八章第一节。

气，燃油以很高的压力被喷入压缩后的高温空气中形成混合气而自行着火燃烧。因此，柴油机的可燃混合气是在气缸内部形成的，而不是像化油器式汽油机那样在气缸外面靠化油器形成的。

柴油机的混合气形成和着火之所以采用了与汽油机不同的方法，是由于柴油机所用的燃料（柴油）与汽油有着不同的性质。柴油的黏度比汽油大，不易蒸发，而自燃温度却比汽油低。

图 1—10 和图 1—11 分别为四冲程柴油机的简图和示功图。

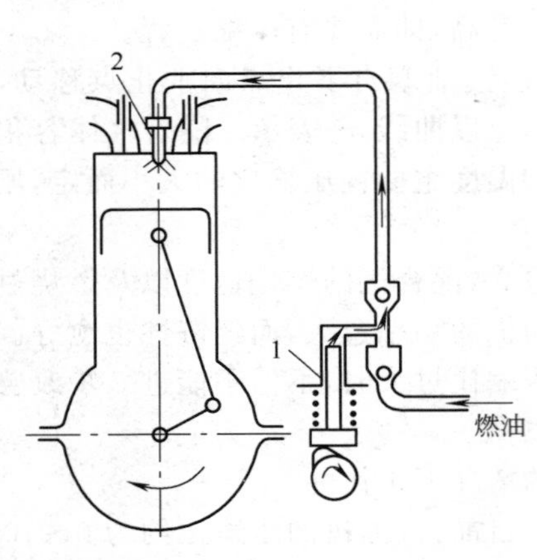

图 1—10 四冲程柴油机

1—喷油泵；2—喷油器。

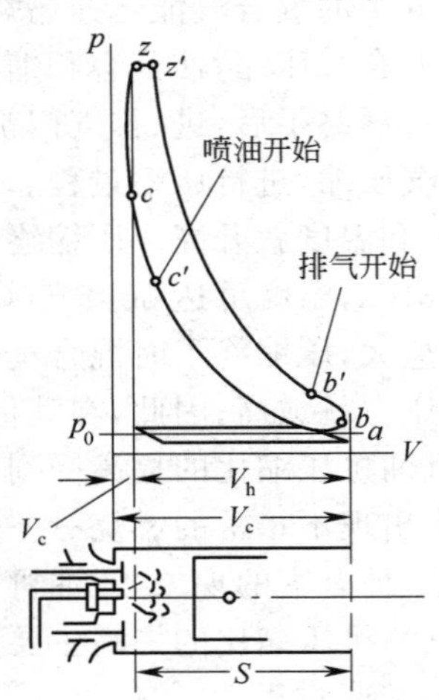

图 1—11 四冲程柴油机的示功图

进气过程中柴油机吸入的是新鲜空气。柴油机由于没有化油器，而且进气时受热较少，所以进气终了时，气缸内的气体压力约为 0.080～0.095 MPa，温度为 310～340 K。其充量系数较汽油机的为大，高速柴油机的 η_v＝0.75～0.90。

由于柴油机是压缩着火的，为使喷入气缸的柴油可以迅速着火燃烧，空气被压缩后的温度必须大大高于柴油的自燃温度。因此柴油机需采用较大的压缩比（12～22）压缩终了时，柴油机气缸内气体的压力达 3～5 MPa，温度约 750～950 K。

在压缩过程中活塞接近上止点时（图 1—11 中 c' 点），柴油经喷油泵 1（图 1—10）将油压提高到10 MPa以上，通过喷油器 2 以雾状喷入气缸，在很短的时间内与高温空气混合，形成混合气并迅速自行着火燃烧。气缸内的气体压力急速上升到 6～9 MPa，温度也升高到 1 800～2 200 K。在高压气体推动下，活塞下行并推动曲轴旋转而作功。膨胀终了时，压力降到0.2～0.4 MPa，温度降为 1 000～1 400 K。

示功图（图 1—11）上刚过 z 点以后的压力下降不像汽油机那样急速。这是由于喷油不可能在一瞬间完成，而是要延续一段时间。此时，虽然活塞已向下移动，气缸容积增大，但因柴油还在继续喷入和燃烧，所以压力在短时间内并不显著下降。

在排气过程中，废气经排气管排入大气。排气终了时的气缸内压力约为 0.105～0.120 MPa，废气温度为 700～900 K。

由上述可见，四冲程内燃机在四个行程中只有一个行程是作功的，其他 3 个则是准备的行程。因此，在单缸发动机，曲轴每转两周中只有半周是由于膨胀气体的压力使曲轴旋转的，在其余的一周半中，曲轴是利用飞轮在作功行程中所储存的能量而旋转的。

很明显，作功行程中内燃机的转速将大于其他 3 个行程中内燃机的转速，所以单缸内燃机的工作是不平稳的。同时由于单缸机活塞往复运动所引起的惯性力难以平衡，所以工程机械上大多使用两缸以上的内燃机——多缸内燃机。用得最多的是 4 缸和 6 缸内燃机。

在多缸四冲程内燃机的每一个气缸内，所有的工作过程是相同的并以同样的顺序进行，但各气缸中的作功过程并不是同时发生的，而是把它们尽可能均匀地分布在曲轴旋转两周中。曲轴每转两周，每个气缸作功一次。气缸数愈多，内燃机的工作就愈平稳。

柴油机与汽油机相比，各有特点，有其各自的适用范围。

汽油机具有转速高(通常可到3 000 r/min，最高可达6 000 r/min左右)、质量轻、起动容易、工作时噪声小以及制造维修费用低等特点。其弱点主要是燃油消耗率较高，而且它可采用的最大缸径较小，单机功率相对较小。所以汽油机多用在一些小型工程机械和中小型载重汽车上。

柴油机因压缩比高，燃油消耗率平均比汽油机低 30%左右，且柴油价格较廉，所以柴油机的燃料经济性较好，这是它突出的优点。所以，柴油机在工程机械和中型以上载重汽车上获得广泛的应用。柴油机的弱点主要是转速低(一般不超过 2 000～3 000 r/min)、质量大、起动较难，但这些弱点正在逐渐得到改进。因而可以预料，柴油机将获得日益广泛的应用。

三、二冲程汽油机的工作原理

二冲程内燃机的工作循环是在两个行程内，即曲轴旋转一周中完成的。

图 1—12 为一种曲轴箱扫气的二冲程汽油机的工作示意图。

这种汽油机的气缸上有 3 个气口，它们分别在一定的时刻被活塞所开闭。进气口 1 与化油器相连通，可燃混合气可经进气口 1 流入曲轴箱，继而经扫气口 3 进入气缸内。废气则经与排气管连通的排气口 2 被排出。

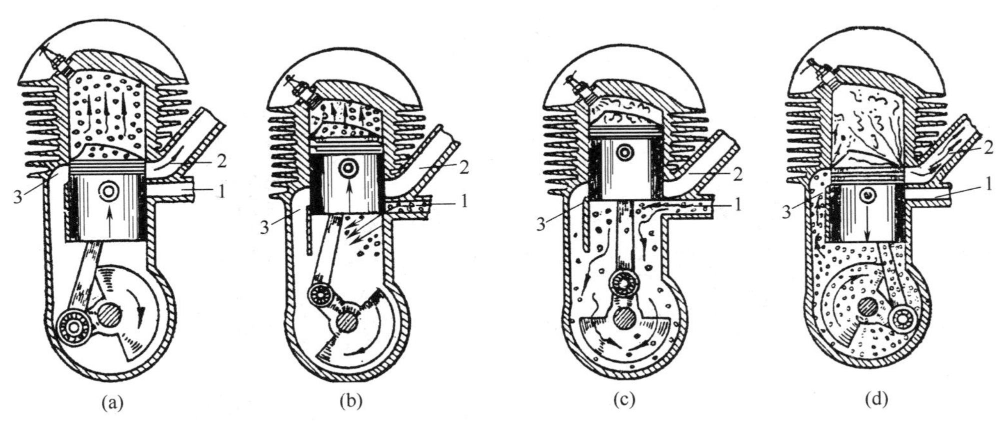

图 1—12　二冲程汽油机工作程序

1—进气口；2—排气口；3—扫气口。

在第一行程中，活塞由下止点向上止点移动。在活塞上方，事先已进入气缸的混合气被压缩(图 1—12a)。同时在活塞下方，由于曲轴箱容积增大，产生了真空度，当活塞上行到打开进气口 1 后，可燃混合气就从化油器进入曲轴箱(图 1—12b)。当活塞接近上止点时，电火花点燃了混合气，燃气压力推动活塞向下，于是开始了第二行程(图 1—12c)。

在第二行程中，活塞向下移动。活塞上方首先进行膨胀作功，同时活塞下方曲轴箱中的混合气则被预先压缩。当活塞下行到打开排气口 2 时，即开始排气，接着活塞又将扫气口 3 打开，曲轴箱中受到预压的混合气即经扫气口流入气缸，并将废气驱除(图 1—12d)。

用有压力的新鲜气体驱除气缸中的废气叫做扫气，所以气口 3 称为扫气口或换气口。扫气时，新鲜气体取代废气留在气缸中，从而进行了气缸的换气。

二冲程汽油机与四冲程汽油机相比，其主要优点是：每转作功，因此升功率* 较大(约为四冲程机的 1.5～1.6 倍)，运转比较平稳；而且构造较简单，质量也较轻，制造和维修都比较方便。其主要缺点是：不能将废气从气缸内排除得比较干净，而且换气时要损失一部分作功行程，再加上有部分混合气在扫气时随同废气流失，所以经济性较差。此外，因作功频率较大，所以热负荷较高。

二冲程汽油机多用在摩托车和一些小型机具上，或用作某些柴油机的起动机。

四、二冲程柴油机的工作原理

图 1—13 为带有扫气泵的二冲程柴油机的工作示意图。

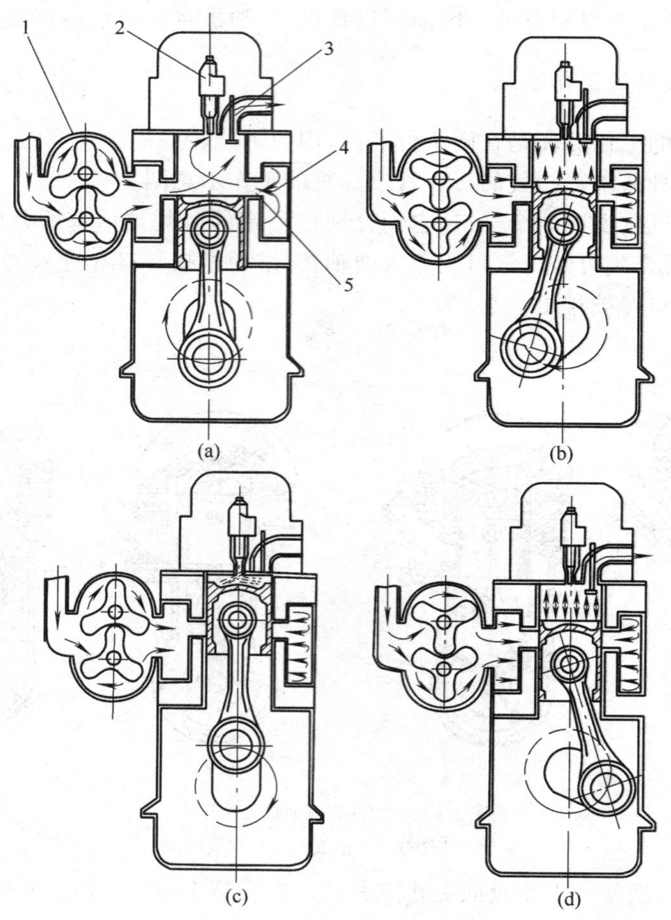

图 1—13 二冲程柴油机工作程序

1—扫气泵；2—喷油器；3—排气门；4—空气室；5—扫气孔。

---

* 升功率是每升气缸工作容积所发出的有效功率，即

$$N_l = \frac{N_e}{iV_k} \quad (\mathrm{kW/L})$$

这种柴油机的气缸盖上装有排气门3。在机体的一侧装有扫气泵1,由曲轴驱动。空气由扫气泵提高压力后,经过气缸周围的空气室4和扫气孔5进入气缸。扫气孔的开闭由活塞控制。

在第一行程中,活塞自下止点向上止点移动。自扫气泵压出的空气经扫气孔5和开启着的排气门3继续使气缸换气(图1—13a)。扫气压力约为0.12～0.14 MPa。当活塞继续上行时,扫气孔和排气门都关闭,气缸内的空气便被压缩(图1—13b)。

当活塞接近上止点时,柴油在高压下被喷入气缸,遇高温空气而着火燃烧,开始了燃烧-膨胀过程(图1—13c)。

在第二行程中,燃烧气体膨胀推动活塞自上止点向下止点移动,进行作功(图1—13d)。在活塞到达下止点前,排气门开启,废气开始排出;随后,活塞又将扫气孔打开,进行扫气。扫气一直进行到活塞再向上止点移动将扫气孔关闭时为止。

二冲程柴油机与四冲程柴油机相比,其优缺点与前述二冲程汽油机大体相同;但因二冲程柴油机是用空气扫气的,没有燃料损失,所以经济性稍好。

二冲程柴油机主要用作低速大型船用发动机,在某些载重汽车上也有采用。

在本书中,除特别注明处外均指四冲程内燃机。

第四节　内燃机的产品名称与型号

为了便于内燃机的生产管理与使用,国家标准《内燃机产品名称和型号编制规则》(GB725—91)对内燃机的产品名称和型号作了统一规定。该规定的主要内容如下:

1. 内燃机产品的名称均按所采用的燃料命名,如柴油机、汽油机、煤气机、沼气机、双(多种)燃料发动机。

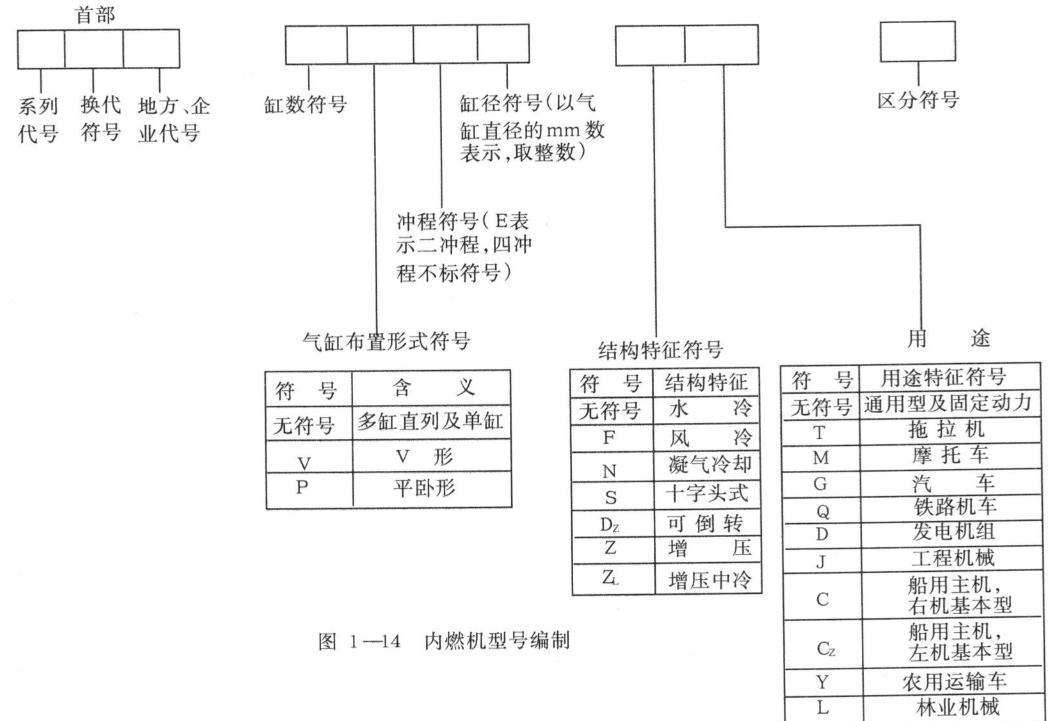

气缸布置形式符号

符　号	含　义
无符号	多缸直列及单缸
V	V　形
P	平卧形

结构特征符号

符　号	结构特征
无符号	水　冷
F	风　冷
N	凝气冷却
S	十字头式
D_Z	可倒转
Z	增　压
Z_L	增压中冷

用途

符　号	用途特征符号
无符号	通用型及固定动力
T	拖拉机
M	摩托车
G	汽　车
Q	铁路机车
D	发电机组
J	工程机械
C	船用主机,右机基本型
C_Z	船用主机,左机基本型
Y	农用运输车
L	林业机械

图1—14　内燃机型号编制

2. 内燃机型号由阿拉伯数字、汉语拼音字母和GB1883中关于气缸布置所规定的象形字符号组成。型号包括首部、中部、后部和尾部四部分组成，如图1—14所示。

由国外引进的内燃机产品，若保持原结构性能不变，允许保留原产品型号。

型号示例

1. 柴油机型号

(1)165F——单缸、四冲程、缸径65 mm、风冷、通用型；

(2)R175A——单缸、四冲程、缸径75 mm、水冷、通用型(R为175产品换代符号、A为系列产品改进的区分符号)；

(3)R175ND——单缸、四冲程、缸径75 mm、凝气冷却、发电机组用(R含义同上)；

(4)495T——四缸、直列、四冲程、缸径95 mm、水冷、拖拉机用；

(5)YZ6102Q——六缸直列、四冲程、缸径102 mm、水冷、车用(YZ为扬州柴油机厂代号)；

(6)12 V135 ZG——12缸、V型、四冲程、缸径135 mm、水冷增压、工程机械用；

(7)8E150C—1——8缸、直列、二冲程、缸径150 mm、水冷、船用主机、右机基本型，直喷燃烧室(区分符号)；

(8)12VE230ZC$_Z$——12缸、V型、二冲程、缸径230 mm、水冷、增压、船用主机、左机基本型；

(9)G8300ZD$_Z$C——8缸、直列、四冲程、缸径300 mm、增压可倒转、船用主机、右机基本型(G为产品系列代号)。

2. 汽油机型号

(1)1E65F——单缸、二冲程、缸径65 mm、风冷、通用型；

(2)492QA——四缸、直列、四冲程、缸径92 mm、水冷、汽车用(A为区分符号)。

第二章　内燃机的性能指标

表征内燃机性能的指标很多，主要有动力性能指标（指功率、扭矩、转速等）、经济性能指标（指燃油和润滑油消耗率）、运转性能指标（指冷起动性能、噪声和排气品质等）、可靠性与耐久性指标等。本书主要讨论表征内燃机动力性能指标和经济性能指标的各种参数及其相互关系，同时介绍其他一些性能指标。

内燃机的动力性能和经济性能指标有两种：一种是以气缸内工质对活塞作功为基础的指标，称为指示指标。它只能评定工作循环进行的好坏；另一种是以内燃机功率输出轴上得到的净功率为基础的指标，称为有效指标。它能够评定整台内燃机性能的优劣。

第一节　指示指标

一、指示功和平均指示压力

1. 指示功 W_i

指示功是指在气缸内完成一个工作循环所得到的有用功 W_i。其值的大小可用 $P—V$ 图中闭合曲线所占有的面积求得。图 2—1 示出了四冲程非增压和增压发动机以及二冲程发动机的示功图。

图 2—1(a)中四冲程非增压发动机的指示功面积 F_i 是由相当于压缩、燃烧-膨胀行程中所得到的有用功面积 F_1 和相当于进气及排气行程中消耗功的面积（即泵气损失）相减而成，即 $F_i=F_1-F_2$。在四冲程增压发动机中（图 2—1b），由于进气压力高于排气压力，在换气过程中，工质是对外作功的。因此，换气功的面积 F_2 应与面积 F_1 叠加起来，即 $F_i=F_1+F_2$。在二冲程发动机中（图 2—1c），只有一块示功图面积 F_i，它表示了指示功的大小。

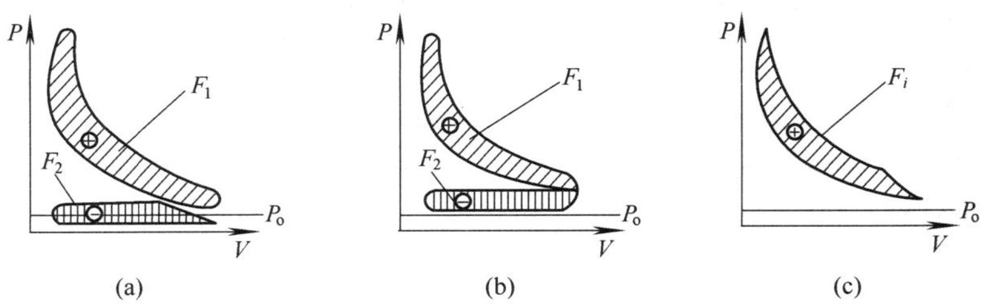

图 2—1　发动机的 $P—V$ 图

(a)四冲程非增压发动机；(b)四冲程增压发动机；(c)二冲程发动机。

F_i 可用求积仪或计算方法求得，然后计算 W_i 值

$$W_i=\frac{F_i a \cdot b}{10^6}\quad (\mathrm{J}) \tag{2—1}$$

式中 F_i——示功图面积(cm^2)；

a——示功图纵坐标比例尺(Pa/cm)；

b——示功图横坐标比例尺(cm^3/cm)。

2. 平均指示压力 p_i

平均指示压力是指单位气缸工作容积一个工作循环所作的指示功。

$$p_i=\frac{W_i}{V_h}\quad (Pa) \tag{2—2}$$

式中 W_i——发动机一个工作循环的指示功(J)；

V_h——发动机气缸工作容积(m^3)。

一般 V_h 用 L 为单位，W_i 用 kJ 为单位，则 $p_i=\frac{W_i}{V_h}$ (MPa)

式(2—2)可写成 $W_i=p_i\cdot V_h=p_i\cdot\frac{\pi D^2 S}{4}$。式中 D、S 分别为气缸直径和活塞行程。这样可以将平均指示压力视作是一个假想的、平均不变的压力，以这个压力作用在活塞顶上，推动活塞移动一个行程所作的功即为循环的指示功。

平均指示压力 p_i 是从实际循环的角度来评价发动机气缸工作容积利用率高低的一个参数。p_i 值愈高，表明同样大小的气缸工作容积所发出的指示功愈大、气缸工作容积的利用程度愈高。因此，它是衡量发动机实际循环动力性能方面的一个重要指标。

一般四冲程发动机在标定工况下的 p_i 值在下列范围内：

四冲程载货车用汽油机	0.60～0.85 MPa
四冲程非增压柴油机	0.60～0.95 MPa
四冲程增压柴油机	0.85～2.6 MPa

二、指示功率

发动机单位时间内所作的指示功称为指示功率 N_i。一般可用下列公式计算：

$$N_i=p_i\cdot V_h\cdot i\cdot\frac{n}{30\tau}\quad (kW) \tag{2—3}$$

式中 i——发动机气缸数；

p_i——平均指示压力(MPa)；

V_h——气缸工作容积(L)；

τ——冲程系数，四冲程 $\tau=4$，二冲程 $\tau=2$；

n——发动机转速(r/min)。

对四冲程发动机

$$N_i=\frac{p_i V_h i n}{120}\quad (kW)$$

对二冲程发动机

$$N_i=\frac{p_i V_h i n}{60}\quad (kW)$$

三、指示热效率和指示燃油消耗率

指示热效率 η_i 和指示燃油消耗率 g_i 是用以评价发动机实际工作循环经济性能的重要指

标，它们表示了实际循环所消耗燃料热量的利用品质。

1. 指示热效率 η_i

指示热效率是发动机实际循环的指示功与所消耗的燃料热量之比值，即

$$\eta_i=\frac{W_i}{Q_1} \qquad (2—4)$$

式中 W_i——指示功(kJ)；

Q_1——为得到指示功 W_i 所消耗的热量(kJ)。

对于一台发动机，当测得其指示功率为 N_i(kW)和每小时耗油量为 G_f(kg)时，根据 η_i 的定义，可得

$$\eta_i=\frac{3.6\times10^3 N_i}{G_f H_u} \qquad (2—5)$$

式中 3.6×10^3——1 kW·h的热当量[kJ/(kW·h)]；

G_f——发动机每小时消耗的燃料量(kg/h)；

H_u——所使用燃料的低热值(kJ/kg)。

2. 指示燃油消耗率 g_i

指示燃油消耗率是指单位指示功的耗油量，通常以单位指示千瓦小时的耗油量来表示，即

$$g_i=\frac{G_f}{N_i}\times10^3 \quad 〔g/(kW\cdot h)〕 \qquad (2—6)$$

因此，表示发动机的气缸内实际循环经济性指标之间有下述关系。将公式(2—6)代入公式(2—5)即得

$$\eta_i=\frac{3.6}{g_i H_u}\times10^6 \qquad (2—7)$$

通常发动机的 η_i 和 g_i 大致在如下范围内：

	η_i	g_i〔g/(kW·h)〕
四冲程汽油机	0.25～0.40	344～218
四冲程柴油机	0.41～0.48	210～175

第二节 有效指标

一、有效功率和机械效率

1. 有效功率 N_e

发动机气缸内发出的指示功率 N_i，并不能完全得到利用，其中有一部分要消耗于发动机本身内部，这部分功率称为机械损失功率 N_m，它用来克服发动机内部的各项阻力。

机械损失功率包括：消耗于发动机内部零件的摩擦损失、泵气损失和驱动附件的损失等。发动机的指示功率减去机械损失功率所得到的是功率输出轴上所能输出的净功率，即有效功率

$$N_e=N_i-N_m \quad (kW) \qquad (2—8)$$

发动机的有效功率可以利用测功器和转速计来进行测量。由测功器测出扭矩和转速后，即可运用下列公式计算出有效功率的数值。

$$N_e=\frac{2\pi n}{60}M_e\times10^{-3}=\frac{M_e n}{9\ 550}\quad (\text{kW}) \tag{2—9}$$

式中　M_e——有效扭矩(N·m)；

n——发动机转速(r/min)。

2. 机械效率 η_m

有效功率与指示功率之比称为机械效率 η_m，即

$$\eta_m=\frac{N_e}{N_i} \tag{2—10}$$

发动机的机械效率 η_m，可以利用示功器和测功器求出发动机的 N_i 和 N_e 后，按公式(2—10)计算得到。也可用其他试验方法，如发动机倒拖法、灭缸法等求出机械损失功率 N_m，然后按下式计算而得。

$$\eta_m=\frac{N_e}{N_e+N_m} \tag{2—11}$$

η_m 值的一般范围是：

	η_m
汽油机	0.80～0.90
非增压柴油机	0.78～0.85
增压柴油机	0.80～0.92

二、平均有效压力和升功率

1. 平均有效压力 p_e

平均有效压力 p_e 是发动机每工作循环中单位气缸工作容积所发出的有效功。它是从发动机实际输出功的角度来评定气缸工作容积的利用程度。与平均指示压力相似，它也可视作是一个假想的、平均不变的压力作用在活塞顶上，推动活塞移动一个行程所作的功等于每循环所作的有效功。因此，平均有效压力是衡量发动机动力性能的一个很重要的参数。在其他条件相同时，p_e 值愈高，发动机的动力性愈好。

平均机械损失压力 p_m 是发动机每工作循环中单位气缸工作容积所损耗的功。它可以用来衡量发动机机械损失的大小。

按照上述定义，可以如公式(2—3)表示 N_i 和 p_i 之间的关系那样，列出 N_e 和 p_e、N_m 及 p_m 的关系式：

$$N_e=\frac{p_e V_h i n}{30\tau}\quad (\text{kW}) \tag{2—12}$$

$$N_m=\frac{p_m V_h i n}{30\tau}\quad (\text{kW}) \tag{2—13}$$

由此可得

$$p_e=\frac{30\tau N_e}{V_h i n}\quad (\text{MPa}) \tag{2—14}$$

$$p_m=\frac{30\tau N_m}{V_h i n}\quad (\text{MPa}) \tag{2—15}$$

应用公式(2—8)和公式(2—10)，可得

$$p_e = p_i - p_m \quad (\text{MPa}) \tag{2—16}$$

$$\eta_m = \frac{p_e}{p_i} \tag{2—17}$$

根据公式(2—9)和公式(2—12)的恒等关系，有

$$N_e = \frac{M_e n}{9\ 550} = \frac{p_e V_h i n}{30\tau}$$

得

$$M_e = \frac{318.3 p_e V_h i}{\tau} \quad (\text{N} \cdot \text{m}) \tag{2—18}$$

由公式(2—18)可知，对于一定总排量(即 iV_h)的发动机来说，p_e 值反映了发动机输出扭矩(即有效扭矩)M_e 的大小，即

$$M_e \propto p_e$$

也就是说，p_e 可以反映出发动机单位气缸工作容积输出扭矩的大小。但就功率(即单位时间内作功的能力)方面来衡量发动机气缸工作容积的利用程度而言，还需要采用升功率这样一个指标。

2. 升功率 N_l

升功 率 N_l 是指在标定工况下，发动机每升气缸工作容积所发出的有效功率。

$$N_l = \frac{N_e}{iV_h} = \frac{p_e V_h i n}{30\tau} \cdot \frac{1}{iV_h} = \frac{p_e n}{30\tau} \quad (\text{kW/L}) \tag{2—19}$$

式中　N_e——发动机的标定功率(kW)；

i——气缸数；

V_h——每个气缸的工作容积(L)；

p_e——在标定工况下的平均有效压力(MPa)；

n——标定转速(r/min)。

升功率 N_l 是从发动机有效功率的角度，对其气缸工作容积的利用率作总的评价，决定于 p_e、n 和 τ。它是评定发动机整机动力性能和强化程度的重要指标之一。N_l 值愈大，则发动机强化程度愈高，且发出一定有效功率的发动机尺寸愈小、结构愈紧凑。因此不断提高 p_e 和 n 的水平以获得更强化、更轻巧、更紧凑的发动机是内燃机工作者所致力以求的努力目标。

目前发动机的 p_e 和 N_l 值一般在下列范围内：

	p_e(MPa)	N_l(kW/L)
四冲程载货车用汽油机	0.6～0.7	22～25.8
汽车用柴油机	0.65～1.0	11～25.8
强化高速柴油机	1.0～2.9	15～40

三、有效热效率和有效燃油消耗率

1. 有效热效率 η_e

有效热效率是发动机实际循环发出的有效功与所消耗的燃料热量之比值，即

$$\eta_e = \frac{W_e}{Q_1} = \frac{W_i \eta_m}{Q_1}$$

将公式(2—4)代入，得

$$\eta_e=\eta_i\eta_m \tag{2—20}$$

与公式(2—5)相仿，可得

$$\eta_e=\frac{3.6\times10^3N_e}{G_fH_u} \tag{2—21}$$

通过此式，在测得发动机的有效功率 N_e 和每小时耗油量 G_f(kg/h)后，η_e 之值即可计算出来。

2. 有效燃油消耗率 g_e

有效燃油消耗率是指单位有效功的耗油量，通常用有效 1kW·h 所消耗的燃油量来表示，即

$$g_e=\frac{G_f}{N_e}\times10^3\quad[\text{g/(kW·h)}] \tag{2—22}$$

将公式(2—22)代入公式(2—21)，得

$$\eta_e=\frac{3.6\times10^6}{g_eH_u} \tag{2—23}$$

η_e 和 g_e 是标志发动机经济性能的重要指标。显然，g_e 与 η_e 成反比。g_e 值愈小，发动机经济性愈好。

一般发动机在标定工况下的 g_e 和 η_e 值大致在以下范围内：

	g_e[g/(kW·h)]	η_e
四冲程汽油机	274～410	0.30～0.20
高速柴油机	215～285	0.40～0.30
中速柴油机	195～240	0.43～0.36

四、由吸入空气量计算平均有效压力

根据每循环吸入的空气量来计算平均有效压力 p_e 可以推导出 p_e 与一些热力参数之间的关系，从而寻求提高 p_e 的技术措施。

由充量系数 η_v 的定义，可以写出：

$$\eta_v=\frac{m_1}{m_{sh}}=\frac{M_1}{M_{sh}}=\frac{V_1}{V_h} \tag{2—24}$$

式中　m_1、M_1、V_1——分别为实际进入气缸的新鲜充量的质量、kmol数、在进气状态*(p_s、T_s)下所占有的体积；

m_{sh}、M_{sh}、V_h——分别为进气状态下所能充满气缸工作容积的充量质量、kmol 数、气缸工作容积。

充量系数是表征发动机实际换气过程进行完善程度的一个极为重要的参数。

根据 η_v 的定义，发动机每循环的实际充气量可写成

$$m_1=\eta_vV_h\rho_s\quad(\text{kg})$$

式中　ρ_s——进气状态下的空气密度(kg/m³)。

根据过量空气系数 a 的定义

$$a=\frac{l}{l_0}=\frac{m_1}{g_bl_0}$$

* 进气状态是指进气管内的气体状态。在非增压发动机上一般采用当时的大气状态，在增压发动机上采用进气管状态。

式中　l、l_0——燃烧 1 kg 燃料实际消耗的空气量与理论空气量；

　　　g_b——每循环燃料供给量(kg)。

则
$$g_b=\frac{m_1}{al_0}=\frac{\eta_v V_h \rho_s}{al_0}$$

而

$$p_i=\frac{L_i}{V_h}=\frac{Q_1\eta_i}{V_h}$$

$$p_e=\frac{Q_1\eta_e}{V_h}$$

其中，每循环加热量

$$Q_1=g_b H_u=\frac{\eta_v V_h \rho_s H_u}{al_0}$$

因而

$$p_e=\frac{\eta_v \eta_e \rho_s H_u}{al_0}\quad (\mathrm{N/m^2})$$

上式中 H_u、ρ_s 的单位分别为 J/kg、kg/m^3，则 p_e 为 N/m^2(或 Pa)。实用上，取 H_u、p_e 的单位为 kJ/kg、MPa，则

$$p_e=\frac{\eta_e \eta_v \rho_s H_u}{1\,000 al_0}\quad (\mathrm{MPa}) \tag{2—25}$$

把 $\rho_s=\dfrac{p_s}{RT_s}$代入，p_s 为进气压力(N/m^2)、T_s 为进气管温度(K)、空气的气体常数 $R=287$ N·m/(kg·K)，得

$$p_e=\frac{\eta_e \eta_v H_u p_s}{287\,000 al_0 T_s}\quad (\mathrm{MPa})$$

若计算单位 p_s(MPa)、T_s(K)、H_u(kJ/kg)、l_0(kg/kg 燃料)，代入有

$$p_e=3.485\,\frac{\eta_e \eta_v H_u}{al_0}\frac{p_s}{T_s}\quad (\mathrm{MPa})$$

如将 l_0 换用 L_0(kmol/kg 燃料)，则 $l_0=m_a L_0$，m_a 为空气的分子量，代入上式可得

$$p_e=\frac{3.485}{28.9}\frac{\eta_e \eta_v H_n}{aL_0}\frac{p_s}{T_s}=0.121\,\frac{\eta_e}{a}\frac{H_u}{L_0}\eta_v\,\frac{p_s}{T_s}\quad (\mathrm{MPa}) \tag{2—26}$$

公式(2—26)建立了内燃机动力性能指标 p_e 和经济性能指标 η_e 等一系列参数间的关系，它是分析发动机性能的一个重要依据。

第三节　标志内燃机整机性能的其他技术指标

为了从各个不同的角度反映内燃机的整机性能，还采用其他一些技术指标，现将其中比较重要的指标介绍如下。

一、紧凑性指标

紧凑性指标是用来表征内燃机总体设计紧凑程度的指标，通常用比质量和单位体积功率来表示。

1. 比质量

比质量(g_N)是指内燃机的净质量与标定功率的比值,即

$$g_N=\frac{G}{N_{eb}} \quad (kg/kW) \tag{2—27}$$

式中 G——内燃机净质量(kg);

N_{eb}——内燃机的标定功率(kW)。

所谓净质量是指不包括燃油、润滑油、冷却液、底架、传动装置以及其他不直接装在内燃机本体上的附件的质量。

比质量的大小,除了和内燃机类型、主要机构的结构、附件的大小等有关外,还和所用材料及制造技术有关。不同用途的内燃机对于比质量的要求也不同。比质量值小,表明内燃机的质量轻、而功率大。通常比质量小的内燃机也都是强化程度高、升功率较大的内燃机。

一般内燃机的比质量在以下范围内:

	g_N(kg/kW)
载重车用汽油机	1.8～2.7
载重车用柴油机	3～6
工程机械用柴油机	4～8

2. 单位体积功率

单位体积功率(N_v)是指内燃机的标定功率与内燃机的外廓体积的比值,即

$$N_v=\frac{N_{eb}}{V}=\frac{N_{eb}}{LBH} \quad (kW/m^3) \tag{2—28}$$

式中 N_{eb}——内燃机的标定功率(kW);

V——内燃机的外廓体积(m^3),指内燃机本体(即不含未直接装在本体上的附件)的长(L)、宽(B)、高(H)的乘积。

单位体积功率随内燃机的类型、主要机构的结构、附件的大小与布置的情况而不同。不同用途的内燃机对单位体积功率的要求也不一样。坦克与摩托车内燃机要求最高,其次是汽车内燃机,再次是工程机械内燃机。

一般内燃机的体积功率范围(kW/m^3)

非增压柴油机	100～250
增压柴油机	150～250
增压中冷柴油机	200～300

二、强化指标

强化指标是指内燃机承受热负荷和机械负荷水平的指标。通常用平均有效压力 p_e、活塞平均速度 C_m(或强化系数)和升功率来衡量。

1. 活塞平均速度

活塞平均速度(C_m)是在标定转速下,曲轴每一转的两个行程中活塞运动速度的平均值,即

$$C_m=\frac{S\cdot n_{eb}}{30}\times 10^{-3} \quad (m/s) \tag{2—29}$$

式中 S——活塞行程(mm);

n_{eb}——标定转速(r/min)。

活塞平均速度是表征发动机高速性的指标,它对发动机的性能、工作可靠性及使用寿命都有很大的影响。C_m 值愈高,表明发动机的功率和升功率愈高,但发动机所受的机械负荷和热负荷也愈大。

一般发动机的 C_m 值范围(m/s)

载重车用汽油机	10～12
载重车用柴油机	9～12.5
工程机械用柴油机	7～11

2. 强化系数

平均有效压力 p_e 和活塞平均速度 C_m 的乘积($p_e \cdot C_m$)通常称为强化系数(或强化程度),如果考虑冲程系数 τ 的影响,则可写成$\frac{p_e C_m}{\tau}$。它一方面代表了发动机功率和转速的强化,表征了性能指标的先进性;另一方面又代表了发动机所受的热负荷和机械负荷的大小,将影响到发动机的使用寿命和工作可靠性。目前,四冲程中小功率柴油机的强化系数$\frac{p_e \cdot C_m}{\tau}$一般为 7.5～15。

三、运转性指标

运转性指标是指内燃机起动性与加速性的好坏、操纵维护是否方便、运转是否平稳以及噪声和废气排放等指标。本书着重介绍评定废气排放水平的排放指标(详见第十二章第一节)。

四、可靠性指标

可靠性指标是指内燃机在规定使用条件下,正常持续工作能力的指标。一般以保证期内不停车故障次数、停车故障次数及更换主要零件和非主要零件数来表示。

可靠性指标是评定内燃机先进性的重要指标之一。可靠性差不仅影响工程机械的出勤率与使用费用,还将直接影响机械的工作能力,这对于军用发动机来说,尤其重要。现代汽车、工程机械用柴油机的无故障保证期一般为 500～2 000 h。

五、耐久性指标

耐久性指标是指内燃机主要零件在工作过程中磨损到不能继续正常工作的极限时间。通常以内燃机使用寿命的长短来衡量。

内燃机的使用寿命即内燃机的大修期,是指内燃机从开始使用到第一次大修前累计运转的小时数,或车辆累计的行驶公里数。

现代汽车内燃机的使用寿命一般在 30×10^4～60×10^4 km;国内工程机械用柴油机的使用寿命一般在 6 000～8 000 h。

对汽车、工程机械用内燃机的这些指标要求,随具体用途而有所侧重。

第四节 提高内燃机动力性能和经济性能的途径

为了分析提高内燃机动力性能和经济性能的各种措施,可先分析影响单位气缸工作容积的输出功率，即升功率 N_l 的各种因素。

由公式(2—19)和公式(2—25)可得

$$N_l=\frac{p_e n}{30\tau}=\frac{1}{3\times10^4}\frac{\eta_i}{a}\frac{H_u}{l_0}\frac{1}{\tau}\eta_v\eta_m\rho_s n \quad (kW/L) \tag{2—30}$$

对于内燃机，燃料的$\frac{H_u}{l_0}$之值变化不大，故公式(2—30)可写成

$$N_l=K_1\eta_v\frac{\eta_i}{a}\eta_m\rho_s\frac{1}{\tau}n \quad (kW/L) \tag{2—31}$$

另外，作为衡量发动机经济性能的重要指标 g_e，根据公式(2—23)，得

$$g_e=\frac{3.6\times10^6}{\eta_e H_u}=\frac{K_2}{\eta_e}=\frac{K_2}{\eta_i\eta_m} \quad 〔g/(kW·h)〕 \tag{2—32}$$

通过公式(2—31)和公式(2—32)，不难看出，它已概括而又明确地指出了提高发动机动力性能指标和经济性能指标的基本途径。

1. 采用增压技术

增压就是使空气进入气缸前进行预压缩，增加吸入气缸空气的密度 ρ_s，可以使发动机的功率按比例增长。同时，它还是改善经济性、降低比质量、节约原材料、降低排气污染最有效的一项技术措施。这一措施已在柴油机上获得了广泛的采用。目前，汽油机也开始采用增压技术，多作为高原恢复功率的手段。但汽油机增压将提高压缩终了的温度和压力，因而易发生爆燃。

2. 合理组织燃烧过程，提高循环指示效率 η_i

在降低或保持过量空气系数 a 的基础上，提高指示热效率 η_i 不仅改善了发动机的动力性能，而且也改善了经济性能。提高 η_i 所涉及的问题是多方面的，其中最重要的一个方面就是对内燃机燃烧过程的改进。燃烧问题一向是内燃机研究的核心。

随着柴油机的不断强化和增压程度的不断提高，汽油机向高压缩比和高转速方向的发展，以及改善发动机的排气品质、控制噪声和提高经济性的要求，都对内燃机的燃烧提出了许多新的课题，有待人们进行深入的研究。

3. 改善换气过程，提高充量系数 η_v

改善换气过程，不但能提高 η_v 以获得更多的有用功，而且还可以减少换气损失。

为了改善换气过程，必须对换气的流动热力过程进行深入研究，分析其产生损失的原因，然后从改进配气机构、凸轮廓线及管道流动阻力等方面进行探讨。

4. 提高发动机的转速

提高转速即等于增加单位时间内每个气缸作功的次数，因而可以提高发动机的功率输出。同时，发动机的比质量亦随之降低。

但是，转速的提高在不同程度上受燃烧恶化、充量系数和机械效率急剧下降、使用可靠性变差、工作寿命减短以及发动机的振动和噪声等原因的限制，因此在设法提高转速的同时，要开展许多方面的研究。

5. 提高发动机的机械效率

提高发动机的机械效率，对动力性和经济性都会带来有利的影响。在这方面，主要是靠合理选定各种工作参数，靠结构上、工艺上采取措施减少其摩擦损失、泵气损失和风扇、水泵、润滑油泵等附属机构所消耗的功率，靠改善发动机的润滑、冷却等方法来实现。

6. 采用二冲程来提高升功率

由公式(2—30)可以明显的看出，采用二冲程可以提高升功率。但是，由于二冲程发动机在组织热力过程和结构设计上的特殊问题，实际上在相同工作容积和转速下，p_s 值达不到四冲程的水平，功率只能较之提高 50%～70%。但与此同时，在结构上不得不予以特殊的考虑，不然的话，若仍用简单的结构，其升功率不易超过四冲程，而且燃油消耗率却显著上升。

第三章　曲柄连杆机构

曲柄连杆机构的功用是：将燃料燃烧所释放的热能转变为机械功；将活塞的往复直线运动转变成曲轴的旋转运动，并向传动装置输出动力。

曲柄连杆机构包含的零件较多，大致可将其分成 3 个组成部分，即机体零件组、活塞连杆组和曲轴飞轮组。机体零件组主要是内燃机机体、气缸盖、气缸套等零件，又称为固定件；活塞连杆组与曲轴飞轮组又称为运动件。

第一节　固　定　件

固定件包括气缸盖、气缸垫、气缸体、气缸套和油底壳等。

图 3—1 所示为一种汽油机的固定件。

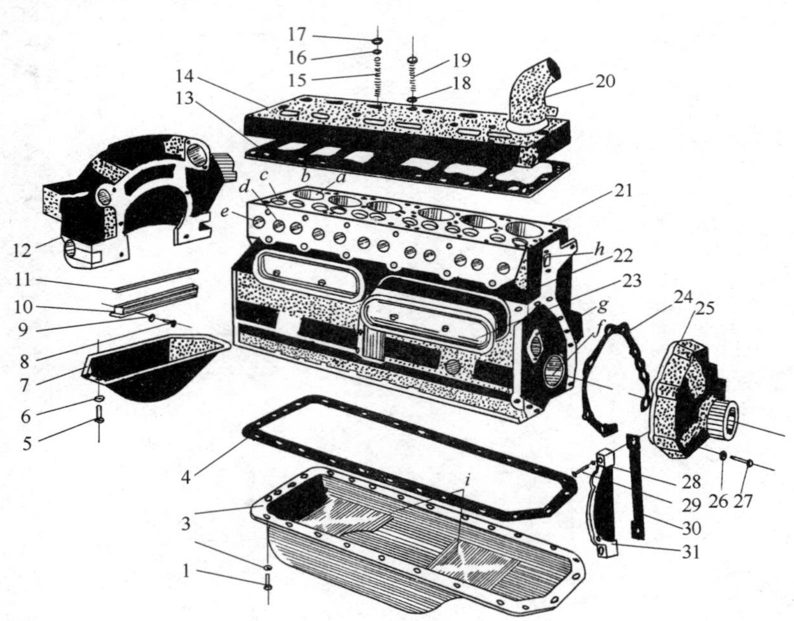

图 3—1　汽油机的固定件

1、5、8、27、29—螺栓；2、6、9、26、28—弹簧垫圈；3—油底壳；4—油底壳衬垫；7—离合器底壳；10—遮护板；11—密封条；12—飞轮壳；13—气缸垫；14—气缸盖；15—气缸盖螺栓；16、18—垫圈；17—螺母；19—气缸盖螺栓；20—气缸盖出水管；21—气缸体；22—气门室盖衬垫；23—气门室盖；24—正时齿轮室盖衬垫；25—正时齿轮室盖；30—密封垫；31—正时齿轮室旁盖。

a—气缸；*b*—进气门座；*c*—排气门座；*d*—进气道；*e*—排气道；*f*—主轴承座孔；*g*—凸轮轴轴承座孔；*h*—气缸体进水孔；*i*—油底壳稳油板。

一、气 缸 体

1. 气缸体

多缸发动机的各气缸通常铸成整体，称为气缸体。气缸体下面用来安装曲轴的空间部位，称为曲轴箱。曲轴箱分上、下两部分。为增加气缸体的刚度，通常上曲轴箱是和气缸体铸成整体的，这个整体铸体又称机体。

下曲轴箱有干式和湿式两种。干式曲轴箱在箱内不储存机油，仅作为机油汇集流通之用，一般在曲轴箱内部装有回油管，机油经回油管流入机油箱。干式曲轴箱在某些工程机械的柴油机（如 6160A 型）上有所采用。

湿式曲轴箱在箱内储存有机油，为一般工程机械和汽车用发动机所广泛采用。

气缸体是内燃机的主体，是安装其他零部件和附件的支承骨架。气缸体内设有冷却水套、润滑油道和其他孔道。水套是水冷式发动机气缸周围和气缸盖中铸有的用以充水的空腔。气缸体和气缸盖的水套是互相连通的。在侧置气门汽油机上，气缸体里还有进、排气道，气门室等。因此，气缸体的结构较为复杂。图 3—2 示出了一种汽油机的气缸体上部和气缸盖的横剖面图。

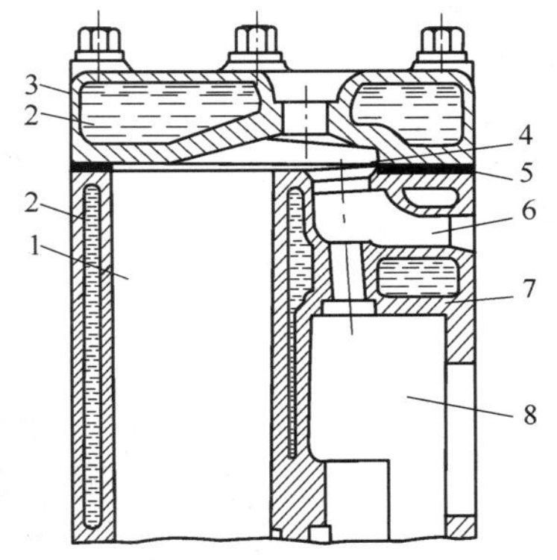

图 3—2　气缸体和气缸盖

1—气缸；2—水套；3—气缸盖；4—燃烧室；5—气缸盖衬垫；6—进（或排）气道；7—气缸体；8—气门室。

气缸体受到气体爆发压力、螺栓预紧力、往复惯性力、旋转惯性力（离心力）和倾覆力矩的综合作用，受力情况比较复杂。

气缸体应保证发动机在运行中（甚至超负荷时）所需的强度，结构要紧凑。同时应尽可能提高其刚性，使发动机各部分变形小，并保证主要运动件安装位置正确，运转正常。为了提高刚性，除将各气缸和上曲轴箱铸成整体外，在受力较大的地方（如曲轴箱前后壁和中间隔板）还设有加强筋。

机体一般用优质灰铸铁制成。为了提高气缸的耐磨性，有时在铸铁中加入少量的合金元素（如镍、钼、铬、磷等）。对于质量有特殊要求的内燃机及小型内燃机等，有采用铝合金铸造机体的。铝合金机体的强度和刚度较差，而成本较高。

机体的结构随用途的不同而有许多型式，图 3—3 示出了几种常用的机体结构。

龙门式机体（图 3—3a），其主要特点是曲轴箱剖分平面大大低于曲轴中心线。这种结构的机体刚度较大，在柴油机中广泛应用。车用汽油机的机体也有采用这种结构的（如 CA6102 型）。

隧道式机体（图 3—3b），其主要特点是主轴承孔不分开。这种结构的机体刚度高。在小型单、双缸发动机中，为使曲轴安装方便，采用这种结构比较合适。对于多缸发动机，则须采用盘形滚动轴承作主轴承，结构比较复杂，机体显得笨重。国产 135 系列柴油机就是采用这种结构。

一般的机体（图 3—3c），其特点是曲轴箱剖分平面与主轴承剖分面基本上重合。这种结构的机体质量轻，但刚度较差，所以只适于轻型车用汽油机（如 490Q 型）。

风冷式内燃机通常采用单体气缸结构，其气缸体与曲轴箱分开制造。为了提高曲轴箱的刚度，大多采用龙门式或隧道式曲轴箱。为使发动机得到充分冷却，在气缸体和气缸盖外表面铸有许多散热片（图 3—4），以增加散热面积。

关于主轴承部分的结构和主轴承盖，在多缸发动机中绝大多数采用有主轴承盖的剖分式结构。为增加主轴承盖的强度和刚度，其断面形状一般做成“I”形或“T”形，也有的设有加强筋。

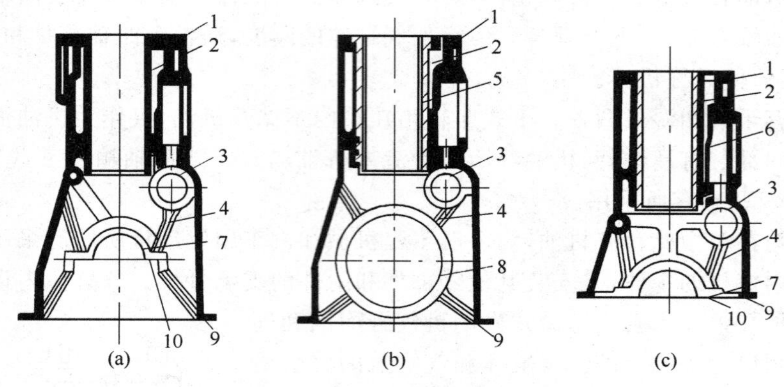

图 3—3 机体的结构型式

(a)龙门式机体；(b)隧道式机体；(c)一般的机体。

1—气缸体；2—水套；3—凸轮轴轴承座；4—加强筋；5—湿式缸套；6—干式缸套；7—主轴承座；8—主轴承座孔；9—机体底平面；10—主轴承盖接合面。

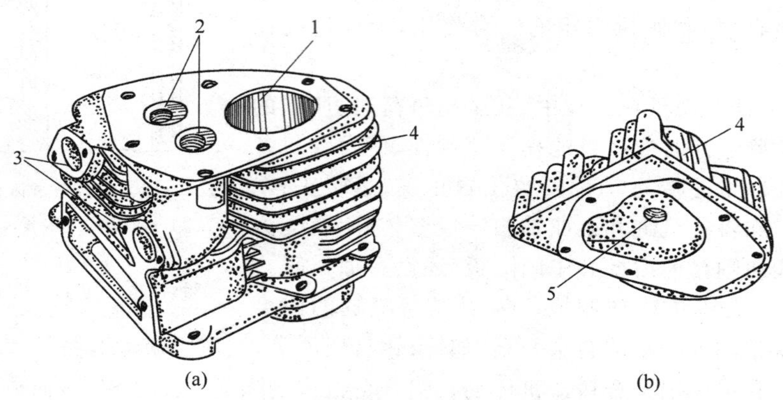

图 3—4 风冷式内燃机的气缸体和气缸盖

(a)气缸体；(b)气缸盖。

1—气缸；2—气门座；3—进、排气管安装凸缘；4—散热片；5—火花塞孔。

2. 气缸与气缸套

气缸内壁与活塞顶、气缸盖底面共同构成燃烧室，其表面在工作时与高温高压燃气及温度较低的新鲜充量交替接触。由于燃气压力和温度的影响，使材料内部产生很大的机械应力和热应力。气缸内壁同时对活塞的往复运动起导向作用，另外由于侧向力的作用，以及摩擦表面之间的相对高速运动，还使气缸表面遭受磨损。在一般情况下，磨损问题比强度问题更为突出。通常我们就是根据气缸壁面的磨损情况来决定发动机的大修期限的。

为了提高气缸表面的耐磨性而又不增加机体的成本，较合理的方法是用耐磨性和强度较好的材料制成气缸套，装入机体。

只有在负荷比较轻而缸径又不大的汽油机中，为使结构紧凑，才不另外安装气缸套，而直接以机体上的镗孔作为气缸内壁。对于柴油机和强化程度较高的汽油机，普遍的都在机体内装有气缸套。这样整个机体就可以用成本较低，加工比较容易的材料制造。铝合金机体的发动机一般也装有气缸套。

气缸套有干式和湿式两种，如图 3—5 所示。

干式缸套(图 3—5a)是壁厚为 1～3 mm的薄壁圆筒，其特点是缸套的外表面不与冷却水直接接触。采用干式缸套结构的优点是机体刚度较好，不存在冷却水密封问题，而且气缸中心距可以缩短；缺点是缸套的散热条件不如湿式缸套好，加工面增加，成本高，拆装困难，一般多用于汽油机(如 CA6102 型)。高速柴油机也有采用干式缸套的。

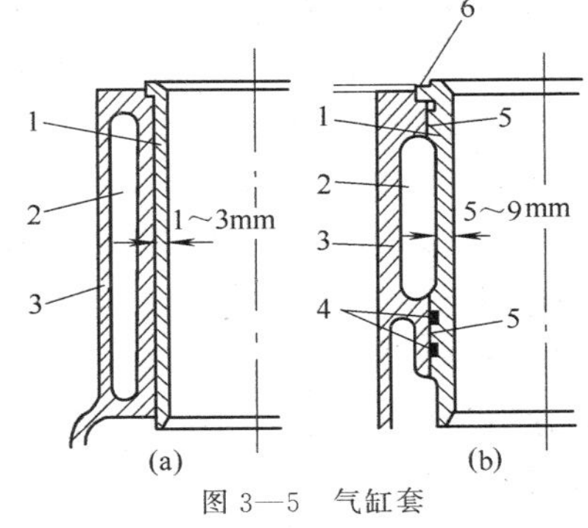

图 3—5　气缸套
(a)干式缸套；(b)湿式缸套。
1—气缸套；2—水套；3—气缸体；
4—气缸套封水圈；5—圆环带；6—凸缘。

湿式缸套(图 3—5b)是壁厚为 5～9 mm的圆筒，其特点是缸套外表面直接与冷却水接触。湿式缸套的优点是散热好，装拆方便；能简化机体的铸造工艺，在柴油机中广泛应用。缺点是机体的刚度较差，漏水的可能性比较大。湿式缸套在汽油机中也有采用。

湿式缸套因外壁直接与冷却水接触，所以在缸套的外表面制有两个凸出的圆环带 5，以保证气缸套的径向定位和密封。缸套的轴向定位利用上端的凸缘 6。凸缘 6 下面装有密封铜垫片。缸套外表面的下凸出圆环带上装有 1～3 个耐热耐油的橡胶封水圈，有的发动机则把封水圈安装在机体上。缸套装入机体后，其凸缘顶面应略高于机体顶面(一般约高 0.06～0.15 mm)，以使气缸盖能压紧在缸套上。

有的发动机在气缸套下端开有切口，以保证连杆在其最大倾斜位置时不致与缸套相碰。

气缸套的材料目前广泛采用高磷铸铁，其耐磨性好，成本也不高。近年来发展了一种硼铸铁缸套，它的耐磨性比高磷铸铁还好，铸造性亦好，材料也不脆。有的发动机采用铌合金铸铁缸套，其耐磨性能良好(如 CA6102 型汽油机)。

为了提高气缸套的耐磨性，其内表面通常进行热处理，主要的方法有表面淬硬、镀铬、氮化和喷镀等。一般在内表面还加工有珩磨网纹，以利于储油。缸套外表面与冷却水接触部分用镀镉、镀锌或乳白镀铬等方法进行防蚀处理。

二、气 缸 盖

1. 气缸盖的功用和材料

气缸盖的功用是封闭气缸上部，与气缸上部及活塞顶构成燃烧室。气缸盖用螺栓紧固在机体上。

气缸盖上根据不同情况装有进排气门、气门摇臂和喷油器(或火花塞)等零部件，并布置有进、排气道。水冷式内燃机的气缸盖内部铸有冷却水套。有些柴油机还在气缸盖上布置有涡流室或预燃室以及起动辅助机构。汽油机的燃烧室是布置在气缸盖上的。顶置气门汽油机的缸盖比侧置气门的要复杂些。

气缸盖承受高的气体压力和热负荷，还承受气缸盖螺栓的预紧力，其热应力和机械应力均较严重。

气缸盖因为形状复杂，一般是由铸件加工制成，常用的材料为优质灰铸铁。铸铁缸盖的机械强度和耐热性能都较好，在大型或强化柴油机中有采用合金铸铁或球墨铸铁的。在汽油机

(如 492Q 型)和有特殊要求的柴油机上也有采用铝合金气缸盖的。铝合金的导热性比铸铁好,所以采用铝合金气缸盖的发动机,可以稍许提高压缩比。铝合金气缸盖的主要缺点是刚度低,使用中容易变形。

2. 气缸盖的结构

多缸发动机气缸盖的结构型式有一缸一盖的单体缸盖,两缸或三缸共一盖的块状缸盖和一列气缸共用的整体缸盖等。整体缸盖广泛应用于汽油机中,其优点是零件数少,可以缩短气缸中心距和发动机的总长度,结构较紧凑。缺点是刚性较差,受热和受力后易变形而影响密封,使用维修时整个更换也不经济。单体缸盖的优点是刚性好,变形小,密封问题易解决,便于系列化,机械加工和使用维修均较方便,更换也经济;其缺点是零件数增多,发动机总质量及长度也有所增加,这种气缸盖多用于大型或强化柴油机上。块状缸盖的优缺点介于上述二者之间,多用于载重汽车和工程机械柴油机上。图 3—6 示出了国产 6130 型柴油机的气缸盖结构。

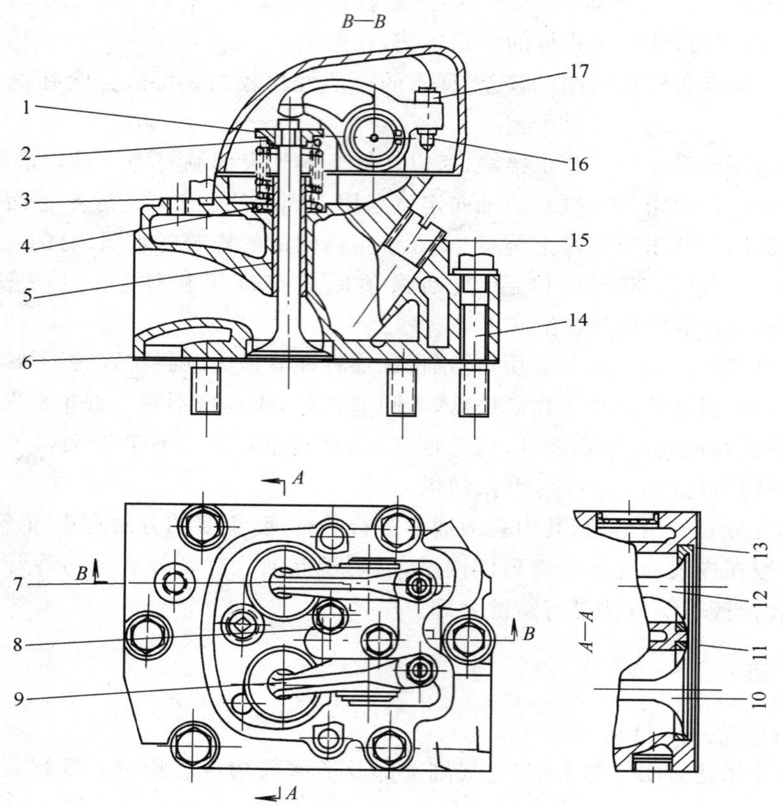

图 3—6　6130 型柴油机的气缸盖

1—气门锁夹;2—气门弹簧座;3—气门内弹簧;4—气门外弹簧;5—气门导管;
6—气缸垫;7—排气门摇臂;8—摇臂轴;9—进气门摇臂;
10—进气门;11—进气门座;12—排气门;13—排气门座;
14—气缸盖螺栓;15—压紧螺钉;16—调节螺钉;17—调节螺母。

柴油机气缸盖的热负荷十分严重,其底面的温度分布极不均匀,且沿厚度方向存在很大的温差。通常在进、排气门座之间的鼻梁区和气门座与燃烧室(或喷油器)之间的三角区等热应力严重的部位,易因热疲劳而产生裂纹。因此加强这些部位的冷却是十分重要的。例如,135 系列柴油机就在气缸盖里埋铸有喷水管,用喷水管来组织冷却水的“定向冷却”。

汽油机由于所承受的负荷较低，气缸盖的热负荷不太严重，一般还不致出现热疲劳裂纹。

3. 气缸盖螺栓的拧紧

为了保证气缸盖与机体间的结合紧密，各处压力均匀，气缸盖螺栓必须按一定的顺序以规定的扭矩拧紧。气缸盖螺栓的拧紧一般应由中央向四周均匀交替地逐次进行。对铸铁气缸盖，为防止螺栓受热后伸长较多而影响紧度，一般在冷车时拧紧螺栓后，还要在发动机走热后再拧紧一次。

气缸盖螺栓受力严重，一般用优质中碳钢(45 号)或合金钢(如 40Cr)制造，并经调质处理。

三、气缸盖垫片

气缸盖垫片装于气缸体和气缸盖接合面之间，用以保证气缸体与气缸盖间的密封，使发动机不漏气、不漏水、不漏油。

常用的气缸盖垫片为金属—石棉缸垫，如图 3—7 所示。这种气缸盖垫片的外廓尺寸与缸盖底面相同，厚度约 1.2～2.2 mm；缸垫的内部是石棉纤维(夹有碎铜丝或钢屑)，外面包以铜皮或钢皮；水、油孔和气缸孔周围另加镶边增强。这种缸垫弹性大，可重复使用。

在强化或增压发动机上，常用塑性金属(如硬铝板、冲压钢片或一叠薄钢片等)制成的金属衬垫[如卡特彼勒(Caterpillar)3300B 系列柴油机]作气缸盖垫片。金属衬垫强度好、耐烧蚀能力强，但油孔、水孔要采用专门的密封。

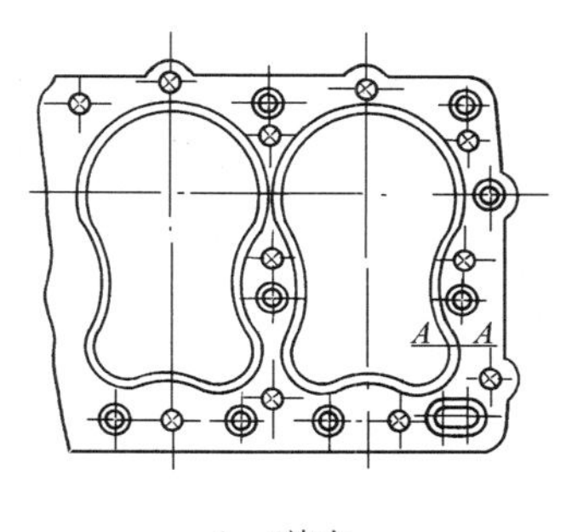

A—A放大

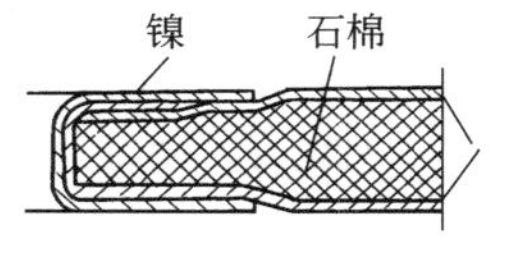

⊗— 螺栓孔　　◎— 水孔

图 3—7　气缸盖垫片

四、油 底 壳

油底壳(下曲轴箱)的功用是储存润滑油，并密封曲轴箱。油底壳一般用薄钢板冲压制成(图 3—8)，也有用铸铁或铝合金铸成的。有的油底壳外面设有散热片，用来加强对润滑油的冷却，防止油温过高。为防止润滑油激溅，油底壳中多设有稳油板。油底壳底部装有放油塞，有的放油塞还带有磁性，可吸附润滑油中的铁屑，以减轻运动件的磨损。一般油底壳后部深度较大，且底面呈斜面，以保证车辆在爬坡时机油泵能够吸油。工程机械用柴油机油底壳中往往装有双级吸油盘和双级机油泵，以保证在前后倾斜较大的情况下也能正常供油。

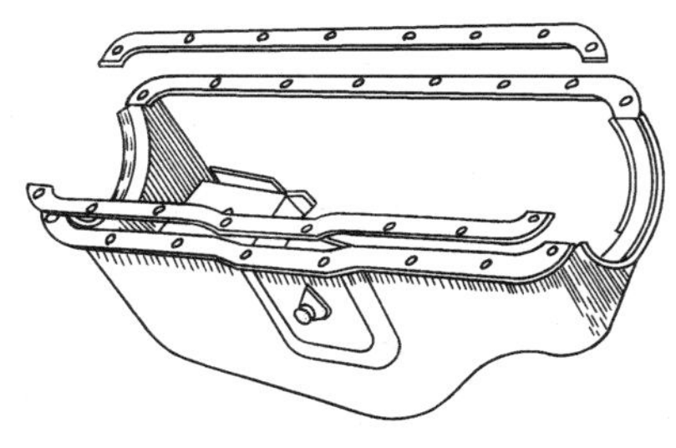

图 3—8　油底壳

五、发动机的支承

发动机的支承随其用途的不同而异。固定式发动机多以机体上 4 个支承点刚性地固定在基座上。车用发动机一般是通过气缸体和飞轮壳或变速器壳弹性地支承在车架上。支承是做成弹性的，这是为了消除在车辆行驶中车架的变形对发动机的影响，以及减少传给底盘和乘员的振动和噪声。支承点有 3 点或 4 点两种。3 点支承可布置成前面两点，后面一点；也可以前面一点，后面两点。4 点支承，即前后各两个支承点，对于容易发生较大变形的工程机械底盘不宜采用。

第二节　活塞连杆组

活塞连杆组由活塞、活塞环、活塞销及连杆等组成。图 3—9 所示为国产 135 系列柴油机的活塞连杆组。

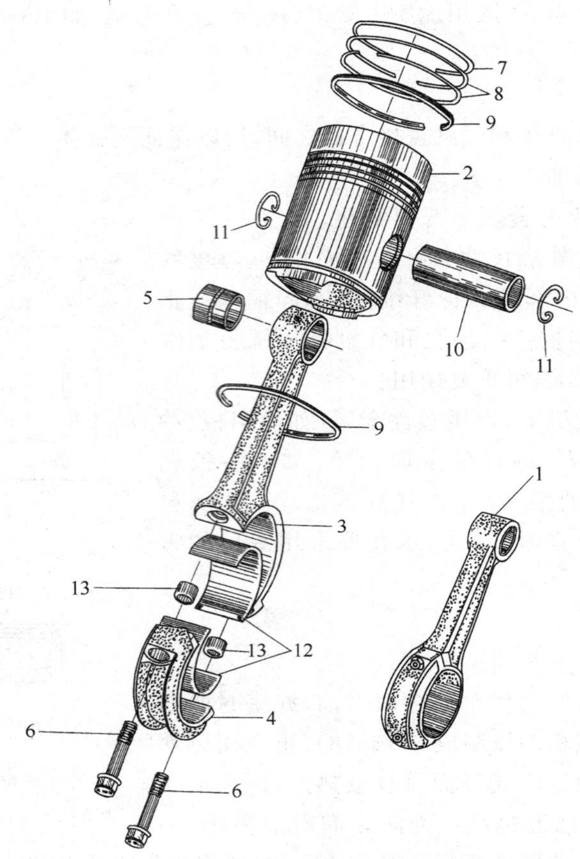

图 3—9　135 系列柴油机活塞连杆组

1—连杆总成；2—活塞；3—连杆；4—连杆盖；
5—连杆衬套；6—连杆螺钉；7、8—气环；9—油环；
10—活塞销；11—活塞销挡圈；12—连杆轴瓦；13—定位销套。

一、活　　塞

1. 活塞的功用、工作条件及对活塞的要求

活塞用来承受燃气的压力，并经过连杆将力传给曲轴。活塞是发动机中工作强度最高的机件之一。

活塞直接承受燃气的高温（可达2 280～～2 780 K）和高压（最高燃烧压力汽油机可达 5～9 MPa，柴油机可达 8～18 MPa）作用。作功行程中，燃气作用在活塞上的力是很大的。假设一个汽油机的气缸直径为90 mm，作功行程开始时燃气压力为4 MPa，则作用在活塞顶上的力约为25 kN。柴油机的燃烧压力更高，活塞所受的机械负荷会更大。因此，活塞必须有足够的

强度和刚度。

活塞在气缸里工作时，顶面承受高温燃气的加热，因而其温度也很高(可达 580～680 K)，这会使材料的机械强度显著下降。活塞不仅温度高，而且温度分布很不均匀，各点之间有很大的温度梯度，这就会引起热应力。柴油机活塞的热负荷尤其严重。因此，活塞应有足够的耐热性，要尽量减小活塞的受热面，加强活塞的冷却，适当增大传热面，使活塞顶部的最高温度下降。

活塞在气缸中的运动是不等速的高速往复直线运动，这样便会产生往复惯性力。往复惯性力的大小与活塞的质量及发动机的曲轴转速有关，它可以达到非常大的数值，特别是在近代高速柴油机上。为了减小往复惯性力，必须尽可能地减轻活塞的质量。

活塞是在高温、高压、高速(活塞平均速度可达 10～15 m/s)的条件下工作的，其润滑条件较差，活塞与气缸壁间摩擦严重。为减小磨损，活塞表面必须耐磨。

2. 活塞的结构和材料

活塞的基本构造可分为顶部、头部、裙部和销座 4 部分(图 3—10)。

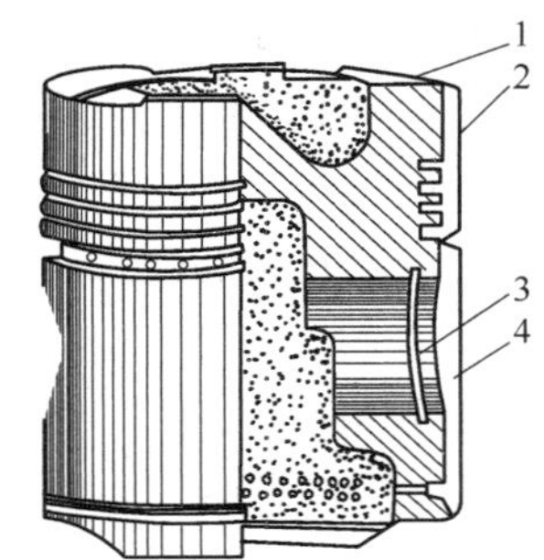

图 3—10　活塞的结构
1—顶部；2—头部；
3—销座；4—裙部。

(1)顶部。它是构成燃烧室的一部分，其结构形状与发动机及燃烧室的型式有关。图 3—11 示出了不同的顶部结构形状。汽油机一般采用平顶活塞(图 3—11a)。平顶的优点是制造简单，受热面积小。凸顶活塞(图 3—11b)主要用于二冲程汽油机，凸顶可以帮助驱赶气缸中的废气。

柴油机的活塞顶部由于要形成特殊形状的燃烧室，所以形状比较复杂，一般都制有各种各样的凹坑(图 3—11c 及 d)。有的柴油机为避免气门与活塞顶的碰撞，在顶部还制有浅的气门避碰凹坑(见图 3—11d)。也有的汽油机(如 CA6102 型)在活塞顶部制有浅盘形凹坑。

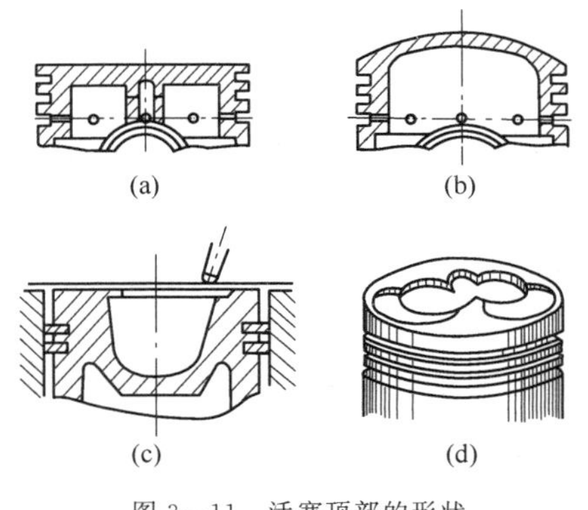

图 3—11　活塞顶部的形状

柴油机活塞所受的热负荷大(尤其是直接喷射式柴油机)，往往会引起热疲劳裂纹，因此有的柴油机可从连杆小头上的喷油孔喷射机油，以冷却活塞顶内壁。也有的柴油机在机体里设有专门的喷油机构，亦可起到同样的作用。

活塞顶部因承受燃气压力，所以一般比较厚；有的活塞顶下面还制有加强筋。

(2)头部。活塞头部的壁要加厚，因为在它上面切有活塞环槽。最下面的 1～2 道是油环槽，其余为气环槽。油环槽的底面钻有许多小孔，以便油环从气缸壁上刮下多余的润滑油从小孔流回曲轴箱。

有的汽油机活塞在第一道环槽的上方开有一道狭槽(隔热槽)，以限制传给第一道环的热量(图 3—12)。还有的柴油机活塞，为了减小第一道环槽的磨损，在该环槽中镶嵌了耐热耐磨的环槽护圈(图 3—13)。这种结构在近代高速柴油机上得到了较多的应用。

也有的柴油机活塞镶嵌有两道环槽护圈(如 3300B 系列)。

有的发动机，在活塞顶面至第一道环槽之间，有时一直到以下几道环槽处，常加工出很多细小的环形槽(图 3—14)。这种细小的环形槽可以因积炭而吸附润滑油,在失油工作时可防止活塞与气缸壁的咬合,故称之为积炭槽。

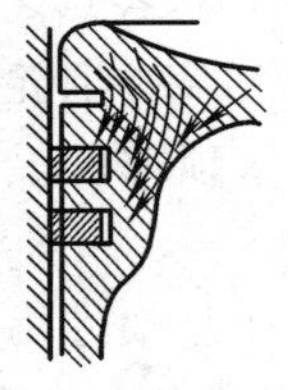
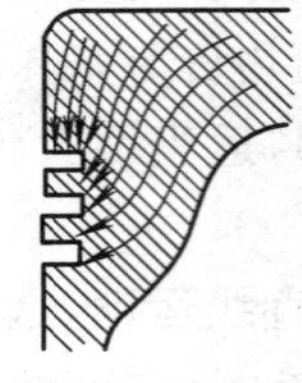

图 3—12 隔热槽

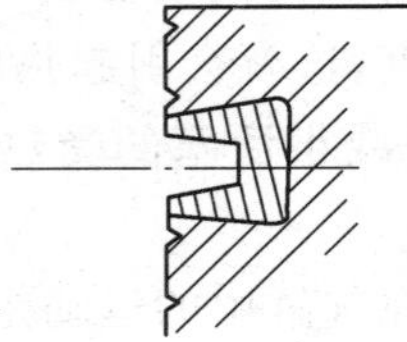

图 3—13 环槽护圈

(3)销座。销座用以安装活塞销。活塞所受的力通过销座传递,所以销座部分必须加厚。销座与顶部之间往往还有加强筋,以增加刚度。

(4)裙部。活塞头部最低一道环槽以下的部分称为裙部。它的作用是为活塞导向并将活塞的侧向力传给气缸壁。裙部的长度即依侧向力的大小而定。柴油机的侧向力较大,其活塞裙部也就较长。有的发动机为了减轻活塞的质量,常把裙部不承受侧向力的两边切去一部分。

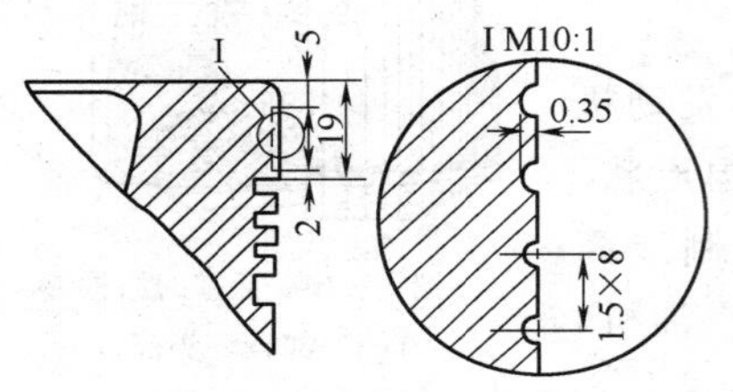

图 3—14 活塞头部的积炭槽

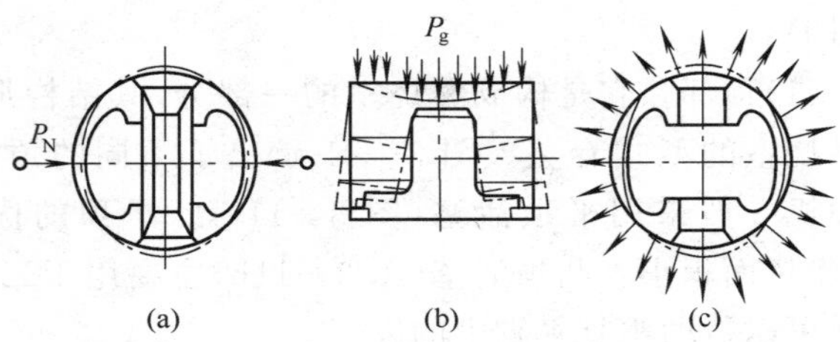

图 3—15 活塞裙部的变形

活塞在工作时,裙部会由于一些原因而产生变形。活塞裙部变形的原因,可用图 3—15 来说明。气体压力 P_g 作用在活塞顶上,使裙部直径沿活塞销座轴线方向增大(图 3—15b);裙部在侧向力 P_N 的作用下,也使裙部直径在同一方向增大(图 3—15a);尤其是活塞销座附近金属较厚,热膨胀量大,更使裙部直径在沿活塞销座轴线方向增大(图 3—15c)。

活塞通常用铝合金或铸铁制成。铸铁活塞的优点是:耐磨、强度高,在高温时强度降低不多,热膨胀系数较小,成本低。它的缺点是:质量大,导热性差。铝合金活塞与铸铁活塞相比,其优点是质量轻而导热性好(即导热系数大,铝合金活塞的导热性约比铸铁活塞的大 3～4 倍)。所以,采用铝合金活塞可使往复惯性力减小而活塞在工作时的温度减低,这就使发动机可能采用较高的转速和压缩比。实践证明,采用铝合金活塞具有较多的优点。因此,中小型高速内燃机都广泛使用铝合金活塞,其中以共晶硅铝合金应用最多。

有的缸径较大的强化柴油机,常采用组合活塞。活塞头部由钢或高强度合金铸铁制造,活塞裙部由铝合金制成,两者用螺栓连接。这时活塞头部可布置足够大的冷却腔,由从连杆经活塞销供给的机油冷却。

铝合金活塞应经热处理,以提高其耐磨性。有的活塞裙部还镀有薄的锡层或喷涂石墨,以加速裙部的磨合。还有的发动机,对活塞表面进行了阳极氧化处理,以提高其耐磨性、耐蚀性和耐热性。

但是,采用铝合金活塞也带来了缺点,这就是铝合金的热膨胀系数比铸铁的大 1～1.5 倍,如果活塞与气缸壁间的间隙过小,在工作中就可能出现活塞在气缸中滞住或刮伤气缸壁(拉缸)的现象。为防止活塞滞住,就需要在活塞与气缸壁间留出较大的间隙。但间隙一大,在冷车起动时活塞又会敲击气缸，而且还会漏气和窜机油。为解决这一矛盾，必须设法使活塞各部位与气缸壁之间都有大小合适的间隙(因活塞各部位由于温度不同等原因，其膨胀大小也不一样)，而且在发动机冷车或热车时，这个间隙(主要指活塞裙部与气缸壁间的间隙)的变化应不大。为此，在活塞的结构上采取了以下各种措施。

(1)把活塞制成直径上小下大的阶梯形或截锥形

活塞不同部位因受热程度不同，所以其温度也不一样(顶部最高，裙部下端最低)，而且活塞头部也比裙部厚，这就使得活塞上部的热膨胀量大于活塞下部。所以，应把活塞制成上小下大的阶梯形或截锥形(图3—16)，以使它在气缸中工作时上下的间隙近于均匀。

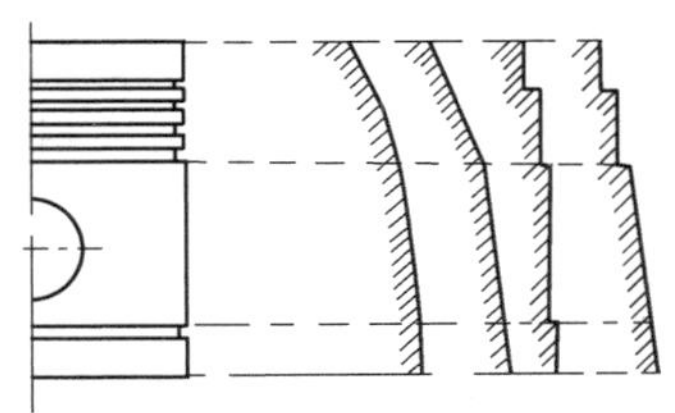

图 3—16　活塞的几种外圆表面形状(放大)

(2)将活塞裙部制成椭圆形，其长轴与活塞销座轴线方向垂直

发动机工作时，活塞裙部在销座轴线方向的尺寸增长较大。如果活塞在冷状态下是正圆形的，那么工作中在热状态下就会变成椭圆形，其长轴在销座的轴线方向，也就是在销座的轴线方向会变大一些。因此，常将活塞裙部预先制成椭圆形，椭圆形的长轴与活塞销座轴线方向垂直(也就是在销座轴线方向要短一些)。椭圆形的长短轴相差一般为 0.3～1.2 mm。这样，工作中在热状态下，裙部就可接近正圆形，以使裙部周围的间隙接近均匀。

有的发动机(如 CA6102 型汽油机)将活塞裙部制成变椭圆桶形，这样可以改善整个裙部的接触状况，使裙部有足够的接触面积。而且桶形裙部与缸壁接触时可形成双向楔形油膜，以保证裙部有良好的润滑。

(3)在活塞裙部切槽

汽油机的铝合金活塞常在裙部上端，或者最下一道油环槽底切出一段横槽，以减少从头部传到裙部的热量，从而使裙部的热膨胀量有所减小。这样的横向隔热槽一般都开在销座的左右两边，对于从活塞顶到活塞销的传力影响不大。横槽还可兼作油环的泄油通道。另外，还在裙部开一道或两道纵向直槽，与上述横槽连通，形成 T 形或∏形(参看图 3—17)。这样可使裙部具有一定的弹性，从而可使冷状态下的装配间隙尽可能小，而在热状态下又因直槽的补偿作用，活塞不致在气缸中滞住，所以直槽又称为补偿槽。纵向槽可以是贯通直切到裙底的或不贯通的。当然，切槽会使活塞的强度和刚度下降，而且顶部易于过热。

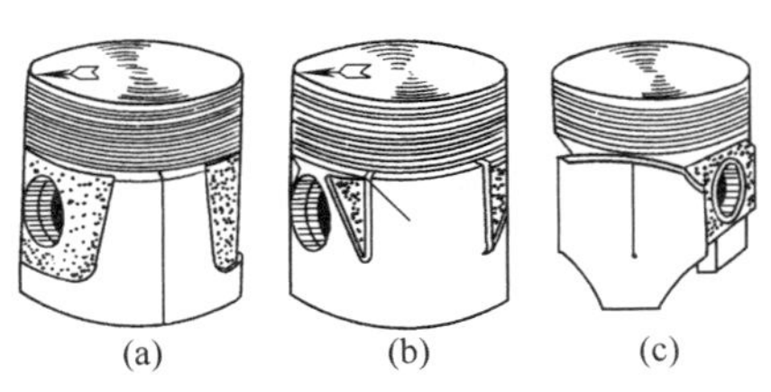

图 3—17　活塞裙部切槽形式

活塞裙部切槽时，通常在槽的交点或终点还做有一圆孔，以避免应力集中。

裙部开有纵槽的活塞，在安装时应使纵槽朝向气缸的作功行程时不受侧向力的一边，即从发动机自由端看去的右侧。许多发动机为此在活塞上作有标志，以防装错。

柴油机活塞由于所承受的气体压力大，强度及刚度要求高，而工作平顺性要求稍低，所以裙部一般不开槽，只是将活塞作成阶梯形或截锥形，并采用椭圆形裙部，故柴油机活塞与气缸壁间的配合间隙比汽油机的大。

(4)在活塞中镶铸膨胀系数小的钢片

有些汽油机的铝合金活塞的裙部，在销座所在的两侧镶铸入膨胀系数小的钢片(如恒范钢片等)，用来牵制裙部的热膨胀，以减少裙部的热膨胀量，从而可使活塞在气缸中的装配间隙尽可能小而又不致滞住。东风 EQ1092 型汽车发动机的活塞就是镶有恒范钢片的。图 3—18 示出了镶钢片活塞的结构。

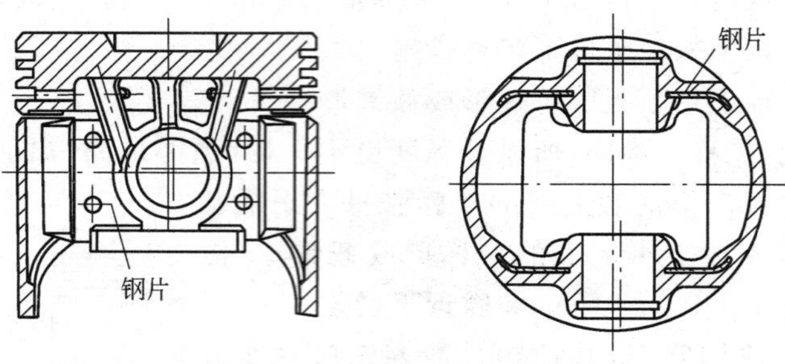

图 3—18 镶钢片活塞

有的发动机,活塞销轴线不与活塞轴线相交,而是向作功行程中承受侧向力的一面偏移 1~2 mm。如果活塞销中心布置的话(即销轴线与活塞轴线相交),则活塞越过上止点侧向力的作用方向改变时,活塞与气缸发生拍击(图 3—19a),产生噪声,缩短活塞的寿命。若把活塞销偏心布置(图 3—19b),则能使瞬时的过渡变成分步的过渡,并使过渡时刻先于达到最高燃烧压力的时刻,因此改善了发动机工作的平顺性。

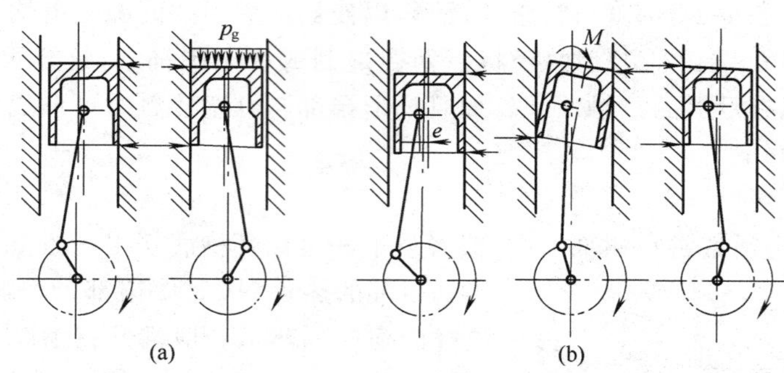

图 3—19 活塞销偏心布置减轻敲缸

(a)活塞销中心布置;(b)活塞销偏心布置。

二、活 塞 环

1. 活塞环的功用、工作条件和对活塞环的要求

活塞环按其主要功用的不同,分为气环和油环两种。装在活塞头部上端的是气环,下端的 1~2 道是油环。气环与油环的功用和结构是不同的。

气环主要有两个功用:一是用来保证气缸的密封,尽量使气缸内的气体不漏入曲轴箱;二是将活塞上部的热量传给气缸壁(因活塞头部并不接触气缸壁)。

油环的功用是将气缸表面多余的润滑油刮下,不让它窜入燃烧室,同时使气缸壁上润滑油膜均匀分布,改善活塞组的润滑条件。

活塞环随活塞作往复直线运动,其运动速度很高,而且是在高温下工作的,润滑条件较差,特别是第一道环。高温使环的机械性能降低,弹性下降,而且会引起润滑油的炭化。凡此种种,都说明活塞环的工作条件是很不利的,磨损也较严重。

活塞环应有足够的弹力,使环的外圆表面紧贴在气缸壁上。它的端面(即活塞环上下两端

与环槽接触的面）应平整光滑，与活塞环槽的端面良好贴合（活塞下行时应与环槽上端面良好贴合，上行时应与环槽下端面良好贴合），这样才能起到密封、传热或刮油的作用。而且因为环的工作温度较高（第一道环可达625 K或更高，其余的环平均在 475～525 K以上），所以活塞环应能在高温下保持足够的机械强度和弹性，还应有很好的耐磨性。此外，也要便于加工并应尽可能减小对气缸壁的磨损。活塞环的材料、结构和加工方法的选择都应尽量满足上述要求，从而延长其使用寿命。

2. 活塞环的结构和材料

活塞环是开口的圆环。通常用优质灰铸铁或合金铸铁制成，近年来第一道气环也有用球墨铸铁或钢制成的。在自由状态时，环的外径略大于气缸直径，装入气缸后，产生弹力压紧在缸壁上，此时开口处应保留有一定的间隙（称为开口间隙或端隙，通常汽油机为 0.2～0.6 mm，柴油机为 0.4～0.8 mm），以防止活塞环受热膨胀时卡死在气缸中。活塞环装入环槽后，在高度方向也应有一定的间隙（称为侧隙或边隙，通常汽油机为 0.04～0.08 mm，柴油机为 0.08～0.16 mm）。当活塞环安装在活塞上时，应按规定将各环的开口处互相错开（一般是互相错开 180°或 120°），以免漏气。

气环的封气原理，如图 3—20 所示。气环外圆表面依靠环本身的弹力和膨胀行程时形成的活塞环背压与气缸壁面紧紧贴合。活塞往复运动时，活塞环依次贴合在环槽的上下端面上，只有少量的气体在环的切口处通过。由于活塞上气环和油环的开口位置互相错开，形成“迷宫式”的封气结构，使窜过活塞环的气体压力迅速下降，从而有效地形成对气体的密封作用。

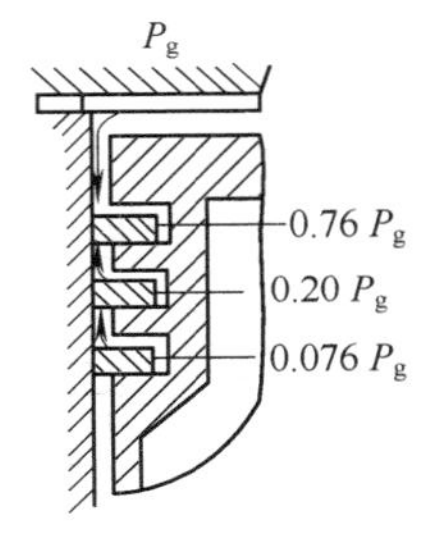

图 3—20　气环的封气原理

第一道气环直接与高温高压气体接触，环的背压也最大，使其对缸壁压得特别紧，高温下的润滑条件又极差，因而第一道环的磨损也最严重。所以常在第一道气环表面镀上多孔性铬层，以提高耐磨性。有的在第二道气环或全部活塞环的表面均镀上多孔性铬层（如康明斯 N 系列发动机），这样活塞环的使用寿命更高。也有的在第一道气环表面喷镀上钼层。实践证明，喷钼环的耐磨性好，耐熔着性能（即抗拉缸性）比镀铬的好。第二、三道气环有时镀锡或磷化处理，以加速磨合及提高耐蚀性（如 6135 型柴油机）。

气环的基本断面形状是矩形（图 3—21a）。矩形环易于制造，应用广泛，但磨合性较差，不能满足发动机强化的要求。

有的发动机采用锥面环结构（图 3—21b 及 c）。这种环的工作表面制成 0.5°～1.5°的锥角，以使环的工作表面与缸壁的接触面小，因而可以较快地磨合。锥角还兼有刮油作用。但锥面环的磨损较快，影响使用寿命。CA6102 型汽油机的第二道气环是锥面环。

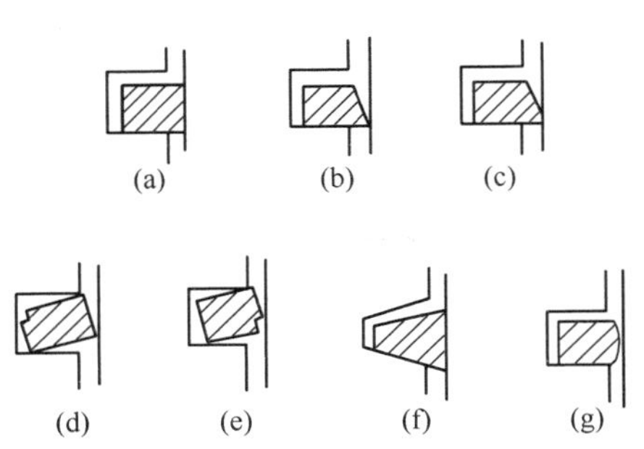

图 3—21　气环的断面形状
(a)矩形环；(b)、(c)锥面环；
(d)、(e)扭曲环；(f)梯形环；(g)桶面环。

有些发动机采用扭曲环。如图 3—21(d)及(e)所示，扭曲环的内圆上边缘或外圆下边缘切去一部分，形成台阶形断面。这种断面内外不对称，环装入气缸受到压缩后，在不对称内力的作用下，产生明显的断面倾斜，使环的外表面形成上小下大的锥面。这就减小了环与缸壁的接触面积，使环易于磨合，并具有向下刮油的作用。而且环的上下端面与环槽的上下端面在相应的地方接触，既增加密封性，又可防止活塞环在槽内上下窜动而造成的泵油和磨损。这种环目前使用较广泛。安装扭曲环时，必须注意它的上下方向，不能装反，内切口要朝上，外切口要朝下。

在一些热负荷较大的发动机上，为了提高气环的抗结焦能力，常采用梯形环(图 3—21f)。这种环的端面与环槽的配合间隙随活塞在侧向力作用下作横向摆动而改变(见图 3—22)，能将环槽中的积炭挤碎，防止活塞环结胶卡住。3300B 系列柴油机的气环就是用的梯形环。

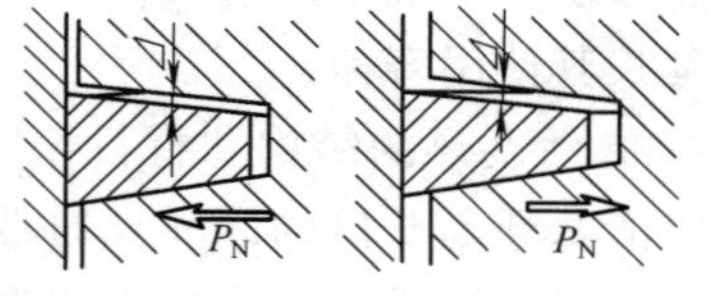

图 3—22 梯形环的作用原理

还有一种桶面环(图 3—21g)，它的工作表面呈凸圆弧形，其上下方向均与气缸壁成楔形，易于磨合，润滑性能好，密封性强。这种环已普遍用于强化发动机上。CA6102 型汽油机的第一道气环即采用桶面环。

发动机工作时，一部分在气缸壁上的润滑油会窜入燃烧室。气环在环槽中上下留有侧隙，背后也有间隙。这些间隙的存在，导致了气环的泵油作用(图 3—23a)。当活塞向下运动时，在环与缸壁间的摩擦力和环的惯性力作用下，环就紧压在环槽的上端面，于是润滑油进入环下面和环背后的间隙中。当活塞向上运动时，环又压向环槽的下端面，便把润滑油挤压向上。如此反复进行，润滑油就被泵入燃烧室。

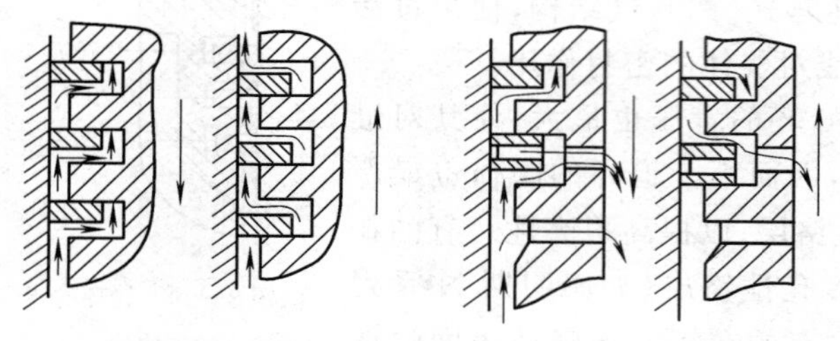
图 3—23 气环的泵油作用和油环的刮油作用
(a)通过气环的油的流动；(b)油环刮油作用。

润滑油进入燃烧室后形成积炭，影响燃烧过程的正常进行，且有时使火花塞沾油不能发火或使喷油器喷孔堵塞，同时也增多了润滑油的消耗。为避免(或尽量减弱)这种泵油现象，因而在活塞上还装有油环。油环的一般结构形式(普通油环)基本上与矩形断面气环相似，所不同的是在环的外圆柱面中间有一道凹槽，在凹槽底部加工出很多穿通的排油小孔或狭缝。当活塞往复运动时，气缸壁上多余的润滑油就被油环刮下，经油环上的排油孔和活塞上的回油孔流回曲轴箱(图 3—23b)。

图 3—24 所示为普通油环的断面形状。一般发动机的油环多采用图 3—24(f)所示的结构。有些发动机的油环，在工作表面的单向或双向，同向或反向倒出锥角(图 3—24a、b、c)，以提高刮油能力。有的发动机将油环工作表面加工成鼻形(图 3—24d)，其刮油能力更好。也有的发动机将两片单独的油环装在同一环槽内(图 3—24e)，其作用不仅能使回油通道增大，而且由于两个环片彼此独立运动，较能适应气缸的不均匀磨损和活塞摆动。

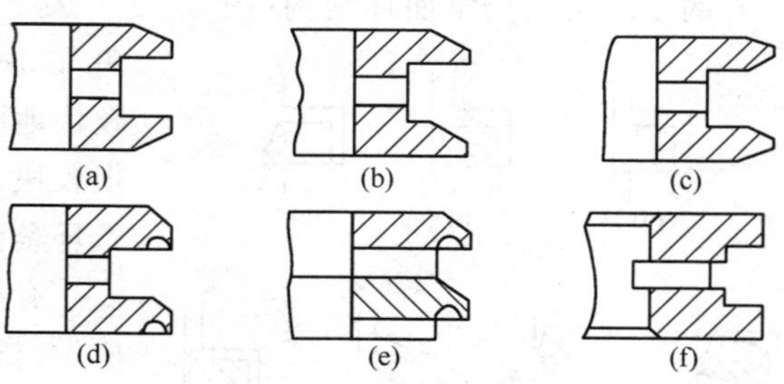

图 3—24 普通油环的断面形状
(a)、(b)、(c)倒角的油环；
(d)鼻形油环；(e)合装油环；(f)一般油环。

上面所述的是普通油环的结构形式。还有的发动机采用一种钢片组合油环，它是由几片薄片状的片簧(刮片)和波纹形的衬簧共放在一个油环槽中以组成一根(组)油环的。图3—25是国产6120Q型柴油机所用过的钢片组合油环,它是由3片片簧和两个衬簧(一个轴向、一个径向)组成的,两片片簧放在轴向衬簧上面,一片放在轴向衬簧下面。轴向衬簧用以保证环与环槽间的侧隙。径向衬簧放在环槽底部,安装时几片片簧的开口处也应互相错开。这种环的片簧采用合金钢制成,在与缸壁接触的外圆表面须镀铬处理。

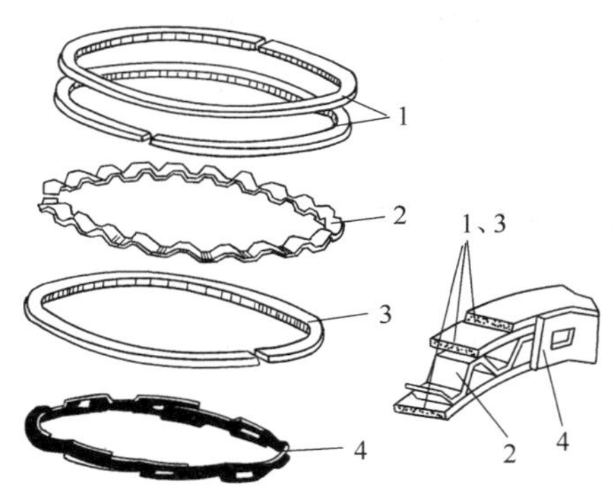

图3—25　钢片组合油环
1、3—片簧;2—轴向衬簧;4—径向衬簧。

钢片组合油环的摩擦件(片簧)与弹力件分开,能避免磨损后弹力减弱而引起刮油能力下降的情况,同时又具有双片油环的特点。

目前在高速内燃机(如CA6102型)上广泛采用在普通油环内装螺旋弹簧的涨圈油环(图3—26),这种油环的作用与钢片组合油环相似,制造安装也比较方便。

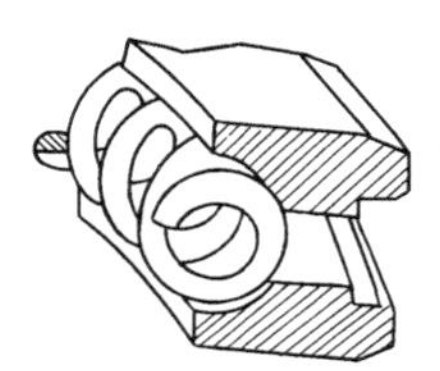
图3—26　弹簧涨圈油环

活塞环的数目主要与发动机的转速,气缸内的气体压力等有关。在保持活塞环的密封能力和导热能力的前提下,减少环的数目有利于降低摩擦损失和改善磨合性能。目前在高速内燃机上广泛采用二道气环和一道油环的三环结构。CA6102型发动机和3300B系列柴油机就是采用三环活塞。

三、活 塞 销

活塞销用来连接活塞和连杆,它承受活塞运动时的往复惯性力和气体压力,并传递给连杆。活塞销的中部穿过连杆小头孔,两端则支承在活塞销座孔中(图3—27)。

活塞销在高温下承受很大的周期性冲击负荷,且润滑条件较差(一般靠飞溅润滑)。由于这样的工作条件,所以对于活塞销的材料、机械加工、热处理和结构都提出较高的要求。

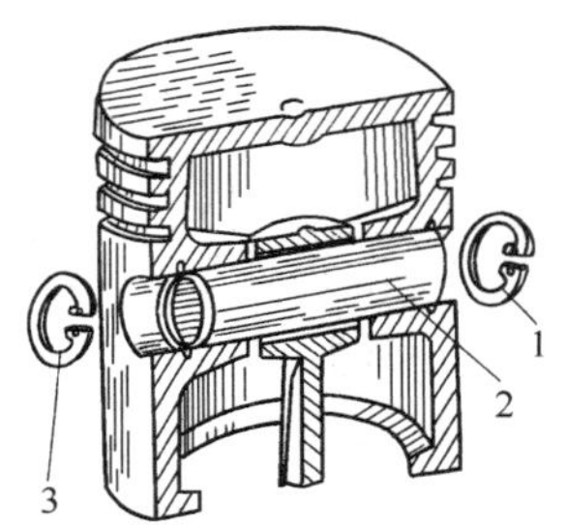

图3—27　活塞销的连接方式
1、3—活塞销挡圈;2—活塞销。

活塞销应要求强度高,其外表面硬而耐磨,材料内部韧而抗冲击;为减小往复运动的惯性力,质量应尽可能轻。因此活塞销通常采用优质钢材(20号钢)或合金钢制造。活塞销的外表面要经渗碳或氰化处理,然后进行精磨,以达到很高的表面光洁度和精度。有些活塞销的内孔也进行渗碳或氰化处理,以适应发动机强化的要求。活塞销的冷挤压成型工艺也是提高其机械强度的有效手段。

活塞销一般制成空心圆柱体,以使质量轻,其强度和刚度下降也不多。

活塞销广泛采用浮式安装法(图3—27)。所谓浮式,就是在发动机工作时,活塞销在连杆小头及活塞销座中都能自由转动。这样,沿活塞销长度和圆周上的磨损可以比较均匀。为防止活塞销轴向窜动刮伤气缸壁,活塞销的两端用活塞销挡圈限位,挡圈装入活塞销座孔的槽内。

由于铝活塞的热膨胀大于钢活塞销,为防止发动机工作时活塞销在销座中松动,在冷状态下，必须使销在座孔中有一定的紧度（过盈配合），才能在发动机工作时使两者间有适当的间隙。因此，活塞销与活塞装配时，应先将铝活塞放在70～90 ℃的水或油中加热，然后将销装入。

四、连　　杆

1. 连杆的功用、工作条件和对连杆的要求

连杆用来连接活塞和曲轴，它将活塞承受的力传给曲轴，并和活塞配合，把活塞的往复直线运动变为曲轴的旋转运动。在辅助行程中，连杆又将曲轴的旋转力传给活塞，带动活塞往复运动。

在发动机工作时，连杆受到很大的气体压力和活塞连杆组的往复惯性力的作用。在连杆的摆动平面内还产生连杆的摆动力矩。这些力的大小和方向是周期性变化的，使连杆处于复杂的交变应力状态下。连杆或连杆螺栓一旦断裂，往往会造成整机破坏的重大事故，所以要求连杆在尽可能轻的质量下，保证有足够的强度和刚度。

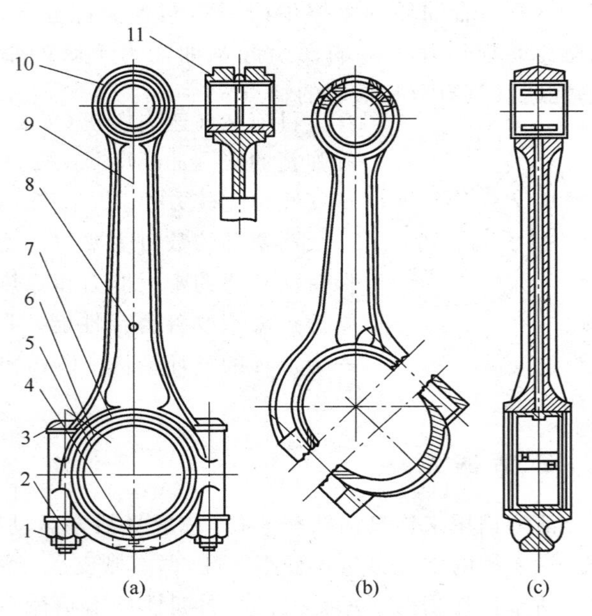

图 3—28　连杆的构造

1—开口销；2—连杆螺母；3—连杆螺栓；4、8—安装标记；5—连杆轴瓦；6—喷油孔；7—连杆大头；9—连杆杆身；10—连杆小头；11—连杆衬套。

2. 连杆的结构和材料

连杆的材料应具有较高的疲劳强度和冲击韧性。目前中小型内燃机的连杆常用优质中碳钢（45 号）或合金钢（40Cr、40MnB 等）经模锻制成。锻钢连杆一般经调质处理或高温形变处理。有的还采用表面喷丸处理，从而显著提高连杆的疲劳强度（如康明斯 N、K 系列及卡特彼勒 3300B 系列柴油机）。某些小功率柴油机有采用球墨铸铁连杆的。近年来有采用硼钢锻造连杆的，连杆并经淬硬处理（如 3300B 系列柴油机）。

连杆由连杆小头、连杆杆身和连杆大头 3 部分组成（图 3—28）。

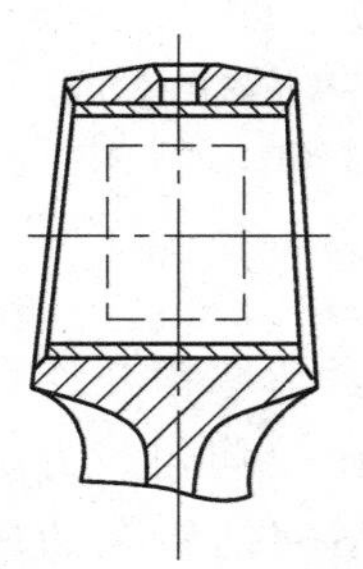
图 3—29　连杆小头的形状（斜面形）

连杆小头用来安装活塞销。在小头孔内压入一衬套，作为减摩轴承，连杆衬套一般用锡青铜制成，强化发动机上有用铝青铜的，因其强度高，耐磨性好。少数发动机也有采用浇有减摩合金的钢背衬套的。近年来，我国广泛采用铁基粉末冶金衬套，其耐磨性好，成本也低。

连杆小头衬套一般靠曲轴箱中飞溅的油沫润滑。在小头上铣槽或钻孔（图 3—28a 及 b），在衬套内表面开有直的、斜的或环形布油槽，以集存润滑油。有些发动机则将连杆大头处的润滑油，通过杆身上的油道（图 3—28c），送入小头进行压力润滑，使润滑更为可靠。

强化柴油机的连杆小头常制成斜面形的（图 3—29），这样可增加活塞销座和连杆小头的支承面积，提高了活塞连杆组件的承载能力。3300B 系

列柴油机连杆小头两侧即呈 90°的斜面。

连杆杆身是连接连杆小头和大头的部位。杆身一般都做成"I"字形断面，以使连杆能在最轻的质量下保证最大的强度和刚度。为了使大小头过渡处应力趋于均匀，杆身向大小头过渡处一般都采用较大的圆弧。

连杆大头是安装在曲轴曲柄销上的，故一般是做成可分的。被分开的连杆大头的下半部叫连杆盖，两半部用两个(或四个)连杆螺栓固紧。连杆大头与曲柄销的连接，是发动机中最重要的接合，有少数小型汽油机的连杆大头是做成整体的。

在发动机工作时，连杆螺栓(钉)受到活塞连杆组往复惯性力和连杆旋转部分质量(扣除连杆盖及连杆下瓦的质量)离心力的作用。连杆螺栓的断裂，会引起重大的事故。因此对于连杆螺栓的材料和制造方法的要求特别高。

连杆螺栓一般用中碳合金钢经精加工、调质处理制成，要用磁力探伤检验合格后方可使用。

紧固连杆螺栓(螺母)时应按规定的拧紧扭矩进行。若扭矩过小，会使连杆在运行中产生大头结合面的分离，从而使连杆螺栓断裂；如扭矩过大，会使螺栓材料产生屈服，导致工作中发生螺栓伸长甚至断裂。

连杆螺栓(或螺母)紧固后，为防其松脱，过去一般采用开口销、铁丝、锁紧片等使之锁紧。但当螺纹精确加工且合理拧紧时，不加任何锁紧装置螺栓也不会松动。所以在现代高速内燃机中，连杆螺栓大多没有特别的锁紧装置(如 CA6102 型发动机)。135 系列柴油机的连杆螺栓表面镀铜，既可防锈，也能防松。

连杆大头的剖分形式有平切口和斜切口两种。剖分面垂直于连杆杆身中心线的称为平切口(见图 3—28a、c)。剖分面与杆身中心线倾斜成一定角度(30°～60°，一般为 45°)的称为斜切口(见图 3—28b)。由于平切口连杆的大头具有较大的刚度，连杆螺栓不受剪切作用以及连杆易于加工，一般在高速内燃机上多采用这种结构(如 3300B 系列柴油机等)。为了提高曲轴的刚度及连杆轴承的工作能力，可以增大曲柄销直径，这时连杆大头的尺寸往往大于气缸直径。为使大头能通过气缸，有的柴油机采用斜切口连杆。有些 V 形发动机为使曲轴箱外形更紧凑些，也有采用斜切口连杆的。

采用斜切口连杆时，需采取有效的连杆盖切向定位措施，以免连杆螺栓在工作中承受剪切力。常用的定位方法有止口定位、销套定位和锯齿定位等。135 系列柴油机的斜切口连杆是用两只定位销套(见图 3—9 中的 13)定位的。采用切面上精制的锯齿来定位时，定位可靠，尺寸紧凑，目前应用较多(如国产 6130 型柴油机)。

平切口连杆可用连杆螺栓上的定位带来定位。

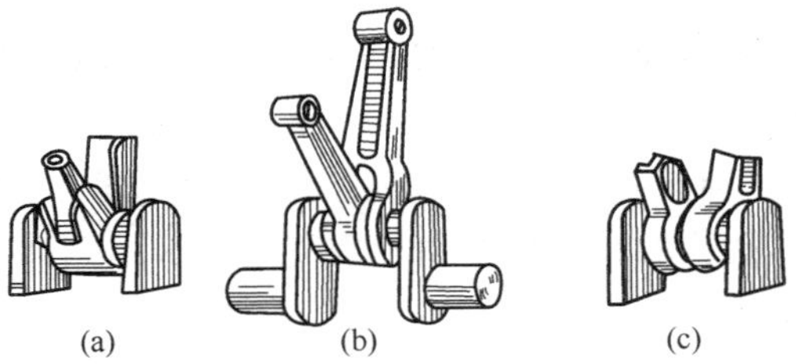

(a) (b) (c)

图 3—30 V 形发动机的连杆

(a)主副连杆；(b)叉形连杆；(c)并列连杆。

为了保证连杆大头孔的尺寸精确，通常连杆和连杆盖配对加工，而且在连杆大头上下两半的侧面往往都打有数字，标明该连杆是用于第几个气缸的，安装时不可弄错，而且应将上下两半上的数字朝向同一侧。

在 V 形发动机中，一般采用并列连杆(图 3—30c)，就是左右两排气缸采用相同的连杆，并将左右各一气缸的连杆并排安装在同一曲柄销上；这时左右两列气缸的中心线是前后错开的。

有时为了缩短整机长度及使两排气缸中心线排列在同一平面上，有采用主副连杆（关节连杆）和叉形连杆的（图 3—30a 及 b）。

3. 连杆轴承

连杆大头孔中装有连杆轴承，一般采用分开式滑动轴承（又称轴瓦）。只有少数小型汽油机是采用滚动轴承的。有些小型汽油机（如 175F 型）采用锻铝合金连杆，其大小头孔中均未另装轴承。

轴瓦是用厚 1～3 mm的钢带作瓦背，其上浇有厚 0.3～1.0 mm的减摩合金（白合金、铜铅合金或铝基合金）的薄壁零件（见图 3—9 中 12）。由于连杆轴瓦在工作时受到气体压力和活塞连杆组往复惯性力的冲击作用，其工作表面与曲柄销之间滑动速度又很高（现代高速内燃机中可达10 m/s以上），因此轴瓦的工作表面易于发热和磨损。这就要求减摩合金的机械强度高，能耐腐蚀，耐热性和减摩性好。减摩性是指即使在润滑油不足时，仍能具有使摩擦和磨损小的性质，它主要包括亲油性（对润滑油的吸附能力）、磨合性（对轴颈、轴承的变形，通过短时期磨合而相互适应的能力）、嵌藏性（对浸入工作表面之间的杂质、合金磨粒可以嵌藏的能力）等。目前在汽油机中由于轴承负荷不太高，故广泛采用锡基白合金（巴氏合金）作为减摩合金。它的减摩性好，也耐腐蚀，但疲劳强度较低。柴油机由于轴承负荷大，常采用铜铅合金或铅青铜合金轴瓦。它的疲劳强度高，承载能力大，耐磨性也好，但减摩性较差，也不耐腐蚀，成本较高。为了改善减摩合金的表面性能（如磨合性、顺应性、抗咬合性、耐腐蚀性等），通常在减摩合金层上再镀一层极薄的合金（多为铅锡合金），构成“钢背-减摩合金-表层”的三层金属轴瓦。强化发动机多采用三层轴瓦的结构（如 3300B 系列柴油机）。

我国在中小型内燃机上广泛采用了铝基合金（铝锑镁合金及 20 号高锡铝合金）轴瓦。它的疲劳强度高，减摩性也不差，耐腐蚀性好，制造成本低。国产 135 系列和 X105 系列柴油机就是采用高锡铝合金轴瓦的。

轴瓦的构造，如图 3—31 所示。有的轴瓦内表面有浅槽，用以储油以利润滑。轴瓦上的凸键（图 3—31 中箭头所示）嵌入连杆盖（或大头）的凹槽中，防止轴瓦在工作时移动或转动。有的发动机在轴瓦分界面附近开有深度较大而两端不通的纵向油槽，称为“垃圾”槽（图 3—31）。一般只在轴瓦宽度与轴颈之比大于 0.8 的较宽轴瓦上才开有这种槽，以利于润滑油沿轴向分布。

图 3—31 薄壁轴瓦

轴瓦的内外表面都经过精密加工，以保证轴瓦的互换性，并不经修整就可安装在大头孔内。大头孔也经过精密加工。在拧紧连杆螺栓时，由于轴瓦本身是柔软的，轴瓦就可与大头孔表面紧密地贴合。

因为轴瓦的制造精度很高，因此，不允许以任何不适当的手工方式加工（如锉连杆盖、焊补合金等）。

装配时，连杆轴瓦与曲柄销间应有适当的油膜间隙。当用铝基合金轴瓦时，此间隙应按规定采用比较大的数值。

安装轴瓦时，必须保持很干净，如有任何外界杂物落入轴瓦背面与大头孔表面间，将会破坏它们间接触的紧密性，引起轴瓦变形、过热，甚至使合金烧坏。

第三节　曲轴飞轮组

一、曲　　轴

1. 曲轴的功用、工作条件和对曲轴的要求

曲轴的功用是将连杆传来的气体压力转变成扭矩，然后传给传动装置。而且发动机的各运动机构都是通过曲轴来驱动的。

曲轴承受气体压力和往复、旋转运动质量惯性力及其力矩的作用。这些周期性变化的负荷在曲轴各部分产生弯曲、扭转、剪切、拉压等复杂交变应力，同时也造成曲轴的扭转振动和弯曲振动。在一定条件下扭转和弯曲振动会产生很大的附加应力（主要是扭转附加应力）。

曲轴形状不规则，其横断面沿轴线方向急剧变化，因而应力分布极不均匀，尤其在曲柄臂和轴颈的过渡圆角部分及油孔附近会产生严重的应力集中。

在很大的交变应力作用下，曲轴经长期运转在应力集中区便可能产生疲劳破坏。弯曲和扭转疲劳断裂是曲轴的主要破坏形式，弯曲疲劳断裂更为常见。

曲轴的曲柄销、主轴颈及其轴承在高比压下相对旋转，容易造成磨损、发热和烧损，这对高速内燃机尤为突出。

为保证发动机的正常工作，曲轴必须有足够的强度和刚度。各轴颈轴承应具有足够的承压面积和较高的耐磨性。油孔布置要合理。要有合理的曲柄排列，以使发动机运转平稳，扭矩均匀，并改善轴系的扭振情况。曲轴的安装固定要可靠并必须加以轴向定位（限制其轴向位移）。

2. 曲轴的结构和材料

曲轴常用优质碳钢（45 号）或合金钢模锻制成。近年来有采用硼钢锻制的曲轴（如 3300B 系列柴油机）。目前我国中小型柴油机还广泛采用球墨铸铁制造曲轴（如 135 系列柴油机）。球墨铸铁曲轴制造方法简单而成本低，耐磨性好，吸振能力强，并能获得较合理的曲轴结构形状；但它的冲击韧性较差，铸造技术要求高，质量也不易控制。

为了提高曲轴轴颈的耐磨性，一般用高频电流进行表面淬火硬化，并进行精磨，有的还需抛光，以达到高的表面光洁度和精度。由于曲柄销圆角和主轴颈圆角是曲轴应力最大的部位，为了提高曲轴的疲劳强度，近年来越来越多地采用圆角滚压强化（如 3300B 系列柴油机）和圆角表面淬火的措施（如康明斯 N 和 K 系列柴油机）。

曲轴由主轴颈、曲柄销（连杆轴颈）、曲柄臂、自由端、功率输出端和平衡块（并非所有曲轴都有）等组成。图 3—32 所示为一种 6 缸汽油机的曲轴。一个曲柄销和它两端的曲柄臂以及前后两个（有时是一个）主轴颈组成一个曲拐。

曲轴通过主轴颈被主轴承支承在气缸体上，按其支承情况曲轴可分为全支承式和非全支承式两种。全支承曲轴的特点是每个曲柄销的两端都有支承点（主轴颈），所以主轴颈数比曲柄销数多一个（见图 3—32）。非全支承曲轴则是每两个曲柄销共用一对支承点，故其主轴颈数少于或等于曲柄销数。

全支承曲轴与非全支承曲轴相比，抗弯曲强度高，主轴承负荷小，其缺点是制造和结构都较复杂，且曲轴的长度较大。柴油机因工作负荷较大，所以大多数都用全支承曲轴，只有少数小型柴油机（如 2105 型）采用非全支承曲轴。车用汽油机也多采用全支承曲轴。

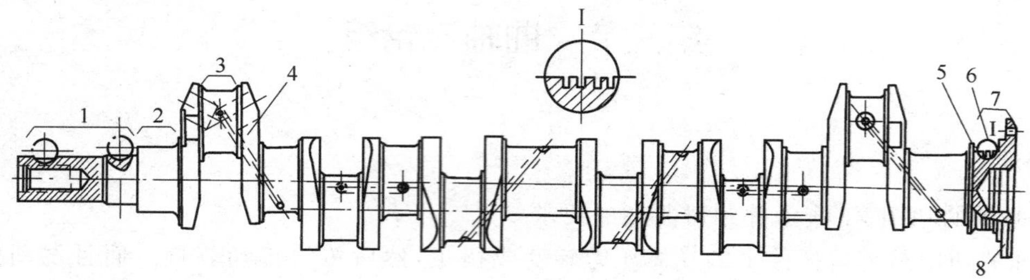

图 3—32 汽油机的曲轴

1—自由端；2—主轴颈；3—曲柄销；4—曲柄臂；
5—挡油凸缘；6—回油螺纹；7—功率输出端；8—后端凸缘。

曲轴按其结构型式分为整体式和组合式两种。整体式曲轴尺寸紧凑、质量较轻、强度高，为中小型内燃机广泛采用(图 3—32)。组合式曲轴是将主轴颈、曲柄销、曲柄臂全部分开或部分分开制造，然后再组合成一体的。图 3—33 示出了 4135 型柴油机圆盘式组合曲轴的结构。这种曲轴的曲拐先单体铸造，精加工后再用螺栓联成一体。圆盘形曲柄臂兼作主轴颈，可使发动机长度缩短，曲轴的刚度和强度也较好。但这种曲轴的结构、制造和装配都比较复杂、质量较大，成本较高。

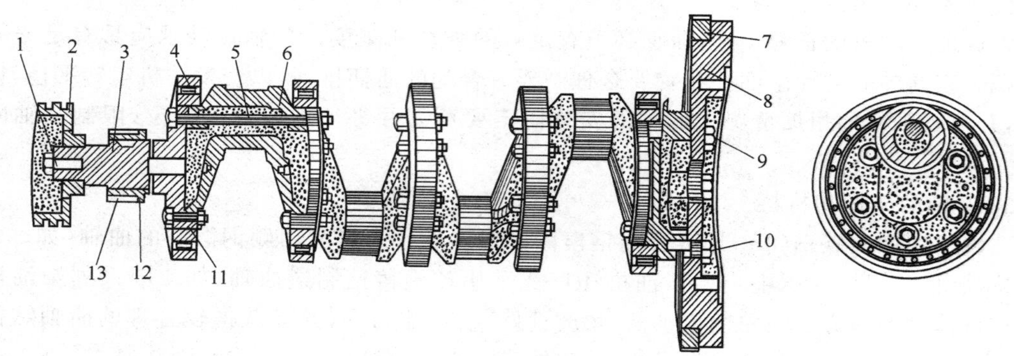

图 3—33 4135 型柴油机曲轴

1—压紧螺钉；2—皮带轮；3—自由端；4—滚动轴承；5—连接螺栓；6—曲拐；7—飞轮齿圈；8—飞轮；
9—后端凸缘；10—挡油圈；11—定位螺栓；12—推力板；13—正时齿轮。

连杆轴承采用滚动轴承的小型内燃机，其曲轴也是组合式的(图 3—34)。它是将单独制成的主轴颈、曲柄销、曲柄臂(或部分分开制成的)用“热套”或液压压入等方法联接起来的，称套合曲轴。

曲柄销应与连杆大头相配合。直列式发动机的曲柄销数与气缸数相等；V 形发动机的曲柄销数为气缸数的一半。曲柄销常做成中空的，以减轻质量和旋转时的离心力。铸造曲轴的桶形空心轴颈可使应力分布均匀，故可提高曲轴的疲劳强度。

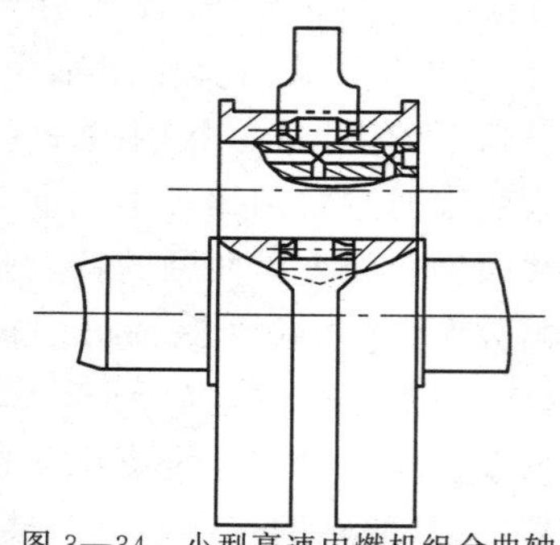

图 3—34 小型高速内燃机组合曲轴

主轴颈是用来支承曲轴的，曲轴即绕主轴颈的轴线旋转。有的发动机把主轴颈做成中空的。整体式曲轴的主轴承一般采用滑动轴承，也有的小型高速内燃机是采用滚动轴承的。主轴承的结构和材料与连杆轴承类似。

组合式曲轴的主轴承常采用滚动轴承。滚动主轴承的优点是曲轴转动阻力小，起动方便，轴承寿命长；缺点是成本高，加工和装配较复杂，冲击和噪声较大。

各主轴颈（以及主轴承）的长度不都是彼此相等的。最后一道主轴颈较长，因为它受有飞轮的负荷（参看图 3—32）。当主轴颈为奇数时，中间那个主轴颈也较长（图 3—32），因为它同时受到相邻两个气缸惯性力的负荷。

曲柄臂是连接曲柄销和主轴颈的，通常做成椭圆形。一般在主轴颈、曲柄臂和曲柄销中有贯通的油道。有些发动机在曲柄销中间，制有一个较粗的深孔（图 3—35），有的则把曲柄销全部贯通。这种中空的曲柄销可以储油，故称为离心净化油腔。它与主轴颈和曲柄销上的油道相通，孔口有堵头，在曲柄销中部还插入一个吸油弯管，管口位于油腔中心。当曲轴旋转时，净化油腔中的润滑油在离心力作用下，将较重的杂质甩向油腔的外壁，从而使油腔中心的清洁润滑油经弯管流入曲柄销表面进行润滑。使用经验表明，这种离心净化装置可大大减小曲柄销和轴承的磨损。为防止净化油腔堵塞，应按时打开堵头清除油腔中沉积的杂质。

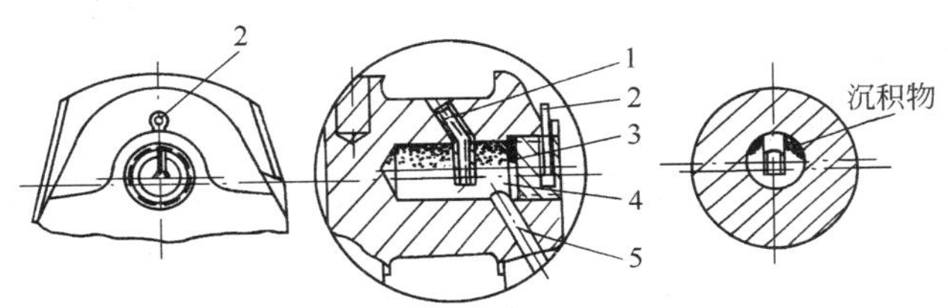

图 3—35　空心曲柄销的净化油腔

1—油管；2—开口销；3—堵头；4—净化油腔；5—油道。

为保证良好的润滑，主轴颈与主轴承之间应有适当的配合间隙。安装时，为保证主轴承与主轴承座贴紧，主轴承螺栓应按规定的拧紧扭矩逐次拧紧。

平衡块的作用是平衡曲轴的不平衡惯性力和力矩，减轻主轴承的负荷。平衡块可以与曲轴制成一体，或单独制成，用螺钉装合在曲柄臂上。也有的发动机的曲轴上不装平衡块。

曲轴自由端一般装有正时齿轮、挡油圈、皮带轮和起动爪等，有的发动机（如 6120Q 型柴油机等）还装有扭振减振器。有些发动机的自由端还用作部分功率输出。图 3—36 是一种车

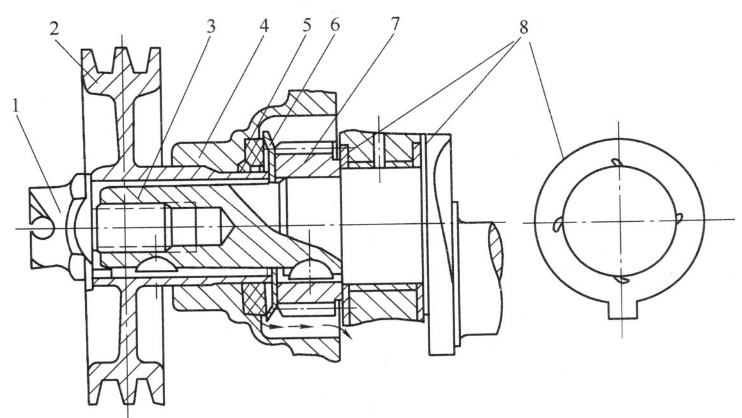

图 3—36　车用汽油机曲轴自由端的结构

1—起动爪；2—皮带轮；3—曲轴；4—正时齿轮室盖；5—油封；
6—挡油圈；7—正时齿轮；8—止推片。

用汽油机曲轴自由端的结构。它在第一道主轴承的两边，各有一个一面浇有白合金的止推片8以限制曲轴的轴向移动。当曲轴前后略有窜动时，曲轴上的相应部分与止推片的白合金表面相接触，以免曲轴或机体磨损。

曲轴功率输出端有安装飞轮用的凸缘，通常还有挡油圈及回油螺纹等。回油螺纹的螺旋方向与曲轴旋转方向相反(从功率输出端看)，可以把润滑油引回到曲轴箱。

曲轴自由端和功率输出端均设有油封装置，以防止润滑油漏出曲轴箱。油封材料可为毛毡、硅橡胶或聚脂橡胶、填料等。在中小型内燃机上橡胶骨架式油封应用较广泛。3300B系列柴油机采用聚四氟乙烯(Teflon)油封，它更能适应严酷的工作环境，可靠性更好。

3. 曲轴轴向定位

曲轴的轴向移动必须加以限制，才能保证曲柄连杆机构的正确位置及正时齿轮的正常间隙与正时。当曲轴受热膨胀时还应允许它能自由伸长。限制曲轴轴向移动的止推轴承(或止推片)有布置在功率输出端或中央主轴承的，也有布置在自由端的(图3—36)。有的发动机把最后一道主轴承做成带凸肩的翻边轴瓦，以限制曲轴的轴向移动。

各发动机都对允许的曲轴轴向移动的大小作了规定，这个数值称为曲轴的轴向游隙，一般在0.10～0.50 mm的范围内。

4. 曲轴的形状和发动机的发火次序

曲轴的形状及曲柄销间的相互位置(即曲拐的布置)与冲程数、气缸数、气缸排列方式(直列或V形等)和各气缸作功行程发生的顺序(称为发火次序或工作顺序)有关。曲轴的形状同时要满足惯性力的平衡以及发动机工作平稳性的要求。

就四冲程发动机而言，曲轴每转两转(一个工作循环)，每个气缸都应发火作功一次。各缸的发火间隔时间(以℃A表示)应力求均匀。设发动机有 i 个气缸，则发火间隔应为720°/i℃A，即曲轴每转720°/i 时，就应有一个气缸作功，这样才能使发动机的工作平稳。现就常用的4缸、6缸和V形8缸发动机对这个问题说明如下。

(1)四冲程直列4缸机因缸数 $i=4$，所以发火间隔应为720°/4＝180 ℃A。其曲柄销布置如图3—37所示，4个曲柄销布置在同一平面内，1、4缸的曲柄销朝上时，2、3缸的朝下，1、4缸与2、3缸相隔180°。这种发动机可能采用的一种发火次序如表3—1所示。

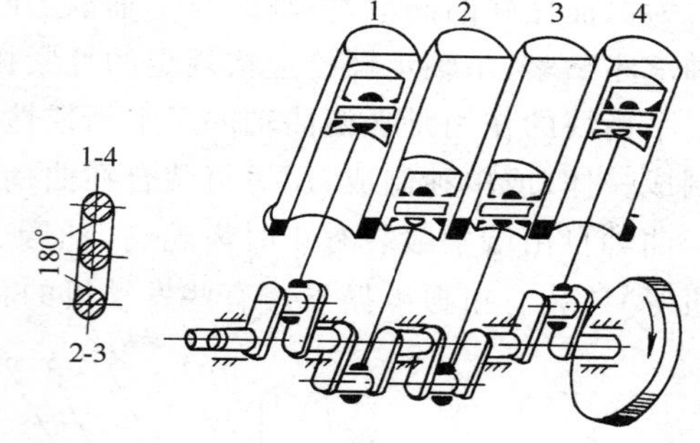

图3—37 直列4缸机的曲拐布置

这种发火次序为1—3—4—2，习惯上以第一缸为准，1缸作功后接着是3缸作功，余类推。这种发动机的各气缸就是按照1—3—4—2的顺序循环不断周而复始地工作着。

如将上述第2、3缸的工作过程互换，则可得到表3—2所示的另一种发火次序。这种互换之所以可能，是因为2、3缸的曲柄销(因而它们的活塞)的位置是相同的。这样就得到另一种发火次序：1—2—4—3。

所以，图3—37所示的4缸机可能采用两种发火次序：1—3—4—2和1—2—4—3。不过，对某一种具体的发动机来说，由于发火次序还与气门机构的安排等有关，因而是确定而不能变更的。使用一台发动机时，必须了解它的发火次序。

表3—1　4缸机工作循环

（发火次序：1—3—4—2）

℃A	1 缸	2 缸	3 缸	4 缸
0～180	进 气	压 缩	排 气	作 功
180～360	压 缩	作 功	进 气	排 气
360～540	作 功	排 气	压 缩	进 气
540～720	排 气	进 气	作 功	压 缩

表3—2　4缸机工作循环

（发火次序：1—2—4—3）

℃A	1 缸	2 缸	3 缸	4 缸
0～180	进 气	排 气	压 缩	作 功
180～360	压 缩	进 气	作 功	排 气
360～540	作 功	压 缩	排 气	进 气
540～720	排 气	作 功	进 气	压 缩

1—3—4—2和1—2—4—3两种发火次序在工作平稳性和主轴承负荷方面，没有什么区别。一般柴油机采用前一种，492Q型汽油机采用后一种发火次序。

（2）四冲程直列6缸机其发火间隔应为720°/6＝120℃A，曲轴形状如图3—38所示。6个曲柄销分别布置在3个平面内（每平面内两个），各平面间互成120°。曲柄销的具体布置可有两种方式。第一种方式如图3—38所示，当1、6缸的曲柄销朝上时，2、5缸的朝左，3、4缸的朝右，其发火次序是：1—5—3—6—2—4，如表3—3所示。国产6缸机都采用这种曲轴和发火次序。

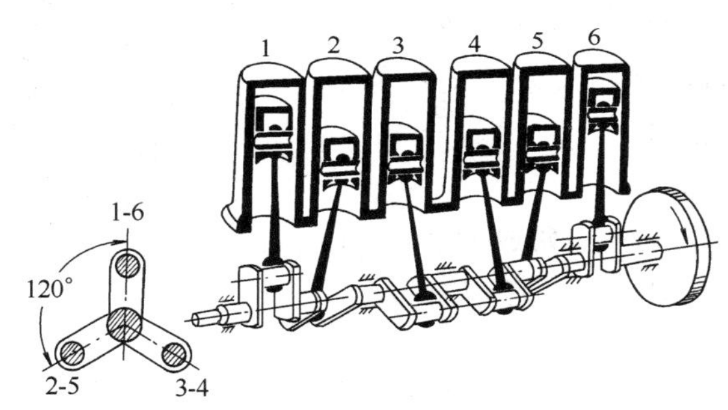

图3—38　直列6缸机的曲拐布置

曲柄销布置的另一种方式是将上述第一种方式的2、5缸分别与3、4缸互换，如图3—39所示。这种方式的发火次序是1—4—2—6—3—5，日本五十铃TD50A—D型汽车柴油机就采用这种发火次序。

当然，上述两种6缸机的曲轴还可能采用其他的发火次序，但由于在实际发动机上几乎没有应用的，所以在这里就从略了。

图3—39　6缸机曲拐布置的另一种方式

表 3—3　6 缸机工作循环(发火次序:1—5—3—6—2—4)

<table>
<tr><th colspan="2">℃A</th><th>1 缸</th><th>2 缸</th><th>3 缸</th><th>4 缸</th><th>5 缸</th><th>6 缸</th></tr>
<tr><td rowspan="3">0～180</td><td>0～60</td><td rowspan="3">进 气</td><td rowspan="2">压 缩</td><td>作 功</td><td>进 气</td><td rowspan="2">排 气</td><td rowspan="3">作 功</td></tr>
<tr><td>60～120</td><td rowspan="3">排 气</td><td rowspan="3">压 缩</td></tr>
<tr><td>120～180</td><td rowspan="3">作 功</td><td rowspan="3">进 气</td></tr>
<tr><td rowspan="3">180～360</td><td>180～240</td><td rowspan="3">压 缩</td><td rowspan="3">排 气</td></tr>
<tr><td>240～300</td><td rowspan="3">进 气</td><td rowspan="3">作 功</td></tr>
<tr><td>300～360</td><td rowspan="3">排 气</td><td rowspan="3">压 缩</td></tr>
<tr><td rowspan="3">360～540</td><td>360～420</td><td rowspan="3">作 功</td><td rowspan="3">进 气</td></tr>
<tr><td>420～480</td><td rowspan="3">压 缩</td><td rowspan="3">排 气</td></tr>
<tr><td>480～540</td><td rowspan="3">进 气</td><td rowspan="3">作 功</td></tr>
<tr><td rowspan="3">540～720</td><td>540～600</td><td rowspan="3">排 气</td><td rowspan="3">压 缩</td></tr>
<tr><td>600～660</td><td rowspan="2">作 功</td><td rowspan="2">进 气</td></tr>
<tr><td>660～720</td><td>压 缩</td><td>排 气</td></tr>
</table>

由表 3—3 可见,按发火次序看,前后两个气缸的作功行程有 60°是重叠的,这种现象是容易理解的。因为各气缸间作功行程的间隔是 120°,而每个气缸的作功行程本身都是 180°,就必然有 60°互相重叠。在这个 60°中,两个气缸都在作功,前一个气缸作功未完,后一个气缸的作功已开始了。这种作功行程重叠的现象对发动机的工作平稳性是有利的。

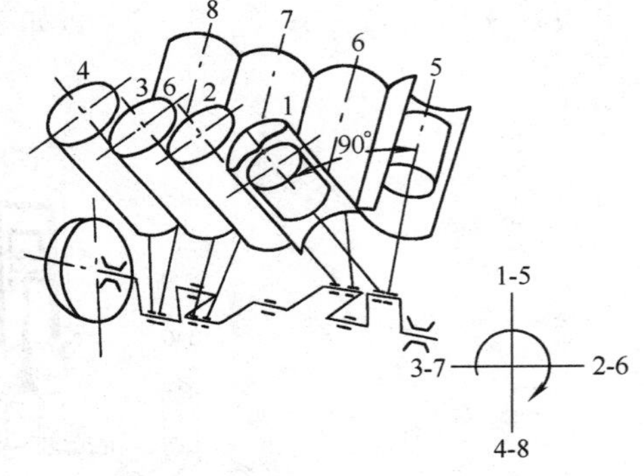

图 3—40　V 形 8 缸机的曲拐布置

(3)四冲程 V 形 8 缸机

四冲程 8 缸机大多将气缸排列成双列 V 形(两列气缸中心线的夹角常取 90°)。因气缸数 $i=8$,所以其发火间隔应为 720°/8＝90℃A。这种发动机左右两列气缸中相对的一对连杆共装在一个曲柄销上,所以 V 形 8 缸机只有 4 个曲柄销。通常将 4 个曲柄销布置在两个互成 90°的平面内(图 3—40)。

V 形 8 缸机常用的发火次序为 1—5—4—2—6—3—7—8,工作循环进行的情况如表 3—4 所示。

表 3—4　V 形 8 缸机工作循环

<table>
<tr><th colspan="2">℃A</th><th>1 缸</th><th>2 缸</th><th>3 缸</th><th>4 缸</th><th>5 缸</th><th>6 缸</th><th>7 缸</th><th>8 缸</th></tr>
<tr><td rowspan="2">0～180</td><td>0～90</td><td rowspan="2">进 气</td><td>作 功</td><td>压缩</td><td rowspan="2">排 气</td><td>排 气</td><td rowspan="2">作 功</td><td rowspan="2">压 缩</td><td>进 气</td></tr>
<tr><td>90～180</td><td rowspan="2">排 气</td><td rowspan="2">作 功</td><td rowspan="2">进 气</td><td rowspan="2">压 缩</td></tr>
<tr><td rowspan="2">180～360</td><td>180～270</td><td rowspan="2">压 缩</td><td rowspan="2">进 气</td><td rowspan="2">排 气</td><td rowspan="2">作 功</td></tr>
<tr><td>270～360</td><td rowspan="2">进 气</td><td rowspan="2">排 气</td><td rowspan="2">压 缩</td><td rowspan="2">作 功</td></tr>
<tr><td rowspan="2">360～540</td><td>360～450</td><td rowspan="2">作 功</td><td rowspan="2">压 缩</td><td rowspan="2">进 气</td><td rowspan="2">排 气</td></tr>
<tr><td>450～540</td><td rowspan="2">压 缩</td><td rowspan="2">进 气</td><td rowspan="2">作 功</td><td rowspan="2">排 气</td></tr>
<tr><td rowspan="2">540～720</td><td>540～630</td><td rowspan="2">排 气</td><td rowspan="2">作 功</td><td rowspan="2">压 缩</td><td rowspan="2">进 气</td></tr>
<tr><td>630～720</td><td>作 功</td><td>压 缩</td><td>排 气</td><td>进 气</td></tr>
</table>

二、飞　　轮

飞轮的功用是：将作功行程中曲轴所得到的能量的一部分储存起来，以带动曲柄连杆机构越过止点和克服其他 3 个辅助行程的阻力。飞轮还可在起动时帮助克服气缸中的压缩阻力；使发动机可在低速下平稳地运转和可能克服短时间的超负荷。

在 4 缸和 4 缸以上的发动机中，由于各气缸的作功行程互相衔接，对飞轮的转动惯量的要求就较小，因而飞轮的尺寸就可以小些。这也可以说明为什么单缸（或双缸）发动机往往装有较沉重的飞轮。

飞轮通常是一个铸铁制成的圆盘、具有沉重的轮缘以得到较大的转动惯量。飞轮用螺栓固定在曲轴后端的凸缘上（图 3—33）。飞轮与曲轴装配在一起后，经过精确的平衡校准，以免在旋转时因质量不平衡而产生离心力，这种离心力将引起发动机振动并加速主轴承的磨损。为了在拆装时不破坏飞轮与曲轴间原来的相互位置和平衡状态，它们间的连接螺栓的布置不是对称的。也有的发动机的飞轮用定位销钉来定位。

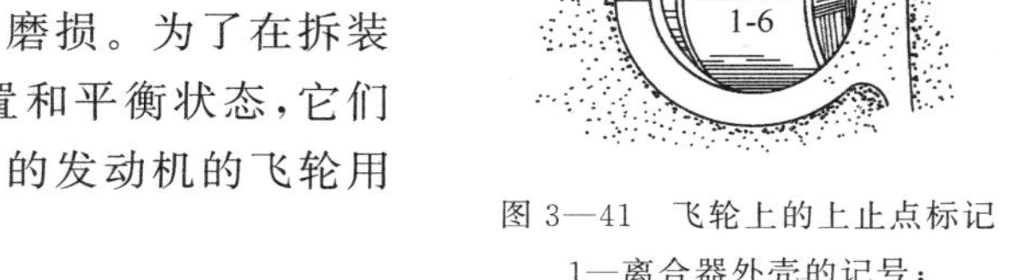

图 3—41　飞轮上的上止点标记

1—离合器外壳的记号；
2—观察孔盖板；3—飞轮上的记号。

飞轮外周通常压有一个齿圈，用以与起动机的驱动齿轮啮合，供起动之用。飞轮外缘上往往还标有 1、6 缸（6 缸机）或 1、4 缸（4 缸机）上止点的标记，用以和飞轮壳上相应的标记对准（见图 3—41），以便进行发动机的某些调整工作。

在小型风冷式内燃机上，用以冷却发动机的风扇往往与飞轮铸成一体，此时飞轮上铸有许多叶片，通常称为飞轮风扇（如 175F 型汽油机）。有的发动机（如 165F 型汽油机）还将点火用的磁电机安装在飞轮上，俗称飞轮磁电机。

第四节　曲柄连杆机构的运动与受力分析

一、曲柄连杆机构的运动分析

1. 活塞的位移 x

由图 3—42 的几何关系可得

$$x=AA'=A'O-AO=(l+r)-(l\cos\beta+r\cos\alpha) \tag{3—1}$$

为了分析方便，将上式中的变量消去一个，以 α 代替 β。为此，在△OBA 中，由正弦定理可得

$$\frac{r}{l}=\frac{\sin\beta}{\sin\alpha}$$

即

$$\sin\beta=\frac{r}{l}\sin\alpha$$

令

$$\frac{r}{l}=\lambda$$

得

$$\sin\beta=\lambda\sin\alpha$$

由三角公式

$$\cos\beta=\sqrt{1-\sin^2\beta}=\sqrt{1-\lambda^2\sin^2\alpha}=(1-\lambda^2\sin^2\alpha)^{\frac{1}{2}}$$

上式右端可按牛顿二项式展开，故

$$\cos\beta=1-\frac{1}{2}\lambda^2\sin^2\alpha+\frac{\frac{1}{2}\left(\frac{1}{2}-1\right)}{2!}\lambda^4\sin^4\alpha-\frac{\frac{1}{2}\left(\frac{1}{2}-1\right)\left(\frac{1}{2}-2\right)}{3!}\lambda^6\sin^6\alpha$$

$$+\frac{\frac{1}{2}\left(\frac{1}{2}-1\right)\left(\frac{1}{2}-2\right)\left(\frac{1}{2}-3\right)}{4!}\lambda^8\sin^8\alpha+\cdots$$

$$=1-\frac{1}{2}\lambda^2\sin^2\alpha-\frac{1}{8}\lambda^4\sin^4\alpha-\frac{1}{16}\lambda^6\sin^6\alpha-\cdots$$

现代内燃机连杆比 $\lambda=0.23\sim0.31$，而 $\sin\alpha\leqslant1$，故上式取展开式的前两项就足够精确，即

$$\cos\beta=1-\frac{1}{2}\lambda^2\sin^2\alpha$$

将上式及 $\lambda=\frac{r}{l}$ 代入公式(3—1)，并化简为

$$x=l+r-\left[l\left(1-\frac{1}{2}\lambda^2\sin^2\alpha\right)+r\cos\alpha\right]$$

$$=r(1-\cos\alpha)+\frac{l}{2}\lambda^2\sin^2\alpha$$

$$=r(1-\cos\alpha)+\frac{l}{2}\lambda^2\,\frac{1-\cos2\alpha}{2}$$

$$=r\left[(1-\cos\alpha)+\frac{\lambda}{4}(1-\cos2\alpha)\right]\qquad(3—2)$$

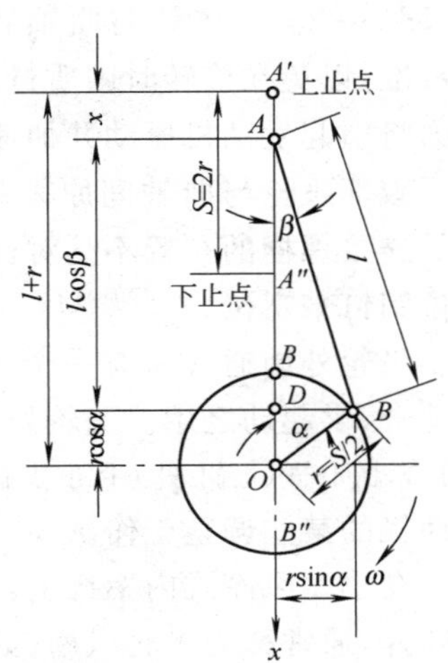

图 3—42 曲柄连杆机构

α—曲轴转角；β—连杆摆角；r—曲柄半径；S—活塞行程；l—连杆长度；x—活塞位移。

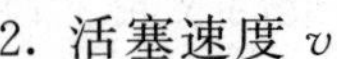

2. 活塞速度 v

将活塞的位移 x 对时间求导数，即得活塞的速度 v。

$$v=\frac{\mathrm{d}x}{\mathrm{d}t}=\frac{\mathrm{d}x}{\mathrm{d}\alpha}\cdot\frac{\mathrm{d}\alpha}{\mathrm{d}t}=r\omega\left(\sin\alpha+\frac{\lambda}{2}\sin2\alpha\right)\qquad(3—3)$$

活塞平均速度

$$C_{\mathrm{m}}=\frac{Sn}{30}\quad(\mathrm{m/s})$$

3. 活塞加速度 j

将活塞速度 v 对时间求导数，即得活塞加速度 j 为

$$j=\frac{\mathrm{d}v}{\mathrm{d}t}=\frac{\mathrm{d}v}{\mathrm{d}\alpha}\cdot\frac{\mathrm{d}\alpha}{\mathrm{d}t}=r\omega^2(\cos\alpha+\lambda\cos2\alpha)\qquad(3—4)$$

二、曲柄连杆机构的受力分析

1. 曲柄连杆机构的质量简化

曲柄连杆机构的运动和质量分布情况比较复杂。如连杆作复杂的平面运动，曲轴作定轴转动，定轴转动虽然比较简单，但曲轴上各点的旋转半径不同，各点的加速度也就不同。为了简化计算，我们将实际的质量系统简化为动力学上相当的集中质量系统，集中质量系统由两个集中质量组成：

(1)集中于活塞销中心的往复运动质量 m_j，它等于活塞组质量与连杆组简化到小头中心

的质量之和。

(2)集中于曲柄销中心的旋转运动质量 m_r，它等于简化到曲柄销中心的曲拐不平衡质量与连杆组简化到曲柄销中心的质量之和(具体简化过程略)。

2. 惯性力

(1)往复惯性力 P_j

由理论力学知，往复惯性力的大小等于往复运动质量 m_j 和活塞加速度 j 的乘积。其方向则与活塞加速度的方向相反。

$$P_j=-m_j j=-m_j r\omega^2(\cos\alpha+\lambda\cos 2\alpha)=C\cos\alpha+C\lambda\cos 2a=P_{j1}+P_{j2} \tag{3—5}$$

式中

$$\left.\begin{aligned} C&=-m_j r\omega^2 \\ P_{j1}&=-m_j r\omega^2\cos\alpha=C\cos\alpha \\ P_{j2}&=-m_j r\omega^2\lambda\cos 2\alpha=C\lambda\cos 2\alpha \end{aligned}\right\} \tag{3—6}$$

当曲轴转速一定时，ω 一定，因此 C 在转速一定时为定数。

P_{j1} 称为一级往复惯性力(简称一级惯性力)。它是曲轴转角的余弦函数，曲轴旋转一周，它变化一个周期。P_{j2} 称为二级往复惯性力(简称二级惯性力)。它是曲轴转角 2 倍的余弦函数，曲轴旋转一周，它变化两个周期。

(2)旋转惯性力 P_r

曲柄连杆机构简化到曲柄销中心的旋转运动质量所产生的惯性力为

$$P_r=-m_r r\omega^2 \tag{3—7}$$

当曲轴转速一定时，P_r 的大小一定，其方向则始终沿曲柄方向向外。

3. 作用在活塞上的气体压力

作用在活塞上的气体压力 P_g 等于气缸内的气体压力与曲轴箱内气体压力之差与活塞面积的乘积，即

$$P_g=\frac{\pi}{4}D^2(p-p_0) \tag{3—8}$$

式中　D——气缸直径；

p——气缸内的气体压力；

p_0——曲轴箱内的气体压力。

对于四冲程内燃机和用扫气泵扫气的二冲程内燃机来说，曲轴箱内的气体压力变化不大，可以近似认为 $p_0=0.0981$ MPa。因此上述发动机 P_g 的变化规律和 p 相同。

对于用曲轴箱扫气的二冲程内燃机来说，p_0 变化较大，p_0 可通过测量曲轴箱示功图确定。此时 P_g 的变化规律决定于 p 和 p_0。

4. 作用在活塞上的合力及其在曲柄连杆机构中产生的力与力矩

上面我们分析计算了作用在活塞上的往复惯性力和气体压力。此外，作用在活塞上的力还有：活塞的重力；活塞与缸套接触表面的摩擦力；活塞运动的空气阻力等。这些力都比气体压力和往复惯性力小得多，故一般均不考虑。因此，作用在活塞上的合力 $\boldsymbol{P}_\Sigma$ 为往复惯性力 $\boldsymbol{P}_j$ 和气体压力 $\boldsymbol{P}_g$ 之和。

$$\boldsymbol{P}_\Sigma=\boldsymbol{P}_j+\boldsymbol{P}_g$$

因为 $\boldsymbol{P}_g$ 和 $\boldsymbol{P}_j$ 作用在同一条直线上，故上式实际上是代数和。

因为活塞与连杆、曲轴、机体等零件是互相联系的，作用在活塞上的力必然要传递到这些零件上去。下面我们就来分析在传递过程中产生的一系列的力和力矩，并着重分析作用在机体上究竟有哪些力和力矩，为下面讨论发动机的平衡提供依据。

如图 3—43 所示，首先将 $\boldsymbol{P}_{\Sigma}$ 分解为沿连杆中心线作用的力 $\boldsymbol{P}_{cr}$ 和垂直于气缸壁的力 $\boldsymbol{P}_{N}$。

$$\boldsymbol{P}_{cr}=\frac{\boldsymbol{P}_{\Sigma}}{\cos\beta} \qquad (3-9)$$

$$\boldsymbol{P}_{N}=\boldsymbol{P}_{\Sigma}\tan\beta \qquad (3-10)$$

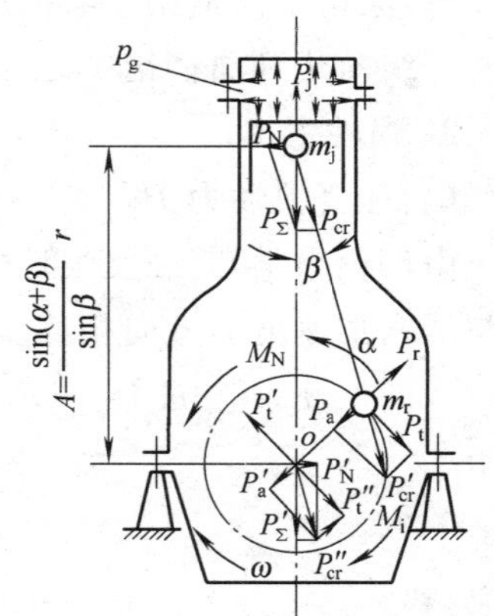

图 3—43 作用在曲柄连杆机构中的力和力矩

力 $\boldsymbol{P}_{cr}$ 使连杆受压或受拉。力 $\boldsymbol{P}_{N}$ 将活塞推向气缸之一侧，故 $\boldsymbol{P}_{N}$ 称为侧向力。

力 $\boldsymbol{P}_{cr}$ 沿连杆中心线传递到曲柄销上。我们以 $\boldsymbol{P}_{r}'$ 表示作用在曲柄销中心的这个力（$\boldsymbol{P}_{cr}'=\boldsymbol{P}_{cr}$）。$\boldsymbol{P}_{cr}'$ 分解为垂直于曲柄的切向力 $\boldsymbol{P}_{t}$ 和沿曲柄方向的径向力 $\boldsymbol{P}_{\alpha}$。

$$\boldsymbol{P}_{t}=\boldsymbol{P}_{cr}'\sin(\alpha+\beta)=\boldsymbol{P}_{\Sigma}\frac{\sin(\alpha+\beta)}{\cos\beta} \qquad (3-11)$$

$$\boldsymbol{P}_{a}=\boldsymbol{P}_{cr}'\cos(\alpha+\beta)=\boldsymbol{P}_{\Sigma}\frac{\cos(\alpha+\beta)}{\cos\beta} \qquad (3-12)$$

径向力 $\boldsymbol{P}_{a}$ 沿曲柄臂传到主轴颈，再传到主轴承上。以 $\boldsymbol{P}_{a}'$ 表示作用在主轴颈中心的这个力（$\boldsymbol{P}_{a}'=\boldsymbol{P}_{a}$）。

现分析切向力 $\boldsymbol{P}_{t}$ 对主轴颈的作用：将 $\boldsymbol{P}_{t}$ 对主轴颈中心简化，为此，在主轴颈中心加上大小与 $\boldsymbol{P}_{t}$ 相等，方向与 $\boldsymbol{P}_{t}$ 平行且彼此反向的两个力 $\boldsymbol{P}_{t}'$ 与 $\boldsymbol{P}_{t}''$。于是可知 $\boldsymbol{P}_{t}$ 对主轴颈的作用等于力 $\boldsymbol{P}_{t}''$ 和（$\boldsymbol{P'}_{t}$ 与 $\boldsymbol{P}_{t}$ 所构成的）力偶 M_{i} 之和。力偶 M_{i} 使曲轴旋转，它就是内燃机一个气缸所能发出的指示扭矩。

$$M_{i}=\boldsymbol{P}_{t}r \qquad (3-13)$$

$\boldsymbol{P}_{t}''$ 和 $\boldsymbol{P}_{a}'$ 合成为 $\boldsymbol{P}_{cr}''$，即

$$\boldsymbol{P}_{t}''+\boldsymbol{P}_{\alpha}'=\boldsymbol{P}_{cr}''$$

由图可以看出 $\boldsymbol{P}_{cr}''$、$\boldsymbol{P}_{cr}'$ 和 $\boldsymbol{P}_{cr}$ 3 个力平行，且 $\boldsymbol{P''}_{cr}=\boldsymbol{P'}_{cr}=\boldsymbol{P}_{cr}$。因此，可将 $\boldsymbol{P}_{cr}''$ 分解为 $\boldsymbol{P}_{\Sigma}'$ 和 $\boldsymbol{P}_{N}'$ 两个力，而且

$$\boldsymbol{P}_{\Sigma}'=\boldsymbol{P}_{cr}''\cos\beta=\boldsymbol{P}_{cr}\cos\beta=\boldsymbol{P}_{\Sigma}$$

$$\boldsymbol{P}_{N}'=\boldsymbol{P}_{cr}''\sin\beta=\boldsymbol{P}_{cr}\sin\beta=\boldsymbol{P}_{N}$$

$\boldsymbol{P}_{\Sigma}'$ 和 $\boldsymbol{P}_{N}'$ 都由主轴颈传到主轴承上。另外，作用在曲柄销中心的旋转惯性力 $\boldsymbol{P}_{r}$ 也经过曲柄臂和主轴颈传到主轴承上，以 $\boldsymbol{P'}_{r}$ 表示这个力。因此，主轴承总共承受 3 个力，即 $\boldsymbol{P}_{\Sigma}'$、$\boldsymbol{P}_{N}'$ 和 $\boldsymbol{P}_{r}'$。

主轴承和机体是固结在一起的，因此，机体也承受 3 个力，即 $\boldsymbol{P}_{\Sigma}'$、$\boldsymbol{P}_{N}'$、$\boldsymbol{P}_{r}'$。此外，机体上方还承受两个力：一个是侧向力 $\boldsymbol{P}_{N}$，另一个是对气缸盖作用的气体压力 $-\boldsymbol{P}_{g}$。所以，当不考虑支座的约束反力时，机体总共承受 5 个力，即 $\boldsymbol{P'}_{\Sigma}$、$\boldsymbol{P'}_{N}$、$\boldsymbol{P'}_{r}$、$\boldsymbol{P}_{N}$ 和 $-\boldsymbol{P}_{g}$，如图 3—44 所示。

现在我们来分析这 5 个力的合成情况。$\boldsymbol{P}_{N}'$ 和 $\boldsymbol{P}_{N}$ 大小相等，互相平行而方向相反，因此构成一个力偶，其值为（图 3—43）

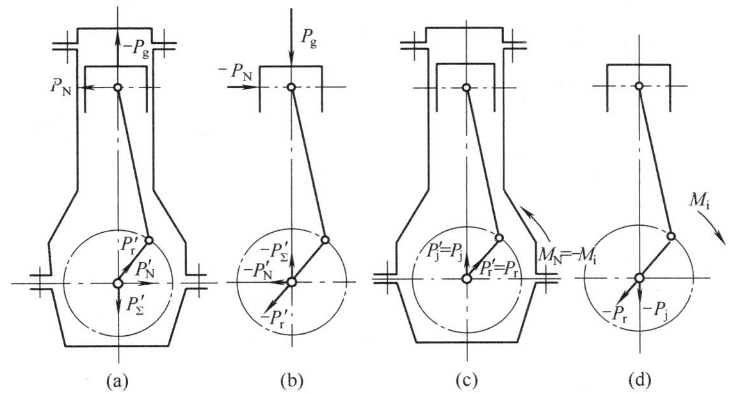

图 3—44　机体受力图与曲柄连杆机构受力图

(a)机体受力图(取机体为自由体,未考虑支座的约束反力);

(b)曲柄连杆机构受力图(取整个曲柄连杆机构运动件为自由体);

(c)机体受力的简化结果;(d)曲柄连杆机构受力的简化结果。

$$M_N=-\boldsymbol{P}_N A=-\boldsymbol{P}_\Sigma \tan\beta A=-\boldsymbol{P}_\Sigma \tan\beta\frac{\sin(\alpha+\beta)}{\sin\beta}r$$

$$=-\boldsymbol{P}_\Sigma\frac{\sin(\alpha+\beta)}{\cos\beta}r=-\boldsymbol{P}_t r=-M_i \qquad (3—14)$$

上式表明机体承受的力偶 M_N 与指示扭矩 M_i 大小相等,方向相反,这一力偶叫做反扭矩,它力图使发动机倾倒,故又称为倾覆力矩。

作用在机体上的力 $\boldsymbol{P}'_\Sigma$ 和 $-\boldsymbol{P}_g$ 同在气缸中心线上,其合力为

$$\boldsymbol{P}'_\Sigma+(-\boldsymbol{P}_g)=\boldsymbol{P}'_\Sigma-\boldsymbol{P}_g=\boldsymbol{P}'_j+\boldsymbol{P}'_g-\boldsymbol{P}_g=\boldsymbol{P}'_j=\boldsymbol{P}_j$$

即 $\boldsymbol{P}'_\Sigma$ 和 $-\boldsymbol{P}_g$ 的合力等于往复惯性力 $\boldsymbol{P}_j$,不过,其作用点在曲轴中心(主轴承中心)。

综上所述,机体承受的 5 个力中,$\boldsymbol{P}'_N$ 和 $\boldsymbol{P}_N$ 合成为倾覆力矩 $\boldsymbol{M}_N$,$\boldsymbol{P}'_\Sigma$ 和 $-\boldsymbol{P}_g$ 合成为往复惯性力 $\boldsymbol{P}_j$,还剩下一个旋转惯性力 $\boldsymbol{P}'_r$。因此,机体受力(不考虑支座的约束反力时)的合成结果是:倾覆力矩(反扭矩)$\boldsymbol{M}_N$,往复惯性力 $\boldsymbol{P}_j$,旋转惯性力 $\boldsymbol{P}_r$($\boldsymbol{P}'_r=\boldsymbol{P}_r$)。

第五节　内燃机的平衡

一、基本概念

通过上节的分析,我们知道作用在发动机机体上的力和力矩有 3 个:往复惯性力 P_j,旋转惯性力 P_r,反扭矩 M_N(如果考虑摩擦与驱动附件,反扭矩为 $M'_N=-M_e$)。这 3 个大小和方向都作周期性变化的力和力矩,经由联结螺栓传给发动机支承(座架),从而使整台机器(如汽车、工程机械等)产生振动。振动使联结螺栓松动,使发动机和底盘的许多零件损坏。为了消除振动,必须平衡作用在发动机机体上的这 3 个力和力矩。

事实上,由于内燃机的反扭矩 M_N 无法平衡,因此,要完全平衡作用在内燃机机体上的力和力矩是不可能的,只可能平衡往复惯性力和旋转惯性力,下面所讨论的发动机平衡,也就是指往复惯性力和旋转惯性力的平衡。

在平衡分析中，我们把发动机各个气缸的一级往复惯性力、二级往复惯性力和旋转惯性力分别作为3个力系来研究。分别求出它们的主矢 ΣP_{j1}、ΣP_{j2}、ΣP_r 和主矩 ΣM_{j1}、ΣM_{j2}、ΣM_r。按照内燃机动力学的习惯，我们把 ΣP_{j1}、ΣP_{j2}、ΣP_r 分别称为一级、二级和旋转惯性力的合力；而把 ΣM_{j1}、ΣM_{j2}、ΣM_r 分别称为一级、二级和旋转惯性力矩。把 $\Sigma P_{j1}=0$ 叫作一级惯性力平衡；把 $\Sigma M_{j1}=0$ 叫作一级惯性力矩平衡，余类推。

二、单缸机的平衡

（一）离心力 P_r

单缸机旋转质量 m_r 的离心力 P_r 可用安装在曲柄相对方向的一对平衡块来平衡，如图3—45所示。

平衡块需满足的条件是：两块平衡块 m_b 所产生的离心力与未装平衡块时的不平衡质量 m_r 的离心力相等，即

$$2m_b\rho\omega^2=m_r r\omega^2 \tag{3—15}$$

式中 m_b——平衡块的质量；

ρ——平衡块重心的旋转半径。

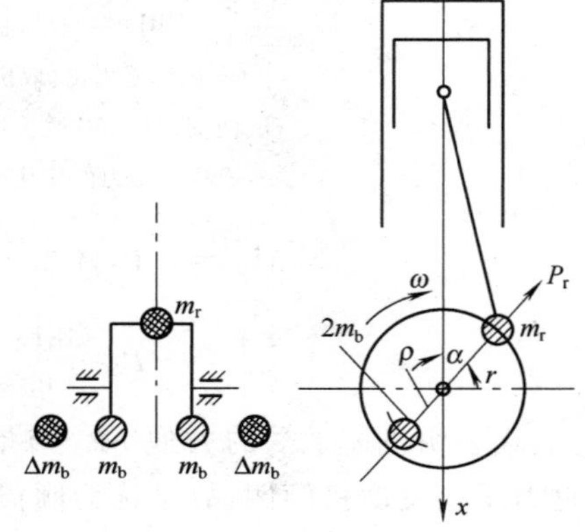

图3—45 单缸机离心力的平衡

（二）往复惯性力 P_j

如前所述，我们不能像平衡离心力一样直接完全平衡 P_j，要完全平衡单缸机的 P_j，必须安装平衡机构。

1. 一级往复惯性力的平衡

国产单缸机平衡一级往复惯性力有以下几种方案：

(1)双轴平衡法（蓝澈斯特机构）

由图3—46可见，在曲轴箱内安装一对与曲轴平行的平衡轴，它们由曲轴传动，转速与曲轴相等，两轴的旋转方向相反。在两轴的两端各装一块平衡块，总共4块同样的平衡块*。每块的质量为 m_b。平衡轴和平衡块的安装位置必须符合以下要求：

①当活塞位于上止点时，4块平衡块都位于最右端。

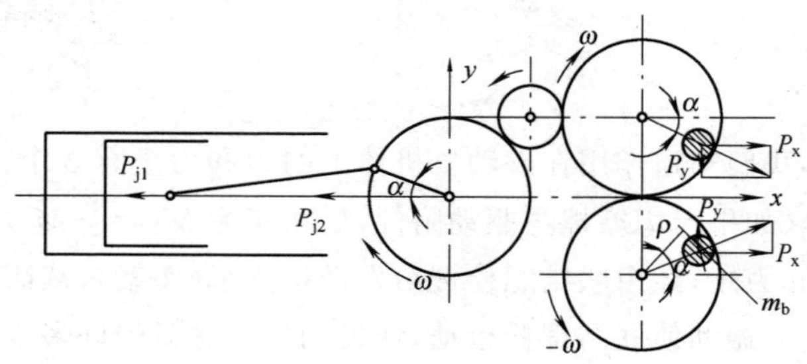

图3—46 单缸机一级往复惯性力的双轴平衡机构

②为了保证4块平衡块离心力的合力与一级惯性力平衡，必须使4块平衡块离心力的合

* 如果平衡块安装在气缸中心线平面内，有两块平衡块即可。

力作用线与气缸中心线重合。因此，在发动机横剖面(即图 3—46 所示平面)内，两根平衡轴到气缸中心线的距离必须相等。在发动机纵剖面内，4 块平衡块所在平面与气缸中心线的距离也必须相等。

于是，当曲轴转过 α 角时，两对平衡块也向内转过 α 角。这时，4 块平衡块的离心力在 y 轴方向的分力互相平衡，即

$$\Sigma P_y = 2m_b\rho\omega^2\sin\alpha - 2m_b\rho\omega^2\sin\alpha = 0$$

平衡块离心力在 x 方向的分力 $m_b\rho\omega^2\cos\alpha$ 和一级惯性力 $P_{j1} = -m_j r\omega^2\cos\alpha$ 的变化规律完全相同，故可以用来平衡一级惯性力，只需平衡重的 $m_b\rho$ 满足下式即可

$$4m_b\rho\omega^2\cos\alpha = m_j r\omega^2\cos\alpha \quad (3—16)$$

式中　ρ——平衡块重心的旋转半径。

国产 195B、S195 等卧式单缸水冷柴油机均按以上原理来平衡 P_{j1}，它们之间的不同之处仅为传动齿轮数及其布置方式略有差别。图 3—47 表示 S195 型柴油机的双轴平衡机构。

双轴平衡机构能完全平衡一级惯性力，但结构较复杂。因此有的单缸机采用部分平衡法。

(2)部分平衡法

这是在平衡离心力的平衡块上再增加一部分质量，以平衡一部分一级惯性力 P_{j1}。

参看图 3—45，设曲柄上每个平衡块增加质量 Δm_b，这部分质量的离心力在气缸中心线方向的分力为

$$2\Delta m_b\rho\omega^2\cos\alpha$$

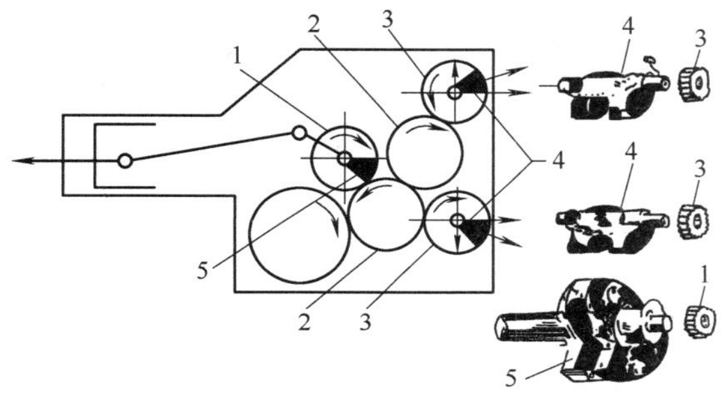

图 3—47　S195 型柴油机双轴平衡机构
1—曲轴齿轮；2—中间齿轮；3—平衡轴齿轮；4—平衡轴；5—平衡块。

这个分力和 $P_{j1} = -m_j r\omega^2\cos\alpha$ 的变化规律完全相同，故可用来平衡一部分 P_{j1}。但是 Δm_b 还要在垂直于气缸中心线方向产生一个分力 $\Delta m_b\rho\omega^2\sin\alpha$，这是一个新增加的不平衡力，它将使发动机在垂直于气缸中心线方向产生振动。

设 P_{j1} 被两块 Δm_b 平衡掉的部分为 AP_{j1}，则需要附加的质量 Δm_b 可由下式求出：

$$2\Delta m_b\rho\omega^2\cos\alpha = -AP_{j1} = Am_j r\omega^2\cos\alpha$$

故

$$\Delta m_b = \frac{1}{2}Am_j\frac{r}{\rho} \quad (3—17)$$

式中　A——一级惯性力被平衡部分所占百分数。

残留的一级惯性力(作用在气缸中心线上)为

$$P_{j1}(1-A) = -(1-A)m_j r\omega^2\cos\alpha$$

残留的一级惯性力的最大值为

$$(1-A)m_j r\omega^2$$

由于附加两块 Δm_b，而在垂直于气缸中心线方向产生的惯性力为

$$2\Delta m_b\rho\omega^2\sin\alpha$$

其最大值为

$$2\Delta m_b\rho\omega^2 = 2\left(\frac{1}{2}Am_j\frac{r}{\rho}\right)\rho\omega^2 = Am_j r\omega^2$$

由此可知，用增加曲轴上平衡块质量来平衡一部分一级惯性力方法的实质就是：将一部分被平衡掉的一级惯性力转移到与气缸中心线垂直的方向上来了。由于在两个方向上的最大惯性力都比附加 Δm_b 以前的一级惯性力最大值 $m_j r\omega^2$ 小，而且它们又是在不同时刻达到最大值(相差 90°)，因此，也就改善了单缸机的平衡性。

2. 二级惯性力的平衡——4 轴平衡法

上面我们分析了双轴平衡法，用一对与曲轴转速相同的平衡轴可以完全平衡一级惯性力。二级惯性力 $P_{j2}=C\lambda\cos2\alpha$ 和一级惯性力 $P_{j1}=C\cos\alpha$ 比较，它们都是余弦函数，除了变化频率相差一倍之外，变化规律非常相似。因此，我们自然想到可用一对转速为曲轴 2 倍的平衡轴来平衡二级惯性力。

采用上述的 4 根平衡轴即可将单缸机的一、二级惯性力完全平衡，这就是所谓 4 轴平衡法。

参看图 3—48。由曲轴通过一惰轮传动 4 根平衡轴，中间两根为一级惯性力平衡轴。外面两根为二级惯性力平衡轴，它们的转速为曲轴转速之 2 倍，两轴转向相反，平衡轴的两端各有一个平衡块，其安装要求与双轴平衡法相同。当曲轴转过 α 角时，4 块二级惯性力的平衡重则转过 2α 角，它们的离心力沿 y 轴方向的分力互相平衡，即

$$\Sigma P_y=2m''_b\rho_2(2\omega)^2\sin2\alpha-2m''_b\rho_2(2\omega)^2\sin2\alpha=0$$

式中　ρ_2——二级惯性力平衡块重心的旋转半径。

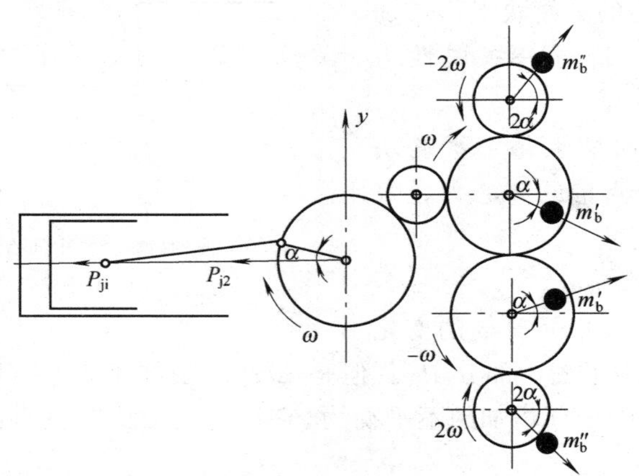

图 3—48　单缸机 P_{j1} 和 P_{j2} 的平衡(4 轴平衡法)

沿 x 轴方向的 4 个分力相加，得

$$\Sigma P_x=4m''_b\rho_2(2\omega)^2\cos2\alpha=16m''_b\rho_2\omega^2\cos2\alpha$$

ΣP_x 和二级惯性力 $P_{j2}=-m_j r\omega^2\lambda\cos2\alpha$ 的变化规律完全相同——都按 $\cos2\alpha$ 的规律变化，故可用来平衡 P_{j2}，其平衡条件为

$$\Sigma P_x=16m''_b\rho_2\omega^2\cos2\alpha=-P_{j2}=m_j r\omega^2\lambda\cos2\alpha \tag{3—18}$$

4 轴平衡装置较复杂。二级惯性力的最大值为一级惯性力最大值的 λ 倍，通常 $\lambda=0.23\sim0.31$，故二级惯性力对发动机的危害较一级惯性力轻，许多内燃机为使构造简单起见，对 P_{j2} 不予平衡，当然，发动机的振动也就较为剧烈。

三、直列多缸机的平衡

多缸机的平衡性与发动机的冲程数、气缸数、气缸夹角(V 型发动机)、曲拐布置及发火次

序等有关。下面分析常用的直列 4 缸机和 6 缸机的平衡情况。

（一）四冲程直列 4 缸机的平衡

1. 发火次序与曲拐布置

四冲程直列 4 缸机一般均采用平面曲轴——4 个曲拐均在一个平面内，如图 3—49 所示。曲拐如此布置，平衡性较好，发火间隔也均匀，发火次序可有两种：

$$\begin{cases}1—3—4—2\\1—2—4—3\end{cases}$$

这种曲轴实际上可看成是两根两缸机曲轴的组合。

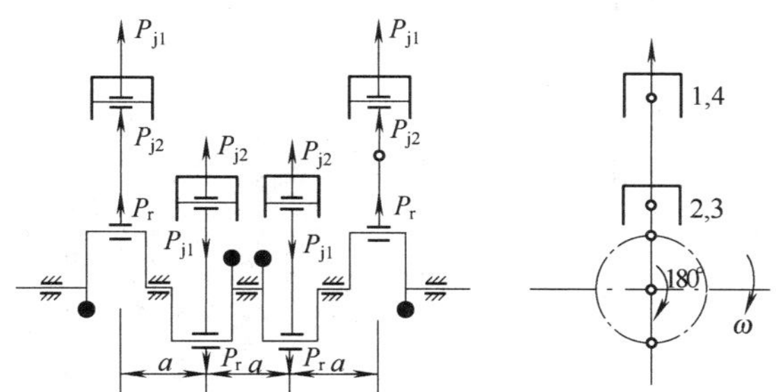

图 3—49　四冲程直列 4 缸机的平衡

2. 平衡分析

$$\begin{aligned}\Sigma P_{j1} &= (P_{j1})_1 + (P_{j1})_2 + (P_{j1})_3 + (P_{j1})_4 \\ &= C\cos\alpha + C\cos(\alpha+180°) + C\cos(\alpha+180°) + C\cos\alpha = 0\end{aligned}$$

$$\begin{aligned}\Sigma P_{j2} &= C\lambda\cos 2\alpha + C\lambda\cos 2(\alpha+180°) + C\lambda\cos 2(\alpha+180°) + C\lambda\cos 2\alpha \\ &= 4C\lambda\cos 2\alpha \end{aligned} \tag{3—19}$$

由于 $\Sigma P_{j1}=0$，而 4 个缸的 P_{j1} 都对称于曲轴中点，故对曲轴中点取矩可得

$$\Sigma M_{j1}=0$$

由于 4 个缸的 P_{j2} 为 4 个相等的同向平行力，故

$$\Sigma M_{j2}=0$$

4 个缸的离心力都作用在曲拐平面内，随同曲轴旋转，但他们时刻都与曲轴中点对称，故

$$\Sigma P_r=0$$

$$\Sigma M_r=0$$

综合以上对四冲程直列 4 缸机的平衡分析，列成表 3—5。

表 3—5　四冲程直列 4 缸机的平衡

ΣP_{j1}	ΣP_{j2}	ΣM_{j1}	ΣM_{j2}	ΣP_r	ΣM_r
0	$4C\lambda\cos 2\alpha$	0	0	0	0

由以上分析可知，4 个缸的离心力和力矩互相平衡，不需要再装平衡块。但是有些 4 缸机却装有平衡块，其目的主要是降低曲轴由于离心力和一级惯性力矩产生的内力矩（弯矩），更主要的是为了减轻轴承载荷。

四冲程直列 4 缸机的二级惯性力没有平衡，且其大小为单缸机二级惯性力的 4 倍。因此它是 4 缸机产生振动的主要原因。某些 4 缸机，为了解决振动问题，特别安装了平衡二级惯性力的平衡机构。图 3—50 为一种柴油机采用的二级惯性力平衡装置。它安装在曲轴与油底壳之间，利用装在机油泵主动轴上的传动齿轮驱动。两根平衡轴的旋转方向相反，它们的转速为曲轴转速的 2 倍，其平衡原理与装配要求和单缸机的二级惯性力平衡机构类似。当 1、4 缸活塞位于上止点时，两块平衡块则位于它们的下止点；当 1、4 缸曲柄从上止点位置转过 α 角时，两块平衡块则从它们的下止点位置转过 2α 角。此时，4 个气缸的二级惯性力合力为

$$\begin{aligned}\Sigma P_{j2} &= (P_{j2})_1 + (P_{j2})_2 + (P_{j2})_3 + (P_{j2})_4 \\ &= C\lambda\cos2\alpha + C\lambda\cos2(\alpha+180°) + C\lambda\cos2(\alpha+180°) + C\lambda\cos2\alpha \\ &= 4C\lambda\cos2\alpha = -4m_j r\omega^2\lambda\cos2\alpha\end{aligned}$$

两块平衡块在垂直方向的离心力分力之和为

$$2m_b\rho(2\omega)^2\cos2\alpha$$

它的变化规律和 4 个气缸的二级惯性力合力 ΣP_{j2} 完全相似，因此可以用来平衡 ΣP_{j2}，只需平衡块的 $m_b\rho$ 满足下式即可。

$$2m_b\rho(2\omega)^2\cos2\alpha = 4m_j r\omega^2\lambda\cos2\alpha$$

即

$$m_b\rho = \frac{1}{2}m_j r\lambda \tag{3—20}$$

两块平衡块在水平方向的离心力分力则彼此互相平衡。

为了保证实现上述平衡要求，平衡装置中的各个齿轮必须对准记号装置，否则，二级惯性力不能完全平衡，甚至使发动机的振动更加剧烈。

平衡机构除上述型式以外，有的发动机（如 3304B 型柴油机）采用置于气缸体上的平衡轴结构。

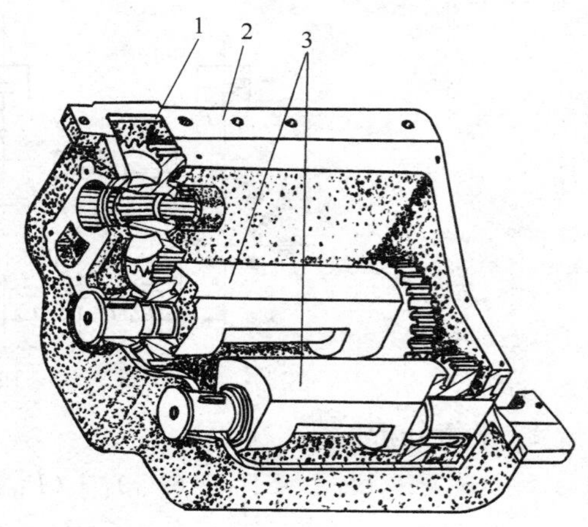

图 3—50 一种柴油机的二级惯性力平衡装置
1—传动齿轮（装在机油泵主动齿轮轴后端的）；2—平衡箱；3—平衡块。

（二）四冲程直列 6 缸机的平衡

1. 发火次序与曲拐布置

四冲程直列 6 缸机的曲轴形状通常如图 3—51 所示。6 个曲拐分布在互成 120°角的 3 个平面内，相对于曲轴轴向中点成“镜像对称”。

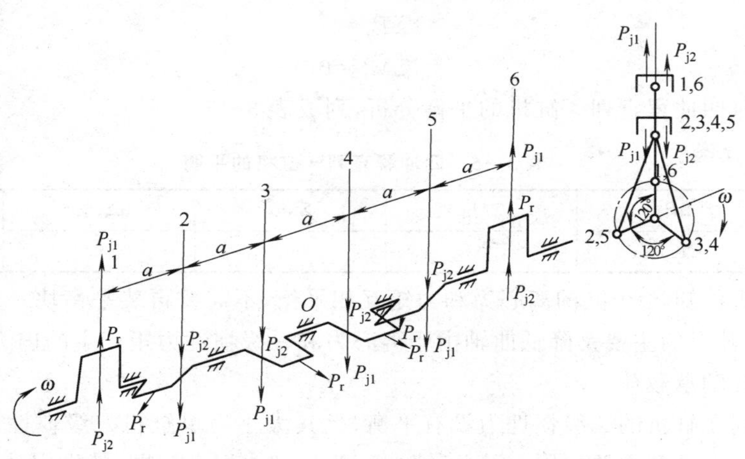

图 3—51 四冲程直列 6 缸机的平衡

发火次序：　1—5—3—6—2—4

大家知道，内燃机气缸的发火有3个基本条件：(1)活塞位于上止点*；(2)进排气门关闭；(3)喷油器喷油或火花塞点火。多缸机各气缸活塞的位置决定于曲轴的转角和形状(曲拐的布置)，就图3—51所示曲轴而言，各缸活塞到达上止点的次序除1—5—3—6—2—4以外，还有1—2—3—6—5—4。因此单就曲轴形状而言，也可采用1—2—3—6—5—4这种发火次序。但这样做，相邻气缸便连续发火，对曲轴强度和主轴承不利，故不采用。其他多缸机亦有类似情况，不再详述。

2. 平衡分析

$$\begin{aligned}\Sigma P_{j1} &= (P_{j1})_1 + (P_{j1})_2 + \cdots + (P_{j1})_6 \\ &= C\cos\alpha + C\cos(\alpha+240°) + C\cos(\alpha+120°) \\ &\quad + C\cos(\alpha+120°) + C\cos(\alpha+240°) + C\cos\alpha \\ &= 2C[\cos\alpha + \cos(\alpha+120°) + \cos(\alpha+240°)]\end{aligned}$$

因为

$$\begin{aligned}&\cos(\alpha+240°) + \cos(\alpha+120°) \\ &= 2\cos\frac{(\alpha+240°)+(\alpha+120°)}{2}\cos\frac{(\alpha+240°)-(\alpha+120°)}{2} \\ &= 2\cos(\alpha+180°)\cos60° = -\cos\alpha\end{aligned}$$

故

$$\Sigma P_{j1} = 2C(\cos\alpha - \cos\alpha) = 0$$

$$\begin{aligned}\Sigma P_{j2} &= (P_{j2})_1 + (P_{j2})_2 + \cdots + (P_{j2})_6 \\ &= C\lambda\cos2\alpha + C\lambda\cos2(\alpha+240°) + C\lambda\cos2(\alpha+120°) \\ &\quad + C\lambda\cos2(\alpha+120°) + C\lambda\cos2(\alpha+240°) + C\lambda\cos2\alpha \\ &= 2C\lambda[\cos2\alpha + \cos2(\alpha+120°) + \cos2(\alpha+240°)]\end{aligned}$$

因为

$$\begin{aligned}&\cos2(\alpha+240°) + \cos2(\alpha+120°) \\ &= 2\cos\frac{2(\alpha+240°)+2(\alpha+120°)}{2}\cos\frac{2(\alpha+240°)-2(\alpha+120°)}{2} \\ &= 2\cos2\alpha\cos120° = -\cos2\alpha\end{aligned}$$

故

$$\Sigma P_{j2} = 2C\lambda[\cos2\alpha - \cos2\alpha] = 0$$

由以上计算及图3—51可见，第1缸和第6缸的P_{j1}，第2缸和第5缸的P_{j1}，第3缸和第4缸的P_{j1}都相对于曲轴中点O成“镜像对称”，故各缸的P_{j1}对O点取矩可得

$$\Sigma M_{j1} = 0$$

同理

$$\Sigma M_{j2} = 0$$

由于6个曲拐分布在相隔120°的3个平面内，每个平面内都有两个曲拐，故整机的离心力矢量和为零

$$\Sigma P_r = 0$$

由于各曲拐相对于曲轴中点O成“镜像对称”，各缸的离心力亦相对于曲轴中点O成“镜像对称”，各缸的离心力P_r对O点取矩可得

$$\Sigma M_r = 0$$

综合以上分析，列成表3—6。

* 为叙述简便，这里忽略喷油和点火提前。

表 3—6 四冲程直列 6 缸机的平衡

ΣP_{j1}	ΣP_{j2}	ΣM_{j1}	ΣM_{j2}	ΣP_r	ΣM_r
0	0	0	0	0	0

从表 3—6 可知，四冲程直列 6 缸机的平衡性很好，不加平衡块即达到自身完全平衡，这是四冲程直列 6 缸机获得广泛应用的重要原因。但是为了减小主轴承磨损和纵向弯曲力矩，有些 6 缸机仍装有平衡块。有的发动机由于润滑条件较好，为了简化构造而取消了平衡块。

从直列两缸机到 6 缸机的平衡分析，可得出如下规律(直列两缸机平衡分析略)：

(1)直列多缸机如满足以下两个条件，则该机的离心力和离心力矩能自行平衡：①曲轴的曲拐数是双数且不少于 4 个；②曲轴具有通过中点并垂直于轴线的对称平面，即曲拐的布置相对于曲轴中点成“镜像对称”。

(2)缸数多的内燃机的平衡性比缸数少的为好。

四、保证发动机平衡的技术要求

由往复惯性力 $P_j=-m_j r\omega^2(\cos\alpha+\lambda\cos2\alpha)$与离心力 $P_r=-m_r r\omega^2$ 可知影响 P_j 和 P_r 大小的因素有：m_j、m_r、r、ω、λ 和 α。上面我们分析多缸机的平衡时，都假定各气缸的 m_j、m_r、r、ω、λ 完全相同，同时不考虑各个曲拐之间的位置(角向与轴向)误差以及扭转振动等情况，才导出各种机型平衡特性的结论。

实际上由于制造与装配误差以及扭转振动等因素，上面这些要求不可能完全达到。因此，发动机的实际平衡情况与理想情况有一定的差别。

为了保证发动机一定的实际平衡精度，有必要在设计、制造、装配与修理过程中保证以下技术要求：

1. 各缸活塞组的质量差在一定范围之内。

2. 各缸连杆组的质量在公差范围之内；重心位置相同(或大小头的质量均在各自的公差范围之内)。

3. 各缸连杆长度、曲柄半径、曲柄夹角及各个曲拐的轴向尺寸、V 形发动机的气缸夹角等，均在公差范围之内。

4. 曲轴与飞轮进行静平衡与动平衡。动平衡时所加的调整质量的垫片等零件，在维修中不得丢散。

5. 设计上保证在发动机使用转速范围之内曲轴不发生强烈的扭转振动——因为强烈的扭振将改变各曲拐的角向位置与角速度，从而破坏发动机的平衡，使发动机产生强烈的直线振动。

6. 凡设有平衡机构的发动机，其平衡机构必需正确安装，否则达不到预期效果，甚至产生更剧烈的振动。

直列式发动机的平衡资料见表 3—7。两列式发动机的平衡资料见表 3—8。

表 3—7　直列式发动机平衡性综合资料

气缸数	曲柄图	发火次序	发火间隔(°)(CA)		离　心　力		往　复　惯　性　力			
			二冲程发动机	四冲程发动机	ΣP_r	ΣM_r	ΣP_{j1}	ΣP_{j2}	ΣM_{j1}	ΣM_{j2}
1	1		360°	720°	$m_r r\omega^2=P_r$ 沿曲柄半径	0	$m_j r\omega^2\cos\alpha$ $=C\cos\alpha$ 沿气缸中心线	$C\lambda\cos2\alpha$ 沿气缸中心线	0	0
2	1 2	1—2	180°	180°～540°	0	$\alpha m_r r\omega^2=\alpha P_r$ 在曲拐平面内	0	$2C\lambda\cos2\alpha$	$\alpha C\cos\alpha$	0
3	1 2　3	二冲程 1—3—2 四冲程 1—2—3	120°	240°	0	$1.732\alpha P_r$ 在与第一曲拐平面成 30°的平面内	0	0	$\alpha C(1.5\cos\alpha-0.866\sin\alpha)$ $(\Sigma M_{j1})_{max}=\pm1.732\alpha C$ 当 $\alpha=150°$、330°时在气缸中心线平面内	$\alpha C\lambda(1.5\cos2\alpha+0.866\sin2\alpha)$ $(\Sigma M_{j2})_{max}=\pm1.732\alpha C\lambda$ 当 $\alpha=15°$、105°、195°、285°时，在气缸中心线平面内
4	1,4 2,3	1—3—4—2 1—2—4—3	—	180°	0	0	0	$4C\lambda\cos2\alpha$	0	0
4	1 3(4)　4(3) 2	1—4—2—3 (1—3—2—4)	90°	—	0	$1.414\alpha P_r$ 在与第一曲拐平面成 45°的平面内	0	0	$\alpha C(\cos\alpha-\mathrm{sis}\alpha)$ $(\Sigma M_{j1})_{max}=\pm1.414\alpha C$ 当 $\alpha=135°$、315°时在气缸中心线平面内	$4\alpha C\lambda\cos2\alpha$ 在气缸中心线平面内
4	1 2(3)　3(2) 4	1—3—4—2 (1—2—4—3)	90°	—	0	$3.162\alpha P_r$ 在与第一曲拐平面成 18°26′的平面内	0	0	$\alpha C(3\cos\alpha-\mathrm{sis}\alpha)$ $(\Sigma M_{j1})_{max}=\pm3.162\alpha C$ 当 $\alpha=161°34'$、341°34′时，在气缸中心线平面内	0

续上表

气缸数	曲柄图	发火次序	发火间隔(°)(CA)		离心力		往复惯性力			
			二冲程发动机	四冲程发动机	ΣP_r	ΣM_r	ΣP_{j1}	ΣP_{j2}	ΣM_{j1}	ΣM_{j2}
5	1, 5, 2, 3, 4	二冲程 1—5—2—3—4 四冲程 1—2—4—5—3	72°	144°	0	$0.449\alpha P_r$ 在与第一曲拐平面成54°的平面内	0	0	$(\Sigma M_{j1})_{max}$ $=\pm 0.449\alpha C$ 当 $\alpha=126°$,306°时在气缸中心线平面内	$(\Sigma M_{j2})_{max}$ $=\pm 4.98\alpha C\lambda$ 当 $\alpha=162°$、342°在气缸中心线平面内
6	1,6; 2,5 (3,4); 3,4 (2,5)	1—5—3—6—2—4 (1—4—2—6—3—5)	—	120°	0	0	0	0	0	0
6	1; 5 (6); 3 (2); 4; (3) 2; (5) 6	1—5—3—4—2—6 (1—6—2—4—3—5)	60°	—	0	0	0	0	0	$\alpha C\lambda(3\cos 2\alpha+1.732\mathrm{sis}2\alpha)$ $(\Sigma M_{j2})_{max}$ $=\pm 3.464\alpha C\lambda$ 当 $\alpha=15°$、105°、195°、285°时,在气缸中心线平面内
6	1; 5 (4); 3 (2); 6; (3) 2; (5) 4	1—5—3—6—2—4 (1—4—2—6—3—5)	60°	—	0	$3.464\alpha P_r$ 在与第一曲拐平面成30°的平面内	0	0	$\alpha C(1.732\mathrm{sis}\alpha-3\cos\alpha)$ $(\Sigma M_{j1})_{max}$ $=\pm 3.464\alpha C$ 当 $\alpha=150°$、330°在气缸中心线平面内	0
8	1,8; 4,5 (3,6); 2,7; 3,6 (4,5)	1—5—2—6—8—4—7—3 (1—6—2—5—8—3—7—4)	—	90°	0	0	0	0	0	0

注:关于发动机旋转方向的规定按 GB6929—86。

表 3—8　两列式发动机平衡性综合资料

气缸数	曲柄图	发火次序	发火间隔(°)(CA)		离心力		往复惯性力			
			二冲程发动机	四冲程发动机	ΣP_r	ΣM_r	ΣP_{j1}	ΣP_{j2}	ΣM_{j1}	ΣM_{j2}
2	左 θ 右	右—左	θ—(360°—θ)	(360°+θ)—(360°—θ)	$m_r r\omega^2 = P_r$ 沿曲柄半径	0	$C[\cos^2\alpha + \cos^2(\alpha-\theta) + 2\cos\alpha\cos(\alpha-\theta)\cos\theta]^{\frac{1}{2}}$	$C\lambda[\cos^2 2\alpha + \cos^2 2(\alpha-\theta + 2\cos 2\alpha\cos 2(\alpha-\theta)\cos\theta]^{\frac{1}{2}}$	0	0
2	左 θ=90° 右	右—左	90°—270°	450°—270°	$m_j r\omega^2 = P_r$ 沿曲柄半径	0	$m_j r\omega^2 = C$ 沿曲柄半径	$1.414C\lambda\cos 2\alpha$ 在通过曲轴中心线的水平面内	0	0
2	θ=180° 左 右	1—2	—	360°	0	αP_r 在曲拐平面内	0	0	$\alpha C\cos\alpha$ 在气缸中心线平面内	$\alpha C\lambda\cos 2\alpha$ 在气缸中心线平面内
4	左 θ=90° 右 1 2	1右—1左—2右—2左	90°	90°—180°—270°—180°	0	αP_r 在曲拐平面内	0	0	αC 在曲拐平面内	$1.414\alpha C\lambda\cos 2\alpha$ 在水平平面内
4	θ=180° 1,4 左 2,3 右	1—4—2—3 1—3—2—4	—	180°	0	0	0	0	0	$2\alpha C\lambda\cos 2\alpha$ 在气缸中心线平面内

续上表

气缸数	曲柄图	发火次序	发火间隔(°)(CA)		离心力		往复惯性力			
			二冲程发动机	四冲程发动机	ΣP_r	ΣM_r	ΣP_{j1}	ΣP_{j2}	ΣM_{j1}	ΣM_{j2}
6	左 θ=90° 右 2 3	二冲程 $1_{右}—1_{左}—3_{右}—3_{左}—2_{右}—2_{左}$ 四冲程 $1_{右}—1_{左}—2_{右}—2_{左}—3_{右}—3_{左}$ $1_{右}—3_{右}—2_{右}—2_{左}—1_{左}—3_{左}$	90°—30° —90°—30° —90°—30°	90°—150° —90°—150° —90°—150° 或 120°—120° —90°—120° 120°—150°	0	$1.732\alpha P_r$ 在与第一曲拐平面成30°的平面内	0	0	$1.732\alpha C$ 在与第一曲拐平面成30°的平面内	$1.414\alpha C\lambda$ $(1.5\cos 2\alpha-0.866\sin 2\alpha)$ $(\Sigma M_{j2})_{max}=\pm 2.449\alpha C\lambda$ 当 $\alpha=75°$、165°、225°、345°时在水平面内
8	左 θ=90° 右 1,4 2,3	$1_{右}—4_{左}—2_{右}—3_{左}—4_{右}—1_{左}—3_{右}—2_{左}$ $1_{右}—4_{左}—3_{右}—2_{左}—4_{右}—1_{左}—2_{右}—3_{左}$	—	90°	0	0	0	$5.657C\lambda\cos 2\alpha$ 在通过曲轴中心的水平面内	0	0
8	左 θ=90° 右 2 3 4	$1_{右}—1_{左}—4_{右}—2_{右}—2_{左}—3_{右}—3_{左}—4_{左}$ $1_{右}—3_{右}—3_{左}—2_{右}—2_{左}—1_{左}—4_{右}—4_{左}$	—	90°	0	$3.162\alpha P_r$ 在与第一曲拐平面成18°26′的平面内	0	0	$3.162\alpha C$ 在与第一曲拐平面成18°26′的平面内	0
8	θ=180° 左 右 3 4 2	$1_{右}—4_{右}—1_{左}—3_{右}—2_{左}—3_{左}—2_{右}—4_{左}$ $1_{右}—3_{左}—2_{右}—4_{左}—2_{左}—4_{右}—1_{左}—3_{右}$	—	90°	0	$1.414\alpha P_r$ 在与第一曲拐平面成45°的平面内	0	0	$2\alpha C(\cos\alpha-\sin\alpha)$ $(\Sigma M_{j1})_{max}=\pm 2.828\alpha C$ 当 $\alpha=135°$、315°时在气缸中心线平面内	0
12	左 θ=60° 右 1,6 3,4 2,5	$1_{右}—6_{左}—5_{右}—2_{左}—3_{右}—4_{左}$ $—6_{右}—1_{左}—2_{右}—5_{左}—4_{右}—3_{左}$	—	60°	0	0	0	0	0	0

第六节　曲轴扭转振动的概念与扭振减振器

任何具有弹性的物体，在变化的外力或外力矩的作用下围绕其平衡位置产生的周期性运动叫做振动。曲轴的扭转振动是由于周期性变化的气体力矩和往复惯性力矩而产生的。为了理解曲轴扭转振动的基本概念，我们先分析一下最简单的扭振系统——扭摆的扭转振动是如何产生的。

如图 3—52 所示，扭摆由一个圆盘和一根轴组成。轴的一端固定，带圆盘的一端可以自由扭转摆动。假设我们在圆盘上作用一个力矩，使轴扭转一个角度，然后突然放开，圆盘在轴的弹性力矩作用下，就要向平衡位置摆动。等到摆动到平衡位置时，轴的扭转变形消失，弹性力矩减小到零，但是此时圆盘具有一定的速度和动能，于是要继续向前摆动，因此轴又受到反方向的扭转，反方向的弹性力矩使圆盘摆动的角速度减小，等到摆动角速度减到零时，轴受到的反向扭转角和反向的弹性力矩达到最大，于是圆盘又在弹性力矩的作用下再向平衡位置摆动……如此周而复始，这就形成了扭摆的自由扭转振动。假设一切阻力均不存在，自由扭转振动将无限期地继续下去，实际上由于各种阻力的存在，自由扭转振动将逐渐消减而终止。

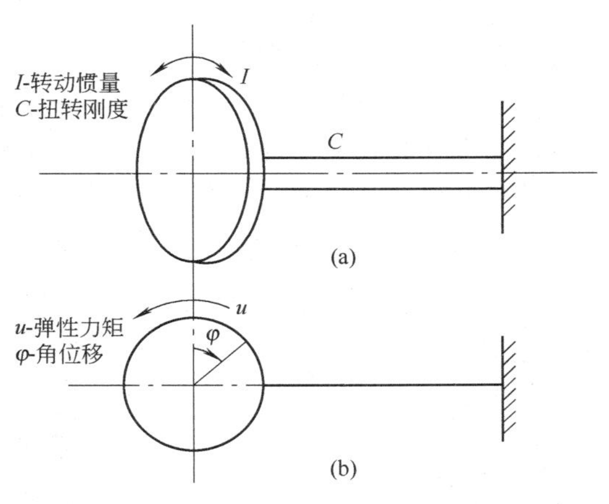

图 3—52　扭摆振动系统

(a)结构简图；(b)自由振动示意图。

在发动机中，由于气缸内周期性变化的气体压力和往复惯性力形成的扭矩强迫曲轴作扭转振动，不断给振动系统输入能量，克服阻力，因此形成一定振幅的扭转振动(振幅的大小随发动机负荷和转速而变)，这就是有阻尼的强迫振动。

当气体压力扭矩或往复惯性力扭矩的变化频率* 与曲轴的固有频率相等或成整数倍时，振幅达到最大，这时的振动称为共振，共振时的转速称为临界转速。

通常在发动机的使用转速范围之内，临界转速将不止一个，而可能有许多个，也就是说，在使用转速范围内可能多次发生共振。有的共振很强烈，振幅很大，有的共振则不太强烈。强烈的共振使曲轴各曲拐的角向位置和角速度发生变化，从而破坏发动机的平衡，使发动机产生强烈抖动——直线振动，同时发出很大的噪声，曲轴转速不稳定。曲轴本身则由于强烈的扭振产生很大的交变扭转应力，易于疲劳损坏。因此，扭转振动必须加以控制和消减，通常的消减措施是安装扭振减振器。

曲轴扭振系统的固有频率决定于曲轴的扭转刚度和扭振系统(包括曲轴、飞轮、活塞、连杆及与曲轴连接的有关零件)的转动惯量。曲轴的扭转刚度越小，扭振系统的转动惯量越大，固有频率越低。缸数越多、曲轴越长的发动机，曲轴扭转刚度较小，固有频率较低，在使用转速范围内容易发生共振。因此，直列 6 缸机和 V 形 8 缸机以上的发动机大都装有扭振减振器。

目前最常用的扭振减振器有以下几种：

* 严格地说，是将周期性的气体压力扭矩和往复惯性力扭矩展开为福里哀级数，其中某次谐波的频率与曲轴的固有频率相等时，则发生某次谐波的共振。

(1)橡胶减振器。图 3—53 所示为橡胶减振器。轮毂 1 固定在曲轴上随曲轴一起旋转,它通过减振橡胶层 2 带动惯性体 3(圆盘)转动,由于惯性体的转动惯量较大,它基本作等角速度转动,因此当曲轴产生扭转振动时,轮毂 1 和惯性体 3 之间产生相对角位移,减振橡胶层 2 发生扭转变形,在橡胶内部产生分子间的摩擦,吸收振动的能量,从而使振动得到消减。

(2)硅油减振器。图 3—54 所示为 150 系列车用柴油机的硅油减振器。在壳体 1 和惯性体 2 之间的间隙中充满高粘度的硅油。硅油是一种温度变化时粘度较稳定(变化较小)的高分子有机物。壳体 1 固定在曲轴上随曲轴转动,惯性体 2 基本保持等角速度转动。当曲轴扭振时,壳体 1 和惯性体 2 之间产生相对角位移,它们之间的硅油则阻尼这种相对运动,吸收振动的能量,因此使扭振的振幅减小。

(3)硅油-橡胶减振器。如图 3—55 所示,它是在橡胶减振器和硅油减振器的基础上发展起来的减振器。在减振器的壳体 4 内有一个惯性体 2,它们通过橡胶层 1 和 3 粘结在一起。在惯性体 2 和壳体 4 之间的径向与端面间隙中充填硅油。当曲轴扭振时,硅油与橡胶层同时阻尼曲轴振动。这种减振器具有体积较小、减振性能良好的优点,适用于高速内燃机。12V135 型柴油机即装有此种减振器。

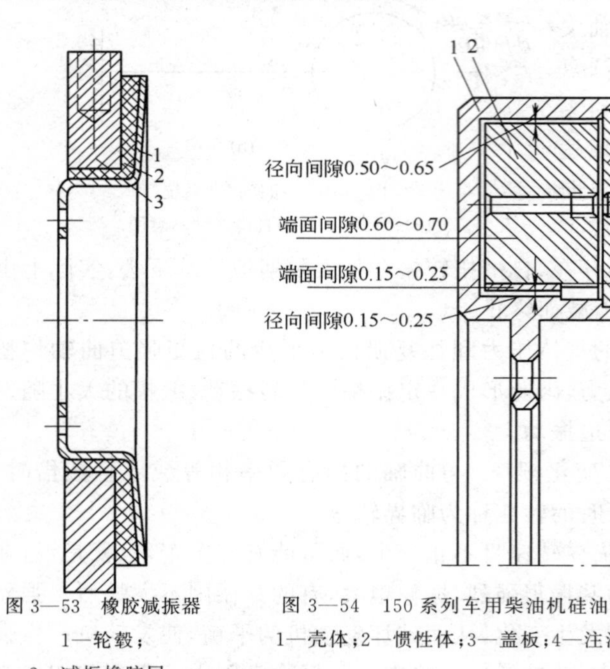

图 3—53 橡胶减振器

1—轮毂;
2—减振橡胶层;
3—惯性体。

图 3—54 150 系列车用柴油机硅油减振器

1—壳体;2—惯性体;3—盖板;4—注油螺堵。

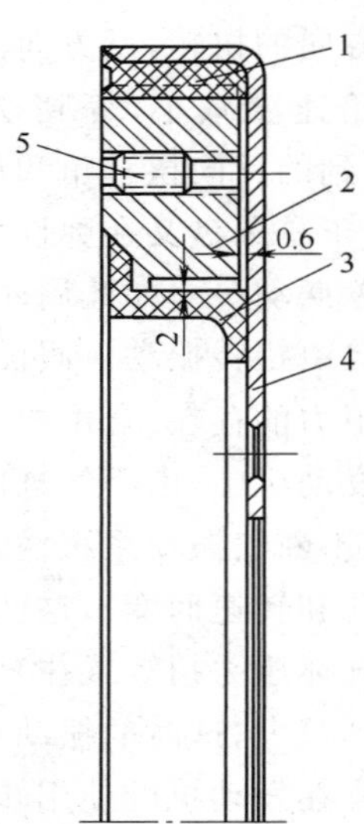

图 3—55 硅油-橡胶减振器

1—热胶的橡胶层;2—惯性体;
3—压紧的橡胶层;4—壳体;
5—注油螺堵。

第四章　配 气 机 构

往复活塞式内燃机的进气、压缩、燃烧-膨胀和排气4个过程是在同一个部件——气缸内交替进行的，因此需要设置配气机构。它定时给气缸充气，定时将废气排出气缸，定时封闭气缸，进行压缩与燃烧-膨胀过程。

四冲程内燃机普遍采用气门式配气机构，二冲程汽油机采用气口式配气，二冲程柴油机则采用气门-气口式配气机构。本书主要介绍气门式配气机构。

配气机构是内燃机的主要运动部件之一。它直接影响内燃机的动力与经济性能以及运转可靠性，同时也是内燃机噪声的来源之一。

第一节　配气机构的组成与型式

配气机构按照气门相对于气缸的布置可分为两类：侧置式气门机构和顶置式气门机构。

一、侧置式气门机构

图4—1为侧置式气门机构。

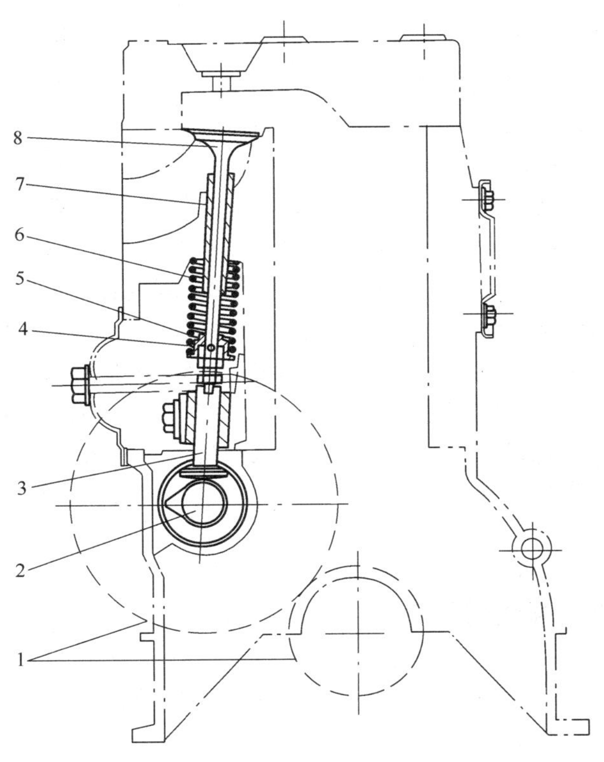

1—正时齿轮；
2—凸轮轴；
3—挺柱；
4—锁销；
5—弹簧座；
6—气门弹簧；
7—气门导管；
8—气门。

图4—1　侧置式气门机构

侧置式气门机构必须使燃烧室延伸至气缸直径以外，形状不紧凑，限制了压缩比的提高。当压缩比大于7.5时，燃烧室就很难布置，因此，影响内燃机的热效率。此外，进、排气道由于气门侧置拐弯增多，进、排气阻力大。与顶置气门比较，充量系数要减小5%～7%。综合以上原因，侧置式气门发动机的经济性与动力性指标都较差，故侧置式气门机构在汽车上已被淘汰，仅用于小型汽油机上。至于柴油机，由于压缩比不能太低，几乎无例外地采用顶置式气门机构。

二、顶置式气门机构

图4—2为顶置式气门机构。气门安置在气缸盖上，凸轮轴通过挺柱、推杆和摇臂驱动气门。

汽油机采用顶置气门时，燃烧室较紧凑，散热面积较小。由于燃烧室较紧凑而减少了爆燃的可能性。进、排气道由于气门顶置而减少了拐弯次数，充量系数相应提高。上述这些因素使得顶置式气门汽油机在动力与经济性能方面都优于侧置式气门汽油机，适应于汽油机采用较高压缩比和高转速的要求。

气门顶置时，凸轮轴布置有两种方案：下置式和上置式。

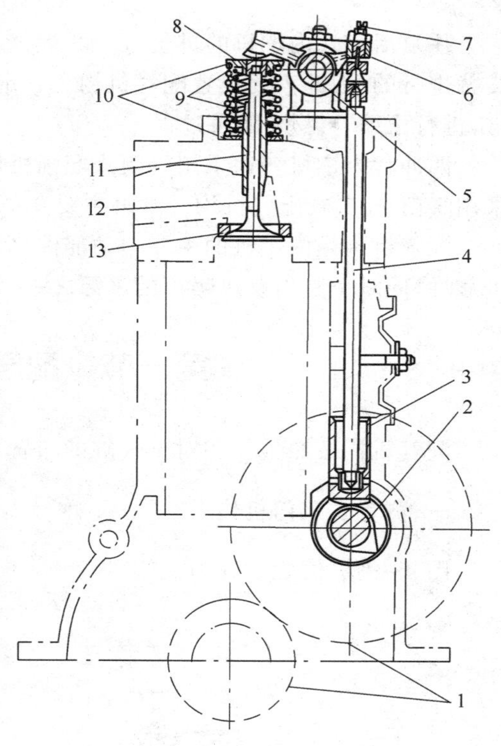

图4—2　顶置式气门机构

1—正时齿轮；2—凸轮轴；3—挺柱；4—推杆；5—摇臂轴；6—摇臂；7—调整螺钉；8—锁夹；9—气门弹簧；10—弹簧座；11—气门导管；12—气门；13—气门座。

凸轮轴布置在曲轴箱中的叫下置凸轮轴（图4—2）。转速不很高的汽油机和大多数柴油机均采用下置式凸轮轴。它的优点是曲轴对凸轴轮的传动简单——可用一对齿轮直接驱动。但是气门距离凸轮轴较远，凸轮轴需要通过挺柱、推杆和摇臂等零件来驱动气门，传动件数量多，总质量较大。工作时惯性力较大，气门弹簧的负荷相应增加。由于惯性力与曲轴转速的平方成正比，因此对于转速在3 000～4 000 r/min以上的高速发动机，由于惯性力很大，这种配气机构工作不可靠。所以，大多数4 000 r/min以上的高速汽油机以及少数高速柴油机采用另一种凸轮轴布置方案——将凸轮轴布置在气缸盖上，叫做上置凸轮轴（顶置凸轮轴）。由凸轮轴通过摇臂驱动气门（如490Q型汽油机）或直接驱动气门。因此，由凸轮轴到气门的传动大为简化，而由曲轴到凸轮轴的传动则变为复杂。如采用通常的圆柱齿轮传动，则体积庞大，笨重。为了解决以上矛盾，一些高速汽油机采用链条传动，它的优点是结构紧凑，噪声小。缺点是链条制造质量要求高，质量不好时易磨损、伸长和拉断，并需设置链条张紧轮、导链板等辅助零件。

第二节　配气机构的主要零件

配气机构由两组零件组成，即以气门为主要零件的气门组和以凸轮轴为主要零件的气门传动组。

一、气门组

气门组包括气门、气门座、气门导管、气门弹簧、弹簧座、锁夹及挡圈等零件。图 4—3 为柴油机广泛采用的气门组零件。

(一)气门组的技术要求

发动机对气门组的主要要求是气门和气门座应能严密密封。如果这一要求不能保证,则将产生一系列不良后果,如:

1. 压缩与膨胀过程漏气,发动机功率下降,严重时柴油机由于压缩终了温度和压力太低,以致不能着火起动。

2. 由于漏气,在膨胀过程中,高温燃气长时间地冲刷进排气门,使气门过热、烧损。

3. 如进气门漏气,则高温燃气进入进气管而发生化油器回火。如排气门漏气,则压缩过程的新鲜混合气漏入排气管而产生排气管放炮。

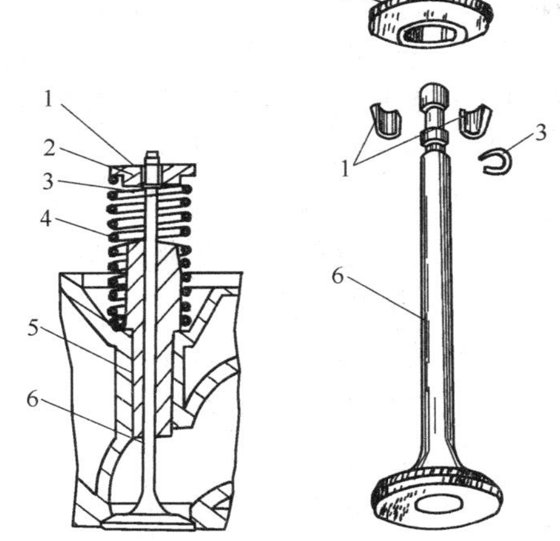

图 4—3 柴油机气门组零件
1—锁夹;2—弹簧座;3—挡圈;4—气门弹簧;5—气门导管;6—气门。

(二)保证气门与气门座严密密封的要求

为了保证气门与气门座严密密封,对气门组提出以下具体要求:

1. 气门与气门座的密封锥面应能严密贴合——通过研磨达到。

2. 气门座与气门导管要有精确的同心度;气门导管和气门杆之间的间隙不能太大,以保证气门导管对气门的精确导向,使气门上下运动时不致歪斜。

3. 气门弹簧要有足够的刚度与预紧力,使气门能迅速关闭并紧紧地将气门压在气门座上。气门弹簧两端面应与气门中心线垂直。

(三)气门组零件构造

1. 气门

气门在高温(排气门高达 873～1 173 K,进气门达 573～673 K)、冷却和润滑很差的条件下工作。承受很大的冲击负荷。排气门还要受到高温废气的冲刷,经受废气中硫化物的腐蚀。因此,气门必须具有足够的强度、耐高温、抗腐蚀和耐磨损的能力。

进气门一般采用普通合金结构钢,常用 38CrSi、40CrNi、40Cr 等;排气门普遍采用耐热钢,一般用 4Cr9Si2、4Cr10Si2Mo 和 4Cr14Ni14W2Mo 等。有的发动机为了节约贵重的耐热钢,排气门常用耐热钢作气门头部,普通合金结构钢作气门杆,然后对焊而成。

进、排气门一般均采用模锻成型,以保证强度。

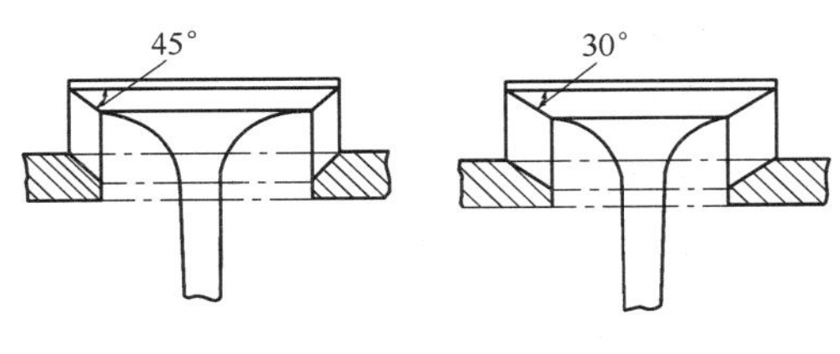

图 4—4 气门密封面的锥角

气门头部与气门座配合的密封面一般均制成圆锥面。锥面能使气门在气门座上自动定心,促使密封面紧密地贴合。为了保证密封,每个气门都要和气门座研磨,研磨后的气门不能互换。气门锥面的锥角多为 45°,进气门也有采用 30°的,如图 4—4 所示。

当气门开度一定时,较小的锥角能获得较大

的流通断面，对进气有利，也可以减少气门落座时的相对滑移磨损——即减少气门落座时，气门的密封锥面在气门座密封锥面上的微小移动。为了多进气，进气门一般大于排气门。汽车及工程机械发动机多数采用两个气门(一进一排)。缸径大于140 mm的现代发动机多数采用4个气门(2进2排)，不仅可增大流通断面，有利于进排气；而且可减轻单个气门的质量和惯性力；减小气门弹簧的负荷；有利于气门的散热。多气门化已是越来越明显的发展趋势，以致缸径 $D>80$mm 的车用汽油机和缸径 $D=80\sim90$ mm的直喷式柴油机也有利用多气门的。4个气门的缺点是气缸盖的布置较困难(特别是采用螺旋气道时)，配气机构零件多，传动较复杂。

气门与气门座的密封锥面常常由于高温燃气的烧蚀和积炭颗粒的挤压而出现麻坑。这是发动机常见的故障之一，强化发动机更为突出。因此，现在越来越多的发动机在气门与气门座的密封锥面上堆焊硬质合金。国内外常用钴铬钨合金(钴66%，铬22%，钨5%，碳1%)，对于消除麻坑，效果很好。

为了降低排气门的温度，某些强化发动机在空心排气门内充填金属钠，如图4—5所示。

金属钠的特点是熔点(370.5 K)和沸点(1 156 K)低而汽化热非常高(4 604 kJ/kg)。钠在气门头部的高温下蒸发，吸收大量热量，钠蒸汽和温度较低的气门杆接触，把热量传给气门杆，然后重新凝结成金属钠，落在气门头部，金属钠又吸收气门头部的热量再蒸发……。如此重复汽化与凝结过程，就将气门头部的热量传给气门杆，再经气门导管，气缸盖传给冷却水。因此可使气门头部的温度下降150～200 K，对提高气门头部的强度与刚度，保证排气门可靠工作，效果较好。

气门杆端和摇臂或挺柱接触，承受敲击和摩擦，因此杆端需淬硬，或在杆端堆焊一层硬质合金，以提高耐磨性。气门杆端的形状决定于弹簧座的固定方式。多数发动机采用锁夹或锁销固定，如图4—6所示。顶置气门在气门杆尾端常切有一小槽，装入一挡圈，以防气门杆尾端或气门弹簧损坏时气门掉入气缸(图4—3)。

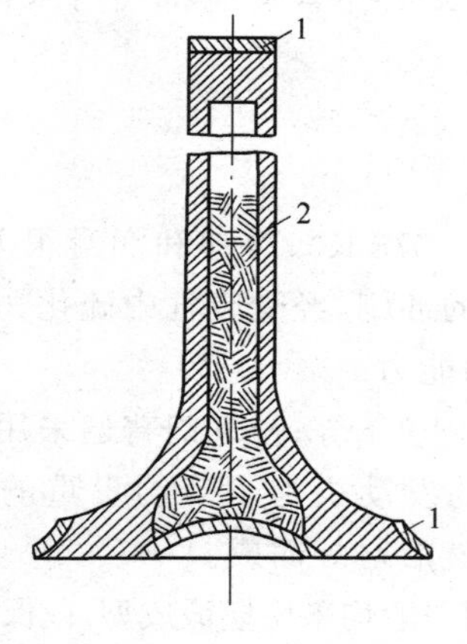

图4—5 灌钠排气门

1—堆焊的硬质合金；2—钠冷却剂。

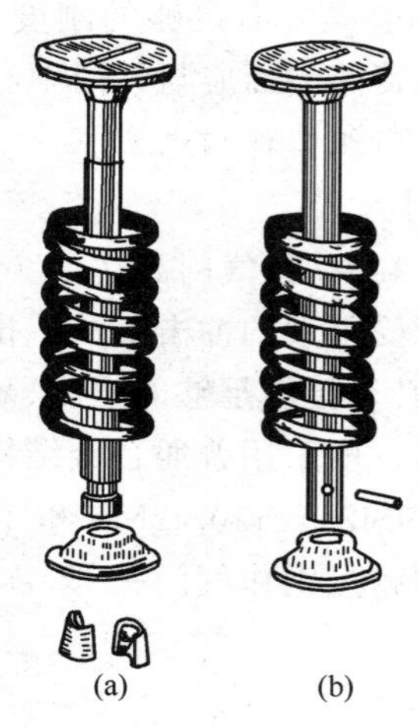

图4—6 气门锁夹与锁销

2. 气门座

气门座可在气缸盖或气缸体上直接搪出来。多数发动机考虑到气门座承受气门的撞击，受到废气的氧化与腐蚀，密封锥面容易产生麻坑，因此常用合金铸铁、合金钢，以至钴铬钨硬质合金制造，然后压入气缸盖或气缸体中(图4—7)，以提高使用寿命，且便于修理。目前，国内外较强化的发动机都在气门座上堆焊钴铬钨硬质合金。

3. 气门导管(图 4—3)

气门导管一般在半干摩擦下工作。通常用铸铁或粉末冶金制造,加工完后压入气缸盖或气缸体中。气门杆和气门导管间应有适当的间隙(一般为 0.04～0.12 mm)。间隙太大,易产生漏油、漏气、积炭、气门导向与散热不良等故障。间隙过小,则不能保证摩擦表面必要的润滑与冷却,易磨损、卡住。

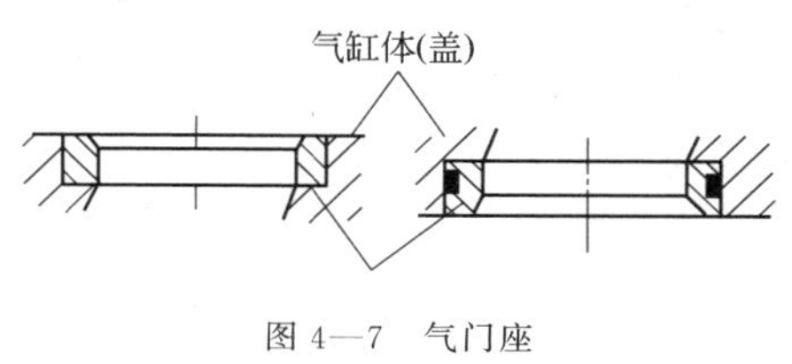

图 4—7　气门座

4. 气门弹簧

气门弹簧的功用主要是在气门开闭过程中,使气门及其传动件与凸轮保持接触,使气门按凸轮型面的规律运动。

气门弹簧一般用65 Mn、50 CrVA等弹簧钢丝制成圆柱形螺旋弹簧。它应有足够的强度与刚度。安装时应有一定的预紧力。为了提高疲劳强度,气门弹簧常采用喷丸处理。多数发动机采用两个气门弹簧,一大一小,套在一起。两个弹簧可在较小的高度下提供较大的弹力,可防止气门弹簧的共振——由于固有频率不同,一个弹簧发生共振时,另一个弹簧则阻尼共振。此外,当一个弹簧折断时,另一个仍可继续工作,不致使气缸立即失去工作能力。为了防止两个弹簧相咬,大小弹簧应做成不同旋向。为了防止弹簧共振,有的发动机采用不等螺距弹簧。

5. 气门旋转机构

许多新型发动机为了延长气门与气门座的使用寿命,采用了气门旋转机构,如图 4—8 所示。

在气门导管上套有一个固定不动的支承盘 5。支承盘上有若干条弧形凹槽,槽内装有钢球 4 和回位弹簧 6。支承盘上面套有碟形弹簧 3、支承圈 2 和卡环 1。气门弹簧下端座落在支承圈 2 上。当气门在关闭状态时,气门弹簧的预紧力通过支承圈 2 将碟形弹簧 3 压在弹簧支承盘上,碟形弹簧 3 和钢球 4 没有接触。

当气门开启时,气门弹簧通过支承圈 2 压缩碟形弹簧 3,使碟形弹簧 3 与钢球 4 接触,钢球 4 在碟形弹簧 3 压迫下,沿着弹簧支承盘上的底面为斜坡的凹槽滚动一定距离。这样,几个小钢球就拖动碟形弹簧、支承圈、气门弹簧及气门转动一定角度。当气门关闭后,钢球和碟形弹簧脱离接触,于是在回位弹簧的作用下回到坡面的高点上。气门每开启一次,就旋转一个角度,从而减少气门座合面的积炭,改善密封性,并减轻气门和气门座局部过热与不均匀磨损。

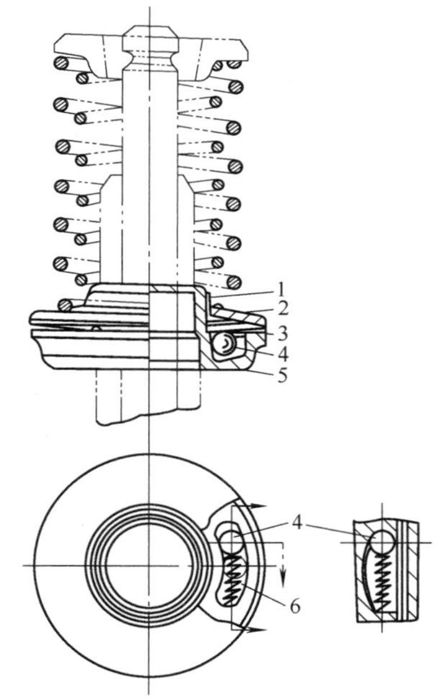

图 4—8　气门旋转机构

1—卡环;2—支承圈;3—碟形弹簧;4—钢球;5—弹簧支承盘;6—回位弹簧。

二、气门传动组

气门传动组主要由凸轮轴及其驱动装置、挺柱及其导管、推杆、摇臂、摇臂轴及其支座等组成(图 4—1、图 4—2)。气门传动组的功用是按照规定时刻(配气定时)和次序(发火次序)开闭进、排气门,并保证一定的开度。气门传动组各主要零件的构造如下所述。

1. 凸轮轴

凸轮轴是控制气门开闭时刻和运动规律的主要零件。凸轮轴上各凸轮的相互位置按照发动机规定的发火次序排列。因此,根据各凸轮的相对位置和凸轮轴的旋转方向,可以判断发动机的发火次序。

凸轮轴一般由碳钢模锻或球墨铸铁铸造。为了提高耐磨性,各个轴颈和凸轮表面需经渗炭或高频淬火。

汽油机的典型凸轮轴,如图 4—9 所示。轴的前端装有正时齿轮。轴上除了进、排气凸轮及轴颈外,还有驱动分电器和机油泵的齿轮及驱动汽油泵的偏心轮。

柴油机的凸轮轴没有驱动分电器的齿轮和驱动汽油泵的偏心轮。除此之外,和汽油机的凸轮轴相似。图 4—10 所示为 4 缸柴油机的凸轮轴。各缸的发火次序是 1—3—4—2。

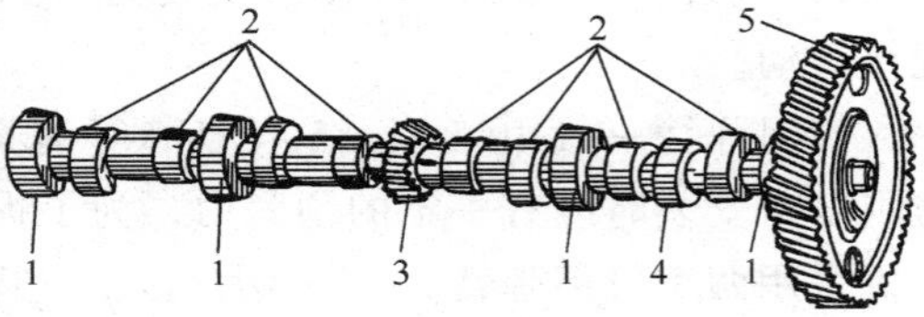

凸轮轴一般用浇有白合金的钢衬套、铝衬套、粉末冶金或青铜衬套作为轴承。一般均为整体圆柱形。

通常凸轮轴都由发动机前端“插入”气缸体,因此各轴颈的直径要大于凸轮的最高点,而且各个轴颈的直径从凸轮轴前端向后依次减小,以便于装配。

图 4—9 汽油机的典型凸轮轴

1—凸轮轴轴颈;2—进、排气凸轮;3—分电器和机油泵的驱动齿轮;4—汽油泵驱动偏心轮;5—凸轮轴正时齿轮。

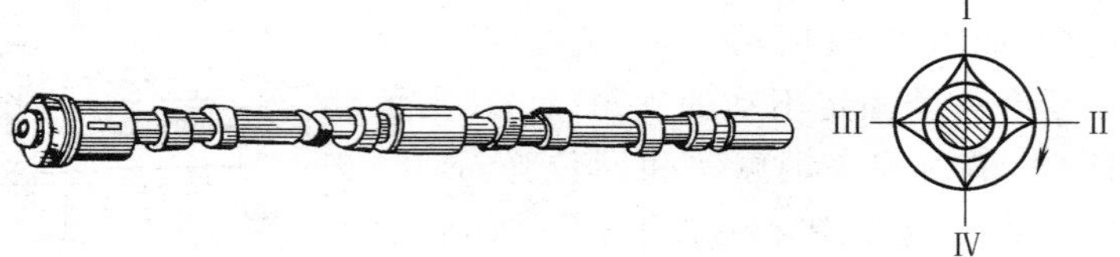

图 4—10 4 缸柴油机的凸轮轴

汽油机的凸轮轴通常由曲轴通过一对正时齿轮驱动,见图 4—11。大、小正时齿轮分别用键装在凸轮轴和曲轴前端,在装配凸轮轴时,必须使凸轮轴正时齿轮的正时记号和曲轴正时齿轮的正时记号对准,否则不能保证凸轮轴和曲轴应有的相对位置,即不能保证各个气门按规定时刻开闭。

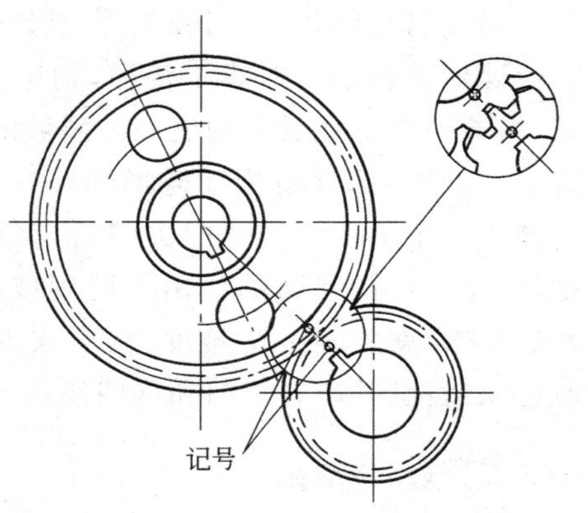

图 4—11 正时齿轮的正时记号

为了使齿轮啮合平顺,减小噪声,正时齿轮一般采用斜齿。由于凸轮轴传递的动力不大,同时为了减小噪声,有的发动机采用夹布胶木或工程塑料作凸轮轴正时齿轮。

对于柴油机,不但凸轮轴需要“正时”,喷油泵也需要正时。因此正时齿轮数目较多,在装配时要注意对准各对齿轮的正时记号,才能保证气门按规定时刻开闭,喷油泵按规定时刻供油。

四冲程发动机,曲轴转两周,每个气门开闭一次。因此,曲轴转两周,凸轮轴转一周,传动比为 2∶1。

凸轮轴需要轴向定位。否则,发动机运转时,曲轴正时齿轮(斜齿)作用在凸轮轴正时齿轮上的轴向力将使凸轮轴轴向移动,同时还使凸轮轴相对于曲轴转动一个角度,从而破坏凸轮轴的“正时”。

很多汽油机凸轮轴采用图 4—12 所示的轴向定位装置。止推片 4 用螺钉固定在气缸体上。当凸轮轴向前或向后轴向移动时,都被止推片阻挡。为了使凸轮轴转动自如,必须保证有一定的轴向游隙,一般为 0.05～0.20 mm。这一间隙可通过更换隔圈 5 来调整。

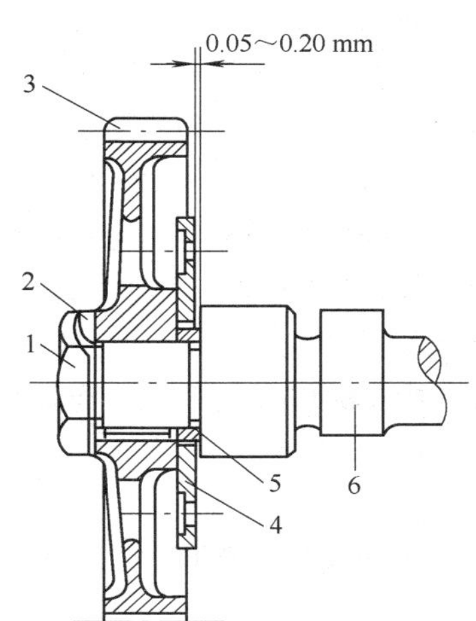

图 4—12　凸轮轴的轴向定位

1—螺母;2—锁紧垫圈;3—凸轮轴正时齿轮;4—止推片;5—隔圈;6—凸轮轴。

凸轮的轮廓(图 4—13)应保证气门开启和关闭的时间符合要求。而且应使气门有足够的升程和升降速度。气门的升起和落座要尽可能迅速,但又要使惯性力不超过容许的限度。

2. 挺柱(参看图 4—1)

挺柱的作用是将凸轮的推力传给气门或推杆,同时将侧向力经过挺柱导管传给气缸体。

挺柱由钢或铸铁制成。一般制成空心圆柱体形状,这样既减轻质量,又可获得较大承压面积,以减小单位面积上的侧压力。推杆的下端即座落在挺柱孔内。

为了使挺柱工作表面磨损均匀,挺柱中心线相对于凸轮侧面的对称线常偏移 1～3 mm,如图 4—14 所示。或者将挺柱底面作成半径为 700～1 000 mm的球面,而凸轮型面则略带锥度(约为 6′～12′),如图 4—15 所示。这样,当凸轮旋转时,迫使挺柱绕本身轴线旋转,使挺柱底面和侧面磨损都较均匀。

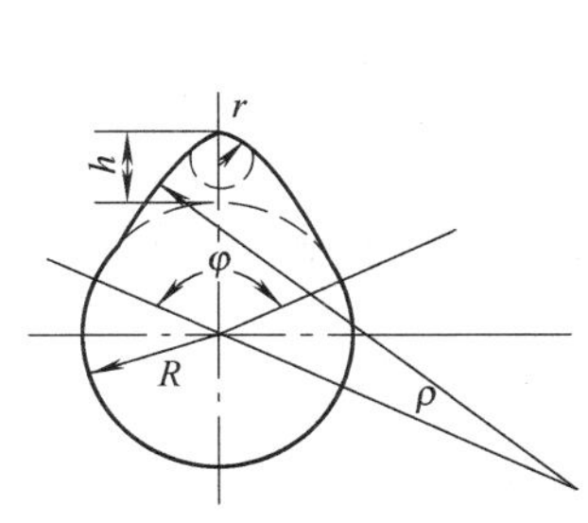

图 4—13　凸轮的轮廓(型面)

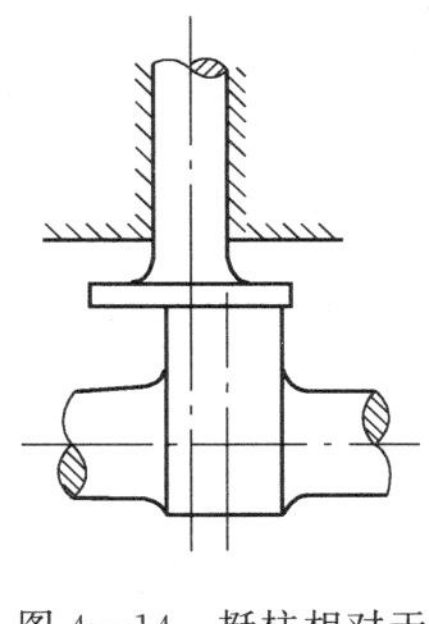
图 4—14　挺柱相对于凸轮的偏移

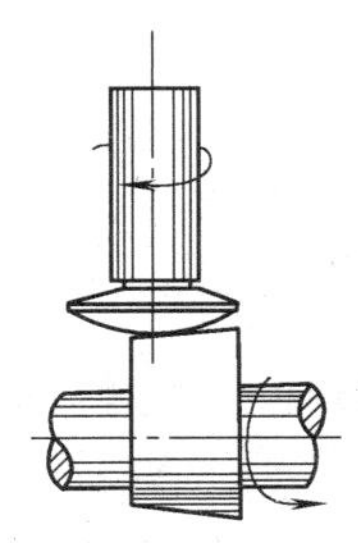
图 4—15　球面挺柱

由于配气机构中存在间隙,在高速运行时会产生很大的振动和噪声,这对某些要求行驶平稳与低噪声的内燃机来说是很不适宜的,因此出现了一种液力挺柱(图 4—16)。它的工作原理是:挺柱体 1 中有柱塞 2。由于有弹簧 4,所以柱塞顶端的球面座 3 是经常保持与推杆接触的。当气门关闭时,挺柱体和柱塞上的油孔都与润滑系油路相通,油路中的机油进入柱塞并顶开单向阀 5 进入柱塞下面的油腔,把油腔填满。当挺柱受到凸轮的推动时,油腔中的油液受到挤压,单向阀关闭,于是封闭在油腔中的油液就托着柱塞,使柱塞与挺柱体一起向上运动,并经推杆和摇臂顶开气门。

在顶开气门的过程中，不可避免地会有一些油液从油腔中漏出，因此柱塞 2 在挺柱体 1 中就要相对地向下移动一小距离。气门落座后，靠弹簧 4、柱塞 2 上的球面座 3 仍保持与推杆相接触，所漏失的油液则经单向阀从润滑系中重新得到补充。

因此在采用液力挺柱时，是靠弹簧 4 的作用经常保持配气机构中的间隙等于零，从而避免了撞击噪声；工作过程中配气机构各零件长度尺寸的热胀冷缩变化，则靠每次气门落座后向油腔中补充油量的多少自动地予以补偿。

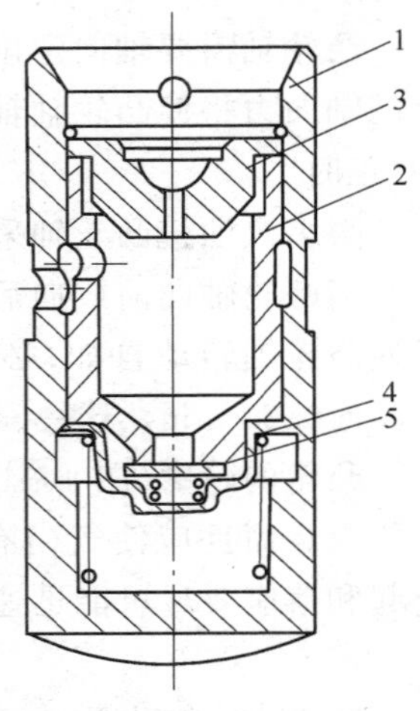

图 4—16 液力挺柱
1—挺柱体；2—柱塞；3—球面座；4—弹簧；5—单向阀。

3. 推杆(见图 4—2)

推杆的功用是将挺柱的运动传给摇臂。推杆一般由钢管或铝管制成，以减轻质量。它上下运动时，有小量的摆动，因此上下两端焊有不同形状的球头。上端头为凹球形，摇臂调整螺钉的球头即坐落其中(图 4—17)下端头为球形，座落在挺柱的凹球面内。上下两端头均经淬火。

4. 摇臂

摇臂起杠杆作用，它将推杆的推力传给气门。摇臂的两臂作成不等长(图 4—17)，靠气门一边的臂比靠推杆一边的臂长 30%～50%，这样就可以在一定的气门升程下降低推杆和挺柱的升程，从而减小推杆和挺柱往复运动的加速度和惯性力。

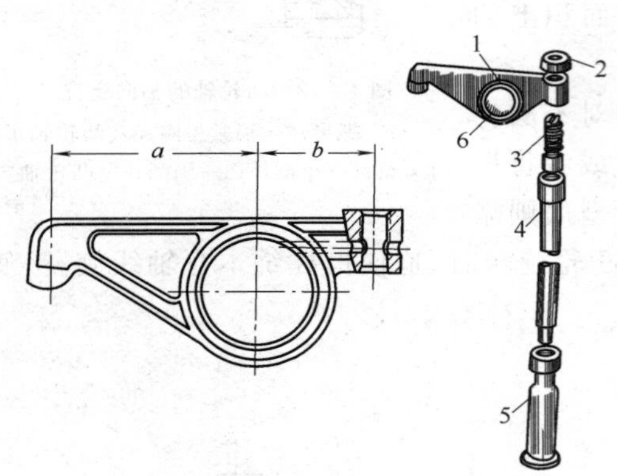

图 4—17 柴油机气门传动组
1—摇臂；2—锁紧螺母；3—调整螺钉；4—推杆；5—挺柱；6—衬套。

摇臂的短臂端装有调整气门间隙的调整螺钉和锁紧螺母。长臂的末端作成圆柱面，当摇臂摇动时，圆柱面在气门杆端面上滑滚。摇臂中心孔内压有青铜衬套，套在摇臂轴上，摇臂轴被支座(固定在气缸盖上)所支持。摇臂的侧面有弹簧压紧，使摇臂保持一定的轴向位置。摇臂轴通常是中空的，作为润滑油道，由气缸体来的润滑油经摇臂轴去润滑摇臂衬套，再经摇臂上的油道去润滑摇臂两端的摩擦面。

摇臂通常由钢材模锻而成，其工作表面经过淬火。图 4—18 为摇臂及摇臂轴总成。

图 4—18 摇臂及摇臂轴总成

第三节 配气定时与气门间隙

一、配气定时

进、排气门开启和关闭的时刻及其开启的延续时间以曲轴转角来表示的称为配气定时(或配气相位)，如图 4—19 所示。

如前所述，若进气行程中进入气缸的新鲜充量愈多，则内燃机发出的功率愈大。若排气行程中将气缸中的废气排除得愈干净，则可以改善内燃机的燃烧过程。因此，配气定时应保证内燃机具有良好的进、排气过程。保证进气尽可能充分，排气尽可能干净。

假如进气门在活塞位于上止点时开启，到下止点时关闭；排气门在活塞位于下止点时开启，到上止点时关闭。由于内燃机转速较高，活塞完成一个行程的时间很短(如四冲程柴油机在转速为2 000 r/min时，活塞完成一个行程的时间只有0.015 s)。为了进气充分、排气干净，高速内燃机有必要、也有可能延长进、排气时间。也就是说，进、排气门都不是在上、下止点开启或关闭，而是提前开启、迟后关闭。

首先，由于进气门的开度对进气来说是逐步加大的，进气门提前开启可以使气门在活塞到达上止点时已经有了一定的开度，当活塞由上止点向下止点运动时，气流进入气缸的通道面积加大，进气阻力减小；进气门延迟关闭是当活塞到达下止点后再往上运动时利用高速气流的惯性，补充向气缸内充填一部分气体，以此来达到增大进气量的目的。

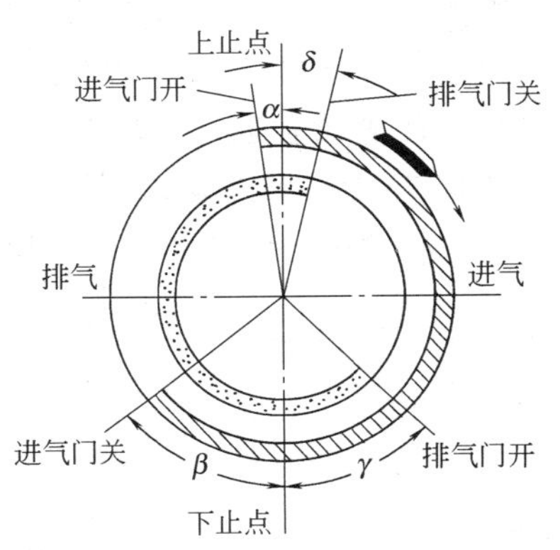

图 4—19　配气定时图

α—进气提前角；β—进气迟后角；γ—排气提前角；δ—排气迟后角。

从排气来看，在膨胀行程接近下止点时，气体的膨胀功已经微乎其微了，而此时气缸中气体的压力仍大于外界大气压力，排气门提前开启有利于利用气缸内、外压力差，排出一部分废气；当活塞到达上止点时，排气门仍未关闭，这时利用废气高速流动的惯性，增大排出的废气量。这样不仅可以增加废气的排出，减小残余废气量，而且可以减少排气所消耗的功。

在上止点附近，进、排气门同时都开启的那一段时间，称气门重叠(以℃A 表示)。由于新鲜气体和废气流动惯性都很大，虽然进、排气门同时开启，但气流并不互相错位与混合。只要气门重叠角取得合适，可以使进气更充分、排气更干净。气门重叠角必须根据内燃机具体情况通过试验来确定。重叠角过小，达不到预期的改善换气质量的目的，过大则可能产生废气倒流现象，降低了内燃机的性能指标。

配气定时要根据内燃机的使用工况和常用转速来确定。不同的内燃机，配气定时也是不同的。配气定时的数值一般由实验来确定。

为保证配气定时的准确，在曲轴与凸轮轴驱动机构之间通常设有专门的记号，装配时需将记号对准(见图 4—11)。

二、气门间隙

发动机工作时，气门及推杆、挺柱等零件因温度升高而伸长。如果在室温下装配时，气门和各传动零件(摇臂、推杆、挺柱)及凸轮轴之间紧密接触，则在热状态下，气门势必关闭不严，造成气缸漏气。为此，气门传动组(气门与挺柱或气门与摇臂之间)在室温下装配时必须留有适当的间隙，以补偿气门及各传动零件的热膨胀，此间隙称为气门的冷间隙。

在发动机运转时(热状态下)，为了使气门关闭时能严密密封，也需要一定的气门间隙。发动机热状态下的气门间隙称为气门的热间隙。

各发动机的气门间隙都有具体规定，进气门间隙一般在 0.20～0.35 mm范围之内，排气门间隙为 0.3～0.4 mm。有的发动机只规定了冷间隙，此时的冷间隙数值能保证热状态下仍有一定的热间隙。有的发动机则分别规定了冷间隙与热间隙。装配时应将气门间隙调整到规定数值。

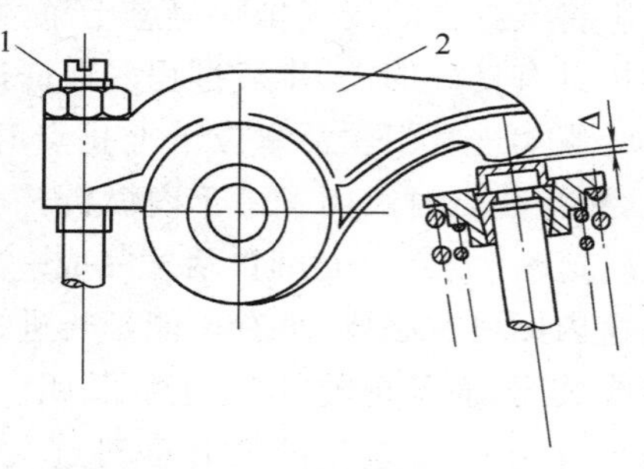

图 4—20 下置凸轮轴的气门间隙调整
1—调整螺钉；2—摇臂。

在发动机使用过程中，由于零件的磨损与变形，气门间隙会逐渐增大。气门间隙太大，将使气门开启滞后，减少气门开启的延续时间和气门开启高度。同时使各零件之间的撞击与磨损加剧，噪声增大。气门间隙过小则造成气门关闭不严，引起前述各种故障。因此，在发动机使用过程中，应定期检查和调整气门间隙。

调整气门间隙必须在气门完全关闭时进行，即在挺柱与凸轮背接触时进行(见图 4—20)。松开调整螺钉的锁紧螺母，拧动调整螺钉，即可调整气门间隙。调整时用厚薄规塞入摇臂与气门杆端的间隙中，拧动调整螺钉，直到间隙符合规定时为止，调整好后再将锁紧螺母拧紧。

第五章　汽油机的供给系

第一节　汽油机供给系的组成及燃料

一、汽油机供给系的组成

汽油机供给系的功用是：供给汽油机空气和汽油，使它们混合形成适当的可燃混合气，以便在气缸中燃烧作功，并将燃烧后的废气排出。

现代汽油机采用的燃料供给系主要有化油器式燃料供给系和电控汽油喷射燃料供给系。电控汽油喷射燃料供给系又可分向进气管喷射和向气缸内喷射两种，多数汽油机采用向进气管喷射。

目前，国内大多数汽油机仍采用化油器式燃料供给系，但电控汽油喷射系统已在轿车和轻型车用发动机上得到较为广泛的应用，不久的将来将占主导地位。最近我国政府已明令，日后生产的轿车全部采用电控汽油喷射系统取代化油器式燃料供给系统。有关电控汽油喷射系统的基本内容将在本章第八节里介绍。

一般化油器式汽油机供给系的基本组成如图 5—1 所示。

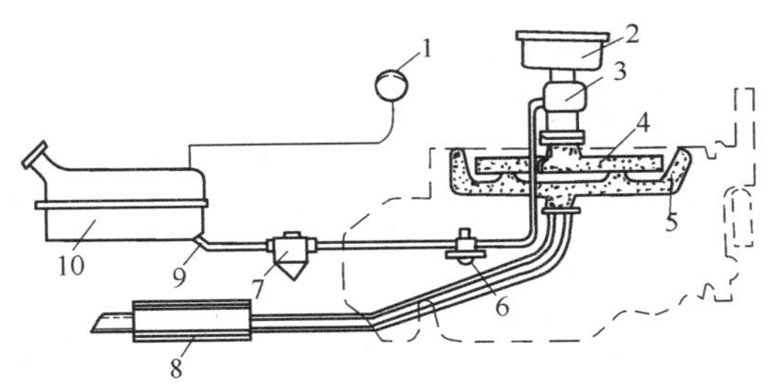

图 5—1　汽油机的供给系

1—汽油油量表；2—空气滤清器；3—化油器；4—进气管；5—排气管；6—汽油泵；7—汽油滤清器；8—排气消声器；9—油管；10—汽油箱。

汽油自汽油箱 10 流经汽油滤清器 7，滤去所含杂质后，被吸入汽油泵 6，汽油泵将汽油泵入化油器 3 中。空气则经空气滤清器 2 滤去所含灰尘后，流入化油器。汽油在化油器中实现雾化和蒸发，并与空气混合形成可燃混合气，经过进气管 4 分配到各个气缸。混合气燃烧生成的废气经排气管 5 与排气消声器 8 被排到大气中。为检查油箱内的汽油量，还装有汽油油量指示表 1。

二、汽　　油

汽油机所用的燃料主要是汽油，必要时也可用乙醇、甲醇等作为代用燃料。汽油是由石油提炼而得的密度小又易于挥发的液体燃料。

石油是由多种碳氢化合物（又名烃，分子式为 C_nH_m）组成的混合物。它含有碳 85%～87%，氢 11%～14%，此外还有氧、硫、氮及灰分（金属盐类）共约占 1%。

组成石油的烃类主要有烷烃、环烷烃、烯烃和芳香烃 4 种。

天然石油经过炼制，即可得汽油、煤油、柴油、润滑油等多种油料。石油加工主要采用分馏法和裂化法。分馏法就是将石油加热，根据石油中各种烃的沸点不同，按一定的温度范围而分馏出不同的产品，如表 5—1 所示。裂化法是在一定的温度和压力下，将沸点高的重馏分（即碳原子多的馏分)加热,使碳链断裂,变为沸点低,碳原子少的轻馏分。采用裂化法可提高汽油的产量和质量。

表 5—1 石 油 产 品

燃 料	沸 点	碳原子数目	元素成分(质量%)			分子量	低热值(kJ/kg)	应用范围
			C	H	O			
汽油	200 ℃以下	C_5～C_{11}	0.853	0.145	—	95～120	44 000～44 200	航空、汽车汽油机燃料、溶解橡胶、制造油漆
煤油	180～300 ℃	C_{11}～C_{17}	0.860	0.137	0.003	160～180	43 120	喷气式飞机燃料
柴油	250～360 ℃	C_{16}～C_{23}	0.870	0.126	0.004	180～200	42 500	高速柴油机燃料
重油			0.870	0.125	0.005	220～280	41 900	中、低速柴油机燃料
残渣①	360 ℃以上	C_{23}以上						

①残渣继续炼制可获得润滑油、润滑脂(黄油)、凡士林、石蜡、沥青等产品。

对汽油的主要要求是:

(1)为了避免爆燃,汽油应具有较高的抗爆性。

(2)为了保证低温起动与加速性能,以及各缸燃料分配较均匀,汽油应具有良好的蒸发性。

(3)对机体的腐蚀性小。

(4)物理化学稳定性好。

(5)汽油中的水分和机械杂质少。

汽油的主要性能指标如下:

1. 辛烷值

辛烷值表示汽油的抗爆性。汽油的抗爆性是指汽油抵抗爆燃的能力。辛烷值愈高,抗爆性愈好。辛烷值是在专门的单缸机上测定的。测定时,用容易爆燃的正庚烷(C_7H_{16}其辛烷值规定为0)和抗爆性好的异辛烷(C_8H_{18}其辛烷值规定为100)以一定比例混合,当混合液与被测定汽油的爆燃程度相等时,则混合液中异辛烷含量的体积百分数即为被测定汽油的辛烷值。根据汽油辛烷值测定试验中汽油机运行工况的不同,汽油辛烷值分为马达法辛烷值(MON)和研究法辛烷值(RON)二种。马达法辛烷值表示汽油机在节气门全开及高转速工况下的燃料抗爆性;研究法辛烷值表示汽油机在低、中转速工况下的燃料抗爆性。我国过去通常以马达法辛烷值最低限值来命名汽油的牌号,如 56 号汽油、66 号汽油及 70 号、80 号、85 号汽油等。从 1986 年起,我国汽油新品种牌号的命名以研究法辛烷值的最低限值为准,如 90 号、93 号、95 号、97 号汽油等。

汽油是多种烃类的混合物。汽油的抗爆性决定于汽油的化学成分。在汽油中加入少量的抗爆剂可以提高汽油的辛烷值。过去最常用的抗爆剂是四乙铅 $Pb(C_2H_5)_4$。但四乙铅燃烧后易生成固体的氧化铅,沉积在活塞、燃烧室、气门和火花塞上,从而引起气门漏气、火花塞电极短路等现象而破坏发动机的正常工作,故向汽油中添加的四乙铅中还混合有一种称为“携出剂”的物质(如溴乙烷等),使铅变成挥发性的盐类,随废气排出。这种四乙铅与携出剂的混合物称为乙基液。四乙铅有剧毒,故加入四乙铅的汽油常染成红色,以便识别,防止使用中毒。

应当指出,当汽油机压缩比一定时,所用汽油的品质对于爆燃的发生起着决定性的影响,因此,选择汽油的主要依据就是发动机的压缩比。一般压缩比高的汽油机应采用辛烷值高的汽油。

汽油加入四乙铅后，一方面产生铅化物与排气一起直接危害人类健康。另一方面，如果应用三效或氧化催化转化器进行排气后处理，则它会使催化剂迅速失效（又称铅“中毒”），从而使汽车的排放指标达不到各国排放法规的要求。为了根除铅的双重危害，近年来各国一般都采取控制汽油机的压缩比不超过 9.5，或开发取代四乙铅来提高汽油辛烷值的添加物（见第十二章第五节）。我国自 2000 年 7 月 1 日起全国所有汽车已开始使用无铅汽油，乙醇汽油已正得到推广使用。

2. 馏程

馏程是代表汽油蒸发性能的主要指标。汽油是由多种烃类组成的混合物，没有固定的沸点，蒸馏出汽油的温度范围称为汽油的馏程。馏程可通过汽油的蒸馏试验来测定。将汽油加热，分别测定蒸发出 10%、50%、90%馏分时的温度及终馏温度（分别称为 10%馏出温度、50%馏出温度、90%馏出温度及干点）。

10%馏出温度与汽油机冷态起动性能有关。此温度低，表明汽油中所含的轻质成分低温时容易蒸发，在冷起动时就有可能使较多的汽油蒸汽与空气混合形成可燃混合气，发动机就比较容易起动。汽油机长时间大负荷运转时，如果汽油的蒸发性太好，在汽油管道内就容易形成汽泡造成“汽阻”而使发动机熄火，所以汽油的蒸发性要适当。

50%馏出温度表明汽油中的中间馏分蒸发性的好坏。此温度低，汽油中间馏分就易于蒸发，从而汽油机的预热时间较短，使暖机性能、加速性能和工作稳定性都较好。

90%馏出温度与干点用来判定汽油中难以蒸发的重质成分的含量。此温度愈低，表明汽油中重馏分含量愈少，愈有利于可燃混合气均匀分配到各气缸，同时也可使汽油的燃烧更为完全。因为重馏分汽油不易蒸发，往往来不及燃烧，而可能漏到曲轴箱内使发动机的机油稀释，润滑恶化，磨损增加，发动机寿命缩短。

3. 胶质

汽油中所含的不饱和烃，在较高的温度或阳光、空气等作用下，容易被氧化聚合成胶质。汽油中胶质增多，通常能使辛烷值下降，并导致酸值增大。胶质沉积于进气管、油管及油箱中，可能堵塞油路，影响发动机正常工作。为此，通常在汽油中加入抗氧化添加剂，以增加汽油的安定性。

4. 腐蚀性

汽油中的硫化物燃烧时会生成二氧化硫或三氧化硫，遇到湿热蒸气或汽油中的水份就会变成硫酸，从而对金属产生强烈的腐蚀作用。尤其对活塞、气缸套和排气管的使用寿命及工作可靠性产生严重影响。因此，国标中对硫含量、酸度、水溶性酸碱及腐蚀试验都有严格规定。

国产车用汽油规格列于表 5—2。

表 5—2　国产汽油规格

项　目	质量指标					
	66 号	70 号	85 号	90 号	93 号	97 号
马达法辛烷值(MON)不小于	66	70	85			
研究法辛烷值(RON)不小于				90	93	97
抗爆指数($\frac{RON+MON}{2}$)不小于				85	89	92
四乙基铅含量(g/kg)不大于	1.0			0.35①		0.45①
馏程： 10%馏出温度，温度不高于	79		70	70		

续上表

项目	质量指标					
	66 号	70 号	85 号	90 号	93 号	97 号
50%馏出温度,温度不高于	145		120	120		
90%馏出温度,温度不高于	195		190	190		
干点,温度不高于	205		205	205		
残留量不大于	1.5		1.5	2		
残留量及损失量不大于	4.5		3.5	3.5		
饱和蒸汽压(kPa)						
从 9 月 1 日至 2 月 29 日不大于	80			88		
从 3 月 1 日至 8 月 31 日不大于	67			74		
实际胶质(mg/100ml)不大于	5			5		
诱导期(min)不小于	360		480	480		
硫含量(%)不大于	0.15			0.15		
腐蚀(铜片,50℃,3h)	合格			1		
水溶性酸或碱	无			无		
酸度(mgKOH/100ml)不大于	3			3		
机械杂质及水分	无			无		

①在无铅汽油 90 号、93 号、97 号中含铅量不大于0.013 g/L。

第二节 化油器的基本工作原理

一、可燃混合气的质量和浓度

为了使汽油机能有较高的功率和经济性,可燃混合气必须满足一定的质量指标。

在混合气中的汽油应该能完全汽化,并能与空气均匀地混合,此外,混合气中的汽油应该有严格的定量,即混合气应该有规定的浓度(在不同的汽油机工况下,应按规定有不同的浓度)。

1. 获得良好混合气质量的主要条件

汽油机的工作过程是进行得很快的,例如当曲轴转速在3 000 r/min时,活塞的一个行程只需要0.01 s,而混合气进行燃烧的时间比这个更短。要使燃烧进行得迅速,汽油在混合气中应该成气体状态。

供给系应能使汽油迅速汽化。汽油汽化的量和汽化速度取决于许多因素:汽油本身的性质(馏程)、空气的温度、汽油与空气接触的表面积以及周围空气的压力和运动速度等。

汽油在汽化时要吸收热量,所以混合气或空气宜进行预热。试验指出,混合气在进入气缸前的温度应有 40～60 ℃。

为了加速汽化过程,必须使汽油具有尽可能大的表面积,所以要将汽油喷散。汽油的喷散对其汽化和燃烧有很大的意义。汽油喷散得越细就汽化得越好,燃烧速度也越快,燃烧也就越完全。

汽油汽化的速度还与周围空气的压力有关,压力越低,汽化得也越快。

周围空气的运动速度对汽化过程也有很大影响。如果汽油是在静止的空气中,那么靠近汽油表面的空气层很快就会被汽油的蒸汽所饱和,汽化就会减慢。当空气流动时,就会吹掉靠近汽油表面的汽油蒸汽,使汽油重新在不含有汽油蒸汽的空气中进行汽化。

2. 可燃混合气的浓度

在理论上1 kg汽油完全燃烧约需15 kg空气。但在汽油机中，混合气不能达到理想的均匀，要使1 kg汽油完全燃烧必须要有17～18 kg空气。混合气中多余的空气固然可以增加汽油完全燃烧的程度，但同时却降低了混合气的含热量并使燃烧速度减慢，所以也降低了汽油机的功率。

如要使汽油机得到最大功率，就需要提高混合气的燃烧速度，这时应使混合气中有多余的汽油(或者说空气稍有不足)。最大燃烧速度可以在1 kg汽油与约13 kg空气混合时得到，这种混合气可使汽油机得到最大功率。然而，这时汽油的燃烧是不完全的，亦即汽油机的经济性较差。

所以，混合气的浓度影响着汽油机的功率和经济性。含空气较多的混合气可提高经济性，但功率不够大；含空气较少的混合气可提高功率，但经济性较差。应按照汽油机的不同工况来确定所用混合气的浓度。

可燃混合气的浓度可用过量空气系数 α 表示。过量空气系数就是混合气中1 kg燃料实际所用的空气质量与理论上1 kg燃料完全燃烧所需的空气质量(即15 kg)之比，即

$$\alpha=\frac{\text{燃烧1 kg燃料实际供给的空气质量}}{\text{理论上1 kg燃料完全燃烧所需的空气质量}}$$

例如，1 kg汽油与12 kg空气混合成的混合气的过量空气系数 $\alpha=\frac{12}{15}=0.8$。如已知 $\alpha=1.2$，则混合气中与1 kg汽油混合的空气量为 $15\times1.2=18$ kg。

$\alpha=1$ 的混合气叫标准混合气。$\alpha>1$(空气含量多于标准)的混合气叫稀或过稀混合气。$\alpha<1$(空气含量少于标准)的混合气叫浓或过浓混合气。

混合气稀于 $\alpha=1.12$ 以后，它的燃烧速度就要剧烈降低。当稀到 $\alpha=1.4$ 时，混合气将不能燃烧，此 α 值称为火焰传播下限。

混合气浓于 $\alpha=0.88$ 以后，燃烧速度也同样要降低，同时燃烧不完全的程度将显著增加。当浓到 $\alpha=0.4$ 时，混合气也不能燃烧，此 α 值称为火焰传播上限。

3. 残余废气对混合气的影响

在排气过程中，废气不可能完全排尽，燃烧室中的部分废气被存留下来。残余废气的量主要决定于燃烧室的尺寸。

但是，根据汽油机不同的负荷情况，进入气缸的新鲜混合气量是不同的，因而残余废气的相对量就会不同。在汽油机全负荷时，它的相对量是新鲜混合气的7%～12%；而当汽油机无负荷空转(怠速)时，它的相对量最大，达35%～40%。

残余废气对混合气的形成和燃烧是有影响的。

残余废气的温度比新鲜混合气的高得多，当它和新鲜混合气混合时，就将大量热量给予新鲜混合气。残余废气是燃烧产物，会降低新鲜混合气的燃烧速度，并缩小其燃烧极限。当残余废气的相对量达40%时，汽油机只有在混合气浓度浓于标准混合气(也就是 $\alpha<1$)时，才可能稳定地运转。

二、简单化油器

化油器主要是按照喷散或雾化的原理来工作的。在化油器中开始了汽油的汽化和可燃混合气的形成过程。

为了了解化油器的构造和工作，应首先研究一个简单化油器(图5—2)。简单化油器是一

个能使汽油雾化的最简单的化油器，它是由化油器的几个基本部分(浮子室、喉管、量孔和节气门等)组成的。

1. 浮子室

从汽油泵或汽油箱来的汽油经油管和开启着的针阀2进入浮子室9。在浮子室的燃油中浮着一个中空的浮子3，针阀的下端就靠在浮子上，它们的功用是保持浮子室里的油面在一定的高度。浮子室通过它上面的一个小孔或用其他方法经常与大气相通。

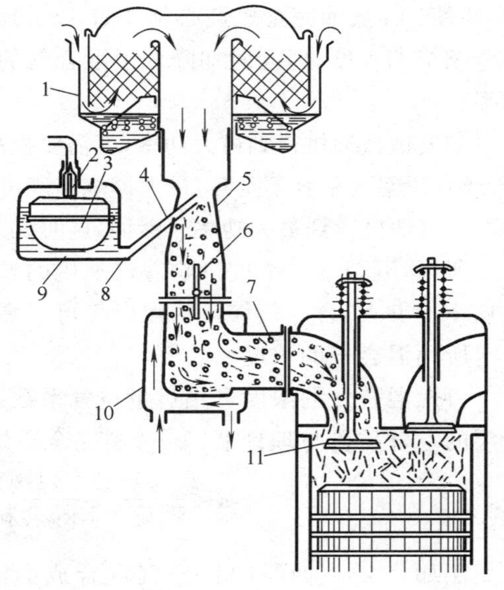

图 5—2 简单化油器

1—空气滤清器；2—针阀；3—浮子；4—喷管；5—喉管；6—节气门；7—进气支管；8—量孔；9—浮子室；10—进气预热装置；11—进气门。

当浮子室中的油面达规定的高度时，由于浮子的升起，针阀就把进油口关闭。在汽油机运转中，根据燃油消耗的情况，油面下降，浮子也落下，针阀随之开启到一定程度，使适量的汽油进入浮子室，以保持一定的油面高度，这对于化油器的正常工作是必要的。

显然，燃油的比重和浮子的质量对浮子室的油面高度是有影响的。例如，当燃油比重由0.77减小到0.72时(换用不同汽油时，可能发生这种情况)，浮子室的油面就会增高近2 mm；增加浮子质量(在浮子上有污垢之后)的影响等于减小燃油比重。浮子室油面的增高会引起汽油机工作的不正常和燃油消耗量的增加。在实际工作中应该注意到这些问题。

2. 喉管

喉管5把空气通道的断面缩小，使空气流过时速度加快，因而压力降低，也就是在喉管处产生一定的真空度。

汽油的喷管4开口在喉管的最窄部分，而浮子室里是大气压力，所以当空气流过喉管使该处的真空度达到一定程度时，浮子室里的燃油就会因压力的相差而从喷管喷出。喷出的燃油被空气流所粉碎和喷散，而且部分地被蒸发。

喉管应保证必需的空气运动速度和真空度。空气流速和真空度的增大要依靠喉管直径的减小，但减小喉管直径就会增大空气流动的阻力并减小空气的密度，结果使气缸的充气量减少。喉管的直径是考虑多方面的因素选定的，一般应使空气流速在汽油机最高转速和节气门最大开度时不超过100 m/s。

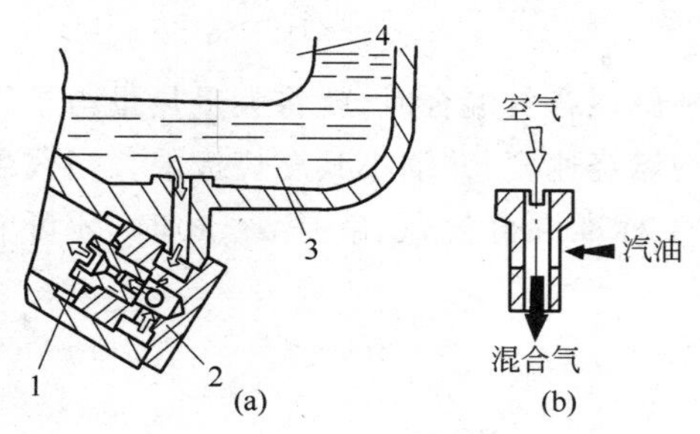

图 5—3 主量孔和怠速量孔

(a)主量孔；(b)怠速量孔。

1—主量孔；2—主量孔螺塞；3—浮子室；4—浮子。

3. 量孔

喷管4通过量孔8与浮子室相通。量孔是一个有精确尺寸的小孔，并有一定的形状。量孔的功用是控制流体(燃油、空气等)的流量。量孔往往做成螺塞形，以装入化油器的某一部位。图5—3示出一种主量孔和怠速量孔的实际形状。

单位时间内流过燃油量孔的流量与量孔的通过能力、燃油出口处的真空度以及燃油的比重和粘度有关。量孔的通过能力取决于量孔的直径、长度、进出口边缘的倾斜角度等。每个量孔的通过能力应该单独地用专用的仪器进行检验。

燃油的比重和粘度越大，流过量孔燃油的速度就越小。燃油的比重和粘度不仅因燃油标号的不同而异，并且也随温度而变化。当温度由0 ℃提高到30 ℃时，燃油的消耗量(按容积计)将增加 6%～8%，这一点在实际工作中必须予以注意。

在汽油机不工作时，喷管中的油面和浮子室中的油面是一样高的；而喷管上面的出口处比浮子室油面要高 2～5 mm，这样可以防止燃油在汽油机不工作时自行流出。

4. 节气门

节气门 6 是一个可以开闭的片状阀门，由司机来操纵，它的功用是调节进入气缸的可燃混合气的量，也就是调节汽油机的扭矩。当外界负荷(阻力)增大时，将节气门开大，使进入气缸的混合气增多，燃烧放出的热量增大，从而增大汽油机输出的扭矩使之与外界负荷相适应。因此，节气门开度的大小可以代表汽油机负荷的大小。当节气门开度为 100%(全开)时，汽油机就是全负荷。

从喉管最窄部分到节气门轴这一段管子称为混合室。在混合室中形成的可燃混合气的浓度是不均匀的，除了燃油蒸汽与空气形成的混合气外，在它里面还有相当多的没有蒸发的小油滴。这些小油滴的一部分和空气掺和在一起继续向前流动和进行汽化，另一部分就聚集在混合室和进气管壁上而形成油膜。这层油膜被气流带着用比其他混合气低得多的速度向前运动。

为了使油膜和在气流中的油滴能够较好的蒸发，汽油机上通常利用排气管中的废气对混合气进行预热。混合气的预热程度是很重要的。预热不足，将引起燃油的蒸发和燃烧的不完全，并将机油冲稀，结果会降低汽油机的功率和经济性，并增大机件的磨损；但是预热过甚，又将减少汽油机的充气量，因而也会使功率降低。所以，最好能根据汽油机运转的具体条件(如气温、汽油机的热状况等)对混合气的预热程度进行调节。

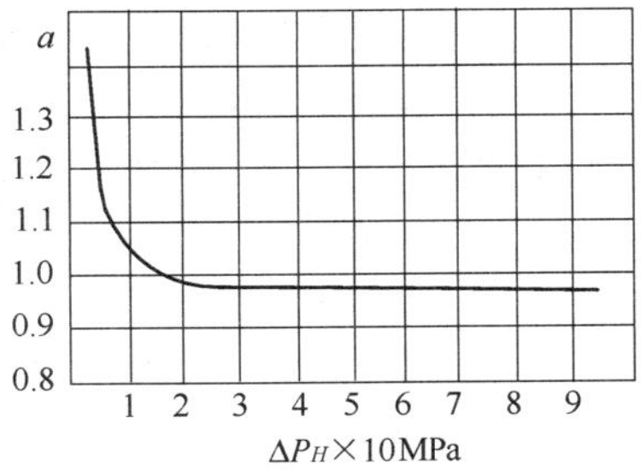

图 5—4　简单化油器的特性曲线

三、简单化油器的特性

在汽油机转速不变、节气门开度不大时，节气门开度由小逐渐开大，流经喉管的空气量增加，喉管空气的流速随之加大，空气压力随之下降(真空度加大)。由于喉管真空度加大，从喷管喷出的燃油量增多。但是，汽油流量的增长率大于空气流量的增长率，使此时所形成的可燃混合气变浓。随着节气门逐步开大，汽油和空气流量增长的速率趋于接近，因此可燃混合气变浓的趋势逐渐减缓。在转速不变时，简单化油器所供给的可燃混合气浓度随节气门开度(或喉管真空度 ΔP_H)变化的规律，称为简单化油器的特性，其历程如图 5—4 所示。

第三节　可燃混合气浓度与汽油机性能的关系

一、可燃混合气浓度对汽油机性能的影响

如前所述，可燃混合气浓度在很大程度上影响着汽油机的功率和经济性，对这种影响加以

研究和了解是非常必要的。因为汽油机运转时，节气门开度和曲轴转速是经常变化的，而这两者的变化又会影响混合气的形成和燃烧过程。所以，应在不同的节气门开度（负荷）和转速的情况下，去研究混合气浓度对汽油机工作（功率和经济性）的影响。这种研究是通过汽油机试验来进行的。

首先，使汽油机的转速保持不变，去研究在不同的节气门开度时，混合气浓度对汽油机功率和经济性的影响。这时，先将节气门保持全开，使汽油机在某一定转速下运转，此时进入化油器的空气量即为一定，用改变燃油量孔尺寸的方法去改变供油量，即可得到不同过量空气系数 α 的可燃混合气，并测出相应的汽油机功率（N_e）和燃油消耗率（g_e）。试验表明，功率和燃油消耗率都是随过量空气系数 α 的大小而变化的。

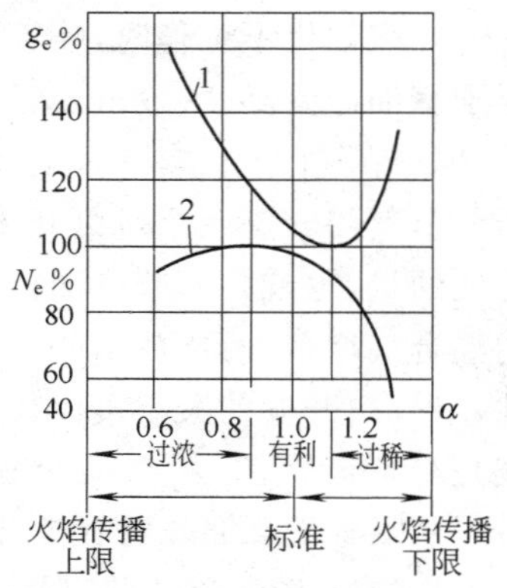

图 5—5 可燃混合气浓度对汽油机性能的影响
（汽油机转速不变，节气门全开）
1—燃油消耗率；2—功率。

根据上述试验结果可绘出 N_e 和 g_e 随 α 值而变化的关系曲线（图 5—5）。图中纵坐标为 N_e 和 g_e 的相对值（%），横坐标为 α 值。

注意此试验结果是在节气门全开而转速保持一定的情况下获得的。由此试验结果可见，当 $\alpha=0.88$ 时，汽油机发出的功率最大，当 α 小于或大于 0.88 时，功率都将减小（注意节气门开度并未变化）。对不同的汽油机来说，此相应于最大功率的 α 值不都是一样的，一般为 0.85～0.95。另一方面，只有当 $\alpha=1.11$ 时，燃油消耗率最低，即经济性最好，α 小于或大于 1.11 时，都将使经济性变坏。对于不同的汽油机，此相应于经济性最好的 α 值约为 1.05～1.15。

由上述可见，汽油机正常工作时，混合气的 α 值应在相应于最大功率的 α 值与相应于最好经济性的 α 值之间。在节气门全开的条件下，α 值的有利范围约为 0.88～1.11。在此范围内，或可得到较大的功率，同时燃油消耗率也不致过高；或可得到较好的经济性，同时功率也不致于过小。

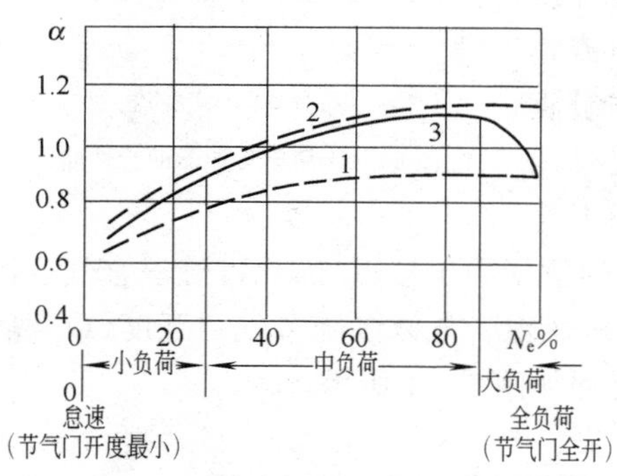

图 5—6 有利的可燃混合气浓度随汽油机负荷变化的关系（转速一定）
1—对应于最大功率的 α 值；
2—对应于最好经济性的 α 值；
3—理想化油器特性。

值得注意的是，这个 α 值的范围（0.88～1.11）只有在该汽油机节气门全开且转速一定的情况下才是正确的。如将此汽油机节气门关小一些而转速仍保持不变，并重复类似的试验，就可以发现相应于最大功率和最好经济性的 α 值都变化了；在此节气门开度下，也有某一个 α 值（不是 0.88）能使汽油机获得该节气门开度下的最大功率（当然，此“最大功率”就其大小而言，比节气门全开时的最大功率要小），同样也有某一个 α 值（不是 1.11）能使发动机获得该节气门开度下的最好经济性。

在各种节气门开度下重复上述试验，即可得到转速一定时，各种节气门开度下分别对应于最大功率的混合气（简称“功率的混合气”）和最好经济性的混合气（简称“经济的混合气”）的 α 值。为了便于说明问题，可将试验结果绘成图 5—6 的曲线。图中横坐标是节气门开度（负荷），纵坐标是过量空气系数 α。曲线 1 为对应于最大功率的 α 值；曲线 2 为对应于最好经济性的 α 值。

由以前的分析和图 5—6，可以得出以下重要结论。

（1）图 5—6 中的曲线 1 和 2 是就一特定的汽油机进行试验的结果。在不同的汽油机上，曲线的历程略有变化，但其走向和趋势基本上是一样的。

（2）在不同的节气门开度（负荷）时，能得到最大功率（或最好经济性）的混合气浓度是不同的。随着节气门的关小，相应于最大功率和最好经济性的这两个 α 值都向小的方向变化，这种变化在负荷小时更为明显。

（3）不论节气门开度如何，最大功率的混合气总比标准混合气要浓一些（$\alpha<1$），因为这样才可以得到混合气最大的燃烧速度。

（4）在任一节气门开度时，最经济的混合气总比最大功率的混合气要稀一些。在中等负荷时，相应于最好经济性的混合气是稀的（$\alpha>1$），空气稍有过量，这样才能使混合气完全燃烧；而在较小的负荷时，最经济的混合气则是浓的（$\alpha<1$），这是由于这时汽油的雾化及与空气的混合较差，稀的混合气会使燃烧缓慢而功率下降，反而会使耗油率增大。

（5）因此，不能把“功率的”或“经济的”混合气与“浓的”或“稀的”混合气混为一谈，它们的含义是不同的。

上面研究了当汽油机转速不变但节气门开度变化时可燃混合气浓度对汽油机性能的影响。那么，当转速变化时，情况又是怎样呢？

如试验所指出，在汽油机转速变化的很大范围内，最大功率的或最经济的混合气浓度实际上保持不变，只是在转速很小时，混合气需要稍许加浓。因此，图 5—6 中的曲线 1 和 2 就可以在实际上一般地表示可燃混合气浓度对汽油机功率和经济性的影响。

二、汽油机在不同工况下对可燃混合气浓度的要求

现在我们再根据汽油机的工作情况，看它对混合气浓度有哪些要求。

汽油机有相当一部分时间是在中小负荷的情况下工作的。因此在中小负荷时，化油器所供给的混合气要近于经济的浓度，这样才可以达到省油的目的，这时功率的稍许降低是没有多大关系的，因为中小负荷的本身就不需要最大功率。而在全负荷（或接近全负荷）时，混合气应为“功率的”（或近于“功率的”）浓度，因为这时需要汽油机发出最大（或近于最大）功率，只好牺牲一些经济性；而经济性差一些是允许的，因为汽油机在这种工况下工作的机会不很多。

汽油机对可燃混合气浓度的这种要求可用图 5—6 中的实曲线 3 表示之。在中小负荷时，曲线 3 要近于最好经济性的曲线 2，随着节气门的开大，混合气要逐渐变稀，随后则保持大致不变；而在汽油机进入大负荷后，曲线 3 要由近于曲线 2 转向接近最大功率的曲线 1，也就是混合气要由经济的浓度转向功率的浓度，直到节气门全开（100％负荷）时，曲线 3 与曲线 1 重合，要求化油器供给功率的混合气。

汽油机工作时，化油器所供给的混合气的浓度应符合曲线 3 的要求。

此外，汽油机还有几种特殊的工况，它们对混合气的浓度各有特殊的要求。

1. 起动

冷汽油机起动时，汽油的雾化和蒸发的条件极差，这就要求化油器在起动时供给非常浓（α 达 0.2～0.6）的混合气，以增多汽油轻质成分的量，从而使进入气缸的混合气中有足够的汽油蒸气，以便起动。

2. 怠速

怠速是指汽油机在无负荷的情况下以最低的转速(约 300～500 r/min)运转。这时为了节约燃料,节气门开度应尽可能小,使所供给的可燃混合气在气缸中所作的功足以克服汽油机本身的阻力,使汽油机能够以最低转速稳定运转即可。由于转速低,汽油的雾化及其与空气的混合都不好,而且因为进入气缸的混合气量比小负荷时更小,残余废气对燃烧的不利影响就更为显著。因此,要求化油器在怠速时供给相当浓的混合气(α=0.6～0.8)。

3. 加速

加速是指节气门迅速开大,汽油机转速和功率迅速提高的过程,这在车用发动机上是经常碰到的工况。当节气门突然开大时,要求在此短时间内供给化油器以额外的汽油,即混合气适当加浓,使汽油机转速和功率能迅速随之提高,也就是使汽油机具有良好的加速性能。

综上所述可见,对化油器所供给的混合气浓度的要求是相当复杂的。以前所说的简单化油器显然不能满足实际使用的需要。而且简单化油器也不能满足怠速、起动和加速时对混合气浓度的要求。

在化油器的实际结构中,都在简单化油器的基础上加装了一系列的自动调配混合气浓度的装置——主供油装置、起动装置、怠速装置、加浓装置(省油器)和加速装置等,以使化油器在各种工况下都能供给浓度适当的混合气,满足对汽油机动力性和经济性的要求。

第四节 化油器的供油装置

一、主供油装置

主供油装置是化油器各供油装置中基本的和主要的一种。主供油装置用以校正简单化油器的特性,保证在中小负荷范围内,随节气门开度的逐渐增大使所供给的混合气浓度按图 5—6 中的曲线 3 而变化,也就是由浓(α=0.8 左右),逐渐变稀(α=1.1 左右),借以获得较好的经济性。

主供油装置目前广泛采用降低主量孔处真空度的校正方案(图 5—7)。

在这种主供油装置中,浮子室中的燃油经过主量孔 1 流向主喷管 6。在主量孔与主喷管之间增设一油室 3,其中装有泡沫管 4,在泡沫管上沿轴线开有几排泡沫孔 5,油室上部设有空气量孔 2 与大气相通。

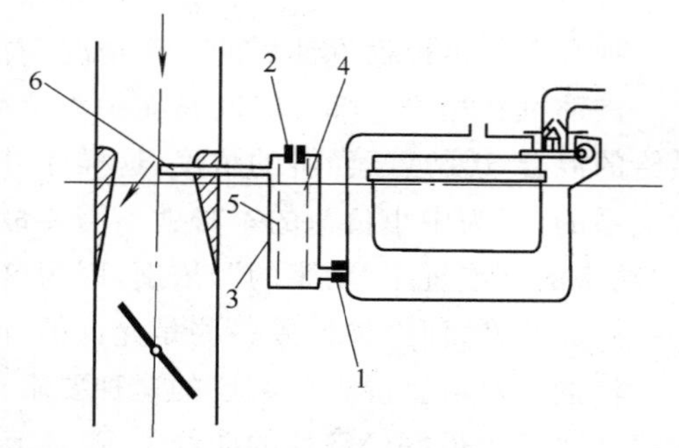

图 5—7 降低主量孔处真空度的主供油装置

1—主量孔;2—空气量孔;3—油室;4—泡沫管;5—泡沫孔;6—主喷管。

当汽油机不工作时,浮子室、油室和泡沫管内的油面是一样高的,泡沫孔都在油面之下。汽油机开始工作后,由于喉管中的真空度,使油室中的燃油从主喷管 6 喷出,浮子室中的燃油经主量孔补充到油室。由于主喷管 6 的断面大于主量孔 1 的断面,泡沫管 4 上方又与大气相通,而使泡沫管中的油面下降。随着节气门的开大,喉管中真空度的增长,从主喷管流出的燃油量亦增多,泡沫管中油面的下降量也相应增大。当节气门开到一定程度使泡沫管油面下降至第一排泡沫孔露出时,空气即经第一排泡沫孔渗到油室中,以空气和燃油形成的泡沫状混合物从主喷管喷出。空气的渗入降低了由主喷管传到油室中的真空度，使主量孔两端的压力差减小，而使流过主量孔的燃油量的增长减慢，从而使混合气的浓度减小，α 值增大。节气门再继续开大，各排泡沫孔将依次露出，渗到油室中的空气也随之增多，主量孔两端的压力差进一步减小，从而使混合气达到由浓逐渐变稀的要求，起到校正作用。

适当选择主量孔和空气量孔的尺寸，以及泡沫孔的尺寸，数目、排数和位置，就可以使混合气的浓度符合中、小负荷的要求。

二、辅助供油装置

辅助供油装置包括怠速装置、起动装置、加速装置和加浓装置等。

(一)怠速装置

怠速装置的功用是保证化油器在怠速和很小负荷的时候供给很浓的混合气($\alpha=0.6\sim0.8$)。

怠速时汽油机转速低，节气门几乎完全关闭(开度很小)，喉管中真空度很小，不能使燃油从主喷管流出。但此时节气门后面的真空度却很大，因此可另设怠速油道，使怠速喷口在节气门后面，这样就可解决怠速时的供油问题。

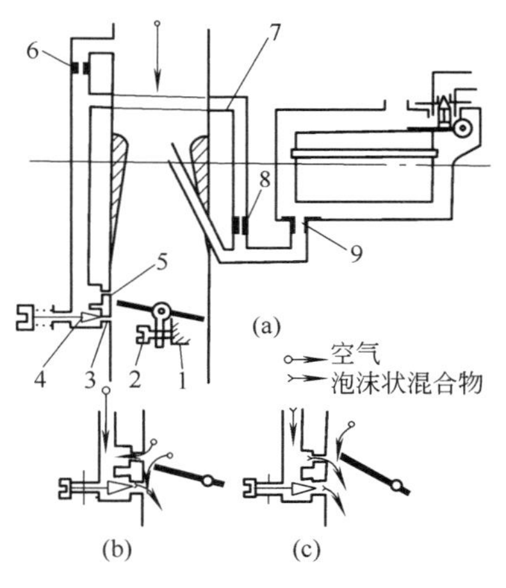

图 5—8　怠速装置

(a)怠速装置；(b)怠速时节气门位置；(c)向有负荷过渡的节气门状态。
1—限位块；2—节气门限位螺钉；3—怠速喷口；4—怠速调整针；5—怠速过渡喷口；6—怠速空气量孔；7—怠速油道；8—怠速量孔；9—主量孔。

图 5—8(a)为一典型的怠速装置的简图。它由怠速喷口 3、怠速调整针 4、怠速过渡喷口 5、怠速量孔 8、怠速空气量孔 6、怠速油道 7 及节气门限位螺钉 2 等组成。

由于怠速时节气门后面的真空度很大而耗油量很少(约为全负荷时的 10%)，所以怠速装置的量孔和燃油喷口就要做得很小，这就使它们容易堵塞。为了可以将量孔和喷口加大，就要从怠速空气量孔 6 引入空气以降低怠速油道中的真空度。

怠速时节气门后面的真空度很大，浮子室中的燃油经主量孔 9、怠速量孔 8、怠速油道 7 和从空气量孔 6 进来的空气相混合，形成泡沫状混合物向下流到怠速喷口。两个怠速喷口的作用是使汽油机能从怠速圆滑地转入有负荷的工作，避免在转变初期发生混合气过稀的现象。

当节气门开始打开时，进入化油器的空气量突然增多，但主供油装置的主喷口尚未出油或出油很少，而节气门后面的真空度已降低了。如果没有怠速过渡喷口 5，怠速装置的供油量将会减少，因而混合气要突然变稀。

怠速时，节气门的边缘在喷口 3 和 5 之间(图 5—8b)，这时喷口 5 并不喷油，而是进入空气与油道中的泡沫状混合物进一步混合后从喷口 3 喷出。当节气门稍开时，节气门边缘越过喷口 5(图 5—8c)，使这个区域的真空度增大，于是两个喷口同时出油，使怠速出油量加大，从而使汽油机圆滑地转入有负荷状态。

当节气门进一步开大时，主供油装置逐渐参加工作，其供油量相应增多，而同时怠速喷口处的真空度减小，其供油量相应减小直至完全不喷油。汽油机即进入正常的工作状态。

有的化油器为了同样的目的，将怠速喷口做成一条长缝。

空气量孔 6 除了前述的作用外，还可以在怠速装置不工作时，防止燃油因虹吸作用而继续流出。

为了调整怠速时的混合气浓度，对着怠速喷口往往装有怠速调整针 4。此调整针拧进时，供油量减少，怠速时的混合气浓度向稀的方向变化，反之则变浓。也有的化油器将此调整针装在怠速空气道中，此时拧进调整针则混合气变浓。

怠速时的混合气量用节气门最小开度调整螺钉(限位螺钉)2 来调整。

(二)起动装置

当汽油机起动时，尤其在冬季，形成可燃混合气的条件是非常不利的。因为这时汽油机温度低，而且曲轴转速也不高(50～100 r/min)，这就使混合气的蒸发不够。此外，在冷发动机内，化油器中所形成的燃油蒸汽的一部分还会在流向气缸的途中凝结并沉积在进气管壁上。这就使在化油器中的混合气浓度不同于点火前气缸中的混合气浓度。

为了在冷车起动时使气缸中的混合气含有足够的燃油蒸汽，以便汽油机能顺利起动，必须将化油器所供给的混合气特别加浓(α=0.2～0.6)，为此，在化油器中设有起动装置。注意，此时化油器所供给的燃油只有一部分能够蒸发，所以气缸中混合气的 α 值并未超过燃烧极限。

最常用的起动装置是在喉管之前装一个阻风门 1(图 5—9)。阻风门用弹簧经常保持在全开状态，起动时由司机通过拉钮将其关闭。

当阻风门关闭而曲轴旋转时，在阻风门后面产生很大的真空度，使主供油装置和怠速装置都出油，而通过阻风门边缘的空隙流入的空气量则很少。由于空气量减少和燃油量增加的同时作用，就得到非常浓的混合气浓度，满足冷车起动的需要。

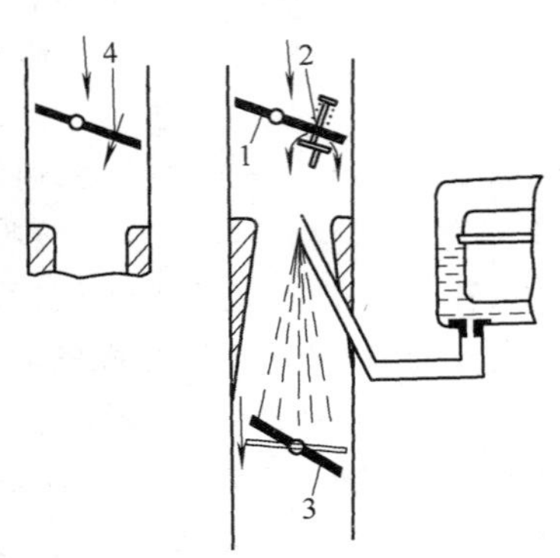

图 5—9 阻风门式起动装置
1—阻风门；2—自动阀；
3—节气门；4—进气孔。

汽油机起动过程的后期，转速和喉管处真空度都较开始起动时为大，为避免混合气因此而过浓，往往在阻风门上设有自动阀 2。当阻风门后的真空度增大到一定程度时，自动阀便克服弹簧的作用力而自动打开，吸入必要的空气。有的化油器不设自动阀，而只在阻风门上开一个或几个进气孔 4，也可在一定程度上解决这一问题。有些汽油机使用了更为复杂的半自动或自动阻风门。

(三)加浓装置(省油器)

如前所述，随着节气门的由小开大，主供油装置供给的混合气是由浓变稀的。这符合于中小负荷时需要经济的混合气的要求，但却不能满足大负荷及全负荷时需加浓混合气以获得最大(或近于最大)功率的要求。

因此，在化油器中另设有加浓装置，在大负荷及全负荷时，除主供油装置照常供油外，还由加浓装置供给额外的燃油，使混合气加浓(α 约为 0.8～0.9)，以使汽油机发出最大(或近于最大)功率。

有了加浓装置，化油器的主供油装置就可以按照最好经济性的要求来设计，这就是加浓装置为什么又可称为省油器的原因。

加浓装置按控制方法的不同，分为机械式和真空式两种。

1. 机械式加浓装置

图 5—10 是机械式加浓装置的结构简图。在浮子室内装有加浓量孔 1 和加浓阀 3。加浓

量孔 1 与主量孔 2 并联。加浓阀上方有推杆 4，与拉杆 5 连为一体。拉杆 5 又通过摇臂 6 与节气门轴相连。

当节气门开度不大时，加浓阀 3 关闭，这时只有主供油装置供油，混合气是经济的混合气。当节气门开启时，通过摇臂 6 的转动，带动拉杆 5 和推杆 4 一同向下移动，只有在节气门开度达到 80％～85％时，推杆 4 才开始顶开加浓阀 3，燃油在喉管真空度的作用下，经加浓阀和加浓量孔流入主喷管，与从主量孔 2 来的燃油汇合，一起由主喷管喷出。这样便增加了燃油的供给量，使混合气加浓。加浓量孔的尺寸是这样来选择的：即通过它所补充的油量，加上通过主量孔 2 由主供油装置所供给的油量，能使发动机发出最大功率。

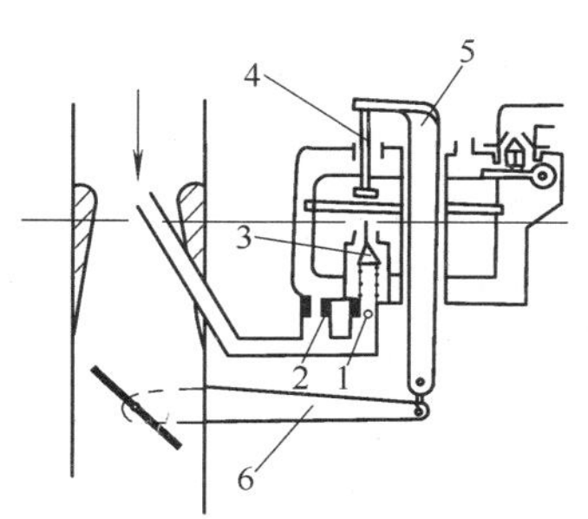

图 5—10　机械式加浓装置
1—加浓量孔；2—主量孔；3—加浓阀；4—推杆；5—拉杆；6—摇臂。

当节气门关小时，拉杆与推杆上移，加浓阀在弹簧的作用下关闭，加浓装置就不起作用。

显然，机械式加浓装置起作用的时刻只与节气门的开度（负荷）有关，而与发动机转速无关。由于它只是在节气门大开时，把稀混合气加浓成功率混合气，所以加浓的时刻固定且较迟，使中等负荷向大负荷的过渡不够圆滑。

2. 真空式加浓装置

图 5—11 是真空式加浓装置的简图。这种加浓装置的推杆 4 上端与装在活塞筒 7 中的活塞 8 相连，在推杆上装有弹簧 5。活塞筒的上方和下方分别用气道 9 和 6 与进气管（节气门后面）及化油器空气管（喉管前面）相通。

真空式加浓装置的加浓阀 3 的开闭是由进气管中的真空度决定的。当节气门的开度较小时，进气管中的真空度很大，这个真空度通过气道 9 传到活塞筒上方，克服了弹簧 5 的弹力，将活塞 8 吸住在上方位置，加浓阀 3 保持关闭，加浓装置不起作用。加大节气门开度就使进气管中真空度减小（当转速不变时），当真空度减小到一定程度时，弹簧 5 的弹力大于真空度产生的吸力，活塞下降，推杆顶开加浓阀 3，从加浓量孔 1 就流出额外的燃油以加浓混合气。

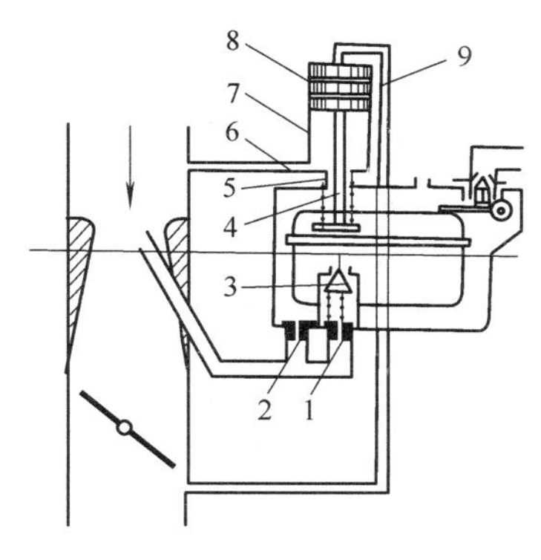

图 5—11　真空式加浓装置
1—加浓量孔；2—主量孔；3—加浓阀；4—推杆；5—弹簧；6、9—气道；7—活塞筒；8—活塞。

如上所述，真空式加浓装置起作用的时刻完全取决于节气门后面的真空度。必须了解，此真空度不仅与节气门开度有关，也与汽油机曲轴转速有关，在节气门开度相同时，转速愈低，则此真空度愈小。因此，在节气门开度不大的情况下，如果因为负荷的偶然增加而使汽油机转速降低到一定程度（真空度也减小到一定程度）时，真空式加浓装置也会起作用，将混合气适当加浓。真空式加浓装置的这个特点对汽油机的转速的稳定和加速性能都有很大的帮助。

机械式加浓装置起作用的时刻只与节气门开度有关，显然，它就不具备真空式加浓装置的这个优点。

一般化油器上同时装有机械和真空两套加浓装置，真空加浓装置约在 50％～80％负荷时开始起作用，早于机械加浓装置。在接近全负荷时则由两套装置共同起加浓作用。因真空加浓装置结构比较复杂，加工精度要求较高，使用中易于磨损，工作不够可靠，而且过早的加浓混合气会使汽油机的经济性变坏，所以有些化油器不设真空加浓装置，只采用机械加浓装置。

加浓装置起作用的时刻，通常可按季节进行调整。在冬季由于汽油蒸发条件较差，起作用的时刻应适当提前；夏季则应适当延后。为此，机械式加浓装置的推杆 4 的长短(安装位置)往往做成可调的；在真空式加浓装置则可调整推杆弹簧下座的位置以改变弹簧的预紧力。

(四)加速装置(加速泵)

在汽油机工作时(特别是车用汽油机)，往往需要将节气门由小突然开大，以使汽油机转速和功率迅速增大(例如在汽车突然加速时)。

在简单化油器中，当节气门突然开大时，化油器和进气管内会发生短期的混合气变稀的现象。混合气变稀的时间虽然只有十分之几秒，可是由于曲轴转速的迅速下降，有时甚至可能使汽油机熄火。当然更不可能使汽油机的转速象所希望的那样迅速提高。

这时混合气的变稀是由于同时发生下述几种情况的结果。

当节气门突然开大时，空气与燃油的增长程度是不一样的；因为空气的密度比燃油的约小 600 倍，所以空气流速的增长比燃油的快得多，要经过一段时间，空气和燃油的流动才能达到新的稳定情况。

此外，这时进气管中的真空度会迅速减小，而混合气温度也下降(由于空气大量增加)，使部分燃油凝结并沉积在管壁上，这也使混合气会暂时变稀。

为改善汽油机的加速性能，使混合气在节气门突然开大时能得到短时间的加浓，化油器中通常都装有加速装置(加速泵)。

加速装置分为机械式和膜片式两种。

1. 机械式加速装置

图 5—12 是机械式加速装置的结构简图。在浮子室内有一泵筒，泵筒中装有活塞 4。活塞通过活塞杆 8、弹簧 9 及连接板 7 与拉杆 10 相连，而拉杆与固装在节气门轴上的摇臂 1 的一端相连。在加速泵筒与浮子室之间装有进油阀 3，泵筒与加速量孔 11 之间的油道中装有出油阀 5。加速泵不工作时，进油阀是开启而出油阀是关闭的，泵筒中充满了燃油。

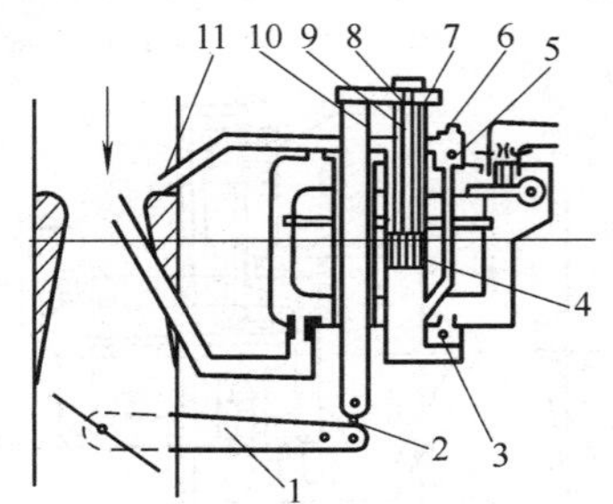

图 5—12　机械式加速装置

1—摇臂；2—联杆；3—进油阀；4—活塞；5—出油阀；6—通气孔；7—连接板；8—活塞杆；9—弹簧；10—拉杆；11—加速量孔。

当节气门突然开大时，由于连接杆件的联动，使加速泵活塞 4 在泵筒中迅速下行，油压使进油阀 3 关闭而出油阀 5 开启，泵筒中的油被压经加速量孔和喷口喷出。

当节气门关小时，活塞上行，浮子室的燃油经进油阀流入泵筒，以备下次工作。

在节气门缓慢地开大时，由于活塞下行较慢，形成的油压作用较小，不能使进油阀关严，汽油就流回浮子室，加速泵不起作用。

活塞与其联动杆件间通常通过弹簧 9 形成弹性联系。这样，在节气门停止转动时，弹簧的作用还可使活塞继续向下压，从而使加速泵的喷油时间有所延长(约 0.6～0.8 s)，改善了加速性能。这种联结方式还可以避免节气门急开时因油压过大而使加速泵连接杆件损坏的可能。

通气孔 6 的作用是防止汽油在化油器中真空度的作用下被吸出。

节气门急开时，混合气变稀的程度与环境温度有关。环境温度愈低，混合气变稀的现象愈严重，所需的额外供油量也愈多。因此在摇臂 1 上开有两个孔，在气温较低时，应把联杆 2 装入距节气门轴较远的孔内，以增大活塞的行程，从而加大供油量。应当指出，加速泵供给的燃油往往不能完全燃烧，以致影响汽油机的经济性，而且排气中的有害成分也会增多。

2. 膜片式加速装置

图5—13是膜片式加速装置的结构简图。由膜片5、弹簧2、膜片回位弹簧6、进油阀9、出油阀7和调整螺母3等组成。其安装位置多在化油器浮子室体外的下方或侧面。

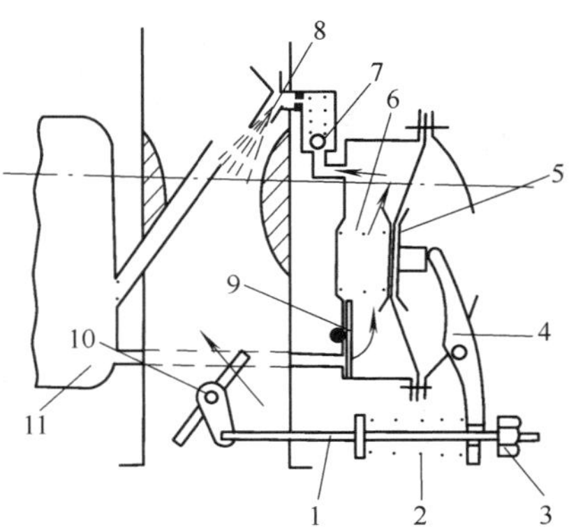

图5—13　膜片式加速装置
1—推杆；2—弹簧；3—调整螺母；4—摇臂；5—膜片；6—膜片回位弹簧；7—出油阀；8—勺形喷口与量孔；9—橡胶进油阀片；10—节气门；11—浮子室。

当节气门10关小时，摇臂4在推杆的带动下顺时针方向摆动，上端离开膜片5，于是膜片回位弹簧6伸张，泵腔容积增大，产生真空度，将进油阀9吸开，汽油流入泵腔。

当节气门缓慢开大时，泵腔内形成的油压作用较小，不能使进油阀关严，汽油流回浮子室11，加速装置不起作用。

当节气门突然开大时，推杆1通过弹簧2使摇臂4逆时针方向摆动。上端压加速膜片，膜片回位弹簧被压缩，泵腔容积减小，油压迅速升高，进油阀关闭，汽油经加速油道顶开出油阀7，从加速喷口8喷出，加浓混合气。喷口的形状为勺形，能承受气流的动压力，等于朝上开了一个大孔以降低喷嘴处的真空度，它和出油阀配合，防止发动机高速时将汽油吸出。

膜片式加速装置的出油量决定于膜片的有效面积和行程的大小，调节推杆上的调整螺母3，可以改变膜片的原始位置和弹簧的张力，使出油的时刻和持续出油时间改变。

第五节　化油器的构造及实例

不同汽油机所用化油器的具体结构是不尽相同的，但化油器的各供油装置及其基本原理则多与前节所述大体相同。

一、化油器的分类

化油器按喉管处的空气流动方向可分为上吸式，下吸式和平吸式，如图5—14所示。

下吸式化油器由于弯道少(与上吸式相比)，进气阻力小，有利于提高发动机的充气量和功率；而且因为化油器装在进气管上方，便于调整和保养，所以应用最广泛。其缺点是未蒸发的汽油易流入气缸，冲洗气缸壁上的润滑油膜，并流入曲轴箱稀释润滑油。平吸式进气阻力也较小，多用于摩托车上。

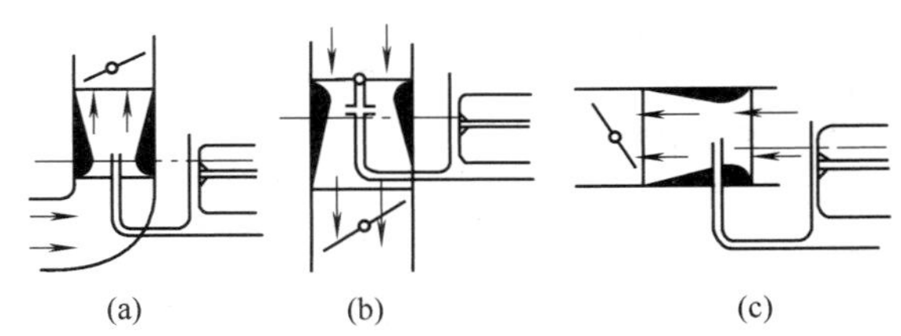

图5—14　化油器按喉管处空气流动方向的分类
(a)上吸式；(b)下吸式；(c)平吸式。

按重叠的喉管数目可分为单喉管式、多重(双重和三重)喉管式(图5—15)。

采用多重喉管的目的在于解决充气量与汽油雾化的矛盾。喉管大，则充气量可增加，但汽油雾化不良；喉管小，则汽油雾化较好，但充气量减少。多重喉管是将两个或三个直径不同的喉管按上小下大的顺序重叠套置组合而成的。主喷管出口位于最小的喉管中。当气流通过时，小喉管中的空气流速大，产生的真空度高，因而汽油的雾化较好，有利于提高燃料的经济性。大喉管与小喉管之间的环形通道则保证了化油器有足够的充气量，以满足动力性的要求。此外，由于主喷管喷出的汽油，经过多个喉管中的多次雾化，还保证了混合气的质量。

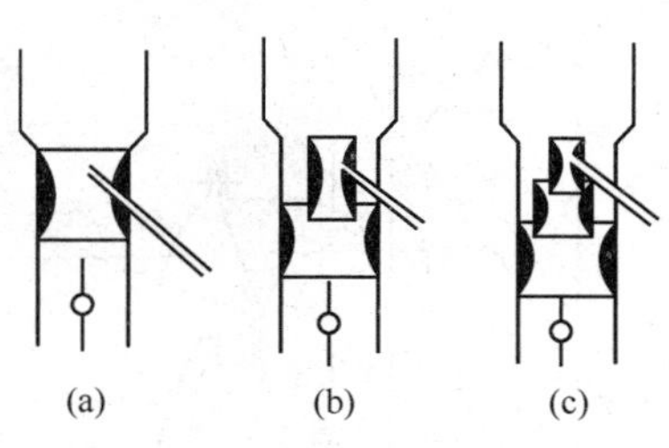

图 5—15　化油器按重叠喉管数分
(a)单喉管式；(b)双重喉管式；(c)三重喉管式。

按空气管腔的数目可分为单腔式、双腔式和四腔式。双腔式化油器按其结构原理的不同，又有双腔并动式和双腔分动式之分。

双腔并动式化油器(图 5—16a)，实质上是两个同样的单腔化油器的并联，不过将它们的壳体合铸成一个整体，而且一般是使用同一套浮子室、起动装置、加速装置和加浓装置、但两个管腔各有一套结构和作用完全相同的主供油装置、怠速装置和节气门。两个节气门装在同一轴上，同时启闭。

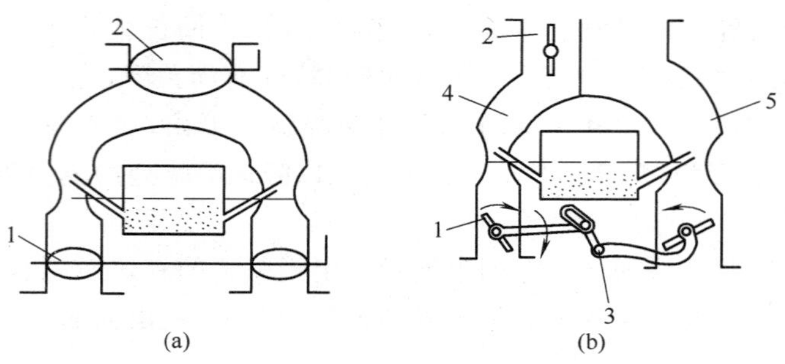

图 5—16　双腔并动式与双腔分动式化油器
(a)并动式；(b)分动式。
1—节气门；2—阻风门；3—联动件；4—主腔；5—副腔。

在高速多缸(4 缸以上)汽油机上使用单腔化油器和单一进气管时，容易产生各缸吸进的混合气数量和浓度不一致的问题。因为这时从化油器到各缸的距离相差较大，很难保证到各缸的进气管阻力和温度情况近于一致。而且缸数一多，还不可避免地要发生有几个气缸同时进气，即所谓进气重叠现象，造成充气量损失，各缸吸进的混合气量和浓度不一致。为解决此问题，有的高速多缸汽油机采用了双腔并动式化油器，并配以双式进气管，每一个管腔分别向半数气缸供气，以改善汽油机性能。

双腔分动式化油器(图 5—16b)，有两个结构和作用不同的管腔。在汽油机负荷变化的整个过程中，经常工作的一腔称为主腔；另一腔只有在负荷和转速高达一定程度时，才参加工作，称为副腔。两个腔内的节气门不装在同一根轴上，主腔节气门先开，副腔节气门后开，但在同一时间达到全开。双腔分动式化油器按分动方式不同，可分为机械分动和膜片分动两种。

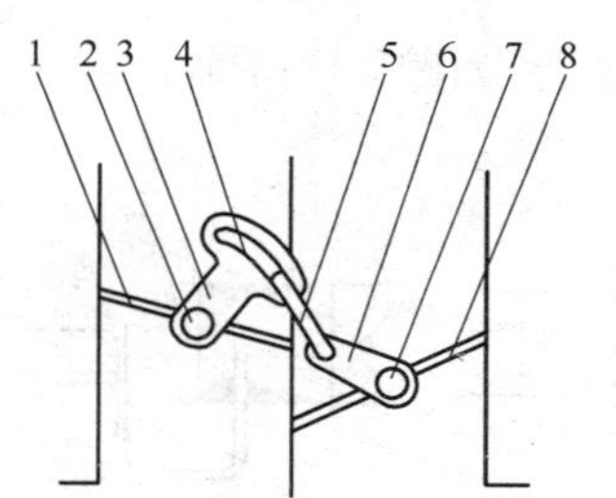

图 5—17　机械分动式
1—主腔节气门；2—节气门轴；3—操纵臂；4—操纵臂上的槽；5—连杆；6—副腔节气门摇臂；7—副腔节气门轴；8—副腔节气门。

(1)机械分动式：副腔节气门由主腔节气门通过机械联动操纵，如图 5—17 所示。当主腔节气门开到一定角度时，其操纵臂槽的左上端就与连杆接触。主腔节气门进一步开大时，连杆被压向下运动，连杆的另一端推动副腔节气门摇臂作逆时针转动，将副腔节气门打开。

(2)膜片分动式：副腔节气门由真空驱动的膜片机构操纵，如图 5—18 所示。副腔节气门通过副腔节气门摇臂、推杆与膜片相连。膜片上部空腔经气道与主腔喉管相通。主腔喉管产生的真空度作用于膜片上而驱动副腔节气门。

采用双腔分动式化油器的目的在于解决功率较大而转速较高的汽油机所遇到的动力性和经济性之间的矛盾。因为欲使发动机在高速大负荷下充气良好,以保证其发挥更大功率,化油器喉管直径应做得较大些,但在低速小负荷下,喉管中空气流速将过低,汽油雾化不良,而使发动机经济性变差。而双腔分动式化油器,在中小负荷和较低转速下,只有主腔单独工作(副腔因节气门未开而不起作用),此时不要求大功率,但要求有良好的经济性,故主腔的喉管直径可做得较小些,以利汽油雾化。同时,主腔因喉管小,真空度高,比单腔化油器开始供油的时间早,供油反应快,所以改善了发动机中、小负荷的过渡性能和加速性能。当负荷和转速增加到一定程度时,副腔节气门开启,与主腔一道工作,保证了大功率所要求的充气量和混合气浓度。主腔因常须单独工作,故应具备全套供油装置,而副腔一般只设有主供油装置和过渡供油装置。

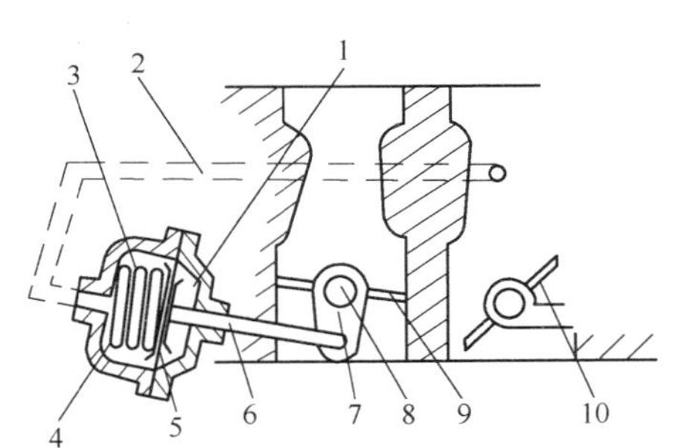

图 5—18　膜片分动式

1—膜片下部空腔;2—气道;3—膜片上部空腔;4—弹簧;5—膜片;6—推杆;7—副腔节气门摇臂;8—副腔节气门轴;9—副腔节气门;10—主腔节气门。

四腔分动式化油器实际上是两个同样的双腔分动式化油器的组合,其中两个主腔和两个副腔各自并动,这种化油器应与双式进气管配合使用,每一组主副腔相应于一个进气管腔。四腔分动式化油器兼有双腔分动和双腔并动的优点。

1985 年,原机械工业部颁发了《汽车化油器、汽油泵型号编制方法》,它根据汉语拼音字母与数字混合编制的原则,标准规定的化油器、汽油泵型号中的符号顺序及意义如下。

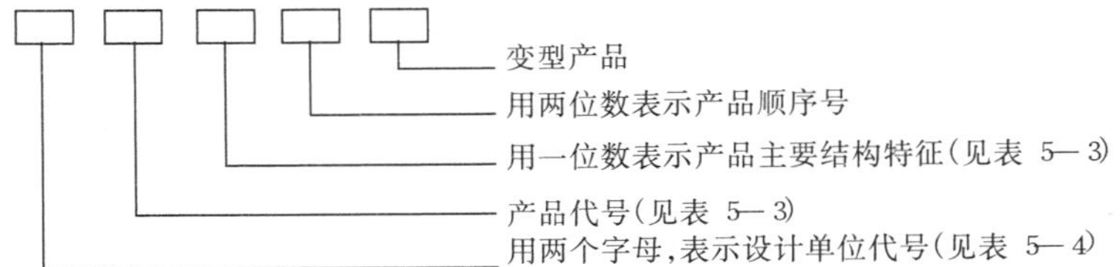

表 5—3　产品的代号与编号

产品名称	产品代号	产品结构特征编号							
		1	2	3	4	5	6	7	8
化油器	H	单腔	双腔		四腔				
汽油泵	B					电动式	机械式		

表 5—4　产品设计单位代号

产品设计单位	代　号
北京第一附件厂(北 BEI　京 JING)	BJ
上海第一附件厂(上 SHANG　海 HAI)	SH
"北附"和"上附"联合设计	BS
"二汽"化油器厂(二 ER　汽 QI)	EQ

化油器基本型号示例:

*EQH*101:表示第二汽车制造厂化油器厂设计的化油器,单腔,产品顺序号为 01(如新设计第二个单腔化油器,其产品顺序号为 02)。

*BJH*201:表示北京第一附件厂设计的双腔化油器,产品顺序号为 01。

变型产品的型号示例:

*BJH*101A_1:A 表示与产品的基本型可以通用的变型产品,且 A_1、A_2、A_3……等变型产品可以相互通用,但与以 B、C、D……等汉语拼音字母表示的变型产品均不通用。1、2、3……表

示顺序号。

*BJH*101B_1:B 表示与产品的基本型不能通用的变型产品，且与以 A、C、D……等汉语拼音字母表示的变型产品均不通用，但 B_1、B_2、B_3……等变型产品可以相互通用。1、2、3……表示顺序号。

二、化油器实例

(一)CAH101 型化油器

CAH101 型化油器是解放 CA1091 型汽车 CA6102 型发动机所配用的化油器(图 5—19)，是一种下吸式、单腔、双重喉管的结构。化油器壳体分上、中、下体 3 部分。上体与中体用锌合金压铸而成，下体是铸铁的。上体和中体结合处有纸质密封衬垫，防止漏油漏气。中体与下体结合处有隔热衬垫，以防进气管的热量传到中体，使浮子室受热引起汽油蒸发而不利于正常供油。上、中、下体分别用螺钉连接。

上体构成浮子室盖，并设有浮子室平衡管、阻风门、进油装置和真空加浓装置。中体上带有小喉管和浮子室本体，浮子室内装有浮子，中体内还设有化油器各供油装置的油量孔和空气量孔及加速泵腔等。大喉管是可拆件，位于中体与下体之间。下体上装有节气门及操纵机构、怠速装置的油道、怠速喷口、过渡喷口，以及真空加浓装置的通气口与气道等。此外，还有一个为分电器真空提前点火装置提供真空源的气孔。

浮子室盖上的进油装置，其作用是使浮子室内的油面保持在一定的高度。它由进油接头、进油滤网、进油针阀、浮子、油面调整螺钉等组成。进油阀座旋装在浮子室盖上，浮子臂端是用轴销铰在浮子室盖上的。当浮子室内油面高度达到规定值时，针阀即随浮子上升而关闭阀座上的进油孔，因此，浮子在汽油浮力的作用下，可以使油面保持一定的高度。浮子室内的油面出厂前已经调整好，一般不应超过观察窗的中心线。若需要调整浮子室油面时，可以通过油面调节螺钉来调整。右旋此螺钉，支架连同浮子一同上升，使油面降低；反之油面升高。

浮子室用平衡管与化油器空气管相通，当空气滤清器的阻力由于其滤网的污秽和沾油等情况的不同而有变化时，浮子室和喷管间真空度的差值可基本保持不变，混合气的浓度也就不受影响；同时，这样也可使空气经滤清后再进入浮子室。这样的浮子室(不是直接与大气相通，而是与化油器的空气管相通)称为平衡式浮子室。现代化油器的浮子室几乎全是平衡式的。

CAH101 型化油器各供油装置的结构及工作情况如下：

起动装置由阻风门、半自动阻风门拉簧，阻风门摇臂、阻风门操纵臂等组成。在发动机冷起动时，关闭阻风门，同时将节气门开得比怠速时稍大一些。起动机带动曲轴转动后，阻风门下方整个进气道内形成极大的真空度，汽油分别从主喷管、怠速喷口及过渡喷口喷出，与从阻风门边缘缝隙流入的少量空气混合，形成起动时需要的极浓混合气。起动后，将阻风门逐渐打开，同时将节气门关至怠速开度，使发动机转入怠速工作。

怠速装置由怠速调节螺钉、节气门调节螺钉、第一怠速空气量孔、第二怠速空气量孔、怠速油量孔、过渡喷口、怠速喷口等组成。

发动机在怠速运转时，汽油从怠速油量孔进入，与由第一怠速空气量孔进入的空气混合后，经过怠速堵塞，再与第二怠速空气量孔进入的空气进一步混合，然后通过怠速油道，从怠速喷口喷出。怠速过程中，还有一部分空气从过渡喷口渗入到怠速油道中。这种怠速空气量孔的结构，比普通一个怠速空气量孔的要多一次泡沫化，可使怠速工况的出油获得更好的雾化。怠速向小负荷过渡时，怠速供油装置与主供油装置配合供油，以实现圆滑过渡。具体工况，同

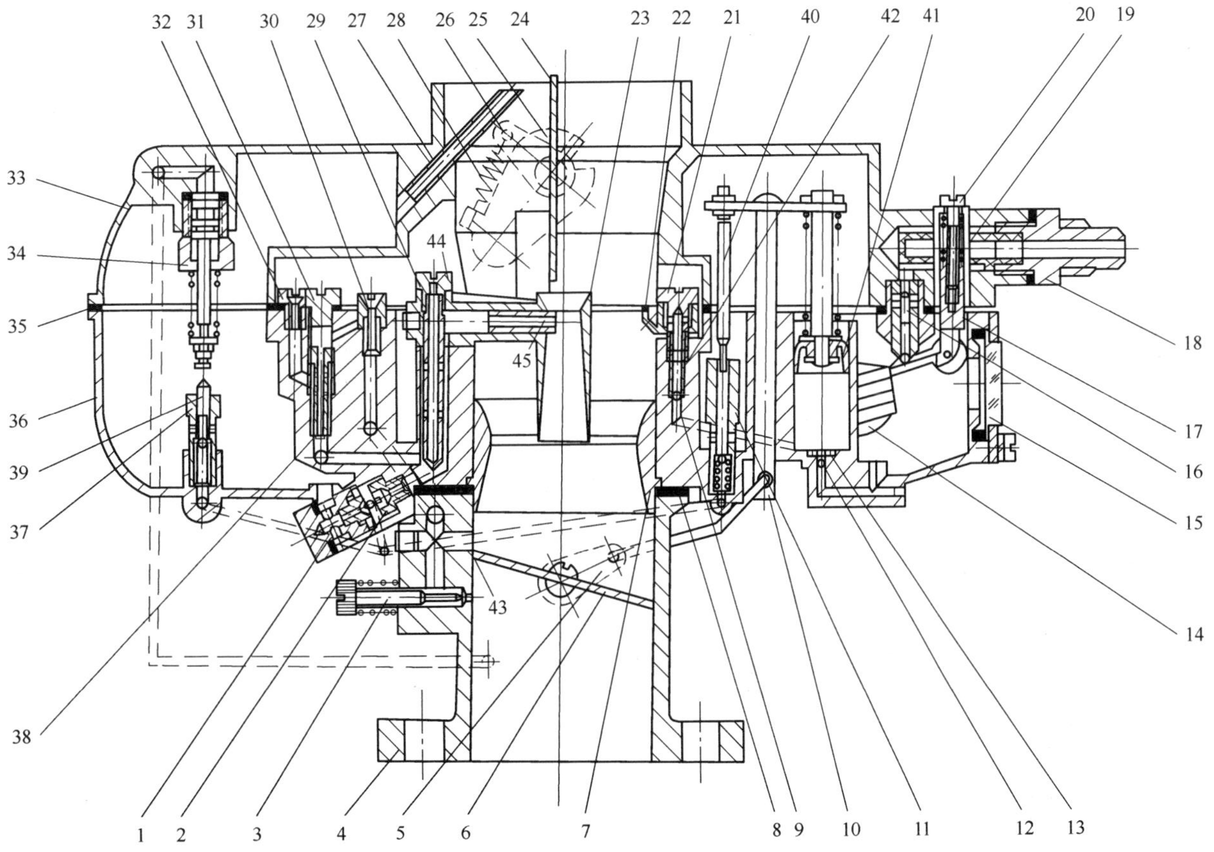

1—主量孔螺塞总成；2—功率量孔；3—怠速调节螺钉；4—下体；5—加速泵摇臂；6—节气门；7—大喉管；8—中、下体垫；9—钢球；10—加速泵拉杆总成；11—机械省油器总成；12—钢球；13—卡簧；14—浮子；15—油窗；16—进油针阀；17—浮子框架；18—进油口接头；19—进油滤网；20—油面调整螺钉；21—加速泵螺钉；22—加速泵喷嘴；23—中小喉管；24—阻风门；25—阻风门操纵臂；26—阻风门摇臂；27—浮子室平衡管；28—半自动阻风门拉簧；29—泡沫管总成；30—第二怠速空气量孔；31—堵塞；32—第一怠速空气量孔；33—上体；34—真空省油器柱塞总成；35—中上体垫；36—中体；37—真空省油器；38—怠速油量孔；39—真空省油器推杆；40—机械省油器推杆；41—加速泵活塞；42—止回弹簧；43—过渡喷口；44—主空气量孔；45—主喷管。

图 5—19　CAH101 型化油器

第四节中怠速供油装置过渡工况。

主供油装置采用降低主量孔处真空度的校正方案。它由小喉管、大喉管、主量孔、功率量孔、主空气量孔、泡沫管等组成。

主供油道由倾斜的油室和垂直油室(主油井)组成,主量孔装于斜油室内,泡沫管置于主油井中。空气经主空气量孔及垂直的泡沫管和泡沫孔渗入油室内,空气的渗入降低了主量孔后端的真空度而起到校正作用。喉管是双重的,小喉管的出口位于大喉管的喉部。浮子室中的汽油经主量孔、沿泡沫管与油井组成的环形间隙从主喷口喷出。因小喉管通过断面小,空气流速高,可保证燃油较好地雾化。自小喉管流出的混合气中的油雾又被流经大喉管的空气冲散,从而得到进一步雾化。大喉管的作用主要是形成足够大的气流通道,保证气缸有足够的充气量。

当节气门由小开大,主供油装置开始工作后,随着喉管真空度的逐渐增大,主油井中的油面随之逐渐下降,泡沫管上的泡沫孔便依次先后露出油面,从主空气量孔经泡沫孔渗入主油井的空气逐渐增多,这就逐渐降低了主量孔后端的真空度,混合气乃由稍浓逐渐变稀,符合中小负荷时供给经济的混合气的要求。

CAH101 型化油器主量孔与功率量孔均采用固定量孔,出厂前已作了流量检测,使用中一般不再另行调整。功率量孔的通过能力比主量孔大,主要用于大负荷加浓时,控制主供油装置和加浓装置出油的总量。

加浓装置具有机械式和真空式两种。机械式加浓装置与节气门联动,节气门轴转动时通过摇臂使拉杆下移,带动机械加浓装置推杆向下,当节气门接近全开时,推杆压开加浓球阀,汽油经功率量孔进入泡沫管,从主喷口喷出。平时球阀在弹簧的作用下保持关闭状态。

真空加浓装置的空气缸用螺纹固定在浮子室盖上,其中装有柱塞,柱塞上方设有气道与节气门下方的通气口相通,柱塞下方通过柱塞推杆与空气缸之间的空隙和浮子室相通。当发动机负荷增加时,节气门相应开大,当节气门开度大到节气门下的真空度为 14～16 kPa时,真空加浓装置柱塞在自重与弹簧力的作用下,克服柱塞上方的吸力,推动真空加浓推杆下移,顶开真空加浓球阀,汽油通过真空加浓量孔进入主油道,经功率量孔流入泡沫管。在发动机接近全负荷时,机械和真空加浓装置同时工作,此时主量孔、真空加浓量孔和机械加浓量孔三路同时供油,汇集后经功率量孔进入泡沫管。然后再与从主空气量孔进入的空气混合后经主喷口喷出。

加速装置由加速泵拉杆、加速泵活塞、加速泵进油钢球以及加速泵喷嘴等组成。加速泵腔由底部的进油阀与浮子室相通,在加速油道上设有一个球阀,上部作用有止回弹簧、加速喷嘴用螺钉装在化油器中体,与加速油道相通。加速泵活塞外部套有皮碗,加速泵通过拉杆与节气门联动。

节气门急开时,通过摇臂带动拉杆驱动加速泵活塞下行,进油钢球在泵腔油压的作用下将进油口堵死,于是泵腔和加速油道内的油压迅速增高,顶开出油钢球,汽油从加速喷嘴喷出,以供给附加的燃油加浓混合气,从而使发动机获得良好的加速性能。加速喷嘴制成碗形,并让碗口迎着气流流动方向安置,这样可借高速气流的动压使碗形喷嘴处的真空度降低,使得高速时从加速系统吸出燃油的可能性进一步减小。活塞上的弹簧起缓冲和延长喷油时间的作用。

(二)EQH105B 型化油器

EQH105B 型化油器是在 EQH102 型化油器基础上改进的第二代单腔化油器,配用在 EQ1092 型汽车的 EQ6100—1 改进型发动机上(图 5—20),是下吸式、单腔三重喉管的结构。

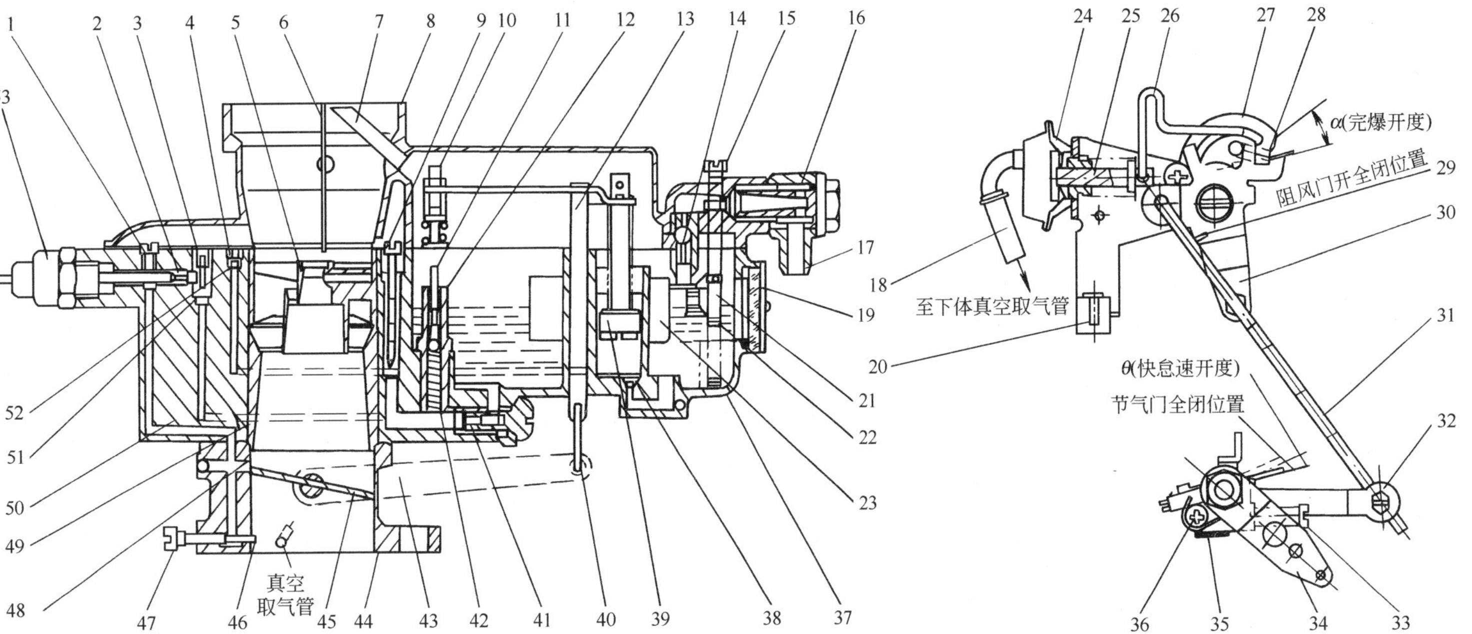

图 5—20　EQH105B 型化油器

1—怠速第二空气量孔；2—怠速节油量孔；3—怠速第一空气量孔；4—矩形圈；5—中小喉管；6—阻风门；7—平衡管；8—上体；9—主空气量孔及泡沫管；10—省油器推杆；11—省油器锥阀杆；12—省油器；13—加速泵拉杆总成；14—进油针阀；15—油面调整螺钉；16—进油滤网；17—进油接头；18—真空取气管；19—油面观察窗；20—压线板；21—浮子支架；22—浮子弹簧；23—浮子；24—完爆器总成；25—膜片拉杆；26—完爆器拉杆；27—阻风门摇臂；28—阻风门拉簧；29—阻风门操纵臂回位弹簧；30—阻风门操纵臂；31—快怠速拉杆；32—快怠速摇臂；33—节气门调节螺钉；34—节气门操纵臂；35—节气门回位弹簧；36—限速螺钉；37—浮子支架弹簧；38—滤网；39—加速泵活塞；40—加速泵拉钩；41—主量孔；42—省油器量孔；43—加速泵传动臂；44—下体；45—节气门；46—怠速喷口；47—怠速调节螺钉；48—过渡出油孔；49—大喉管；50—中体；51—怠速油量孔；52—钢球；53—怠速截止电磁阀。

与 CAH101 型化油器相比，具有以下特点：

1. 采用三重喉管

大喉管也是可拆卸的，夹在中体和下体之间。中、小两喉管制成一体，用螺钉固定在中体上。主喷口位于小喉管的喉部。采用三重喉管可以改善低速工况下的燃料雾化质量，有利于发动机低速性能的提高，但存在流动阻力增加、化油器高度增大等缺点。

2. 设有怠速截止电磁阀

怠速截止电磁阀与点火线圈并联，本身搭铁，其火线接在点火开关上。打开点火开关，电磁阀就通电产生吸力，怠速节油量孔中针阀即被吸出，怠速油道接通，怠速供油装置正常工作。断开点火开关，电磁阀电流被切断，磁力消失，针阀在回位弹簧作用下将怠速节油量孔堵塞，怠速油路被截断，发动机立即熄火，以防发动机停车切断电源以后，由于燃烧室内存在炽热点，而使发动机继续运转。此外，怠速截止电磁阀还可在汽车下坡时起一定的节油作用。

3. 机械加浓的锥形阀杆

此化油器只设机械式加浓装置，而无真空加浓装置，为保证中等负荷向大负荷过渡圆滑，采用锥形加浓阀杆(图 5—21)。随着节气门开度的增加，加浓通道的截面逐渐增大，使混合气浓度随之增加，从而实现圆滑过渡。另外，该化油器未设功率量孔。

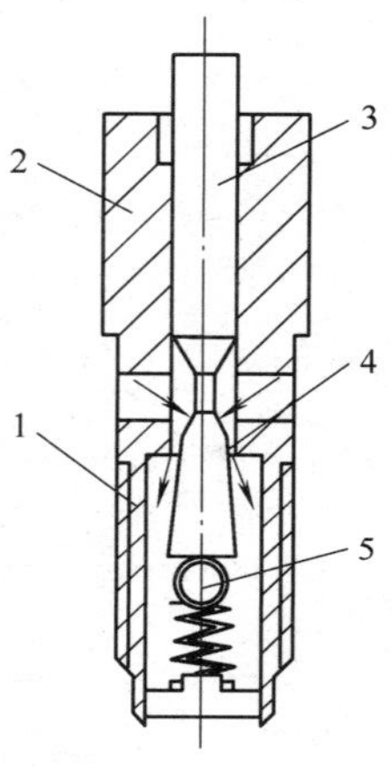

图 5—21 带锥度推杆的机械加浓装置

1—阀座；2—本体；3—锥度推杆；4—锥度部分；5—钢球。

4. 起动装置中设有完爆器和快怠速机构

完爆器可有效地降低发动机在起动或暖机工况下排放有害物。快怠速机构的作用是，在发动机起动时，使节气门的开度比正常怠速时开度大一些，以便增大喉管真空度，加浓并增多混合气，使其易于起动，加快暖车。

在发动机冷起动后，转速迅速升高，节气门下方进气管真空度迅速增加，此真空度经完爆器真空取气管吸动完爆器的膜片，并经膜片拉杆、完爆器拉杆使阻风门拉开到设定开度(23°)，保证供给暖机过程所需混合气。与此同时，通过与阻风门摇臂联动的快怠速机构将节气门开至快怠速位置，以加快暖机过程。

(三)BJH201 型化油器

BJH201 型化油器是 BJ2020 越野汽车 492Q 型发动机上所配用的化油器，也可用于 1.5～3.0 L排量的轿车发动机上(图 5—22)，是下吸式、双腔分动、三重喉管的结构。与前述单腔化油器相比，有以下特点：

1. 主腔与副腔协同工作

主腔在发动机整个工作期间都起作用。它具有主供油装置、怠速装置、真空加浓装置、加速装置和起动装置。副腔只在高速大负荷时起作用，因此，只具有主供油装置和主副腔过渡装置。

发动机在起动、怠速及中等负荷工况下，即主腔节气门开启角为 50°以前，副腔不参加工作，整个化油器就和单腔化油器一样。当主腔节气门开启角达 50°以后，通过主、副腔传动拉杆和副腔节气门摇臂带动副腔节气门开启，最后同时达到全开。在副腔节气门开启后，若发动机转速低于2 200 r/min，即处于低速大负荷工况，这时通过化油器的空气流量并不很大。此时如果副腔参加工作，会使流过副腔喉管的空气流速过低，不利于汽油的雾化和蒸发。为此，在副腔节气门上方设置有空气门，以防止上述情况发生。空气门装在一个套筒内，套筒夹持在中体和下体之间(图 5—23)。偏置的空气门在扭力弹簧作用下，经常处于关闭位置。只有当

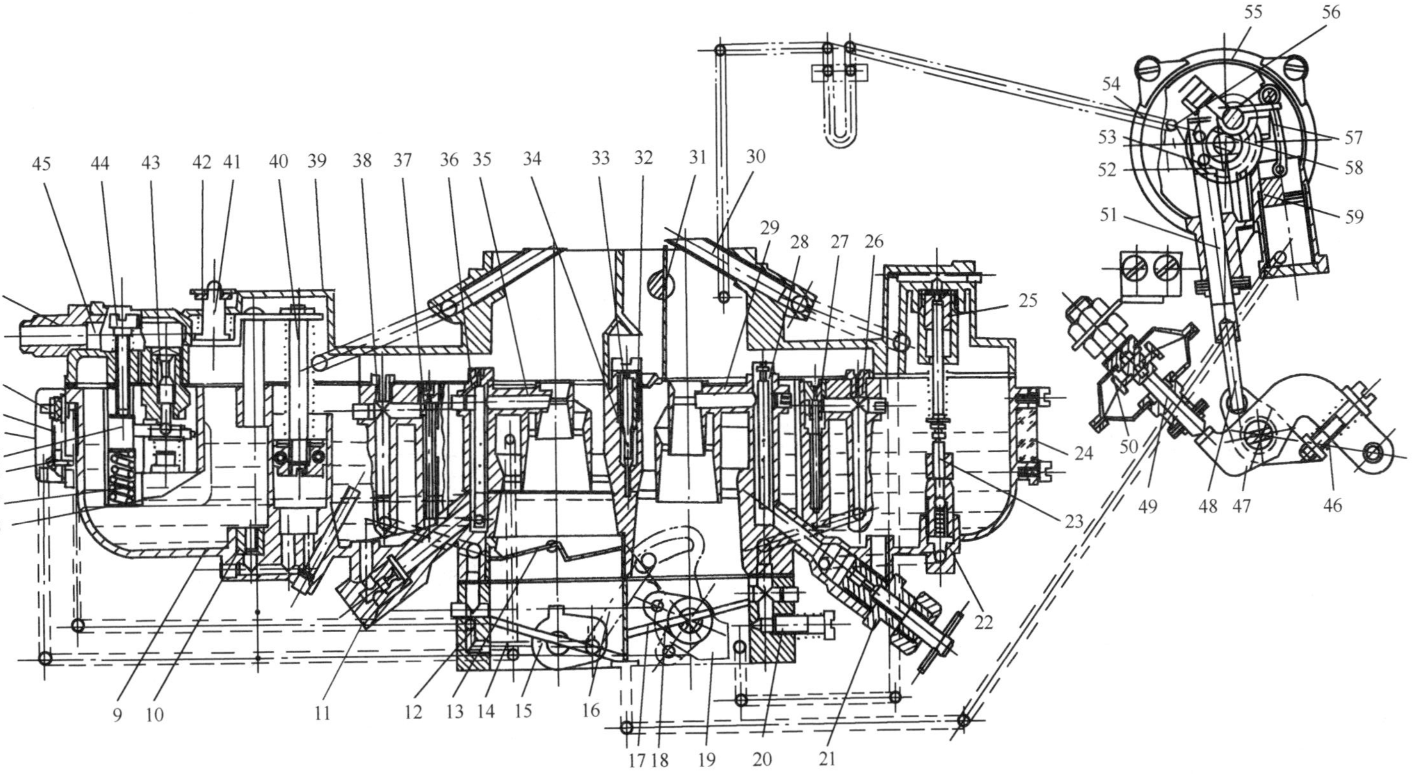

图 5—22　BJH201 型化油器

1—进油接头；2—恒温器阀门；3—恒温器双金属片；4—恒温器盖；5—浮子轴及导向柱塞组件；6—浮子弹簧；7—弹簧；8—浮子；9—中体；10—加速泵进油阀组件；11—副腔主量孔组件；12—下体；13—空气门；14—副腔节气门；15—副腔节气门摇臂；16—主、副腔传动拉杆；17—主腔节气门；18—加速泵摇臂；19—操纵臂；20—怠速空气调节螺钉；21—主量孔配剂针组件；22—真空加浓阀及量孔组件；23—真空加浓顶杆；24—油面观察窗；25—真空加浓活塞组件；26—主腔第二怠速空气量孔；27—主腔第一怠速空气量孔；28—主腔空气量孔及泡沫管组件；29—主腔中、小喉管；30—浮子室平衡管；31—阻风门；32—加速泵螺钉；33—加速泵喷嘴；34—加速泵出油阀；35—副腔中、小喉管；36—副腔主空气量孔及泡沫管组件；37—副腔低速量孔组件；38—副腔第二低速量孔；39—上体；40—加速泵拉杆及活塞组件；41—放气阀顶片；42—放气阀；43—进油针阀组件；44—浮子室油面调节螺钉；45—进油口滤网；46—快怠速调节螺钉；47—节气门操纵臂；48—快怠速拉杆连接钩；49—缓冲器推杆；50—缓冲器膜片；51—快怠速拉杆；52—快怠速控制臂；53—双金属螺卷弹簧；54—自动阻风门罩；55—自动阻风门壳体；56—自动阻风门摇臂；57—摆杆；58—快怠速凸轮；59—真空活塞。

节气门全开，而发动机转速又升高到某一数值，使空气门两翼的气流作用力造成的力矩足以克服扭力弹簧的预紧力时，空气门才开启，而使副腔真正开始参加工作。这样，既满足了发动机中小负荷时的经济性要求，又能满足高速大负荷下的动力性要求。

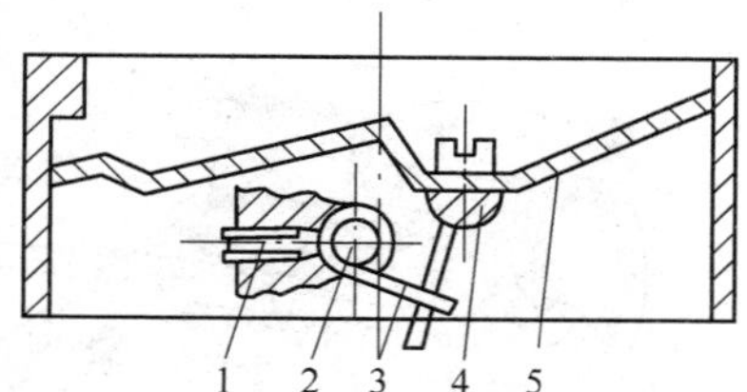

图 5—23　空气门的构造

1—扭簧压紧螺钉；2—扭簧轴；3—扭力弹簧；4—空气门轴；5—空气门。

如上所述，空气门开启的时刻，既取决于节气门开度和发动机的转速，也取决于扭力弹簧的预紧力。此弹簧预紧力出厂时已调好，使得在节气门全开，转速为2 200 r/min左右时，空气门开始开启。如果发现空气门开启过早，可以先稍松扭簧压紧螺钉，然后拧动扭簧轴，向拧紧扭簧的方向旋转。调好后，再拧紧扭簧压紧螺钉。

2. 起动装置

起动装置采用自动阻风门，以实现起动加浓和起动后的暖机过程。其原理是利用发动机排气热量，间接加热双金属片制造的卷簧，自动控制阻风门的开度。自动阻风门结构见图 5—24 所示。冷起动前，双金属片扭簧的预紧力将阻风门关闭，此时真空活塞处于最高位置(图 5—24a)，刚起动时，由于发动机尚未热起，双金属片弹簧仍处于卷紧状态，但这时进气管中有一定的真空度，可将真空活塞吸下一定距离，使阻风门开启约 15°(图 5—24b)，以避免由于阻风门完全关闭造成的混合气过浓，使发动机熄火。起动一段时间后，随着发动机逐渐热起，双金属片的卷紧力随温度升高而逐渐减小，阻风门便逐渐开启，当热空气将双金属片卷簧加热到 65 ℃以上时，双金属片完全松开，使阻风门处于全开位置(图 5—24c)。

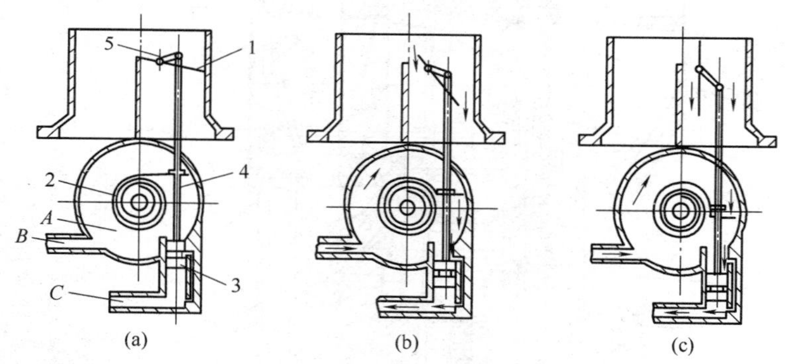

图 5—24　自动阻风门工作原理

(a)冷起动前状态；(b)起动时阻风门处于部分开启状态；(c)起动后阻风门全开状态。

1—阻风门；2—双金属片卷簧；3—真空活塞；4—拉杆；5—阻风门操纵臂。

A—加热室；*B*—热源入口；*C*—通进气管接口。

3. 怠速装置

BJH201 型化油器只在主腔设有怠速装置，采用淹没式怠速取油管，两级怠速量孔和长方形的过渡喷口。第一怠速量孔位于一根细长取油管的底端；第二怠速量孔则位于取油管的侧面；与怠速油道相通。取油管深淹于第一级垂直怠速油道(怠速油井)中。发动机怠速时，怠速油井中的汽油自第一怠速量孔被吸到取油管中，与从第一怠速空气量孔进入的空气相混合，然后通过第二怠速量孔再与从第二怠速空气量孔进入的空气相混合后，进入下行油道，最后从喷口喷出。设置第二怠速量孔，可进一步控制怠速供油量，以便使怠速混合气变得较稀些，改善发动机的怠速排放污染。此外，可使化油器工作过渡更加圆滑。

当发动机由高转速、大负荷工况突然减速或进入怠速工况时，由于此时怠速油井中汽油已被吸空，油面不能立即恢复，必须将怠速油井中的空气抽出后，才能恢复怠速装置供油，因此，混合气短时间过稀，造成怠速不稳。如第一怠速量孔位于油井上部，抽气阻力增加，使怠速出油时间延缓。采用淹没式二级怠速量孔和细长取油管，可使怠速供油恢复迅速，怠速运转更趋稳定。

副腔只有一个在节气门关闭时位于节气门上方的长缝形过渡喷口。这个喷口主要是在副腔节气门逐步开启时，为防止混合气变稀起圆滑过渡作用。

汽车在夏季大负荷高速行驶后停车（发动机以怠速运转）时，发动机大量的热散不出去。这些热量传到化油器，使浮子室的温度迅速升高，汽油大量蒸发。汽油蒸汽通过平衡管流入进气道，使进入气缸的混合气大大加浓，造成发动机怠速不稳，甚至熄火。同理，如高速行驶后立即使发动机熄火，则会造成热起动困难。为此，BJH201 型化油器在浮子室盖上装有放气阀，当发动机怠速或停车时，放出浮子室过多的汽油蒸汽，以改善热起动和高温怠速运转的稳定性。此外，还设有热怠速补偿恒温阀（图 5—25）。当化油器周围的温度超过 65 ℃时，双金属片便向外翘曲，使恒温阀开启。此时，在副腔节气门下方真空度的作用下，副腔喉管处的空气按箭头方向流入恒温阀盖所封闭的内腔，通过恒温阀口进入副腔节气门下方，适当稀释了主腔怠速装置过浓的混合气，使发动机热机怠速能稳定运转。为了缩短暖机过程的时间和使冷机时怠速运转平稳，希望此时发动机的转速高于热机时的怠速转速。这种转速较高的怠速工况称为快怠速。快怠速运转时，节气门的开度要较热机怠速时大，并随着发动机温度逐渐升高而逐步关小。使发动机由快怠速转速降至热机怠速时的转速。这一过程由快怠速机构来实现。

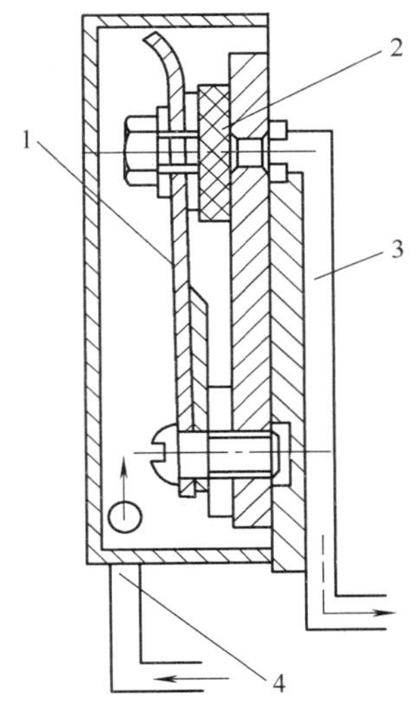

图 5—25　BJH201 型化油器的恒温阀

1—双金属片；2—阀口；3—通往副腔节气门下方的气道；4—通副腔喉管处的进气孔。

图 5—26 表示快怠速机构的工作原理，其中各件标号同图 5—22。阻风门 31 的轴上固定有一个快怠速凸轮 58，其上共有 4 级凸台。通过快怠速拉杆 51 和快怠速控制臂 52 可以控制 4 种不同的节气门开度，以获得不同的快怠速转速，当发动机冷起动时，凸轮 58 处于最大升程（图 5—26b）。当阻风门随着发动机温度升高而逐渐开启时，凸轮也随着阻风门轴顺时针方向转动，其升程逐级减小，使节气门开度便逐级减小直至热机怠速时的开度（图 5—26a）。

发动机冷起动后，往往不能等到暖机过程结束，就要立即开车，由于这时发动机温度较低，自动阻风门又未完全开启，若立即加大节气门开度，将造成混合气过浓，发动机可能因此而熄火。为了避免出现这种情况，在快怠速拉杆 51 的上端安装了一个弯臂，在节气门 17 全开时，拉杆 51 被拉到最下面的位置。此时弯臂将摇臂 56 右部的凸舌压下，使摇臂顺时针转动，将阻风门强制打开（如图 5—26c）。冷机时，快怠速的转速可以通过快怠速调节螺钉 46（图 5—22）进行调节。

4. 节气门回位缓冲器

汽车在高速行驶中需要突然减速时，驾驶员松开加速踏板，节气门便在回位弹簧作用下，急速减小开度至怠速运转位置。但此时发动机在汽车传动装置的拖动下，仍保持着较高的转

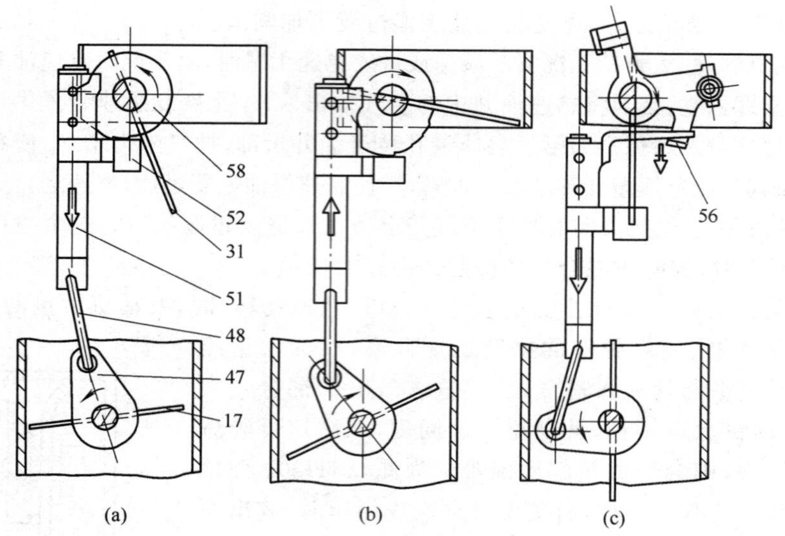

图 5—26 快怠速机构的工作原理

(a)热机怠速时；(b)冷机快怠速时；(c)冷机全负荷时强制打开阻风门。

17—主腔节气门；47—节气门操纵臂；48—快怠速拉杆连接钩；51—快怠速拉杆；

31—阻风门；52—快怠速控制臂；58—快怠速凸轮；

56—阻风门摇臂(其余图注见图 5—22)。

速，使节气门后面产生很高的真空度，混合气将变得很浓。这种混合气不仅使油耗剧增，而且由于燃烧不完全，还使排放质量恶化。为解决此问题，装设了节气门回位缓冲器。它可以在加速踏板突然松开时，使节气门回位时间延长 6～10 s，以抑制节气门后面真空度的突增，减少排气中的有害成分。

图 5—27 为缓冲器的工作原理。节气门 7 开大时，节气门操纵臂 6 离开缓冲器的推杆 5，而缓冲器的推杆在膜片弹簧的作用下向外伸出一定长度(图 5—27a)。汽车突然减速，驾驶员松开加速踏板时，节气门在回位弹簧作用下急速关闭，节气门操纵臂必将接触到伸出来的缓冲器推杆。只有将推杆压回到图 5—27(b)所示位置，才能使节气门回到怠速位置。而要使推杆

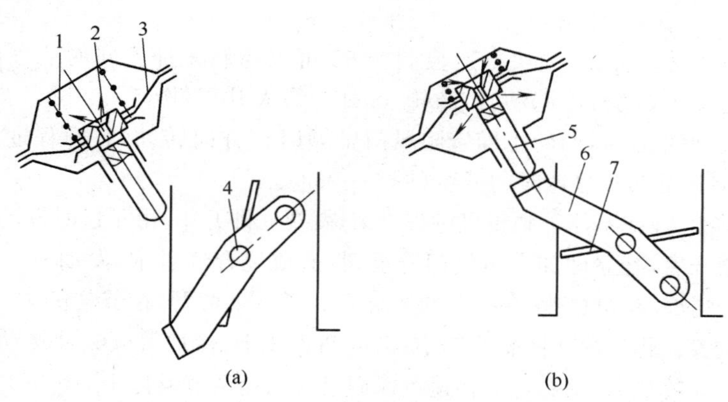

图 5—27 缓冲器工作原理

(a)节气门开大；(b)起缓冲作用。

1—弹簧；2—顶块；3—膜片；4—节气门轴；5—推杆；6—节气门操纵臂；7—节气门。

向上移动，就要使膜片 3 向上拱曲，这将受到膜片上方弹簧 1 的阻力和上腔中空气的压缩阻力。被压缩的空气从上腔通过顶块 2 中央的小孔流入下腔（图 5—27b）需要一定的时间，因而延缓了节气门的关闭。

第六节　汽油供给装置

汽油供给装置主要包括汽油箱、汽油滤清器、汽油泵及油管等（参看图 5—1），其作用是储存、滤清和输送汽油。

一、汽　油　箱

汽油箱用以储存汽油。一般用薄钢板冲压后焊接而成，也有采用高分子高密度聚乙烯塑料制成。油箱内部通常装有隔板，以防止汽油的激溅。底部设有放油螺塞，以排出油箱内沉积的水和污物。油箱上部有用油箱盖关闭着的加油口。

为避免油箱内因燃油消耗而形成部分真空，或因油箱受热致使汽油蒸汽增多而箱内压力增大，油箱必须与大气相通；或者用一个带有复式阀门的油箱盖，其结构和作用原理与闭式冷却系水箱盖上的空气—蒸汽阀相似。这种油箱盖的优点是：不仅可以减少汽油因蒸发所受的损失和造成的对大气污染，而且保持了油箱内的正常油压。

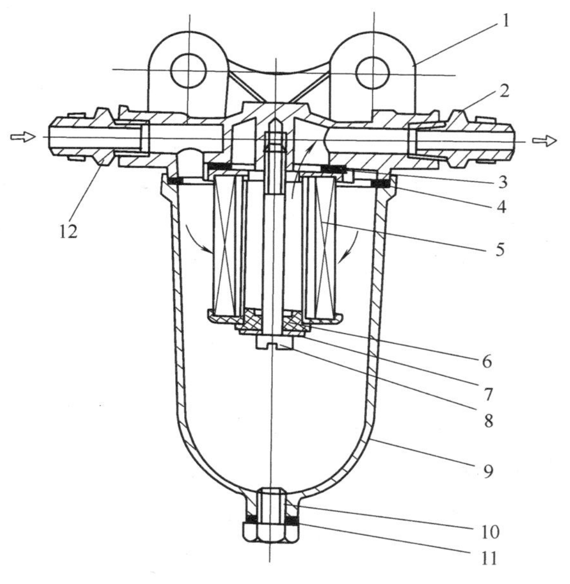

图 5—28　282 型汽油滤清器

1—盖；2—出油管接头；3—密封圈；4—密封垫；5—纸滤芯；6—密封圈；7—平垫圈；8—螺栓；9—沉淀杯；10—放油螺塞；11—密封垫圈；12—进油管接头。

二、汽油滤清器

汽油滤清器用以除去燃油中的水分和杂质，以防止油路阻塞，并减轻气缸的磨损。

CA6102 型汽油机采用的 282 型汽油滤清器构造如图 5—28 所示。它由盖 1、滤芯 5 及沉淀杯 9 等组成。滤芯也可用多孔陶瓷滤芯、筒式骨架外罩尼龙滤芯、聚合粉末塑料滤芯等。

汽油自油箱被汽油泵吸出流入汽油滤清器内，水分及较重的杂质颗粒沉淀于杯的底部，较轻的杂质随汽油流向滤芯，被粘附在滤芯上，清洁的汽油渗入滤芯内腔后，从出油管接头流出。

三、汽　油　泵

汽油泵的作用是将汽油从燃油箱中吸出，克服滤清器及管路的阻力，将足够的汽油送往化油器浮子室。在汽油机上广泛采用机械驱动膜片式汽油泵，近年来，电动汽油泵的应用也日益增多。

图 5—29 为 EQ6100-1 型汽油机所用的 EQB601-C 型膜片式汽油泵。汽油泵壳体在泵膜

8处分成上下两体。上体10装有进油管接头24和出油管接头9及进油阀23和出油阀22。进、出油阀的结构完全相同,均为片式单向阀,但安装方向相反。

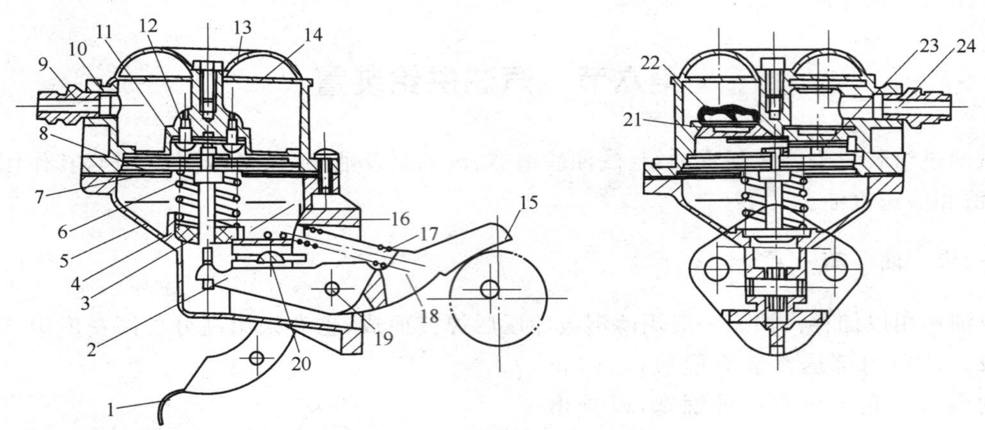

图5—29 EQB601-C型汽油泵

1—手摇臂;2—内摇臂;3—泵膜拉杆油封;4—拉杆油封座;5—下体;6—泵膜弹簧;7—泵膜弹簧座;8—泵膜;9—出油管接头;10—上体;11—阀门支持片;12—螺钉;13—泵盖;14—橡胶膜片;15—配气凸轮轴上的偏心轮;16—泵膜拉杆;17—摇臂回位弹簧;18—外摇臂;19—摇臂轴;20—手摇臂轴;21—垫片;22—出油阀;23—进油阀;24—进油管接头。

汽油泵上、下体之间夹装着泵膜组件,它由橡胶泵膜8、上下护盘及拉杆16等组成。泵膜弹簧6装于下体5凸缘上的弹簧座7和泵膜下护盘之间,力图使泵膜向上拱曲。弹簧座下面设有泵膜拉杆油封3,以防止泵膜破裂时汽油流入曲轴箱。下体10内的摇臂轴19上松套着外摇臂18和内摇臂2,两者之间借斜面接触,形成单向传动关系。摇臂回位弹簧17使外摇臂压紧在配气凸轮轴上的偏心轮15上。内摇臂与泵膜拉杆连接,从而带动泵膜运动。

发动机运转,当偏心轮的凸出部推动外摇臂时,回位弹簧被压缩,内摇臂被压向下,拉动泵膜拉杆及泵膜下行,泵膜弹簧被压缩,泵膜上方容积增加,产生真空度,使汽油箱中汽油经过进油管接头、进油阀而进入泵膜上方。此时出油阀关闭。

当偏心轮凸出部分转过后,作用在外摇臂上的驱动力消失,外摇臂被回位弹簧推回,内摇臂失去对泵膜拉杆的拉力,在泵膜弹簧张力的作用下,泵膜上行,上方容积减小,压力增大,汽油压开出油阀,经出油管接头和油管进入化油器浮子室。这时进油阀是关闭的。

在出油阀开启时,有部分汽油被压入出油阀外的空腔,橡胶膜片与泵盖之间的空气被压缩。当出油阀关闭后,被压缩的空气膨胀,而使空腔内部的汽油受压,继续流入浮子室,从而减小了出油量的脉动和剧烈振荡,使汽油流量比较均匀,以保持稳定、连续供油。

为了保证发动机起动时浮子室能很快地充满汽油,并在油管内有少量气体存在时仍能保证供足汽油,一般汽油泵的最大供油量比发动机最大耗油量大3～5倍。在发动机正常工作时,要求浮子室油面高度保持不变,以保证化油器工作性能稳定,而发动机的实际耗油量是随工况不同而变化的,因此,要求汽油泵能根据发动机耗油量而自动调整供油量,其原理如下:

汽油泵的供油量决定于泵膜的行程,行程越大,供油量越大,所以,调节供油量就可以改变泵膜行程。泵膜工作时,下拱的最低位置是不变的,而上拱的终点位置是能自动调节的。泵膜是靠泵膜弹簧的弹力,克服泵室内油的反压力而带动内摇臂上拱压油的。当泵膜上拱到一定位置后,浮子室中的油面即已达到规定的高度,浮子的浮力使针阀将进油孔关闭,因泵膜弹簧的弹力所造成的油压，对针阀的作用力总是小于浮子的浮力，故汽油不能强制地顶开针阀，多余的汽油便留在汽油泵内而不能继续流出。此时，泵膜弹簧的弹力与泵腔内油压作用力相平衡，泵膜不能继续上拱，而外摇臂在回位弹簧作用下继续顺时针转动，于是，在外摇臂与内摇臂的接触斜面之间出现间隙。所以，汽油泵的供油量并未达到最大值。当摇臂再次逆时针转动时，只有在克服间隙后，外摇臂才能带动内摇臂，使泵膜自泵油实际到达的位置下拱吸油，因此，汽油泵只能吸入与泵出油量相等的汽油。

如果发动机耗油量提高，汽油泵每次泵油量相应增多，泵膜上拱所能达到的位置也随之升高，即泵膜的实际行程增大，反之亦然。这样，汽油泵的泵膜实际行程和实际出油量就能保证随着发动机实际耗油量的不同而自动调整，起到自动控制供油量的作用。

手摇臂 1 用以在发动机起动前向浮子室充油。

BJ492Q 型汽油机使用的 268 型汽油泵和 CA6102 型汽油机所用的 CAB604 型汽油泵的基本结构和工作原理同前所述。CAB604 型汽油泵的特点是采用整体式摇臂，为了能自动调节供油量，在泵膜拉杆下端加工出较长的滑槽。

图 5—30 为电动汽油泵的基本工作原理。空心柱塞 3 装在泵筒 8 内，上方有刚度小的缓冲弹簧 2，下方有刚度大的回位弹簧 7。汽油泵的进油阀 9 装在泵筒的下部，出油阀 6 设在柱塞内。泵筒外面套装有晶体管间歇振荡器 12 的线圈 1，在接通电源后，晶体管间歇振荡器产生间歇振荡电流。晶体管导通时，泵筒外的线圈产生磁场，吸引柱塞克服回位弹簧而下移，从而使泵筒内的油压增高，进油阀关闭，出油阀开启，汽油经出油阀进入柱塞中心空腔。晶体管截断时，磁场消失，柱塞在回位弹簧的作用下上移，一方面使出油阀关闭，将柱塞空腔内的汽油压向化油器；另一方面，使柱塞下方的泵筒空腔内容积增大，产生真空度，从而吸开进油阀，汽油便流入泵筒空腔。如此往复循环，一般泵油频率约为每秒 20～25 次。

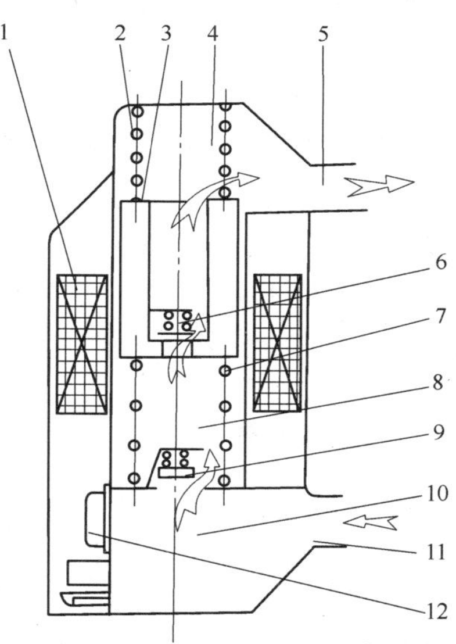

图 5—30　晶体管电动汽油泵工作原理
1—线圈；2—缓冲弹簧；3—柱塞；4—上泵室；5—出油口；6—出油阀；7—回位弹簧；8—泵筒；9—进油阀；10—下泵室；11—进油口；12—晶体管间歇振荡器。

当发动机耗油量变化时，出油压力也随之改变，柱塞行程因受油压阻力的不同，而自行减短或增长，达到自行调节供油量的目的。

电动汽油泵的安装位置不受驱动机构的限制，可安装在离热源较远处，以利减小产生气阻的可能性，并可省去手动泵油的操作。此外，在汽车下坡滑行时，可将电动汽油泵关闭，不向化油器供油，以降低油耗。

第七节　空气滤清器及进、排气装置

一、空气滤清器

空气中含有一定量的尘土，尘土含量决定于地点、气候及土壤等条件。空气中的尘土进入发动机，将引起气缸、活塞环、活塞、气门和轴承等零件的加速磨损。

为了去除进入发动机的空气中的尘土，减小发动机的磨损，发动机设有空气滤清器。

纸质干式空气滤清器（如图 5—31）是近年来应用最为广泛的一种（如 CA6102 型汽油机）。

滤清器的滤芯是经树脂处理的微孔滤纸制成，滤芯上下两端由塑料密封圈密封。汽油机工作时，空气由滤清器盖 3 与外壳 1 之间的空隙进入，经纸质滤芯 2 滤清后，从接管 4 沿进气管被吸入气缸。这种滤清器具有效率高（能将空气中的尘土滤去 99%以上）、重量轻、成本低、结构简单、维护方便等优点。

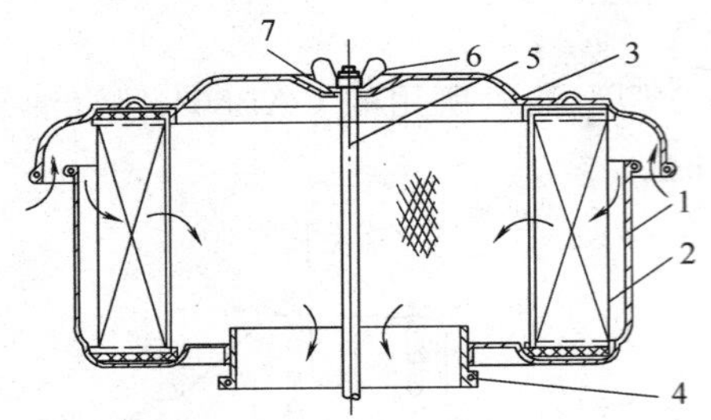

图 5—31 纸质干式空气滤清器

1—外壳；2—纸质滤芯；3—滤清器盖；4—接管；5—拉紧螺杆；6—紧固螺母；7—垫圈。

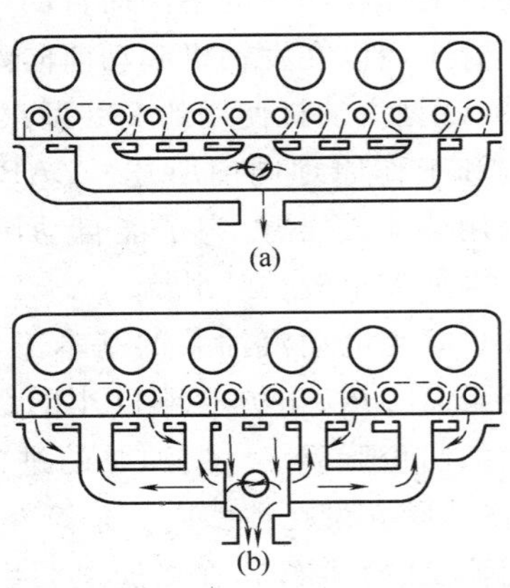

图 5—32 进、排气管的排列

二、进、排气管

进、排气管的作用是将化油器供给的可燃混合气分别送到汽油机各个气缸并导出各缸的废气，使之经排气消声器排出。

进、排气管通常用铸铁制成。汽油机的进、排气管通常并联一起装于汽油机的同一侧。联装的方法可以是分别铸成，或者铸成一体用螺栓固定在气缸盖（体）上，其结合处装有石棉衬垫，以防漏气。图 5—32 示出两种进、排气管的排列型式。

进、排气管应具有较小的流通阻力，以减少吸气和排气损失，并应尽可能的将混合气均匀地分配到各气缸中。

为促进燃油的蒸发，通常利用排气管中的废气对进气管进行预热。预热强度在有的汽油机上是可以调节的。

排气管末端装有消声器，用来减小排气时的响声和消除废气中的火星。因为压力较高的废气在排入大气时，会产生强烈的排气噪声。图 5—33 示出一种排气消声器。

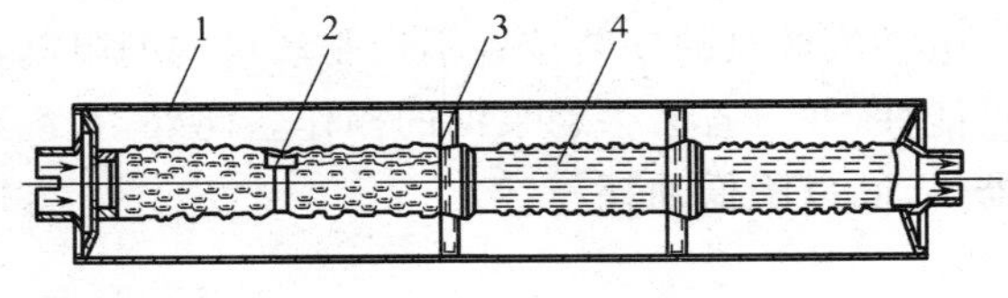

图 5—33 排气消声器

1—外壳；2—收缩管；3—隔板；4—多孔管。

当废气经过消声器时，就多次穿过小孔，改变方向，得到膨胀和冷却，结果废气压力和温度都降低，振动减轻而排气噪声显著变小。

第八节　电控汽油喷射系统

自 1967 年德国波许(Bosch)公司首先推出车用汽油机燃油喷射系统以来，各种型式的汽油机电控系统不断地发展和完善。近年来，电控汽油机替代了传统的化油器式汽油机。其主要原因在于电控汽油机能有效地改善和大幅度降低有害气体的排放，与三效催化剂、废气再循环装置等配合使用，可使有害气体排放降低 90%以上，它具有最佳的经济性(油耗降低 5%～15%)和优良的动力性(功率可提高 5%～10%)，在各种工况下能获得精确空燃比的混合气，且混合与分配均匀，易于实现冷起动，怠速运转稳定，不需经常调整，具有良好的加速性等。电控汽油机的应用已越来越广泛。本节介绍电控汽油喷射系统的基本内容。

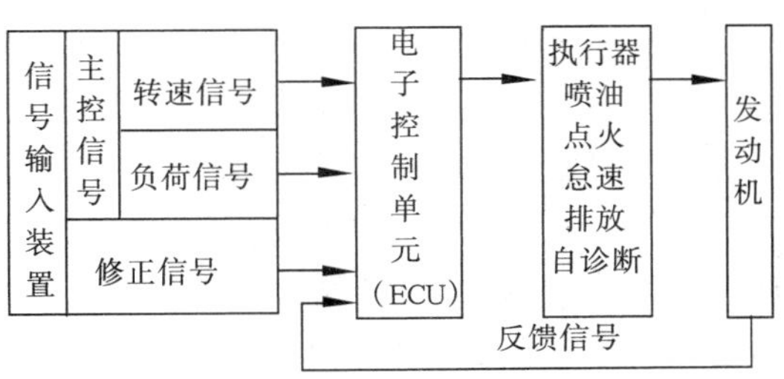

图 5—34　电控汽油喷射发动机系统的组成

一、系统的组成及功能

电控汽油喷射发动机的电控系统基本原理如图 5—34 所示，主要由信号输入装置、电子控制单元(ECU)、执行器等组成。

信号输入装置主要是通过各种传感器将各种控制信号输入 ECU，ECU 通过计算、分析处理，输出执行命令给执行器，执行器按照 ECU 所给指令在最佳时机以最合适的供油量向发动机喷射汽油，并在最佳时刻点燃气缸内的可燃混合气。

汽油机电子控制系统的控制功能如下：

(一)电子控制燃油喷射

1. 喷油量控制

ECU 将发动机转速和负荷信号作为主控信号，确定基本喷油量，并根据其他有关信号加以修正，最后确定总喷油量。

2. 喷油定时控制

当采用与发动机运转同步的顺序独立喷射方式时，ECU 不仅要控制喷油量，还要根据发动机各缸的发火顺序，将喷射时间控制在一个最佳时刻。

3. 减速断油和超速断油控制

汽车行驶中，驾驶员快松油门踏板时，ECU 将切断汽油喷射控制电路，停止喷油。当发动机转速降至临界转速时又恢复供油。发动机加速时，若发动机转速超过安全转速或汽车车速超过最高设定车速，ECU 将在临界转速时切断汽油喷射电路，停止喷油。

4. 电动汽油泵控制

当点火开关开启后，ECU 将控制电动汽油泵工作 2～3 s，以建立必须的油压。若此时不起动发动机，ECU 将切断汽油泵电路，使其停止工作。在发动机起动和运转过程中，ECU 控制电动汽油泵保持正常运转。

(二)电子点火控制

1. 点火提前角控制

在 ECU 中，存储着发动机在各种工况及运行条件下最理想的点火提前角。发动机运转时，ECU 根据发动机的转速和负荷信号，确定基本点火提前角，并根据其他有关信号进行修正，向电子点火控制器输出点火指示信号。

2. 通电时间与恒流控制

为保证点火线圈初级电路有足够大的断开电流，以产生足够高的次级电压，同时也要防止通电时间过长使点火线圈过热而损坏，ECU 可根据蓄电池电压及转速等信号，控制点火线圈初级电路的通电时间。

3. 爆震控制

当 ECU 收到爆震传感器输出的信号后，对信号进行滤波处理并判定有无爆震，在检测到爆震时，立即减小点火提前角。

（三）怠速控制

汽车在正常运行工况下，是由驾驶员通过油门踏板控制节气门开度而调节进气量的方法来控制发动机的输出功率。怠速时，油门踏板松开，节气门近于全闭，其怠速转速取决于进气量的多少。怠速转速应在满足减少有害排放物的前提下尽可能降低。另外，还需考虑汽车空调及电器负荷、自动变速箱挂入挡位、动力转向伺服机构的接入等情况引起怠速转速的变化，使发动机不至因此而运转不稳甚至引起熄火。为此，在电控汽油机上都设有怠速转速控制装置，由 ECU 控制怠速控制阀，使汽油机任何时候都能处在最佳怠速转速下稳定运转。

（四）排放控制

1. 废气再循环控制

当发动机排气温度达到一定温度值时，根据发动机负荷和转速，ECU 控制废气再循环控制阀作用，适当数量的废气进行再循环，以降低 NO_x 的排放量。

2. 开环与闭环控制

在装有氧传感器及三效催化转化器的发动机中，ECU 根据发动机的工况及氧传感器反馈的空燃比信号，确定开环控制与闭环控制方式。

3. 活性碳罐排泄电磁阀控制

ECU 根据发动机工作温度、转速、负荷等信号，控制活性碳罐排泄电磁阀的工作，让活性碳吸附的燃油蒸汽吸入进气管，以降低燃油蒸发排放。

4. 二次空气喷射控制

ECU 根据发动机的工作温度，控制新鲜空气喷入排气歧管或三效催化转化器中，以减少排气污染。

（五）进气与增压控制

1. ECU 根据转速传感器检测的转速信号控制进气增压控制阀的开闭，改变进气歧管的有效长度，以实现中低转速区和高速区的进气谐波增压，提高充气效率。

2. ECU 根据进气压力传感器检测的进气压力信号控制废气涡轮增压器的废气放气阀或可变喷嘴环，以获得最佳的增压压力。

（六）发电机控制

ECU 可根据发电机输出电压的变化，调节发电机的激磁电流，使发电机输出电压保持稳定。

（七）巡航控制

汽车在高速公路上行驶时，ECU 可通过巡航控制系统根据行驶阻力变化，自动增减节气门开度，无需驾驶员操纵加速踏板即可使汽车保持一定速度行驶，处于定速巡航行驶状态。

（八）警告指示

ECU控制各种指示和警告装置，显示有关控制对象的工作状况，当控制对象出现异常情况时能及时发出警告信号，如氧传感器失效，催化转换器过热，油箱油温过高等。

（九）自诊断与报警

当控制系统出现故障时，ECU将会使仪表板上的“CHECK ENGINE”指示灯亮，并将故障代码储存到ECU中。检修人员可通过ECU的诊断插座，用专用的故障诊断仪（解码器）与其相连，就能将故障代码及有关的发动机运行信息资料调出，供检修分析用。

（十）安全保险功能

当ECU检测到传感器或其线路故障时，即会自动按ECU中预先设定的代用值替代传感器信号，以便发动机仍能保持运转，即使性能下降维持运行至修理厂进行检修。

（十一）备用控制

当ECU本身发生故障时，则会自动启动备用系统，使发动机转入强制运行状态，以便能将车开到修理厂进行检修。

二、传　感　器

传感器的作用是进行信号变换，把各种被测的非电量信号变换成电量信号，使控制器可以识别。因此，传感器的精度及可靠性对发动机的工作至关重要，电控系统工作正常与否很大程度上取决于传感器性能的优劣。用于发动机电控系统的传感器主要有：空气流量传感器、压力传感器、转速传感器、曲轴位置传感器、温度传感器、氧传感器、爆震传感器、节气门位置传感器、点火信号发生器等。

（一）空气流量传感器

燃油喷射系统空燃比的调节主要是依据进气量的多少进行供油，进气量的大小可以用空气流量传感器检测，应用较多的空气流量计有：翼片式、卡尔曼旋涡式、热线式和热膜式等。

1. 翼片式

这种空气流量计的结构原理如图5—35所示，它主要由叶片式空气测量装置、油泵开关、进气温度传感器和一氧化碳调节螺钉等组成。

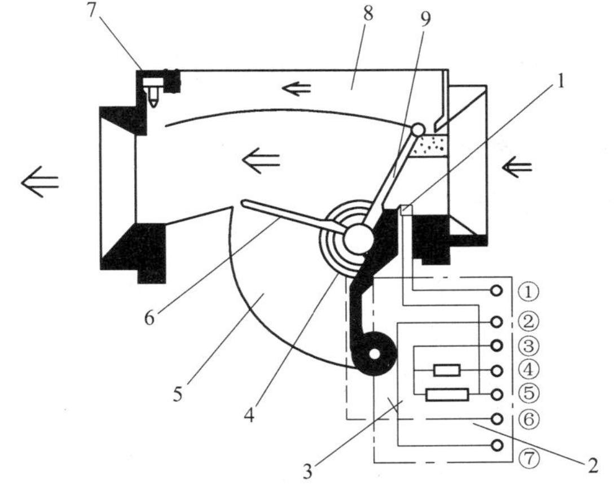

图5—35　翼片式空气流量计结构原理图

1—进气温度传感器；2—同轴电位器；3—燃油泵开关；4—复位弹簧；5—阻尼室；6—阻尼片；7—一氧化碳调节螺钉；8—旁通气道；9—测量片。接线端子：①～⑤：进气温度传感器；②～⑦：油泵开关；④～⑤：蓄电池电压；③～⑥：空气流量信号。

发动机吸入的空气量由转速与节气门开度决定。空气流量计安装在节气门之前，吸入的空气流体动力作用到测量叶片上，使叶片旋转一定角度直至与复位弹簧的弹力平衡，旋转角度与吸入空气量成对数关系。叶片同轴的电位器以阻值变化的形式反映叶片旋转角度，阻值的变化再被转换成电压信号，用以反映进气量的多少。旁通气道8设有一氧化碳浓度调整螺钉7，通过调整该螺钉可改变旁通气道流过的空气量，以便在小空气流量时对空气流量计的输出特性进行调节。怠速时的空燃比因发动机、燃油喷射装置和系统的不同而会出现若干偏差，因此需通过调整旁通气道面积，使空气流量计的输出与目标值一致。

2. 卡门漩涡式

卡门漩涡式空气流量计的结构原理如图 5—36 所示，它主要由涡漩发生器、超声波发生器、超声波接收器等组成。当空气流经卡门漩涡发生器时，在其后产生两列并排的卡门漩涡。超声波发生器沿漩涡的垂直方向发送超声波，由于漩涡的存在，使超声波传播速度发生变化，超声波受到漩涡频率的调制，使其振幅、相位和频率发生变化，接收器接收到调制波后，经解调变成相应的电压信号，再经整形放大形成与漩涡数相应的矩形脉冲信号，送入控制器作为空气流量信号。

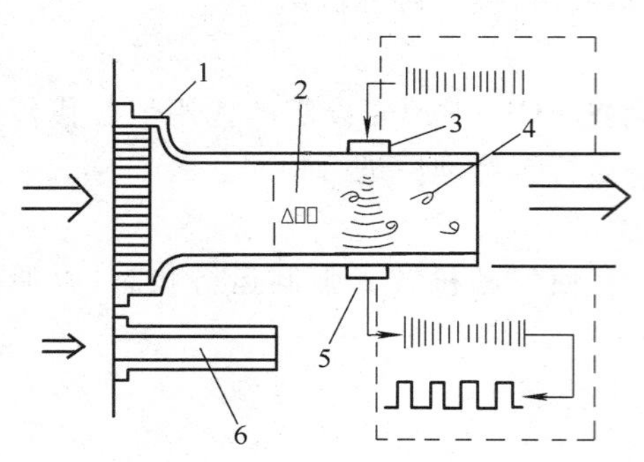

图 5—36　卡门空气流量计结构原理图
1—铝蜂窝整流器；2—漩涡发生器；
3—超声波发送器；4—卡门漩涡；
5—超声波接收器；6—旁通空气道。

为了提高控制精度，目前用得越来越多的是直接测量空气质量流量的传感器，如热线式和热膜式空气流量计。

3. 热线式

热线式空气流量计的结构如图 5—37 所示，它是通过进气冷却电热丝，改变其阻值来计量空气流量。取样管中的铂金属丝被通电加热，当空气流经时，铂丝因受到冷却而阻值减小，空气流量越大则铂丝的阻值越小。将铂丝作为电桥的一个桥臂，当铂丝温度变化时，电桥平衡被破坏，可输出电压信号，该电压信号的大小可反映空气质量流量的大小。

4. 热膜式

热膜式空气流量计的结构和工作原理与热线式空气流量计基本相同，只是将发热体由热丝改为热膜。热膜是由发热金属铂丝固定在薄的树脂上构成。与热线式比较，发热丝不直接承受空气流动所产生的作用力，增加了发热体的强度，提高了空气流量计的可靠性与寿命，测量信号稳定，精度高。

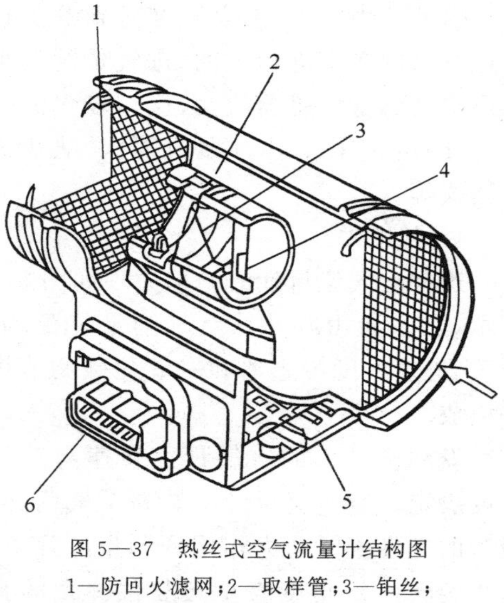

图 5—37　热丝式空气流量计结构图
1—防回火滤网；2—取样管；3—铂丝；
4—温度补偿电阻；5—电子电路；6—接线插座。

（二）压力传感器

1. 进气压力传感器

进气压力传感器安装在发动机的进气歧管上，用以感知进气流量所形成的真空压力，并换算成进气量的电信号输入控制器，经控制器计算后发出喷油量和喷油时刻信号，确保发动机正常工作。进气压力传感器有多种形式，常用的有压电式和应变式两种。

（1）压电式

压电式进气压力传感器的结构如图 5—38 所示，进气压力经半导体压电元件转换成电压信号，经放大后输出，进气压力与输出信号之间的关系为线性关系。

（2）应变式

应变式进气压力传感器是依据电阻应变效应原理制成的，其内部结构如图 5—39 所示，4

只丝式应变片分布在硅片四周组成桥式电路，当进气压力变化时，硅膜片发生变形，电桥失去平衡，在输出端可输出变化的电压信号，该电压信号的大小反映了气体压力的高低。

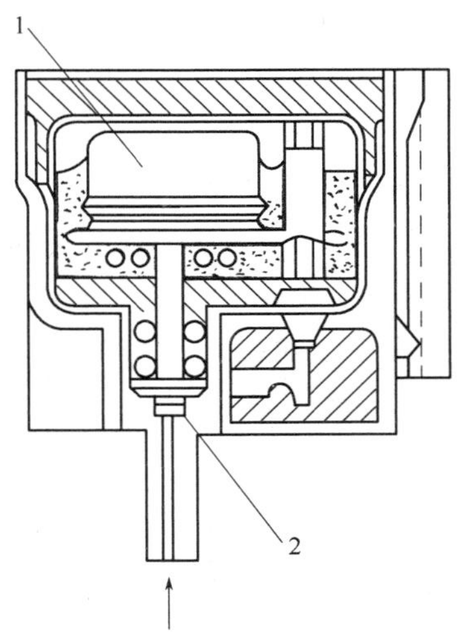

图 5—38　压电式进气压力传感器
1—半导体压电转换元件；2—滤清器。

2. 大气压力传感器

大气压力传感器如图 5—40 所示。它是用于在海拔高度不同时感知外界压力，用以对点火时刻和喷油量进行修正。

（三）转速和曲轴位置传感器

转速和曲轴位置信号是发动机燃油喷射和点火控制的基本参数。转速和曲轴位置传感器按其工作原理可分为磁电式、光电式和霍尔式 3 大类，其安装部位有在曲轴前端、凸轮轴端、飞轮上和分电器内。车辆不同，所采用的结构型式不完全一样。

1. 磁电式

磁电式转速传感器由永磁铁定子、线圈和转子齿盘组成，其原理如图 5—41 所示。转子盘由导磁材料加工而成，齿数为 N，它与曲轴或分电器轴同轴旋转，定子与转子间的磁隙 d 交替变化，因而通过线圈的磁通量也将交替变化，线圈中产生交变感应电动势，其波形如图 5—42 所示。通过测取整形后矩形波的频率 f，可得到发动机转

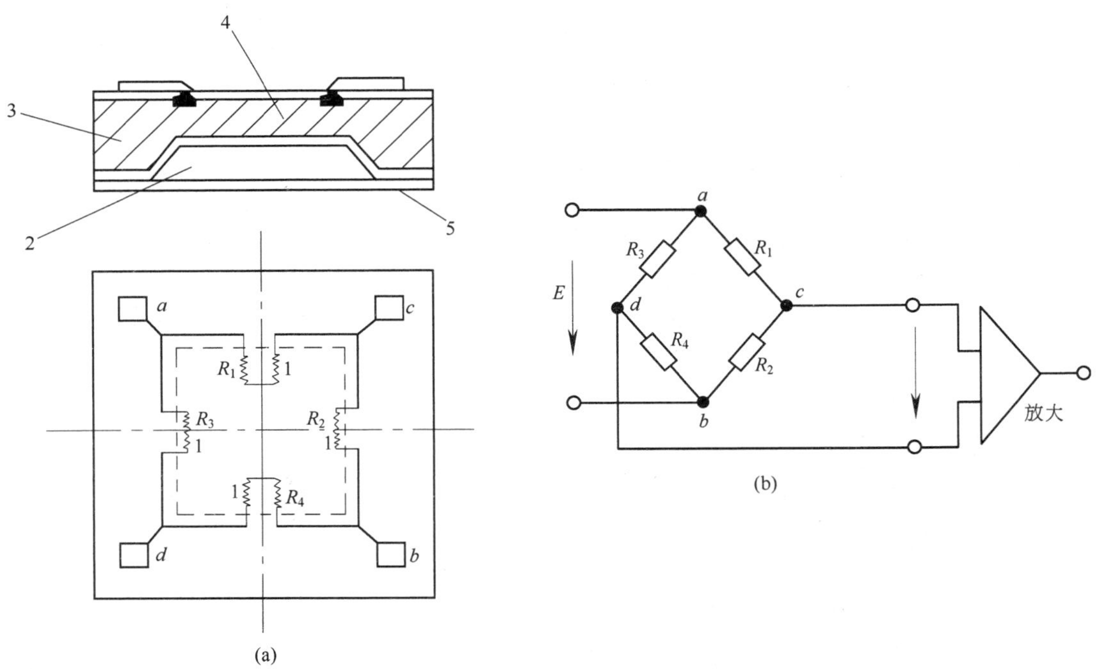

图 5—39　应变式进气压力传感器
(a)内部结构；(b)传感器电路。
1—应变片；2—真空腔；3—硅片；4—二氧化硅；5—硼硅酸玻璃片。

速：

$$n=60f/N$$

式中 n——发动机转速(r/min)；

f——矩形波频率(Hz)；

N——转子盘齿数。

图 5—43 所示为 Bosch 公司生产的转速与曲轴位置传感器。在转子齿盘上装有一销钉 3，曲轴每转一周，产生一个输出脉冲信号，以确定第 1 缸上止点位置。

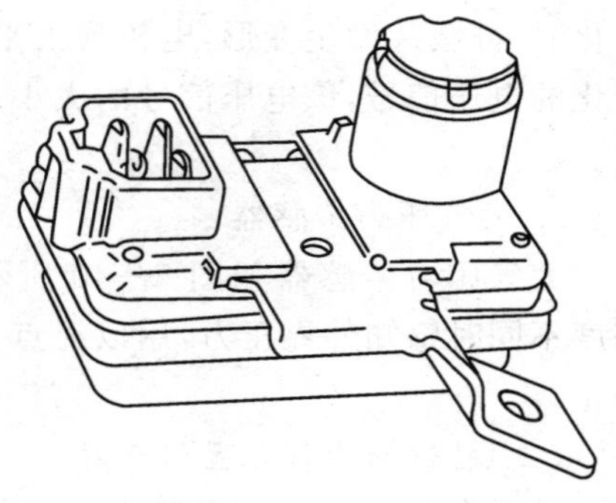
图 5—40 大气压力传感器

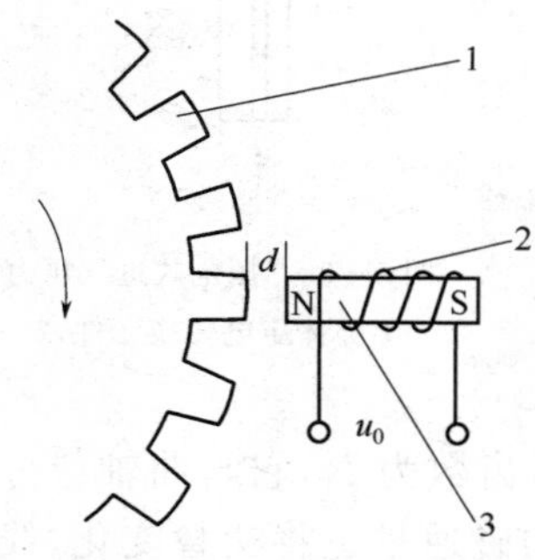

图 5—41 磁电式转速传感器原理
1—转子；2—线圈；3—定子。

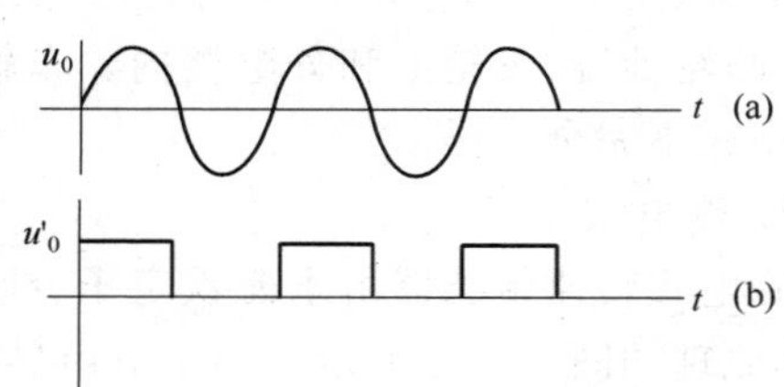

图 5—42 磁电式转速传感器输出电压波形
(a)原波形；(b)整形后。

2. 光电式

光电式传感器主要由发光管、光敏二极管、光孔盘和控制电路组成，其结构原理如图 5—44 所示。发光管、光敏二极管和控制电路都装在固定底板座上，发光管与光敏二极管位于光孔盘的光孔轴线两侧，发光管的光线通过光孔可照射到光敏二极管上。光孔盘固定在凸轮轴上，边缘有 360 条缝隙，每转过一条缝隙对应 1℃aA*，在其内侧还有表示一缸上止点位置的缝隙和 60°(6 缸机)及 90°(4 缸机)间隔的缝隙。由缝隙较宽的一缸上止点位置标志和 60°(或 90°)间隔缝隙所控制的电路向控制器输入一缸上止点位置信号和缸序判别信号。实际上，一缸上止点位置信号和缸序判别信号是在各缸压缩上止点前 70°产生。

(四)温度传感器

为了判断发动机的热状态，计算进气空气的质量流量以及排气净化处理，需要能够连续精确地测量冷却水温度、进气温度与排气温度的传感器。

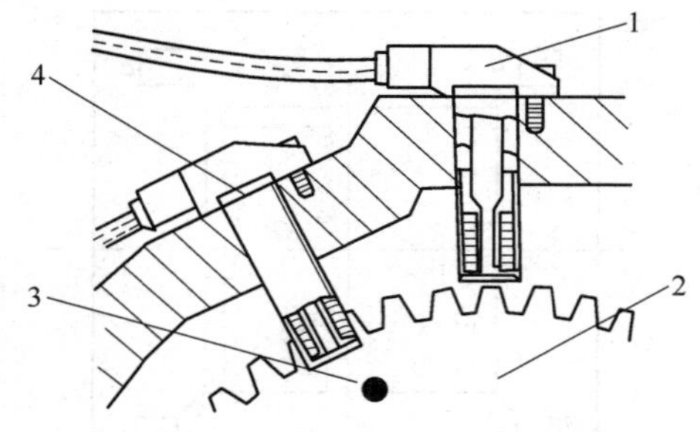

图 5—43 Bosch 转速与曲轴位置传感器
1—转速传感器；2—转子齿盘；
3—销钉；4—曲轴位置传感器。

1. 进气温度和冷却液温度传感器

发动机的进气温度影响到空气密度，从而影

* CaA 为凸轮轴转角。

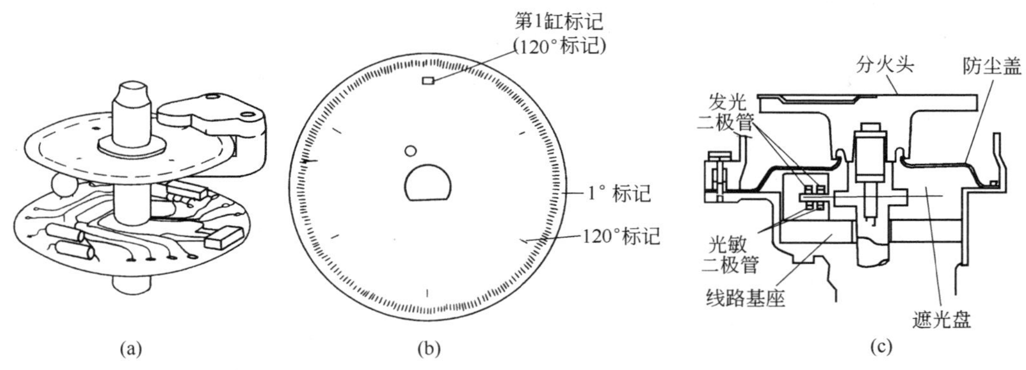

图 5—44　光电曲轴转角传感器

(a)外形；(b)6 缸发动机用光孔盘；(c)分电器剖面图。

响发动机的充气量。控制器可根据进气温度的高低对喷油量进行修正，使之达到最佳燃烧状况。冷却液温度的高低，给出发动机冷起动和暖车信号，冷车状态时控制器输出增加供油量信号，使混合气加浓，便于冷起动和迅速暖车。

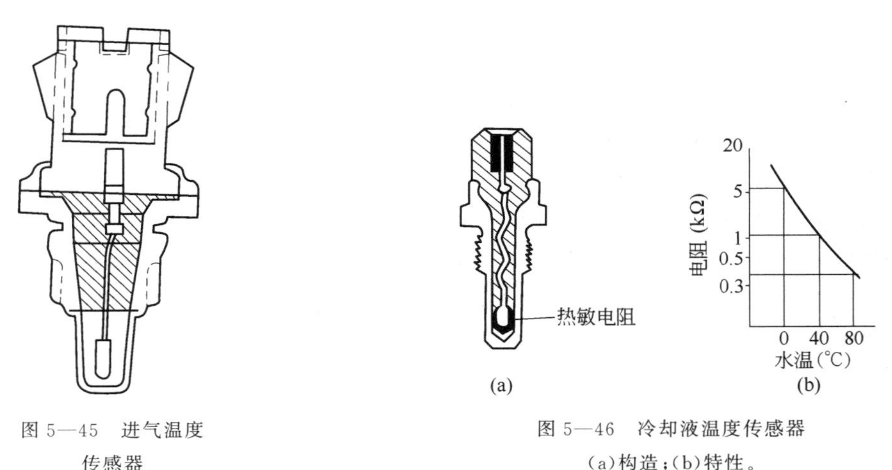

图 5—45　进气温度传感器

图 5—46　冷却液温度传感器

(a)构造；(b)特性。

现在进气温度和冷却液温度传感器一般采用 NTC 材料制成的热敏电阻。NTC 是一种半导体材料，它具有负温度系数特性，即随着介质温度上升，其电阻值下降。NTC 热敏电阻的特点是温度系数大，灵敏度高，热惯性小，适合快速测量，测量范围是－50 ℃～300 ℃。图 5—45 和图 5—46 给出了进气温度传感器和冷却液温度传感器的结构示意图。

2. 热电偶

热电偶用于测量排气温度，保证排气温度不能过高，便于排气净化顺利进行。由于排气温度高，热敏电阻不能用于该温度的测量。热电偶传感依据热效应原理，即两种不同材料的导体紧密结合时，在其界面上产生电荷扩散，从而产生热电势，电势值的大小仅与导体材料、冷端温度和热端温度有关，而与其他因素无关。由于实际测量采用冷端补偿法，热电势 E_{AB} 仅与被测温度有关。热电偶的传感原理如图 5—47 所示，其测量范围较宽，一般在－180 ℃～2 800 ℃，特别适于高温测量，但有一定的热惯性，不适于动态测量。

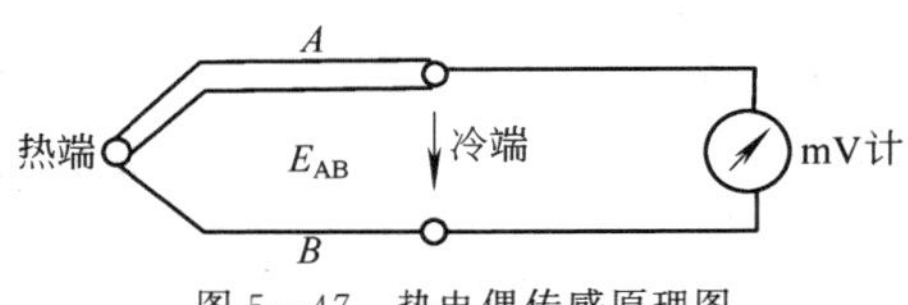

图 5—47　热电偶传感原理图

（五）爆震传感器

为了提高汽油机的动力性和经济性，需加大点火提前角，增大压缩比，但这样容易引起爆震燃烧（简称爆燃）。对于增压和燃用稀混合气的发动机更为严重。爆震燃烧可用减小点火提前角的方法加以控制，但这样又要牺牲发动机的功率。为了使功率最大程度地发挥又不发生爆燃，点火提前角应控制在爆燃发生的临界值。爆震传感器用以感知爆燃发生时的压力波峰的爆震信号，通过控制器减小点火提前角，消除爆燃。

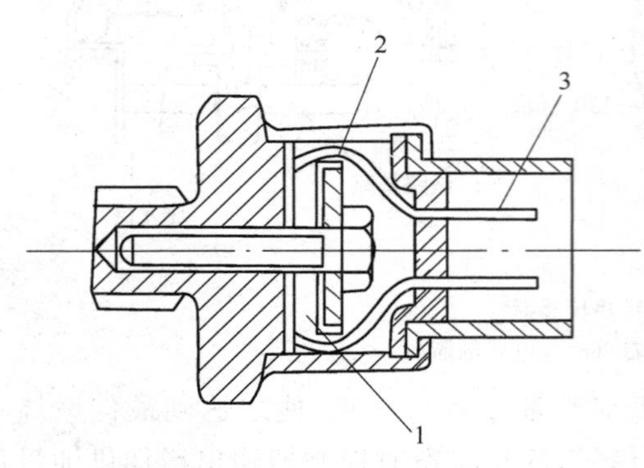

图 5—48　压电晶体爆震传感器
1—压电晶体；2—质量块；3—信号引线。

现在应用最多的为压电晶体式爆震传感器，其结构如图 5—48 所示。它是根据压电效应原理做成的加速度计，安装在发动机机体上，发动机发生爆燃时产生的压力波频率范围约在 1～10 kHz，波形如图 5—49 所示。压力波传给缸体，使金属质量块产生作用力，该力的大小与发动机机体在爆燃时使质量块产生的加速度成正比。此力施加到压电晶体上，压电晶体即可产生电压信号，电压信号的大小与施加在晶体上的力成正比。将电压信号输入控制器，控制器可识别爆燃信号，当爆燃产生时，控制器发出对燃气混合比和点火时间进行修正的指令。

（六）氧传感器

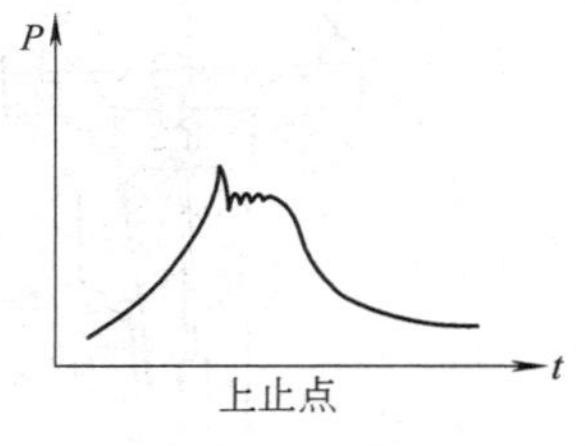

图 5—49　爆燃压力波形

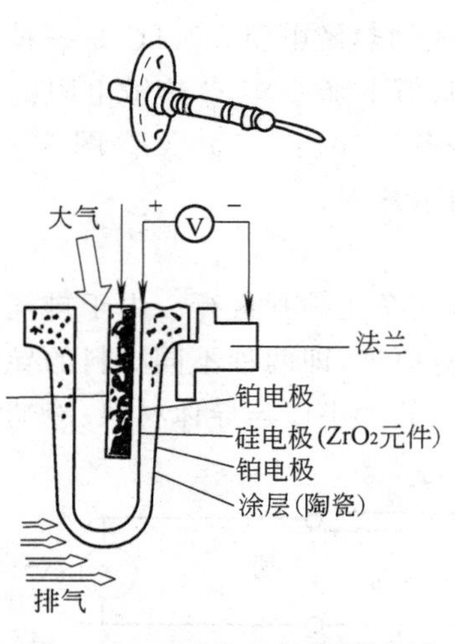

在使用三效催化转化器降低排气污染物的闭环电控发动机上，氧传感器是必不可少的。空燃比一旦偏离理论空燃比，三效催化剂对 CO、HC 和 NO_x 的净化能力则急剧下降。故在排气管中插入氧传感器，根据排气中氧浓度测定空燃比，向控制器发出反馈信号，以控制空燃比收敛于理论值。氧传感器有二氧化锆（ZrO_2）和二氧化钛（TiO_2）两种，应用最多的是二氧化锆传感器。

氧化锆传感器的基本元件是专用陶瓷体，即氧化锆固体电解质，陶瓷体制成试管式的管状，其内表面与大气相通，外表面与废气相通，内外表面都覆盖着一层多孔性的铂（Pt）膜作为电极，其结构如图 5—50 所示。

图 5—50　氧化锆氧传感器结构图

锆管的陶瓷体是多孔的，允许氧渗入该固体电解质内，温度较高时，氧气发生电离。若陶瓷内外侧氧含量不一致，即存在浓度差时，在固体电解质内部氧离子从大气一侧向排气一侧扩散，结果锆管元件成了一个微电池，在锆管两铂极间产生电压。当混合气稀时，排气中氧的含量高，传感器元件内外侧氧浓度差小，两电极间产生的电压很低（接近0 V），混合气浓时，排气中几乎没有氧，传感器元件内外侧氧浓度差很大，两电极间产生的电压高（约1 V）。在理论空燃比附近，氧传感器输出电压信号值有一突变，如图 5—51 所示。

由于二氧化锆只有在400 ℃以上的温度时才能正常工作，有的氧传感器中还装有对二氧化锆元件进行加热的加热器，以保证发动机在进气量小，排气温度低时也能正常工作。若没装加热器，则发动机必须达到一定转速后氧传感器才能正常工作。

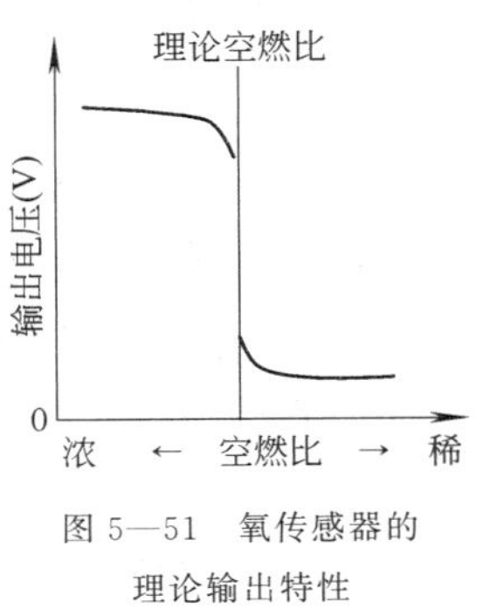

图 5—51　氧传感器的理论输出特性

（七）节气门位置传感器

节气门位置传感器装在节气门上，它将发动机节气门的开度信号转换成电信号，输至控制器，用以感知发动机负荷的大小和加减速工况。节气门位置传感器有触点式和滑线电阻式两种。

1. 触点式节气门位置开关

节气门位置开关用来检测节气门全闭或全开位置，其结构如图5—52所示。转动轴与节气门轴同轴旋转或杠杆连动，改变节气门开度时，节气门位置开关状态随之变化。当节气门近于全闭怠速工况时，怠速触点 k_2 接通，将开关量信号传给控制器，提供额外供油信号，同时保证每次松开油门时停止供油，提供断油信号。当发动机在高转速、大负荷工况下工作时，节气门开度达到一定程度，令开触点 k_1 被接通，开关信号输至控制器，控制器提供按正常供油量的喷油指令。

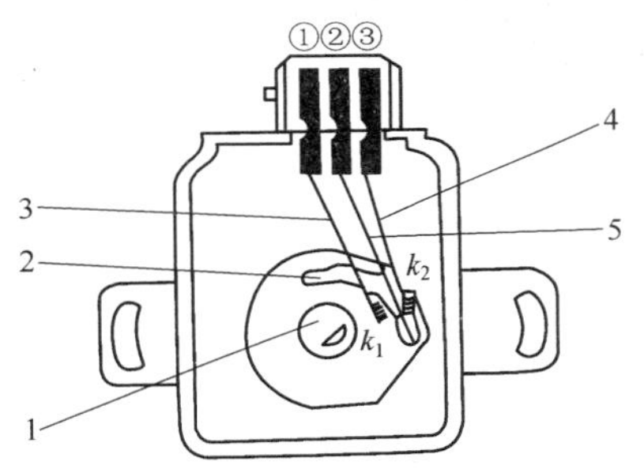

图 5—52　触点式节气门位置开关
1—转动轴；2—滑道；
3—节气门全开触点臂；
4—怠速触点臂；5—活动臂。
①～②接线柱—节气门全开触点；
②～③接线柱—节气门全闭触点。

2. 可变电阻式节气门位置传感器

这种传感器内部装有电位器，电位器轴与节气门轴同轴，电位器阻值随节气门开度变化而变化，其结构如图5—53所示。电位器的滑道是陶瓷薄膜电阻，两滑动触头相互连接，滑动触头与节气门轴联动，触头在滑道上有不同的电阻值，将电阻值转换成电压信号，即可反映节气门的开度。该装置设有主副两组触点，副触点只在节气门全闭时才接通，称为怠速触点。

三、执　行　器

执行器是在控制器的控制下具体执行某项控制功能的装置。在发动机集中式控制系统中、控制器主要对发动机的供油、点火、怠速、排放、进气以

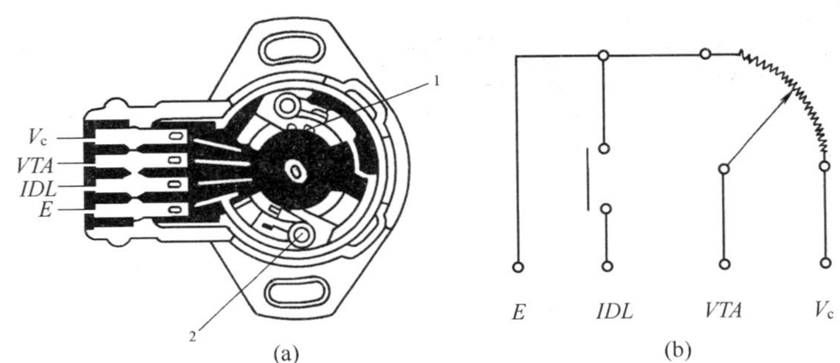

图 5—53　可变电阻式节气门位置传感器
1—主触点；2—副触点；E—地线；IDL—节气门开关信号；
VTA—节气门开度信号；V_c—电源电压。

及自诊断和报警、故障备用程序、起动等方面进行控制，随着控制功能的增加，执行器也将相应增加。

(一)汽油泵

电动汽油泵是一种滚柱式偏心泵，为油路提供一定压力的燃油，其结构如图 5—54 所示。装有滚柱的转子偏心安装在泵体内，转子转动时，位于凹槽内的滚柱在离心力的作用下，压在泵体的内表面上起密封作用，相邻两滚柱间的容积由小变大时形成一个低压吸油腔，其对面两滚柱间的容积则由大变小形成高压腔，压力油从出油口压出。泵中设有一卸压阀，当泵油压力超过规定值时，卸压阀开启降压，防止油压过高；泵的出油口处设有一单向阀，防止发动机停车时，油压突然下降可能造成燃油倒流的现象，而且能保证油路中的静压，使下一次起动时容易。

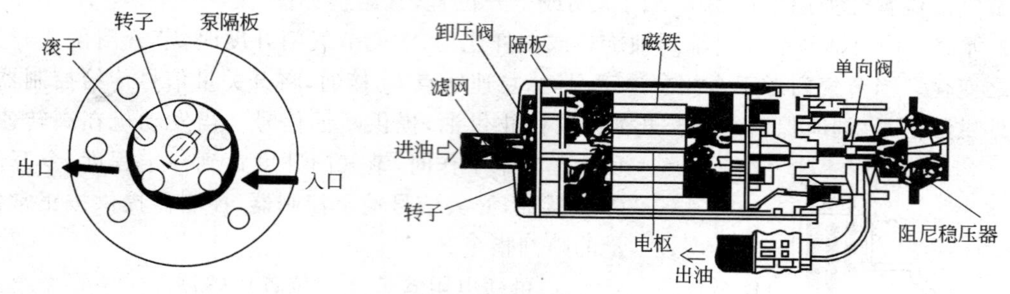

图 5—54 滚柱式汽油泵结构

(二)喷油器

喷油器的作用是根据控制器提供的指令信号向各缸喷射雾化的燃油。

1. 喷油器

喷油器由滤网、电路接口、电磁线圈、弹簧、衔铁和针阀等组成，其结构如图 5—55 所示。不喷油时，弹簧将针阀压紧在阀座上，防止滴漏；停喷瞬时，弹簧使针阀迅速回位，断油干脆。

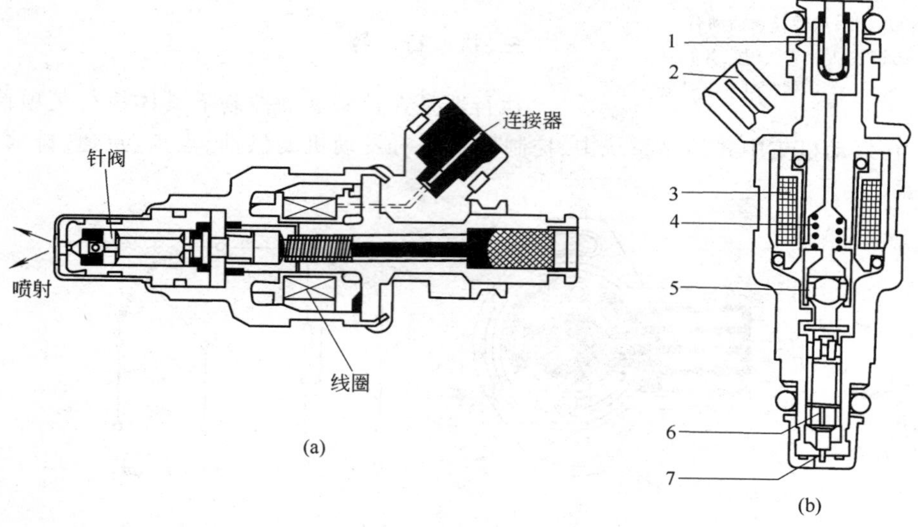

图 5—55 喷油器

(a)孔式； (b)轴针式。

1—燃油滤网；2—电线接口；3—电磁线圈；4—弹簧；5—衔铁；6—针阀；7—轴针。

2. 冷起动喷油器

有的发动机上装有冷起动喷油器，安装位置在进气总管的中央部位，其作用是改善发动机的低温起动性能。冷起动喷油器只在发动机低温起动时才投入工作，它也是一种电磁式喷油器，其喷油量取决于喷油时间，而喷油时间可以由起动喷油器定时开关控制，也可以由控制器控制。冷起动喷油器的结构如图5—56所示，冷起动定时开关控制电路如图5—57所示。

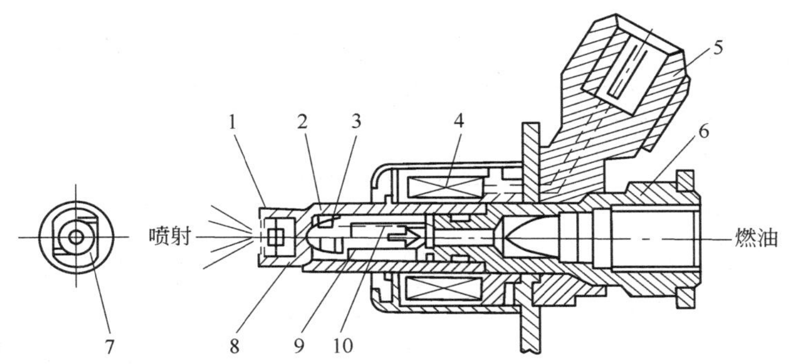

图5—56　冷起动喷油器结构

1—漩涡喷油嘴；2—喷射管道；3—阀；4—电磁线圈；5—接线插座；6—燃油入口连接器；7—漩涡喷油嘴结构图；8—阀座；9—可动磁心；10—弹簧。

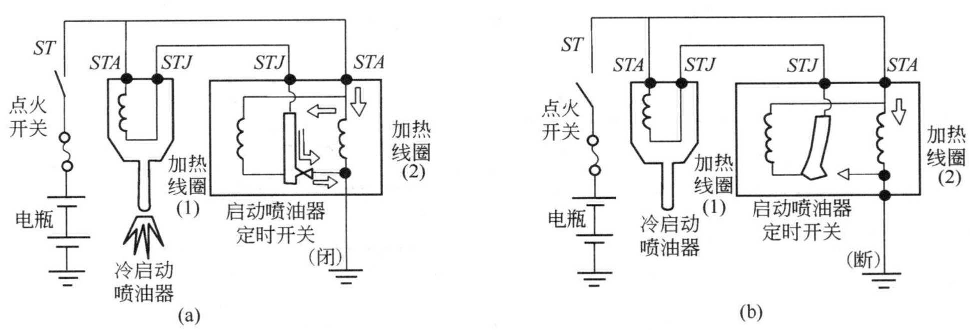

图5—57　冷起动定时开关控制电路

(a)冷起动时；(b)起动后。

(三)点火控制

在集中控制系统中点火控制的基本形式是：

传感器→控制器→点火模块→高压线圈→火花塞

传感器向控制器提供发动机的运行信息(转速、进气压力或流量、混合气浓度、水温及上止点位置等)，控制器据此计算点火提前角，并准确发出点火(IGT)信号，点火模块收到IGT信号后，截止点火线圈初级绕组电路，次级绕组产生感应高压击穿火花塞准确点火(详见第七章)。图5—58所示为有分电器点火控制系统示意图。

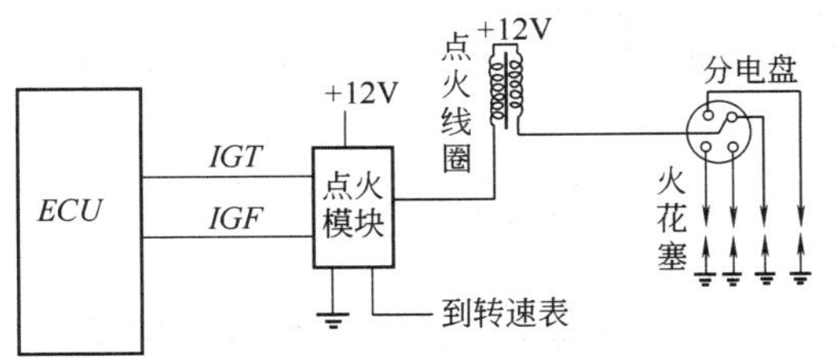

图5—58　有分电器点火控制系统示意图

(四)怠速控制(ISC)

汽油机在正常运行工况下，是由驾驶员通

过加速踏板控制节气门的开度，调节进气量的方法来控制发动机输出功率的。汽油喷射发动机怠速时，节气门处于全关闭状态，空气通过节气门缝隙及旁通节气门的怠速调节通路进入发动机，由空气流量计（或进气岐管压力传感器）检测该进气量，并根据转速及其他修正信号控制喷油量，保证发动机在怠速下稳定运转。当发动机阻力矩发生变化时，怠速转速将会发生相应变化。怠速控制是通过调节空气通路面积以控制空气流量的方法来实现的。

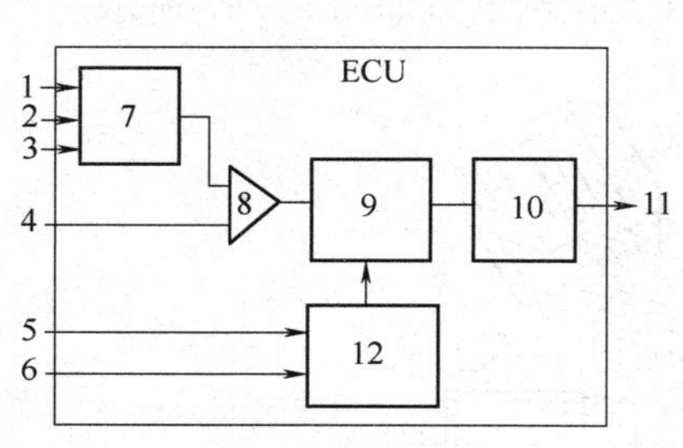

图 5—59 怠速控制系统的组成
1—冷却水温度；2—空调开关；
3—液力变矩器负荷信号；4—发动机转速；
5—节气门全闭信号；6—车速信号；
7—目标转速；8—比较；
9—控制量计算；10—执行元件驱动器；
11—执行机构；12—怠速状态判别。

图 5—59 所示为怠速控制系统组成原理图，控制器（ECU）根据从各传感器的输入信号所决定的目标转速与发动机的实际转速进行比较，根据比较得出的差值，确定相当于目标转速的控制量去驱动控制空气量的执行机构。

控制空气量的执行机构大致可分为两种：一种是控制节气门最小开度的节气门直动式，另一种是控制节气门旁通通路中空气流量的旁通空气式，其原理如图 5—60 所示。

图 5—61 所示为单点喷射系统采用的节气门直动怠速控制执行机构。执行机构与节气门操纵臂的最小开度限制器接触，通过旋入旋出传动轴调节节气门最小开度限制器位置来调节节气门开度。这种执行机构具有很强的工作能力，控制位置稳定性良好，但由于使用了减速机构，控制速度下降，响应性较差。

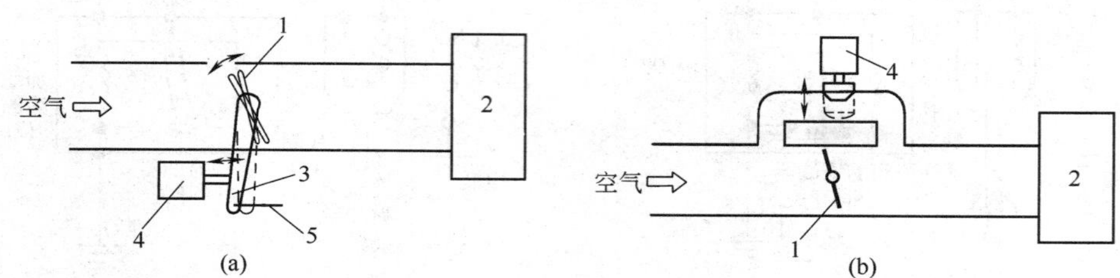

图 5—60 怠速控制执行机构的空气控制方式
(a)节气门直动方式；(b)旁通空气方式。
1—节气门；2—发动机；3—节气门操纵臂；4—执行元件；5—加速踏板拉索。

在多点燃油喷射系统中，一般采用控制旁通空气通路的执行机构，图 5—62 所示为步进电机型怠速控制阀，步进电机与怠速控制阀做成一体，装在进气总管内，电机可顺时针或逆时针旋转，使阀沿轴向移动，改变阀与阀座之间的间隙，调节流过节气门旁通通道的空气量。该阀有 125 种不同的开启位置，该种怠速控制阀还可用来控制发动机的快怠速而不需要辅助空气阀。

怠速控制阀除了步进电机型外，还有旋转电磁阀型、比例电磁阀型等多种类型。

(五)排放控制

为减少发动机的排气污染，很多发动机都采取了各种废气净化措施，如三效催化转化器、废气再循环、活性炭罐蒸发控制系统等，其工作均由控制器控制。

1. 三效催化转化器

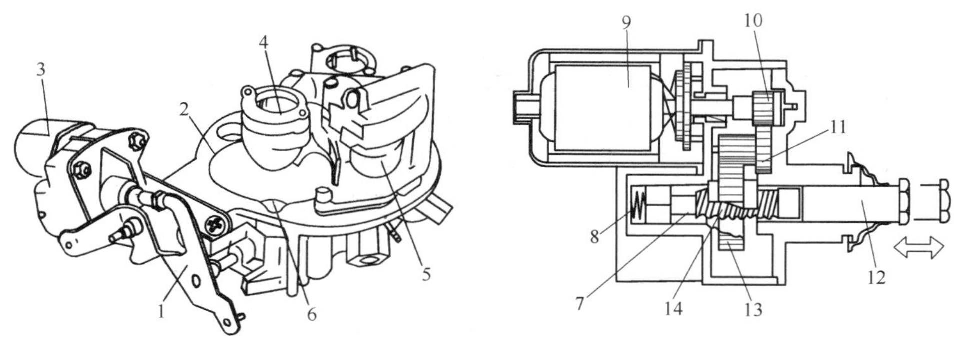

图 5—61　节气门直动式执行机构

1—节气门操纵臂；2—节气门体；3—ISC 执行机构；4—喷油器；5—压力调节器；6—节气门；7—防转动六角孔；8—弹簧；9—直流电机；10—减速齿轮①；11—减速齿轮②；12—传动轴；13—减速齿轮③；14—进给丝杆。

现代车用汽油机普遍采用三效催化转化器，把发动机排出废气中的有害气体转化成无害气体，三效催化转化器安装在排气系统中。三效催化剂与废气中的 CO、HC 和 NO_x 发生反应，只有当空燃比稳定在理论空燃比时，其转化效率才能保持最佳，为此必须对空燃比进行精确控制。实际应用中都是在三效催化转化器前面的排气管内安装氧传感器，用以检测排气中的氧含量，以确定实际空燃比是比理论空燃比浓还是稀，并向 ECU 反馈相应的电压信号，ECU 根据氧传感器反馈的空燃比浓稀信号，控制喷油量的减少或增加，这种反馈控制方式称为闭环控制方式。

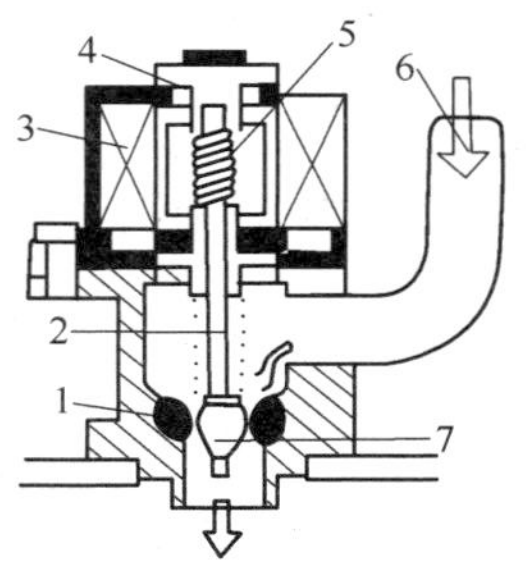

图 5—62　步进电机型怠速控制阀

1—阀座；2—阀轴；3—定子线圈；4—轴承；5—进给丝杆机构；6—旁通空气进口；7—阀。

2. 废气再循环控制

废气再循环（EGR）是发动机工作过程中，将一部分排气引到吸入的新鲜空气（或混合气）中返回气缸进行再循环的方法，该方法被广泛用于减少 NO_x 的排放量。应用 EGR 的关键是需根据发动机工况及工作条件的变化自动调整参与再循环的废气量（EGR 率）。图 5—63 为装有背压修正阀的废气再循环系统。EGR 电磁阀受 ECU 控制，ECU 根据转速、进气压力（或流量）、水温等信号，通过控制 EGR 电磁阀的开度，来控制 EGR 阀的真空度，从而控制 EGR 阀的开度，改变参与再循环的废气量。在 EGR 电磁阀与 EGR 阀之间的真空管路中装有一背压修正阀，其功用是根据排气歧管中的背压，附加控制废气再循环。当发动机在小负荷工况，排气背压低时，背压修正阀保持 EGR 阀处于关闭状态，不进行废气再循环；当发动机负荷增大，排气歧管背压增大时，背压修正阀才允许 EGR 阀打开，进行废气再循环。

3. 活性炭罐燃油蒸发排放物控制

为防止燃油箱向大气排放燃油蒸气而产生的污染，许多电控发动机采用了由 ECU 控制的活性炭罐燃油蒸发排放物控制装置。图 5—64 为活性炭罐燃油蒸发排放物控制装置图。

燃油箱的燃油蒸气通过单向阀进入活性炭罐上部，空气从炭罐下部进入清洗活性炭。在炭罐右上方有一定量排放小孔及受真空控制的排放控制阀，排放控制阀上部的真空度由炭罐控制电磁阀控制，而炭罐控制电磁阀受 ECU 控制。发动机工作时，ECU 根据发动机转速、温

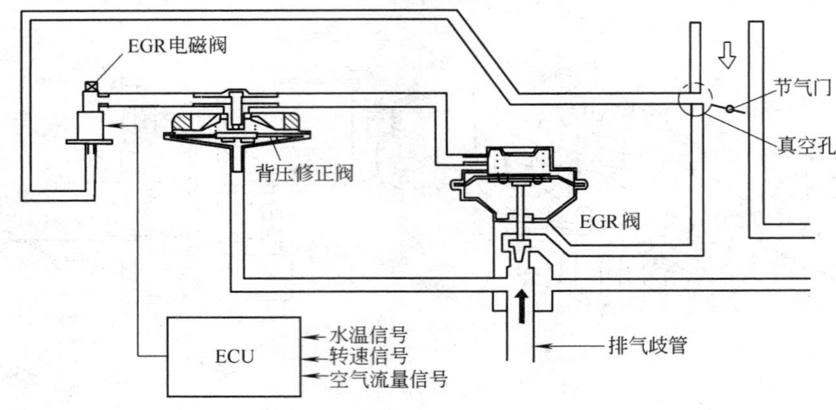

图 5—63　装有背压修正阀的 EGR 系统

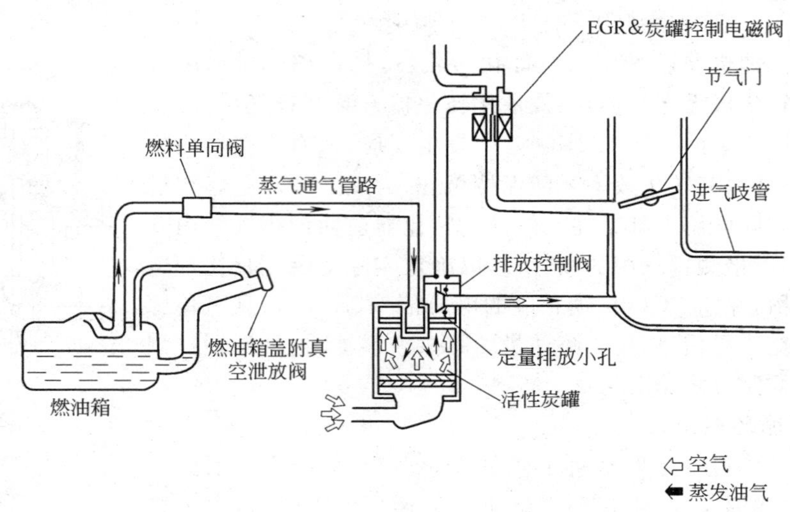

图 5—64　活性炭罐燃油蒸发排放物控制装置图

度、空气流量等信号，控制炭罐电磁阀的开闭来控制排放控制阀上部的真空度，从而控制排放控制阀的开度。当排放控制阀打开时，燃油蒸气通过排放控制阀被吸入进气歧管。

(六)进气控制

现代汽车高速发动机大多采用多气门进气系统，但由于转速范围大，仍难以兼顾高低转速工况的性能。发动机电控系统能较方便地实现可变进气控制，从而解决高低速进气的矛盾。

多气门发动机每缸至少有两个进气门，各配一个专门设计的进气歧管，其中一个进气歧管装有由 ECU 根据转速信号控制的控制阀，在进气量较少的低转速，控制阀全闭，使进气通路减少一半，以增大进气流速，这样既可增大进气流的惯性，增加进气充量，又可增强低速时在燃烧室内形成的进气涡流强度，有助于燃烧的稳定和热效率的提高。而在进气量大幅度增加的高转速区，控制阀全开，两个进气歧管同时进气，以减少流动阻力，并适当抑制燃烧室内的气流扰动。因此，根据发动机转速进行控制的可变进气系统，能确保从低速到高速都能获得理想的性能。

除可变进气系统外，还有采用进气谐振增压控制系统、废气涡轮增压控制系统等多种方法来提高充气效率。

（七）故障自诊断功能

在发动机控制系统中，控制器 ECU 都具有故障自诊断功能，监测控制系统各部分的工作状况。当 ECU 检测到来自传感器和执行器的故障信号时，立即将“CHECK ENGINE”警示灯点亮，同时将故障信息以故障码的形式存入存储器中。故障信息一旦存入，即使将点火开关断开或故障已排除，“CHECK ENGINE”警示灯熄灭，该信息仍然保存在存储器中。

对车辆进行检修时，通过特定的程序，可将存储器中的故障信息（故障码）调出，以灯光闪烁的方式或直接通过检测仪器显示出来，协助修理人员判断故障的类别和范围。故障排除后应通过特定的程序将存储在存储器中的故障码清除，以免与新产生的故障信息混杂，给检修带来困难。

（八）备用系统功能

当 ECU 内微处理器发生故障，如微处理器停止输出点火正时控制信号时，备用系统将接通备用集成电路，用固定的信号控制发动机进入强制运转，以便驾驶员能将车辆开到检修厂进行修理。备用系统只能维持基本功能，不能保证正常运行性能。

四、几种典型电控汽油喷射系统

（一）汽油喷射系统分类

1. 按控制装置形式分

（1）机械式：装机械分油盘。

（2）机电混合式：装有电液混合调节器。

（3）电子式：电控单元及喷油器。

2. 应用控制理论

（1）开环系统：无氧传感器。

（2）闭环系统：有氧传感器及三效催化装置。

3. 控制器型式

（1）单独控制：只控制供油。

（2）集中控制：控制供油、点火、怠速等。

4. 按进气量检测方法分

（1）质量流量型：采用先进的空气流量计，其信号直接对应进气质量。

（2）体积流量型：流量计给出进气体积，通过进气温度、进气压力计算进气质量。

（3）速度密度型：通过发动机排量、转速、进气压力、进气温度、大气压力计算进气量。

5. 按喷射型式分

（1）缸内喷射

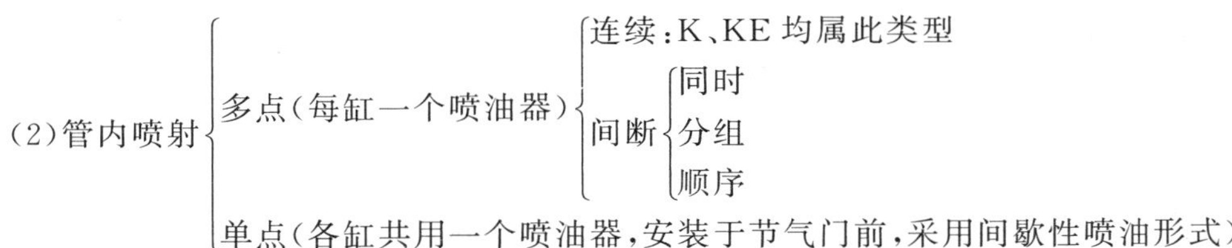

6. 按 Bosch 公司供油系统分类

(1)K 型:机械式多点连续喷油系统,采用燃油量分配器。

(2)KE 型:机电混合式多点连续喷油系统,采用电液压差调节器改变混合气浓度。

(3)D 型:电子多点间断喷油系统,采用速度密度型进气检测方式。

(4)L 型:电子多点间断喷油系统,采用体积流量型进气检测方式。

(5)LH 型:电子多点间断喷油系统,采用质量流量型进气检测方式。

(6)MONO 型:电子式单点间断喷油系统,采用节流速度型测量方式。

(二)典型电控汽油喷射系统介绍

1. L 型电控燃油喷射系统

L 型电控燃油喷射系统是一种通过检测空气流量信号,再由电脑决定喷油量的多点燃油喷射系统,其系统原理如图 5—65 所示。奥迪 V_6 发动机采用了这种系统。

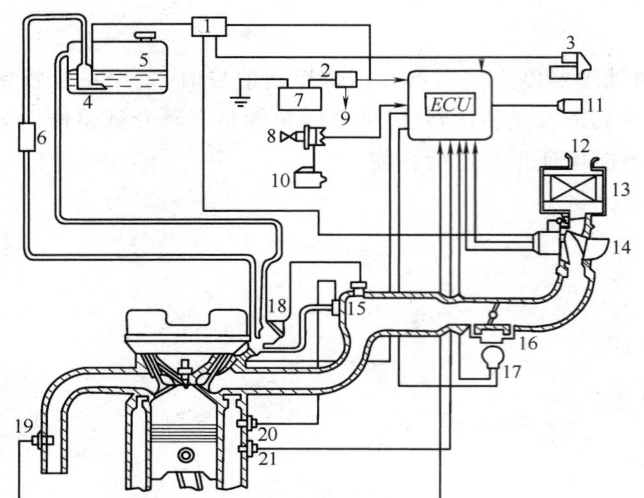

1—燃油泵继电器;2—主继电器;
3—起动机;4—燃油泵;
5—燃油箱;6—燃油滤清器;
7—蓄电池;8—分电器;
9—点火开关;10—点火线圈;
11—大气压力传感器;12—空气滤清器;
13—进气温度传感器;14—空气流量计;
15—冷起动喷油器;16—怠速控制阀;
17—节气门位置传感器;
18—燃油压力调节器;
19—氧传感器;
20—冷起动喷油器温度-时间开关;
21—水温传感器。

图 5—65 L 型电子控制燃油喷射系统

L 型系统的特点是:空气经空气滤清器过滤后,用空气流量计(翼片式或卡门漩涡式)测量,通过节气门体进入进气总管,再分配到各进气歧管。在进气歧管内,从喷油器喷出的汽油与空气混合后被吸入气缸内燃烧。怠速控制阀由 ECU 获取控制指令,ECU 可根据冷却水温度和发动机负荷的变化调整怠速转速,经过空气流量计计量后的空气,绕过节气门进入进气总管。

燃油泵可装在燃油箱内,也可装在燃油箱外。当接通点火开关时,燃油泵会运转几秒钟,待建立起油压后,如果发动机没有起动则自动停机,等待起动信号。燃油从燃油泵输出,经滤清器过滤后,由压力调压器调压,然后经输油管配送给各个喷油器和冷起动喷油器,喷油器根据 ECU 发出的指令将适量的燃油喷入各进气岐管或进气总管。

传感器监测发动机的实际工况,感知各种信号并传输给 ECU,ECU 的存储器中存放了发动机各种工况的最佳喷油持续时间,在接收了各种传感器传来的信号后,确定满足发动机运转状态的燃油喷射量,并根据计算结果控制喷油时间,并可对点火、怠速等进行控制。

2. LH 型电控燃油喷射系统

LH 型电控燃油喷射系统与 L 型电控燃油喷射系统比较,其主要不同是采用的进气流量检测方式。LH 型的空气流量计为热线式或热膜式,因此在 LH 型喷油系统中,可以不用检测进气温度,LH 型系统如图 5—66 所示。桑塔纳 2000GSi;型轿车发动机即采用了这种系统。

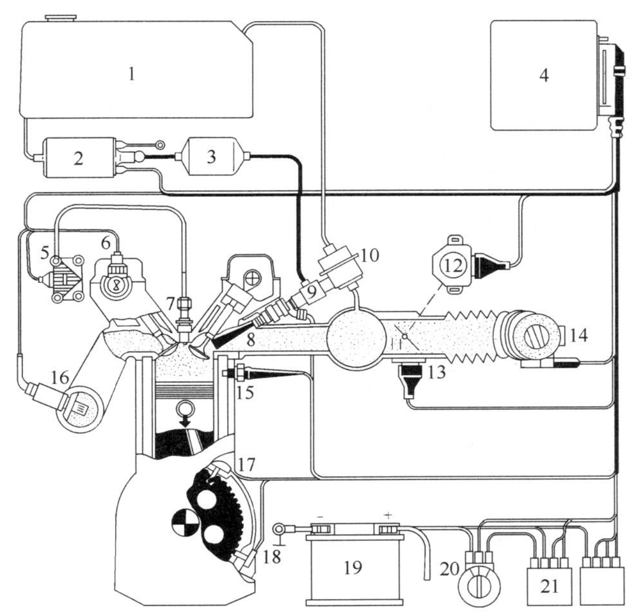

1—汽油箱；2—电动汽油泵；
3—汽油滤清器；4—ECU；
5—点火线圈；6—霍尔传感器；
7—火花塞；8—喷油器；
9—分配油管；10—油压调节器；
11—节气门；12—怠速控制装置；
13—节气门位置传感器；
14—空气流量计；15—水温传感器；
16—氧传感器；17—曲轴位置传感器；
18—转速传感器；19—蓄电池；
20—点火开关；21—继电器。

3. D型电控燃油喷射系统

D型电控燃油喷射系统进气量的测量是采用间接测量，它是利用安装在进气歧管上的进气压力传感器测量得到的进气压力信号和转速传感器测得的发动机转速信号，输进ECU，再由ECU计算得知发动机的进气量。由于进气压力受外界条件影响较大，需进行进气温度和海拔高度的修正，测量精度稍差。D型电控燃油喷射系统如图5—67所示。桑塔纳2000GLi型轿车发动机采用了这种系统。

图5—66　LH型电子控制燃油喷射系统

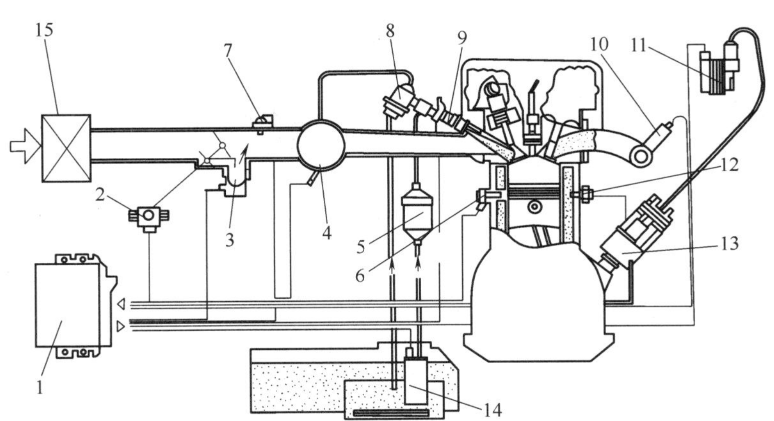

图5—67　D型电子控制燃油喷射系统

1—ECU；2—节气门位置传感器；3—怠速控制阀；4—进气压力传感器；5—汽油滤清器；6—爆震传感器；7—进气温度传感器；8—油压调节器；9—喷油器；10—氧传感器；11—点火线圈；12—水温传感器；13—分电器；14—电动汽油泵；15—空气滤清器。

4. MONO系统

MONO系统是一种低压中央喷射系统，也称单点喷射系统。此系统的特点是在原来安装化油器的部位仅用一只电磁喷油器进行集中喷射，与化油器相比，能迅速输送燃油通过节气门，在节气门上方没有或极少发生燃油附着管壁现象，因而消除了由此而引起的混合与燃烧延迟，缩短了供油和空燃比信息反馈之间的时间间隔，提高了控制精度，改善了排放。MONO系统空气量可以采用空气流量计计量，此时空气流量计与中央喷射组件做成一体，也可以采用节气门转角和发动机转速来控制空燃比，省去空气流量计，使结构和控制方式均简化、既兼顾了发动机性能与成本，且发动机结构的变动又较少。MONO系统的工作原理与多点汽油喷射系统相似，也是由ECU根据各种传感器测得的发动机运转参数计算出喷油量，在发动机每个气缸进气行程开始之前喷油一次，用控制每次喷油持续时间的长短方法控制喷油量。图5—68所示为MONO系统原理图。

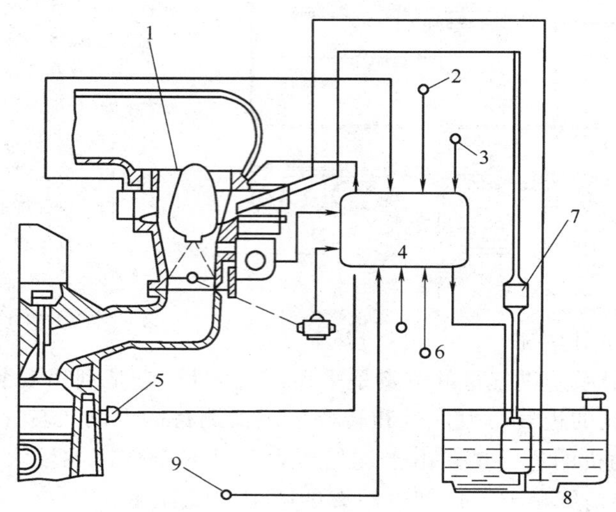

图5—68 MONO系统图

1—中央喷射组件；2—接起动机；3—接点火装置；4—ECU；
5—温度传感器；6—接转速/触发信号；7—燃油滤清器；
8—电动燃油泵；9—接氧传感器。

图5—69为丰田皇冠2JZ-GE型发动机控制系统线路原理图(含自动变速箱)。

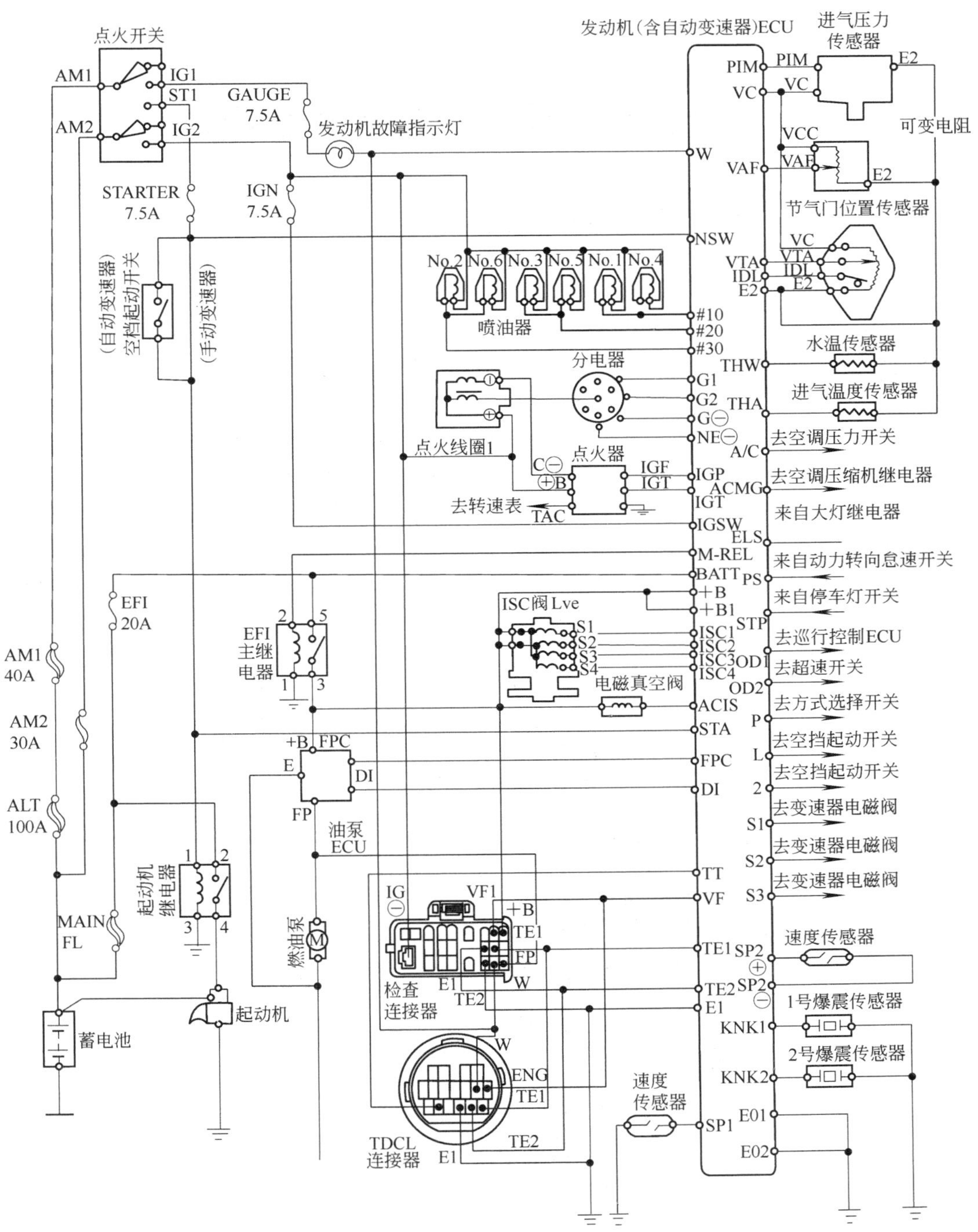

图 5—69　2JZ-GE 型发动机控制系统线路原理图(含自动变速箱)

第六章　柴油机的供给系

第一节　柴油机供给系的组成及燃料

一、柴油机供给系的组成

柴油机供给系的功用是将燃油和空气按一定的要求分别送入气缸，使之形成良好的可燃混合气，并将燃烧后的废气排出。

柴油机供给系的机件可以分为：供给燃油的燃油箱、燃油滤清器、输油泵、带调速器的喷油泵（高压油泵）和喷油器；供给空气的空气滤清器和进气管；排出废气的排气管和消声器。

图 6—1 是 6135 型柴油机供给系简图。空气经空气滤清器 15 和进气管 16 被吸入气缸；燃油箱 1 中的燃油经油管 4 被吸入输油泵 6，并以 0.049MPa 的压力被压出，经燃油滤清器 3 滤清后进入喷油泵 7，喷油泵以高压(16.67 MPa)将燃油经高压油管 9 送往喷油器 11，最后经喷油器喷入燃烧室。

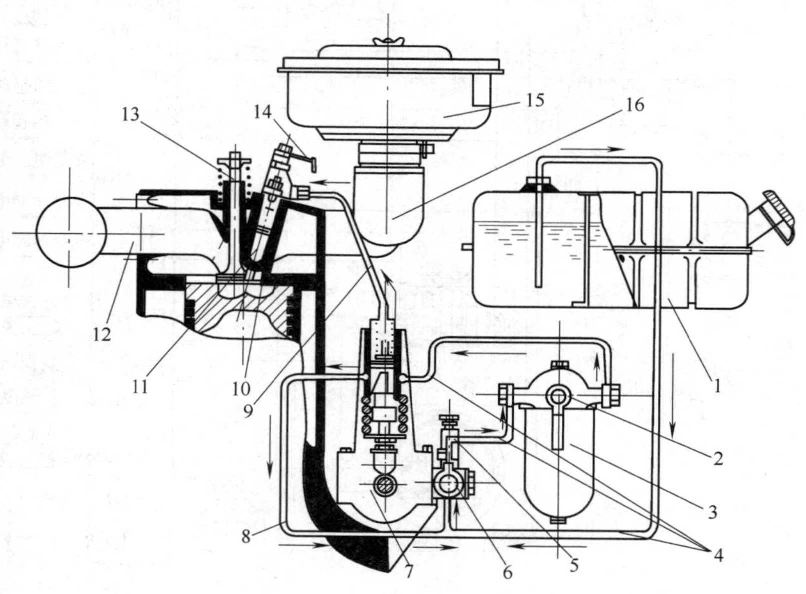

图 6—1　柴油机的供给系

1—燃油箱；2—溢油阀；3—燃油滤清器；4—油管；5—手压输油泵；6—输油泵；7—喷油泵；8—回油管；9—高压油管；10—燃烧室；11—喷油器；12—排气管；13—排气门；14—回油管；15—空气滤清器；16—进气管。

大多数柴油机的供给系是与此相似的。但在小型柴油机上，往往不装输油泵，而依靠重力供油（燃油箱的位置比喷油泵高）。

二、柴　　油

柴油机的主要燃料是柴油。轻柴油用于高速柴油机。重柴油用于中、低速柴油机。重油用于大型低速柴油机。

对柴油的主要要求如下：

(1)发火性好，使柴油机容易起动，工作柔和。

(2)雾化性好，容易形成可燃混合气。

(3)低温流动性好。保证在较低气温下顺畅地向喷油泵供油，不发生堵塞等事故。

(4)燃烧产物积炭少。

(5)腐蚀性小。

(6)机械杂质与水分少。

评定柴油性能的主要指标如下：

1. 十六烷值

十六烷值是评定柴油发火性和燃烧性能的指标。柴油的发火性好是指柴油的自燃温度低。自燃温度越低，滞燃期(从开始喷油到着火的时间，即着火落后期)就越短，在滞燃期内形成的可燃混合气就越少，着火后压力升高速度就较低，工作就比较柔和。

柴油的十六烷值测定方法与汽油的辛烷值相似。将自燃性最好的十六烷 $C_{16}H_{34}$(规定其十六烷值为 100)和自燃性最差的 α-甲基萘(规定其十六烷值为 0)以一定比例混合。当被测柴油的自燃性与混合液的自燃性相同时，混合液中所含十六烷的体积百分数就是被测柴油的十六烷值。

柴油的十六烷值越高，自燃性越好，柴油机容易起动，工作柔和。但十六烷值越高，柴油的馏分越重，粘度越大，喷雾质量差，而滞燃期又短，还来不及形成良好的可燃混合气就着火，因此燃烧不完全，冒黑烟。所以柴油的十六烷值应适当，高速柴油机用柴油在 40～60 之间，低速柴油机用柴油在 30～50 之间。

2. 凝点和浊点

柴油的低温流动性决定于凝点与浊点。

低温时，柴油中所含的石蜡和水分开始结晶，柴油变得混浊，这个温度叫做浊点。温度再降低，便生成石腊结晶网，燃料失去流动性而凝固，这个温度叫做凝点。一般浊点高于凝点 5～10 ℃。国产轻柴油就是按凝点标号的，例如，－10 号轻柴油，其凝点为－10 ℃。柴油的凝点过高时，冬天易堵塞油路和滤清器，引起燃油供应不足，甚至中断。

选用柴油时，要求凝点比最低环境温度低 3～5 ℃以上。

3. 黏度

柴油的雾化性能主要决定于黏度。

黏度是燃料的重要物理性能参数。它影响柴油的喷雾质量、燃料的过滤性与流动性。黏度越高，喷雾的油粒就越大，使燃烧变坏。黏度过低，则增加喷油泵和喷油嘴偶件的漏油及磨损，因此柴油的黏度应适当，一般轻柴油的运动黏度在20 ℃时为 2.5～8 mm^2/s。

4. 馏程

馏程表示柴油的蒸发性。柴油的馏分越轻(蒸馏出的温度越低)，蒸发越快，有利于混合气形成。重馏分蒸发慢，在高速柴油机中来不及蒸发就着火，容易冒黑烟。但馏分太轻也不好，因为蒸发性太好，在滞燃期形成的混合气太多，着火后压力猛升，工作粗暴。

轻柴油按质量分为优等品、一等品和合格品 3 个等级，每个等级的柴油按凝点又分为 6 种

表 6—1 国产轻柴油规格(GB252—94)

项目	优等品						一等品						合格品						试验方法
	10号	0号	−10号	−20号	−35号	−50号	10号	0号	−10号	−20号	−35号	−50号	10号	0号	−10号	−20号	−35号	−50号	
碘值(g/100g) 不大于	6						—						—						SH/T 0234
色度(号) 不大于	3.5						3.5						—						GB/T6540
氧化安定性,总不溶物(mg/100 mL) 不大于	—						2.0						—						SH/T 0175
实际胶质(mg/100 mL) 不大于	—						—						70						GB/T 509
硫含量(%) 不大于	0.2						0.5						1.0						GB/T 380
硫醇硫含量(%) 不大于	0.01						0.01						—						GB/T 1792
水分(%) 不大于	痕迹						痕迹						痕迹						GB/T 260
酸度(mgKOH/100 mL) 不大于	5						7						10						GB/T 258
10%蒸余物残炭①(%) 不大于	0.3						0.3						0.4		0.3				GB/T 268
灰分(%) 不大于	0.01						0.01						0.02						GB/T 508
铜片腐蚀(50 ℃,3 h)级 不大于	1						1						1						GB/T 5096
水溶性酸或碱	无						无						无						GB/T 259
机械杂质	无						无						无						GB/T 511
运动黏度(20 ℃)(mm^2/s)	3.0~8.0			2.5~8.0	1.8~7.0		3.0~8.0			2.5~8.0	1.8~7.0		3.0~8.0			2.5~8.0	1.8~7.0		GB/T 265
凝点(℃) 不高于	10	0	−10	−20	−35	−50	10	0	−10	−20	−35	−50	10	0	−10	−20	−35	−50	GB/T 610
冷滤点(℃) 不高于	12	4	−5	−14	−29	−44	12	4	−5	−14	−29	−44	12	4	−5	−14	−29	−44	SH/T 0248
闪点(闭口)(℃) 不低于	65			60	45		65			60	45		65			60	45		GB/T 261
十六烷值 不小于	45						45						45						GB/T 386
馏程:																			GB/T 6536
50%馏出温(℃) 不高于	300						300						300						
90%馏出温(℃) 不高于	355						355						355						
95%馏出温(℃) 不高于	365						365						365						
密度(20 ℃)(kg/m^3)	实测						实测						实测						GB/T 1884~1885

注:①若柴油中含有硝酸酯型十六烷值改进剂,10%蒸余物残炭的测定,必需用不加硝酸酯的基础燃料进行。柴油中是否含有硝酸酯型十六烷值改进剂的检验方法见国标《轻柴油》(GB252—94)附录 A。

②将试样注入100 mL玻璃量筒中,在室温(20±5 ℃)下观察,应当透明,没有悬浮和沉降的水分及机械杂质。在有异议时,按 GB/T260 或是 GB/T511 进行测定。

③由中间基、环烷基原油生产或混有催化馏分的各号轻柴油的十六烷值允许不小于 40。

牌号。表 6—1 所列为国产轻柴油的具体规格。

柴油机要根据使用地区与季节来选用轻柴油。10 号轻柴油适合于有预热设备的高速柴油机上使用;0 号轻柴油适合于风险率为 10%的最低气温*在4 ℃以上的地区使用;—10 号轻柴油适合于风险率为 10%的最低气温在—5 ℃以上的地区使用;—20 号轻柴油适合于风险率为 10%的最低气温在—14 ℃以上的地区使用;—35 号轻柴油适合于风险率为 10%的最低气温在—29 ℃以上的地区使用;—50 号轻柴油适合于风险率为 10%的最低气温在—44 ℃以上的地区使用。

第二节　喷　油　器

喷油器的功用是将燃油雾化成较细的颗粒,并将它们分布到燃烧室中和空气形成良好的可燃混合气。因此,对喷油器工作的基本要求是:有一定的喷射压力、一定的射程、一定的喷雾锥角、喷雾良好,喷油终了能迅速停油,没有滴油现象。

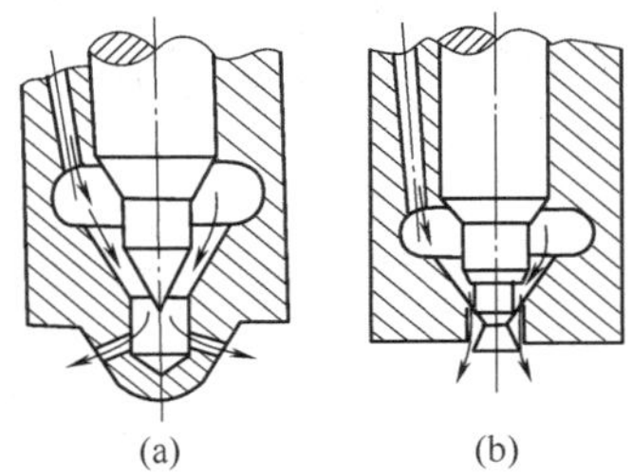

图 6—2　闭式喷油器的头部结构
(a)孔式喷嘴;(b)轴针式喷嘴。

目前,中小功率柴油机常用闭式喷油器。闭式喷油器在不喷油时,喷孔被一个受强力弹簧压紧的针阀所关闭,将燃烧室与高压油腔隔开。在燃油喷入燃烧室前,一定要克服弹簧的弹力,才能把针阀打开。这就是说,燃油要具有一定的压力才能开始喷射。这样能够保证燃油的雾化质量,能够迅速切断燃油的供给,不发生燃油的滴漏现象。这对于低速小负荷运转时是很重要的。

常用的闭式喷油器有两种:孔式和轴针式,其头部喷嘴的结构如图 6—2 所示。

一、孔式喷油器

孔式喷油器主要用于直接喷射式柴油机中。由于喷孔数可有几个且孔径小,因此,它能喷出几个锥角不大、射程较远的喷注。一般喷油孔的数目为 1～9 个,喷孔直径为 0.20～0.50 mm。喷孔的数目与方向取决于各种燃烧室对于喷雾质量的要求与喷油器在燃烧室内的布置。如 6120Q 型柴油机的燃烧室是球型,混合气的形成主要是靠油膜蒸发,故采用双孔闭式喷油器;6135Q 型柴油机的燃烧室是 ω 型,混合气的形成主要是将燃油直接喷射在燃烧室空间而实现的,故采用 4 孔闭式喷油器。

长型孔式喷油器的结构,如图 6—3 所示。它由针阀、针阀体、挺杆、调压弹簧、调压螺钉及喷油器体等零件组成。

喷油器的主要零件是用优质合金钢制成的针阀和针阀体,两者合称为喷油嘴偶件(又称针阀偶件)。针阀上部的圆柱表面用以同针阀体的相应的内圆柱面作高精度的滑动配合,配合间隙约为 0.001～0.002 5 mm。此间隙过大则可能发生漏油而使油压下降,影响喷雾质量;间隙过小时,针阀不能自由滑动。针阀中下部的锥面全部露出在针阀体的环形油腔中,其作用是承

* 各地区风险率为 10%的最低气温是从中央气象局资料室编写的《石油产品标准的气温资料》中摘录编制的。详见国标《轻柴油》(GB252—94)附录 B。

受由油压造成的轴向推力以使针阀上升，故此锥面称为承压锥面。针阀下端的锥面与针阀体上相应的内锥面配合，以实现喷油器内腔的密封，称为密封锥面。针阀上部的圆柱面及下端的锥面同针阀体上相应的配合面通常是经过精磨后再相互研磨而保证其配合精度的。所以，选配和研磨好的一副喷油嘴偶件是不能互换的。

装在喷油器体上部的调压弹簧通过挺杆使针阀紧压在针阀体的密封锥面上，将喷孔关闭。只有当油压升高到足以克服调压弹簧的弹力时，针阀才能升起而开始喷油。喷射开始时的喷油压力取决于调压弹簧的弹力，它可用调压螺钉调节。

高压燃油从进油管接头经滤芯、喷油器体中的油道进入针阀体上端的环形槽内。此槽与针阀体下部的环状空间用两个斜孔连通。流进下部空腔的高压柴油对针阀锥面产生向上的轴向推力，当此力克服了调压弹簧弹力和针阀与针阀体间的摩擦力（此力很小）后，针阀上移，开启喷孔（见图 6—3b），于是高压燃油便从针阀体下端的喷孔喷入燃烧室内。针阀的升程受到喷油器体下端面的限制，这样有利于很快地切断燃油。当喷油泵停止供油时，由于高压油管内油压急速下降，针阀在调压弹簧的作用下迅速将喷孔关闭，停止喷油。

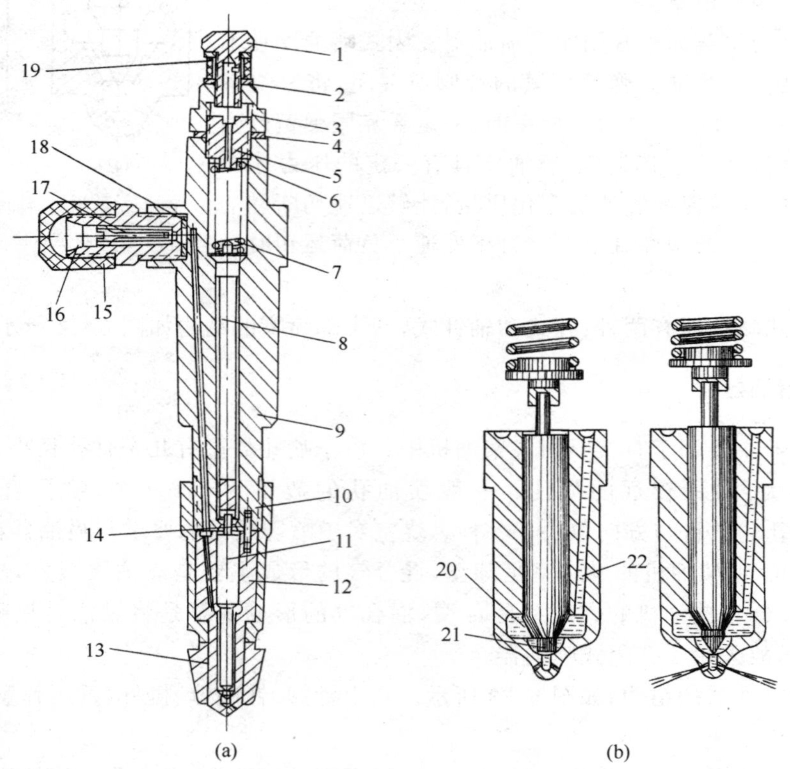

图 6—3　长型孔式喷油器

1—回油管螺栓；2—衬垫；3—调压螺钉护帽；4—垫圈；5—调压螺钉；6—调压弹簧垫圈；7—调压弹簧；8—挺杆；9—喷油器体；10—紧固螺套；11—针阀；12—针阀体；13—铜锥体；14—定位销；15—塑料护盖；16—进油管接头；17—滤芯；18—衬垫；19—胶木护套；20—针阀承压锥面；21—针阀密封锥面；22—针阀体油孔。

在喷油器工作期间，会有少量燃油从针阀与针阀体的配合表面之间的间隙漏出。这部分燃油对针阀可起润滑作用，并沿着挺杆周围的空隙上升，通过回油管螺栓 1 上的孔进入回油管，流回燃油箱。

为防止细小杂物堵塞喷孔，在高压油管接头上装有缝隙式滤芯。缝隙式滤芯的构造如图6—4所示。

喷油器用两个固定螺钉固定在气缸盖上的喷油器孔座内，用铜锥体（见图6—3）密封，防止漏气。安装时，喷油器头部应伸出气缸盖底平面0～1.5 mm。为此，可在铜锥体与喷油器间加垫片或用更换铜锥体的方法来调整。

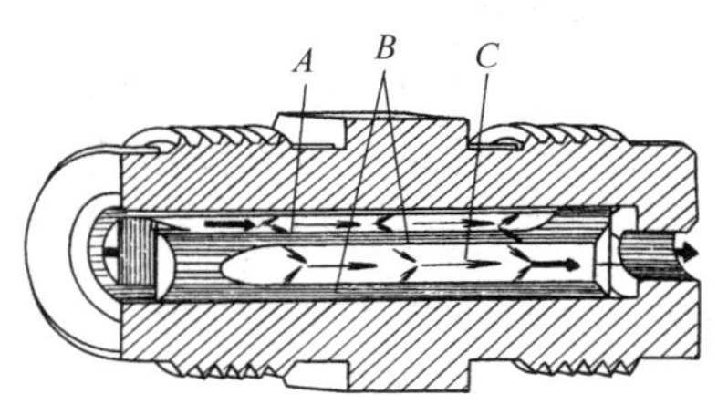

图6—4　缝隙式滤芯

A、C—油道；B—滤芯的棱边。

在拆下喷油器后，为防止任何污物进入喷油器，应在油管接头处和针阀体端部用防污套罩上。

由于喷油器的工作条件很差，其头部与燃气直接接触，温度很高，会引起针阀的膨胀与变形。因此，针阀与针阀体孔配合处的正常间隙容易被破坏而发生滞住粘着现象。为了消除这种现象，在高速强化的柴油机上广泛采用长型孔式喷油器（见图6—3），其针阀的导向部分，距离燃烧室较远。这样可以避免在高温工作时引起针阀与针阀体孔配合处的变形和滞住。国产6120Q型柴油机以及135系列柴油机均采用长型孔式喷油器。

孔式喷油器的特点是燃油雾化质量好，但是由于喷孔小、精度要求高，给加工带来一定困难，使用中也易出现喷孔堵塞现象。

二、轴针式喷油器

轴针式喷油器通常用于涡流室和预燃室柴油机中，近年来也开始应用于少数带有强进气涡流的直接喷射式柴油机中。图6—5所示为轴针式喷油器的结构。

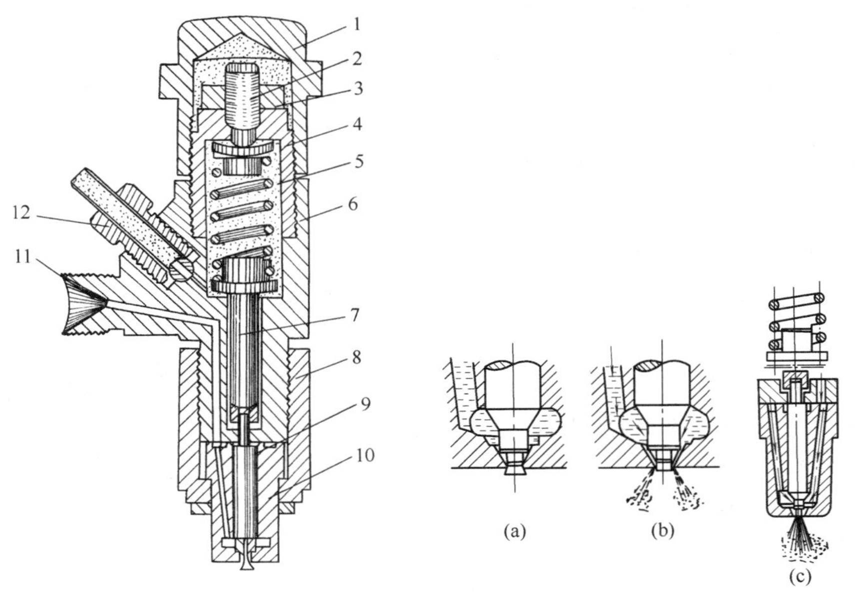

图6—5　轴针式喷油器

1—罩帽；2—调压螺钉；3—锁紧螺母；4—弹簧罩；5—调压弹簧；6—喷油器体；7—挺杆；8—喷油器螺帽；9—针阀；10—针阀体；11—进油口；12—回油管接头。

这种喷油器的工作原理与孔式喷油器相似。其构造特点是针阀在下端的密封锥面以下伸出一个倒圆锥体形的轴针。轴针伸出喷孔外面，使喷孔成圆环状的狭缝。这样，喷油时喷注将呈空心的圆锥形或圆柱形(见图 6—5b、c)。喷孔断面大小与喷注的角度形状取决于轴针的形状和升程，因此要求轴针的形状加工得很精确。

常见的轴针式喷油器都只有一个喷孔，喷孔直径一般为 1～3 mm。由于喷孔直径较大，故便于加工制造，且孔内有轴针上下活动能起自洁的作用，喷孔不易积炭，工作可靠。

还有一种结构与倒锥形轴针式喷油器相同，但倒锥上部的圆柱部分较长，喷油时先喷出一小部分，然后再喷出主要部分的节流式轴针喷油器。其工作原理如图 6—6 所示。采用这种喷油器的柴油机，当针阀开始升起时，由于轴针圆柱部分与喷孔之间的环状间隙很小(约 0.01～0.02 mm)，此时少量燃油通过环状空间呈薄雾状的喷入燃烧室内(图 6—6b)。因而燃烧初期在燃烧室内聚集的燃油量较少，压力升高比较和缓，柴油机工作柔和。当针阀继续升起时，通道截面增大，喷入燃烧室的燃油量加大(图 6—6c)。这样就加速了燃烧过程的进行。节流式轴针喷油器通常用于预燃室燃烧室的柴油机上。

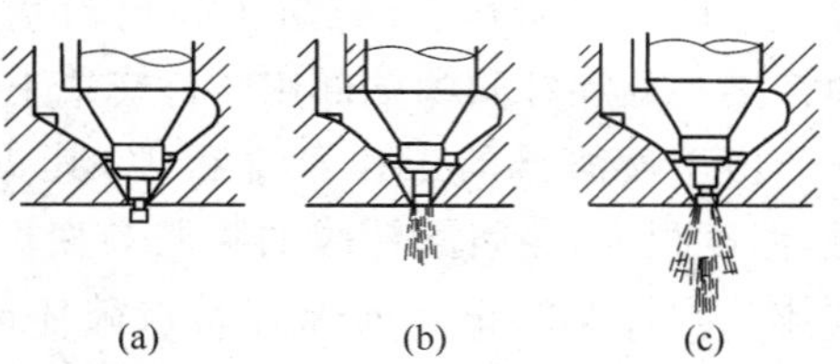

图 6—6 节流式喷油器的工作原理
(a)开启状态;(b)少量燃油喷入气缸;
(c)大量燃油喷入气缸。

另有一种分流式轴针喷油器，其特点是喷油器头部除有一个主喷孔外，旁边还有一个辅助喷孔，以改进柴油机的起动性能。这种喷油器主要用于慧星式涡流室燃烧室中(如 485 型柴油机)。

高压油管由于它承受高压作用，所以管壁很厚，油管的外径一般为内径的 3 倍以上。为了保证管接头处的密封，管端制成 60°锥形，用垫圈和螺母将喷油泵和喷油器连接起来。

高压油管的长度对燃油喷射过程是有影响的。对多缸柴油机，为了使这种影响一致，高压油管的长度应相差不多。有的柴油机中为了减少油管长度对喷射过程的影响，将喷油泵和喷油器做成一个整体，称为泵-喷嘴。

第三节 喷 油 泵

喷油泵是柴油机燃料供给系中最重要的部件之一。它的作用是提高燃油的压力，并根据柴油机工作过程的要求，定时、定量地向喷油器内供给燃油。

对喷油泵的基本要求如下：

(1)根据柴油机工作循环的要求，保证一定的供油开始时间和供油延续时间。

(2)根据柴油机负荷的大小，供应所需燃油量。负荷大时，供油量应增多；负荷小时，供油量应相应地减少。

(3)根据燃烧室型式和混合气形成方法的不同，喷油泵必须向喷油器供给一定压力的燃油，以保证喷雾性能良好。

(4)为了避免喷油器的滴漏现象，喷油泵必须保证供油停止迅速。

多缸柴油机的喷油泵还应保证：①各缸的供油次序应符合选定的发动机发火次序；②各缸

供油均匀，一般在标定工况下，各缸供油量的不均匀度*不大于 3%～4%；③各缸供油提前角一致，相差不能大于 0.5℃A；④喷油延续时间相等。

喷油泵的结构型式很多。按作用原理不同，大体可分为 3 类：柱塞式喷油泵、分配式喷油泵和泵-喷嘴。柱塞式喷油泵的每个柱塞元件对应于一个气缸，多缸柴油机所用的柱塞数和气缸数相同且合为一体，构成合成式喷油泵；对小型单缸和大型多缸柴油机，常采用每个柱塞元件独立组成一个喷油泵，称之为单体式喷油泵。柱塞式喷油泵是目前发展最为成熟与应用最为广泛的一种喷油泵。分配式喷油泵（简称分配泵）是用一个或一对柱塞产生高压油向多缸柴油机的气缸内喷油，这种泵主要用于小缸径高速柴油机上，其制造成本较低。泵-喷嘴是将喷油泵和喷油器合成一体，单独的安装在每一个气缸盖上，它多用于高速强化柴油机上。

一、柱塞式喷油泵的工作原理

为使喷油泵能够供给喷油器以高压燃油，就必须有一对精密配合的柱塞和柱塞套组成的柱塞偶件。柱塞偶件是用优质合金钢制成，经过热处理和研磨，以严格控制其配合间隙（一般为 0.001 5～0.002 5 mm），保证燃油的增压及柱塞偶件的润滑间隙。柱塞偶件是选配成对的，不能互换。

柱塞式喷油泵的泵油组件及工作原理如图 6—7 和图 6—8 所示。柱塞 8 在柱塞套 7 中作往复运动。柱塞套的两侧开有两个油孔（也有的开一个孔）与泵体上的低压油腔相通。在柱塞套上方有出油阀 5 和出油阀座 6，利用出油阀弹簧 3 将出油阀压紧在阀座上，与柱塞顶一起构成一个压油空间。柱塞上部钻有中心孔和径向孔（也有的开一轴向直槽）。柱塞的圆柱表面上铣有斜槽，下端利用柱塞弹簧 9 压在挺柱中的垫块 12 上。凸轮 17 由曲轴经过齿轮传动。

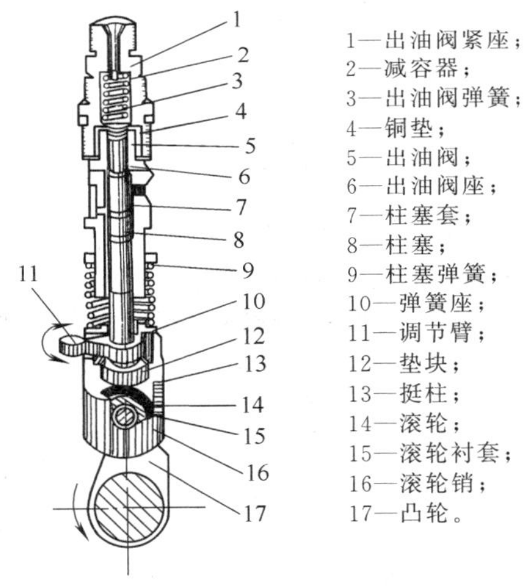

图 6—7　一种泵油组件

柱塞式喷油泵的工作过程是这样的：当喷油泵凸轮轴转动时，凸轮的凸起部分推动挺柱向上运动，压缩柱塞弹簧 9 使柱塞上行。当柱塞上端空腔的燃油受到压缩时，燃油将迫使出油阀离开阀座，经出油口和高压油管到达喷油器。当凸轮凸起部分转过后，柱塞在柱塞弹簧 9 的作用下向下移动，出油阀随之关闭。下面我们再进一步详细地分析一下其工作原理。

图 6—8(a)表示柱塞在最低位置时，燃油由油孔进入，充满柱塞上面的空间。图中(b)表示柱塞向上运动时，起初一部分燃油被挤回低压油腔，这一过程一直延续到柱塞顶面遮住油孔

---

* 喷油泵各缸供油量的不均匀度 B 可按下列公式求出：

$$B=\frac{2(B_{\max}-B_{\min})}{B_{\max}+B_{\min}}\times 100\%$$

式中　$B_{\max}$——供油量最大一个缸的供油量；

$B_{\min}$——供油量最小一个缸的供油量。

的上边缘为止。柱塞继续上升，其上部油腔中的燃油压力迅速增加，当压力增大到足以克服出油阀弹簧的作用力时便推开柱塞套上面的出油阀，将高压燃油沿高压油管供到喷油器。当柱塞上升到图中(c)的位置，斜槽的边缘与油孔的下边缘接通时，柱塞上面的燃油便通过中心孔和径向孔回到低压油腔，压油腔中的燃油压力便迅速下降，出油阀在弹簧作用下迅速落座，供油便停止。柱塞再向下运动时，又有燃油进入压油腔。这样柱塞在柱塞套中不断上下运动，喷油泵便将高压燃油定期供给喷油器。

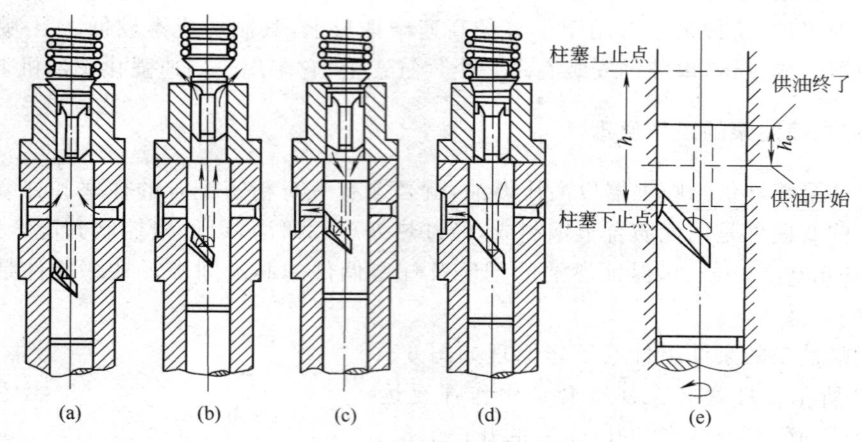

图 6—8 一种柱塞式喷油泵的工作原理

从喷油泵的结构和工作原理可以看出，这种喷油泵柱塞运动的总行程（即柱塞行种 h，也就是柱塞上下止点间的距离，图 6—8e）是不变的，供油开始时间由柱塞上边缘遮住柱塞套上的油孔的时间来控制。供油延续时间和供油量由柱塞上边缘遮住油孔到斜槽打开油孔的时间来控制，即所谓由柱塞的有效行程（见图 6—8e 中所示的 h_e）来控制。

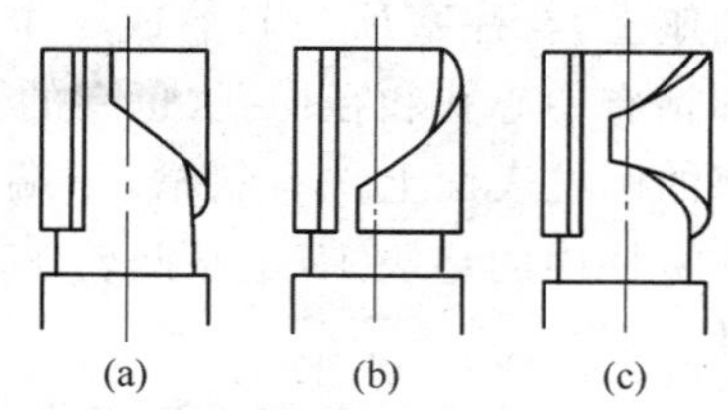

图 6—9 螺旋槽柱塞

供油量应能根据柴油机的负荷进行调节，亦即当柴油机的负荷改变时，喷油泵供油量也应相应变化。从以上所述可知，只要改变柱塞的有效行程就可以改变喷油泵的供油量，即可以通过改变斜槽和柱塞套上油孔的相对位置来改变供油量。如图 6—8(e)所示，将柱塞朝图中箭头所示的方向转动一个角度时，柱塞有效行程增加，供油量就加大；若向与此相反的方向转动一个角度时，柱塞有效行程减小，供油量就减少。当柱塞转到斜槽上端正对着柱塞套上的油孔时（见图 6—8d），柱塞的有效行程等于零，喷油泵处于不供油的状态，柴油机便停止工作。

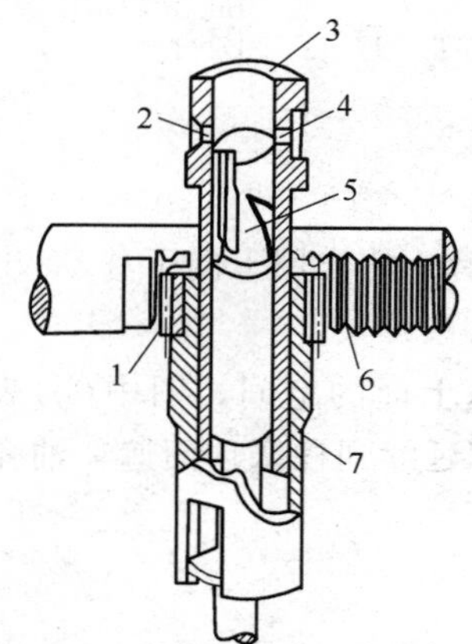

图 6—10 齿杆式油量调节机构
1—调节齿圈；2—进油孔；
3—柱塞套；4—回油孔；
5—柱塞；6—调节齿杆；
7—油量控制套筒。

柱塞斜槽的形状有的做成螺旋形的（图 6—9），为了简化工艺，也有做成直线形的（图 6—8）。

转动柱塞的机构（又称油量调节机构）一般有两种。一种是齿杆式调节机构，如图 6—10 所示。调节齿圈 1 固定在油量控制套筒 7 上，而套筒是松套在柱塞套 3 上。在套筒下端有切口，正好和柱塞 5 下端凸块相配。调节齿圈与调节齿杆 6 相啮合，拉动齿杆便可带动柱塞转动。齿杆式调节机构传动平稳，工作可靠，但结构复杂，制造比较困难。国产 A、B、Z 型喷油泵即采用这种机构。另一种是拨叉式调节机构，如图 6—11 所示。在柱塞 2 下端压有一个调节臂 1，臂的球头插入调节叉 5 的槽内，而调节叉是用螺钉固定在调节拉杆 4 上的(松开螺钉就可以调整调节叉在拉杆上的连接位置，从而调整各缸供油的均匀性)。推动调节拉杆，就可以使柱塞转动，从而达到改变供油量的目的。拨叉式调节机构结构简单，制造方便，易于修理，而且材料利用率高，国产Ⅰ、Ⅱ、Ⅲ号系列喷油泵均采用这种调节机构。

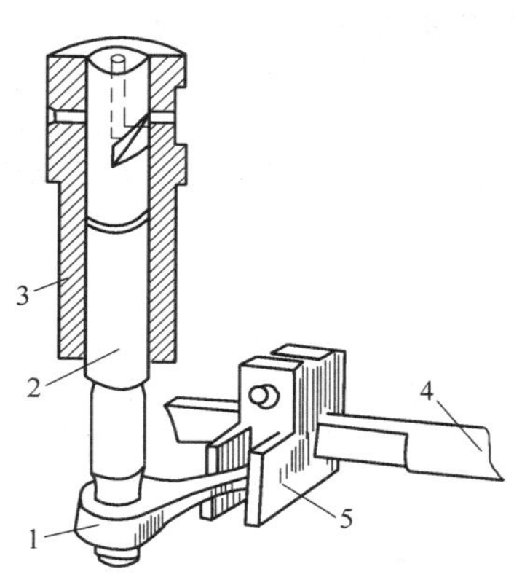

图 6—11　拨叉式油量调节机构

1—调节臂；2—柱塞；3—柱塞套；4—调节拉杆；5—调节叉。

二、出　油　阀

出油阀是一个单向阀，装在柱塞偶件的上面，它的构造如图 6—12 所示。在弹簧压力的作用下，上部圆锥表面与阀座严密配合，用来隔绝高压油管与柱塞顶上空间的油路。出油阀的作用是保证燃油达到一定压力时才能进入高压油管，同时又可防止高压燃油从高压油管倒流入喷油泵内。出油阀的尾部起导向作用，其断面呈十字形，可通过燃油。中部的圆柱面 3 称为减压环带，它的作用是使柱塞在供油终了时，迅速地将高压油管内的燃油压力降低，促使喷油器立即停止喷油，以防止喷孔出现后滴现象。

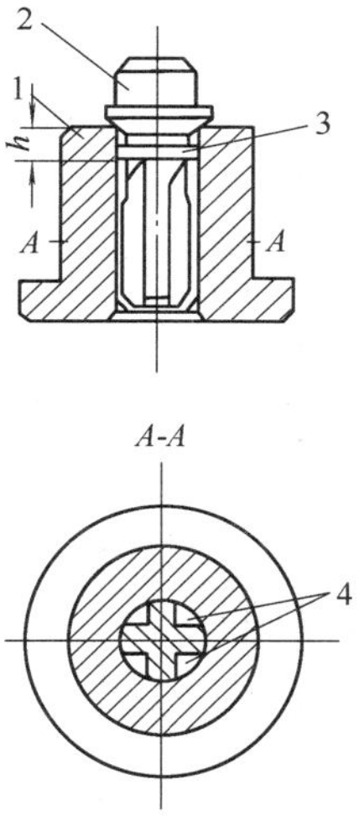

出油阀在高压油管内的油压和弹簧压力的作用下，压紧在阀座上。柱塞向上升起压油时，燃油压力升高，把出油阀向上推，但出油阀开始升起时，还不能立即出油，一直要等到减压环带离开阀座的导向孔时(相当于出油阀升起 h 高度，见图 6—12)，才有燃油进入高压油管。同样，在出油阀落下时，减压环带一进入导向孔，就立即使高压油管和内腔隔绝，燃油便停止进入高压油管，再继续下降直到出油阀的圆锥面落到阀座上时为止，由于出油阀本身所让出的容积(以及微量的燃油被带出高压油管而积在锥面与减压环带的空间)，使高压油管内的压力迅速下降，喷油器就可立即停止喷油。如果没有减压环带，则在出油阀与阀座的圆锥面贴合后，高压油管中瞬时内仍存在着很高的剩余压力，使喷油器发生滴漏现象。

图 6—12　出油阀

1—出油阀座；2—出油阀；3—减压环带；4—切槽。

出油阀及其阀座(又称出油阀偶件)也是喷油泵的一对精密偶件，出油阀与阀座的锥形座面都经过研磨，选配成对后不许互换。为了保证出油阀偶件的密封性，密封带的宽度应为 0.4～0.5 mm。

三、驱动机构

柱塞式喷油泵的驱动机构(参见图 6—7)由上、下弹簧座 10、柱塞弹簧 9、挺柱 13 和凸轮 17 等组成。当喷油泵凸轮轴转动时，柱塞在柱塞套内作往复运动。喷油泵凸轮轴是由柴油机曲轴驱动的，对于四冲程柴油机来说，其转速为曲轴转速的一半。

为了保证按时供油，喷油泵凸轮轴与曲轴之间必须有一个正确的相对位置。为此，在曲轴正时齿轮、正时惰齿轮、驱动齿轮上均刻有相应的正时记号。

喷油泵供油提前角的调整方法一般有两种：一种是改变喷油泵凸轮轴与柴油机曲轴的相对角位置，另一种是改变喷油泵挺柱的高度。而改变喷油泵凸轮轴与曲轴的相对角位置，通常是通过调整联轴器来实现的(详见本章第五节)。

显然，前者可使各气缸的供油提前角作相同数量的改变；而后者则可以用来调节各气缸供油提前角的一致性。进行调整的方法是：改变调整螺钉7伸出的高度(图6—13a)或改变柱塞

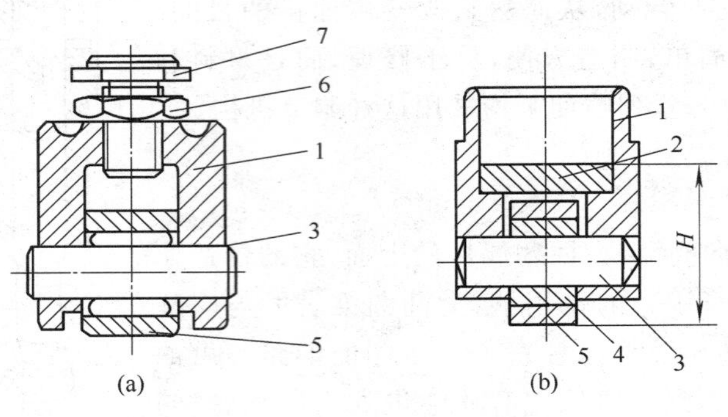

图 6—13 挺柱

(a)带调整螺钉的挺柱；(b)带调整垫块的挺柱。

1—挺柱体；2—调整垫块；3—滚轮销；4—滚轮衬套；

5—滚轮；6—锁紧螺母；7—调整螺钉。

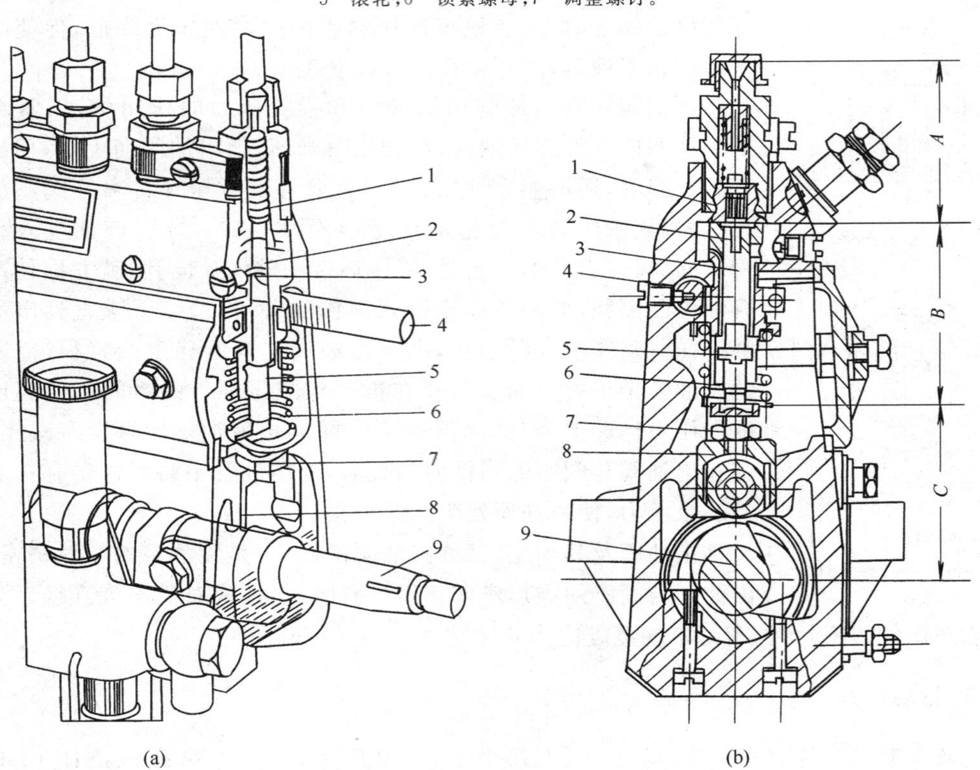

图 6—14 A 型喷油泵

(a)喷油泵；(b)喷油泵组件。

1—出油阀偶件；2—柱塞套筒；3—柱塞；4—调节齿杆；5—转动套；6—柱塞弹簧；7—调整螺钉；8—挺柱；9—凸轮轴。

A—出油阀；*B*—柱塞偶件及油量调节机构；*C*—驱动机构。

尾部和挺柱之间调整垫块 2 的厚度(图 6—13b)。当调整螺钉拧出或增加调整垫块厚度使 H 增加时,柱塞升高,柱塞套上的油孔提前关闭,从而增大了供油提前角。反之,挺柱螺钉拧进或减小垫块厚度时,柱塞下降,柱塞套上的油孔迟后关闭,从而减小了供油提前角。

四、泵　　体

柱塞偶件、喷油泵油量调节机构、出油阀、驱动机构等都装在喷油泵泵体内。泵体有整体式和分体式两类,整体式泵体一般用铝硅铜合金硬模铸造而成。分体式泵体分为上体、下体两部分,上体为铸铁件以保证足够的刚度和强度,下体用铝合金铸成以减轻质量。

五、国产系列喷油泵

国产柱塞式合成喷油泵一般分为Ⅰ、Ⅱ、Ⅲ号系列和 A、B、P、Z 系列,前者采用分体式泵体、拨叉式油量调节机构和带调整垫块的挺柱;后者采用整体式泵体、齿杆式油量调节机构及带调整螺钉的挺柱。目前两种系列喷油泵都在使用,而以后者的应用较多。图 6—14 所示为中、小功率柴油机上广泛采用的 A 型喷油泵。

六、P 型喷油泵

随着高强化柴油机的不断发展,原有的一些系列喷油泵(如国产Ⅰ、Ⅱ、Ⅲ号系列泵和 A、B、Z 型泵)因受泵体强度与刚度的限制,已不能满足高强化柴油机所需的高燃油喷射压力和高燃油喷射速率的要求。为此,在 20 世纪 60 年代发展了一种新型的柱塞式 P 型喷油泵。P 型喷油泵的工作原理与前述者完全相同,但在结构上有着一些明显的特点。

1. P 型喷油泵(图 6—15)采用不开侧窗口的箱式封闭泵体,提高了泵体刚度。喷油泵的柱塞 5 和出油阀偶件 3,装在带法兰的柱塞套筒 4 内,并靠出油阀体 1 拧紧,构成一个整体部件,再用螺钉将带法兰的柱塞套筒部件吊挂在泵体顶部端面上。由于法兰套上的法兰孔为长形圆孔,可允许法兰套筒部件装到泵体上后有 10°左右的周向转动范围,从而改变法兰套筒上的进油孔与柱塞斜槽的相对位置,使供油量改变,以达到调整各缸供油均匀性的目的。供油始点的调整是改变法兰套筒与泵体端面间的垫片厚度实现的。

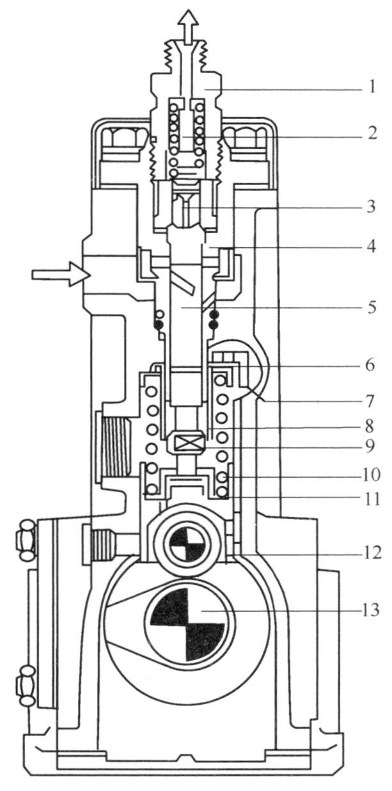

图 6—15　P 型喷油泵

1—出油阀体;2—减容塞;3—出油阀偶件;4—带法兰的柱塞套筒;5—柱塞;6—钢球;7—调节拉杆;8—控制套筒;9—柱塞凸耳;10—柱塞回位弹簧;11—弹簧座;12—挺柱;13—凸轮轴。

带法兰的柱塞套筒由锻钢制成,它直接承受高达 100 MPa的密封压力,从而减轻了泵体的受力状态。

2. 油量调节机构是由角钢型的调节拉杆 7、套在柱塞凸耳 9 上的控制套筒 8 和放在调节拉杆 7 的槽内和控制套筒 8 之间的钢球 6 组成。移动调节拉杆,通过钢球带动控制套筒使柱塞转动,从而改变各缸供油量。这种油量调节机构结构简单,工作可靠,配合间隙小。

3. 采用柴油机主油道内的压力机油润滑 P 型泵的各润滑点。P 型喷油泵供油量和供油速率大，油压高，对柴油机缸径的适应范围大而广泛用于中等和较大功率的柴油机上。

P 型喷油泵的缺点是拆装不便。柱塞不能和带法兰的柱塞套筒一起从泵体上方取出，而必须先抽出凸轮轴，再从泵体下面取出。而奥地利 FM 公司在 P 型泵基础上，作了一些改进，从而克服了上述缺点。

第四节　调　速　器

限制内燃机的转速在一定范围内的一种自动调节装置，称为调速器。

一、柱塞式喷油泵的速度特性

喷油泵的循环供油量主要取决于油量调节杆（拉杆或齿杆）的位置。但是，在实际上供油量还受到柴油机转速的影响。

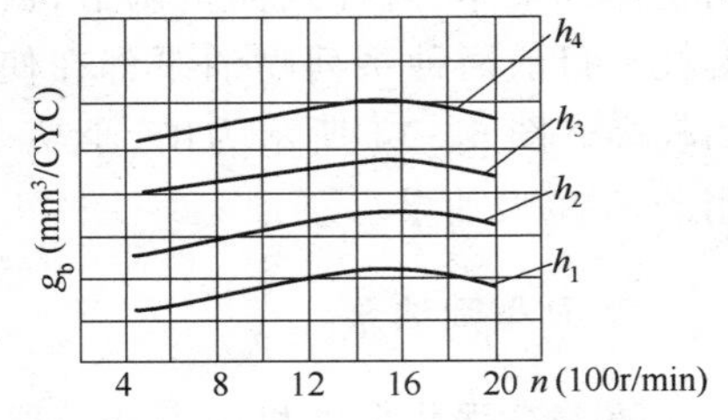

图 6—16　柱塞式喷油泵的速度特性
h_1、h_2、h_3、h_4—喷油泵调节杆固定位置。

当油量调节杆位置一定时，喷油泵的循环供油量随转速变化的关系，称为喷油泵的速度特性。它对柴油机的工作有很大的影响。图 6—16 是柱塞式喷油泵的速度特性。由图可见，这种喷油泵的供油量大约随转速上升而略有增加。这是因为这种喷油泵泵油过程中柱塞开始向上压油尚未完全遮闭柱塞套的进回油孔时，由于进回油孔对燃油流动产生节流作用，压缩容积内的燃油压力就开始上升，使喷油泵出油阀实际开始开启时刻早于柱塞完全遮闭进回油孔的时刻（出油阀几何开启时刻）。而在压油接近终了时，也有类似的节流作用，使出油阀的实际落座时刻迟于它的几何落座时刻。这样，由于进回油孔对燃油流动产生节流作用，使出油阀早开晚闭，也就是说柱塞的实际供油行程大于它的几何供油行程。并且随着转速的升高，这种节流作用越来越大，使柱塞实际供油行程超出它的几何供油行程也越来越多。因此，喷油泵的循环供油量随转速升高而增加；反之，随着转速的降低，供油量略为减少。

二、柴油机装置调速器的必要性

内燃机工作时，如内燃机的输出扭矩与外界的阻力矩（负荷）相等时，工作才能稳定。如阻力矩超过内燃机的扭矩时，转速将降低；反之则升高。为使工作机械稳定地工作，就必须随着阻力的变化相应调节供油量，使发动机的扭矩与外界负荷相适应。由柴油机的速度特性*可以看出，柴油机的扭矩 $M_e = f(n)$ 曲线比较平坦（图 6—17）。在柴油机运转时，如油量调节杆固定在某一位置，柴油机的扭矩 M_e 就按速度特性变化，而外界负荷是经常变化的。如推土机在干湿不同、软硬不一的土壤中作业时，阻力矩就有明显的变化（见图 6—17 中的 M_c 和 M_c' 曲线）。如阻力矩有较小的变化（ΔM），将引起转速较大的

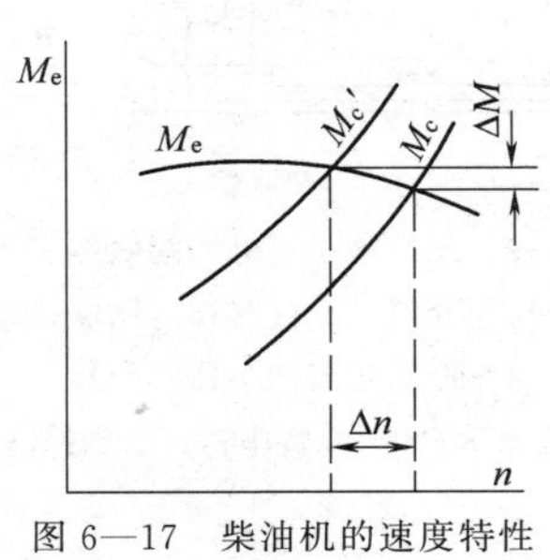

图 6—17　柴油机的速度特性

* 速度特性可详见第九章第三节。

变化(Δn),柴油机的工作是不稳定的。如要人为的控制供油量来适应外界负荷的变化,这不仅使司机疲劳,而且也难以保持转速的稳定。

调速器就是实现上述目的的自动调节装置。当外界负荷变化时,它能随着负荷的变化自动调节供油量,使柴油机的转速稳定在一定的转速范围内。

汽车或工程机械是经常在负荷不断变化的情况下工作的,而且还会遇到负荷突变的情况。如推土机作业时,当卸土以后,由于突然卸去了负荷,喷油泵油量调节杆一时还来不及向减少供油量的方向移动,柴油机的转速就会迅速升高,而这时由于喷油泵速度特性的作用,喷油泵的循环供油量反而增大,促使柴油机的转速进一步升高。这样相互影响的结果,使柴油机的转速越来越高,严重时会出现超速,甚至发生"飞车"事故,以致引起机件损坏。

此外,柴油机还经常遇到低速空转(怠速)的场合,如短暂停车、起动暖车、变速器换挡等。柴油机在怠速运转时只供给很少量的燃油,这部分燃油发出的能量只能克服发动机内部的摩擦阻力,这时发动机工作的稳定性主要取决于其内部摩擦阻力的变化和气缸内气体作功变化的相互关系。这两者可用平均机械损失压力 p_m 和平均指示压力 p_i 的变化来表示。一般发动机随转速的增加,平均机械损失压力 p_m 都略有增加。为了使怠速运转稳定,必须在转速升高时,使平均指示压力 p_i 减小,而在转速降低时使其增大。柴油机怠速运转时,油量调节杆保持在最小供油量位置,这时如果某种原因(如润滑油黏度的变化)使柴油机的内部阻力略有增大,则其转速就略为降低,但由于喷油泵速度特性的作用,每循环供油量反而减少,这就促使转速进一步降低,如此循环作用,最后将使柴油机熄火;反之,如柴油机内部的阻力略有减小,则将导致柴油机怠速转速不断升高,所以柴油机的怠速是很不稳定的,如图 6—18 所示。因此,汽车柴油机通常装用两极式调速器来达到防止超速和稳定怠速的目的。

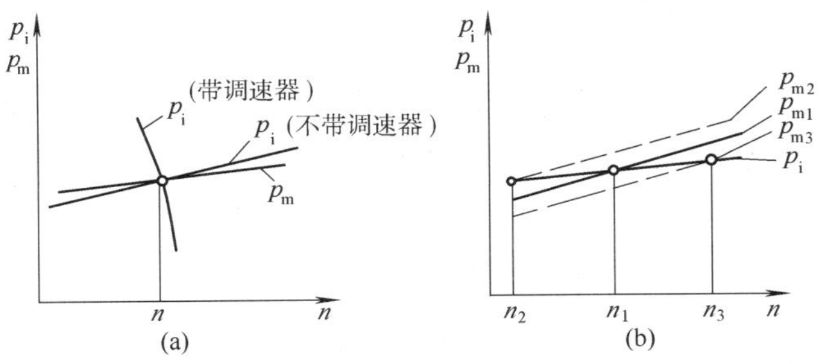

图 6—18　柴油机怠速运转时 p_i 与 p_m 的变化

调速器的作用即在于改变 p_i 曲线的变化历程,使 p_i 曲线随转速升高而急剧下降。这样在怠速时能保持稳定,在高速时能防止超速。

在某些工作条件比较特殊的柴油机上,如工作时负荷变化急剧的工程机械以及工作条件要求在负荷改变后转速保持一定范围的柴油机(如带发电机、空压机、水泵等),则要求采用全程式调速器,这种调速器不仅能防止超速和保持怠速的稳定性,而且还能自动控制任何所要求的速度工况。全程式调速器还可以减轻司机操作,提高柴油机的使用经济性和劳动生产率。

三、调速器的工作原理

目前柴油机上使用的调速器按工作原理可分为机械式、气动式*、液压式和电子式** 4 种，在中小功率柴油机上应用最广泛的是机械式调速器。

所有机械式调速器的工作原理大致相同，它们都具有被曲轴驱动旋转的飞锤(或飞球)，当转速变化时飞锤的离心力也随着变化，然后利用离心力的作用，通过一些杆件来调节发动机的供油量，使供油量与负荷大小相适应，从而保持发动机转速稳定。

调速器按其功用可分为单程式、两极式和全程式 3 类，在工程机械用柴油机中以全程式应用最多。

(一)单程式调速器

单程式调速器只能控制发动机的最高空转转速，其工作原理如图 6—19 所示。由曲轴驱动的调速器轴 1 带动着飞球 2 旋转。飞球在离心力作用下向外移动，当转速低于标定转速时，具有一定预紧力的调速弹簧 5，通过调速杠杆 4 及滑套 3 上的锥面挤压飞球，使飞球限制在旋转中心附近，这时弹簧力和飞球离心力的轴向分力对支点的力矩处于平衡，发动机即在此转速下稳定地运转。如发动机转速超过标定转速时，飞球离心力的轴向分力对支点的力矩就克服了弹簧力对支点的力矩，飞球于是向外移动，通过锥面将滑套向右推，再通过调速杠杆带动调节杆向左移动，减少供油量，使转速不再继续升高(此时的转速比标定转速略高)。

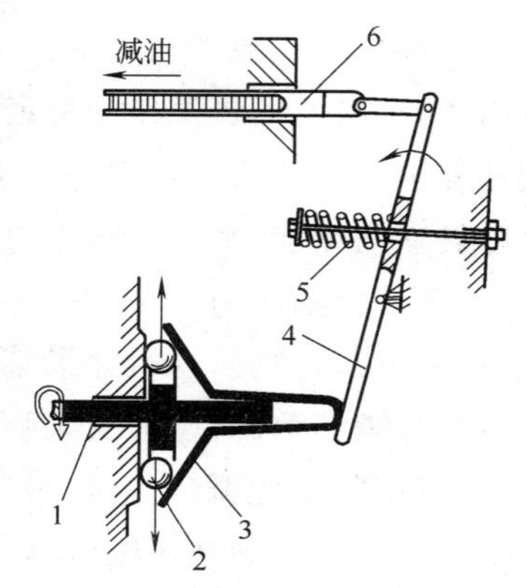

图 6—19 单程式调速器的工作原理
1—调速器轴；2—飞球；3—滑套；4—调速杠杆；5—调速弹簧；6—调节齿杆。

这种调速器的弹簧在安装时有一定的预紧力。限制的标定转速也取决于预紧力的大小。预紧力越大，调速器所限制的转速就越高。其弹簧的预紧力一旦调整好后，在工作中就不能轻易改变。所以它只能限制一种稳定转速。

装有单程式调速器的发动机调速特性*** 如图 6—20 所示。在无负荷($M_e=0$)时，调速器限制了供油量，其最高转速为 n_{0max}。如增大负荷，调速器使供油量增加，转速则变化很小。直到全负荷时，供油量达到最大值，发动机转速为 n_b。在调速器的作用下，发动机由无负荷到全负荷的全部工作范围内转速变化较小。

如继续增大负荷，则调速器不再起作用，发动机沿着外特性工作。显然，随着负荷的增大，转速则明显下降。

(二)两极式调速器

两极式调速器的作用是既能控制柴油机不超过最高转速，又能保证它在怠速时稳定运转。在最高转速与怠速之间，调速器不起调节作用。图 6—21 所示为两极式调速器的工作原理。两极式调速器的主要特点是有两根(或 3 根)长度和刚度均不同的弹簧，安装时都有一定的预紧力。图中的低速弹簧 7 长而软，高速弹簧 8 短而硬。

---

* 气动式调速器为感应元件用膜片等气动元件做成来感应进气管压力变化，以调节柴油机转速的调速器。

** 电子式调速器是感应元件和执行机构主要为电子装置的调速器。

*** 调速特性可详见第九章第四节。

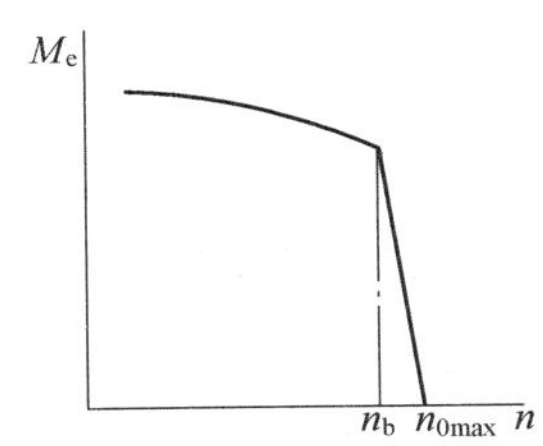

图 6—20　装有单程式调速器的发动机调速特性

支承盘 1 由喷油泵凸轮轴驱动，飞球装在支承盘上，所以飞球的离心力是随发动机转速的升高而增大的。反之，随转速的降低而减小。

怠速时，司机将操纵杆置于怠速位置，发动机以规定的怠速转速运转。这时，飞球的离心力就足以将低速弹簧压缩到相应的程度。飞球因离心力而向外略张，推动滑动盘 2 右移而将球面顶块 10 向右推入到相应的程度，使飞球的离心力与低速弹簧的弹力处于平衡。如由于某种原因使发动机转速降低，则飞球离心力相应减小，低速弹簧伸张而与飞球的离心力达到一个新的平衡位置，于是推动滑动盘左移而使调速杠杆 4 的上端带动调节齿杆向增加供油量的方向移动，适当增加供油量，限制了转速的降低。反之，如发动机转速升高，由于调速器的作用使供油量相应减少，因而限制了转速的升高。这样，调速器就保证了怠速转速的相对稳定。

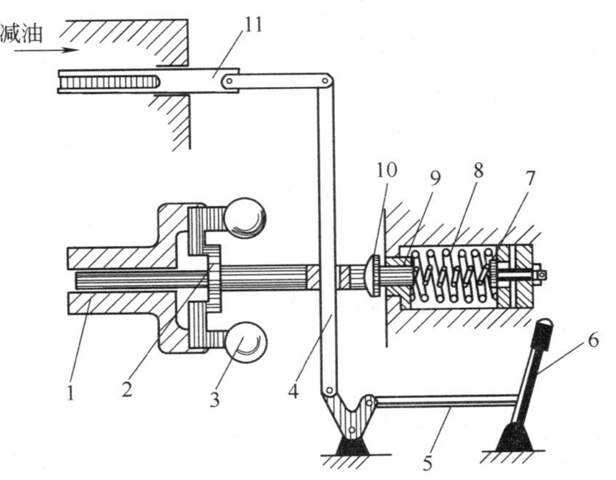

图 6—21　两极式调速器的工作原理
1—支承盘；2—滑动盘；3—飞球；4—调速杠杆；5—拉杆；6—操纵杆；7—低速弹簧；8—高速弹簧；9—弹簧滑套；10—球面顶块；11—调节齿杆。

如发动机转速升高到超出怠速转速范围（由于司机移动操纵杆），则低速弹簧将被压缩到球面顶块 10 与弹簧滑套 9 相靠。此后，如转速进一步升高，则因高速弹簧的预紧力阻碍着球面顶块的进一步右移，所以，在相当大的转速范围内，飞球、滑动盘、调速杠杆、球面顶块等的位置将保持不动。只有当转速升高到超过发动机标定转速时，飞球的离心力才能增大到足以克服两根弹簧的弹力的程度，这时调速器的作用防止了柴油机的超速。

由上述可见，两极式调速器只是在发动机转速范围的两极（怠速和最高转速）才起调速作用。在怠速和最高转速之间，调速器不起作用，这时发动机的转速是由操纵杆的位置和发动机的负荷决定的。

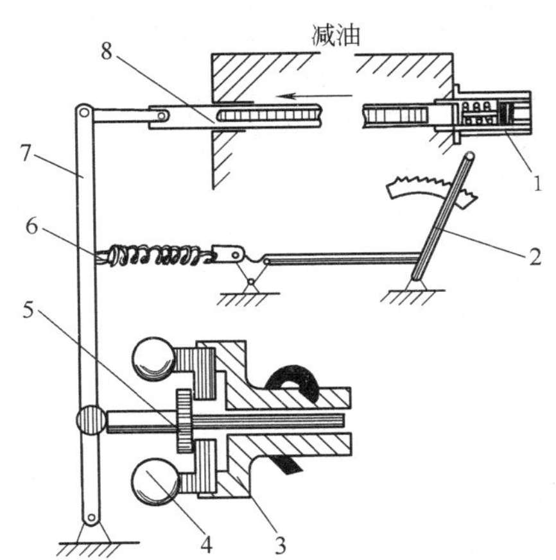

图 6—22　全程式调速器的工作原理
1—齿杆限位螺钉；2—操纵杆；3—支承盘；4—飞球；5—滑动盘；6—调速弹簧；7—调速杠杆；8—调节齿杆。

（三）全程式调速器

全程式调速器不仅能控制柴油机的最高和最低转速，而且在柴油机的所有工作转速下都能起作用，也就是说，能控制柴油机在允许转速范围内的任何转速下稳定地工作。图 6—22 所示为全程式调速器的工作原理。它和上述两种调速器的主要区别在于：调速弹簧的弹力不是固定的，而是根据需要可由司机改变操纵杆的位置使其任意改变的。柴油机工作时，利用操纵杆 2 将调节齿杆拉到某一位置上，使柴油机获得所需之转速。操纵杆是通过调速弹簧 6（有些采用两根或更多的弹簧）拉动调速杠杆 7 来操纵调节齿杆 8 的。飞球 4 在支承盘带动下旋转。在一定转速下，飞球离心力通过滑动盘5对调速杠杆的作用，恰好与调速弹簧弹力相平衡。当柴油机负荷减小时，转速升高，飞球离心力作用大于调速弹簧弹力的作用，便推动调速杠杆将调节齿杆向左拉动，供油量减少，使转速下降，直到飞球离心力与弹簧弹力得到新的平衡为止。这时柴油机转速略高于负荷减小前的转速。当柴油机负荷增加时，转速下降，飞球离心力作用减小，在调速弹簧弹力作用下，拉动调速杠杆将调节齿杆向右推动，供油量增大，柴油机转速上升，直到飞球离心力与调速弹簧弹力再次平衡为止。这时柴油机的转速略低于负荷增加前的转速。

全程式调速器所控制的转速是随着操纵杆的位置而定的。操纵杆向右移，调速弹簧弹力变大，此时调速器起作用时的转速变高，即柴油机稳定工作转速增高。反之，操纵杆向左移，调速弹簧弹力减小，柴油机稳定工作转速降低。

四、几种典型的调速器

(一)RSV 型调速器

RSV 型调速器(图 6—23)是一种典型的机械式全程调速器，目前广泛应用于中小功率高速柴油机上。这种调速器的结构特点是双杠杆，一根调速弹簧，转速感应元件为飞锤。它可较容易地变型为其他调速器(如 RSUV 及 RSVD 型等)。图 6—24 为 RSUV 型调速器的结构简图。它是在 RSV 型调速器的基础上，增设一对增速齿轮(图 6—24 中的 1)发展而成的。

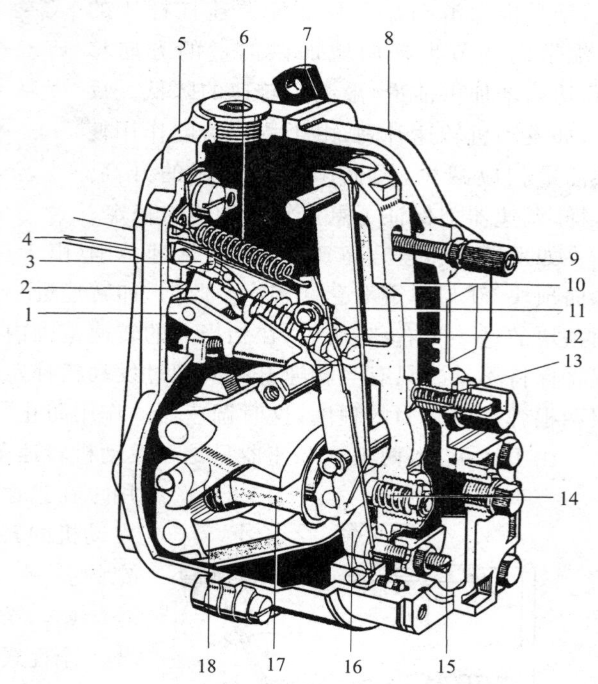

图 6—23　RSV 型全程调速器

1—弹簧摇臂；2—弹簧挂耳；3—供油拉杆；4—供油齿杆；5—调速器体；6—起动弹簧；7—调速手柄；8—调速器盖；9—停车一怠速挡块；10—调速杠杆；11—支持杆；12—调速弹簧；13—怠速弹簧；14—校正弹簧；15—油量限制器；16—浮动杆；17—调速套筒；18—飞锤。

1. 构造(图 6—24)

调速器装在喷油泵后端，由喷油泵凸轮轴后端的调速齿轮 1 驱动。调速器主要由飞锤 3(两个)、飞锤座 2、移动杆 4、拉力杠杆 9、导动杠杆 11、浮动杠杆 12、转动杆 21、调速弹簧 20、起动弹簧 14、怠速弹簧 6、怠速辅助弹簧 8、操纵杆 15、校正弹簧 17 及齿杆行程限制螺栓 5 等组成。

调速弹簧 20 的一端与转动杆 21 相连，另一端连在拉力杠杆 9 上，转动操纵杆(加速杆)15 即可改变调速弹簧的弹力，从而变更调速器所控制的转速。拉力杠杆 9 上端用销子装在调速器壳上，下端的孔座中装着怠速弹簧 6。导动杠杆 11 下端的缺口插在移动杆 4 中部的销钉上，上端用销子装于调速器壳。浮动杠杆 12 有 4 个连接点，最上端连于起动弹簧 14 的一端(起动弹簧的另一端固定于调速器壳)，再下一个连接点用拉杆 13 与油量调节齿杆 19 相连，中部用销钉与导动杠杆 11 连接，下端的支点则在调速器壳上。

2. 工作过程

柴油机在某一负荷下工作时，司机将操纵杆 15 转到某个位置，这时调速弹簧 20 具有某一定的弹力，柴油机即在某一转速下运转。飞锤3由于离心力而向外张开，通过移动杆4向右推动拉力杠杆9，使其处于某一位置(拉力杠杆9下端离开齿杆行程限制螺栓5，与限制螺栓间形成一定的距离)，这时飞锤的离心力与调速弹簧的弹力达到平衡，并通过导动杠杆11和浮动杠杆12，使油量调节齿杆也保持在某一位置，柴油机即在此工况下稳定运转。

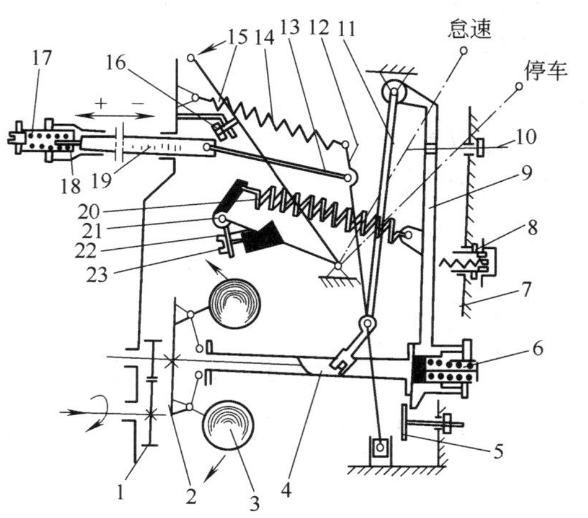

图 6—24　RSUV 型调速器构造

1—调速齿轮；2—飞锤座；3—飞锤；4—移动杆；5—齿杆行程限制螺栓；6—怠速弹簧；7—调速器后盖；8—怠速辅助弹簧；9—拉力杠杆；10—停车限制螺栓；11—导动杠杆；12—浮动杠杆；13—拉杆；14—起动弹簧；15—操纵杆(加速杆)；16—高速限制螺栓；17—校正弹簧；18—销钉；19—油量调节齿杆；20—调速弹簧；21—转动杆；22—凸块；23—凸块调整螺钉。

此时，如柴油机的负荷减小，它的转速就上升，飞锤的离心力会大于调速弹簧的弹力，破坏了原来的平衡，通过移动杆向右将拉力杠杆下端更向右推(拉力杠杆下端与限制螺栓间的距离变大)。由于移动杆的右移，浮动杠杆12、拉杆13和油量调节齿杆19也跟着向右移动，于是喷油泵的供油量减小，以适应负荷减小的需要。这就限制了转速的继续升高，柴油机便在新的平衡情况下稳定运转。反之，如柴油机的负荷增大，发动机转速就下降，飞锤的离心力变小，飞锤座向内收拢，随之带动拉力杠杆下端向左摆(它与限制螺栓间的距离变小)，油量调节齿杆向左移动，供油量增大，与增大了的负荷相适应。于是限制了柴油机转速的继续下降，而达到一个新的平衡。

如果操纵杆15向左转到与高速限制螺栓16相碰，此时如发动机的负荷发生变化(从全负荷到空转)，柴油机的转速就在标定转速与最高空转转速之间变化。当柴油机在全负荷时，拉力杠杆下端与齿杆限制螺栓相碰，而油量调节齿杆左端刚刚触及校正弹簧17的销钉18，这时柴油机的供油量和转速都在标定值。此时如果负荷减小而使柴油机转速上升时，则拉力杠杆下端就被推向右(离开限制螺栓)，供油量减小，限制了转速的上升；直到负荷减小到零时，柴油机就达到最高空转转速。由于调速器的作用避免了柴油机超速。

当需要停车时，将操纵杆15向右转到停车位置(转动杆21向右转到与停车限制螺栓10相碰)。这时转动杆21上的凸块22推动导动杠杆11向右，使浮动杠杆12将调节齿杆向右拉到极限位置，喷油泵停止供油，柴油机便熄火。

3. 油量校正装置

为使柴油机适应短时间超负荷的要求，在油量调节齿杆前端的喷油泵壳体上装有校正弹簧17，校正器的工作情况如下：

当柴油机在全负荷(标定功率)工况下工作时，调节齿杆左端刚刚触及校正弹簧的销钉18，而拉力杠杆9的下端与齿杆行程限制螺栓5相碰。如柴油机的负荷超过全负荷时，柴油机的转速就下降，飞锤的离心力减小，由于怠速弹簧6和起动弹簧14的作用，使浮动杠杆12的上端向左摆，带动油量调节齿杆向左推动销钉18，校正弹簧17被压缩。于是油量调节齿杆越过全负荷位置向增加供油量的方向移动了一段距离(校正行程)，使柴油机的供油量增加(大于全负荷供油量)，发出的扭矩也随之增大。

4. 起动加浓

起动前，将操纵杆推到与高速限制螺栓相碰。这时调速弹簧被拉紧，拉力杠杆下端就向左摆而与齿杆行程限制螺栓相碰，移动杆被推向左移动而使飞锤收拢（这时飞锤未转动，因此离心力为零）；同时，起动弹簧 14 和怠速弹簧 6 的作用使移动杆 4 进一步向左移，使飞锤完全闭合（因为起动弹簧对浮动杠杆 12 有一向左的拉力）。这时，油量调节齿杆被推向左，越过全负荷供油量位置将销钉 18 向左推到底，故调节齿杆得以向增加供油量的方向多走一段距离，使供油量增加，以满足起动的需要。

因为起动弹簧和怠速弹簧很软，其弹力很小，当柴油机起动后，转速稍有升高时，飞锤的离心力即可克服上述二弹簧的弹力而将调节齿杆向右（减小供油量的方向）拉，使起动加浓停止作用。

5. 怠速

操纵杆向右转到怠速位置，调速弹簧完全放松。虽然这时转速很低，飞锤仍向外张开，将拉力杠杆向右推到与怠速辅助弹簧 8 相接触的位置。同时，浮动杠杆 12 上端向右摆动，供油量减小到怠速油量，此时飞锤的离心力与怠速弹簧 6、怠速辅助弹簧 8 和起动弹簧 14 的合力相平衡，油量调节齿杆便保持在某一位置，柴油机在怠速稳定地运转。若此时柴油机转速下降，飞锤离心力随之减小，移动杆 4 在上述 3 根弹簧的作用下左移，浮动杠杆的上端向左摆，带动调节齿杆向左移动，于是增加了供油量，使柴油机转速回升。反之，若转速上升，则调节齿杆右移，供油量减小，柴油机转速就下降。这样便可保证柴油机在怠速稳定运转。怠速辅助弹簧 8 可使柴油机的怠速转速更为稳定。当操纵杆转到怠速位置时，调节齿杆急速向右（减油方向）移动，这时怠速辅助弹簧就如同一个缓冲器，阻止了调节齿杆继续向减油方向移动而使柴油机不致熄火。

（二）RQ 型调速器

RQ 型调速器（图 6—25）是一种典型的两极调速器，目前广泛应用于汽车柴油机上。它包括由飞锤 7 等组成的转速感应部件，调速套筒 9、调速杠杆 14、调速手柄 15、供油拉杆 1 等组成的杠杆系和动力驱动 3 部分。

在调速器轴毂上装有两个带角杠杆 8 的飞锤 7。在飞锤 7 内各装有 3 根弹簧（图 6—26）。飞锤旋转时由于离心力产生的径向位移，通过可绕支点转动的角杠杆 8 变成调速套筒 9 上的轴向运动，推动调速杠杆 14 的下端沿导向轴滑动，并以调速杠杆中部内的滑块为支点带动与调速杠杆上端相连的供油拉杆 1 和供油齿杆 4 移动。

RQ 两极调速器的工作原理如下：

1. 停车（图 6—27a）。调速手柄 3 置于停车挡块 1 上，供油齿杆处于停车位置，飞锤组完全收拢（图 6—27a）。

2. 起动（图 6—27b）。调速手柄 3 置于全负荷挡块 2 上，供油齿杆克服弹性供油齿杆挡块 8 的弹簧作用力，齿杆移到起动油量位置的刻线上。

3. 怠速（图 6—27c）。起动后放开调速手柄 3（抬起油门踏板），调速手柄回到怠速位置（在车上或柴油机上有一个相应的挡块）。这时供油齿杆也退回到怠速油量位置的刻线上。

怠速时，飞锤的离心力克服压住飞锤外移的怠速弹簧弹力（图 6—26b），飞锤外移6 mm顶到内弹簧座 1 上。离心力与弹簧作用力平衡，柴油机就在相应的怠速转速下运转。若柴油机由于某种因素，转速降低，飞锤离心力减小，怠速弹簧的作用力迫使飞锤往里收缩，从而带动角杠杆、调速套筒左移，并通过调速杠杆使供油齿杆向加大供油量方向运动，柴油机转速回升。

调整螺母 3（图 6—26）用以调整怠速弹簧预紧力，从而调节怠速转速。

4. 部分负荷(图 6—27d)。调速手柄从怠速位置移到部分负荷位置，柴油机在怠速转速到最高转速之间运转时，飞锤始终紧靠在内弹簧座上，调速器不起作用。负荷的改变由驾驶员通过油门踏板，经调速手柄、调速杠杆，直接操纵供油齿杆，以改变喷油泵的供油量。

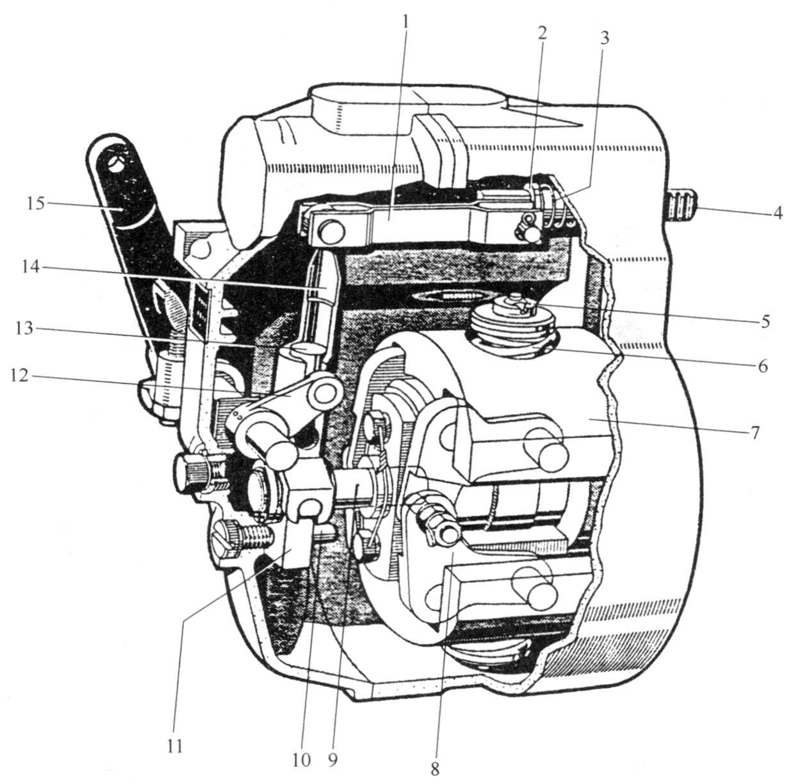

图 6—25　RQ 两极调速器

1—供油拉杆；2—弹簧座；3—间隙补偿弹簧；4—供油齿杆；5—调整螺母；6—调速弹簧；7—飞锤；8—角杠杆；9—调速套筒；10—导向轴；11—导向挡块；12—摆动杆；13—滑块；14—调速杠杆；15—调速手柄。

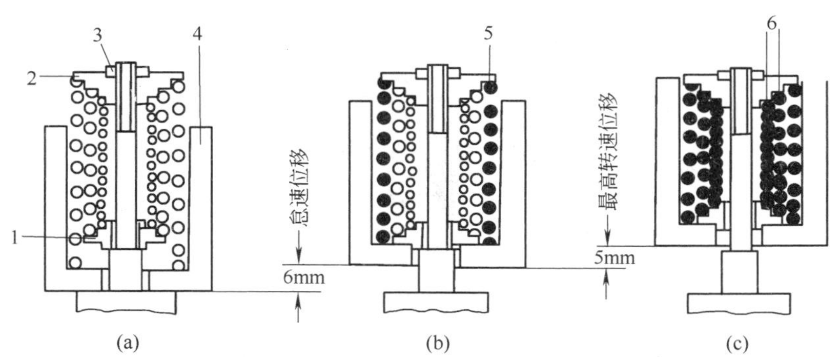

图 6—26　RQ 两极调速器飞锤位移及弹簧组

(a)停机状态；(b)怠速；(c)最高转速。

1—内弹簧座；2—外弹簧座；3—调整螺母；4—飞锤；5—怠速弹簧；6—最高转速调节弹簧。

5. 全负荷、最高转速(图 6—27e)。调速手柄置于全负荷挡块位置上。只要柴油机转速超过最高转速,飞锤的离心力克服两个最高转速调节弹簧和一个怠速弹簧的总的作用力而使飞锤继续外移5 mm(图 6—26)。如 RQ 两极调速器的杠杆比(图 6—28)$a:b=1:3.23$,飞锤甩出5 mm时,齿杆行程为16 mm,足以将供油齿杆从全负荷位置拉回到停车位置。

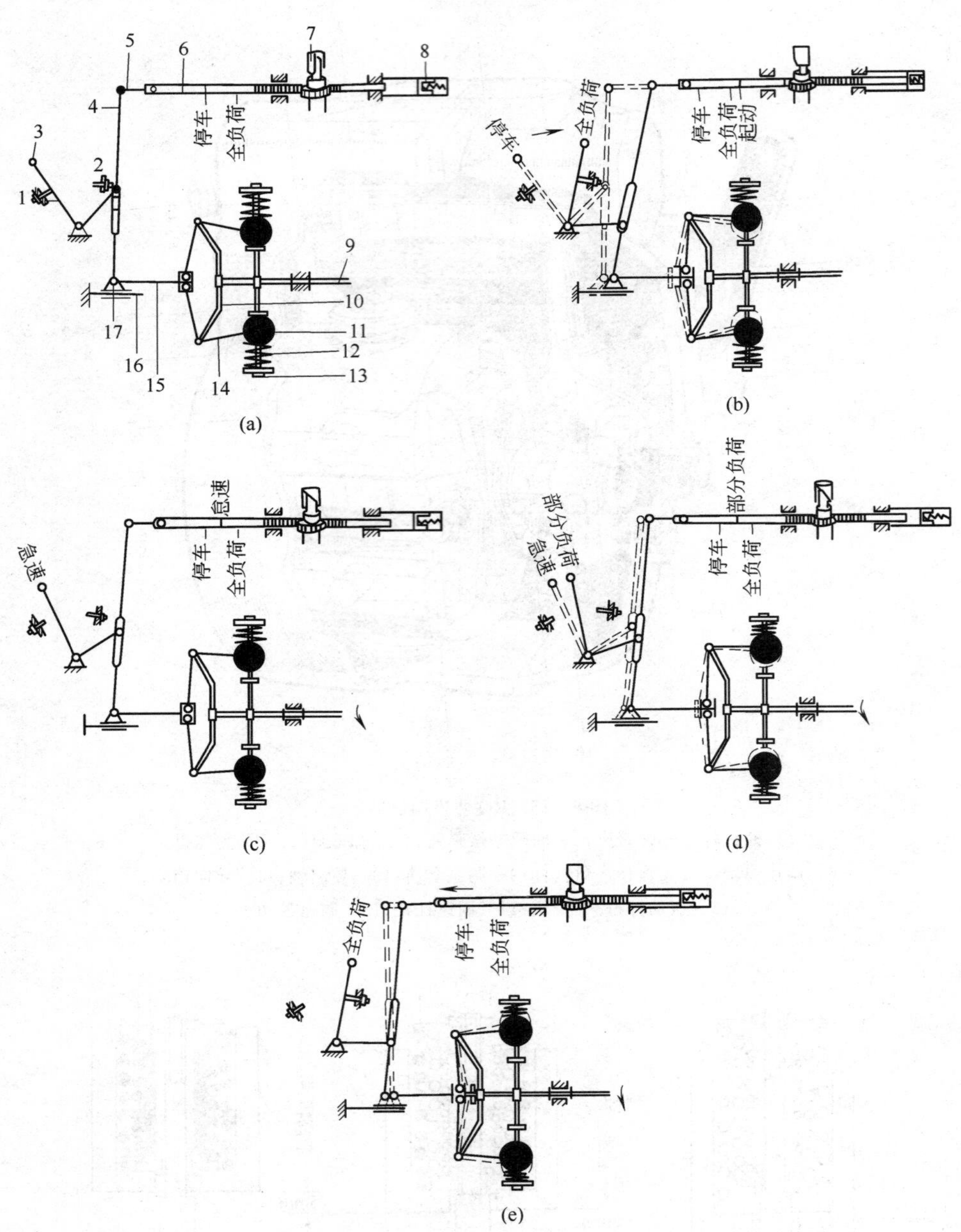

图 6—27 RQ 调速器工作示意图

(a)停车;(b)起动;(c)怠速;(d)部分负荷;(e)全负荷、最高转速。

1—停车挡块;2—全负荷挡块;3—调速手柄;4—调速杠杆;5—供油拉杆;6—供油齿杆;7—柱塞;8—弹性供油齿杆挡块;9—喷油泵凸轮轴;10—调速器轮毂;11—飞锤;12—调速弹簧;13—调整螺母;14—角杠杆;15—调速套筒;16—导向轴;17—导向挡块。

RQ 两极调速器转速的调节是改变连接飞锤和供油齿杆的杠杆系内位置和杠杆比实现的。

图 6—29 为两极调速器的调速特性。最外面的折线为全负荷特性线，中间为部分负荷特性线，最里面的虚线为怠速特性线。在中间转速，调速器不起作用。供油量，也即齿杆行程由驾驶员通过油门踏板控制。在怠速和最高转速则由调速器控制。

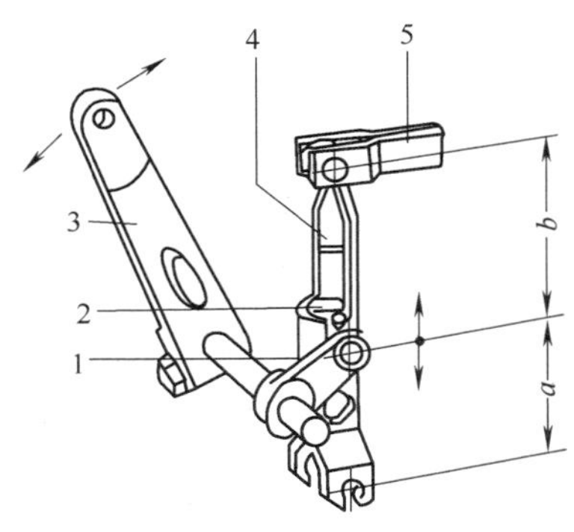

图 6—28　RQ 两极调速器的杠杆比

1—摆动杆；2—滑块；3—调速手柄；4—调速杠杆；5—供油拉杆。

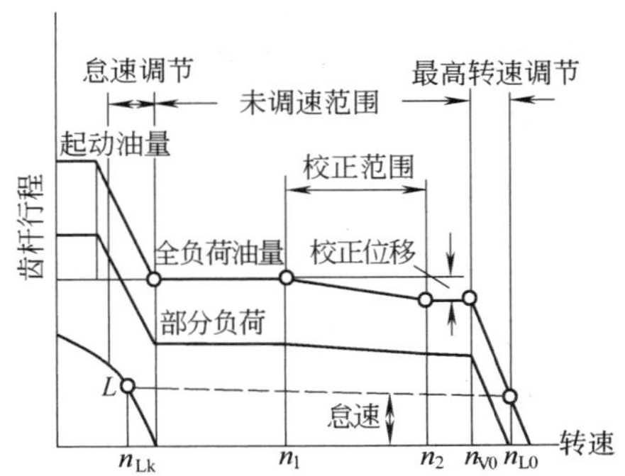

图 6—29　RQ 调速器的调速特性

n_{LK}—怠速；n_{V0}—最高转速；n_1—校正开始；n_2—校正结束；n_{L0}—最高空转转速。

6. 扭矩校正。柴油机扭矩随转速的变化受喷油泵速度特性的支配，即在同一齿杆位置下，柴油机扭矩随转速增大而增大。这样的扭矩特性与车辆的行驶阻力矩不匹配，致使柴油机不能稳定工作。为此，需对柴油机的扭矩特性进行校正，使柴油机的扭矩能随转速增大而下降。

另外，为保证柴油机在低速时有最大的扭矩，即保证最大的喷油泵供油量，但在高速时，由于受喷油泵的速度特性影响，供油量过多，使柴油机严重冒烟并出现过热。如最大供油量定在标定转速且保证柴油机不冒烟，则在低速时就不能得到最佳的扭矩。所以，喷油泵的供油量必须按柴油机要求，在不同转速范围，进行不同供油量的调节。这称为扭矩校正。实现扭矩校正的机构称为扭矩校正装置(校正器)。

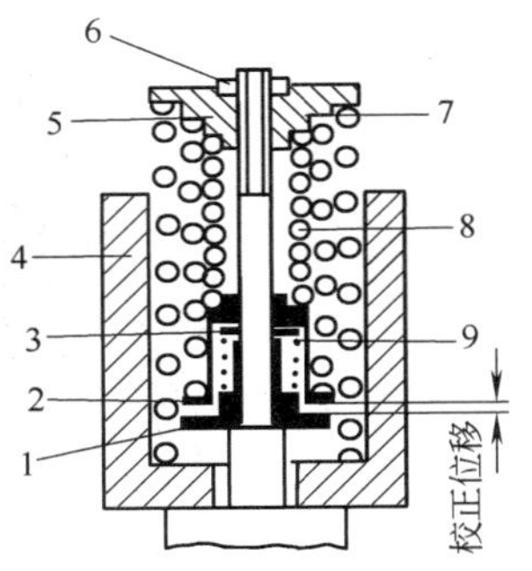

图 6—30　RQ 调速器上的校正器

1—内弹簧座；2—中弹簧座；3—调整片；4—飞锤；5—外弹簧座；6—调整螺母；7—怠速弹簧；8—最高转速调节弹簧；9—校正弹簧。

扭矩校正分正校正和负校正。供油量随柴油机转速下降而增加的称正校正，主要用于高转速范围，提高柴油机的扭矩储备系数，以与车辆的行驶阻力矩相匹配并改善车辆的爬坡性能。负校正是使供油量随柴油机转速下降而减小，主要用于低速范围，以抑制增压柴油机低速时的冒烟。

RQ 调速器上的校正器(图 6—30)实质上是一个校正弹簧 9。它装在飞锤的内弹簧座 1 与中弹簧座 2 之间(有的装在供油齿杆末端或装在调速机构杠杆系内某一位置上)。

内弹簧座与中弹簧座间的距离，即校正位移为 $a=0.3\sim1.5$ mm。调整片 3 用以调整校正位移，即校正量。

柴油机在转速 n_1 运转时(一般在最大扭矩转速附近)，飞锤 4 的离心力超过了怠速弹簧 7 与校正弹簧 9 作用在飞锤 4 上的合力，飞锤开始向外移动，校正弹簧开始被压缩，使供油齿杆向减油方向移动(图 6—29)。当柴油机转速从 n_1 增加到 n_2 时，校正弹簧不断被压缩，直至内弹簧座1靠在中弹簧座2上。这时，供油齿杆向减油方向移动了相应于校正位移 a 的移动量（乘以杠杆比）。喷油泵的供油量不但不会由于喷油泵的速度特性使供油量增加，而且还会使供油量减小，使柴油机的扭矩特性满足使用要求。这种校正为正校正。

校正器的校正油量、开始校正转速和校正范围取决于校正弹簧的刚度，校正位移。通过调整片可改变校正位移量。

两极调速器控制方便，作用在油门踏板上的力小，加速性好，故在车用柴油机上获得广泛应用。

五、附加控制功能

为得到最佳的扭矩特性、功率、燃油经济性和低的有害物质排放，除了扭矩校正器外，在喷油泵（或调速器）上还装有一些附加装置，以对喷油泵的供油量进行控制。

（一）大气压力补偿器（又称高原补偿器，图6—31）

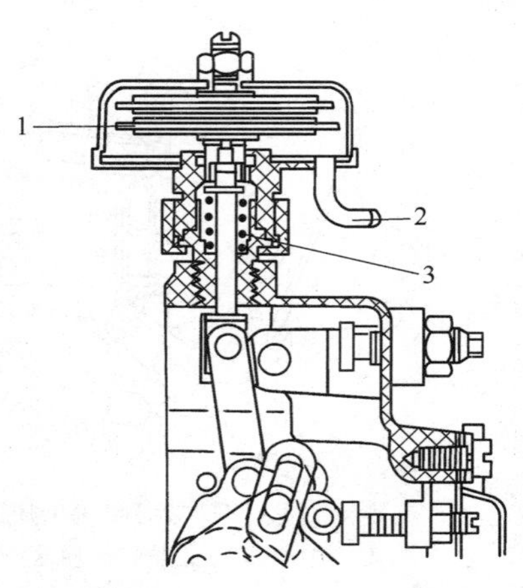

图6—31 大气压力补偿器

1—膜盒；2—通大气；3—气压补偿器弹簧。

由感受大气压变化的膜盒1、气压补偿器弹簧3和杠杆传动系组成。工程机械或汽车在高原工作时，大气压力降低，膜盒1克服作用在它上面的弹簧的压力膨胀，推动杠杆传动系使供油齿杆向减油方向移动，避免混合气过浓。

（二）冒烟限制器（或称增压空气压力补偿器）

废气涡轮增压柴油机能随着增压空气压力的提高，将更多的燃油燃烧并转化成机械功。但当增压柴油机转速下降、增压空气压力下降时，压气机供气量减少，为保证柴油机完全燃烧而不冒黑烟，供油量也应相应减少。冒烟限制器就是当柴油

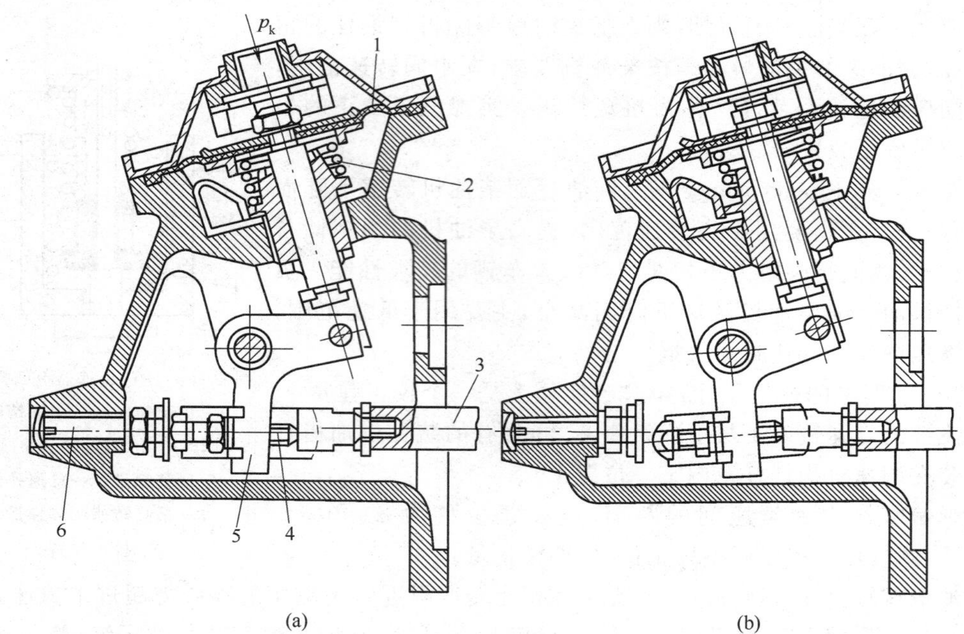

图6—32 冒烟限制器

1—膜片；2—弹簧；3—供油齿杆；4—螺钉；5—摇臂；6—油量限制螺钉。

机转速(指全负荷转速)下降时,使喷油泵供油量相应减少的一种装置。其作用与扭矩校正器相反,因此也叫负校正器。

图6—32所示为一种冒烟限制器的结构。增压空气从进气管接头进入冒烟限制器膜片1上部的压力室。当柴油机转速下降、增压压力 P_k 降低时(图6—32a),预先调整好的弹簧2的作用力将膜片1顶上去,摇臂5将喷油泵供油齿杆3向右推,减少供油量,消除冒烟。当柴油机转速超过一定值时,增压压力 P_k 大于弹簧2的作用力,将膜片1压下来,摇臂5开始与供油齿杆3脱离(图6—32b),使齿杆移动自如,为高扭矩储备提供足够的燃油量。

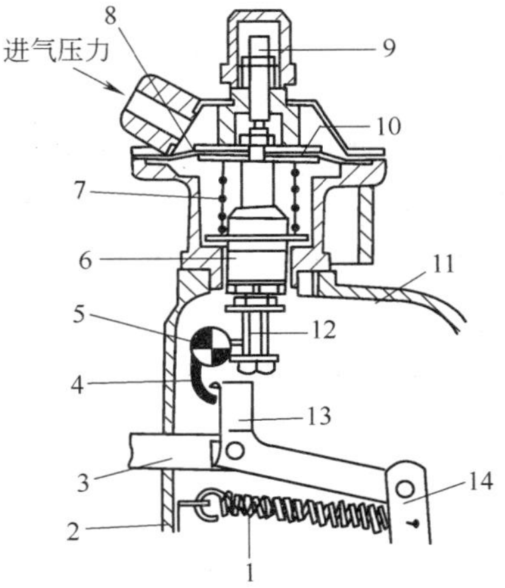

图6—33为RSV调速器上采用的冒烟限制器。增压空气压力大于调节弹簧7的弹力时,与膜片8连在一起的调节杆12下移,摇臂4顺时针摆动,使供油齿杆3向增油方向移动;增压空气压力下降时情况正好相反。

图6—33　RSV调速器上的冒烟限制器

1—起动弹簧;2—调速器壳体;3—供油齿杆;4—摇臂;5—摇臂控制轴;6—导向套;7—调节弹簧;8—膜片;9—调整螺钉;10—固定垫片;11—调速器盖;12—调节杆;13—联动杆;14—平衡杠杆。

增压空气压力补偿器可避免增压柴油机低速时增压空气压力降低、空气量不足、燃烧不充分,从而使经济性下降、排气冒烟;在高速时可得到最大的功率和燃油经济性。

(三)冷起动装置

柴油机冷起动时需要供给一定量的额外燃油,而在暖机起动时,一般是不需要的,否则会冒烟。冷起动装置(图6—34)是一个节温器式的热膨胀元件2,装在供油齿杆1旁边。它作为供油齿杆的挡块。暖机时,热膨胀元件膨胀而向右移动,限制供油齿杆多供油。

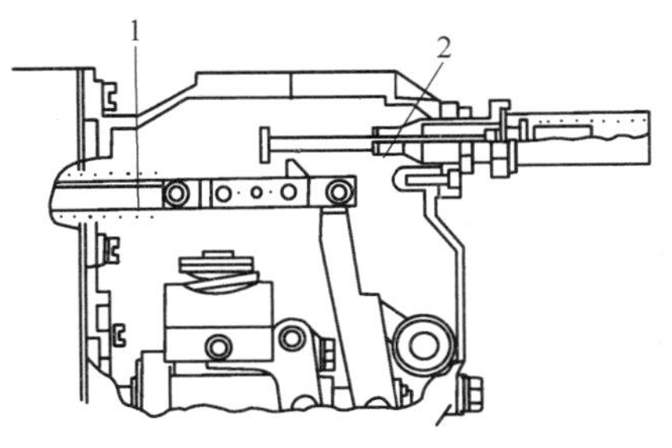

图6—34　冷起动装置

1—供油齿杆;2—热膨胀元件。

六、调速器的性能指标

(一)调速率

调速器的工作好坏,通常用调速率来评定。调速率可通过柴油机突变负荷试验测定。试验时,先使柴油机在标定工况下运转,然后突卸或突增全部负荷,测定突变负荷前后的转速即可得。根据测定条件不同,调速率可分稳定调速率和瞬时调速率两种。

1. 稳定调速率 δ_2

$$\delta_2=\left|\frac{n_3-n_1}{n_{eb}}\right|\times 100\% \qquad (6—1)$$

式中　n_1——柴油机突变负荷前的转速(r/min);

n_3——柴油机突卸或突增负荷后的最高稳定空载转速或最低稳定转速(r/min);

n_{eb}——柴油机的标定转速(r/min)。

稳定调速率表明,柴油机实际运转时的转速波动相对于全负荷转速的变化范围。如果稳定调速率太大,不仅对工作机械的稳定工作不利,而且对于空转时柴油机零件的磨损也是有害的。一般规定，工程机械用柴油机，$\delta_2=8\%\sim12\%$；对于汽车用柴油机，要求 $\delta_2\leqslant10\%$；对于拖拉机用柴油机，要求 $\delta_2\leqslant8\%$；对于发电用柴油机要求高一些，希望 $\delta_2\leqslant5\%$。

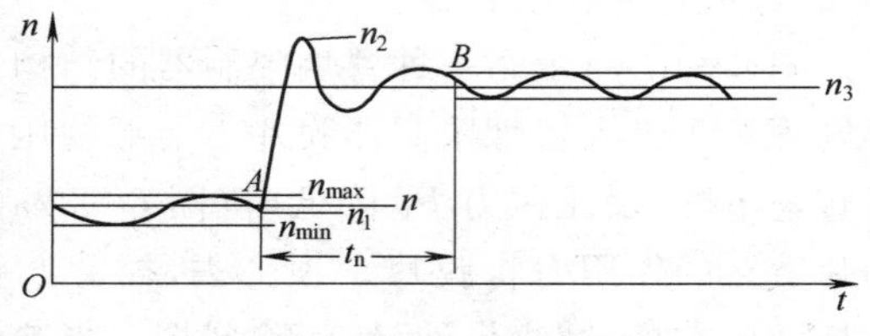

图 6—35 突卸负荷时调速过程的转速变化

2. 瞬时调速率 δ_1

瞬时调速率是评定调速器过渡过程的指标。柴油机在负荷突然变化时，转速经过数次波动后方能在新的转速下稳定工作，这个过程称为过渡过程。图 6—35 所示为柴油机突卸负荷时，转速随时间的变化情况，t_n 为过渡时间。瞬时调速率 δ_1 是表示过渡过程中转速波动的瞬时增长百分比

$$\delta_1=\left|\frac{n_2-n_1}{n_{eb}}\right|\times100\% \tag{6—2}$$

式中 n_1——柴油机突变负荷前的转速(r/min)；

n_2——柴油机突变负荷时的最大或最小瞬时转速(r/min)；

n_{eb}——柴油机的标定转速(r/min)。

一般 $\delta_1\leqslant12\%$，$t_n=5\sim10$ s；对发电用的柴油机，要求 $\delta_1=5\%\sim10\%$，$t_n=3\sim5$ s。

过渡过程不好时，转速不能稳定在某一转速下，转速有较大的波动。严重时还会发出转速忽高忽低的响声，这种现象通常称为“游车”。调速器一旦发生“游车”，工作就会失灵，必须设法消除。

(二)不灵敏度

调速器工作时，调速系统中有摩擦存在，需要有一定的力来克服摩擦，才能移动油量调节机构。不论柴油机转速增加或减少，调速器都不会立即得到反应以改变循环供油量，因为机构中的摩擦力阻止着调速器滑套的运动。例如，柴油机转速为2 000 r/min时，调速器可能对转速 $n'_1=1\ 990$ r/min到 $n'_2=2\ 008$ r/min范围内的变动都不起反应，这样两个起作用的极限转速之差对柴油机平均转速之比就称为调速器的不灵敏度，即

$$\varepsilon=\frac{n'_2-n'_1}{n_m} \tag{6—3}$$

式中 n'_2——当柴油机负荷减小时，调速器开始起作用时的曲轴转速(r/min)；

n'_1——当柴油机负荷增大时，调速器开始起作用时的曲轴转速(r/min)；

n_m——柴油机的平均转速(r/min)。

不灵敏度过大时，会引起柴油机转速不稳，在极端的情况下甚至会导致调速器失去作用，有使柴油机产生飞车的危险。在低速时调速器的推动力小，喷油泵供油齿杆(或拉杆)移动时的摩擦力增大，结果调速器不灵敏度 ε 显著地增加。一般规定 ε 在标定转速时不超过 1.0%，最低转速时不超过 5.0%。

(三)转速波动率 Ψ

转速波动率是柴油机在稳定运转时转速变化的程度，即在负荷不变的运转条件下，在一定时间内测定最大转速 n_{max}(或最小转速 n_{min})与该时间内的平均转速 n_m 之差除以平均转速 n_m，并取绝对值的百分数计算，即

$$\Psi=\left|\frac{n_{max}(\text{或 } n_{min})-n_m}{n_m}\right|\times100\% \tag{6—4}$$

一般测定标定功率时的转速波功率，其值应≤1%。

七、液压调速器

大、中型柴油机上，喷油泵油量调节杆移动时的摩擦阻力较大，这将使调速器的不灵敏度增大，而移动油量调节杆所需的力也较大。若增加飞锤质量，加强调速弹簧，将导致调速器笨重，运动零件惯性力增大，也将引起调速器性能下降。为了解决这个矛盾，往往在机械式调速器的基础上增加液压助力机构（或称液力伺服机构）。通常把这种调速器称为液压调速器（或机械—液压调速器）。卡特彼勒 3300B 及 3400 系列柴油机就采用液压调速器。*

图 6—36(a)所示为液压调速器的作用原理。柴油机运转时，飞锤 2 产生的离心力不直接传给喷油泵油量调节杆 8，而是通过套筒 3 经杠杆 5 传到滑阀 6 上。滑阀 6 控制着动力活塞 7 的运动。动力活塞直接与喷油泵油量调节杆相连。因此这种调速器又称为间接作用式调速器。

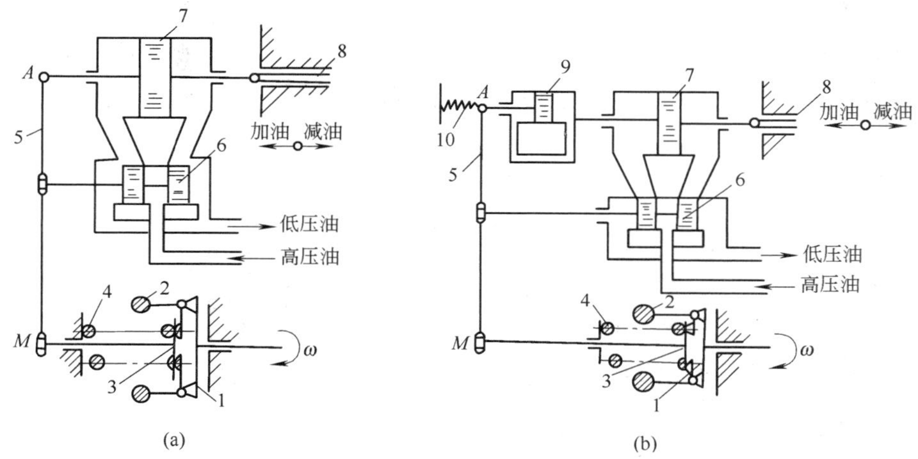

图 6—36　液压调速器工作原理

(a)刚性反馈系统；(b)弹性反馈系统。

1—飞锤支架；2—飞锤；3—套筒；4—调速弹簧；5—杠杆；6—滑阀；7—动力活塞；8—油量调节杆；9—缓冲器活塞；10—弹簧。

当柴油机的负荷减小时，发动机转速就上升，飞锤向外张开并通过套筒 3 使滑阀 6 向左移动，调速器齿轮泵所供给的高压油与动力缸的左腔相通，动力活塞 7 带动油量调节杆 8 向右移动，于是喷油泵的供油量减小，以适应负荷减小的需要。由于动力活塞向减油方向移动，使杠杆 5 绕 M 点向右摆动，使滑阀运动向相反的方向移动。这一套装置称为刚性反馈系统。它可以减少发动机的转速波动，保证调速器稳定工作。

当调速过程终了时，滑阀回到了起始位置，遮住了通往动力油缸的油路。这时动力活塞停止运动，喷油泵油量调节杆移到了一个新的平衡位置。因此，相应于柴油机的不同负荷，调速器就在不同的转速下稳定运转。这表明在负荷变化的前后，发动机转速仍有一定程度的变化。

如要求柴油机负荷变化时能保持转速恒定，就必须采用带有弹性反馈系统的液压调速器（图 6—36b）。它与前者的不同点是在反馈系统中加有缓冲器活塞 9 和弹簧 10，当柴油机的负

---

* 在卡特彼勒 3300B、3400 系列增压柴油机上，还装有液压空燃比控制器，其作用原理原则上与本章第十节所述康明斯增压柴油机上采用的空燃比控制器（AFC）相似。

荷突然减小时，转速就上升，飞锤离心力增大。同样，滑阀 6 向左移动，动力活塞向右移动，喷油泵的供油量减小。随着动力活塞右移，缓冲器活塞 9 和杠杆 AM 的 A 点也向右移。这一过程与具有刚性反馈系统的调速器完全相同。但当调节过程接近终了时，滑阀即返回到起始位置，遮住了通往动力缸的油路，此时缓冲器活塞和动力活塞已停留在新负荷时相应的位置上。但由于弹簧 10 的弹性复原作用，使 A 点带动缓冲器活塞恢复到起始位置。这就是说，杠杆 5 上的各点都恢复原位，调速器套筒亦要回到原来的位置，发动机维持恒速运转。

液压调速器的优点是调速精度高，工作能力大，瞬时调速率可达 3%～5%，过渡过程所需的时间为 3～5s。但调速器的结构较复杂，成本也较高。

第五节　喷油提前角调节装置

喷油提前角的调整是通过调整喷油泵的供油提前角来实现的。调整整个喷油泵供油提前角的方法是改变喷油泵凸轮轴与柴油机曲轴间的相对角位置。为此，喷油泵凸轮轴一端的联轴器通常是作成可调整的。图 6—37 示出了一种联轴器的结构。

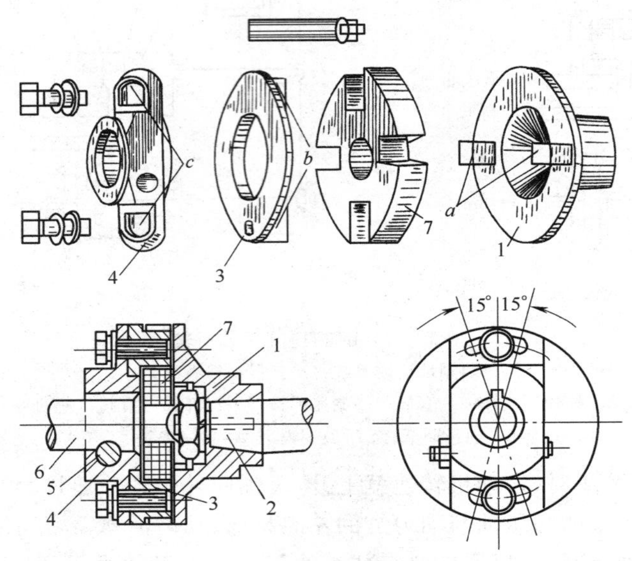

图 6—37　喷油泵联轴器

1—从动凸缘盘；2—喷油泵凸轮轴；3—中间凸缘盘；4—驱动凸缘盘；
5—销钉；6—驱动齿轮轴；7—夹布胶木垫盘。

联轴器主要由两个凸缘盘组成：装在驱动齿轮轴 6 上的驱动凸缘盘 4 和装在喷油泵凸轮轴 2 一端的从动凸缘盘 1，两凸缘盘间用螺钉连接。驱动凸缘盘安装螺钉的孔是弧形的长孔。松开螺钉，就可以变更两凸缘盘间的相对角位置，从而也就变更了整个喷油泵的供油提前角。

将喷油泵从柴油机上拆下后，再重新装回时，可先将喷油泵固定在柴油机机体上的喷油泵托架上，再慢慢转动曲轴，使柴油机第一缸的活塞位于压缩行程上止点前相当于规定的供油提前角的位置，然后使喷油泵凸轮轴上与喷油泵壳体上相应记号对准（图 6—38），再拧紧联轴器螺钉。

多数柴油机是在标定转速和全负荷下通过试验确定在该工况下的最佳喷油提前角的，在将喷油泵安装到柴油机上时，即按此喷油提前角调定，而在柴油机工作时一般不再变动。显然，当柴油机在其他工况下运转时，这个喷油提前角就不是最有利的。对于转速变化范围较大的柴油机，为了提高柴油机的经济性和动力性，希望喷油提前角能随转速的变化自动进行调节，使其保持较有利的数值。因此，在这种柴油机（特别是直接喷射式柴油机）的喷油泵上，往往装有离心式供油提前角自动调节器。

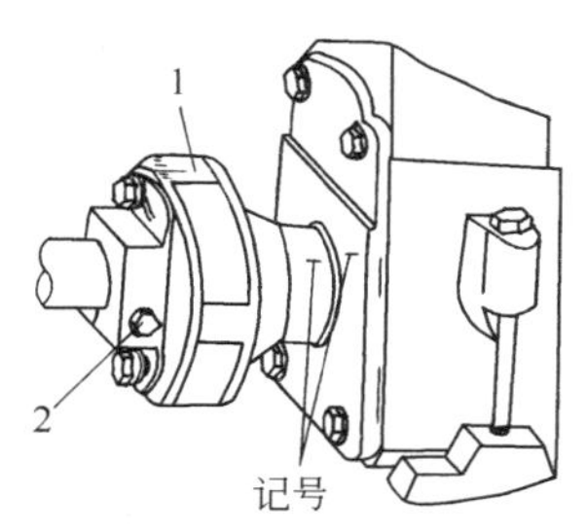

图 6—38　联轴器的调整标记
1—从动凸缘盘；2—连接螺钉。

图 6—39 表示离心式供油提前角自动调节器的一种结构。调节器由壳体 2、飞块座架 4、飞块 5、6 和弹簧 3 等零件所组成。调节器通常装在喷油泵与联轴器之间，调节器的壳体是由柴油机直接驱动的（即相当于联轴器的从动盘）。而飞块座架则通过半圆键与喷油泵凸轮轴相联。整个调节器为一密闭体，内腔充满润滑油以供飞溅润滑。

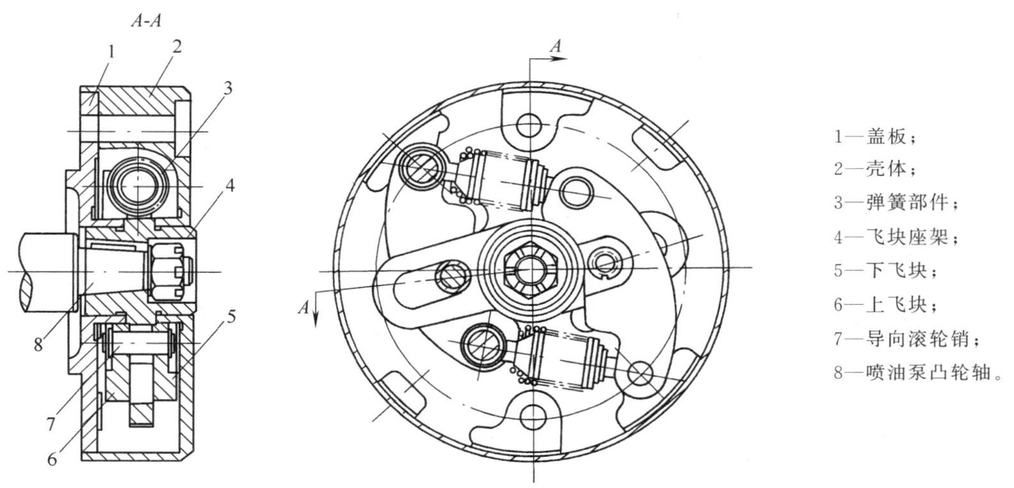

图 6—39　离心式供油提前角自动调节器

飞块的一端支承在壳体上，另一端则通过弹簧与另一飞块的支点相联。飞块座架上开有长槽、以备飞块外移时起导向作用。当柴油机转速升高时，飞块由于离心力的作用克服弹簧的拉力，以壳体上的支点为中心，向外甩开。这样，由于飞块座架上导向槽的影响，就迫使飞块座架与喷油泵凸轮轴一起沿着旋转方向，相对于驱动壳体转动若干角度。由于它的转动，供油提前角便随之增大。当转速降低时，飞块的离心力减小，弹簧力就使飞块座架与喷油泵凸轮轴一起对驱动壳体作反方向旋转，此时供油提前角减小。这种调节器的结构可以保证喷油提前角在 0°～10°范围内自动调节。

第六节　柴油机供给系的进、排气装置及辅助装置

一、进、排气装置

进、排气装置包括：空气滤清器、进气管、气缸盖中的进、排气道和排气管及排气消声器等。

(一)空气滤清器

在施工现场上工作的工程机械，由于工地的空气含尘量特别大(达 1.5～2g/m^3)，因此须配有滤清效率高、容量较大的空气滤清器。大型工程机械一般都采用两级空气滤清器。在第一级利用惯性以阻挡住主要的大颗粒的尘粒，而第二级利用纸滤芯使空气得到进一步的滤清。图 6—40 为 6135 型工程机械用柴油机的旋流纸质空气滤清器。它由旋流粗滤器 4(内部竖置有旋流管)、纸质主精滤芯 2 和安全滤芯 1 等 3 部分组成。空气经旋流管离心力的作用，使空气中的绝大部分尘粒落入旋流管下端的集尘室，尘粒再经排气引射管(安装在消声器出口处)随柴油机废气一起排出。粗滤后较清洁的空气通过纸芯精滤及安全滤芯滤清，最后进入发动机气缸。

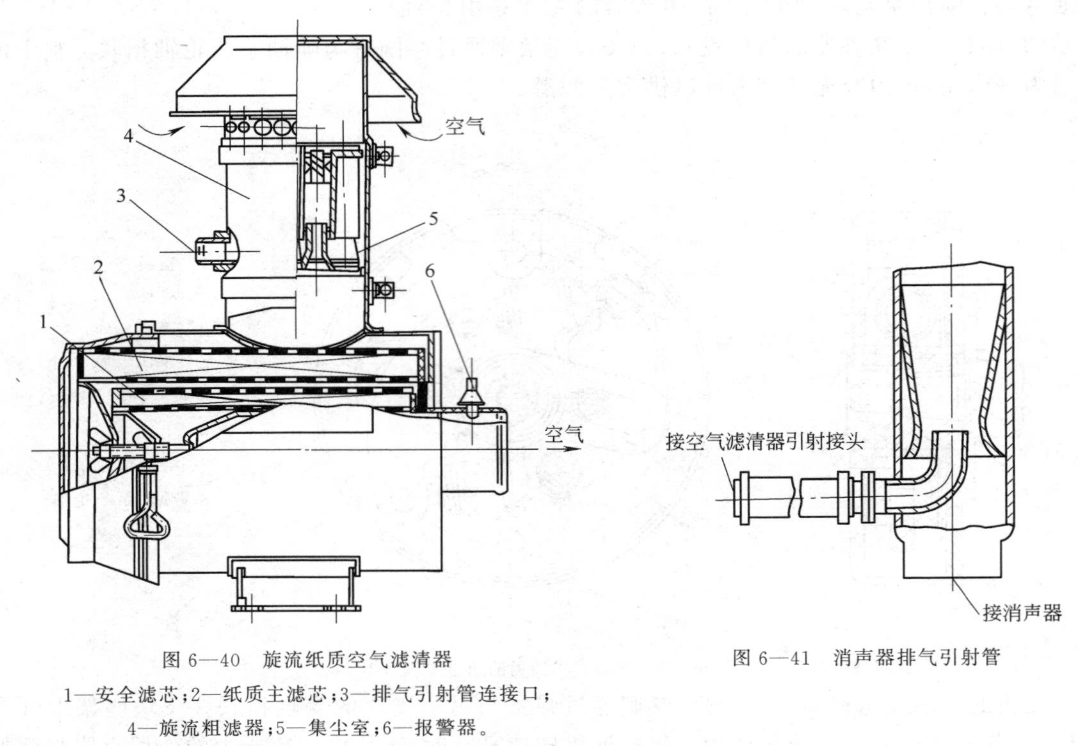

图 6—40 旋流纸质空气滤清器

1—安全滤芯；2—纸质主滤芯；3—排气引射管连接口；4—旋流粗滤器；5—集尘室；6—报警器。

图 6—41 消声器排气引射管

(二)进、排气管和消声器

柴油机的进、排气管及消声器的结构和基本工作原理与汽油机的大体相同，这里不再详述，现仅就其特点说明如下：

1. 在汽油机中，为了适当预热进入气缸的新鲜充量，保证汽油在进入气缸前完全蒸发，一般都将进、排气管装在汽油机的同一侧，并设有预热装置。而在柴油机中，为了不使进入气缸中的新鲜空气受热，影响进气量，一般都将进、排气管分别装在柴油机的两侧。但有的柴油机，为了便于冷机起动，也有将进、排气管装在柴油机同一侧的。

2. 当采用前述的旋流纸质空气滤清器时，消声器出口处须装有与之相匹配的排气引射管(图 6—41)。当柴油机排气时，高速气流通过喉口处使废气流速增大，于是便形成了真空度。利用此真空度将空气滤清器集尘室中的尘粒经橡胶管吸入排气引射管内，并与柴油机废气一起排出。

二、燃料供给系的辅助装置

柴油机燃料供给系的辅助装置包括：燃油滤清器、油水分离器、输油泵和燃油箱。

(一)燃油滤清器

燃油滤清器的作用是除去燃油中的杂质和水分，提高燃油的洁净程度。因为柴油机的喷油泵和喷油器都是精密度很高的部件，一旦杂质随燃油一起进入喷油泵或喷油器内，就会引起柱塞偶件、喷油嘴偶件或出油阀偶件咬死、滞住或严重的磨料磨损，而使喷油泵或喷油嘴失去工作能力，影响柴油机的正常运转，因此燃油必须经过严格的滤清。

燃油滤清器一般采用棉纱、毛毡、铜丝网、滤纸等作为滤芯的材料。图 6—42 为 135 系列柴油机的柴油滤清器。其滤芯 5 呈筒形，在多孔的金属圆筒 6 上套装着一层绸滤布 7，外面再套装上用航空毛毡制的滤油毡。

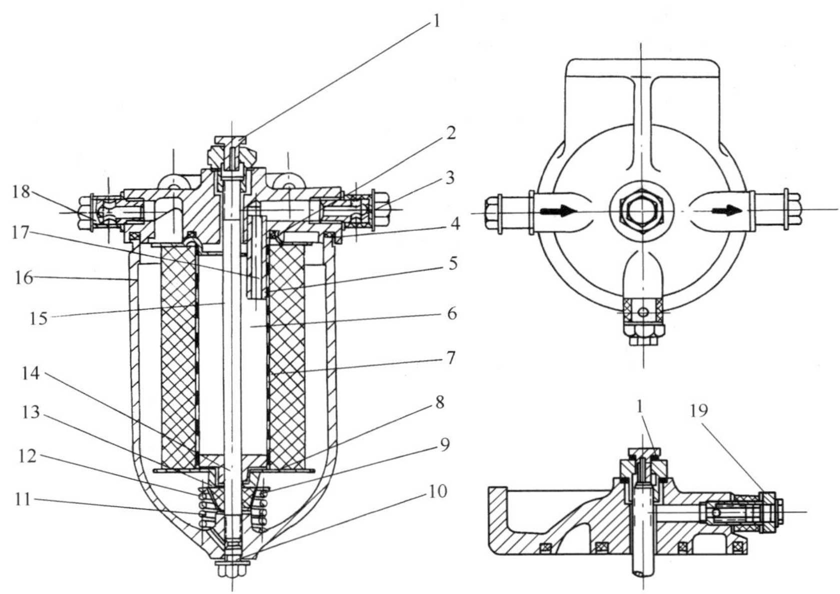

图 6—42　135 系列柴油机的燃油滤清器

1—放气螺钉；2—密封垫；3—上盖；4、9—密封垫圈；5—滤芯；6—金属圆筒；7—绸滤布；8—底板；10—放油塞；11—弹簧；12—弹簧座 13—螺母；14—底盘；15—螺柱；16—外壳；17—集油管；18—油管接头螺钉；19—回油阀。

输油泵将燃油送入滤清器，在外壳 16 中将水分沉淀并经滤芯 5 滤清后，由集油管 17 输出到喷油泵。

滤清器上盖 3 上装有回油阀 19，阀的开启压力为 0.10～0.15MPa，从而可保证输油管路内的压力在一定范围内。压力超过此值时，回油阀开启使多余的燃油流回燃油箱。上盖上还装有放气螺钉 1，用来排出管路中的空气。在滤芯底部有密封垫圈 9，弹簧 11 将密封垫圈紧贴在螺母 13 的底面，起油封作用。底部的放油塞 10 用以放出外壳中沉积的水分和污物。近期生产的 135 系列柴油机其滤芯已改为微孔滤纸。

为了保证燃油高度清洁，有的柴油机在低压油路中还装有一个燃油粗滤器(可以装在燃油箱与输油泵间或输油泵与喷油泵间)。

近年来，国内外柴油机上使用纸质滤清器日益增多。纸质滤芯的使用，可以节省大量的毛毡及棉纱，而且纸质滤芯的使用实践证明，它的性能是良好的，并具有质量轻、体积小、成本低的优点。

(二)油水分离器

有的柴油机(如康明斯 C 系列)，在燃油箱与输油泵之间还装有专门的油水分离器。

油水分离器(图 6—43)由壳体 7、液面传感器 5、浮子 6、膜片式手动泵 1 等组成。

来自燃油箱的燃油进入油水分离器，并从 9 流出，去输油泵。燃油中的冷凝水在油水分离器内分离并沉淀在壳体 7 的下部。装在壳体下部的浮子 6 随着积聚在油水分离器壳体 7 内的冷凝水的增多而逐渐上升。当浮子到达规定的放水水位 3 时，液面传感器 5 将电路接通，在仪表板上的放水警告灯就发出放水的信号，这时需及时松开油水分离器上的放水塞放水。手动泵供排水和排气时使用。

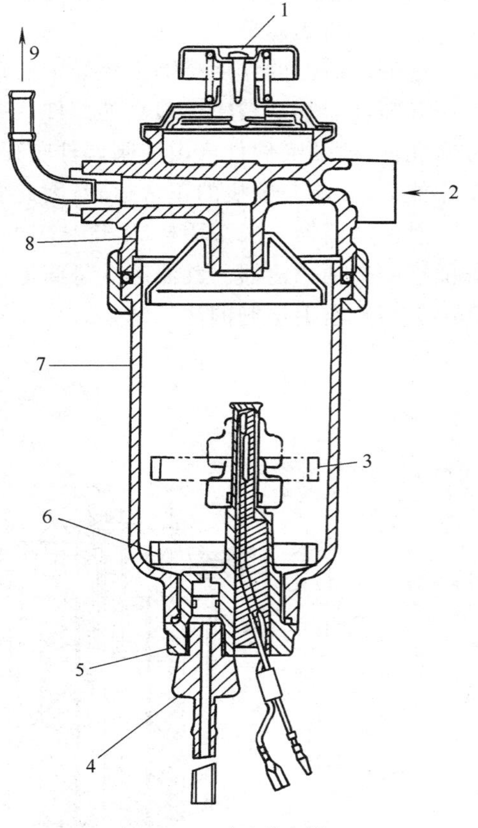

图 6—43 油水分离器

1—手动泵；2—来自燃油箱燃油；3—放水水位；4—放水塞；5—液面传感器；6—浮子；7—壳体；8—盖；9—至输油泵。

(三)输油泵

输油泵的作用是保证燃油在低压油路内循环，克服管路及滤清器的阻力，并保证连续不断地供应足够数量及一定压力的燃油给喷油泵。一般输油泵的供油量应为全负荷最大喷油量的 3～4 倍。

输油泵有活塞式、齿轮式、转子式和叶片式等。活塞式输油泵由于结构简单，使用可靠，加工安装方便，应用得比较广泛。图 6—44 为活塞式输油泵的结构实例。

输油泵装于喷油泵的一侧，由手压输油泵、滚轮传动输油机构、单向阀(进、出油阀)、输油泵体及进出油管接头等组成。当喷油泵凸轮转动时，通过挺柱机构(滚轮机构)，使活塞作往复运动，由于单向阀的作用，不断地向滤清器输送燃油。

活塞式输油泵的工作原理如图 6—45 所示。工作时，挺柱 10 由喷油泵凸轮驱动往复运动，带动着活塞 7 往复运动，当凸轮的凸起部分离开滚轮时，活塞弹簧 6 推动活塞向下移动(图 6—45a)，使活塞上方空间增大，而压力下降，出现真空现象。燃油由进油口 15 处推开进油阀 16，经油道 14 进入活塞上部空间。与此同时，活塞下部空间的燃油受压缩，从出油口 4 压出。当凸轮凸起部分转向滚轮时，使推杆 8 推动活塞向上移动(图 6—45b)，进油阀 16 关闭，使活塞上方燃油受压压力增高，将止回阀 2 顶开。此时，活塞下方空间增大产生真空，燃油经止回阀 2，沿油道 3 与 5 进入活塞下方。活塞再次向下移动时，又将下部燃油从出油口压送出去。活塞每往复运动一次就向外泵油一次。

柴油机在不同工况下工作时，燃油需用量是不同的。当负荷大时，燃油消耗量大，使输油泵出口处压力降低，此时借助于活塞弹簧 6 推动活塞，使活塞行程加大，泵油量增加。反之，柴油机负荷减小，燃油消耗量小，输油泵出口处压力增高，活塞行程减小，泵油量随之减少。这样，输油泵即根据喷油泵的需要而自动调节了输油量。

泄油孔 13 是用来排除泄漏到推杆与泵体间隙中的燃油，防止燃油沿推杆、挺柱进入喷油泵凸轮轴的润滑油池内而冲淡池中的润滑油。使用时应经常清理畅通。

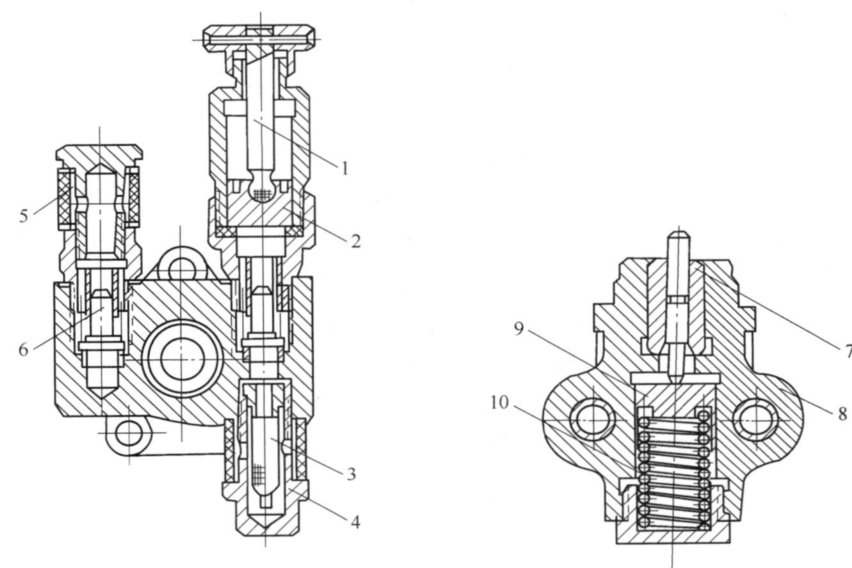

图 6—44 输油泵的结构

1—手压输油泵；2—手压输油泵活塞；3—滤油网；4—进油管接头；5—出油管接头；6—止回阀；7—挺柱偶件；8—输油泵体；9—输油泵活塞；10—活塞弹簧。

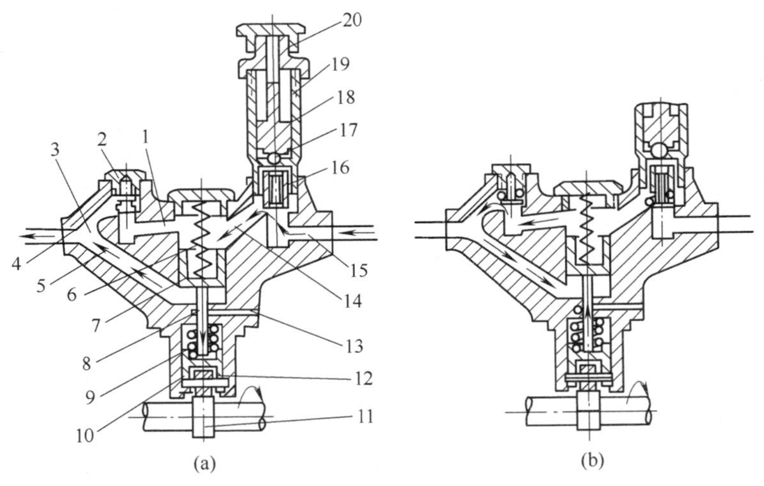

图 6—45 输油泵工作原理

(a)活塞下行；(b)活塞上行。

1、3、5、14—油道；2—止回阀；4—出油口；6—活塞弹簧；7—输油泵活塞；8—推杆；9—推杆弹簧；10—挺柱；11—喷油泵凸轮；12—滚轮；13—泄油孔；15—进油口；16—进油阀；17—球形阀；18—手压输油泵活塞；19—手压输油泵套筒；20—手柄。

输油泵上还装有手压输油泵。柴油机起动前人工往复扳动手柄 20，这样便可以排出低压油路中的空气,使燃油充满喷油泵,以利于起动。使用后应将手柄拧紧,使球阀紧闭,防止空气进入油路。

(四)燃油箱

燃油箱通常用薄钢板冲压焊接而成,容量一般可供柴油机运转8～10 h,其结构与汽油箱相似。

第七节 分配式喷油泵

与柱塞式喷油泵不同,分配式喷油泵(简称分配泵)只有一套供柴油机各气缸共用的可旋转的或可往复与旋转运动的分配转子和分配套筒(或称一套柱塞偶件),将燃油增压,并按柴油机发火次序,分配到各个喷油器,喷入燃烧室。按结构型式不同,分配泵可分为径向压缩式和轴向压缩式两大类。径向压缩式分配泵是由一对或两对柱塞对置,柱塞只作往复运动,起泵油作用,另有一个分配转子,只作旋转运动,起进油和将燃油依次分配到各个气缸的作用。径向压缩式分配泵因制造困难等原因目前已较少应用。

轴向压缩式分配泵只有一个柱塞,该柱塞既作往复运动,又作旋转运动,在往复运动时起泵油作用,而旋转运动时则起进油和将燃油依次分配到各个气缸的作用。轴向压缩式分配泵目前在小型高速柴油机上得到广泛应用。我国南京汽车制造厂引进的意大利依维柯(IVECO)汽车上就采用了轴向压缩式分配泵(VE 型泵),北京油泵油嘴厂也与德国波许(Bosch)公司合作开始了这种泵的生产。

一、轴向压缩式分配泵的结构和工作原理

典型的轴向压缩式分配泵是德国波许公司在 20 世纪 70 年代生产的 VE 型分配泵,它是一种新型分配泵。

VE 型分配泵(图 6—46)包括输油泵、高压分配泵、机械调速器、电磁断油阀和供油提前角自动提前器 5 个部分。

叶片式输油泵 1 将燃油从燃油箱泵入分配泵泵体内。泵体内的燃油压力随叶片式输油泵转速的变化而保持在0.15～0.7 MPa范围内,并由调压阀 16 控制。

高压分配泵由凸轮盘 4、分配转子 6、油量控制套筒 5、出油阀 7 等组成。分配转子 6 靠弹簧紧贴在凸轮盘右边的平面上;而凸轮盘左边的凸轮则压在相对静止的滚轮上。分配泵轴转动时,分配转子边转动、边按凸轮盘上的凸轮型线,克服作用在分配转子上的弹簧作用力沿轴向往复运动。

1. 进油(图 6—47a)分配转子 1 在下止点,燃油经转子套筒进油孔 2、进油槽 3 进入高压室 4。

2. 泵油(图 6—47b)凸轮轴带动分配转子 1 旋转,关闭进油孔 2。平面凸轮盘被滚轮顶起,推动分配转子向前运动,高压室 4 中的燃油压力增高。转子继续旋转,分配槽 5 与转子套筒分配油道 6 相通。高压室 4 中的高压燃油经中心孔、分配槽、分配油道进入某一缸的喷油器,将燃油喷入燃烧室内。

3. 泵油停止(图 6—47c)分配转子在凸轮盘的作用下继续向前运动,分配转子上的溢油孔 8 露出油量控制套筒 7,高压燃油从溢油孔流回泵腔,油压降低,喷射结束。

4. 进油(图 6—47d)分配转子返回下止点。分配转子的旋转和往复运动使溢油孔关闭,高

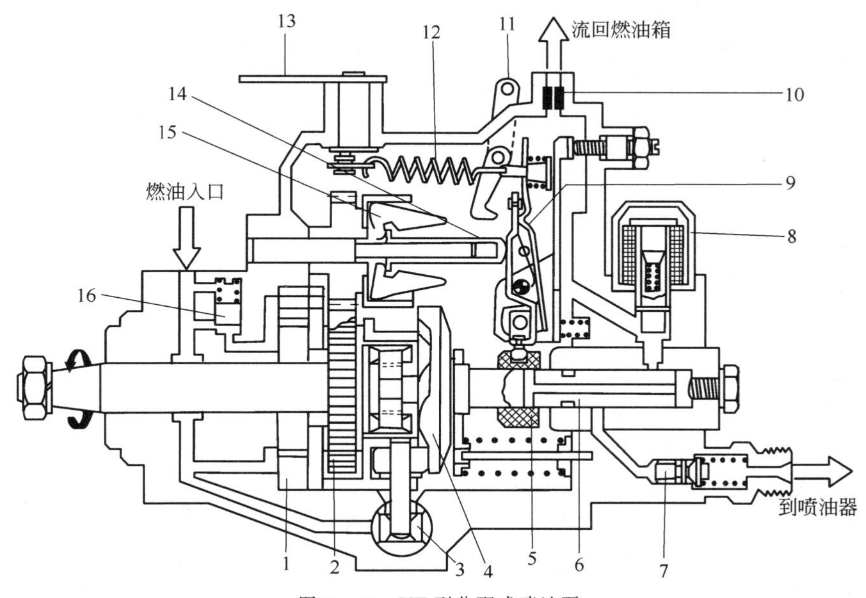

图 6—46　VE 型分配式喷油泵

1—叶片式输油泵；2—调速器驱动装置；3—供油提前角自动提前器；4—凸轮盘；5—油量控制套筒；6—分配转子；7—出油阀；8—电磁断油阀；9—调速机构；10—溢流节流孔；11—停车操纵杆；12—调速弹簧；13—调速杆；14—滑动套筒；15—离心块总成；16—调压阀。

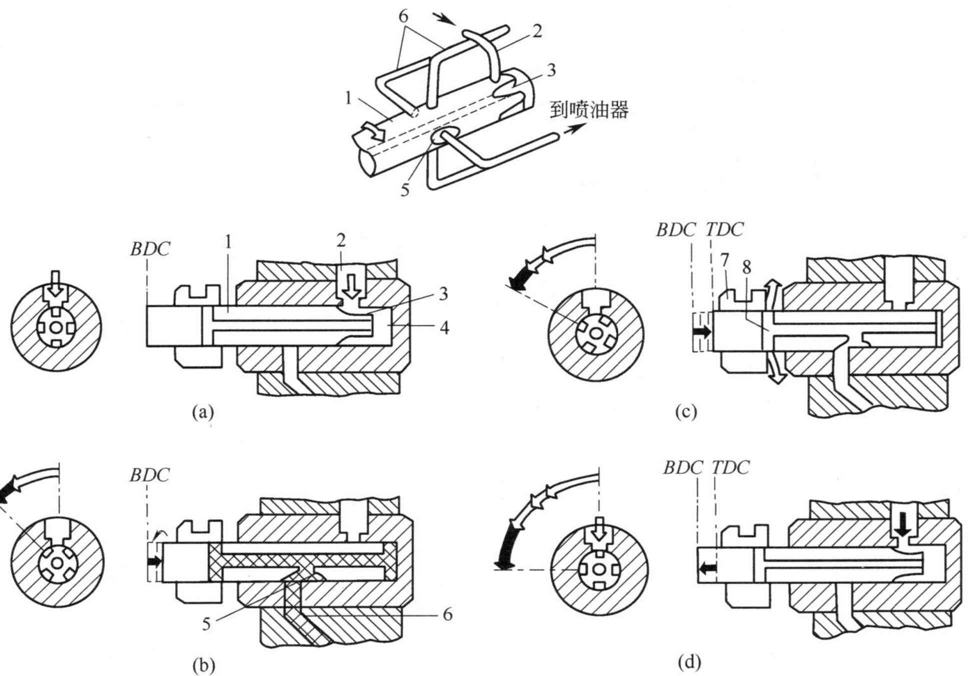

图 6—47　VE 分配泵泵油原理和泵油过程

(a)进油；(b)泵油；(c)泵油结束；(d)进油。

1—分配转子；2—转子套筒进油孔；3—进油槽；4—高压室；5—分配槽；6—转子套筒分配油道；7—油量控制套筒；8—溢油孔。*TDC*—上止点；*BDC*—下止点。

压室再次充满燃油，准备向另一个气缸供油。

分配转子的行程是由凸轮盘上的凸轮升程决定的，而且是固定不变的。分配泵的油量调节是通过改变油量控制套筒 7 的位置实现的。油量控制套筒的位置则由调速机构控制。

5. 电磁断油阀(见图 6—46)电磁断油阀 8 位于高压分配泵的进油道上，它是常闭电磁阀。断开电磁阀电路，阀门在弹簧作用力下关闭，切断进入分配转子的燃油，柴油机停止工作。

二、轴向压缩式分配泵供油提前角调节机构

图 6—48 所示的供油提前角自动提前器是图 6—46 中供油提前角自动提前器 3 的放大剖面图。它由油缸活塞 1、弹簧 2、传力销 3 等组成。传力销 3 一端固定在滚轮架 4 上，另一端通过连接销与油缸活塞 1 相连。油缸活塞 1 的左边与泵腔相连，并感受泵腔内的油压(燃油精滤器后的输油泵压力)。活塞 1 的左、右边受到弹簧的作用力和输油泵进口压力的合力作用。活塞右边作用着输油泵的泵油压力(即泵腔内的油压)。活塞的位置也即滚轮架的周向位置，取决于作用在活塞两边的力的平衡。由于叶片式输油泵的泵油压力随柴油机转速增高而线性上升(在0.15～0.7 MPa范围内)，泵腔内以及油缸活塞右边的油压跟着上升，推动活塞向左移动，使活塞达到新的平稳位置。活塞向左移动时，通过连接销，拨动传力销，使滚动架绕其中心顺时针转动一定角度(与凸轮盘转向相反)，相当于凸轮盘在其旋转方向上多转了一个角度，从而使分配转子提早泵油。柴油机转速下降，则活塞向右移动，分配转子供油提前角减小。

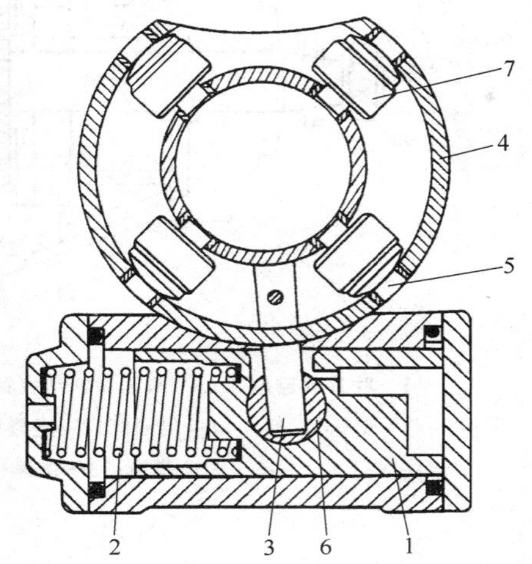

图 6—48 供油提前角自动提前器
1—活塞；2—弹簧；3—传力销；4—滚轮架；5—滚轮轴；6—连接销；7—滚轮。

三、轴向压缩式分配泵的调速机构

VE 型分配泵调速器(图 6—49a)由飞锤 1、2(共 4 块)，调速杆 11，杠杆系(包括张力杠杆 4、起动杠杆 5 和预调杠杆 18)和调速弹簧 12，起动弹簧 6，怠速弹簧 14 等组成。飞锤组由分配泵轴通过齿轮驱动。杠杆系中的张力杠杆 4、起动杠杆 5 和预调杠杆 18 通过支承销轴 M_2 连在一起并可绕其相对摆动，而预调杠杆 18 又通过支承销轴 M_1 固定在分配泵泵体上。起动杠杆通过下端与油量调节套筒 7 凹槽相配合的球头销，可以拨动和改变油量调节套筒 7 在分配转子 8 上的轴向位置，从而调节供油行程。张力杠杆上端通过怠速弹簧 14 与调速弹簧 12 和调速杠杆 11 相连。调节杠杆上端靠回位弹簧 19 压在最大供油调节螺钉 17 上。旋进调节螺钉，使调节杠杆绕销轴 M_1 逆时针摆动，同时也使销轴 M_2、起动杠杆及下端的球头销跟着逆时针摆动，迫使油量调节套筒向右移动，使供油量增大直到最大供油位置。

1. 起动(图 6—49a)。调速杆 11 靠在全负荷调节螺钉 15 上，带动张力杠杆 4 并通过起动弹簧 6 使起动杠杆 5 绕销轴 M_2 转到起动位置。与此同时起动杠杆底部的球头销拨动分配转子 9 上的油量控制套筒 7，使油量控制套筒 7 向右移到最大供油量位置 h_1(起动供油量位置)。起动时，飞锤的离心力克服作用在起动杠杆 5 上的软的起动弹簧 6 的弹力，使起动杠杆绕销轴 M_2 转动。起动杠杆上端移动距离 a 后靠在张力杠杆 4 上，下端通过球头销，使油量控制套筒 7 向左移动。供油量自动减小。

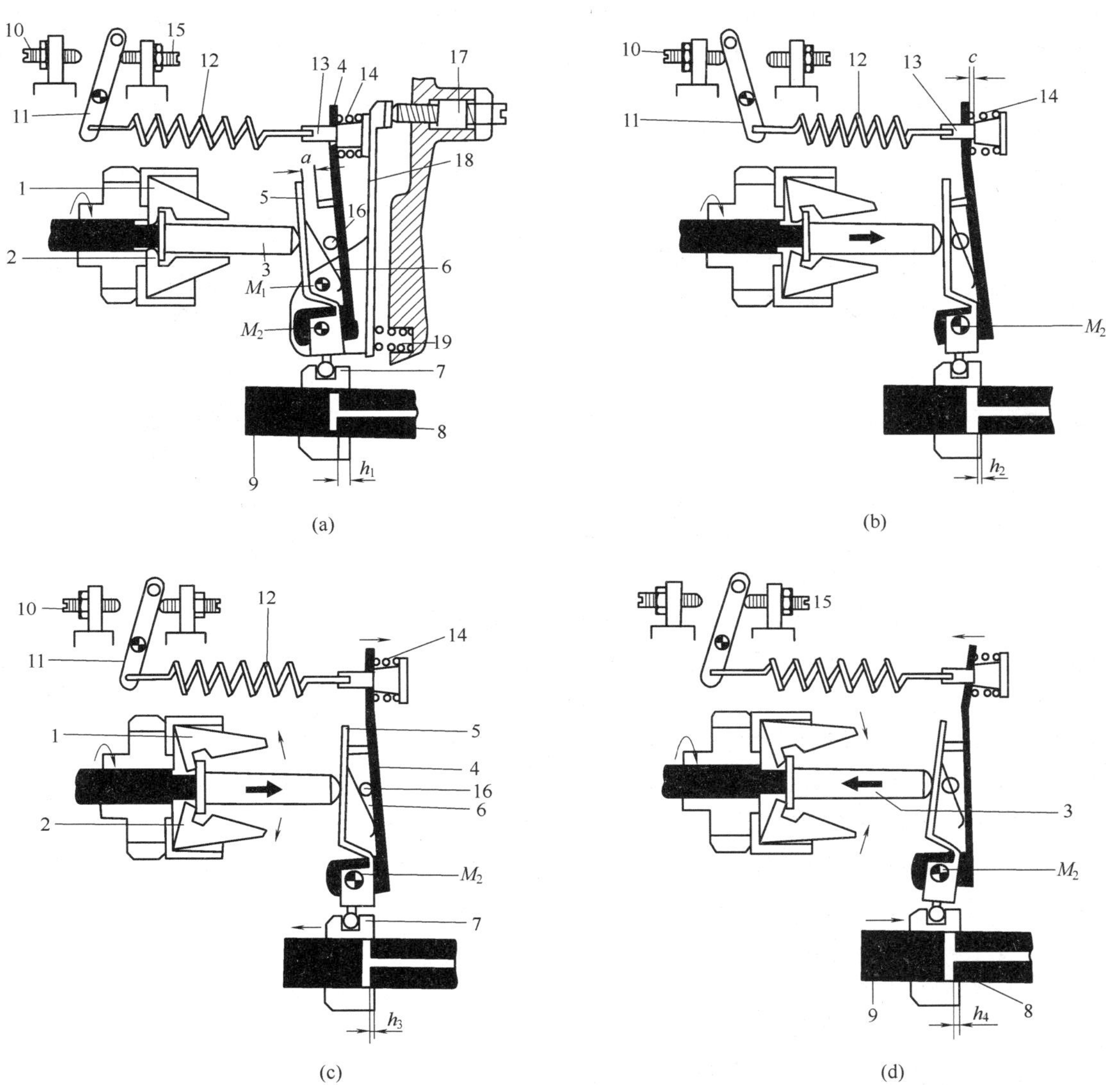

图 6—49　VE 型分配泵用全程调速器的结构与工作原理

(a)调速器结构简图及起动；(b)怠速；(c)中间转速和最高转速；(d)全负荷。

1、2—飞锤；3—滑动套筒；4—张力杠杆；5—起动杠杆；6—起动弹簧；7—油量控制套筒；8—溢油口；9—分配转子；10—怠速调节螺钉；11—调速杆；12—调速弹簧；13—固定销；14—怠速弹簧；15—全负荷调节螺钉；16—张力杠杆挡块；17—最大供油调节螺钉；18—预调杠杆；19—回位弹簧。

a—起动弹簧压缩量；c—怠速弹簧压缩量；h_1—最大供油量位置(起动)；h_2—最小供油量位置(怠速)；h_3—部分负荷最高转速供油位置；h_4—全负荷供油位置；

M_1—预调杠杆支承销轴；M_2—起动杠杆、张力杠杆和预调杠杆支承销轴。

2. 怠速(图 6—49b)。柴油机起动后，松开加速踏板，调速杆 11 靠在怠速调节螺钉 10 上。油量控制套筒 7 在最小供油量位置(怠速)h_2。怠速时，飞锤离心力对滑动套筒上的作用力，和怠速弹簧 14、起动弹簧 6 对滑动套筒 3 上的作用力平衡。油量控制套筒处于最小供油量位置(怠速)h_2。

柴油机保持在怠速运转。高于怠速时，怠速弹簧压缩，怠速油量减小，转速下降。怠速弹簧压缩量 c 决定了柴油机的怠速上限值。低于怠速时，怠速油量位置 h_2 自动增大，转速上升，使怠速不致下跌。

3. 中间转速和最高转速(图 6—49c)。柴油机在大于怠速到最高转速的某一负荷(非全负荷)下工作。当驾驶员踩下加速踏板(如箭头所示)调速杆 11 拉动调速弹簧 12,使张力杠杆 4 和起动杠杆 5 逆时针绕销轴 M_2 转动,油量控制套筒 7 向右移动,供油量增大,柴油机转速上升。在高转速下,飞锤离心力对滑动套筒 3 的向右作用力和起动弹簧、怠速弹簧、调速弹簧对滑动套筒 3 的向左作用力平衡,油量控制套筒 7 处于比怠速油量 h_2 大的位置,柴油机就在比原来高的转速下稳定运转。如将调速杆靠在全负荷调节螺钉上(图 6—49c 所示位置),柴油机转速达到最高转速,滑动套筒在飞锤离心力作用下克服调速弹簧、怠速弹簧、起动弹簧对它的向左的作用力向右移动,使油量控制套筒 7 向左移动,供油量减小,从而限止了柴油机的最高转速。柴油机在部分负荷、最高转速供油位置 h_3 运转。

4. 全负荷(图 6—49d)。柴油机负荷继续增加到最大负荷,转速从高向低下降,飞锤离心力减小,作用在滑动套筒上的合力使滑动套筒左移,油量控制套筒右移到全负荷供油位置 h_4。

这种调速器的调速过程保持了调速器内调速杆系的杠杆比不变,只改变调速弹簧的弹力,以实现各个转速的稳定。

5. 扭矩校正装置。VE 型分配泵按需要可分别采用正扭矩和负扭矩校正装置。

为提高柴油机在高速范围内的扭矩储备系数,需采用供油量随柴油机转速下降而增加的正扭矩校正装置。简单的方法是在喷油泵的出油阀上附加一个圆柱面,并在圆柱面上磨削出一个或两个扁平面,它与阀体形成燃油流通间隙。柴油机低速运转时,燃油有足够的时间通过该间隙进入高压油管及喷油器,但在高速时燃油流经该间隙时受到节流,使供油量减小。这种校正装置的缺点是出油阀开大时,出油阀下面的容积增大而保留了一些燃油,使燃油不能全部从出油阀输出。较好但较贵的正扭矩校正装置则是采用扭矩校正杠杆和扭矩校正弹簧(图 6—50a),它加装在调速器杠杆系内,为清晰起见,图中省去了预调杠杆。

正扭矩校正杠杆 6 支在起动杠杆上端凸耳孔间支承销轴 M_4 上,并靠在张力杠杆 4 的凸耳 5 上。正扭矩校正杠杆 6 下端靠在装有扭矩校正弹簧 2 的扭矩校正销 7 的头部。扭矩校正销呈台阶状,大头端圆柱部分可在起动杠杆 1 的孔内滑动,小头端穿过起动杠杆 1 上的另一个凸耳孔内并镦粗成不可拆卸整体。

柴油机转速升高并达到开始校正的转速时,作用在起动杠杆 1 上的滑动套筒上的轴向力 F 超过弹簧 2 的预紧力(有一定的杠杆比),起动杠杆 1 和扭矩校正杠杆 6 的活动支承销轴 M_4 开始移动(如图 6—50a 位置);与此同时,扭矩校正杠杆 6 绕张力杠杆凸耳 5 开始顺时针摆动,扭矩校正杠杆下端克服扭矩校正弹簧 2 的弹力压向扭矩校正销 7,起动杠杆 1 开始绕销轴 M_2 摆动,使油量调节套筒 8 向减油方向移动。柴油机转速不断升高,直到扭矩校正销 7 的头部靠在起动杠杆 1 上,校正结束。这时最大校正油量为相应于油量控制套筒 8 的移动量 ΔS。

负扭矩校正为防止柴油机低速冒烟或在低速时需要特别的扭矩特性,则需要采用负扭矩校正。没有装增压空气压力补偿器的涡轮增压柴油机,在低速时也需加装负扭矩校正装置。

负扭矩校正装置(图 6—50b)不同于正扭矩校正装置,其扭矩校正杠杆 6 直接传递滑动套筒上的作用力 F。一旦起动弹簧 9 压缩,扭矩校正杠杆 6 靠在张力杠杆 4 的凸耳上,扭矩校正销也靠在张力杠杆 4 的停止点 11 上(如图 6—50b 位置)。柴油机转速升高,滑动套筒的轴向力 F 增大,扭矩校正杠杆 6 开始压在预紧的扭矩校正弹簧上。只要滑动套筒上的轴向力 F 超过扭矩校正弹簧 2 的预紧力(有一定的杠杆比),扭矩校正杠杆 6 向扭矩校正销头部 10 移动,使起动杠杆和扭矩校正杠杆的支承销轴 M_4 跟着向左移动并使起动杠杆 1 绕销轴 M_2 逆时针摆动,拨动油量控制套筒 8 向增加供油方向移动。当扭矩校正杠杆 6 靠在扭矩校正销圆柱面

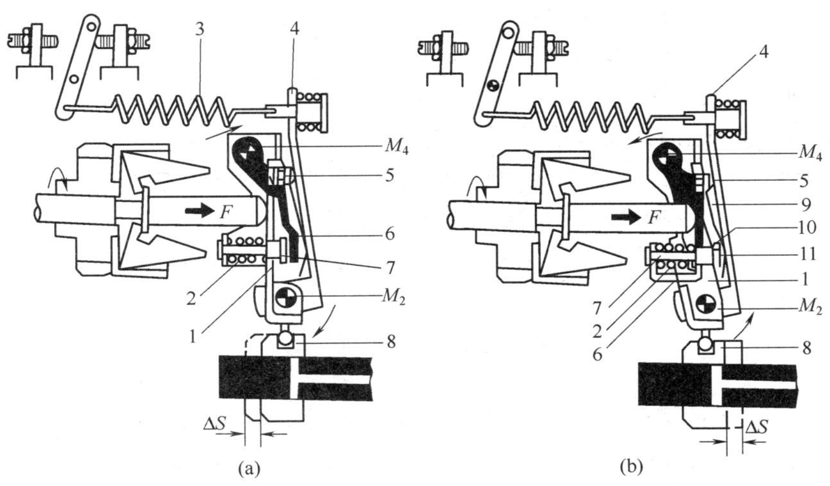

图 6—50　VE 型分配泵的扭矩校正装置
(a)正扭矩校正;(b)负扭矩校正。
1—起动杠杆;2—扭矩校正弹簧;3—调速弹簧;4—张力杠杆;5—张力杠杆凸耳;
6—正(负)扭矩校正杠杆;7—扭矩校正销;8—油量控制套筒;9—起动弹簧;
10—扭矩校正销头部;11—停止点。
M_2—起动杠杆和张力杠杆支承销轴;M_4—起动杠杆和扭矩校正杠杆支承销轴;
F—滑动套筒轴向力;ΔS—油量控制套筒行程。

右端面时,校正结束,从而实现在柴油机低转速范围内随转速升高而自动加油的负扭矩校正。

四、VE 分配泵的附加控制功能

(一)增压空气压力补偿器

图 6—51 所示为 VE 型分配泵上使用的增压空气压力补偿器。膜片 5 装在补偿器体 6 和补偿器盖 4 之间,将补偿器分隔成两个室。薄膜上面作用着来自涡轮增压器压气机来的增压空气压力。薄膜下面作用着弹簧 9 的压力,并经通气孔 8 与大气相通。补偿器阀杆 10 与膜片 5 相连,可随膜片一起运动。在补偿阀杆 10 下端有一上小下大的锥体,补偿杠杆 2 的上端就靠在锥面体上。补偿杠杆支在销轴 1 上,其下端靠调速弹簧压紧在张力杠杆 11 上。

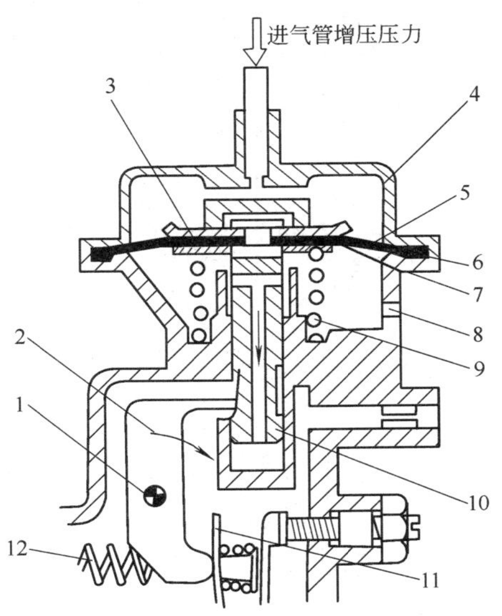

图 6—51　VE 型分配泵上使用的增压空气压力补偿器
1—销轴;2—补偿杠杆;3—膜片上支承板;
4—补偿器盖;5—膜片;6—补偿器体;
7—膜片下支承板;8—通气孔;9—弹簧;
10—补偿器阀杆;11—张力杠杆;12—调速弹簧。

增压空气压力增高,膜片 5 带动补偿器阀杆 10 向下运动,补偿杠杆 2 的上端就在补偿器阀杆 10 的锥面体上滑动,使补偿杠杆按顺时针方向少许摆动,再通过张力杠杆 11,拨动油量控制套筒向供油量增加方向移动,柴油机功率加大,反之则减小。

(二)冷起动供油自动提前装置

它是一个由冷却液温度控制的电磁阀。装在 VE 型分配泵回油道上,代替溢流节流孔 10(见图

6—46)。按泵腔内的燃油压力变化,控制 VE 型分配泵内的供油提前角自动提前器(见图 6—48)的活塞 1 的动作。通过电磁阀的开—断,对从泵腔内的燃油返回量进行控制,促使泵腔内的燃油压力变化,从而改变供油提前角。柴油机在寒冷季节,为了提高柴油机的起动性能,使起动时供油提前角比通常大。冷起动时,冷却液温度低于某一值,冷却液温度传感器将电磁阀的电路接通,电磁阀将燃油回油道堵死,泵腔内油压增高,供油提前。

VE 型分配泵功能齐全,供油均匀,高速性能好,润滑条件好,体积小,质量轻,易于实现电子控制。因而广泛用于小型高速柴油机(尤其是车用柴油机)上。

VE 型分配泵要求使用高清洁度的燃油,避免分配转子过快磨损或卡死。

第八节 泵-喷嘴

在传统的泵-管-嘴的燃油供给系统中,喷油泵与喷油器间采用了高压油管。这不但增大了高压室容积,限制了喷油压力的进一步提高,而且长的高压油管会引起燃油波动中的压力波干涉,出现二次喷射。

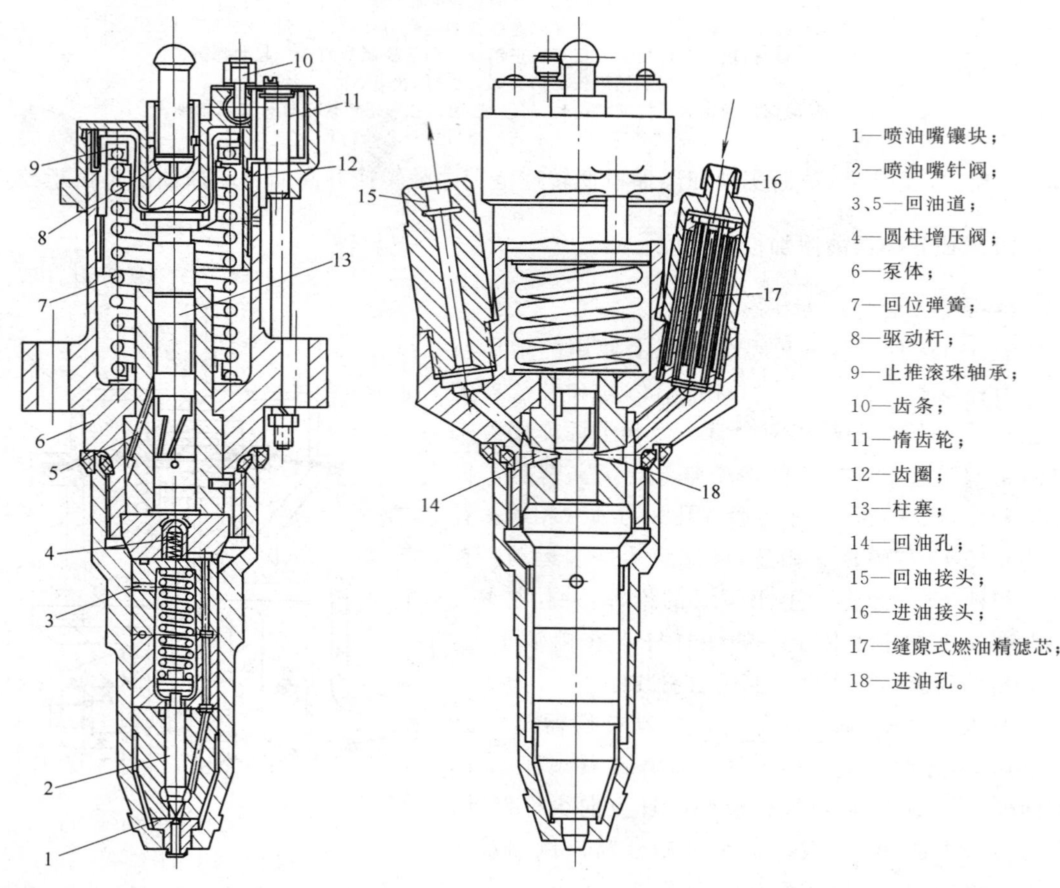

图 6—52 机械控制泵-喷嘴

泵-喷嘴是将喷油泵和喷油器合成一体,单独的安装在每一个气缸盖上。按泵-喷嘴的油量控制方式可分为机械控制泵-喷嘴和电控泵-喷嘴(详见本章第十一节)。

图 6—52 所示为一种柴油机用的机械控制泵-喷嘴，它由 3 部分组成，即：(1)柱塞 13 等组成的泵油部分；(2)喷油嘴针阀 2 等组成的喷油部分；(3)齿杆 10、惰齿轮 11、齿圈 12 组成的油量控制部分。

燃油经进油接头 16、缝隙式燃油精滤芯 17 进入喷油泵。

柱塞 13 在与驱动摇臂相连的驱动杆 8 的作用下向下运动，关闭回油孔 14 和进油孔 18。充满在柱塞泵油室内的燃油，在压力作用下打开增压阀 4，经油道并克服作用在喷油嘴针阀 2 上的弹簧弹力而喷入燃烧室。回位弹簧 7 保证不供油时柱塞 13 的回位(向上运动)。

泵-喷嘴油量控制是通过齿杆 10，惰齿轮 11 和齿圈 12 转动柱塞 13，从而改变柱塞上螺旋槽与进、回油孔的相对位置实现的。为了能轻松地转动柱塞，安装了止推滚珠轴承 9。

进入泵-喷嘴的燃油充满在外腔周围，以冷却和清洗从泵到喷油器间的零件。从柱塞偶件和喷油嘴偶件泄漏的燃油经回油道 5、3 返回燃油箱。

泵-喷嘴取消了高压油管，使高压系统内的燃油有害容积减小，燃油喷射压力可高达 200 MPa，喷射速率也大为提高。

多缸柴油机用机械控制泵-喷嘴需有专门的传动机构，将各缸控制齿杆与调速器相连。各缸供油均匀性需在柴油机上进行调整。

泵-喷嘴多用于高速强化柴油机上。美国通用汽车公司的 53、71、93 系列重型车二冲程柴油机即采用机械控制泵-喷嘴。美国卡特彼勒公司的 1.1L 和 1.7L 系列四冲程高速柴油机亦采用泵-喷嘴供油系统。1.7L 系列 3176 型柴油机采用的电控泵-喷嘴，喷油压力达 151.8 MPa。泵-喷嘴的不足之处是维修、保养、调整的方便性较差。

第九节　蓄压式燃油供给系

与传统的泵-管-嘴燃油供给系不同，蓄压式(共轨式)燃油供给系是由高压供油泵将燃油输送到高压容器中，并用带电磁阀控制的喷油器将燃油从高压容器中喷入柴油机的燃烧室中(图 6—53)。

燃油泵 3 将燃油从燃油箱 1 吸出，并经粗滤器 2 和精滤器 4 过滤后送到高压供油泵 6 的进口。与燃油泵 3 并联的旁通阀 5 用以保持低压燃油系统压力恒定。高压供油泵仅按照调压阀 9 和限压阀 8 设定的高压容器的燃油压力输送高压燃油到高压容器中。它比传统的喷油泵结构要简单得多，在高压供油泵的柱塞上，没有控制油量的螺旋槽和直槽，柱塞套筒上也没有进、回油的控制孔。

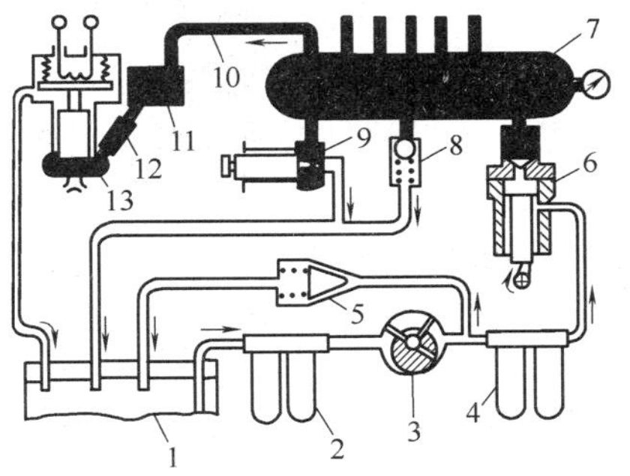

图 6—53　蓄压式喷油系统简图
1—燃油箱；2—粗滤器；3—燃油泵；4—精滤器；5—旁通阀；6—高压供油泵；7—主高压容器；8—限压阀；9—调压阀；10—高压油管；11—副高压容器；12—滤清器；13—电-液控制喷油器。

电-液控制喷油器(图 6—54)控制燃油的喷油定时和喷油量。除了喷油器的一般结构外，在出油阀处装有电磁阀，在喷油器内部还有专门的控制油道。

来自主高压容器的高压燃油，经高压油管 10、副高压容器 11、滤清器 12(见图 6—53)后进入电-液控制喷油器(图 6—54)的进油道 4。然后分两条油路进入喷油器内部。

一条油路从小轴 8 与阀 7 的纵向与端面间隙、内孔而进入喷油嘴针阀 2 上部的空腔 3 内；同时将阀 7 的密封锥面5压在阀座上，阀门处于关阀状态。高压燃油不能从溢油道13、回油道10流回。另一条油路一直往下，进入针阀锥面1的空腔。这样，在喷油嘴针阀2的上、下部作用着相同的燃油高压。但因针阀上部的作用面积大于下部的作用面积，再加上作用在针阀上部的弹簧14的作用力，将针阀可靠地压在针阀座上，喷油器不喷油。

当电磁阀9的激磁绕组得到电控单元来的驱动电脉冲信号后，克服高压燃油对阀7的作用力将与衔铁相连的阀7抬起，使针阀2上部的空腔3内的燃油与溢油道13相通而卸压(接近大气压力)。作用在针阀2下部的高压燃油的作用力克服弹簧14的弹力，针阀开启，高压燃油喷入燃烧室内。喷油器的燃油最高喷射压力接近高压容器内的燃油压力。

当驱动喷油器电磁阀的电脉冲信号消失时，针阀在弹簧力与针阀上、下高压燃油的作用力之差的合力作用下，迅速关闭。喷油停止。

蓄压式燃油供给系使喷油泵的结构大为简化，驱动简单，安装灵活。避免了传统喷油泵由于高喷射压力使凸轮与挺柱产生过大的接触应力。这种供油系统不受柴油机转速和负荷的影响，低转速仍可实现高喷射压力。可以根据柴油机工况精确地控制喷油定时和喷油量，控制与调节喷射压力。

采用电-液控制喷油器还可用低的回位弹簧弹力达到高的喷射压力，提高了喷油器工作的稳定性与可靠性，也可防止断油不迅速、针阀密封力不够而出现的滴油或二次喷射。

蓄压式燃油供给系使柴油机燃油供给系主要部件的成本大为降低，是一种新开发的柴油机燃油供给系，是未来实现柴油机高效率、低污染燃烧最有发展前途的供油系统。

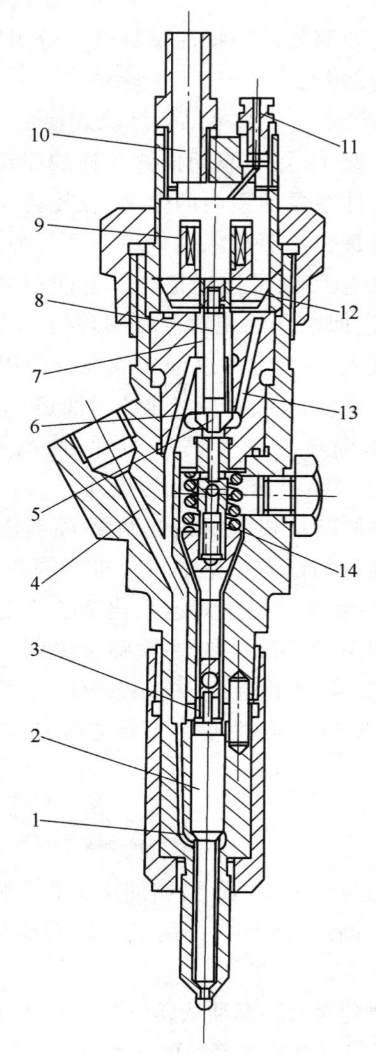

图6—54 电-液控制喷油器

1—针阀锥面；2—喷油嘴针阀；3—空腔；4—进油道；5—密封锥面；6—间隙；7—阀；8—小轴；9—电磁阀；10—回油道；11—电线接头；12—衔铁；13—溢油道；14—弹簧。

第十节 PT燃油系统

一、概　　述

PT燃油系统是美国康明斯发动机公司的专利，采用在康明斯N、K系列及其他型号的柴油机上。与一般柴油机的燃油系统相比，PT燃油系统在组成、结构及工作原理上有其独特之处。

“P”、“T”分别是英文“Pressure”(压力)和“Time”(时间)的缩写，故PT燃油系统又可称为压力-时间系统，它是靠压力-时间的原理来调节喷油量的。

图 6—55 示出了 PT 燃油系统的简图。PT 燃油系统由 PT 燃油泵（简称 PT 泵）1、燃油箱 4、浮子油箱 3、燃油滤清器 2、喷油器 6、燃油分配岐管 10 及回油岐管 5 等组成。

由图 6—55 可见，燃油箱的位置较高，为在发动机停止时，燃油不致自行流向喷油器，从喷油器的喷孔流出，故在比喷油器较低的位置处设有浮子油箱。浮子油箱还可使油面保持稳定，从而使 PT 泵的进油压力保持一定。

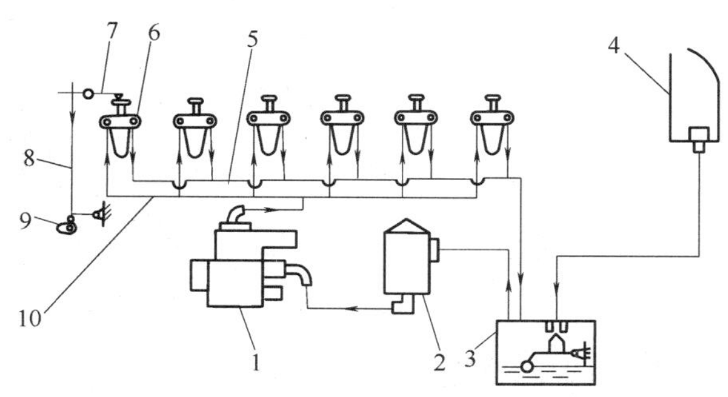

图 6—55　PT 燃油系统

1—PT 泵；2—燃油滤清器；3—浮子油箱；4—燃油箱；5—回油岐管；6—喷油器；7—摇臂；8—推杆；9—配气机构凸轮轴；10—燃油分配岐管。

燃油由 PT 泵 1 通过燃油分配岐管 10 送往各喷油器，送油压力较低（约 0.8～1.2 MPa），此油压是由 PT 泵中的调速器和节流阀（参看图 6—56）控制的。喷油器对燃油进行计量、加压并将其喷入燃烧室内。

喷油器中有一尺寸精确的计量燃油量的计量量孔（参看图 6—65），计量量孔的开闭是由喷油器中的柱塞控制的。柱塞由配气凸轮轴上的一个喷油凸轮通过推杆、摇臂等驱动，所以量孔的开闭时间、也就是燃油通过计量量孔的时间是与发动机的转速有关的。图 6—56 示出了 PT 燃油系统的组成情况。

PT 泵（参看图 6—55 和图 6—57）装在柴油机的右侧（自风扇端看去），是由曲轴正时齿轮通过配气凸轮轴正时齿轮来驱动的。它主要由 4 部分组成：齿轮式输油泵、调速器（它按照柴

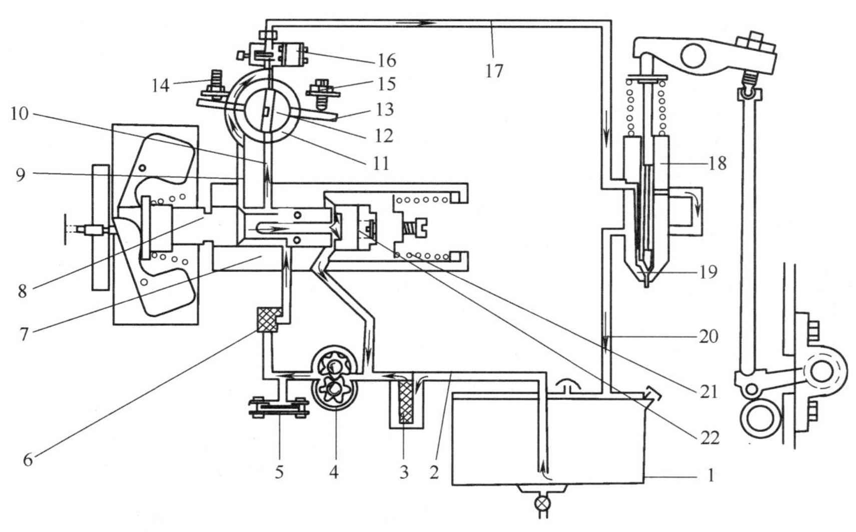

图 6—56　PT 燃油系统的组成

1—浮子油箱；2—吸油管；3—滤清器；4—齿轮式输油泵；5—稳压器；6—滤网；7—调速器柱塞套；8—调速器柱塞；9—怠速油路；10—正常工作油路；11—节流阀套；12—节流阀；13—节流阀止动销；14—节流阀前限位螺钉；15—节流阀后限位螺钉；16—切断阀；17—燃油分配岐管；18—喷油器；19—计量量孔；20—回油岐管；21—高速弹簧；22—怠速弹簧。

油机的转速控制输油泵的输油压力)、节流阀(它控制流经节流阀送到喷油器的油压)和切断阀(它切断燃油供给,使柴油机熄火)。

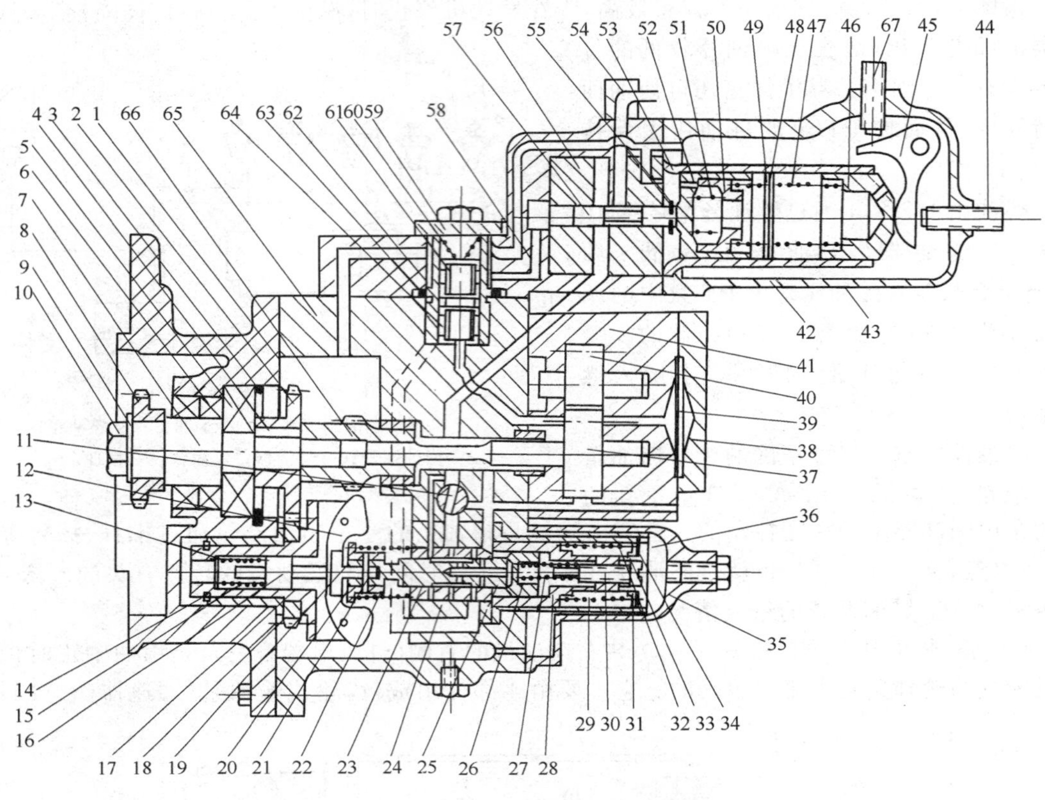

图 6—57 PTG-MVS 燃油泵结构

1—驱动齿轮壳;2—主动齿轮;3—卡环;4—键;5—滚动轴承;6—油封;7—主轴;8—驱动齿轮;9—垫子;10—螺钉;11—节流阀;12—飞锤;13—调整垫片;14—卡环;15—低速扭矩弹簧;16—飞锤柱塞;17—飞锤架;18—被动齿轮;19—丁字块;20—高速扭矩弹簧座;21—销子;22—高速扭矩弹簧;23—柱塞套;24—柱塞体;25—柱塞;26—压力控制钮;27—怠速弹簧;28—压力控制钮外套;29—弹簧外套;30—怠速调整螺钉;31—调整垫片;32—高速弹簧;33—弹簧座;34—卡环;35—PTG 调速器壳;36—PTG 调速器;37—齿轮泵主动齿轮;38—稳压器盖;39—膜片;40—齿轮泵被动齿轮;41—齿轮泵体;42—MVS 调速器壳;43—MVS 调速器;44—低速限制螺钉;45—双臂杠杆;46—弹簧座;47—调速弹簧;48—卡环;49—调整垫片;50—怠速弹簧座;51—怠速弹簧;52—滑套;53—调整弹簧套;54—切断阀;55—卡环;56—柱塞套;57—柱塞;58—MVS 调速器体;59—滤清器体;60—弹簧;61—上滤网;62—油环;63—油环;64—下滤网;65—PT 泵体;66—计时器驱动齿轮;67—高速限制螺钉。

PT 泵采用调速器控制,其基本型只装用两极调速器(PTG 调速器,如图 6—56 所示),只控制柴油机的怠速和最高转速。在怠速和最高转速之间由司机直接操纵节流阀(油门)控制供油量。根据柴油机用途的不同,还可在装有 PTG 调速器的 PT 泵上加装 MVS(意为"机械可变转速")或 VS(意为"可变转速")调速器。这实际上是一种全程调速器,它可使柴油机在司机所选定的转速下稳定运转。NH-220-CI 型柴油机上的 PT 泵装有 MVS 调速器,而 NT-855 型柴油机上的 PT 泵则装有 VS 调速器。

二、PT　泵

装有 PTG 调速器和 MVS 调速器的 PT 泵的结构如图 6—57 所示。

图 6—58 示出了 PT 泵中的油路。

当柴油机运转时，曲轴的动力经曲轴正时齿轮传给配气凸轮轴正时齿轮 1（见图 6—58），再经附件驱动齿轮 2、联轴器 3 带动 PT 泵主轴旋转。于是就驱动了齿轮泵、PTG 调速器的飞锤和柱塞以及计时器。

柴油机工作时，浮子油箱中的燃油就经燃油滤清器被吸入齿轮泵（参看图 6—56）。齿轮泵只管输送燃油并提供低压压力。在齿轮泵出口端有一钢片式稳压器（脉冲减震器）14（图 6—58），用以吸收齿轮泵输油时的压力脉冲。燃油经 PT 泵中的滤清器 13（具有滤网和磁铁）去除杂质和铁屑后，分为两路（在装有 MVS 调速器时），一路进入 PTG 调速器；一路进入 MVS 调速器柱塞端部的空腔。在只装有 PTG 调速器时，进入调速器的燃油经调速器和节流阀调节压力后，经切断阀和燃油分配岐管而流往喷油器。

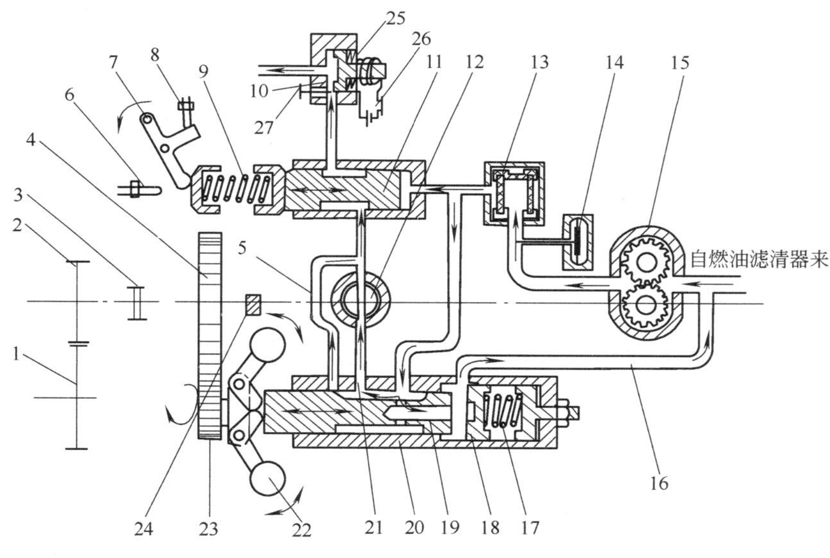

图 6—58　PT 泵的油路

1—配气凸轮轴正时齿轮；2—附件驱动齿轮；3—联轴器；4—主动齿轮；5—怠速油路；6—低速限制螺钉；7—双臂杠杆；8—高速限制螺钉；9—MVS 调速弹簧；10—切断阀；11—柱塞；12—节流阀；13—滤清器；14—稳压器；15—齿轮式输油泵；16—旁通油路；17—PTG 高速弹簧；18—压力控制钮；19—柱塞；20—柱塞套；21—正常工作油路；22—飞锤；23—被动齿轮；24—计时器驱动齿轮；25—弹簧；26—电路开关；27—旋钮。

1. 在只装有 PTG 调速器时的工作情况

对于一般使用条件下的汽车，其 PT 泵往往只装有 PTG 调速器。PTG 调速器只控制怠速和最高转速，在怠速和最高转速之间直接由司机通过节流阀控制供油。

PTG 调速器主要由柱塞 19（图 6—58）、柱塞套 20、飞锤 22、压力控制钮 18、怠速弹簧、高速弹簧 17 等组成。从齿轮泵经滤清器来的燃油经供油管路和柱塞套 20 上的油孔进入柱塞中段凹陷部分的环状空间，并由此经怠速油路 5 或正常工作油路 21 而到喷油器。同时，燃油还由柱塞的轴向孔流到柱塞与压力控制钮之间。柴油机工作时（起动时除外），在燃油压力的作用下，柱塞与压力控制钮之间形成一个间隙，部分燃油经此间隙和旁通油路16回到齿轮泵的入口处。

柴油机运转时，飞锤所产生的离心力的轴向分力力图将柱塞向右推，而柱塞与压力控制钮间间隙中的油压则将柱塞向左推。当此两力相等时，柱塞即处于一个暂时平衡（稳定不动）的状态。同时，间隙中的油压也要与压力控制钮所受的弹簧作用力平衡。换句话说，柱塞右推之力与调速弹簧（包括怠速弹簧和高速弹簧）的作用力是通过间隙中的油压平衡的。所以，齿轮泵的输油压力取决于使调速器柱塞与压力控制钮的间隙闭合的作用力。此油压与节流阀的位置无关，但直接与柴油机的转速有关。转速高时，飞锤的离心力和柱塞右推之力增大，此油压也相应地增大。

怠速时，节流阀关闭（由于司机的操纵），正常工作油路被切断，这时柴油机转速很低，飞锤的离心力很小，怠速弹簧稍被压缩，柱塞处于接近最左端的位置（图6—59a）。怠速油路（它的断面较小）与从齿轮泵来的供油油路接通，燃油从怠速油路不经节流阀直接经过切断阀送往喷油器，维持柴油机怠速所需的油量。同时，齿轮泵的油压使柱塞与压力控制钮间形成一个间隙，部分燃油由此经旁通油路回到齿轮泵的吸油端。如此时柴油机的转速升高，飞锤的离心力就增大，超过此时怠速弹簧的作用力，推动柱塞略向右移，柱塞上的台阶将怠速油路的流通面积遮住一部分，对燃油产生较大的节流作用，使经怠速油路到喷油器的油压下降，因而怠速油量迅速减少，限制了怠速转速的升高。柴油机转速降低时，情况则相反。PTG调速器就是这样控制怠速转速的。

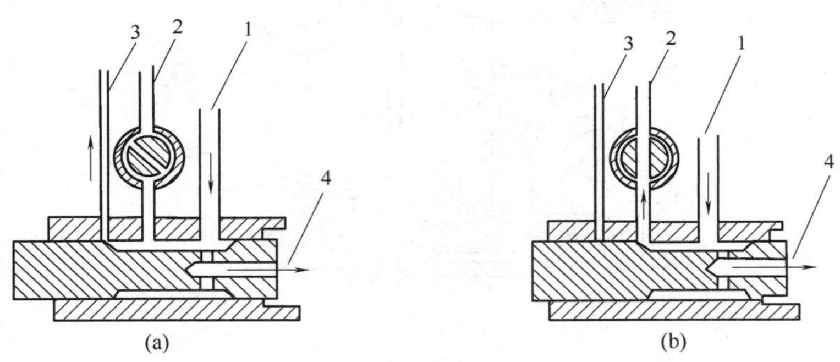

图6—59 节流阀不同开度时调速器的工作情况

(a)怠速；(b)标定转速。

1—供油管路；2—正常工作油路；3—怠速油路；4—旁通油路。

柴油机在标定转速下工作时，节流阀是开启的。因这时转速较高，柱塞处于右端位置（这时怠速油路已切断）。超过标定转速后，飞锤的离心力将高速弹簧压缩，柱塞上的台阶将正常工作油路遮断一部分或全部（图6—59b），减少或停止向喷油器供油，限制了转速的上升。这时，较多的燃油经旁通油路回到齿轮泵的吸油端。PTG调速器的作用限制了柴油机的最高转速。

柴油机在正常工作时（转速在怠速与标定转速之间），司机踩下油门踏板，使节流阀打开，燃油通过正常工作油路和节流阀送往喷油器。这时由于转速的升高，飞锤的离心力通过柱塞将怠速弹簧进一步压缩，柱塞处于中间位置，柱塞上的台阶处于怠速油路与正常工作油路之间。在柴油机转速未达到调速器控制的标定转速之前，正常工作油路始终处于接通状态，送往喷油器的油压（也就是节流阀后的油压）取决于节流阀的开度和齿轮泵的转速（与柴油机转速相等）。

柴油机转速不变时（因而齿轮泵的转速亦不变），节流阀的开度越大，送往喷油器的油压会越高（因为节流阀的节流作用减小了），喷油器计量量孔每循环的进油量就越多，柴油机能承受的负荷就越大。

另一方面，节流阀开度不变时，柴油机转速越高，喷油器计量量孔每循环的进油时间就越短，如果齿轮泵的输油压力不变，则计量量孔的每循环进油量就会减少，柴油机的负荷能力将随转速的升高而大大下降。这是我们所不希望的，所以要求齿轮泵的供油压力能随柴油机转速的升高而升高。在 PTG 调速器中，随着柴油机转速的升高，柱塞向右的推力也增大，使柱塞更向右移。而齿轮泵的排油量是随转速的升高而增大的，流入旁通油路的油量又受到柱塞与压力控制钮间间隙的限制，所以齿轮泵这时的输油压力也随之升高，与柱塞的推力相平衡。结果，齿轮泵的输油压力将随着柴油机转速的升高而升高。

所以，在 PT 燃油系统中，当柴油机转速升高时，由于喷油器计量量孔的进油时间缩短，每循环喷油量将减少；但同时，齿轮泵的输油压力的升高（这时因节流阀开度没变，故 PT 泵的出油压力也升高）又使计量量孔的进油量增多。结果，随柴油机转速的升高，喷油器每循环的喷油量将基本不变。这就是压力-时间（PT）系统工作的基本原理。

2. 高速扭矩弹簧和低速扭矩弹簧

在柱塞左端的高速扭矩弹簧座 20（参看图 6—57）与柱塞套 23 之间装有高速扭矩弹簧 22。当柴油机在低速时，柱塞在左端位置，高速扭矩弹簧处于自由状态。转速升高时，柱塞右移，高速扭矩弹簧就压在套筒端面上，使柱塞受一向左的力，因此柱塞推力相应减小，齿轮泵的供油压力和喷油器的每循环供油量也减小，柴油机的扭矩下降。因此，高速扭矩弹簧的作用是：在柴油机高速时，使其扭矩适当减小，以提高柴油机高速时的适应性。

在飞锤柱塞 16（参看图 6—57）的左端装有低速扭矩弹簧（亦称飞锤助推弹簧）15。当柴油机在高速时，柱塞在右端位置，低速扭矩弹簧处于自由状态。转速降低时，柱塞左移，并推动飞锤柱塞向左移动，低速扭矩弹簧即被压缩，此弹簧使飞锤柱塞和柱塞均受一向右的力，因此柱塞推力相应增大，齿轮泵的供油压力和喷油器的每循环供油量也增大，柴油机的扭矩增加。因此，低速扭矩弹簧的作用是：在柴油机低速时，使其扭矩适当增大，以提高柴油机在低速时的适应性。

PTG 调速器的工作情况（装有 MVS 调速器，节流阀开度一定）可综合如表 6—2 所示。

3. MVS及 VS 调速器

在 NH-220-CI 型柴油机的 PT 泵上，除 PTG 调速器外，还装有 MVS 调速器（机械可变转速调速器）。MVS 调速器可使柴油机在司机所选定的转速下稳定运转，以适应推土机工作的要求。MVS 调速器是一种全程调速器。

从油流顺序上看，MVS 调速器是装在节流阀和切断阀之间的（参看图 6—57）。

MVS 调速器的柱塞 11（图 6—58）的一端承受来自齿轮泵并经滤清器过滤的燃油的油压，另一端与调速器弹簧滑套（图 6—57 中的 52）相接触，承受怠速弹簧和调速弹簧的弹力。

双臂杠杆 7（图 6—58）与驾驶室中的油门操纵杆相联，扳动油门操纵杆即可改变调速弹簧的压缩程度，从而也就改变了柴油机的转速（调速范围）。在装有 MVS 调速器时，节流阀不是由司机操纵，而是调定在某一位置（通常是最大开度）上。

双臂杠杆触及低速限制螺钉 6 时，柴油机在怠速运转。这时，调速弹簧不起作用，由怠速弹簧（见图 6—57）维持怠速运转稳定。在转速变化时，由于齿轮泵输油压力的变化，使柱塞 11

移动，柱塞上的台阶就变更了正常工作油路的流通面积，使送往喷油器的油压发生相应的改变，从而就变更了喷油器的每循环喷油量，保持了柴油机怠速的稳定性。

表 6—2 PT 泵的工作情况（装有 MVS 调速器，节流阀开度一定）

柴油机工况	齿轮泵流量和压力	飞锤离心力	PTG 调速器弹簧状况				PTG 柱塞位置	油路状况			油流顺序
			低速扭矩弹簧	高速扭矩弹簧	怠速弹簧	高速弹簧		怠速油路	正常工作油路	旁通油路	
起动	很小	很小	压缩	松开	受力	松开	最左位置	通	通	关死。齿轮泵油压很小，不能使调速器柱塞和压力控制钮分开	全部燃油→节流阀 →怠速油路 > MVS 调速器→喷油器
怠速	稍增大	稍增大	压缩	松开	稍压缩	松开	稍向右移	通	通	通。油压已能使柱塞和压力控制钮分开	大部分燃油→节流阀 →怠速油路 > MVS 调速器→喷油器（少量旁通）
中速	增大	增大	压缩	受力	压缩	松开	向右移	关死	通	通。油压已能使柱塞和压力控制钮分开	部分燃油→节流阀→MVS 调速器→喷油器（部分旁通）
高速	增大	增大	松开	压缩	压缩	松开	向右移	关死	通	通。油压已能使柱塞和压力控制钮分开	部分燃油→节流阀→MVS 调速器→喷油器（部分旁通）
标定转速	增大	增大	松开	压缩	压缩到极端位置	受力	向右移	关死	通	通。油压已能使柱塞和压力控制钮分开	大部分燃油→节流阀→MVS 调速器→喷油器（少量旁通）
超速	增大	增大	松开	压缩	压缩到极端位置	压缩	最右位置	关死	通	通。柱塞上的 4 个小孔露出柱塞套，对准旁通油路	少量燃油→节流阀→MVS 调速器→喷油器（大量燃油经柱塞上的小孔旁通）

在柴油机正常工作时，转动双臂杠杆 7 压缩调速弹簧 9 使其具有一定的弹力。这时，怠速弹簧被完全压缩不起作用。调速弹簧弹力与油压的平衡，使柴油机在油门操纵杆所定的转速下运转。如此时转速变化，则由于油压的改变使柱塞移动，就改变了正常工作油路的流通面积，从而使柴油机的转速保持稳定。

低速限制螺钉 6 和高速限制螺钉 8 都是可以调整的。

在 NT-855 型柴油机的 PT 泵上，装有另一种 VS 调速器（可变转速调速器）。它也是一种全程调速器。VS 调速器是利用双臂杠杆控制的 VS 调速弹簧的弹力与 VS 飞锤的离心力相平衡来达到全程调速的。而 MVS 调速器是利用双臂杠杆控制的 MVS 调速弹簧的弹力与油压的平衡来实现全程调速的。图 6—60 为 PTG-VS 燃油泵的结构。

4. 切断阀

在 PT 泵出口处装有一电磁和手动两用的切断阀（图 6—57 中的 54）。接通电流时，磁力将阀门吸向右方（图 6—58），使油路接通。切断电流时，在弹簧作用下，阀门关闭，油路被切断，柴油机熄火。

为了在电路发生故障时，也可以操纵切断阀，故在切断阀上装有一个旋钮（图 6—58 中的

27)。拧进旋钮时，就可顶开阀门；退出旋钮时，柴油机就熄火。

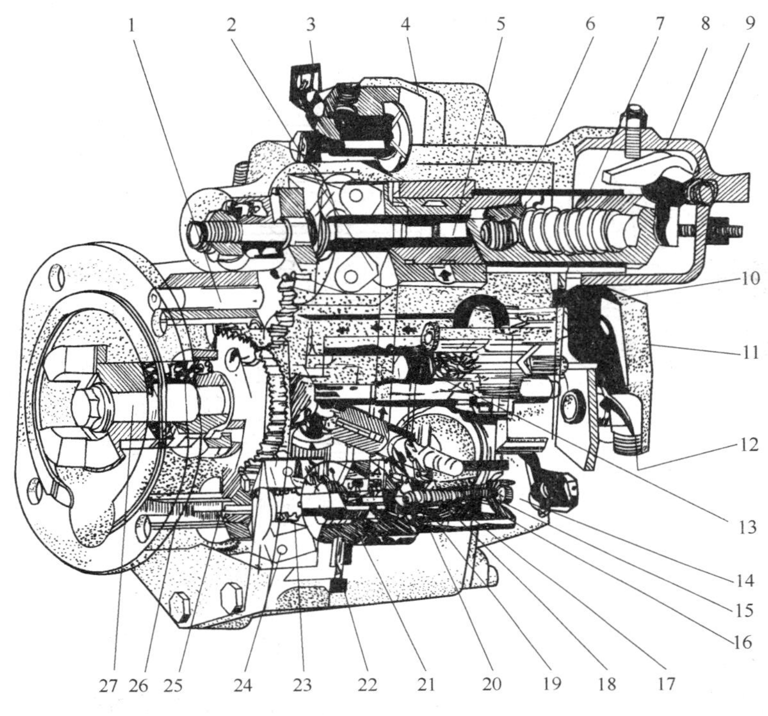

图 6—60　PTG-VS 燃油泵的结构

1—传动齿轮及轴；2—VS 调速器飞锤；3—去喷油器的燃油；4—切断阀；
5—VS 调速器柱塞；6—VS 怠速弹簧；7—VS 高速弹簧；8—VS 调速器；9—VS 油门轴；
10—齿轮泵；11—脉冲减震器；12—自滤清器来的燃油；13—压力调节阀；
14—PTG 调速器；15—怠速调整螺钉；16—卡环；17—PTG 高速弹簧；18—PTG 怠速弹簧；
19—压力控制钮；20—节流阀；21—滤清器滤网；22—PTG 调速器柱塞；
23—高速扭矩弹簧；24—PTG 调速器飞锤；25—飞锤柱塞；26—低速扭矩弹簧；27—主轴。

5. 空燃比控制器(AFC)

增压柴油机在低速、大负荷或加速时容易冒黑烟。因为柴油机增压后，喷油泵的供油量已经增大。当转速很低时，废气涡轮在发动机低排气能量下工作，压气机在低效率区内运行，提供的空气量不足，于是油多气少，因而引起排气冒烟。为此，早期生产的康明斯增压柴油机，在 PT 泵油路以外装置了一种真空式空燃比控制器(或称无液气压计控制器)。它实际是一种冒烟限制器，可以随着进入气缸的空气量的多少来改变对气缸的供油量，并能把多余的燃油分流回燃油箱，以使发动机减少排气冒烟。

近期生产的康明斯增压发动机，采用了一种新式的 AFC 空燃比控制器。它可随时按照进入气缸内空气量的多少来合理供油，从而取代了早期使用的以燃油接通-切断、余油分流来限制排烟的真空式空燃比控制器。

AFC 控制器装在 PT 泵内节流阀与切断阀(电磁阀)之间(见图 6—61)。在 PTG-AFC 燃油泵中，燃油离开节流阀后先经过 AFC 装置再到达泵体顶部的切断阀。而在 PTG 燃油泵中，燃油从节流阀经过一条通道直接流向切断阀。

AFC 控制器的结构及作用原理如图 6—62 所示。燃油在流出调速器并经过节流阀后进入 AFC 控制器。当没有受到涡轮增压器供给的空气压力时，柱塞 13 处于上端位置，于是柱塞就关闭了主要的燃油流通回路，由无充气时调节阀 6 位置控制的第二条通路供给燃油（图 6—62a）。无充气时调节阀直接装在节流阀盖板里的节流阀轴的上边。

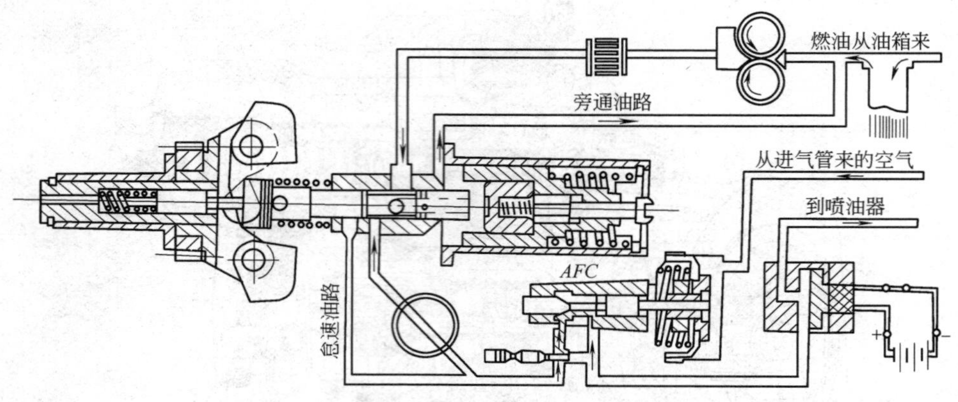

图 6—61 PTG-AFC 燃油泵燃油流程

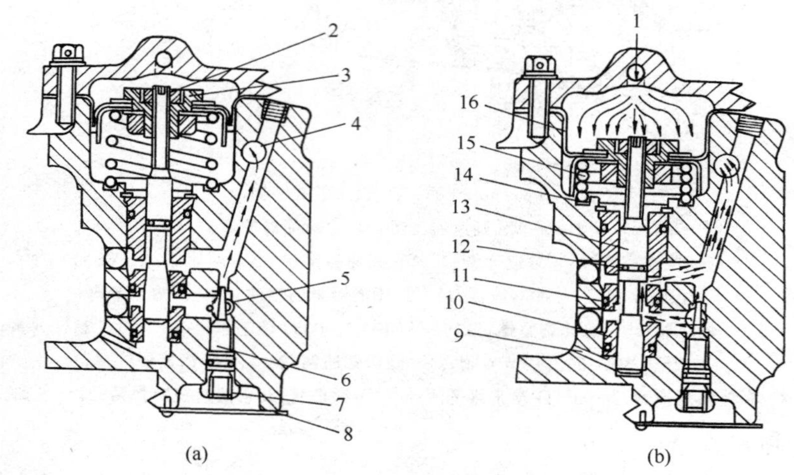

图 6—62 AFC 控制器内的燃油流动

(a)柱塞处于无充气状态；(b)柱塞处于充满气位置。

1—进气歧管空气压力；2—锁紧螺母；3—中心螺栓；4—到切断阀的燃油；5—从节流阀来的燃油；6—无充气时调节阀；7—锁紧螺母；8—节流阀盖板；9—到泵体的通孔；10—柱塞套；11—柱塞套密封；12—柱塞密封；13—AFC 控制柱塞；14—垫片；15—弹簧；16—膜片。

当进气歧管压力增大或减小时，AFC 柱塞就起作用，使得供给的燃油成比例的增加或减少。当压力增大时，柱塞下降，柱塞与柱塞套之间的缝隙增大，燃油流量增加（图 6—62b）；反之，压力减小则柱塞缝隙变小，燃油流量减少。这样就防止了燃油-空气的混合气变得过浓而引起过度的排气冒烟。AFC 柱塞的位置由作用于活塞和膜片的进气歧管空气压力与按比例移动的弹簧的相互作用而定。

因此，当发动机油门全开超负荷运转的工况发生时，燃油流经 AFC 装置就不受限制。在运输中减速后、换挡期间、关闭节流阀下坡运行，或在调速特性曲线的轻负荷区段工作时，

AFC 装置同样能控制燃油的流量，故燃油经济性较好。

AFC 控制器与真空式控制器相比，由于其特性曲线比较平滑*（见图 6—63），因而改善了增压发动机的低速性能。例如，减少有害排放物、降低平均加速烟度、提高扭矩等（见图 6—64）。

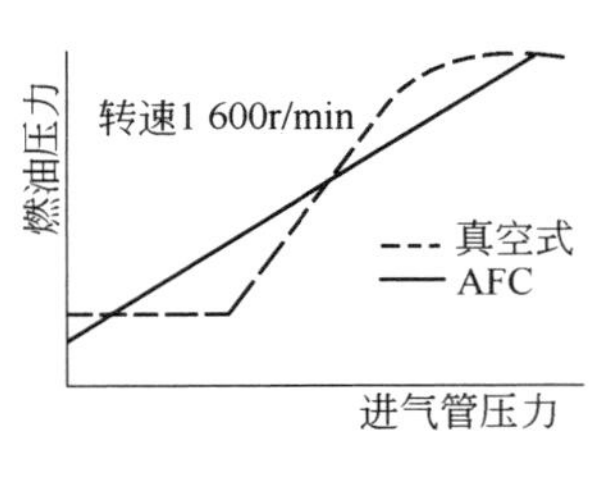

图 6—63　AFC 与真空式控制器特性曲线的比较

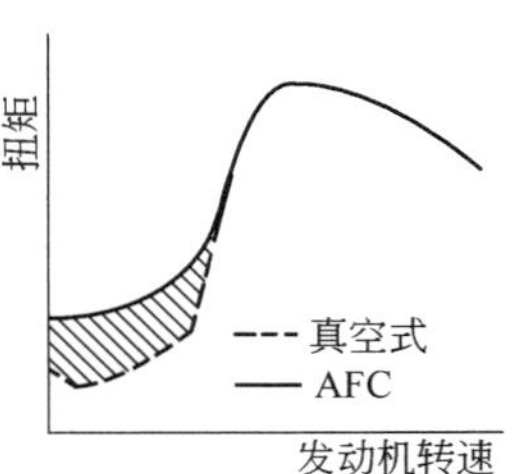

图 6—64　AFC 与真空式控制器扭矩曲线的比较

三、喷油器

PT 喷油器装在气缸盖上，其下端伸入燃烧室。喷油器的功用是对燃油进行计量、加压并将其喷入燃烧室。

PT 喷油器分为法兰型和圆筒型两种。法兰型喷油器用法兰安装在气缸盖上，每个喷油器都装有进回油管；而圆筒型喷油器的进回油管道则钻在气缸盖内，且没有安装法兰，它是靠安装轮或压板压在气缸盖上的。

圆筒型喷油器又分为 PT 型、PTB 型、PTC 型、PTD 型以及近期发展的 PT-ECON 型等。PT-ECON 型喷油器适用于对排气污染要求严的柴油机上。目前，康明斯 N 系列、K 系列柴油机均采用圆筒型喷油器。

法兰型和圆筒型喷油器的工作原理基本相似，但结构上却有所差异。因而各种类型的 PT 喷油器，其实际工作过程亦有所不同。现以 NH-220-CI 型柴油机上采用的法兰型喷油器为例，说明 PT 喷油器的工作原理。

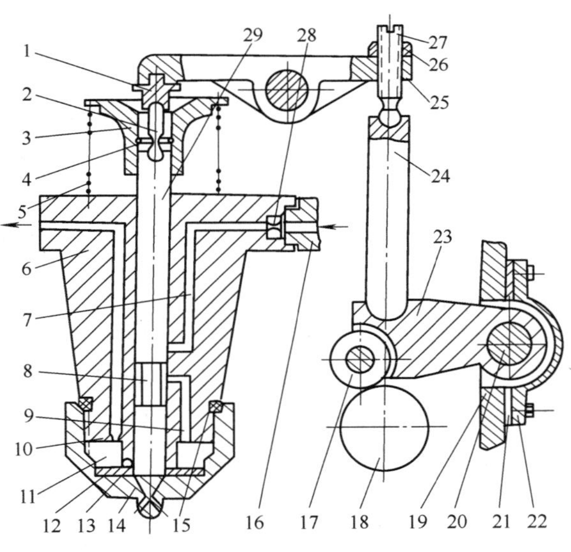

图 6—65　喷油器

1—连接块；2—连接杆；3—弹簧座；4—卡环；5—弹簧；6—喷油器体；7—进油道；8—环状空间；9—垂直油道；10—回油量孔；11—储油室；12—计量量孔；13—垫片；14—油嘴；15—密封圈；16—连接管；17—滚轮；18—喷油凸轮；19—发动机机体；20—滚轮架轴；21—调整垫片；22—滚轮架盖；23—滚轮架；24—推杆；25—摇臂；26—锁紧螺母；27—调整螺钉；28—进油量孔；29—柱塞。

喷油器（图 6—65）主要由喷油器体 6、柱塞 29、油嘴 14、弹簧 5 及弹簧座 3 等组成。油嘴 14 下端有 8 个直径约为

* AFC 所控制的燃油压力的变化趋势呈直线上升，而真空式的燃油压力波动明显。

0.20 mm的喷孔*。喷油器体 6 的油道中有进油量孔 28、计量量孔 12 和回油量孔 10。

柱塞 29 由喷油凸轮 18(在配气凸轮轴上)通过滚轮 17、滚轮架 23、推杆 24 及摇臂 25 等驱动。

喷油凸轮具有特殊的形状(图 6—66),它是反时针方向旋转的(自正时齿轮端看去),它的转速是曲轴转速的一半。

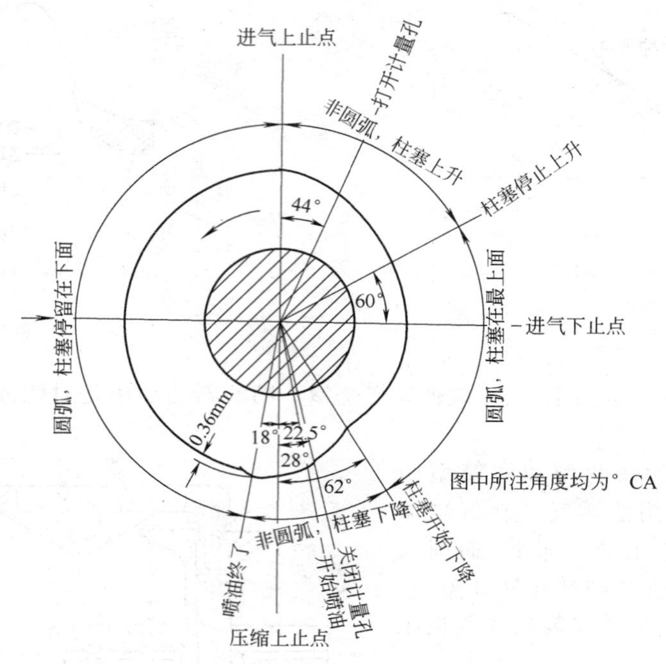

图 6—66 喷油凸轮的外廓

进气行程中,滚轮在凸轮凹面上滚动并向下移动。当曲轴转到进气行程上止点时,柱塞 29 在弹簧 5 的弹力作用下开始上升,柱塞上的环状空间 8 将垂直油道 9 与进油道 7 沟通,此时计量量孔还处于关闭状态。从 PT 泵来的燃油就经过进油量孔 28、进油道 7、环状空间 8、垂直油道 9、储油室 11、回油量孔 10 和回油道而流回浮子油箱。燃油的回流可使喷油器得到冷却和润滑。

曲轴继续转到进气行程上止点后 44°CA 时,柱塞上升到将计量量孔 12 打开的位置。计量量孔打开后,燃油经计量量孔开始进入柱塞下面的锥形空间。

当曲轴转到进气下止点前 60°CA 时,柱塞便停止上升,随后柱塞就停留在最上面的位置,直到压缩上止点前 62°CA 时,滚轮开始沿凸轮曲线上升,柱塞开始下降。到压缩上止点前 28°CA 时,计量量孔关闭。

计量量孔的开启时间和 PT 泵的供油压力便确定了喷油器的每循环喷油量。

随后,柱塞继续下行,到压缩上止点前 22.5°CA 时开始喷油,锥形空间的燃油在柱塞的强压下以很高的压力(约98 MPa)成雾状喷入燃烧室。

柱塞下行到压缩上止点后 18°CA 时,喷油终了。此时,柱塞以强力压向油嘴的锥形底部,使燃油完全喷出。这样就可以防止喷油量改变和残留燃油形成炭化物而存积于油嘴底部,柱塞压向锥形底部的压力可用摇臂上的调整螺钉调整,调整时要防止压坏油嘴。

---

* 康明斯 NH-220-CI、N-855 型柴油机孔径为0.1778 mm;NT-855、NTA-855 型柴油机孔径为0.2032 mm。

在柱塞下行到最低位置时凸轮处于最高位置。其后凸轮凹下0.36 mm，柱塞即保持此位置不变直到作功和排气行程终了。

在滚轮架盖22(图6—65)与发动机机体19之间装有调整垫片21，此垫片用以调整开始喷油的时刻。垫片加厚，则滚轮架23右移，开始喷油的时刻就提前。反之，垫片减少，滚轮架左移，喷油就迟后。

摇臂上的调整螺钉27(图6—65)用以调整喷油器柱塞压向锥形底部的压力。调整采用扭矩法，即用扭力扳手将螺钉的扭矩调整到一定值。调整时，该缸活塞应处于压缩上止点后90°CA的位置。

四、PT燃油系统的特点

综上所述可见，PT燃油系统有以下特点：

(1)喷油定时由配气凸轮轴决定，安装PT泵时无需调整喷油定时。

(2)PT燃油系统结构紧凑，整个系统中只有喷油器中有一付精密偶件，精密偶件数较采用柱塞式喷油泵的燃油系统大为减少。

(3)由于高压只在喷油器中产生，PT泵以较低的压力工作(出口压力约为0.8～1.2 MPa)。没有高压油管也没有高压接头，消除了压力波动的问题。它可以采用很高的喷油压力，燃油雾化质量好，而且也不存在高压漏油的问题。

(4)由于PT燃油系统是利用油压调节的，在油泵磨损时，具有自动补偿的能力，供油量不会下降，不用重新调整。

(5)有相当数量的燃油(约80%)经过喷油器回流，可对喷油器进行冷却和润滑，并可把可能存在于油路中的气泡带走。回流的燃油带了喷油器的热量直接流回浮子油箱，在冬季，还可以起到加热油箱中燃油的作用。

(6)喷油器可单独更换，因此不必像柱塞泵那样须在试验台上进行供油均匀性的调整。

但是，在实际使用中，PT燃油系统还存在下列缺点：

(1)康明斯NH、N及K系列柴油机上采用的PT泵，由于除了PTG调速器外还装有MVS或VS调速器，增压机型还装有AFC控制器，故结构上仍比较复杂。

(2)PT燃油系统的喷油器由于采用扭矩调整法调整，如调整不当时可能引起燃油雾化不良，排气严重冒黑烟和功率下降，有时甚至可能将喷嘴压坏，往往导致喷油器油嘴脱落。

(3)PT泵须在专用的PT燃油泵试验台上进行调试，使用中仍感不便。

第十一节　电控柴油喷射系统

近年来，人们的环保意识日益增强，对柴油机的工作性能，要求其具有高动力性的同时，还应达到低排放、低油耗，这就不仅要求柴油机的喷油量和喷油正时随转速及负荷的变化而发生模式较为复杂的变化，而且必须要对进气温度、压力等因素加以补偿，故传统的机械式燃油喷射系统因其存在控制自由度小、控制精度低、响应速度慢等缺点而无法满足高性能的使用要求，因而电控柴油喷射系统的应用也就成为必然的趋势，它与汽油机的电子控制系统相似，本节仅就柴油机电子控制的不同之处作一简单介绍。

一、系统的组成及功能

(一)系统的基本组成

柴油机的电子控制燃油喷射系统主要由传感器、控制器和执行器组成，其原理框图如图6—67所示。

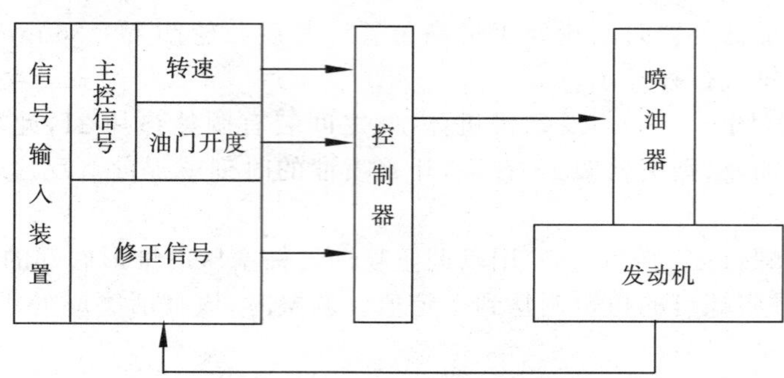

图 6—67 柴油机电子控制燃油喷射系统基本组成

柴油机气缸内燃烧过程极为复杂,影响因素很多,除转速和负荷外,进气温度、冷却水温、进气压力等因素对喷油量和喷油正时都有影响。普通机械控制式喷油泵只能对转速和负荷的变化作出反应,而电子控制系统则可对多种影响因素通过相应的传感器向控制器输入信号,经分析处理后向执行器发出控制指令,控制精度可大大提高。

现有产品化的电喷系统采用的基本控制方法大多为:以发动机转速和负荷为反映发动机实际工况的基本信号,参照由发动机试验得出的三维 MAP 来确定基本喷油量和喷油正时,然后对其进行各种补偿,从而得到较佳的喷油量和喷油正时。

(二)系统的功能

1. 喷油量控制:基本喷油量控制、怠速稳定性控制、起动时的喷油量控制、加速时的喷油量控制、各缸喷油量偏差的补偿控制、恒定车速控制。

2. 喷油正时控制:基本喷油正时控制、起动时的喷油正时控制、低温时的喷油正时控制。

3. 喷油压力控制:基本喷油压力控制。

4. 喷油速率控制:预喷射和可变喷油速率控制。

5. 附加功能:故障自诊断、数据通信、传动系统控制、废气再循环控制、进气管吸气量控制等。

二、几种典型电控柴油喷射系统

20 世纪 70 年代以来,随着微电子技术和新型传感器的不断发展,柴油机的电控系统也得到了很大的发展,先后推出了位置控制、时间控制、时间控制+共轨控制三代产品。

(一)位置控制系统

位置控制式电喷系统是一种电控喷油泵系统,传统柱塞式喷油泵中的调节齿杆、滑套、柱塞上的斜槽等控制油量的机械传动机构都原样保留,只有将原有的机械控制机构用电控元件来取代,使控制精度和响应速度得以提高。这种系统的优点是只要用电控泵及其控制部件代替原有的机械式泵就可转为电喷系统,柴油机的结构几乎无须改动,故生产继承性好,便于对现有机械进行升级改造。缺点是控制自由度小,控制精度较差,喷油速率和喷油压力难于控制。图 6—68 所示为日本电装公司 ECD-V_1 系统,它是在 VE 型分配泵上进行电子控制的系统。该系统保留了 VE 型分配泵上控制喷油量的溢流环,取消了原来的机械调速机构,采用一个布置在泵上方的线性电磁铁,通过一根杠杆来控制溢流环的位置,从而实现油量的控制,并有溢流环位置传感器作为反馈信号,实现闭环控制。喷油正时控制也保留了 VE 型分配泵上原有的液压提前器,它用一个正时控制电磁阀来控制液压提前器活塞的高压室和低压室之间的压差。当电磁阀通电时,吸动铁心,高压室与低压室形成通路,两室之间压力差消失,在回位弹簧的作用下,提前器活塞复位,带动滚轮架转动,形成喷油提前。同时系统中还设置了供油

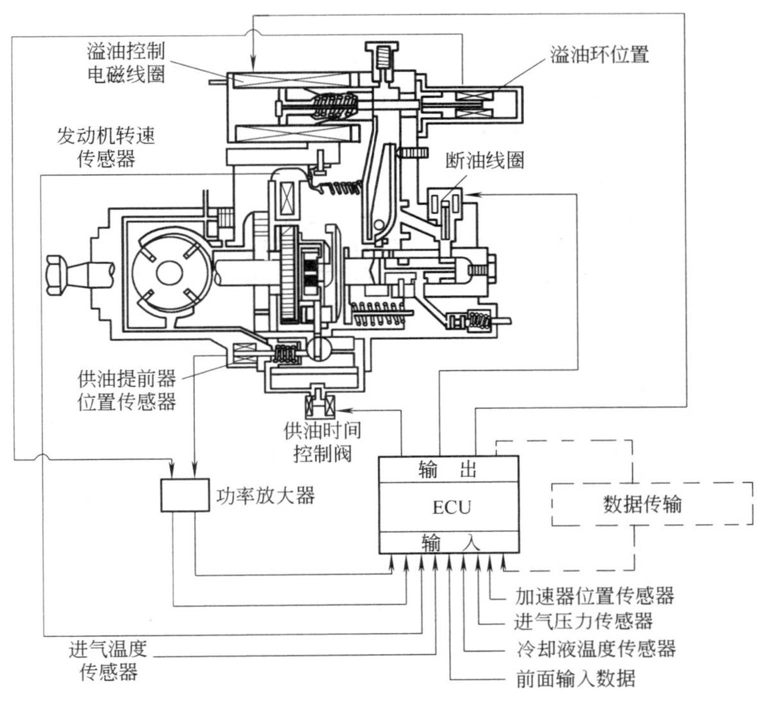

图 6—68　日本电装公司 ECD-V_1 电控喷油系统

提前器活塞位置传感器，形成了喷油正时的闭环控制。

(二)时间控制系统

时间控制式电喷系统是将原有的机械式喷油器改用带有高速强力电磁铁的喷油器，以脉冲信号来控制电磁铁的吸合与放开，该动作又控制喷油器的开启与关闭，从而使喷油正时和喷油量的控制极为灵活，控制自由度和控制性能都比位置控制系统高得多。该系统的难点在于加快高速强力电磁铁的响应速度，其不足为喷油压力无法控制。图 6—69 为直列泵时间控制电控燃油喷射系统示意图。该系统保留了泵-管-嘴系统，但是在高压管上加一个高速电磁阀，变成了泵-管-阀-嘴系统。采用高速电磁溢流阀控制喷油量和喷油正时后，柱塞只承担供油加压功能，使喷油泵结构简化和强化，高压供油能力提高。通过凸轮和柱塞的强化设计，使主供油速率进一步提高。当高速电磁阀快速打开，高压燃油高速泄流，喷射就结束。

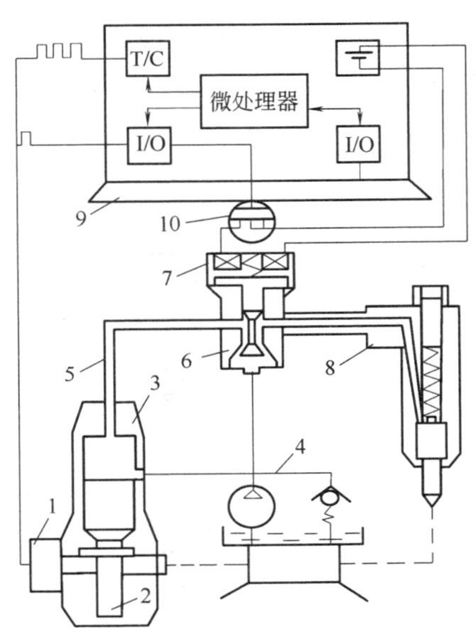

图 6—69　时间控制直列泵电喷系统示意图
1—增量式凸轮角度编码器；2—凸轮；
3—简化式喷油泵；4—低压系统；5—油管；
6—旁通溢流阀；7—高速电磁铁；8—喷油器；
9—电子控制单元；10—功率开关电路。

(三)共轨＋时间控制式系统

共轨式电控喷射系统是指该系统中有一条公共

油管,用高压(或中压)输油泵向共轨(公共油道)中泵油,用电磁阀进行压力调节并由压力传感器反馈控制。有一定压力的柴油经由共轨分别通向各缸喷油器,喷油器上的电磁阀控制喷油正时和喷油量。喷油压力或直接取决于共轨中的高压压力,或由喷油器中增压活塞对共轨来的油压予以增压。共轨式电控喷射系统的喷油压力高且可控制,又可以实现喷油速率的柔性控制,以满足排放法规的要求。图 6—70 所示为美国 BKM 公司开发的 Servojet 系统示意图。

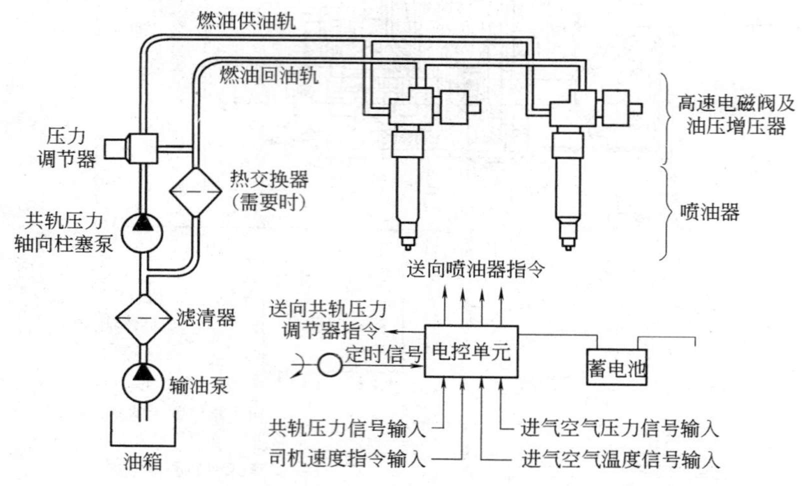

图 6—70 Servojet 系统示意图

该系统中输油泵为一低压的电动叶片泵,共轨压力轴向柱塞泵为一个中压泵,输油压力为 2～10 MPa。轴向柱塞泵把燃油送到共轨中,共轨压力由压力调节器根据 ECU 指令予以调节。

Servojet 系统的工作原理如图 6—71 所示。当电磁阀通电时,关闭了回油道,共轨燃油进入增压活塞上方,活塞下行。增压活塞面积比增压柱塞面积大 10～16 倍,因此10 MPa的共轨

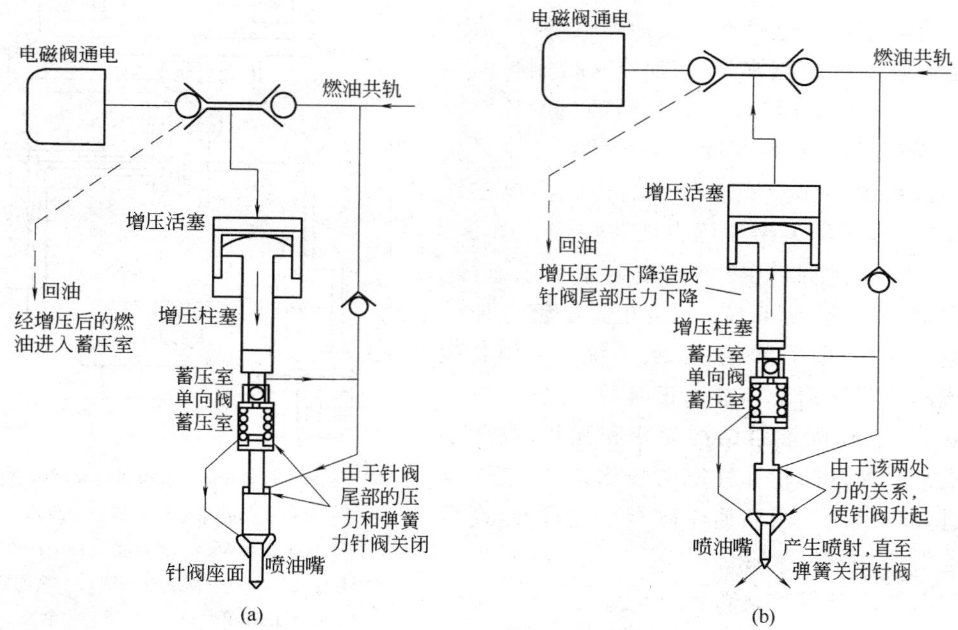

图 6—71 Servojet 系统工作原理图

燃油在增压柱塞下方增压到 100～160 MPa。高压燃油通过蓄压室单向阀进入蓄压室及喷油嘴存油槽和针阀上部，此时针阀由于针阀尾部的压力和喷油嘴弹簧的弹力不会升起喷油。当电磁阀断电时，回油通路打开，由于三通阀的联动作用，共轨燃油不能进入增压活塞上方，增压活塞上方的燃油通过回油管道而卸压，增压活塞和增压柱塞上行，导致增压柱塞下方和针阀尾部上的油压也降下来，蓄压室中高压燃油通过喷油嘴存油槽作用在针阀上使针阀向上抬起，实现高压喷射。喷油始点取决于电磁阀打开的时刻，而喷油量却取决于共轨中的油压。共轨中电磁压力调节阀根据运行工况要求，由 ECU 控制将共轨中燃油的压力升高或降低。由于增压活塞和增压柱塞面积之比对某种机型来说是一个定值，共轨中油压高，蓄压室内的油压也高，喷油开始后，随着燃油的喷出，油压不断下降，当蓄压室内的油压下降到针阀存油槽内的作用力低于喷油嘴弹簧预紧力，针阀就关闭。针阀关闭的压力是不变的，因此共轨中的压力调节就起到了喷油量调节的作用。

(四)泵-喷嘴的电子控制系统

电控泵-喷嘴(图 6—72)由喷油器 1、供油柱塞 4、电磁阀 5 组成。

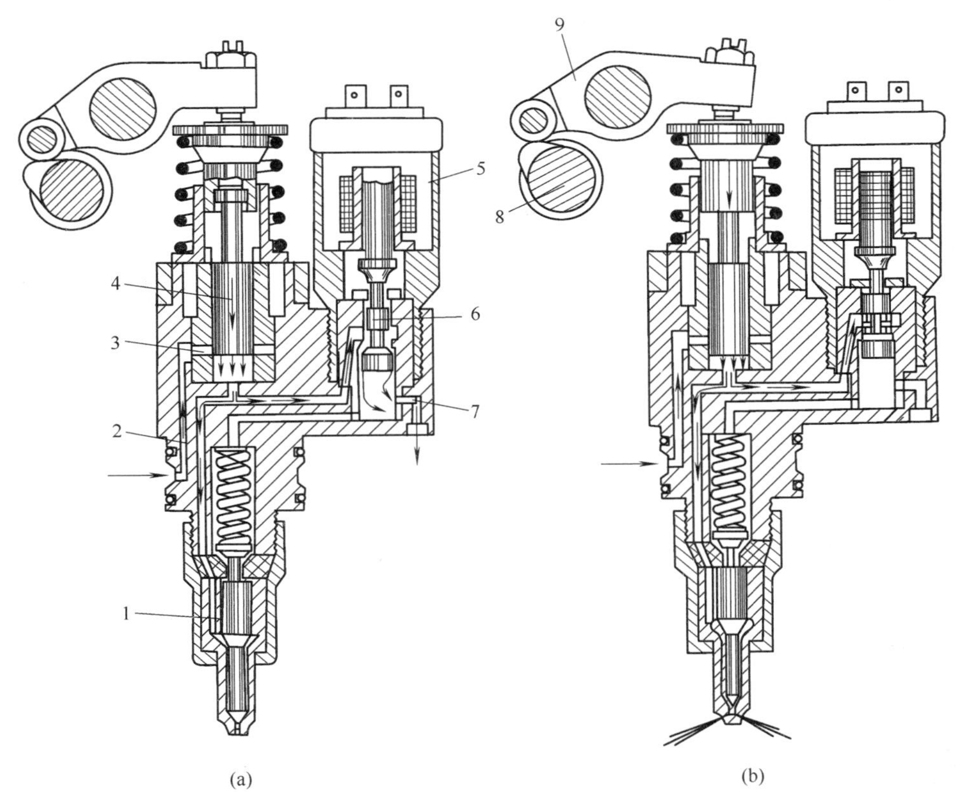

图 6—72　电控泵-喷嘴

(a)不喷油；(b)喷油。

1—喷油器；2—进油道；3—进油口；4—供油柱塞；5—电磁阀；

6—电磁阀柱塞；7—回油道；8—凸轮；9—摇臂。

在不供油状态，供油柱塞 4 在弹簧作用下，处于上部位置。泵-喷嘴内充满输油泵经进油道 2、进油口 3 供给的低压燃油。当凸轮 8 通过摇臂 9 驱动柱塞 4 向下运动时，柱塞将进油口 3 关闭，燃油经电磁阀 5 的内油道、回油道 7 流出(图 6—72a)。如果电控单元送出一个关闭电磁阀 5 的信号，电磁阀柱塞 6 向上运动，关闭通往回油道 7 的内油道。燃油在柱塞向下运动时受压，并克服喷油器上的弹簧作用力喷入气缸内(图 6—72b)。经过一定时间后，电磁阀开启，燃油卸压，喷油结束。从喷油器上部漏出的燃油经回油道 7 流出。

电控泵-喷嘴的喷油时间和喷油量只取决于驱动电磁阀的信号时间和信号长短。快速、精确、重复性好的电磁阀是电控泵-喷嘴的核心部件。

高响应的电磁阀和很小的高压系统容积，不但使电控泵-喷嘴的燃油喷射压力可超过150 MPa，而且可很快结束喷射，使有足够的时间产生具有适当燃烧速率的高压燃烧气体。

第七章 电气设备

内燃机电气设备是内燃机的重要组成部分，在传统的内燃机上，电气设备所占比例较小，随着技术的发展，人们对内燃机的动力性、经济性和环保要求提高了很多，传统的机械控制方式的内燃机已不能满足使用要求。电子技术和电控系统在内燃机上得到了广泛的使用，电气设备的重要性也更加突出。

由于汽车和工程机械多以内燃机为动力，因此内燃机的电气设备又往往是汽车及工程机械的主要组成部分。一般内燃机的电气设备由电源系统、点火系、起动系及仪表等组成。在电控汽油机和电控柴油机中还有电控系统(参见第五、六章)。除电控系统外，内燃机的电路多采用单线制，即电源的正极与各用电设备的相应端用导线相连，而电源的负极则与机体等金属构件相连，俗称为“搭铁”。

第一节 电源系统

内燃机的电源系统，一般由发电机及蓄电池组成。电源除必须保证向内燃机本身各用电设备供电外，往往还同时要满足汽车及工程机械的全部用电设备的供电要求。由于采用了蓄电池，内燃机的电源都是直流电源。发电机的容量除必须满足内燃机及工程机械正常工作时的全部用电量外，还要给蓄电池充电，以补充蓄电池在起动内燃机时电能的消耗。而蓄电池主要是为了起动内燃机而设置的。

一、蓄电池

蓄电池是内燃机及以内燃机为动力的机械的电源之一，主要用于起动内燃机，有时又称起动蓄电池。当内燃机未起动或转速很低时，蓄电池也能帮助发电机或取代发电机向整机用电设备供电。

因主要用于起动内燃机，蓄电池不仅应有足够的放电量(容量，A·h)，而且电池内阻要很小，才能获得足够大的放电电流。一般汽油机起动时，蓄电池放电电流高达 300～500 A，柴油机更大，达1 000 A以上。

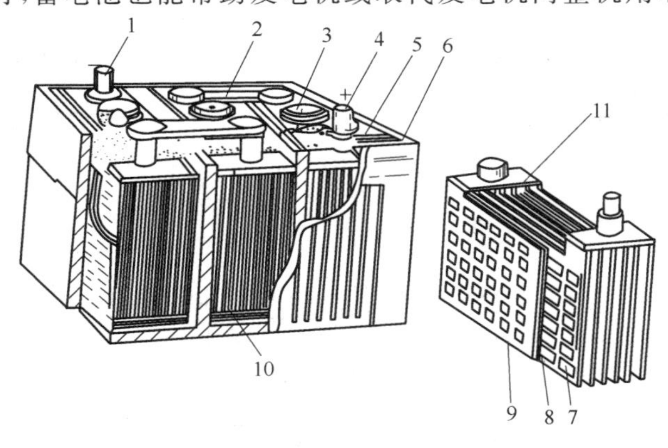

图 7—1 蓄电池的构造

1—负极柱；2—连接条；3—加液口盖；4—正极柱；5—盖子；6—外壳；7—正极板；8—隔板；9—负极板；10—肋条；11—脊梁。

目前起动蓄电池多用酸性蓄电池，亦称铅蓄电池。碱性蓄电池成本较高应用不多。铅蓄电池由正负极板、隔板、容器、电解液等组成，如图 7—1 所示。图中的蓄电池由 3 个单格串联组成，每个单格电压约2 V，额定电压为6 V。常见的还有 6 个单格组成的12 V的蓄电池。

蓄电池的极板由铅锑合金浇铸成的栅架及栅架格内填满的活性物质组成。正极板的活性物质为棕色二氧化铅，负极板的活性物质为海绵状纯铅。

蓄电池的容器内安装极板及盛放电解液。电解液是稀硫酸。配制电解液时，必须用化学纯以上的高纯度浓硫酸，禁用工业硫酸，稀释液是蒸馏水。电解液中若含杂质会引起自行放电。

蓄电池内电解液的比重与蓄电池的充电状态有关，可用比重计测量电解液的比重来确定蓄电池的充电状态。同时，比重又受温度的影响，15 ℃时，全充电状态的蓄电池的电解液比重应为 1.28 左右。蓄电池本身的内阻虽然很小，但并不为零。因此，对蓄电池充电时，会引起电解液的温度升高，气温的变化也会引起电解液比重的变化。温度变化对比重的影响可用下式换算：

$$d_{15}=d_t+0.0007(t-15) \tag{7—1}$$

式中 d_t——温度为 t℃时，电解液实测比重；

d_{15}——换算为15 ℃后的电解液比重；

t——电解液的实测温度(℃)。

为了保持蓄电池的使用性能，延长寿命，使用中的蓄电池应经常保持在全充电状态。

蓄电池的容量是指在放电允许的范围内，蓄电池输出的电量，单位是 A·h。若以 Q 表示容量，则

$$Q=\int_0^T I\mathrm{d}T \tag{7—2}$$

式中 I——放电电流(A)；

T——放电时间(h)。

Q 并不是一个常数，它与放电电流 I 的大小及放电时间的长短有关，与放电时的温度也有关。蓄电池上标定的容量是在温度为30 ℃、以一定的电流值连续放电10 h，到单格电压降到1.7 V时所得的电量，称额定容量。如 3-Q-84 型(3 表示有 3 个单格、Q 表示起动型、84 表示10 h放电制时的额定容量)蓄电池，在10 h放电制下放电电流为8.4 A，或是以8.4 A电流放电连续10 h，单格电压将降到1.7 V。但相同温度下(30 ℃)，以250 A电流放电，5 min，单格电压便会降至1.5 V。蓄电池在这种条件下的容量称为起动容量，其大小为 $250\times\frac{5}{60}=20.8$ A·h，尚不足额定容量的 1/4。若温度降低，容量还要降低。所以，冬季蓄电池的容量比夏季要小，这将进一步增加了内燃机冬季起动的困难性。

二、发 电 机

发电机是内燃机和汽车或工程机械的主要电源。在内燃机正常工作时，它要向机械的全部用电设备供电，还将多余电能向蓄电池充电，以保证蓄电池能经常处在全充电状态下。这对蓄电池的寿命及内燃机的可靠性都是重要的。若发电机工作不良，会使蓄电池充电不足，发动机起动困难。保持发电机及其调节器的正常工作，对提高汽车或工程机械的可靠性及生产率都是很重要的。因为任何机械的其他工作装置只有在发动机起动后才能发挥作用。

早期内燃机使用的发电机为直流发电机，直流发电机在结构上存在着弱点，它的整流子由许多相互绝缘的铜片组成，通过碳刷与接线柱联结，不适宜高速运转。为不使发电机在内燃机

高速时超速，可调整内燃机与发电机之间的速比，但又会出现内燃机在低速运转时，发电机因转速过低而不能输出足够高的电压向蓄电池充电，而且直流发电机的体积大，铜耗高。从20世纪60年代硅整流交流发电机问世后，直流发电机逐渐被它所取代。目前内燃机使用的发电机已全部采用硅整流交流发电机。与直流发电机相比，硅整流交流发电机具有如下优点：

(1)体积小、质量轻、结构简单(见图7—2)、维修方便、使用寿命长，一般可达5 000 h以上。其磨损部件实际上只有滚动轴承。只通过激磁电流的电刷几乎没有磨损，发电机寿命实际上只取决于滚动轴承的寿命。

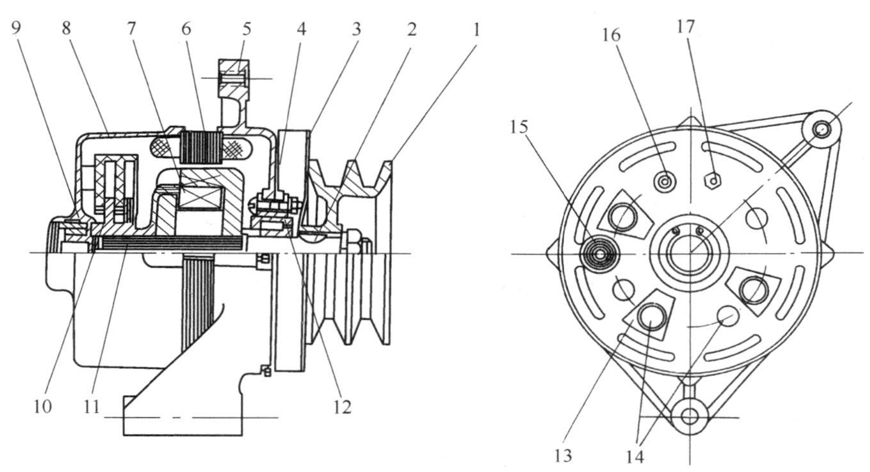

图7—2　JF13型硅整流发电机

1—皮带轮；2—半圆键；3—风扇；4—前轴承；5—前盖；6—定子绕组的环状铁心；7—转子励磁绕组；8—后盖；9—后轴承；10—电刷；11—滑环；12—挡尘圈；13—整流元件板；14—硅二极管；15—电枢接线柱；16—磁场接线柱；17—搭铁接线柱。

(2)内燃机低速运转时对蓄电池充电性能好。这是因为硅整流发电机的转子绕组是磁场线圈，通过的电流是很小的激磁电流，而且电刷与转子轴上的两个光滑的圆环接触，不会产生火花。这就可将内燃机与发电机之间的传动比减小，使在同样的发动机转速下，发电机可得到较高的转速，甚至发动机怠速运转时也能向蓄电池充电。

(3)直流发电机由于电刷与整流子之间火花产生的干扰电波，对各种无线电接收机会产生干扰，而硅整流发电机没有火花，干扰小得多。

(4)可以简化与发电机相匹配的调节器结构。原来配直流发电机的调节器由节压器、限流器和断流器三部分组成。而硅整流发电机只需一组节压器就可以了。因为整流器的二极管具有单向导电性，反向电流不能流过二极管，所以不需断流器。另外，硅整流发电机自身有一种限制最大输出电流的作用，所以也不需要限流器。

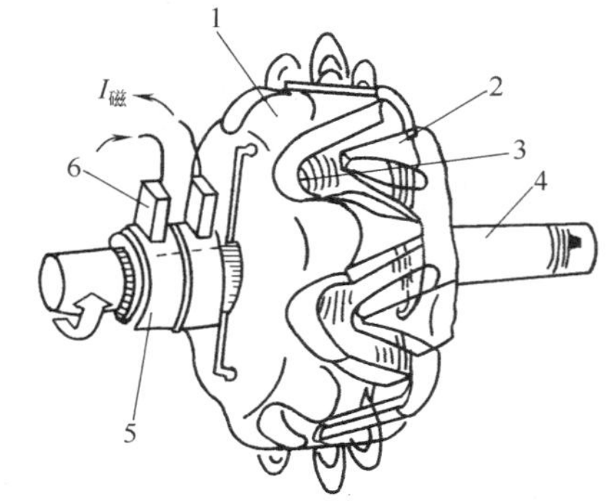

图7—3　硅整流发电机的转子

1、2—鸟嘴形磁极；3—磁场绕组；4—轴；5—滑环；6—电刷。

(一)硅整流发电机的构造

各种型号的硅整流发电机的基本构造大致是相同的。图7—2为JF13系列硅整流发电机的结构图。

1. 转子

转子是硅整流发电机的磁场部分(图7—3)，它主要由磁场绕组3、鸟嘴形磁极(爪极)1、2和滑环5组成。磁极多为6对，由两个爪极组成，一为N极另一为S极。二磁极间放励磁绕组3，它是直接绕在尼龙骨架上的。爪极和放励磁绕组的圆柱形磁轭(图中未表示)均压装在滚有花纹的轴4上。励磁绕组的两个端头从爪极的两个小孔中引出，分别焊在两个滑环5上。爪极与磁轭用低碳钢制造。滑环由两个彼此绝缘的铜环组成，中间用玻璃纤维塑料与铜环牢固地结合在一起后再压到轴上。此二铜环与装在后端盖上的两个电刷6相接触，再用两个接线柱分别引到电机外部。

2. 定子

定子由铁心及定子绕组组成，如图7—4所示。定子铁心由内圆带槽的环状硅钢片叠制而成。定子固定在两端盖间(参见图7—2中6)。定子槽内置有三相绕组，按星形接法连接。每组绕组的尾端X、Y、Z联在一起。首端A、B、C分别与元件板和端盖上的硅二极管相接。

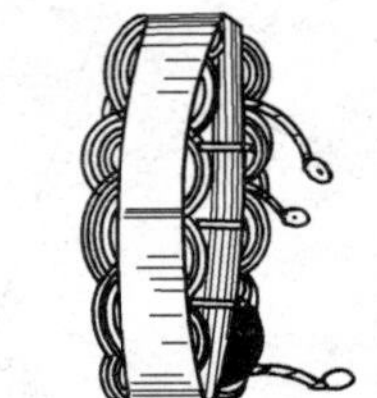

图7—4 硅整流发电机的定子

3. 端盖

发电机的前端盖及后端盖都是用铝合金压铸成形，两个端盖的轴承座均镶有钢套，以提高寿命。

后端盖内装有用增强尼龙制成的电刷架。两个电刷分别装在电刷架内，用两个螺旋弹簧压住，使电刷与转子上的滑环可靠接触，励磁电流由此引入。

整流器主要由6只硅二极管组成。其中3只二极管为负极二极管，其外壳是正极，这3个二极管组成一组，分别压到后端盖的3个孔中。另外3只二极管是正极二极管(外壳是负极)，压装在元件板的3个孔中。元件板与后端盖绝缘并装在后端盖内，用接线柱从元件板将整流后的直流电引到发电机电枢接头。电流从这里输出，经用电设备接地，发电机外壳也接地，这样便形成了回路。

(二)硅整流发电机的工作原理

硅整流发电机是由三相交流发电机及整流器两部分组成的。发电机的定子绕组为三相电枢绕组接成星形；整流器则均采用三相桥式整流器，其线路如图7—5所示。

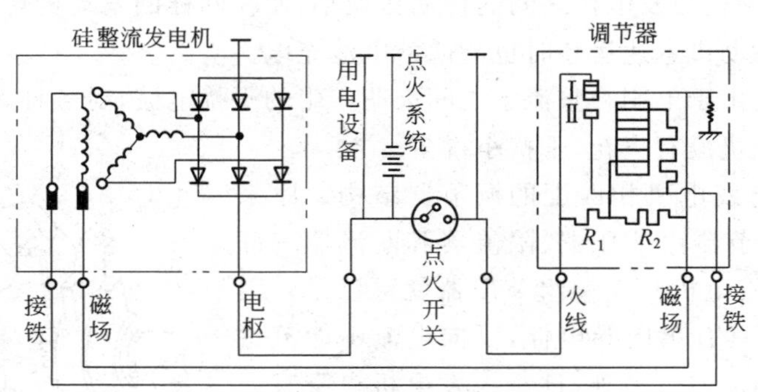

图7—5 硅整流发电机与调节器、用电设备的电路

当点火开关接通时，蓄电池电流通过调节器触点I到发电机的励磁绕组，磁通大部分通过磁轭1(图7—6)分布至爪极3形成N极。磁通通过N极后，穿过定子与定子之间的空气隙，进入另一个爪极4，即形成S极，再从S极回到磁轭1成磁回路。

当转子在定子内转动时，N、S极交替转过定子绕组，使之切割磁力线(见图7—3)而产生三相交流感应电动势。每组电动势相位角相差120°，如图7—7(b)。由上述可知，硅整流发电机在没有达到工作电压时，磁场是他激的，磁场电流由蓄电池供给。转速稍高时，整流器输出电压即可达到额定电压，而发电机变为自激的了。可见任何情况下磁场都不靠剩磁产生，所以工作较直流发电机可靠。

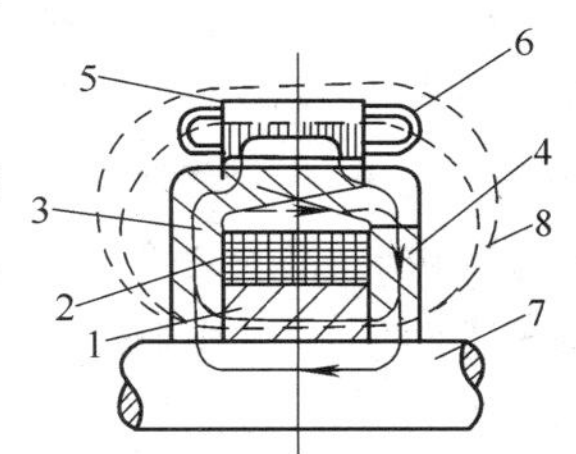

图 7—6　硅整流发电机磁路系统

1—磁轭；2—励磁绕组；3、4—爪形磁极；5—定子；6—定子三相绕组；7—轴；8—漏磁。

硅整流发电机的整流器，由 6 只硅二极管组成，接成三相桥式整流电路，如图 7—7 所示。其整流原理无异于一般三相桥式整流电路，请参阅电工学有关内容。

(三)硅整流发电机的电压调节器

汽车、工程机械的发动机的转速是经常变化的，而发电机的转速也将随之变化，这就会引起发电机的电压的变化，而用电设备又要求恒定的电压，所以要在发电机与用电设备之间加装电压调节器(图 7—5)。

对于硅整流发电机，由于二极管整流器有截止反向电流的作用，不会产生蓄电池向发电机反向放电的现象；又硅整流发电机本身有限制其输出电流的性质，其最大电流不可能过大。因

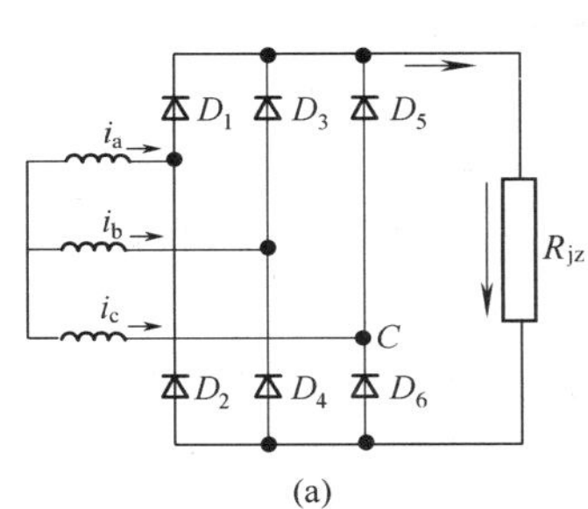

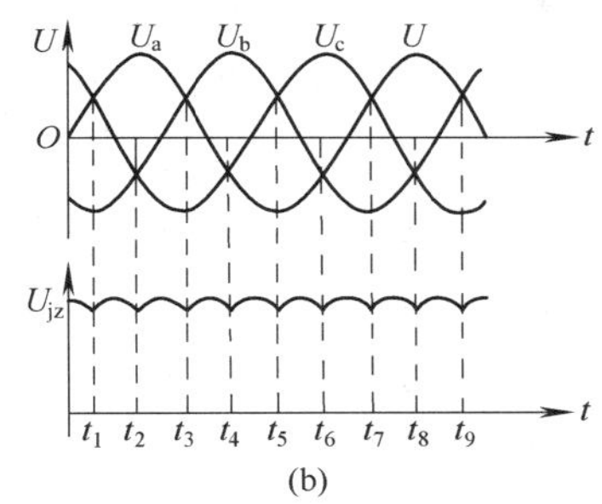

图 7—7　整流原理

此，与直流发电机的电压调节器相比，可以省去断流器与限流器两部分，只需一组电压调节器即可满足使用要求。

硅整流发电机的电压调节器有触点振动式节压器、无触点晶体管电压调节器及两种结构混合式节压器等多种形式。

1. 单级振动式电压调节器

图 7—8 为单级振动式原理图。静触点 8 的支架 7 通过绝缘条 6 固定在磁轭 3 上。磁轭、铁心 5、衔铁 11 形成磁路系统。在衔铁的另一端挂有弹簧 1 使 8、9 二触点紧紧闭合。附加电阻 R_1、加速电阻 R_2、平衡电阻 R_3 一般装在电压调节器底板下面。

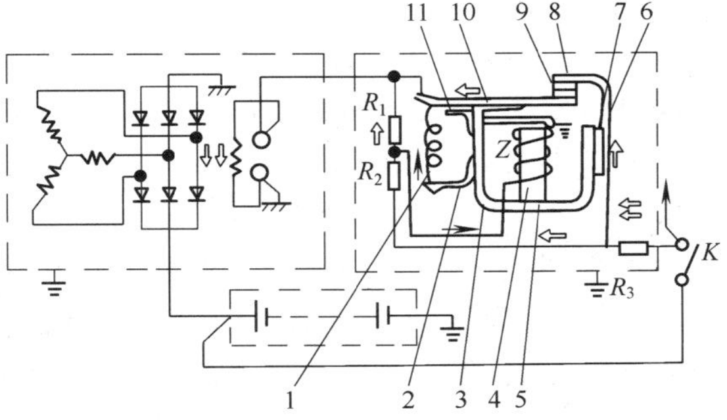

图 7—8　单级振动式电压调节器

1—弹簧；2—弹簧支架；3—磁轭；4—线圈；5—铁心；6—绝缘条；7—静触头支架；8—静触点；9—动触点；10—铰链；11—衔铁。R_1—附加电阻；R_2—加速电阻；R_3—平衡(稳定)电阻；Z—磁分路。

内燃机起动时首先闭合点火开关 K，由蓄电池正极来的电流经 R_3 分两路，一路经静触点 8、动触点 9、衔铁 11 到发电机励磁绕组正极接线柱，再经电刷、滑环、励磁绕组经搭铁与蓄电池负极连通形成回路，并在发电机转子上形成磁场；另一路经加速电阻 R_2 通向绕在铁心 5 上的线圈 4、经搭铁连蓄电池负极形成

回路。线圈4形成的磁通对衔铁11产生吸力，有使弹簧1进一步拉紧切断触点8、9的趋势。但当发电机转速很低或不旋转时，线圈4上的电压不够高，产生的吸力不足以克服弹簧1的拉力，触点8、9闭合，发电机励磁电流较大。当转速升高到一定值、发电机电压达到额定值时，4将11吸下使8、9断开，励磁电流只能经过R_3通过R_2、R_1流到励磁绕组。与触点8、9闭合时相比，可知此时在第一路内多串进了R_2、R_1两个电阻，使励磁电流减小，随之发电机电压下降，从而使4上电压也下降。那么，4上的电磁力被减小，弹簧1再使8、9闭合。一旦8、9闭合，R_2、R_1即被短路，使激磁电流再度升高，如此循环动作使衔铁振动，8、9以一定的频率开、闭。这样便控制了发电机的电压，使其保持在一定的范围U_1、U_2内波动，如图7—9所示。图7—8中R_2是加速电阻，触点8、9闭合时流过R_2的电流仅为通过线圈4的电流$I_{线}$，其值很小，R_2上的压降很小。所以4上的电压较高容易吸下衔铁11使触点断开。一旦触点断开，励磁电流$I_{磁}$也必须要通过R_2，$I_{磁}$较$I_{线}$大得多，这就使R_2上的压降明显增加，4上的电压相应减少，$I_{线}$及对衔铁的吸力迅速下降，在弹簧1的作用下，触点8、9迅速闭合，使发电机电压迅速升高，同时R_1上的压降为零，R_2上的压降也会大大减小再使4上的电压及$I_{线}$升高而吸下衔铁……，如此反复。由此可见，R_2的作用是增加了触点开、闭的频率，频率越高，发电机输出电流越趋平稳，这频率不应低于25～30次/s。若无R_2只有附加电阻R_1，也能实现对电压的调节作用，但触点闭、合频率较低，电流不够平稳。

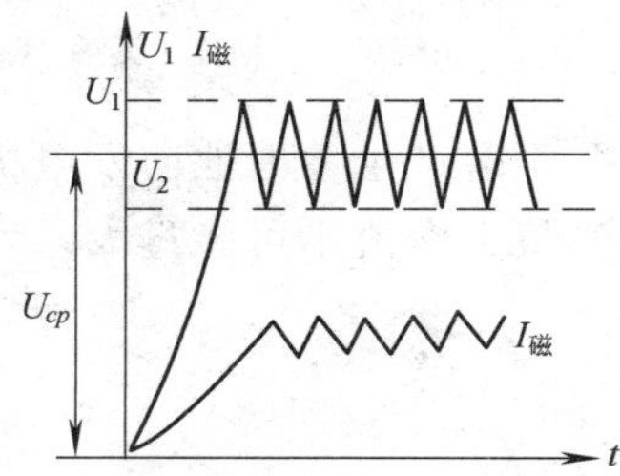

图7—9 发电机的输出电压

但由于R_2的存在却带来另一个问题，即发电机的平均电压会随转速的升高而升高（约10%～15%），为克服这一弊病，在励磁回路中串进了平衡电阻R_3。发电机低速运转时，触点闭合时间较长，励磁电流比高速时要大，因此在R_3上的电压降也较大，如图7—10所示。由于R_3、R_2和线圈4是串联的，又$I_{磁}$比$I_{线}$大得多，线圈上电压会相应减小，吸力减小，衔铁动作较没有R_3时要慢些，磁场附加电阻R_1接入磁场回路的时间少，提高了低速时的电压。

发电机转速高时，触点闭合时间减少，流过R_3上的电流相应减小，其电压降亦减小，则线圈4上的电压及吸力都会增大，与没有R_3时相比，衔铁动作提早，触点断开时间变长，使高速时电压不会过分增高。总之，R_3抵消了R_2的不良作用。

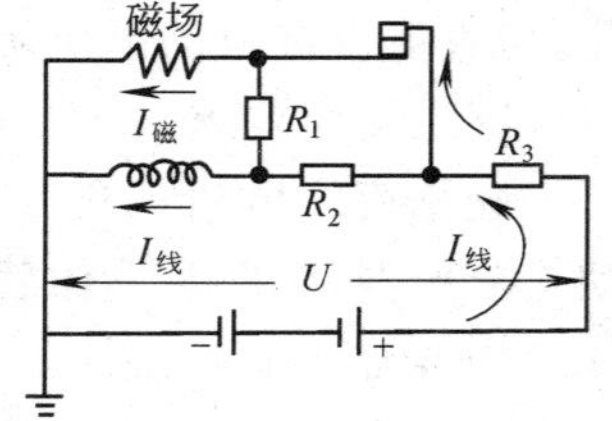

图7—10 单级振动式节压器的简化线路

2. 双级振动式电压调节器

对于像图7—8这类单级振动式电压调节器，随着转速的提高会使线圈4吸下衔铁的时间变长，当转速达到某一值n_{max}时，衔铁会被吸住不放，触点不再闭合。电压调节器失去调节作用，使用中发电机不允许超出这个最高转速，否则会损坏用电设备。

相反，转速下降时，线圈4吸力下降，直到某一转速n_1时，4上吸力会不足以克服弹簧1的张力，触点总是闭合的，电压调节器也不起调节作用。从n_1到n_{max}称为电压调节器的工作范围。

n_1的大小决定于弹簧拉力，n_{max}决定于R_1的大小。如提高n_{max}，须增加R_1的阻值，使$I_{磁}$的最小值再降低。但R_1不能过大，因为它是与触点并联的，过大则会增加触头火花强度，使触头烧损，同时会使$I_{磁}$降低，降低发电机功率。为解决这个问题，目前双级振动式电压调节器得到较普遍的应用。

在双级振动式电压调节器中，供发电机磁场励磁的附加电阻 R_1（见图 7—11）比单级式的要小很多，约为其 1/7～1/10。这样，在第一对触点工作时发电机的最高转速就比单级式降低许多。然而，当发电机转速不断增高时，电压调节器线圈中电流跟着加大，衔铁再进一步吸向铁心一边使第二对触点闭合。由图 7—11 可知，第二对触点将发电机励磁绕组两端短路，失去激磁电压，发电机的电压也就迅速下降。电压降到使铁心吸力小于弹簧张力时，第二对触点打开，发电机励磁绕组又重新获得电压，励磁电流上升，发电机电压增加。当发电机电压再升高时，第二对触点再闭合，如此以一定频率开、闭，使发电机电压保持一定值。由于第二对触点闭合时，励磁电压为零，励磁电流也迅速降到零，发电机只靠剩磁发电，电压调节器截止工作时发电机转速 n_{max} 就很高，比单级式节压器高得多，远远超出实际发电机所能达到的最高转速。

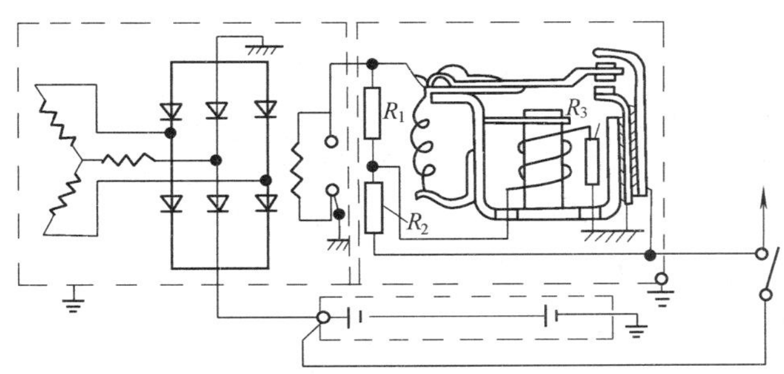

图 7—11　双级振动式电压调节器

3. 晶体管电压调节器

振动式电压调节器触点易被电弧烧蚀，寿命及可靠性受到限制，触点要经常保养。触点火花对无线电有干扰。晶体管电压调节器可以克服上述缺点。

晶体管电压调节器主要是利用晶体管的开关特性设计的。它的接线方法与双级振动式电压调节器的第二对触点的接法相同。当晶体管导通时把励磁绕组短路；晶体管截止时，又使励磁绕组与发电机电枢接通，如图 7—12 所示。其调压作用与双级振动式电压调节器第二对触点工作时的情况一样。合上普通开关 K，三极管就导通，断开普通开关 K 就截止。但实际应用时，普通开关 K 是用稳压管代替的，如图 7—13 所示线路的 T_1 代表稳压管。加在 T_2 基极电路上的稳压管 T_1 的反向电压 V_1 由电阻 R_1、R_2 的分压而得，即

$$V_1 = V\frac{R_1}{R_1 + R_2} \tag{7—3}$$

式中　V——发电机的电压。

当发电机电压增高时，R_1、R_2 上电压也增高，一旦 R_1 上的电压 V_1 达到稳压管 T_1 的反向击穿电压时，T_1 就导通，进而 T_2 的基极就接到负电位上，产生基极电流；因此，T_2 的发射极与集电极导通，发电机励磁绕组短路，励磁电流立即减小，发电机电压立即下降。当发电机电压降低时，R_1 和 R_2 上的电压也降低，R_1 上的压降 V_1 小于 T_1 的反向击穿电压时，T_1 截止，T_2 因无基极电流而截止，发电机励磁绕组被加上电压，重新产生励磁电流，使电压升高，如此重复工作。为防止晶体管过载，在线路中串入了 R_3。实用上为改善电压调节器的调节特性，一般最少用两只三极管。

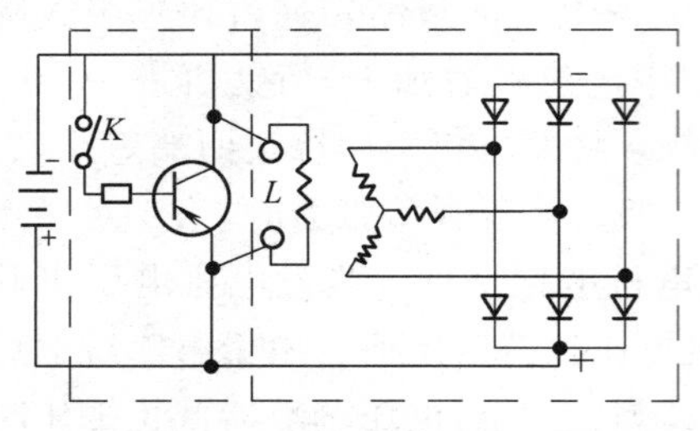

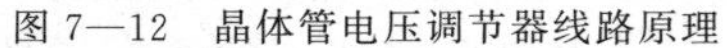
图 7—12 晶体管电压调节器线路原理

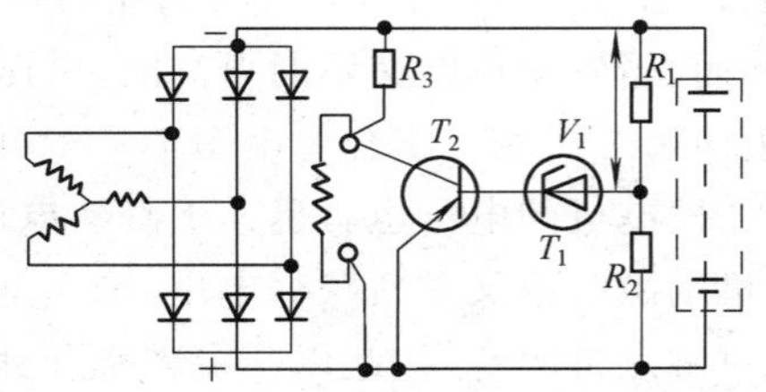

图 7—13 三极管基极上有稳压管的简单晶体管电压调节器

图 7—14 所示为 CA1091 型载重汽车用的发电机晶体管节压器。该节压器采用 3 只 N-P-N 型三极管。其工作原理大致如下：

电阻 R_1、R_2、R_3、R_6 和稳压管 W_1 构成一个电压敏感电路，三极管 BG_1 形成一个开关电路，复合形式连接的 BG_2 及 BG_3 构成另一个开关电路。当发电机电压低时，W_1 和 BG_1 均处于截止状态，但 BG_2 和 BG_3 因其基极对发射极处正电位而产生基极电流，使它们都处于导通状态，使电压调节器的(F)与(－)两点相连通。这就使发电机 F_1 端接地，励磁绕组 L 的电流上升，发电机电压升高。当发电机的输出电压在分压电阻 R_1 上的电压达到 W_1 的标准电压时，W_1 击穿，BG_1 极对基发射极有正电位，产生基极电流使 BG_1 导通，相当于 A 点接地，BG_2 基极正电位消失，因此 BG_2、BG_3 截止。这就使发电机的 F_1 点不再接地而切断了 L 的电路，发电机电压便会下降。发电机电压下降时又使 W_1、BG_1 截止，BG_2 和 BG_3 重新导通，发电机电压再升高，如此反复作用，使发电机端电压被控制在一定的范围内。电压调节器其他元件均为改善其性能及保证安全而设置的。

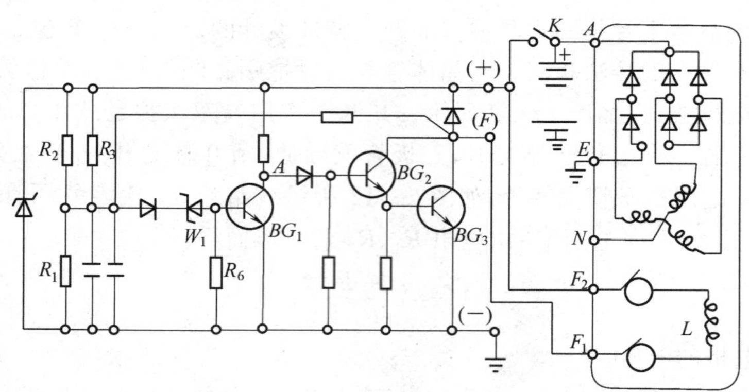

图 7—14 CA1091 型汽车的晶体管调节器与发电机线路原理图

晶体管电压调节器的线路不断发展，它不但克服了振动式电压调节器的弊病，而且体积、质量都减少了许多。集成电路的节压器体积更小，可以与发电机做成一体，从而使线路简化，减少了维修工作量及提高了电源系统的可靠性，现已较普遍地应用于汽车及工程机械上。

第二节　蓄电池点火系

汽油机气缸内的工作混合气是靠电火花点燃的。点火系就是对每个气缸都能交替给出具有一定强度的电火花所必需的装置。常用的点火系有蓄电池点火系，电子点火系、磁电机点火系及飞轮磁电机点火系等几种。其中，飞轮磁电机点火系用于单缸小型汽油机上；磁电机点火系是将发电机、点火线圈及分电器集合于一体的一种点火装置，常用于摩托车等小型汽油机上；目前汽车用汽油机上，传统的蓄电池点火系还在使用。但随着科学技术的迅猛发展，人们对发动机的性能提出了越来越高的要求，而传统的蓄电池点火系已不能适应这种高要求。因此，电子点火系便得到了广泛的采用，尤其是在轿车发动机上。

一、蓄电池点火系的组成及工作原理

化油器式汽油机（尤其是汽车用汽油机）目前还较多的采用蓄电池点火系，其组成如图7—15所示。它由初级电路（低压电路）和次级电路（高压电路）组成。初级电路包括蓄电池12、电流表11、点火开关10、附加电阻3、点火线圈的初级线圈6、包括在分电器2中的断电器及与其并联的电容器组成。由于起动发动机时，蓄电池大电流放电，端电压明显降低，为保持火花塞仍能提供足够能量的电火花，在初级电路中接入了短路装置，由14、15、16各触点组成，它们在起动机的开关上，并与起动开关联动。次级电路产生高压电，它包括点火线圈中的次级线圈5、配电器及盖7、高压线8、火花塞9和阻尼电阻18。

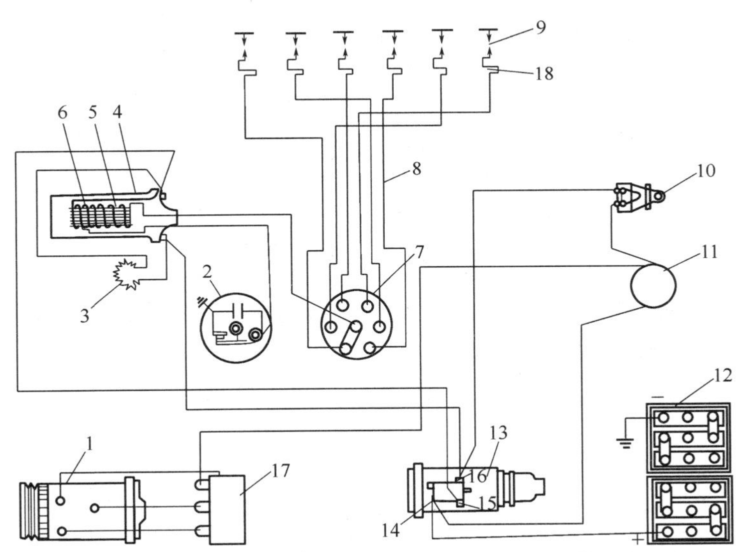

图 7—15　蓄电池点火系线路

1—发电机；2—分电器；3—附加电阻；4—点火线圈；5—次级线圈；6—初级线圈；7—配电器盖；8—高压线；9—火花塞电极；10—点火开关；11—电流表；12—蓄电池；13—起动机；14—起动机开关触点；15、16—起动机辅助触点；17—发电机调节器；18—阻尼电阻。

蓄电池点火系的工作原理，如图7—16所示。初级线圈5的一端经开关6与蓄电池相联；另一端接断电器动触点7。动触点7与固定触点8构成断电器（俗称“白金”），而固定触点8是搭铁的（与蓄电池另一极相接）。触点间并联一个电容器9（0.17～0.25 μF）。电容器一极接动触点，另一极是其外壳（“搭铁”）。凸轮10与配气机构凸轮同步，每转一周触点断开的次数等于凸轮10的凸棱数，亦即发动机气缸数。如6缸汽油机的断电器凸轮凸棱应为6个，凸轮旋转一周触点打开6次。点火开关6接通时，低压电流从蓄电池经开关6、初级线圈5、断电臂7、触点8搭铁成低压回路。由于凸轮10不停转动，触点8被间歇地顶开，使低压电路断电或接通，而将蓄电池的直流电变为脉动电流，从而使点火线圈内的次级线圈感应出高压电来

(8 000～10 000 V)。这时在初级线圈中也会产生自感电势，所产生的电流方向与原来电流方向相同，这就减慢了低压线圈中电流切断及磁场变化的速度，使次级电压降低，火花塞火花也会变弱。由于此自感电势可达300 V左右，它还会使触点间产生强烈的火花，使之烧损。所以在两触点间并联一个电容器 9，使之在触点打开的瞬间自感电势向其充电，减少触点火花；而当触点断开、电容器充电后，随着向低压线圈放电。所以，它能加快低压电流的消失，加快磁场变化速度，提高次级线圈电压。次级高压从点火线圈再经过配电器中心电极 1 和配电臂 3(分火头)轮流分配给各侧电极 2，并通过高压线到各缸火花塞，击穿火花塞的两个电极，发出足够能量的电火花来点燃混合气。

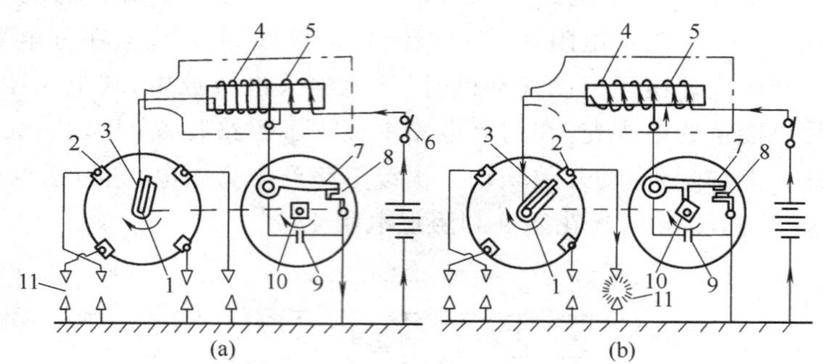

图 7—16 蓄电池点火系工作原理

1—配电器中心电极；2—侧电极；3—配电臂(分火头)；4—次级线圈；5—初级线圈；6—点火开关；7—断电器动触点；8—断电器固定触点；9—电容器；10—凸轮；11—火花塞。

二、蓄电池点火系的元件

1. 点火线圈

图 7—17 为点火线圈的结构图。铁心 2 由硅钢片叠成，包在硬纸板套中。套上绕有次级线圈 4，用较细的漆包线绕 11 000～23 000 匝，为了加强绝缘和免受机械损伤，外面包有数层电缆纸。初级线圈 3 绕在次级线圈 4 的外面，这样有利于散热，用直径较粗的漆包线绕 240～

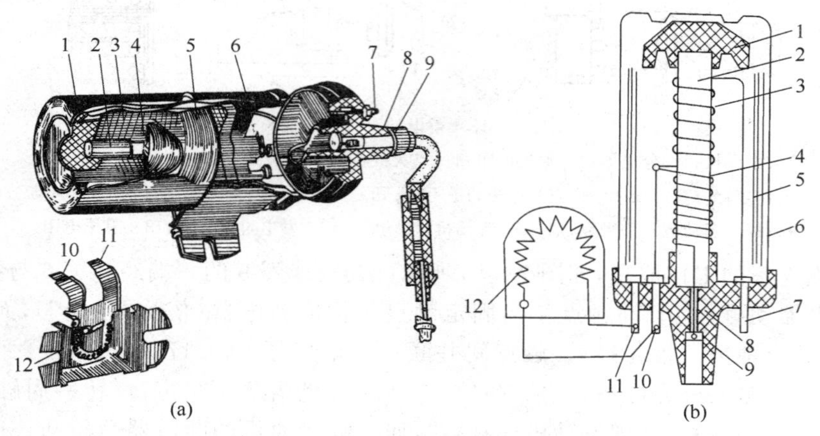

图 7—17 点火线圈

1—绝缘瓷杯；2—铁心；3—初级线圈；4—次级线圈；5—钢套(导磁片)；6—外壳；7、10、11—接线柱；8—胶木盖；9—高压电接线柱；12—附加电阻。

370 匝，外面也包有几层电缆纸。初级线圈 3 与外壳 6 之间有导磁用的圆筒形硅钢片 5 数层。外壳的底部有绝缘瓷杯 1，上部有胶木盖 8。盖上有连接断电器导线的低压接线柱 7、接起动开关的接线柱 10 和接点火开关的接线柱 11。从图 7—15、图 7—16 可知，初级线圈是串联在低压线路中的。高压接线柱 9 在胶木盖的中心，并在盖的内部四周形成环状凸缘，以保证绝缘。外壳内填满绝缘物或灌上油，以增强绝缘和防止潮气侵入。壳体以外装有附加电阻 12，接在接线柱 10 和 11 之间。附加电阻可以改变点火系统的工作特性，它由随温度变化而电阻值变化较大的材料，如铁铬铝电阻丝、镍丝及中碳钢丝等制成。当发动机低速工作时，断电器触点闭合时间较长，初级电流较大，附加电阻受热阻值增大较多，限制了初级电流的增长，不致使点火线圈过热。当发动机高速工作时，附加电阻阻值增加较小，使初级电流不致因触点接触时间变短而下降过多，从而能补偿高速时火花能量的过分降低，增加了发动机高速时点火的可靠性。

必须注意到，在发动机起动时，由于蓄电池端电压急剧下降，初级电流减小较多，因而降低了火花塞上电火花的能量，往往造成起动困难，为了改善起动时的点火性能，在起动时利用起动开关的辅助触点，使附加电阻暂时短路（见图 7—15 中 16、15）、发动机起动后，附加电阻自动串入初级电路，恢复正常工作。如前所述，辅助触点的控制是与起动开关联动的。

2. 分电器

分电器由断电器、配电器、离心式点火提前装置、真空式点火提前装置和辛烷值选择器等组成，如图 7—18 所示。外壳一般由铸铁或铝合金制成，下面有青铜衬套是分电器轴的轴承，用油杯 10 润滑。断电器的构造如图 7—19 所示。固定触点 4 装在调节板 2 上，调节板通过销钉 8 和螺钉 3 固定在断电器活动盘 10 上，并与壳体相接触（可导电）。活动触点 5 装在触点臂 6 上，触点臂能绕销轴 8 转动，并与机体绝缘。触点臂上有固定弹簧片 9，力图使活动触点 5 与固定触点 4 闭合，仅当旋转着的凸轮 11 的凸棱与触点臂的胶木顶块 7 相接触时，才使触点打开。活动触点与固定触点在最大断开位置时的正常间隙应为 0.35～0.45 mm。这个间隙可以用起子拧动偏心调整螺钉 1 进行调整。调整后拧紧螺钉 3。

断电器与点火线圈的初级线圈串联在低压线路里。断电器触点在凸轮的作用下时开、时闭。触点打开的瞬间，点火线圈内磁场变化最快，可以把这个时刻看做次级电压最高、火花塞跳火的时刻。

为使发动机能在动力性及经济性最有利的条件下工作，要求触点断开的时刻在发动机各种工况下都能符合“最佳点火提前角”对应的时刻。这不仅要求断电器凸轮的运动必须和曲轴的运动通过传动比不变的齿轮、链轮等联系起来，还要根据发动机的不同工况能自动调节点火提前角。图 7—20 所示为分电器在发动机上安装的情况。分电器的尾部插入机油泵的驱动轴端，二者同步运转，运动通过螺旋齿轮由配气机构凸轮轴传来。

实践证明，点火时刻对发动机工作的影响十分明显。由于点火时刻不正确使发动机不能正常工作，甚至无法起动的事是经常见到的。点火时刻的最佳值不是压缩行程终了活塞到达上止点时，而是在活塞到达上止点之前。我们称活塞的这个位置对应的曲柄所在位置，与活塞到达上止点时曲柄所在位置之间的夹角为“最佳点火提前角”。

点火提前角太大或太小对发动机的动力性及经济性都不利。这是因为混合气的燃烧并不是瞬时完成的。由电火花出现到混合气基本上完全燃烧，气体压力达到最大值，是要经过一定时间的，虽然这个时间只能以毫秒计。但由于发动机的转速很高，就是在这极短时间内曲轴也

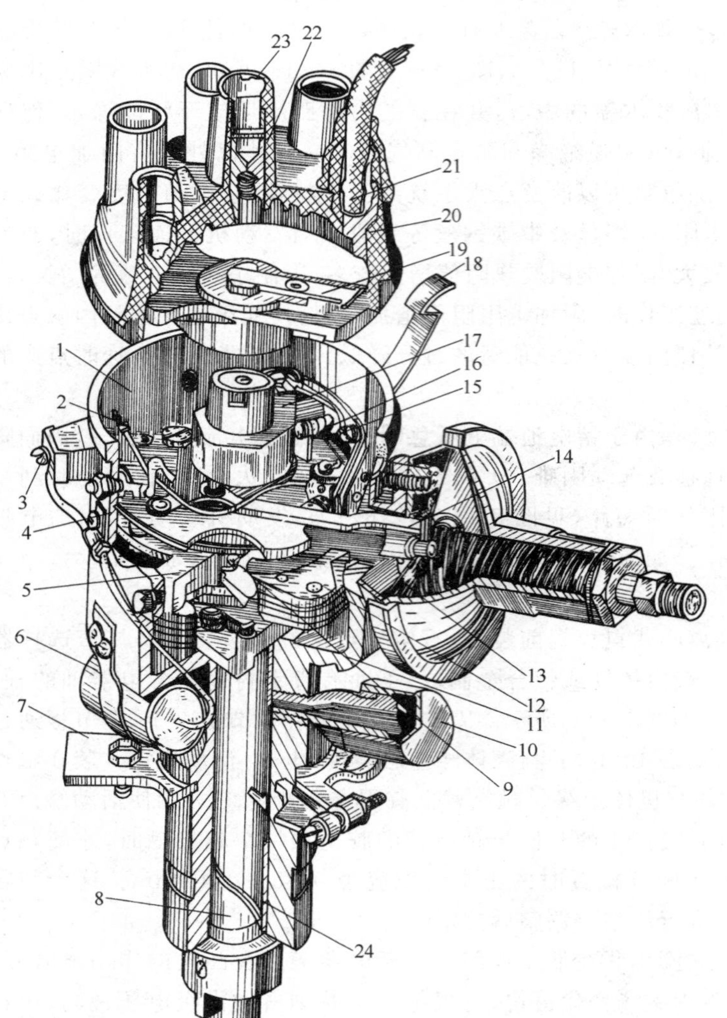

1—调整螺钉；
2—凸轮；
3—接线柱；
4—断电器活动盘；
5—固定盘；
6—电容器；
7—辛烷值选择器；
8—断电-配电器轴；
9—滚珠；
10—油杯；
11—外壳；
12—飞锤；
13—薄膜；
14—拉杆；
15—固定触点；
16—活动触点；
17—触点臂；
18—卡簧；
19—分火头；
20—配电器盖；
21—插座；
22—碳棒；
23—中心插座；
24—青铜衬套。

图 7—18 分电器

能转过相当的角度，活塞相应移动一定的距离。若在上止点时才点火(点火提前角为零)或点火提前角过小时，就会出现混合气一面燃烧，活塞一面向下止点运动的现象。这样，最高燃烧压力就会降低，气体也得不到充分的膨胀，发动机功率下降，经济性也会变坏。相反，若点火提前角太大(即点火过早)，即在压缩行程中，活塞离上止点尚远时就点火，燃烧气体产生的压力，将阻止活塞向上运动，发动机的功率及经济性也会变坏，还使起动困难，甚至反转不能工作。

应当指出，这个"最佳点火提前角"，即使是同一台发动机也不是一成不变的，它和发动机的转速有关，又与发动机的负荷有关。

转速增高时，最佳点火提前角变大；相反，转速降低时变小。这是因为高转速时，对应于同样曲轴转角的以秒计的时间变短了，虽然此时燃烧速度由于转速的增加可能有所加快，燃烧同样数量的混合气所需时间少了些，但仍不及时间缩短对点火提前角的影响为多。这样，为使气缸内最高压力发生在上止点后对发动机工作最有利的角度，仍然必须增大点火提前角。反之，转速降低时，对应同样曲轴转角的时间增加，根据上面的理由，点火提前角就应适当减小。

另一方面，当发动机负荷变化时，也要求不同的点火提前角。负荷增大时，最佳点火提前角减小，负荷减小时最佳点火提前角变大。这是因为负荷增大时，化油器的节气门开度必须相应加大，气缸内的新鲜可燃混合气量便相应增多，而上循环所剩下来的废气量变化是不大的。因此，二者混合后的工作混合气中新鲜气体的比例增大，这样的混合气燃烧速度较快，所以在相同的曲轴转速下所需提前点火的曲轴转角便要减小，即最佳点火提前角变小。相反，当负荷减小时，为保持发动机转速，不使其超过一定范围，必须减小化油器节气门开度，减少进气量。这就使工作混合气中新鲜气体的比例减少，也可以说残余废气成分的相对量增加了。这样的气体燃烧速度是较慢的。因此，必须给以较大的点火提前角，才能使发动机工作最有利。

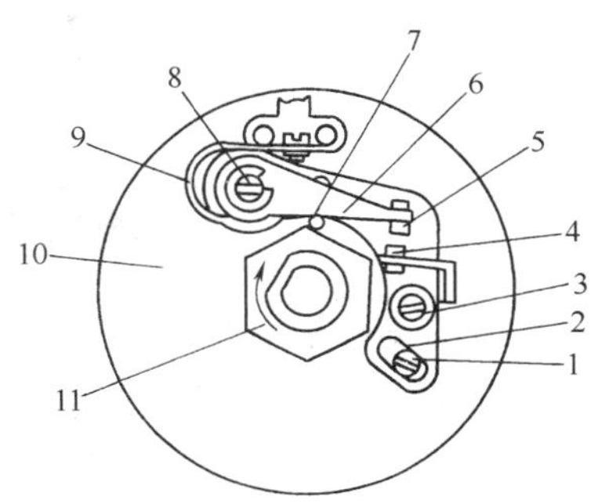

图 7—19　断电器

1—偏心调整螺钉；2—调节板；3—螺钉；4—固定触点；5—活动触点；6—触点臂；7—胶木顶块；8—销轴；9—弹簧片；10—断电器活动盘；11—凸轮。

为了满足发动机在不同转速及负荷下对点火提前角的要求，在分电器上加上了离心式点火提前调节装置及真空式点火提前调节装置。

从图 7—19 可以看出，要改变点火提前角，只要改变断电器凸轮 11 顶开顶块 7 的时刻，也就是改变凸轮 11 与顶块 7 的相对角位置就行了。由于顶块 7、触点 4、5 都装在活动盘 10 上，所以，要改变点火时刻，可以有两种方式：一种是活动盘 10 的位置不动，使凸轮相对地转过一个角度，亦即使凸轮 11 与曲轴位置发生一个相对角位移。另一种是凸轮相对曲轴不动，而使活动盘相对转一个角度。

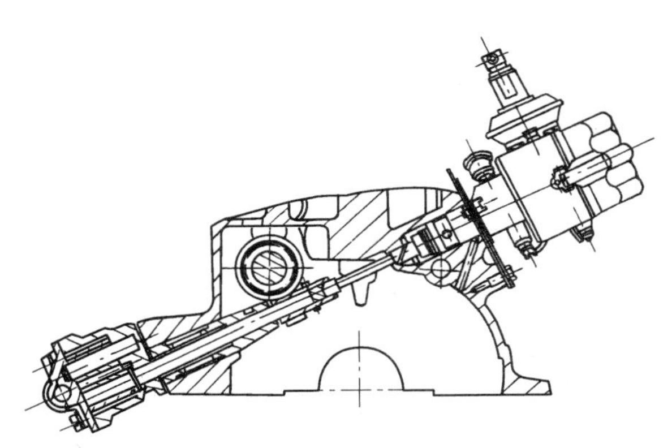
图 7—20　分电器在发动机上的安装

图 7—21 所示为常见的离心式点火提前调节装置。设置该装置的目的就是要解决发动机在不同转速下要求不同的点火提前角的问题。分电器轴 3 下端通过齿轮与配气机构凸轮轴连接（见图 7—20），且二者转速相等。图 7—21 中轴 3 上固定有托板 4。两个离心重块 1 和 7 分别套在托板 4 的两个拨板销 5 上，可绕销 5 摆动。重块另一端由弹簧 2、8 拉住，使其缩拢。当转速升高时，重块克服弹簧拉力向外飞开。

断电器凸轮 10 的下部套在轴 3 的上端与轴 3 同心，但有间隙，二者采用动配合。凸轮与拨板 9 固定在一起，拨板 9 上的长孔套在飞块上的销钉 6 上。

当轴旋转时，通过飞块的销钉 6 和板 9 的长孔带动凸轮 10 一起旋转。转速升高到一定值时，离心力克服弹簧 2、8 的拉力，而将飞块甩开，飞块绕拨板销 5 转动某一角度。这样飞块上的销钉 6 将随飞块向外运动某一距离，通过销钉 6 使凸轮沿原来前进方向相对于轴 3 转过一个角度 λ（见图 7—22）。这就使凸轮提早顶开触点，使点火提前角增大。转速越高，飞块甩得越远，而提前角越大。转速降低时，弹簧 2、8 将飞块拉回，而使提前角减小。

离心式调节装置的工作特性如图 7—23 所示。有些离心式调节装置有一粗、一细两个弹簧，能使高速时点火提前角略小些（图 7—24），则更能适应发动机的要求。因为最佳点火提前

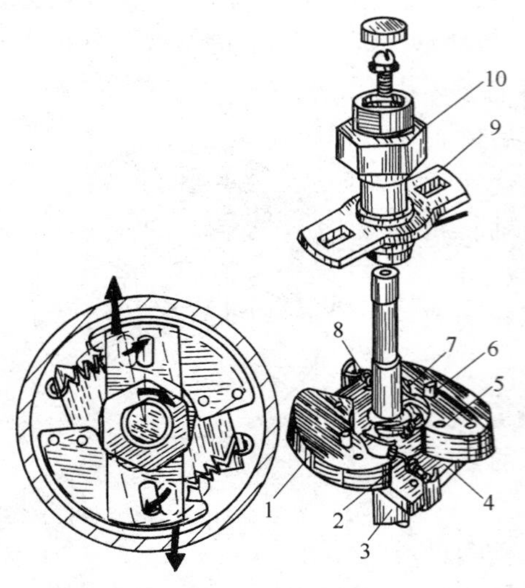

图 7—21 离心式点火提前调节装置

1、7—离心重块；2、8—拉回弹簧；3—轴；4—托板；5—销轴；6—销钉；9—拨板；10—凸轮。

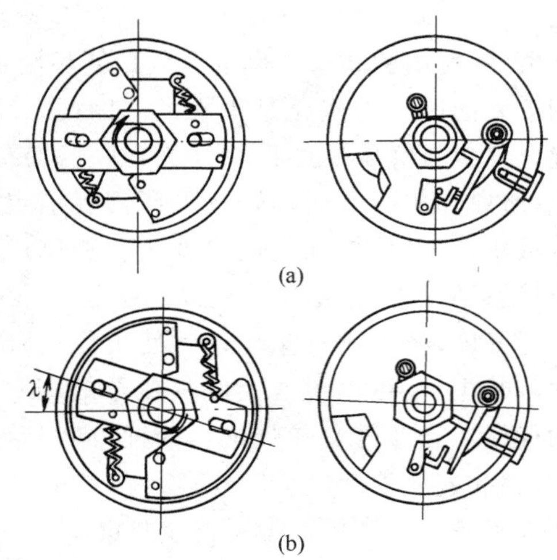

图 7—22 离心调节装置的工作

(a)作用前凸轮与断电臂之相对位置；(b)作用时离心块将拨板及凸轮轴相对断电臂向前转动 λ 角。

角并不是与转速成正比的。

为使发动机能在负荷变化时也都能在最佳点火提前角下工作，分电器上还装有真空式点火提前调节装置，如图 7—25 所示。它包括外壳 4、膜片 5、拉杆 3 及弹簧 6。外壳连同其中拱曲的膜片装在一起，并装在壳体 2 上。膜片在弹簧 6 的作用下压向分电器。

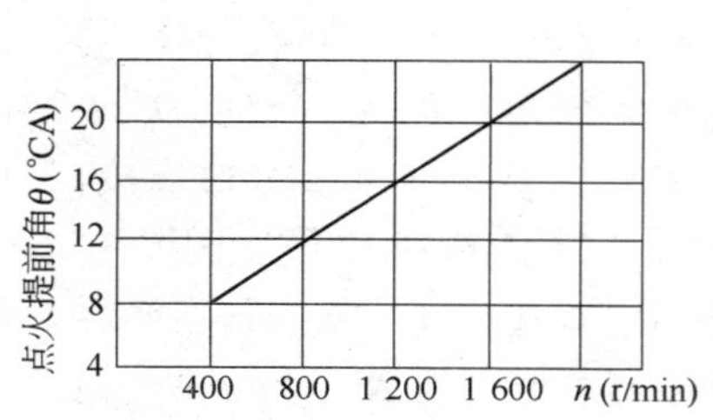

图 7—23 离心式调节装置的工作特征

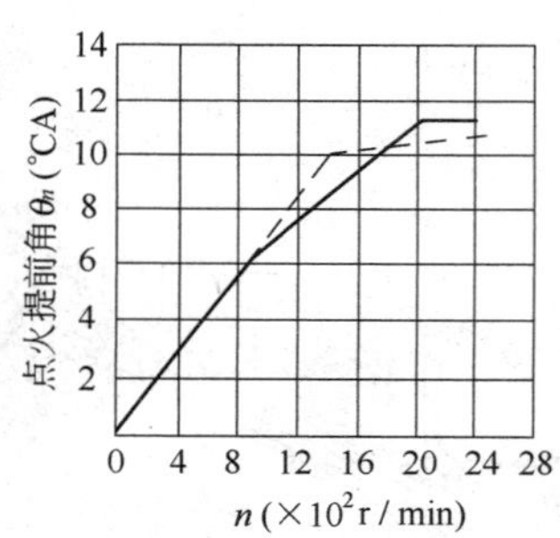

图 7—24 采用双弹簧的离心式调节装置的工作特征

膜片的拉杆 3 与断电器的活动盘 1 上的销钉相连。为了减小转动阻力，活动盘用钢球做轴承(见图 7—18 中 9)支承在固定盘上。膜片后壳内的真空室用管子 7 与化油器节气门后面的小孔相连接(见图 7—26)。

当发动机负荷减小时，化油器节气门开度减小，节气门后面的真空度增大。真空吸力经连接管 7 传到调节装置的真空室中，膜片 5 在左面受到大气压力的作用克服弹簧 6 的弹力而变形，带动膜片拉杆 3 将断电器活动盘 1 朝与凸轮 9 旋转的相反方向转动某一角度 λ，从而使点火提前角增加了 λ(见图 7—26b)。节气门如因负荷增大而开大，其后面的真空度便会降低，膜片 5 在弹簧 6 的作用下，朝相反的方向移动，使盘 1 朝凸轮旋转的方向转动，因而减小了点火提前角(图 7—26a)。

此外，分电器还装有辛烷值选择器。同一台发动机换用不同标号的汽油时，由于汽油的抗

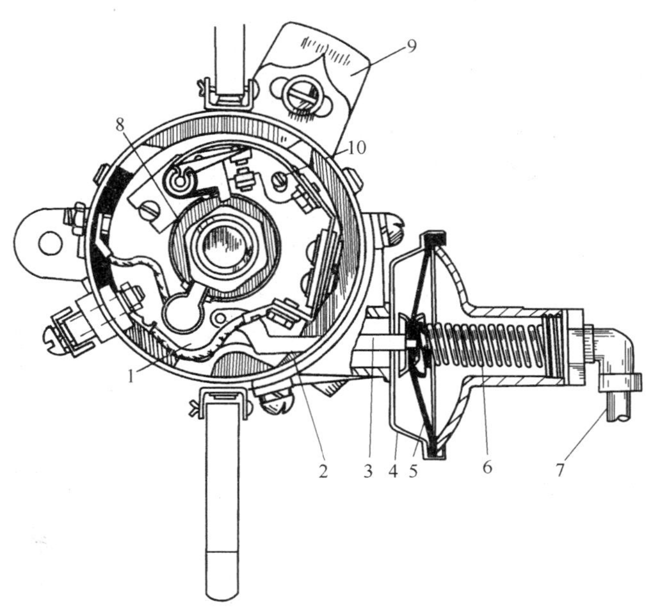

图 7—25 真空式着火提前调节装置

1—活动支承盘；2—断电-配电器壳体；3—拉杆；4—调节装置外壳；5—膜片；6—弹簧；7—管路；8—凸轮；9—辛烷值选择器；10—调整螺钉。

爆指标——辛烷值的不同，点火提前角也要作适当的调整，才能使发动机在最佳点火提前角下工作。使用辛烷值标号较低的汽油时，必须减小点火提前角，以免发生“爆燃”。辛烷值选择器是采用用手转动分电器壳体的办法，实现改变点火提前角的，点火提前角调整的度数可从指针指示的刻度看出(图 7—25 中 9)。

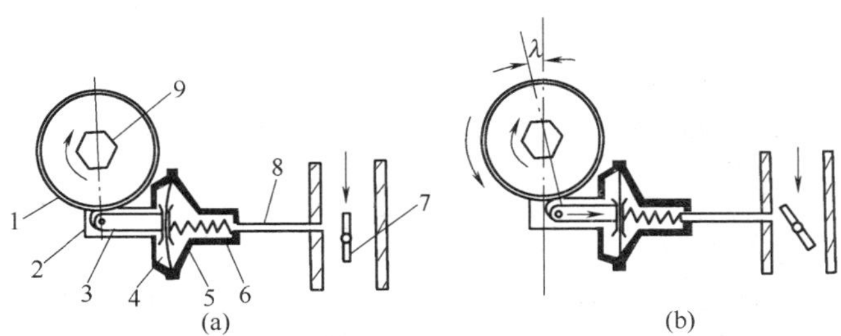

图 7—26 真空调节装置的工作

(a)全负荷时；(b)部分负荷时。

1—分电器外壳；2—活动支承盘凸缘；3—拉杆；4—膜片；5—调节器外壳；6—弹簧；7—化油器节气门；8—真空连接管；9—断电器凸轮。

影响最佳点火提前角的因素还有很多，如混合气成分、残余废气的多少，进气压力、空气温度等。对于这些影响因素，近年来电子点火装置已成功地用微型计算机自动控制。这种装置通过在发动机相应部位装设多个传感器，发动机工作时，这些传感器不断检取各种运行参数，如曲轴位置、冷却水温、进排气温度、废气中氧含量、节气门开度、转速等，通过计算机计算出当时的最佳点火提前角，命令点火装置执行。

分电器的最上部分(图 7—18)，包括配电器盖 20、分火头等组成配电器。由于断电器触点的开、闭，使点火线圈次级线圈感应出的高压电，还需经过配电器才能准时地分配到各缸火花塞上去。配电器盖20用绝缘很好的胶木制成。盖周围有与发动机气缸数相等的插座21,插座用来插高压线与火花塞相连。盖的中央是中心插孔23,用高压线将点火线圈次级高压电引来。中心插孔的下部有碳棒22与分火头19接触,碳棒上面有小弹簧能保证碳棒始终压在分火头19上。分火头装在断电器凸轮顶端,随凸轮一起旋转,并与机体绝缘。工作时,分火头把高压电按发动机发火次序通过插在插座21内的高压线依次与各缸的火花塞接通。由于分火头与配电器盖周围插座的触头间尚有0.15～0.5 mm的间隙,在工作时会产生火花,生成臭氧和二氧化碳,所以在分电器壳上,常设有通气孔,以防对金属零件的腐蚀。

3. 火花塞

火花塞将高压电引进发动机的燃烧室内,在其电极间形成电火花,点燃混合气。它的工作条件很差,它直接与高温、高压的燃烧气体接触,且在高电压下工作。它承受的机械、电和热负荷都很严重。而且又受到燃烧产物的强烈腐蚀及电火花的脉冲放电的腐蚀作用,因而对火花塞提出了严格的要求。

火花塞的构造如图7—27所示。接线螺母1用来与配电器盖上周围插座通过高压线连接。中心电极7系镍锰合金制成,其上部与金属杆3连接,安装在瓷制绝缘体2的中心孔中。钢制外壳4包在绝缘体外,下端固定有弯曲的侧电极8。绝缘体2使中心电极7与钢制外壳4间绝缘。铜制内垫圈5使绝缘体2与钢壳间获得良好的密封,同时也起到导热作用。绝缘体靠卷轧钢壳边缘而固装在壳内。

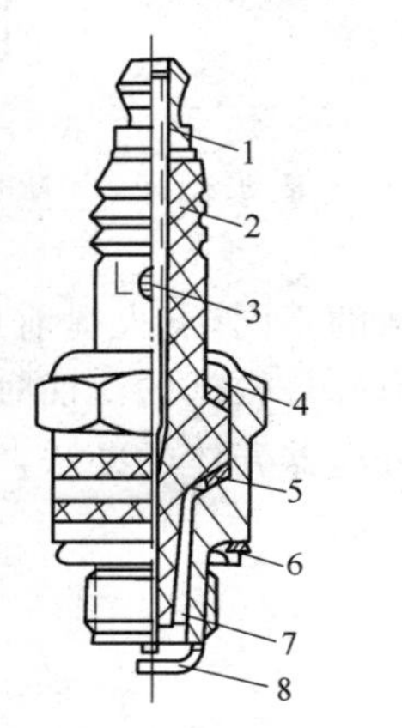

1—接线螺母；
2—绝缘体；
3—金属杆；
4—钢制外壳；
5—内垫圈；
6—密封垫圈；
7—中心电极；
8—侧电极。

图7—27 火花塞

火花塞借钢壳4的螺纹旋入发动机的气缸盖。在旋紧时,密封垫圈6因受压而使钢壳与气缸盖之间得到密封。

火花塞工作时要保持适中的温度。实践证明,要使火花塞正常工作,其绝缘体下端(裙部)的温度应保持在500～600 ℃到800～850 ℃之间。如低于500～600 ℃这个“自净温度”,落在火花塞上面的油渍不能完全燃烧,易形成积碳。相当于在两电极间并联了一个电阻,高压电将通过积碳流过,导致断火。当火花塞温度高于800～850 ℃时,发动机易发生表面点火,即当混合气进入气缸后,还未等到火花塞跳火便被炽热的火花塞本身点燃,这种燃烧现象称为“早燃”,这是一种异常的燃烧现象,对发动机有害,而且会使发动机的性能变坏。

为了使火花塞绝缘体下端裙部在发动机工作时具有正常温度,必须使火花塞散出的热量与火花塞裙部从发动机燃烧室中吸收的热量平衡,并在发动机正常工况下保持稳定。

对热负荷较高的强化发动机,为了避免火花塞过热,要求火花塞裙部的导热能力强些,下部绝缘体与燃气的接触面小些。这种火花塞称“冷型”火花塞。相反,对强化程度较低的发动机,为避免积炭采用与燃气接触面积较大的“热型”火花塞。

第三节 电子点火系

前面介绍的传统的蓄电池点火系,虽然目前在车用汽油机上还使用,但它已不能适应现代汽油机的发展要求。现代汽油机的发展方向是高转速、高压缩比以及使用稀混合气,这就要求点火系能在更短的时间内提供更大的点火能量。传统点火系的断电器触点存在通过其电流的最大值受到限制而使火花能量的提高被限制，且触点易烧蚀、寿命短等问题，人们早在20世纪50年代就已开始研究用晶体管控制点火系的工作，60年代使之达到实用化，现在电子点火系统已得到广泛应用。根据储能方式不同可分为电感式和电容式，根据有无触点又可分为有触点和无触点两类，而无触点式中又可分为磁电式、霍尔效应式、光电式、数字式等多种形式。

一、国产BD—71F型电感储能有触点电子点火装置

BD—71F型电子点火装置原理如图7—28所示。

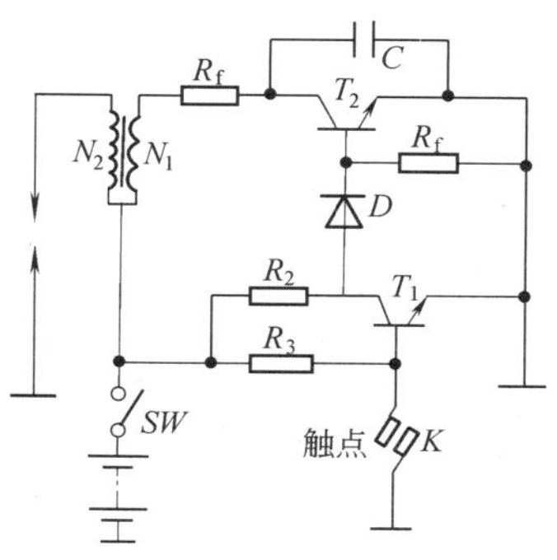

图7—28　BD—71F型电子点火装置

此装置适用于12 V负极搭铁汽车。在点火开关SW闭合后，当断电器触点K闭合时，晶体管T_1因基极与发射极短接而无基极电流截止。此时晶体管T_2由R_2和R_1支路提供偏流而导通，点火线圈初级绕组N_1中有电流通过，在N_2中可产生1.5～2 kV的感应电压，但不能击穿火花塞间隙，在N_1中储存磁场能量。

当K打开时，T_1由R_3提供正向偏流而导通，T_2因基极电位下降而截止，初级电流突然中断，在次级绕组N_2中产生15 kV以上的点火高压。

电路中附加电阻R_f是用来限制初级电流为8～10 A；二极管D保证T_1导通时，T_2可靠截止；与T_2并联的电容C用来吸收初级绕组断路时产生的自感电势，保护T_2避免被瞬变过电压击穿。T_2为大功率晶体管，允许通过较大的初级电流，因而点火线圈用专用的DQ710型与之配套使用。火花塞间隙可由传统点火系的0.6～0.7 mm调整为1.0～1.2 mm。断电器触点K此时只控制T_1的基极电流，约为初级电流的1/5～1/10倍，故触点基本上无烧蚀现象。

二、无触点电子点火装置

相对于有触点电子点火装置，在无触点电子点火装置中使用一个脉冲触发器去接通或断开一个电子控制的放大器电路，没有断电器触点，因而不存在触点抖动、触点间隙放电等弊病，可得到更高的发火率。由于没有断电器凸轮、顶块等磨损零件，提高了工作的可靠性和使用寿命，且在整个转速范围内有精确的时间控制。次级火花能量高，从而可采用较大的火花塞间隙，能够点燃稀薄混合气，改善发动机的经济性和提高废气净化效果，因此，无触点点火系统已得到广泛应用。电感储能式结构简单，价格便宜，安装调试方便，因而使用更为广泛。

触发脉冲的产生有多种方式，常见的有磁脉冲式、光电式、霍尔效应式等。

1. 磁脉冲式(发电机式)

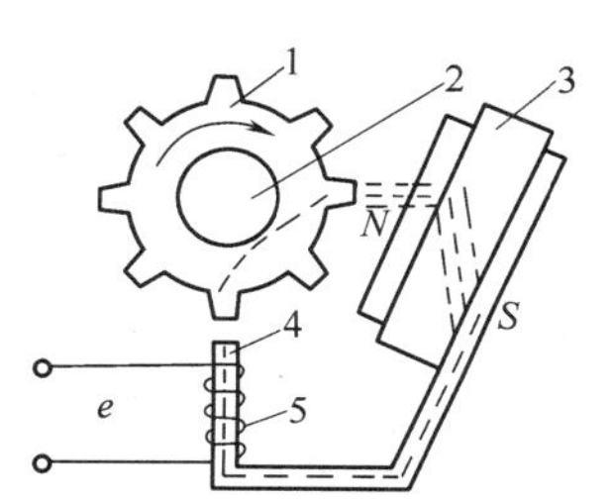

图7—29　磁脉冲信号发生器原理图
1—定时转子；2—分电器轴；3—永磁铁；4—衔铁；5—传感线圈。

磁脉冲信号发生器原理如图7—29所示。信号发生器装在分电器内的底板上，定时转子1由良好的导磁材料制成，装在分电器轴2上，随分电器轴旋转，定时转子凸起齿数与发动机气缸数相同。当定时转子旋转时，永磁铁3的磁通在定时转子内发生变化，从而在传感线圈5上感应出脉冲信号电压。

当定时转子随分电器轴旋转时，凸齿与衔铁之间的气隙会随之变化，通过传感线圈的磁通量也发生变化，在磁通量变化最大时，感应出峰值电势，磁通量变化率为零时，感应电势为零。传感线圈中磁通Φ及感应电势e的变化波形如图7—30所示。发动机

转速越高，磁通量变化率越大，磁脉冲电压也越高。

图 7—31 所示为皇冠 MS75 系列汽车电子点火装置，磁脉冲信号发生器 1 的定时转子具有 6 个凸齿，适用于 6 缸发动机；定时转子每转一转，产生 6 对正负脉冲，触发脉冲信号放大器 2 通断 6 次，点火线圈 5 产生 6 次点火高压，由分电器 3 依次配电给火花塞，实现各缸定时点火。

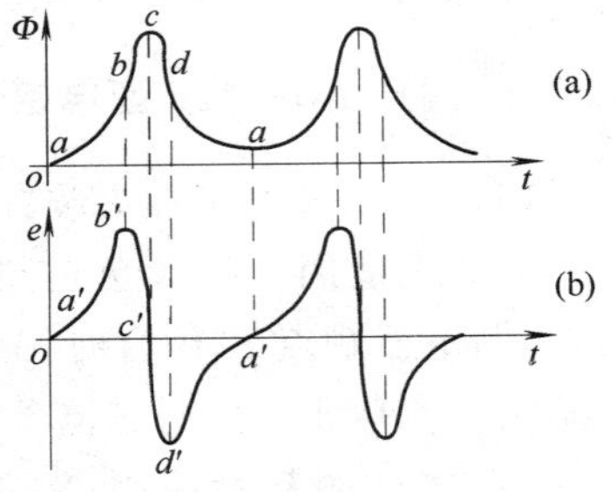

图 7—30 传感线圈中磁通 Φ 及感应电势 e 变化波形图

在脉冲信号放大器中，T_1 为与 T_2 同型号的三极管，工作于二极管状态，T_2 为触发管，T_3、T_4 为放大管，T_5 为大功率开关管。电路工作原理如下：当发动机未转动时，接通点火开关 SW，传感线圈无感应电动势，此时 P 点的电位由 R_1 与传感线圈电阻组成的分压决定，设计时使 T_2 在发动机未转动时处于导通状态，经放大电路后，功率开关管 T_5 也为导通状态，点火线圈初级绕组中有电流通过。发动机起动后，定时转子随分电器轴旋转，脉冲信号发生器输出交变电脉冲。当传感线圈输出正向脉冲（即 A 端为正、B 端为负）时，T_1 集电结反向偏置而截止，此时 P 点仍保持高电位，T_2 继续导通，T_5 亦导通，点火线圈初级绕组继续保持接通状态。当传感线圈产生负

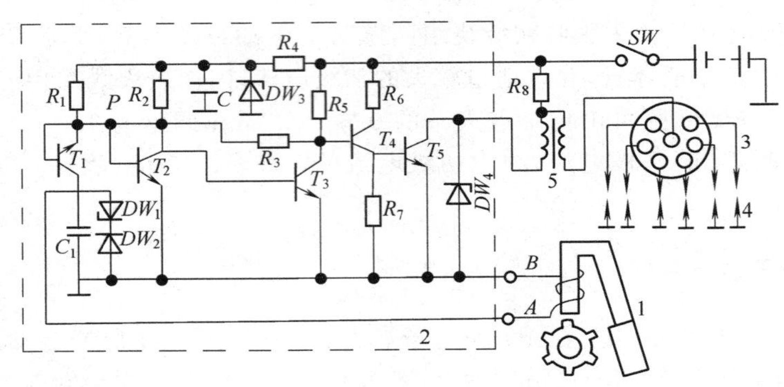

图 7—31 皇冠 MS75 系列汽车电子点火装置

1—磁脉冲信号发生器；2—脉冲信号放大器；3—分电器；4—火花塞；5—点火线圈。

向脉冲（即 B 端为正、A 端为负）时，T_1 导通，P 点电位被负向脉冲电压拉低，T_2 截止，蓄电池通过 R_4、R_2 向 T_3 管提供偏流，使 T_3 导通，T_4、T_5 随之截止，点火线圈初级绕组电路切断，初级绕组中的电流迅速降至零，在次级绕组中产生点火高压。

放大器电路中，T_1 管起温度补偿作用，因高温时 T_2 管的开启电压 U_{BE} 降低，其导通提前而截止滞后，使点火推迟，接入 T_1 管，因温度上升，T_1 管集电结正向电压也降低，使 P 点电位降低，保证 T_2 管的导通与截止不受温度的影响。稳压管 DW_1 和 DW_2 反向串联，与传感线圈并联，在发动机高转速下脉冲电压正负向峰值上升时，稳压管击穿，从而限制其峰值不至使 T_1、T_2 管受到损害。DW_3 与 R_4 组成稳压电路，保证 T_1、T_2 管电源电压稳定。DW_4 的作用是保护 T_5 管不被点火线圈的初级线圈在初级电流切断时所感应的电势击穿。电容 C_1 用来消除传感线圈输出脉冲电压波形上的毛刺，使电压平滑稳定，防止毛刺引起误点火。电容 C_2 与 R_4 组成阻容吸收电路，吸收瞬变过电压对电路的影响。电阻 R_3 为正反馈支路电阻，引入正反馈加速 T_2 的翻转。

2. 光电式

光电式无触点电子点火装置是应用光电效应原理，以发光元件、遮光盘和光敏器件组成电脉冲信号发生器，再经放大电路驱动点火装置。光电式信号发生器原理如图7—32所示。

信号发生器光源一般选用发光二极管，它具有耐振动、耐高温、维护方便、使用寿命长的特点。遮光盘一般用金属材料或塑料制成，安装在分电器轴上，盘上开有与发动机气缸数相同的缺口，便于光束通过，照射到光敏器件上。光敏器件是光敏二极管或光敏三极管，它接收光源通过遮光盘缺口射来的光束后，将光信号转换为电信号，以实现点火线圈初级电路的通断控制。

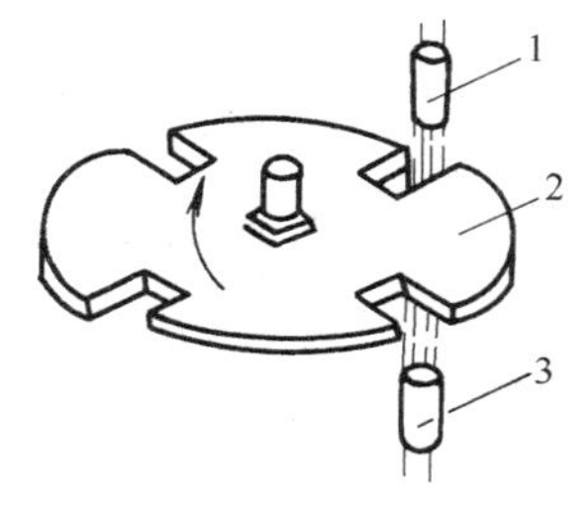

图7—32 光电信号发生器原理图
1—光源；2—遮光盘；3—光敏器件。

光电式脉冲信号发生器结构简单，控制精度高，工作十分可靠。即使在发光管的表面受到灰尘污染，光敏元件只接收到10%的光束时，也能处于饱和导通状态，以实现光电转换。与磁脉冲式信号发生器相比，光电式脉冲信号发生器没有时间上的滞后现象，且输出方波信号具有清晰、明快的特点，又不受发动机转速的影响，因而具有很好的应用前景。

图7—33是国产GF-1型光电式电子点火装置的实际电路。当光敏三极管 T_1 受光照时，T_1 导通、T_2、T_3 导通，T_4、T_5 截止，切断初级绕组中的电流，初级电流迅速消失，在次级绕组中产生点火高压。当光敏三极管 T_1 无光照时，T_1 截止，于是 T_2、T_3 截止，T_4、T_5 导通，点火线圈初级电路接通，在初级绕组中储存磁场能量。

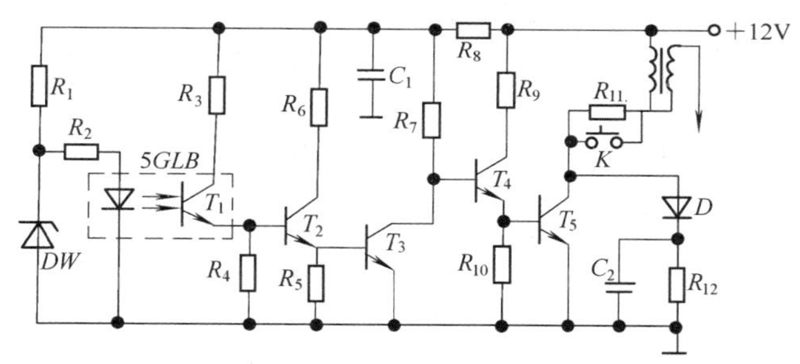

图7—33 GF—1型光电式电子点火装置
R_1—62 Ω；R_2—27 Ω；R_3—9.1 kΩ；R_4—56 kΩ；R_5—9.1 kΩ；R_6—15 kΩ；R_7—180 Ω；R_8—15 Ω；R_9—15 Ω；R_{10}—106 Ω；R_{12}—3 kΩ；C_1—16 μ/330 V；C_2—30 μ；DW—2CW21P；D—2CX；T—3DDO5；T_2、T_3—3DFO5；T_4—3DD75；T_5—3DD50X₂。

与 T_5 并联电容 C_2 的作用是在 T_5 由导通转为截止时，加速初级绕组磁场能量的泄放，使次级绕组感应出更高的点火电压。该装置的点火能量比传统点火装置高得多，具有较好的起动性，且可点燃稀薄混合气，适用于多种汽油机。

3. 霍尔式

霍尔式脉冲信号发生器是依据霍尔效应原理制成的。霍尔效应原理如图7—34所示，当半导体基片（霍尔元件）的两侧通以电流 I，在垂直于基片平面方向置磁场 B，则在垂直于电流 I 和磁场 B 的半导体基片另两侧产生一个电压 U_H，这种现象称为霍尔效应，霍尔效应产生的电压 U_H 称为霍尔电压。霍尔电压 U_H 与电流 I 和磁场 B 的乘积成正比，即

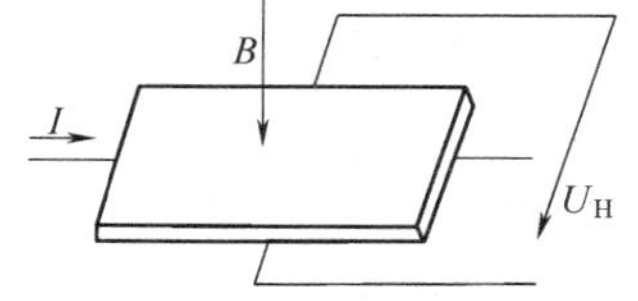

图7—34 霍尔效应原理图

$$U_H=\frac{R_H}{d}\cdot I\cdot B \tag{7—4}$$

式中 R_H——霍尔系数；

d——基片厚度；

I——控制电流；

B——磁感应强度。

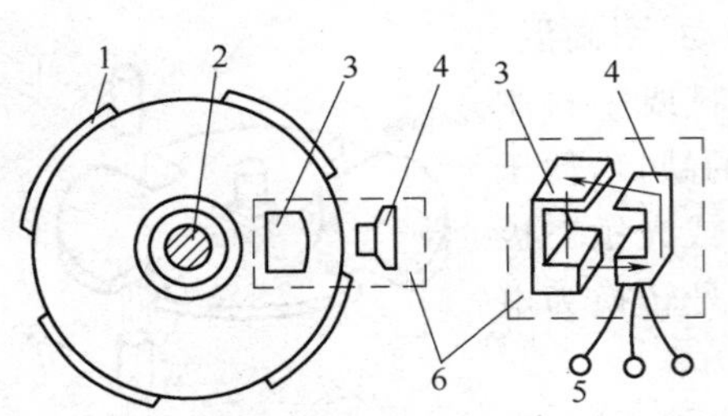

图 7—35 霍尔信号发生器

1—触发叶轮；2—分电器轴；3—永久磁铁；4—霍尔集成块；5—集成块引出线；6—霍尔传感器。

由式(7—4)可知，当 I 为定值时，U_H 仅与磁场 B 成正比，利用这一原理，可制成霍尔式脉冲信号发生器，准确地控制发动机的点火时刻。

图 7—35 所示为霍尔信号发生器，触发叶轮 1 由分电器轴 2 驱动，叶轮边缘的叶片数与发动机气缸数相等，它在永磁铁 3 和霍尔集成块 4 之间转动。当叶片进入永磁铁与霍尔元件之间的气隙时，霍尔元件中的磁场被触发叶轮的叶片旁路，此时不产生霍尔电压。当触发叶轮的叶片离开后，霍尔元件中有磁通通过，此时可产生霍尔电压。由此可见，触发叶轮旋转一周，可准时地产生与叶片数相等个数的霍尔脉冲电压 U_H，此脉冲电压 U_H 经图 7—36 所示电路处理后输出整齐的方波脉冲 U_g，控制点火线圈初级电路的接通和断开，实现各缸的依次点火。

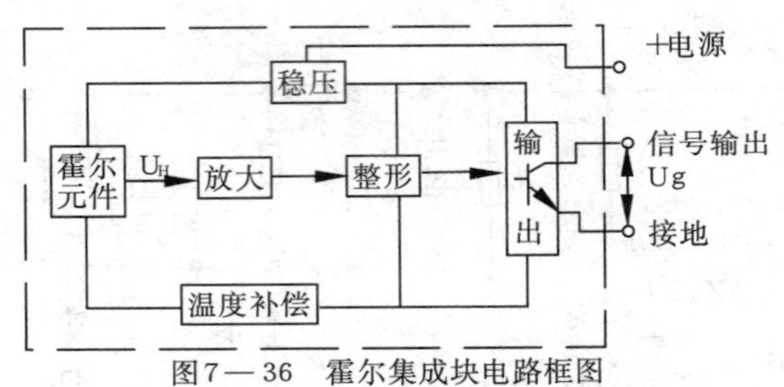

图7—36 霍尔集成块电路框图

霍尔式脉冲信号发生器无磨损部件，不受灰尘、油污的影响，工作可靠，寿命长。霍尔发生器的输出脉冲电压仅与触发叶轮叶片数有关，而与触发叶轮的转速无关，即与发动机转速无关，具有较高的点火正时精度，且有利于低温或其他恶劣条件下的起动，因而应用较广。

三、数字式电控点火系

前面介绍的电子点火系统，在提高点火电压和点火能量方面是卓有成效的，但是它们对点火时刻的控制，与传统点火系一样，仍然依靠离心式和真空膜片式两套机械点火提前装置来完成。由于机械系统的滞后效应，磨损以及装置本身机械结构的限制等因素的影响，机械式点火提前装置不能保证发动机点火时刻始终处于最佳状况，因为最佳点火提前角除了与发动机的转速和进气歧管绝对压力(负荷)有关外，还与发动机燃烧室形状、燃烧室内温度、空燃比、大气压力、冷却水温度等因素有关。这些对于机械式点火提前装置来说，是无能为力的。因此用数字式电子控制装置来取代机械式点火提前装置已是发展的必然趋势。

数字式电子控制点火系统的高压配电方式分有分电器式和无分电器式两种型式。

1. 有分电器式

有分电器式点火系统电路如图 7—37 所示。*ECU* 根据各输入信号，确定点火时间，并将点火正时信号 *IGT* 送至点火器，当 *IGT* 信号为低电平时，点火线圈初级电流被切断，次级线圈中感应出高压电，再由分电器送至相应气缸火花塞产生电火花。

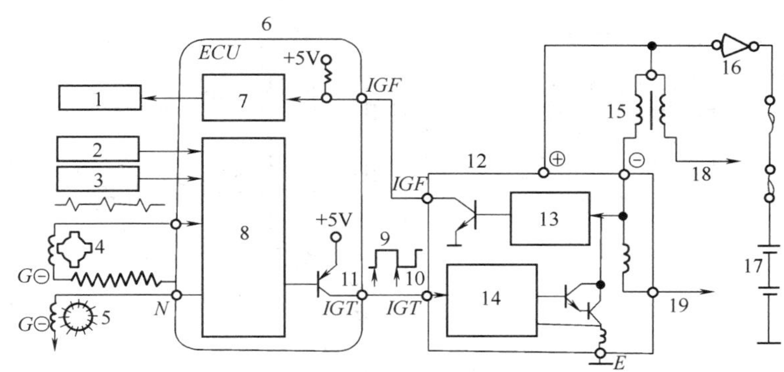

图 7—37 有分电器式点火控制电路

1—主继电器；2—压力传感器；3—温度传感器；4—基准位置传感器；5—转速传感器；6—ECU；7—燃油喷射控制；8—点火控制；9—点火信号；10—通电开始；11—点火；12—电子点火器；13—点火监视回路；14—闭合角控制；15—点火线圈；16—点火开关；17—蓄电池；18—至分电器；19—至发动机转速表。

为了产生稳定的次级电压和保证系统的可靠工作，在点火器中设有闭合角控制回路和点火确认信号（*IGF*）发生电路。

闭合角控制回路的作用是根据发动机转速和蓄电池电压调节闭合角，以保证足够的点火能量。在发动机转速上升和蓄电池电压下降时，闭合角控制电路使闭合角加大，即延长初级电路的通电时间，防止初级储能下降，确保点火能量。点火确认信号发生电路在点火线圈产生自感电动势时，输出点火确认信号 *IGF* 给 *ECU*，以监视点火控制电路是否正常工作。

2. 无分电器式

无分电器的点火控制系统的高压配电方式有二极管分配式和点火线圈分配式两大类。

(1)二极管分配式

二极管分配式采用同时点火方式，工作原理如图 7—38 所示。点火顺序为 1—3—4—2 的 4 缸发动机，当 *ECU* 接收到曲轴位置传感器相应信号时，向点火控制器发出触发点火信号，控制器的控制回路使三极管 Tr_1 截止，初级绕组 *A* 中的电流被切断，在次级绕组中感应出下“＋”上“－”的高压电，经第 4 缸和第 1 缸火花塞构成回路，两个火花塞均跳火，此时第 1 缸接近压缩终了，混合气被点燃，而第 4 缸正在排气，火花塞点空火。曲轴转过 180°后，*ECU* 接到传感器信号后再次向点火控制器发出触发信号，Tr_2 截止，初级绕组 *B* 中电流切断，次级绕组感应出上“＋”下“－”的高压电，并经第 2 缸和第 3 缸火花塞构成回路，同时跳火，此时第 3 缸点火作功，第 2 缸点空火。依次类推，曲轴转两转，各气缸作功一次。

在无分电器点火系统中，点火线圈一般都采用闭磁路线圈，可减小磁阻，实现小型化。

(2)点火线圈分配式

点火线圈分配式无分电器点火系统是将来自点火线圈的高压电直接分配给火花塞，有同时点火和单独点火两种形式。

同时点火即用一个点火线圈对达到压缩和排气行程上止点的两个气缸同时实施点火，处于压缩行程的气缸混合气被点燃而作功，正在排气的一缸火花塞点空火，如图 7—39 所示。

单独点火即为每一个气缸的火花塞都配一个点火线圈，单独直接地对每个气缸点火，这种点火系统的点火线圈做得很小，与火花塞装在一起，取消了高压导线，能量损失小，效率高，电

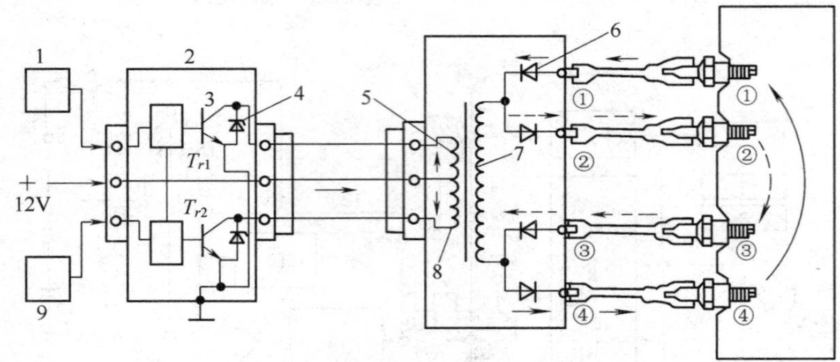

图 7—38 二极管分配式同时点火的无分电器点火系工作原理图

1—1、4 缸触发信号；2—电子点火控制器；3—控制部分；4—稳压器；5—初级绕组 A；6—高压二极管；7—次级绕组；8—初级绕组；9—2、3 缸触发信号。

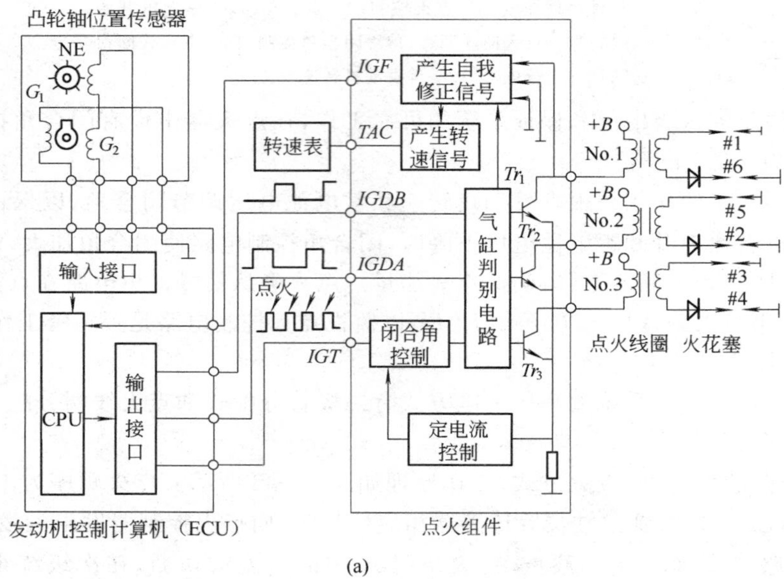

(a)

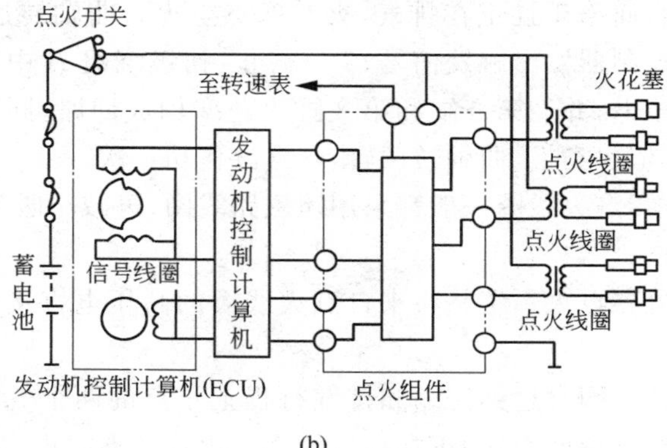

(b)

图 7—39 点火线圈分配式同时点火的无分电器点火系统

(a)DLI 系统的方框图；(b)DLI 系统的电路图。

磁干扰小，可在9 000 r/min的宽广转速范围内提供足够的点火能量和高电压。其原理如图7—40所示。

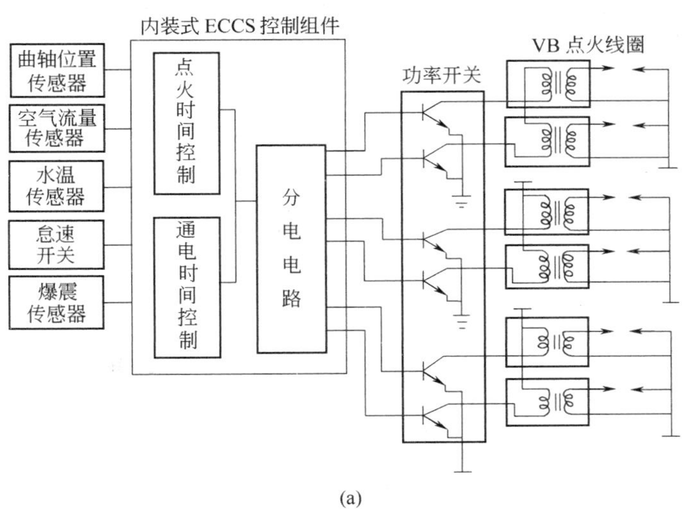

(a)

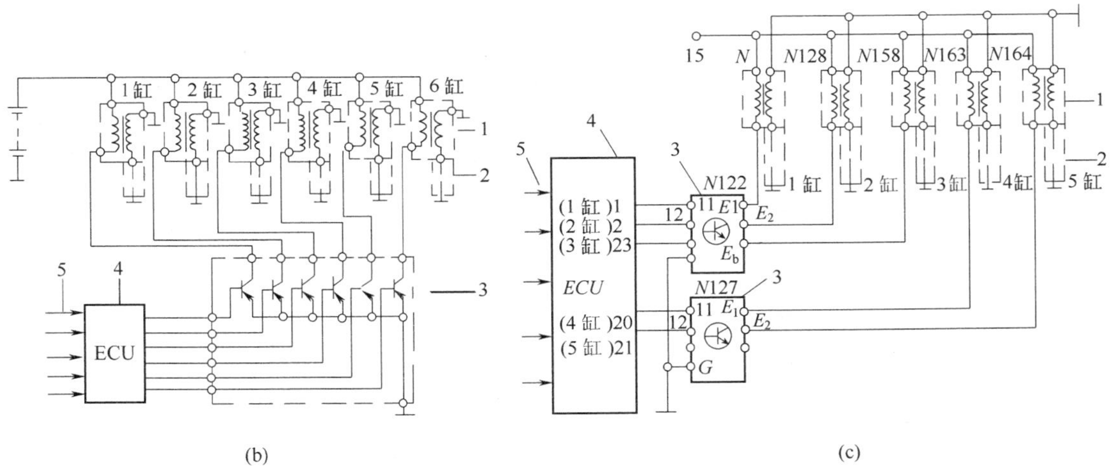

(b)　(c)

图7—40　单独点火式无分电器点火系统

(a)框图；(b)日产6缸机点火电路；(c)奥迪5缸机点火电路。

1—点火线圈；2—火花塞；3—点火器；4—电控单元；5—各种传感器和开关输入信号。

第八章　内燃机的燃烧过程

燃烧过程是内燃机的主要工作过程，关系到能量的转换效率。燃料燃烧是否完全，影响到热量放出的多少，因而影响工质在气缸中作功的能力；而燃烧进行是否及时，则影响到工质在气缸中作功的时机，也就是影响所放热量的利用。燃烧愈近于上止点完成，工质的温度与压力就愈高，因而发动机的功率与热效率提高。所以燃烧完全与及时，是燃烧过程的两个基本要求。

第一节　汽油机的燃烧过程与燃烧室

一、正常燃烧

1. 燃烧过程的 3 个时期

高速汽油机的燃烧过程进行得非常迅速，其所经历的时间约 0.001 5～0.003 s，相当于 30°～60°CA。为便于分析，我们按汽油机燃烧过程中的某些特征，把它划分为诱导期、显燃期和后燃期 3 个时期。

从点火开始到火焰中心形成的这段时期，称为诱导期，约占全部燃烧时间的 15%，如图 8—1 中的Ⅰ。在此时期内燃料放热不多，压力的升高不大，因此气缸中气体压力的变化规律基本上与压缩过程相同。

火焰中心形成后，火焰焰面以 30～40 m/s的平均速度向未燃混合气推进并使之燃烧，由于燃烧的混合气量增多，放热量剧增，燃烧室内气体的温度和压力迅速提高，到达点 3 时(图 8—1)压力达到最大值，而此时气体的容积变化不大。从火焰形成到火焰传到最后燃烧部分的混合气(或称末端混合气)所经历的时间称为显燃期，如图 8—1 中的Ⅱ。在示功图上，它常以气体压力开始偏离压缩线的时刻(点 2)为起点，而以最高压力(点 3)为终点。

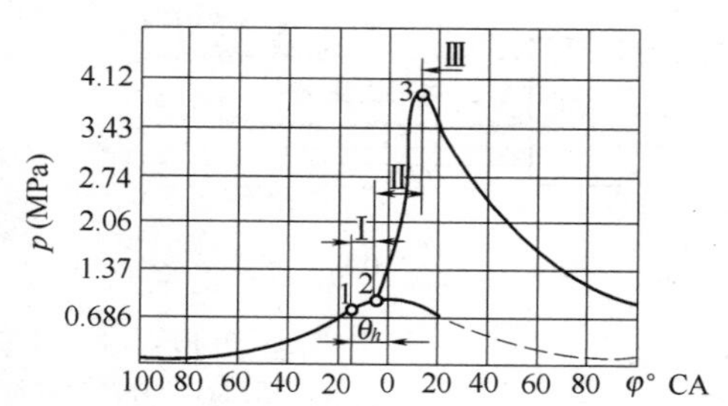

图 8—1　汽油机燃烧过程的展开示功图

1—开始点火；2—形成火焰中心；3—最高压力点。

显燃期后，部分未来得及燃烧的燃料和燃烧不完全产物在膨胀过程的初期继续放热，这个时期称为后燃期，如图 8—1 中的Ⅲ。后燃期的长短视后燃量的多少而定。有时后燃甚至延续到整个排气过程，以致废气在下一循环的进气过程开始时窜入进气管及化油器，引燃新鲜混合气，这就是化油器的回火现象。

2. 火焰传播速度与燃烧速率

在上述燃烧过程的 3 个时期中，都是具有放热效应的，不过诱导期和后燃期内放出的热量都不多，因此对循环热效率的影响不大。燃料的热量主要是在显燃期内放出的，因此，显燃期的长短及其所对应的活塞位置，对于内燃机的热效率是有很大影响的。从提高循环热效率的角度来看，希望燃烧时间愈短愈好。因为显燃期愈短，在此期间内的放热愈集中，发动机的动力性和经济性就愈好。要缩短显燃期，就要提高混合气的燃烧速率，使气体最高压力和最高温度出现在活塞位于上止点附近的位置，使燃料放出的热量获得较充分的利用，减少后燃，从而提高发动机的热效率和功率。

在讨论燃烧过程时，有必要区别两种概念，即火焰传播速度和燃烧速率。火焰传播速度是指混合气燃烧时，火焰前锋面在其法向的传播速度；燃烧速率是指单位火焰前锋面积在单位时间内燃烧的混合气质量。这两者之间有如下的关系：

$$U_r=\rho\cdot U$$

式中　U_r——燃烧速率（$kg/m^2\cdot s$）；

U——火焰传播速度（m/s）；

ρ——混合气的密度（kg/m^3）。

单位时间内燃烧反应放出的热量为

$$Q=U_r\cdot F_r\cdot H_m \quad (kJ)$$

式中　F_r——火焰面的面积（m^2）；

H_m——混合气的热值（kJ/kg）。

由上式可知，火焰传播速度愈快，燃烧速率就愈快，单位时间内放出的热量就愈多，气缸内压力增长就愈快，发动机发出的功率也就愈大。其次，通过选择燃烧室的适当形状，用增大焰面面积 F_r 的办法亦可实现快速燃烧。但如燃烧速率过快，将随之带来发动机工作粗暴和噪声，使运动机件受到冲击性负荷，加速零件磨损，降低发动机的使用寿命。所以从提高发动机的功率与防止噪声和工作粗暴这两方面，对压力升高率的要求是有矛盾的，解决这个矛盾的原则是：在工作柔和的条件下，尽可能地提高燃烧速率。

衡量发动机工作粗暴程度的指标是显燃期内的压力升高率 $\Delta p/\Delta\varphi$，用每度曲轴转角（1°CA）时气体压力的升高量表示。在图 8—1 的示功图上，可用点 3 与点 2 的平均压力升高率来表示，即

$$p_3-p_2/\Delta\varphi_{2.3}$$

某一瞬时的压力升高率可表示为 $dp/d\varphi$。现代汽油机的压力升高率 $\Delta p/\Delta\varphi=0.098\sim0.196MPa/°CA$。最高压力出现在上止点后 12°～15°CA 时，发动机的热效率较高，工作柔和。

二、不正常燃烧

（一）爆震燃烧

在正常火焰的传播过程中，在燃烧室内局部的未燃混合气，由于受到正常火焰面的压缩和辐射，温度和压力不断升高，以致可在正常火焰面到达之前而自燃，它的火焰传播速度最高可达1 500～2 000 m/s。这部分混合气的燃烧伴随着冲击波，形同爆炸，称为爆震燃烧（简称爆燃）。爆燃的外部特征是：气缸中发出清脆的金属敲击声；排气中出现黑烟、屑片和火星；发动机过热；功率和经济性下降。

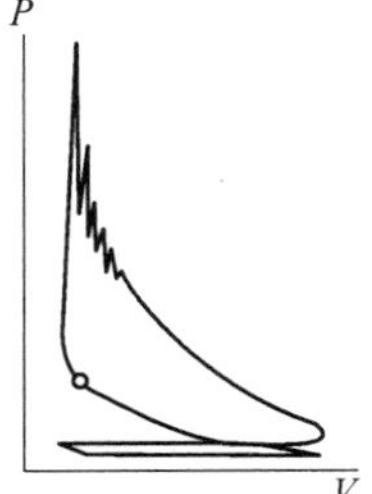

图 8—2　汽油机爆燃时的示功图

从爆燃时的示功图（图 8—2）可以看出，在显燃期之末膨胀开始时，压力有急速的波动（出现锯齿形），这证实有冲击波的存在，而且也说明爆燃是在燃烧将近终了时才发生的。

这种高压力的冲击波往复地撞击气缸壁和活塞，引起振动，发出清脆的金属敲击声，并使气缸壁表面的层流气膜和油膜遭到破坏，从而使向气缸壁面的传热量大大增加，冷却损失增大以及气缸壁磨损剧增。

爆燃时，除压力升高和发生有敲缸声的冲击波外，还由于在高温（局部可达4 000 K）下，二氧化碳等燃烧产物发生彻底的分解而产生游离碳素，使排气中出现黑烟和火星；而且由于燃烧的不完全，引起发动机功率和经济性下降。

由此可见，爆燃是一种很有害的现象，发动机是不允许在爆燃情况下工作的。爆燃严重时，还可使活塞、气门和火花塞等机件损坏。但如发生短暂轻微的爆燃，上述各种不利现象并不严重，发动机的功率却略有增加。实践表明，汽油机在低速大负荷、气缸温度较高的情况下，爆燃较易发生。

为了消除爆燃，必须采取的基本措施是：采用辛烷值较高的汽油和改善燃烧室的结构。在发动机工作时如出现爆燃，可用改变混合气浓度、减小节气门开度、提高转速和减小点火提前角等方法来消除。

（二）表面点火

在汽油机工作过程中，凡不依靠电火花点火，而由炽热表面或炽热点（如燃烧室内的积炭、排气门头部以及过热的火花塞电极等）点燃混合气所引起的不正常燃烧现象称为表面点火。

表面点火可分为早燃和激爆两种现象。

1. 早燃

在压缩过程中，工作混合气在火花塞点火之前的燃烧称为早燃。

早燃的特征是功率下降，发动机工作不稳定且有敲缸声（较为沉闷），并有过热现象。功率下降是因为最高燃烧压力出现在循环的不适当时刻，在压缩时又消耗了较多的功。同时，因为这时燃烧是在散热面积较大的情况下进行的，因而使传给冷却水的热量增加，发动机于是就过热。早燃所产生的压力升高会增加机件的负荷，使它们加速磨损。使用经验表明，不很严重的早燃，往往表现在停止火花塞点火后，发动机仍继续着火运转。

早燃在外表特征上和爆燃是有些相似的，但它们的性质和产生的原因却完全不同。早燃产生在火花塞跳火之前，且无冲击波产生；爆燃是在燃烧后期才产生的，且有冲击波产生。早燃时混合气的燃烧速度仍然是正常的，而爆燃时的燃烧速度却超过正常值许多倍。

爆燃时由于发动机过热而可能引起混合气的早燃，所以爆燃和早燃可以在发动机内同时发生。

2. 激爆

汽油机在怠速或低负荷运转时，常在燃烧室表面形成一层沉积物，其导热性很差，表面温度可能很高。在高温下沉积物中的碳粒与混合气中的氧气化合而呈白炽状态，并将混合气点燃。在发动机加速时，由于气流吹起已着火的碳粒而产生多点点燃混合气的早燃现象。这时混合气急剧燃烧，使压力升高率、最高燃烧压力和最高燃烧温度急增，并引起强烈的爆燃，发出强烈的震音。激爆是一种危害很大的表面点火现象，不允许汽油机在这种情况下运转。

三、影响燃烧过程的因素

（一）运转因素对燃烧过程的影响

运转因素包括燃料的性质、混合气质量、点火提前角、转速与负荷以及冷却强度等。

1. 燃料性质的影响

燃料性质对燃烧过程的影响主要表现在对爆燃的影响上。表示燃料爆燃倾向的指标称为辛烷值，辛烷值愈大，燃料的爆燃倾向愈小。

某一燃料的辛烷值不是稳定不变的，当燃料在保存或运输时，可能有最轻的高辛烷值的成分挥发掉因而使辛烷值发生某些下降。

2. 混合气质量的影响

(1)混合气浓度

混合气浓度对燃烧过程的影响，主要表现在火焰传播的速度上。

实验表明，当过量空气系数 $\alpha=0.85\sim0.95$ 时，火焰传播速度最快(图 8—3)，这时发动机的功率也最大。由于这时燃烧产生的压力和温度都较高，所以产生爆燃的可能性也最大。

随着混合气的变稀($\alpha>0.85$)，火焰传播速度降低，但燃烧较完全；当 $\alpha=1.05\sim1.15$ 时，燃烧最完全，同时火焰传播速度下降不太多，热损失小，因此发动机的经济性最好。当混合气过稀时，燃烧的条件恶化，并发生功率和经济性下降，化油器回火等现象。

当混合气变浓时($\alpha<0.95$)，火焰传播速度由于氧气缺乏也会很快降低。

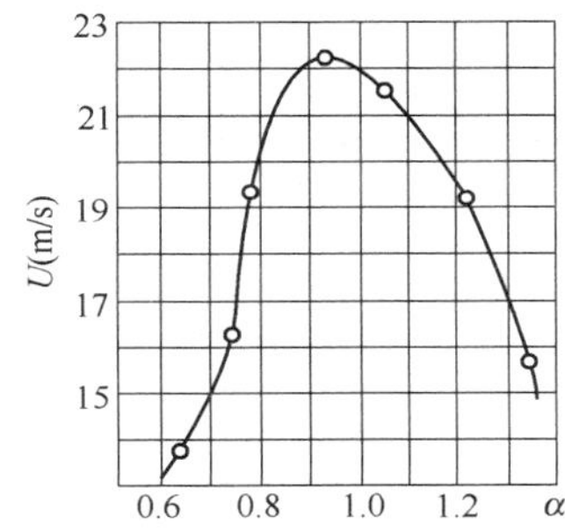

图 8—3　混合气浓度对火焰传播的影响

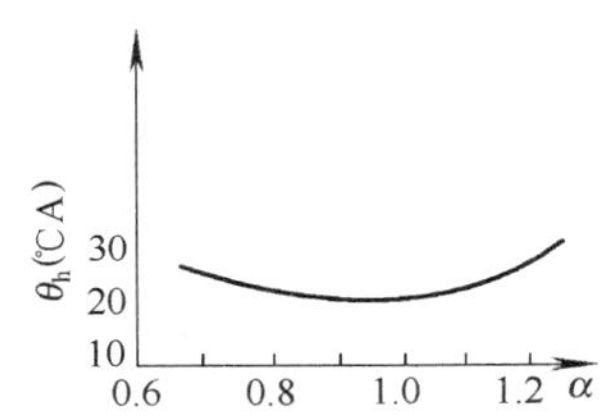

图 8—4　混合气浓度与点火提前角 θ_h 的关系

混合气浓度既然影响火焰传播速度，所以当 α 改变时，相应的最佳点火提前角也改变(图 8—4)。

此外，混合气浓度还影响发动机工作的稳定性和加速性。实际上，为了保证可靠地工作，汽油机正常工作时的混合气浓度 α 应在 0.8～1.2 的范围内。

(2)混合气分配

在多缸发动机中，混合气的质量还与混合气分配的均匀性直接有关。如果混合气的数量及浓度在各个气缸中分配不均匀，就会对发动机的性能产生不良影响。由于不能使各气缸都用“经济”混合气或“功率”混合气工作，因而使整台发动机的功率下降，燃油消耗率增加。

因为分配不均匀主要是由燃料中的重馏分引起的，而重馏分又较易发生爆燃，所以混合气分配不均匀，会使某些气缸的爆燃倾向增加。

在化油器式汽油机中，燃料的汽化和混合气形成很大一部分是在进气管内进行的，因此混合气分配的均匀性与进气管的布置型式、形状和尺寸以及进气管的预热等有关。进气管的布置，应尽可能使化油器到各气缸进气口的距离缩短且相等。进气管的断面尺寸，要使混合气有适当的流速，以利于燃料迅速蒸发、扩散。断面的内壁应光滑，底部要平整，以使燃料流动畅通而不积存。同时，利用废气或冷却水的热量对混合气进行预热，使燃料中重馏分易于蒸发。这些措施都能促使混合气比较均匀地分配到各个气缸。

3. 点火提前角的影响

点火时刻是用点火提前角 θ_h 来衡量的(见图 8—1),它对燃烧的及时性有很大的影响。点火提前角过大或过小都会使功率和经济性下降,只有选择在某一最佳值时,才能使发动机获得最大功率和最低的燃油消耗率。图 8—5 示出不同点火时刻下的示功图。

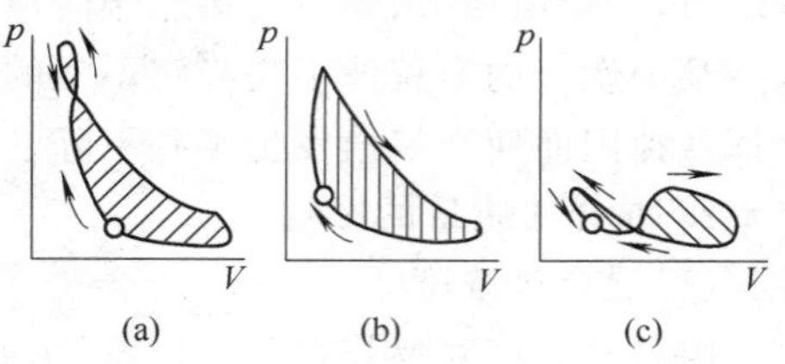

图 8—5 点火时刻不同时的示功图
(a)点火过早;(b)点火提前角正确;
(c)点火过迟。

点火提前角过大时,大部分混合气在压缩过程中燃烧,气体压力升高过早,增加了压缩功的消耗,示功图面积也减小,功率降低。同时,发动机工作的粗暴性增加,爆燃的倾向也增加,这时气体在压缩时的压力和温度都增加,末端混合气燃烧前的温度也较高,这就为爆燃创造了有利的条件。

点火提前角过小时,会使燃烧在膨胀过程中进行,最高燃烧压力和最高温度将降低,而热损失却增多,发动机的功率也下降。

4. 转速与负荷的影响

(1)转速的影响

转速对燃烧过程的影响随燃烧时期而不同。转速的变化,几乎不影响诱导期所需的时间。

转速对显燃期的影响是很大的,火焰传播速度随转速的增加而增加(图 8—6),这是因为转速高时,混合气的涡流运动也增强。这就是汽油机之所以能向高速发展的重要前提之一。

随着转速的增加,燃烧过程所需的时间如以秒计是减少了,但以曲轴转角计却有所增加。为了改善汽油机的工作过程,在转速增加时,点火提前角也应适当增大。否则燃烧将拖延到膨胀过程,致使发动机的功率和经济性下降。为此,在汽油机的分电器中一般都装有离心点火提前调节装置。图 8—7 所示为 Q6100-Ⅰ型汽油机点火提前角随转速的变化关系。

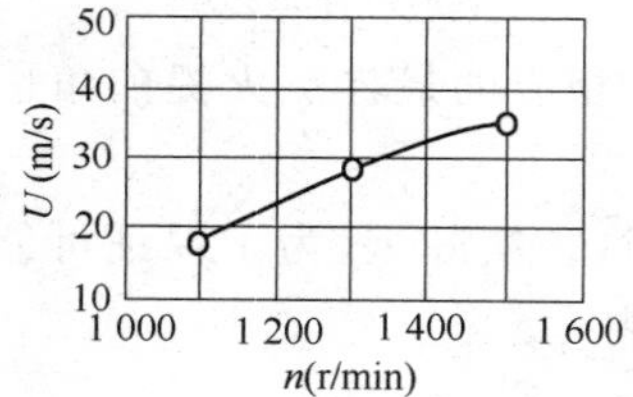

图 8—6 火焰传播速度与汽油机转速的关系

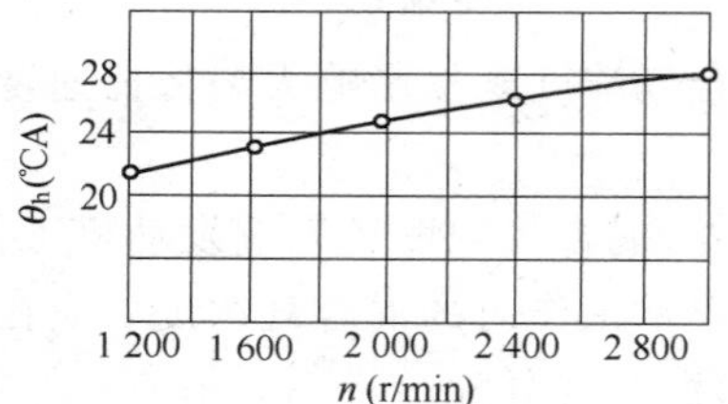

图 8—7 Q6100-Ⅰ型汽油机点火提前角随转速的变化关系
(当节气门全开时)

发动机的爆燃倾向是随转速的增加而减弱的。因为转速增加时,火焰传播速度增加,可较早地传到末端混合气。同时转速高,气缸内残余废气量增加,末端混合气的焰前反应减弱,这都使爆燃的倾向减弱。反之,转速低时,爆燃的倾向就增加。

(2)负荷的影响

化油器式汽油机的负荷是用节气门的开度来调节的。节气门开度小时,进入气缸的混合气量减少,而残余废气量几乎是不变的,所以使燃烧速度降低,也不利于正常燃烧的进行,这都使负荷减小时的经济性变坏;同时工作循环中气体和燃烧室、气缸壁的温度都降低了,上述的这些条件都使爆燃的倾向减弱。所以,当产生爆燃时,可以很容易地用减小节气门开度的方法来消除。

上述情况还说明了在负荷小时,为了改善燃烧过程的进行,必须使点火提前角适当加大,因而在分电器中都装有真空点火提前调节装置。

当节气门开度增大时，进入气缸的混合气量增多，燃烧压力升高，而且由于残余废气相对量减少，稀释作用小，爆燃的倾向增加。

5. 冷却强度的影响

发动机在过度冷却时，将使混合气的形成恶化而降低燃烧速度，从而使发动机的功率和经济性都降低；当冷却不足（过热）时，发动机的功率也会降低。同时还造成爆燃的有利条件。因此，发动机应保持一定的工作温度。

除了上述这些运转因素对燃烧过程和爆燃的产生有影响外，还有一些运转因素对爆燃的产生也有影响。例如，燃烧室和活塞顶上积碳增加，就会使爆燃的倾向增加，其效果相当于降低燃料辛烷值 10～15 单位。

（二）构造因素对燃烧过程的影响

影响燃烧过程的构造因素包括压缩比、燃烧室形状、混合气涡流的强度、火花塞及气门的位置、气缸直径、活塞和气缸盖的材料以及冷却方式等。

1. 压缩比的影响

增大压缩比可提高发动机的功率和经济性；但压缩比不适当地提高，就会使压缩终了的混合气的温度和压力过高而造成爆燃的有利条件。为了保证发动机能采用尽可能大的压缩比而不发生爆燃，一方面需要提高燃料的抗爆性，另一方面也要在改善发动机的结构上采取一些措施。图 8—8 示出了汽油辛烷值与许用压缩比的近似关系。

有时，在发动机使用中如果不注意，会引起燃烧室容积的缩小（压缩比增大）。如气缸盖螺母拧得过紧、燃烧室积炭、曲柄连杆机构机件的磨损等，因此，这些情况也可能增加发动机的爆燃倾向。

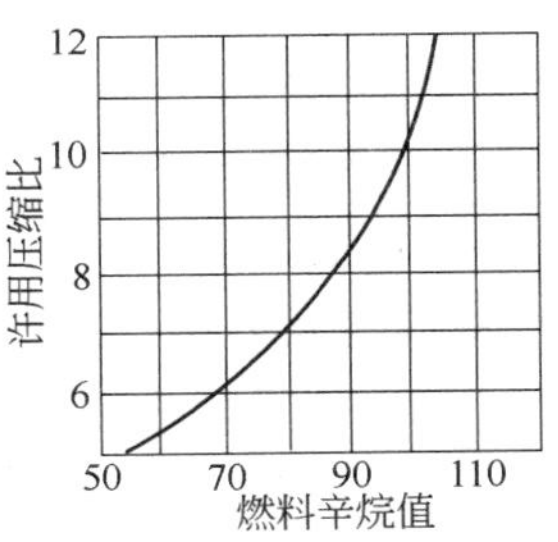

图 8—8　汽油辛烷值与许用压缩比的关系

从降低排气污染考虑，增大压缩比是不利的。因为压缩比的提高将使排气中 HC 及 NO_x 的生成量增加。目前的趋向是不过大的提高压缩比，以利于排气净化。

2. 燃烧室形状及火花塞位置的影响

燃烧室形状及火花塞位置，影响到火焰前锋表面的形状、大小及火焰传播的速度，因而也影响到发动机工作的粗暴性、排气净化及爆燃倾向。因此我们希望燃烧室具备以下条件：结构要紧凑，其表面积与容积之比（称面容比）要小，这样可以减少散热损失，使发动机工作不过分粗暴，并可得到适当的混合气涡流，同时能降低 HC 的排放浓度。火花塞的位置要近于燃烧室中心，且靠近燃烧室的最热部分（如排气门），以使火焰行程缩短，因此爆燃的倾向减弱。同时这些地方应得到良好的冷却。

顶置气门汽油机的燃烧室（盆形、楔形和半球形），其功率和经济性都较高，爆燃倾向较弱，但这类燃烧室可能使发动机的工作较为粗暴；气门的传动也较复杂。采用这类燃烧室，可使压缩比提高约 10%。

3. 混合气涡流的影响

混合气涡流的强度对加速火焰传播、提高燃烧速率、缩短燃烧时间具有很大的作用。因此它是提高发动机动力性和经济性以及减小爆燃倾向的重要因素。但涡流强度应适当，涡流过强反而会引起传热损失增加，甚至还可能吹灭火花塞处最初形成的火焰中心。

在燃烧室内形成涡流的方法有两种。一种是利用进气道在进气过程中产生的进气涡流；

另一种是利用活塞上行的挤气作用，在压缩终了时形成挤压涡流。挤气面*的大小与挤气间隙 ΔS 对涡流强度有很大的影响。挤气面越大、间隙 ΔS 越小，则挤压涡流越强。挤气面往往也是激冷面，较冷的金属面会加强最后燃烧部分混合气的冷却(称为激冷效应)，因而减小了爆燃的倾向。但挤气面不宜过大，否则将使传热损失增加，而且由于挤气面的激冷效应，使得挤气面内的混合气燃烧不完全，这就引起排气中未燃烃(HC)增加，从而增加对大气的污染。

4. 气缸直径的影响

随着气缸直径的增大，燃烧室的尺寸也加大了，并使散热面积相对减小，于是热损失减小。因此，从这方面说，气缸直径大的发动机的经济性较好。

但增大气缸直径，将增加爆燃倾向，因为未燃部分混合气的温度随着缸径的增加而提高，同时火焰行程也加长了。这就说明了为什么有缸径大的柴油机，而没有缸径大的汽油机。

5. 气缸盖和活塞材料的影响

铝合金气缸盖和活塞的温度比铸铁的低，因而可使燃烧的诱导期较长而压力升高速度较慢，同时爆燃倾向可显著减小。采用铝合金气缸盖代替铸铁气缸盖约可使压缩比提高 0.5～0.6，采用铝合金的活塞代替铸铁活塞，也可使压缩比提高。

6. 冷却方式的影响

不同的冷却方式对发动机的爆燃倾向有不同的影响。用空气冷却(风冷)的发动机的气缸盖和气缸的温度总是高于水冷式的发动机，所以用空气冷却的发动机的爆燃倾向也较强。

四、汽油机的燃烧室

汽油机的燃烧室是由活塞顶部与气缸盖上相应的凹穴空间组成的。燃烧室的形状对发动机的工作影响很大。对燃烧室有两点基本的要求：一是结构要尽可能紧凑，散热面积要小以减少散热损失及缩短火焰传播距离；二是使混合气在压缩终了时具有一定的涡流运动，以提高混合气燃烧速度，保证混合气得到及时和完全燃烧。

图 8—9 示出汽油机常用的几种燃烧室形状。

1. 楔形燃烧室(图 8—9a)

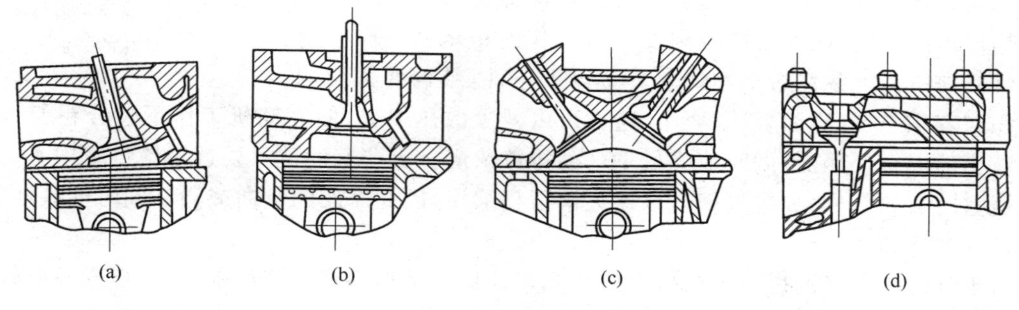

图 8—9 汽油机燃烧室的形状

燃烧室横剖面呈楔形，结构紧凑，挤气涡流较强。这种燃烧室多用于高速汽油机。

CA6102 型汽油机采用双挤气半楔形燃烧室，以保证发动机工作柔和，并能缩短火焰行

* 在气缸盖上布置一定的面积，使它与到达上止点时的活塞之间间隙很小，这部分面积称为挤气面。

程，从而实现快速燃烧，有利于降低热负荷和排气污染。

2. 盆形燃烧室(图 8—9b)

燃烧室横剖面呈盆形，进、排气门平行于气缸中心线。盆形燃烧室结构较紧凑，制造工艺性较好，在车用汽油机上应用较广泛。Q6100-Ⅰ型、492QA 型汽油机即采用这种燃烧室。

3. 半球形燃烧室(图 8—9c)

燃烧室横剖面呈半球形，允许气门直径较大，气道圆滑，充气良好。这种燃烧室结构最紧凑，散热损失最小，发动机的动力性和经济性指标较高，但是气门双行排列，配气机构传动复杂，火花塞也不易接近。

以上 3 种形式的燃烧室都用于顶置气门汽油机。

4. L 形燃烧室(图 8—9d)

燃烧室横剖面呈 L 形，燃烧室有部分在气门上面，另一部分在活塞上面。L 形燃烧室仅用于侧置气门汽油机。这种燃烧室结构简单，制造方便，也可以得到良好的涡流。其缺点是燃烧室不紧凑，散热面积较大，许用压缩比低，充气性能不良。除小型四冲程汽油机外，其他现代汽油机已不再采用这种燃烧室。

第二节　柴油机可燃混合气的形成

一、柴油机混合气形成的特点

柴油机使用的燃料主要是柴油。由于柴油的黏度大、蒸发性差，故不可能通过化油器在气缸外部与空气形成混合气，而需采用高压喷射的方法，在压缩过程接近终了时才把柴油喷入燃烧室，直接在气缸内部形成混合气。被喷散的柴油在燃烧室内与高温高压的空气混合，经过一系列物理化学准备，形成浓度合适的混合气，并达到自燃温度，即自行着火燃烧。由于在压缩接近终了时才喷油，因而使柴油机的混合气形成时间很短(只有 15°～35°CA)，燃油来不及与空气很好地混合并在燃烧室中均匀分布，所以形成的混合气质量较差。而燃油也不可能在一瞬间内全部喷入燃烧室，随着燃油的不断喷入，气缸内的混合气浓度也是不断变化的。在混合气浓(燃油多)的地方，燃油因缺乏氧气而燃烧迟缓，甚至燃烧不完全而引起排气冒黑烟；在混合气稀(空气多)的地方，空气却得不到充分的利用。因此目前柴油机都是在过量空气系数 $\alpha>1$ 的情况下工作的，这就使气缸工作容积的利用率降低。在 $\alpha>1$ 的情况下就已经出现燃油燃烧不完全的迹象，这是提高柴油机动力性和经济性的主要问题之一。如要提高柴油机的性能，就必须在保证充气量尽可能大的情况下提高空气利用率，也就是说，要保证在尽可能小的过量空气系数下燃烧完全，并在上止点附近燃烧完毕。所以柴油机的混合气形成与燃烧是决定柴油机动力性和经济性的关键。

二、柴油机混合气形成的基本形式

1. 空间雾化混合

空间雾化混合是直接将燃油喷向燃烧室空间并与空气混合，形成雾状混合物。为了使混合均匀，要求喷出的油束与燃烧室形状相配合，并利用燃烧室内的空气运动来促进混合。

在空间雾化混合中，燃油的雾化质量对混合气形成起着决定性的作用。

2. 油膜蒸发混合

油膜蒸发混合是将大部分燃油喷射到燃烧室壁面上,形成一层油膜。油膜受热汽化蒸发,在燃烧室中强烈旋转的气流作用下,燃油蒸汽与空气形成均匀的混合气。少量燃油喷入燃烧室空间作为发火源。燃烧室壁面温度和空气涡流在此起主要作用。

在中、小型高速柴油机中,燃油总是或多或少地喷到燃烧室壁面上,所以两种混合方式都兼而有之,只是多少与主次各不相同。目前多数柴油机仍以空间雾化混合为主。

第三节　燃油的喷射雾化

将燃油分散成细粒的过程称燃油的喷雾(或雾化)。将燃油喷散雾化,可以大大增加燃油蒸发的表面积,增加燃油与氧气接触的机会,以达到迅速混合的目的。

一、喷注的形成及特征

燃油以很高的压力(10～20 MPa以上)和很高的速度(100～300m/s),从喷油器的喷孔流出,在气缸中空气阻力及高速流动时所产生的内部扰动作用下,被粉碎成细小的油粒,其形如圆锥(见图 8—10),我们把这种大小不同的油粒所组成的圆锥体称为喷注(或油束)。在喷注中间部分的燃油雾化较差,油粒密集,油粒直径较大,前进的速度也较大;而外部油粒分布较散,直径较小,速度也较小。外部细小油粒最先蒸发并与空气混合,形成可燃混合气。

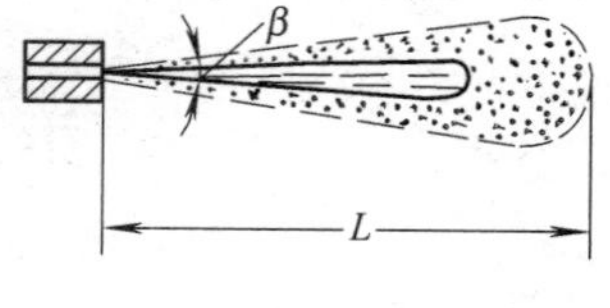

图 8—10　喷注的形状

喷注本身的特征可用喷雾锥角 β、射程 L 及雾化质量来说明。

1. 喷雾锥角 β

喷雾锥角标志喷注的紧密程度,β 值大说明喷注松散,油粒细,雾化质量好。β 与喷油器结构有很大的关系,如 6135 型柴油机用的喷油器,其 $\beta=15°\sim20°$。

2. 喷注射程 L(亦称贯穿距离)

喷注射程表示喷注前端在压缩空气中贯穿的深度。射程的大小对燃油在燃烧室中的分布有很大影响。如果燃烧室尺寸小,而射程大,就有较多的燃油喷到燃烧室壁上;反之,如果射程过小,则燃油不能很好地分布到燃烧室空间,燃烧室中空气得不到充分利用。因此喷注射程必须根据混合气形成方式的不同要求与燃烧室相互配合。

3. 雾化质量(雾化特性)

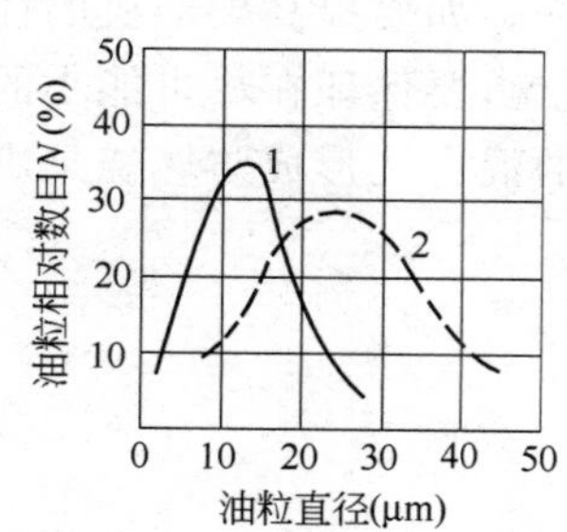

图 8—11　雾化特性曲线

雾化质量表示燃油喷散雾化的程度,一般是指喷散的细度和喷散的均匀度。燃油喷散得越细、越均匀,说明雾化质量越好。喷散细度可用喷注中油粒的平均直径来表示(一般雾化油粒的平均直径在 0.005～0.05 mm 范围内),平均直径越小,则喷雾越细。喷散的均匀度可用油粒的最大直径与平均直径之差来表示,直径的差值越小,则喷雾越均匀。

喷散的细度和均匀度可用图 8—11 表示的雾化特性来说明。其中曲线 1 的顶峰靠近纵坐标轴,说明喷散较细;曲线的两端陡然下降,表示喷散较均匀。曲线 2 的喷散细度和均匀度均不如曲线 1 的好。不同型式的燃烧室对雾化质量要求不一样,如直接喷射式燃烧室对雾化质量要求较高,而分开式燃烧室对雾化质量要求则低一些。

二、影响喷注特性的因素

影响喷注特性的因素很多,主要有喷油器的结构和尺寸、喷油压力、气缸内压缩空气的反压力、喷油泵凸轮外形和转速以及燃油的黏度等。

1. 喷油器结构和尺寸

喷油器的结构不同,引起喷注形成的内部扰动也不同,从而就产生不同形式的喷注。喷注要与燃烧系统密切配合,不同的燃烧方式要求不同形式的喷注,因而就使用不同结构的喷油器。

当喷油压力和气缸中压缩空气反压力不变及喷孔总截面积不变的条件下,增加喷孔数目,则每个喷孔的直径减小,燃油流出喷孔时将受到更大的节流,在喷孔内扰动也就增加,因此雾化质量提高;如果喷孔直径加大,则喷注核心稠密,射程增大。

2. 喷油压力

燃油的喷射压力越大,则燃油流出的初速度就越大,在喷孔中燃油扰动程度及流出喷孔后所受到的压缩空气阻力也越大,从而使雾化的细度和均匀度提高,即雾化质量好。喷油压力增加时,还使喷注射程增加。

3. 气缸内压缩空气反压力

当气缸内压缩空气反压力增加时,使压缩空气的密度增大,引起作用在喷注上的空气阻力增加,因此燃油雾化有所改善,喷雾锥角增加,并使射程减小。在非增的柴油机中,气缸内压缩空气的反压力变化不大,所以对喷注特性影响并不显著。

4. 喷油泵凸轮外形及转速

当凸轮外形较陡或凸轮轴转速较高时,均使喷油泵的柱塞供油速度加快。由于喷油器喷孔的节流,燃油不能迅速流出,结果使油管中燃油压力增加,燃油从喷孔流出的速度也随之增大,因此雾化变好,喷注射程和喷雾锥角均有所增加。

5. 燃油黏度

燃油黏度增大时,油粒不易分散成细滴,使雾化不良。因此高速柴油机一般都选用黏度较低的轻柴油作为燃油。

第四节　柴油机的燃烧过程

一、燃烧过程的 4 个时期

根据气缸中气体压力和温度变化的特点,可将柴油机的燃烧过程分为 4 个时期(图 8—12)。

1. 滞燃期

从开始喷油(点 1)到着火开始(点 2)的这一段时期称为滞燃期(图 8—12 中的Ⅰ)。这是喷入的燃油进行雾化、加热、蒸发、扩散、与空气混合等物理准备及焰前化学准备阶段。在柴油机中,一般 τ_i(滞燃期)=0.000 7～0.003 s。

滞燃期对柴油机的工作有很大的影响。这个时期愈长,则在滞燃期内喷入燃烧室的燃油愈多。气缸中的压力升高就愈迅速。这样虽可使经济性稍许提高,但却使发动机工作的粗暴性增加很多,加速了机件的磨损。因此,一般柴油机宁愿牺牲一些经济性,而让工作平稳较好。

影响滞燃期的主要因素是燃油的性质、压缩终了时的温度和压力以及燃烧室中的空气涡流等。

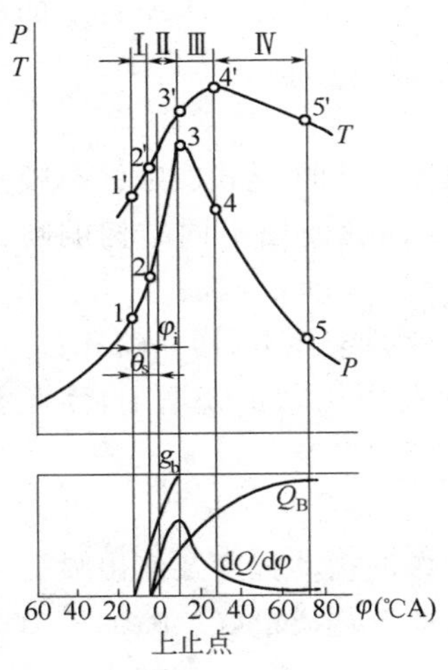

图 8—12　柴油机燃烧过程的展开示功图

g_b—循环供油量；Q_B—循环放热量；$dQ/d\varphi$—放热速率；φ_i—滞燃期(℃A)；θ_s—喷油提前角。

2. 速燃期

从燃油着火开始到迅速燃烧出现最高压力(点 3)时为止的这段时期称为速燃期(图 8—12 中的Ⅱ)。这一时期的特点是放热速率($dQ/d\varphi$)高、气缸内压力和温度升高快。其压力升高率$\Delta p/\Delta\varphi$取决于在滞燃期内形成的可燃混合气数量的多少，为使柴油机运转平稳，最大压力升高率$(dp/d\varphi)_{max}$不应超过 0.40～0.60 MPa/°CA。

3. 缓燃期

缓燃期是从最高压力开始到出现最高温度(点 4)的阶段(图 8—12 中的Ⅲ)。这一时期的特点是燃烧在气缸容积不断增大的情况下进行，主要受混合气形成速度的控制，燃烧速度较速燃期慢，燃气温度升至最高达 1 973～2 273K，压力却略有下降。缓燃期末，放热量一般达到循环总放热量的 70%～80%。

4. 后燃期

后燃期是从最高温度点开始到燃烧基本结束(点 5)为止的一段时期(图 8—12 中的Ⅳ)。这一时期的特点是燃烧在膨胀线上进行，此时氧气大量减少，放热速率降低，燃油放出的热量不能有效地利用，因而使排气温度升高，经济性下降。后燃期末，放热量已达循环总放热量的 96%～98%。柴油机转速愈高，后燃期愈长。应力求缩短后燃期。

根据上述对柴油机燃烧过程的分析可知，为了保证柴油机工作可靠(尤其是冷起动的可靠性)，应保证燃油有很好的着火条件。为使柴油机工作柔和，燃烧噪声小，寿命长，速燃期的压力升高率和最高燃烧压力不超过一定限度，应尽可能缩短滞燃期，减少在滞燃期内形成的作好燃烧准备的混合气量。为使燃烧完全及时，提高柴油机的动力性和经济性，减少排气冒烟，应改善和加速缓燃期中燃油与空气的混合，提高后期的燃烧速率，减少后燃。

二、影响燃烧过程的因素

(一)运转因素对燃烧过程的影响

影响燃烧过程的运转因素有：燃油的性质、喷油提前角、转速和负荷、冷却强度等。

1. 燃油性质的影响

柴油的发火性能影响滞燃期的长短，因而也对发动机工作的粗暴性发生直接的影响。柴油的十六烷值愈高，自燃的能力就愈强，因而滞燃期愈短，发动机的工作就比较柔和。目前高速柴油机所用柴油的十六烷值为 40～50 左右。

2. 喷油提前角的影响

喷油提前角是指压缩过程中开始喷油(以喷油器针阀升起为标志)到活塞行至上止点时的曲轴转角(图 8—12 中的 θ_s)，它对燃烧过程参数的影响如图 8—13 所示。增大喷油提前角，由于燃油将喷入压力和温度都不高的空气

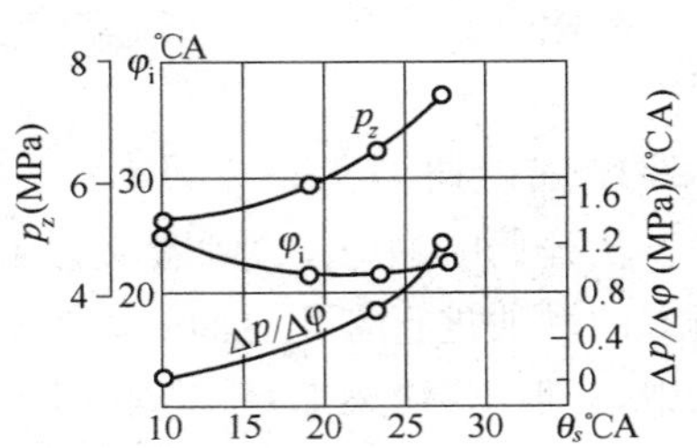

图 8—13　喷油提前角对燃烧过程参数的影响

中，物理化学准备的条件较差，滞燃期延长，导致速燃期的压力升高率增大，发动机工作粗暴。减小喷油提前角，也就是燃油更接近于压缩终点喷入燃烧室，由于燃烧室内空气的压力和温度较高，因而滞燃期缩短，发动机工作比较柔和，而且可降低排气中的 NO_x 浓度。但喷油过迟，燃烧就会在膨胀过程中进行，导致压力升高率降低，最高燃烧压力下降，排气温度和散热损失增加，热效率显著下降。因此对于每一种柴油机，均有一个最佳的喷油提前角。但应当指出，对任何一台柴油机，最佳喷油提前角都不是常数，而是随供油量和发动机的使用转速而变化的。供油量愈大，转速愈高，则最佳喷油提前角也愈大。此外，它还与发动机的结构有关。例如采用直接喷射式燃烧室时，最佳喷油提前角就比采用分开式燃烧室要大些。

3. 转速和负荷的影响

(1)转速的影响

当转速增加时，燃烧室内的气流运动加强，同时还提高了喷油压力，使燃油与空气的混合得到改善，所以以时间计的滞燃期 τ_i 随着转速增加而缩短，但是由于每循环所占的时间缩短更多，使以曲轴转角计的滞燃期 φ_i 却可能有所增加。滞燃期随转速的变化关系如图 8—14 所示。因此，为了改善柴油机的工作过程，在转速增加时，喷油提前角也应适当的增大，以使燃烧仍能在上止点附近完成。因而在转速变化范围较大的柴油机上，经常装有离心式喷油提前角自动调节器。

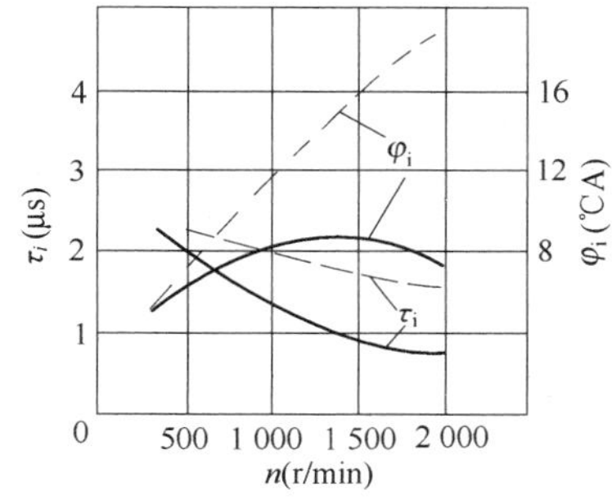

图 8—14 转速对滞燃期(τ_i、φ_i)的影响
虚线—直接喷射式燃烧室；
实线—涡流室燃烧室。

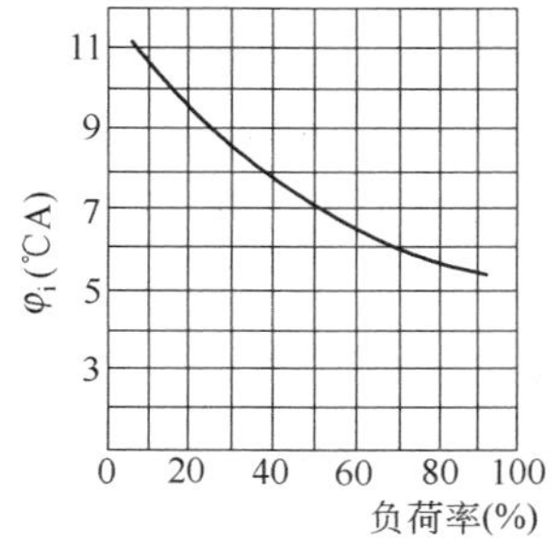

图 8—15 负荷对滞燃期(φ_i)的影响

在涡流室柴油机中，随着转速的升高，空气涡流大大加强，以曲轴转角计的滞燃期变化不大，燃烧过程就可能不致太延后。因此涡流室柴油机相对直接喷射式柴油机来说，对喷油提前角较不敏感。

(2)负荷的影响

在柴油机中，如转速保持不变，当负荷增大时，每循环的供油量也随着增大。由于充气量基本不变，因而过量空气系数 α 减小，使单位气缸工作容积内混合气燃烧放出的热量增加，引起气缸内温度上升，缩短了滞燃期，使柴油机工作柔和。图 8—15 所示为负荷对滞燃期 φ_i(°CA)的影响。但是，由于每循环供油量增加，使喷油持续时间延长，会导致后燃严重；而且 α 减小，不完全燃烧现象会增加，这会引起经济性下降以及排气污染增加。

当柴油机冷起动或怠速运转时，气缸内温度较低，柴油的滞燃期较长；而此时的润滑油粘度较大，柴油机的摩擦损失较大，尽管这时无负荷，但每循环的供油量仍相对较大，因此压力升高率也较大，会产生较强的震音，即所谓柴油机的“惰转噪声”。随着转速升高及负荷增大，柴油机热状态正常后，惰转噪声即会自行消失。

4. 冷却强度的影响

在发动机中，和气体相接触的机件的温度是变化的，这些机件的温度不仅随发动机的工作情况而定，而且随冷却水或空气的温度而定。当这些机件的温度增高时，燃油的滞燃期缩短，发动机的工作比较柔和。但温度过高时，对发动机的工作也是不利的。

(二)构造因素对燃烧过程的影响

在构造方面，影响燃烧过程的主要因素是压缩比、燃烧室型式、空气涡流运动、喷油压力、喷油规律以及活塞材料等。

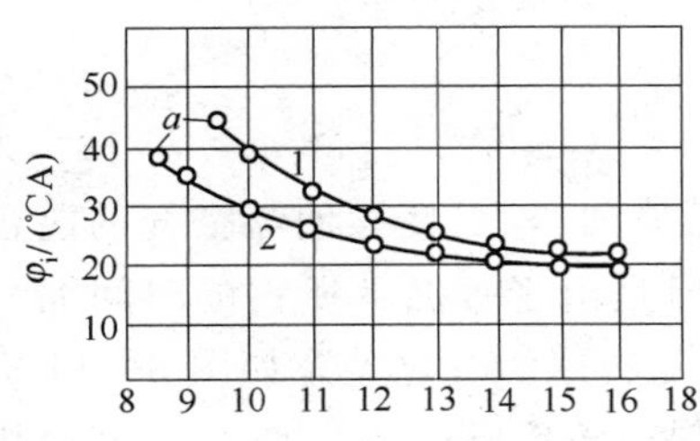

图 8—16　压缩比对燃油滞燃期 φ_i 的影响
a—相当于混合气着火所必需的最低压缩比点；
1—十六烷值为 40；2—十六烷值为 60。

1. 压缩比的影响

压缩比较大时，压缩终点的温度和压力都比较高，使燃油的滞燃期缩短而发动机工作比较柔和。不同压缩比对滞燃期的影响如图 8—16 所示。同时，压缩比的增大，还能提高发动机工作的经济性和改善起动性能。但是，如果压缩比过高，最高燃烧压力会过分增大，使曲柄连杆机构承受过高的负荷，故影响发动机的使用寿命，而且对排气净化不利。

2. 喷油压力的影响

喷油压力在低的范围(14MPa)内逐渐增大时，可使燃油的雾化质量改善，因而增加了燃油与空气的接触面积，改善了燃油燃烧与准备燃烧的条件，使滞燃期缩短。但在喷油压力已相当高的情况下，即已有足够数量的细小油滴供开始着火之用，此后再继续增大喷油压力，对滞燃期将不发生显著的影响。但高压喷射对排气净化是有利的。

3. 活塞材料的影响

铸铁活塞与铝合金活塞相比其温度较高，这样可以缩短滞燃期，因此在其他条件相同时，采用铸铁活塞的柴油机工作比较柔和。

4. 喷油规律的影响

喷入燃烧室内的燃油量(或单位曲轴转角内的喷油量)随曲轴转角(或喷油泵凸轮轴转角)而变化，这种变化关系称为喷油规律。喷油规律与喷油泵的凸轮外形、柱塞直径、喷油器的构造和调整、以及高压油管的尺寸等有关。

滞燃期的长短，实际上不受喷油规律的影响。但喷油规律要影响随曲轴转角进行燃烧反应的燃油分量，亦即影响到燃烧过程的进行。

如图 8—17 所示，如循环供油量 g_b 不变，具有喷油规律 1(例如凸轮外形上升较缓)的在滞燃期喷入的燃油量(g_1)，将比具有喷油规律 2(凸轮外形上升较陡)的在同一时期内喷入的燃油量(g_2)少得多。在喷油提前角和滞燃期相同时，具有喷油规律 1 的燃烧压力曲线 1′上升缓和，并且最高燃烧压力值较低，所以发动机工作柔和，但燃烧时间延长，热效率降低。而具有喷油规律 2 的压力升高率大，燃烧时间缩短，使柴油机的功率和热效率提高，但工作较为粗暴。

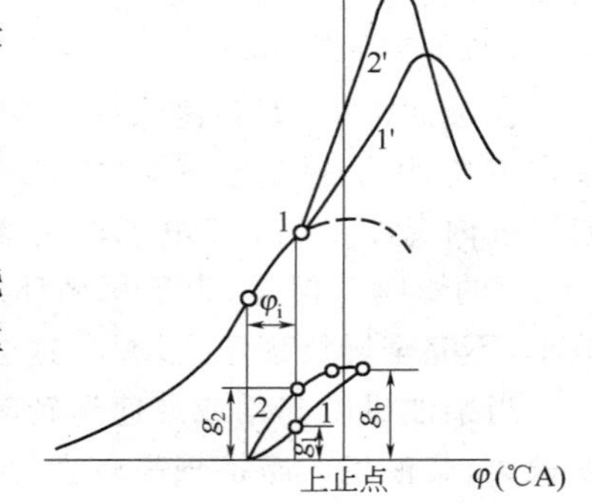

图 8—17　喷油规律对燃烧过程的影响

5. 燃烧室形式的影响

燃烧室形式对燃烧过程的影响主要与混合气形成的过程、

空气涡流的形成以及气体与燃烧室壁面的传热有关。它直接影响发动机的动力性、经济性、工作平稳性以及排气品质、噪声等。

6. 空气涡流的影响

燃烧室内空气涡流的强弱对混合气形成和燃烧也有很大的影响。涡流强度的增加促进了空气对燃油的传热并增加燃油分子和氧气接触的机会,因而加速了燃油的挥发,促进了燃油和空气在燃烧室内的均匀分布,使碳烟的生成量减小。假如涡流的方向和速度与喷油情况,活塞运动等配合得当,则可使滞燃期缩短。涡流运动对空气的利用程度有很大关系,当燃烧同样多的燃油时,随着涡流的加强,获得正常及完善燃烧所必需的空气量就可减少,这样发动机可作得紧凑些。但过度提高涡流强度,就会增加对壁面的散热及气体流动的能量损失,而使经济性降低。

目前形成气缸中空气涡流运动的主要形式有:在进气过程中,利用螺旋进气道或切向进气道,使充入气缸的空气产生绕气缸中心线高速旋转的进气涡流(图 8—18);在压缩行程中使空气在燃烧室中产生强烈旋转的挤压涡流*(图 8—19)。

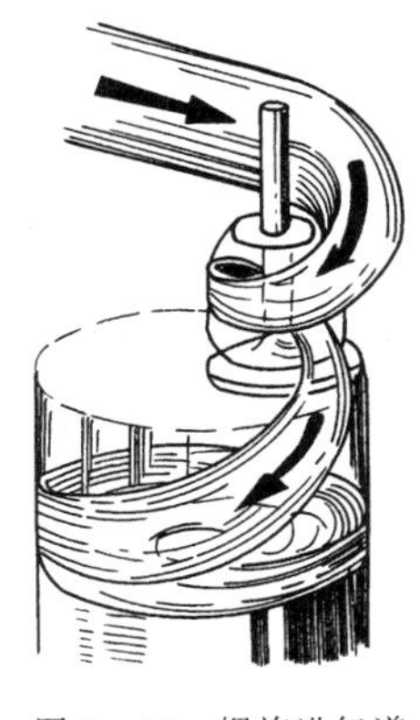

图 8—18　螺旋进气道形成的进气涡流

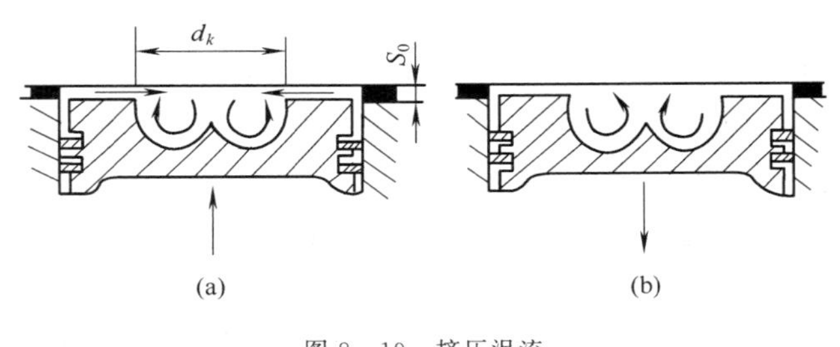

图 8—19　挤压涡流
(a)挤压涡流;(b)反涡流。

第五节　柴油机的燃烧室

柴油机混合气的形成和燃烧与燃烧室有密切关系。柴油机的供油系统和进气系统必须与燃烧室匹配恰当才能获得良好的性能指标。

根据混合气形成方式及燃烧室的结构特点,柴油机的燃烧室可分为两大类:直接喷射式燃烧室和间接喷射式(或称分开式)燃烧室。其中直接喷射式燃烧室又可分为开式燃烧室和半开式燃烧室;分开式燃烧室可分为涡流室燃烧室和预燃室燃烧室。

一、直接喷射式燃烧室

直接喷射式(简称直喷式)燃烧室是因燃油直接喷射在燃烧室内而得名的。这种燃烧室的结构

---

* 半开式燃烧室中,由于活塞顶部中央有一定形状的深坑,在压缩过程中活塞顶上靠气缸周壁的那一部分空气以向心方向被挤入深坑内,并在其对称轴线的同一平面内形成涡流。这种涡流称挤压涡流。

主要取决于活塞顶上的凹坑形状。通常根据燃烧室深浅又划分为开式燃烧室(燃烧室口径与气缸直径之比$\frac{d_k}{D}$=0.8以上)和半开式燃烧室(燃烧室口径与气缸直径之比$\frac{d_k}{D}$=0.35～0.65)两类。

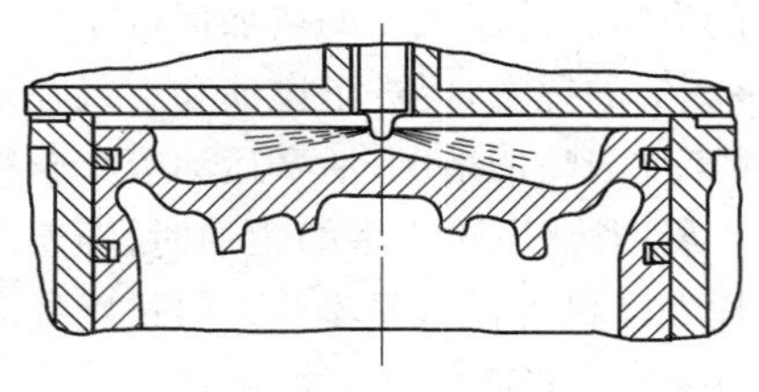
图 8—20 开式燃烧室(浅ω形)

(一)开式燃烧室

开式燃烧室是一种由活塞顶面及气缸盖底面之间形成的、中间没有明显分隔的燃烧室。如图8—20所示,这种燃烧室的结构特点是:活塞顶上的凹坑直径较大、深度较浅、没有缩口、呈浅盆形或浅ω形,以适应喷注的形状。与燃烧室相匹配的多孔喷油器装置在气缸盖中央,喷孔数为6～12个,孔径为0.25～0.80 mm,喷油角度为140°～160°,喷油压力较高,一般为20～40 MPa,最高喷油压力甚至高达100 MPa以上。

这种燃烧室内一般不组织空气涡流运动,其混合气的形成主要靠燃油的喷散雾化,对燃油雾化质量要求较高。

开式燃烧室的特点是形状简单、结构紧凑、散热面积小、无节流损失,因而燃油消耗率低,而且起动较容易。

由于这种燃烧室是均匀的空间混合,在滞燃期内形成的可燃混合气数量较多,因而最高燃烧压力 p_z 和平均压力升高率 $\Delta p/\Delta\varphi$ 较高,柴油机工作比较粗暴。而且易冒黑烟,排气中 NO_x 的生成量较高,对转速和燃油品质较敏感,且对燃油系统的要求较高。柴油机所使用的多孔喷油嘴孔径小,容易堵塞。

由于上述特点,开式燃烧室适用于大型中低速柴油机。

(二)半开式燃烧室

这种燃烧室在某种程度上被分为两部分,其中一部分由设置在活塞顶部或气缸盖底面上的凹坑组成,另一部分由活塞顶面到气缸盖底面之间的空间组成,两者间有较大的喉口相联通。与开式燃烧室相比,半开式燃烧室在活塞顶上的凹坑直径略小、较深,有的有缩口,其形状繁多。目前应用的ω形、Δ形、球形、盆形燃烧室以及四角形燃烧室等均属于半开式燃烧室的范畴。

这种燃烧室配用单孔或多孔喷油器,并斜置一定角度安装在气缸盖上。喷油压力约为17～25 MPa。

这类燃烧室的混合气形成不单纯依靠燃油的喷雾质量,而且还借助进气涡流和挤压涡流来促进混合气的形成。与开式燃烧室相比较,它对供油系统的要求较低,但仍保持燃油消耗率低、起动方便等优点,因此这种燃烧室应用较为广泛,其中应用最多的是ω形燃烧室。

由于燃烧室结构形状的不同和混合气形成的差异,半开式燃烧室又可分为很多种。下面介绍几种常用的半开式燃烧室:

1. ω形燃烧室

这种燃烧室的活塞顶部剖面轮廓为近似的ω形,如图8—21所示。它利用螺旋进气道在进气时形成的绕气缸轴线旋转的进气涡流和压缩过程中形成的挤压涡流来促进混合气的形成。这种燃烧室仍采用多孔喷油器(3～5孔)。当燃油以较高的喷油压

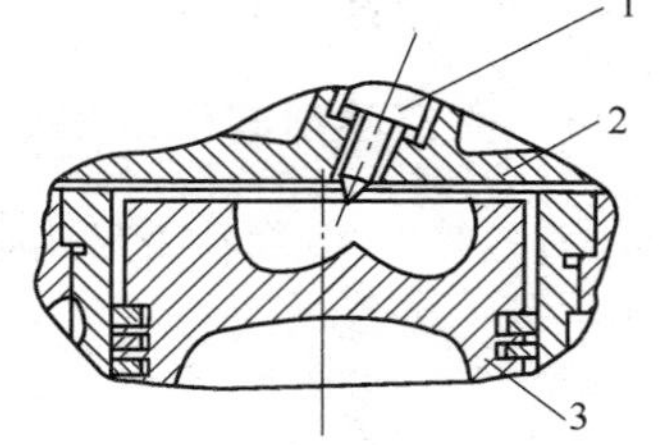

图 8—21 ω形燃烧室
1—喷油器;2—气缸盖;3—活塞。

力喷入气缸时，一部分喷散在燃烧室空间；另一部分由于空气涡流的作用，喷射到燃烧室壁面上，形成油膜，后者受热蒸发，油蒸汽被空气涡流带走迅速与空气形成可燃混合气。但是，混合气的形成仍以空间混合为主。

ω形燃烧室形状较简单，结构紧凑，散热面积小，所以油料经济性好。同时，由于它总有一部分燃油在燃烧室空间先形成混合气而着火，故起动性也较好。但是，它对燃油系统要求较高，多孔喷油器的喷孔容易堵塞，柴油机工作比较粗暴，排气污染较严重。这种燃烧室是目前国内外中小型高速柴油机上广泛采用的一种燃烧室。国产135系列柴油机即采用这种燃烧室。

2. 球形燃烧室

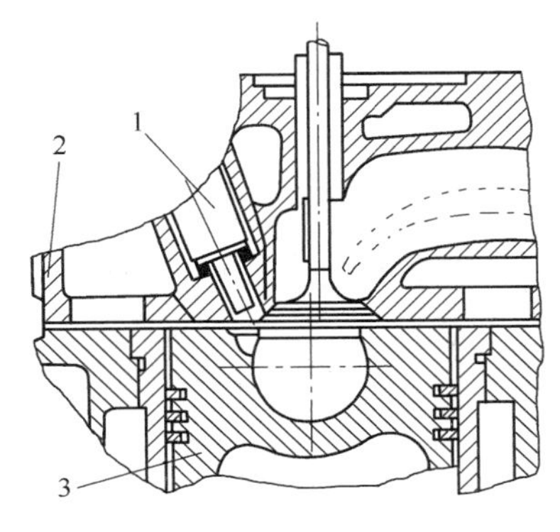

图8—22　球形燃烧室
1—喷油器；2—气缸盖；3—活塞。

活塞顶部的燃烧室呈球形，如图8—22所示。具有一个或两个喷孔的喷油器，装在燃烧室边缘切口处并沿燃烧室壁喷油，使绝大部分燃油喷到燃烧室壁面上，在气流作用下形成一层薄油膜。油膜从燃烧室壁面吸取热量，迅速蒸发并与燃烧室中高速旋转的空气混合，形成均质可燃混合气。从喷注中分散出少量雾化燃油，在燃烧室炽热的空气中形成火源，点燃从壁面油膜蒸发形成的可燃混合气。

球形燃烧室的特点是：具有较强的进气涡流；有利于油膜蒸发的壁面温度(约300～350℃)；合理的结构尺寸；气流与喷注很好的配合。这种以油膜蒸发混合为主的燃烧系统(又称M燃烧系统)，使柴油机具有工作柔和、燃烧噪声低，高负荷时烟度较小、空气利用率较高、燃油消耗率较低，能使用多种燃料等优点。其缺点是冷起动困难，低负荷时燃烧室壁温低、排烟较大，活塞热负荷较高，对增压适应性差，在大缸径上应用有困难，低速性能不好，对气道、喷油嘴质量等因素很敏感，设计、制造要求高。

3. 四角形燃烧室

这种燃烧室以活塞顶上呈四角形的凹坑而得名，如图8—23所示。斜置的4孔喷油器对着燃烧室的4个角落喷油。由于喉口呈四角方形，空气涡流和边部之间的摩擦随转速的升高而剧增。因此，抑制了高速时涡流的增强，燃油的分布受转速的影响也就减弱，从而使燃油与空气在各种转速下均能较好地混合。由于在4个圆角处产生微涡流，进一步促进了混合气的形成和燃烧，从而使发动机的烟度值、经济性和排放指标均获得了改善。

这种燃烧室是在ω形燃烧室的基础上改进而来的，目前已成功地应用在日本五十铃公司6BB1、6BD1及国产6102QA型柴油机上。

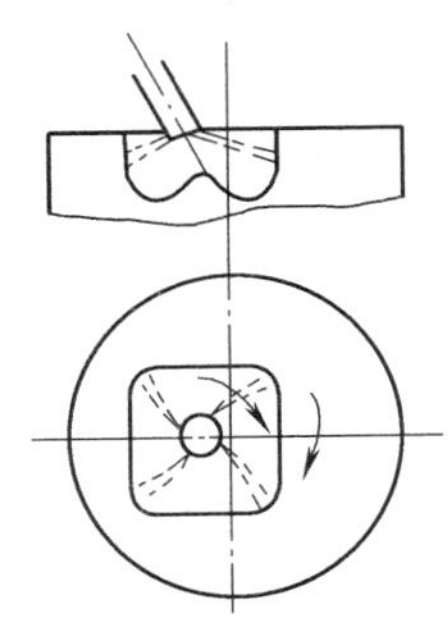
图8—23　四角形燃烧室

二、分开式燃烧室

这种燃烧室被明显地分隔成两部分，一部分由活塞顶面和气缸盖底面组成，称为主燃烧室；另一部分在气缸盖或气缸体内，称为辅助燃烧室。两者以一条或数条通道相联接。分开式燃烧室常以辅助燃烧室的特征不同分为两类，即涡流室燃烧室和预燃室燃烧室。

1. 涡流室燃烧室

涡流室燃烧室由主燃烧室和辅助燃烧室(即涡流室)组成，两者间以通道相联，如图8—24所示。

主燃烧室包括活塞顶上各种形状的导流槽和凹坑，如图8—25所示。一般多采用双涡流凹坑。辅助燃烧室为涡流室，一般设在气缸盖内，形状有球形、球锥形（慧星-V 形）和球柱形等，其容积约为全部燃烧室容积的 50％～80％。一般涡流室上半部铸在气缸盖内（呈半球形），下半部则通过镶块的变化而获得各种变型。采用镶块结构，可使涡流室承受更高的热负荷，便于涡流室内表面和通道的加工，以及使涡流室容积易于准确控制。镶块常用耐热钢或耐热合金铸铁制成。涡流室采用切向连接通道与主燃烧室相通。通道形状多采用圆形、椭圆形或豆形。通道截面积约为活塞面积的 1％～3％。通道对准活塞顶上的导流槽。喷油器采用单孔轴针式，斜装在涡流室里，其喷油压力为 10～15 MPa。

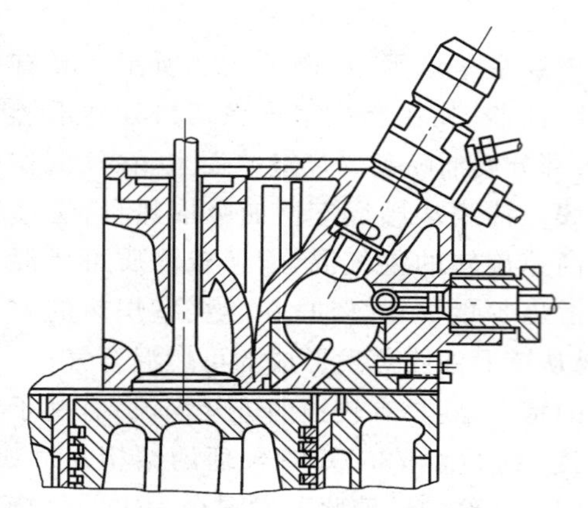

图 8—24 涡流室燃烧室

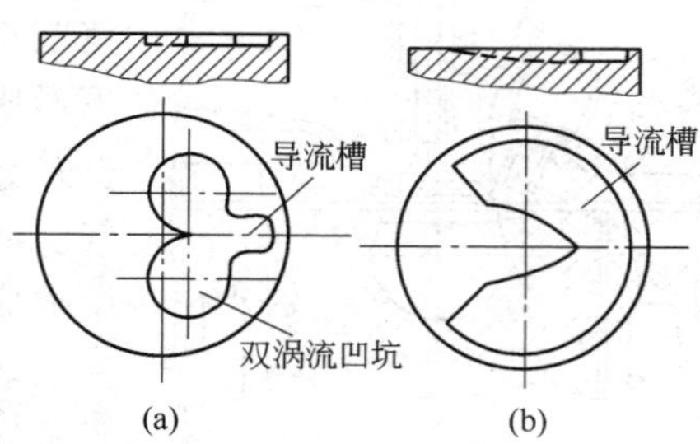

图 8—25 主燃烧室的形状

(a)双涡流凹坑；(b)铲击形主燃烧室。

这种燃烧室中的混合气形成，主要是利用压缩涡流、燃烧涡流、燃油喷注和涡流的互相配合而获得的。在压缩行程中，空气从主燃烧室被压入涡流室，形成强烈的、有组织的涡流运动。压缩接近终了时，燃油顺涡流方向喷入涡流室，在压缩涡流作用下，使燃油和空气均匀混合并形成混合气。当混合气在涡流室中着火燃烧后，由于压力升高，室中未燃的燃油、空气和燃气一起经通道冲入主燃烧室，并借助活塞顶上的双涡流凹坑产生二次涡流和燃烧涡流，与主燃烧室中的空气进一步混合、燃烧。

这种燃烧室的特点是：最高燃烧压力和平均压力升高率较低，柴油机运转平稳，噪声较低；空气利用率较高，使柴油机能在 $\alpha=1.15 \sim 1.25$ 时无烟工作，排气污染小；对燃油系统的要求较低，改善了供油装置的工作条件；混合气形成质量对转速变化不敏感，高速性能好；但其散热损失和节流损失较大，导致燃油消耗率较高，冷起动也较困难。

为了改善起动性能，有时需在涡流室上加装辅助起动装置（如电热塞等）。有的柴油机则在镶块上增加一个对准喷油器的小锥孔（起动孔）。涡流室燃烧室在国产中小型高速柴油中应用较广泛（如 95 系列柴油机）。

2. 预燃室燃烧室

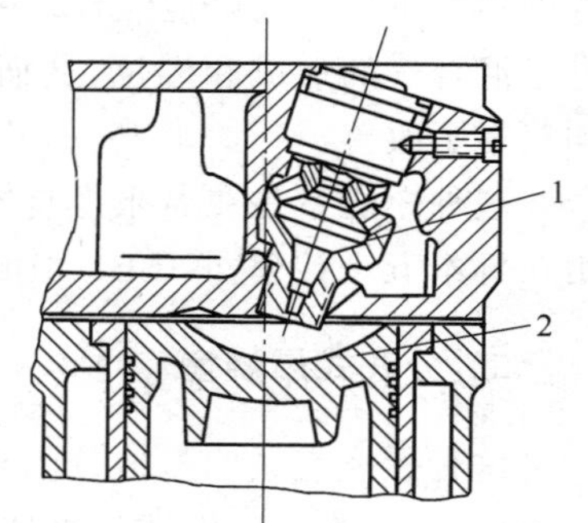

图 8—26 预燃室燃烧室

1—预燃室；2—活塞。

预燃室燃烧室分为两部分，即预燃室（通常是装在气缸盖中的一个用耐热钢制成的单独零件）和主燃烧室（活塞顶部空间），如图 8—26 所示。与涡流室相比，预燃室容积较小，约为燃烧室总容积的 25％～40％。预燃室与主燃烧室的连接通道通常由一至数个称为喷孔的圆形通道组成。

喷油器一般安装在气缸盖的预燃室中心附近，喷油压力约为 8～13 MPa。

这种燃烧室的混合气形成特点是：在压缩行程中，主燃烧室的部分空气经喷孔被压入预燃室，形成强烈紊流；当压缩行程接近终了时，喷油器将燃油喷入预燃室并直抵喷孔附近。由于预燃室中氧气不足，喷入的燃油只有一部分在其中燃烧，未燃部分和燃烧产物一起高速喷入主燃烧室，并在主燃烧室中形成强烈的紊流运动（燃烧涡流），导致与主燃烧室的空气进一步混合，继续燃烧。

由于预燃室喷孔截面很小，具有强烈的节流作用，致使主燃烧室的平均压力升高率和最高燃烧压力都较低，柴油机工作比较柔和、噪声小、排气污染低。预燃室不要求燃油高度雾化，因此有可能采用大通过截面的单孔喷油器，并可降低喷油压力，使供油装置的工作条件得到改善。混合气形成质量对柴油机转速不敏感，可保证较大转速范围内的工作指标。但由于预燃室喷孔强烈节流，流动损失和散热损失大，所以经济性差，起动也困难。为了保证冷起动，一般在预燃室上都装有电热塞。

上述各种燃烧室的主要性能归纳于表 8—1 中。

表 8—1　柴油机燃烧室性能的比较

项　目	直接喷射式燃烧室			分开式燃烧室	
	开　式	半开式		涡流室	预燃室
		ω 形	球　形		
混合气形成方式	空间混合	空间混合为主	油膜混合为主	空间混合为主	空间混合
气流运动	无涡流或弱进气涡流	中等强度的进气涡流和挤压涡流	强进气涡流和挤压涡流	压缩涡流	燃烧涡流
燃油雾化	要求高	要求较高	一般	要求较低	要求低
喷油器孔数	6～10	3～5	1～2	1（轴针式）	1（轴针式）
喷油压力（MPa）	20～40	18～22	17.5～19	10～15	8～13 （增压 16～20）
热损失和流动损失	最小	小	较小	大	最大
压缩比 ε	13～15	15～17	16～19	17～20	18～22 （增压 14 左右）
过量空气系数 α	1.7～2.2	1.3～1.7	1.2～1.5	1.2～1.4	1.2～1.6
平均有效压力 p_e（MPa）	0.5～0.7 （增压 1～1.8）	0.6～0.8	0.7～0.9	0.6～0.8	0.6～0.8 （增压 1.8）
燃油消耗率 g_e [g/(kW·h)]	218～245 （增压 190）	218～245	218～245	245～272	245～292 （增压 218）
最高燃烧压力 p_z（MPa）	约 8	6～9	6～8	6～7	5～7 （增压 12）
压力升高率 $\left(\frac{dp}{d\varphi}\right)_{max}$（MPa/℃A）	0.4～0.8	0.4～0.6	0.2～0.4	0.2～0.4	0.15～0.4
工作平顺性	粗暴	较粗暴	柔和	柔和	柔和
热负荷	小	较小	较大	大	最大
冷起动性	容易	较易	较难	较难	难
排污	较大	较大	较大	较小	较小
适用转速（r/min）	<1 500	<3 500	<2 500	1 500～4 500	<3 000
适用缸径 D（mm）	>200	100～150	90～150	<110	<200

第九章 内燃机的特性

第一节 内燃机的工况与特性

内燃机的工作状况(简称工况),通常用重要的工况参数(转速和负荷)来表示。发动机的功率 N_e、扭矩 M_e 和转速 n 之间有如下关系:

$$N_e=\frac{M_e n}{9\ 550}=\frac{p_e V_h i n}{30\tau} \quad (\text{kW})$$

$$M_e=\frac{318.3 p_e V_h i}{\tau}=K\cdot p_e \quad (\text{N}\cdot\text{m})$$

式中,$K=318.3\cdot\frac{V_h i}{\tau}$,对于一定的发动机是一常数,所以扭矩 M_e 与平均有效压力 p_e 成正比。在 N_e、M_e(或 p_e)和 n 这 3 个参数中,只要知道其中的两个即可求出另一个,也就是说能够独立变化的只有两个参数。两个参数一给定,发动机的工况也就确定了。在 n 一定时,N_e 和 M_e(或 P_e)都可以代表该转速下发动机负荷的大小。

发动机的工况总是与它所驱动的工作机械的负荷和转速相适应,因而不同用途的发动机,其工况变化的规律也不同。

根据发动机所驱动的工作机械负荷和转速的变化情况,发动机的工况大致可分为 3 类。

1. 固定式工况

内燃机驱动发电机、压气机、水泵等工作机械时,其转速几乎保持不变,功率则随工作机械负荷的大不,可以由零变到最大。这种工况称为发动机的固定式工况,亦称直线工况。如图 9—1 中的直线 1 所示。

2. 螺旋桨工况

当发动机驱动空气中或水中的螺旋桨工作时,其工况变化的特点为功率与转速之间具有一定的函数关系,即 $N_e=f(n)$。这时螺旋桨的扭矩与转速的平方成正比,功率与转速的 3 次方成正比,即 $N_e=Kn^3$,K 为比例常数。这种工况称为螺旋桨工况,也称函数工况。如图 9—1 中的曲线 2 所示。

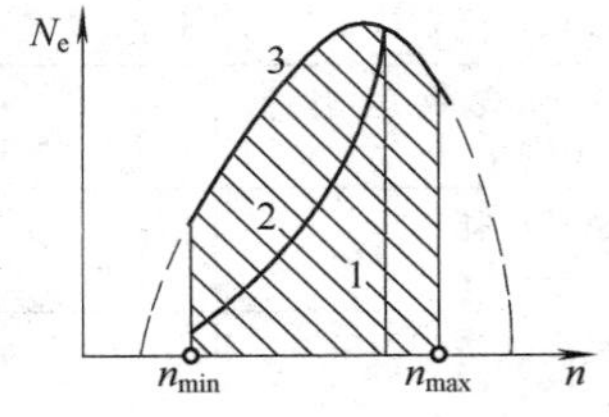

图 9—1 内燃机的各种工况

3. 车用工况

内燃机的功率和转速都独立地在很大范围内变化,它们之间无一定的函数关系,这种工况称为车用工况,亦称面工况。如图 9—1 中阴影部分所示。

当内燃机作为汽车和工程机械的动力时,其转速可以在最低转速和最高转速之间变化;在同一转速下,功率可以在零和全负荷之间变化。图 9—1 中阴影面上限是发动机在各种转速下所能发出的最大功率(曲线 3),左右面对应于最低稳定转速 n_{min} 和最高许用转速 n_{max},下面横坐标轴为发动机在不同转速下的空转转速。不同的汽车和工程机械是在不同的负荷和转速下工作的。就是同一种汽车或工程机械,也经常是在变扭矩或变转速下,或扭矩和转速都变化的情况下工作的。

内燃机调整情况及运行工况变化时，其主要性能参数（N_e、M_e、g_e 等）也随之改变，这种变化关系称为内燃机的特性。随发动机各项调节参数而变化的关系称为调节特性，如汽油机的燃料调节特性、汽油机的点火调节特性、柴油机的喷油提前角调节特性等。随运行工况而变化的特性称为性能特性（简称特性）。通常这种变化关系是用曲线形式表示，故称它为特性曲线。

有了特性曲线，就可以评价发动机在不同工况下的动力性和经济性，判断该发动机对于某种用途是否符合要求。并且可以分析影响特性的因素，寻找改进发动机特性的途径，对产品调整、改进以及合理运行和选用发动机都有重要意义。

内燃机的特性很多，其中主要的是速度特性和负荷特性。下面将分别叙述有关的几个特性。

第二节　负荷特性

内燃机的负荷通常是指内燃机阻力矩的大小。由于平均有效压力与扭矩成正比，故常用平均有效压力来表示负荷。内燃机的工况是由转速和负荷两因素决定的。所谓负荷特性是指内燃机转速不变时，其他性能参数（g_e、t_r 等）随负荷而变化的关系。这时由于转速也是常数，故有效功率也可用作度量负荷。从负荷特性曲线上可以看出不同负荷下的燃油消耗率。根据各种转速下的负荷特性，可以绘制万有特性。负荷特性是发动机最基本的特性，也比较容易测定，所以在发动机的调试过程中，经常用负荷特性作为性能比较的标准。例如选择进、排气道的形状与尺寸、燃烧室结构、供油系统的参数以及与增压系统配合时，常以测定的负荷特性比较其优劣。

另外，负荷特性给出了在等速情况下，发动机的负荷与燃油消耗率的关系，因此对负荷可以在很大范围内改变，而转速维持不变的固定式发动机具有特殊的意义。同时对长时间在等速工况下工作的发动机意义也很大。如果从发动机上测出一系列不同转速下的负荷特性曲线，则不仅由此可以选择出固定式发动机的最经济工况，也可以选择出运输式发动机的最经济工况。

一、汽油机的负荷特性

化油器式汽油机的负荷是靠改变节气门开度，从而改变进入气缸的混合气量来调节的（量调节），其负荷特性也称为节流特性。图 9—2 所示为 Q6100-I 型汽油机的负荷特性。

转速一定时，每小时燃油消耗量 G_f 主要决定于节气门开度和混合气浓度。随着节气门开度加大，充入气缸的混合气量迅速增加，因而 G_f 随之增加。在节气门开度增大到 70%～80%以后，由于化油器中的省油器开始起作用，使混合气变浓（α 减小），此时 G_f 增加更快些。

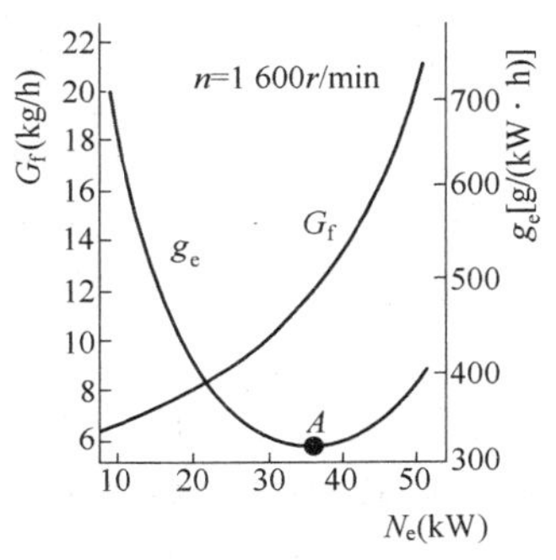

图 9—2　Q6100-I 型汽油机的负荷特性（n=1 600 r/min）

发动机的机械损失主要与转速有关。当转速一定时，平均机械损失压力 p_m 几乎不变。机械效率 $\eta_m=1-\dfrac{N_m}{N_i}=1-\dfrac{p_m}{p_i}$。发动机空负荷运转时，有效功率为零，即 $p_i=p_m$，发动机的指示功完全用于克服发动机的内部阻力，因此空负荷时 $\eta_m=0$，而燃油消耗率 g_e 为无穷大。随着负荷的增加，即 p_i 增加，使 η_m 迅速上升(见图 9—3),而 g_e 下降。负荷增加到 A 点位置时,g_e 达到最小值。再继续增加负荷,由于化油器中的省油器加入工作,混合气变浓,燃烧不完全,g_e 反而升高。

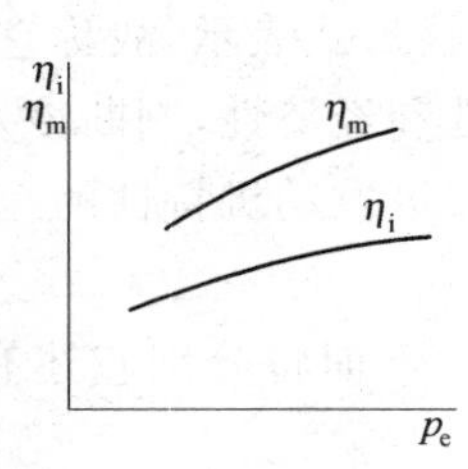

图 9—3 汽油机 η_i、η_m 随负荷的变化

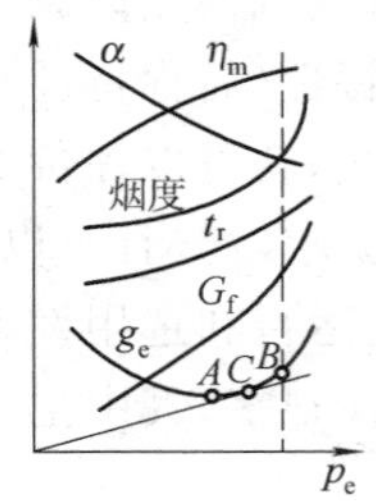

图 9—4 柴油机各基本参数随负荷的变化情况

二、柴油机的负荷特性

柴油机在运转中,充气量变化不大,主要是通过改变每循环供油量来改变混合气的浓度(即过量空气系数 α),从而调节柴油机的负荷(称为质调节)。

图 9—4 是柴油机按负荷特性运转时一些参数随负荷变化的一般规律。柴油机增加负荷就意味着增加每循环供油量,所以每小时的耗油量 G_f 随负荷增加而增加,而过量空气系数 α 随负荷增加而减小;供油量多,放热也多,使排气温度 t_r 随负荷增加而升高。

燃油消耗率 g_e 的变化规律也与汽油机相似。在空负荷时,$N_e=0$,$p_i=p_m$,这时 $\eta_m=0$,所以 g_e 为无穷大。随着负荷的增加,η_m 即迅速上升,而 g_e 下降。当负荷增加到 A 点时,g_e 达到最小值。再继续增加负荷,由于 α 减小,混合气形成和燃烧恶化,g_e 反而升高。

排气烟度随负荷的增加而增加,但在低负荷时增加缓慢,且低负荷时烟度很小,肉眼看不出,可认为排气无烟。在高负荷时,烟度增加迅速,当接近最大功率时,由于 α 减小,混合气形成和燃烧恶化,燃烧不完全,排气烟度急剧增加(图中 B 点),此时 g_e 迅速升高,活塞和气缸盖等机件的热负荷也迅速增大了。如再继续增加供油量,则柴油机大量冒黑烟,功率反而下降,因此柴油机存在一个冒烟极限。为了保证柴油机安全可靠地运行,不允许柴油机在冒烟极限下工作,小型高速柴油机的最大功率一般受冒烟极限的限制。至于多大的排气烟度作为冒烟极限,我国目前并没有明确的规定。在实际工作中,一般是将负荷特性曲线上烟度急剧升高的那一点(图 9—4 中的 B 点)作为冒烟极限的。

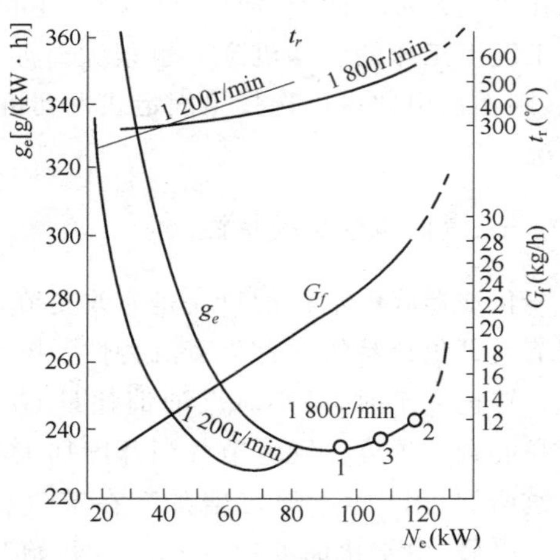

图 9—5 6135Q 型柴油机的负荷特性

从图 9—4 中还可以看到,A 点 g_e 最低,但功率较小;B 点功率虽高,但 g_e 也高。从坐标原点作一射线与 g_e 曲线相切得切点,C 点的功率 N_e 与 g_e 之比值最大,亦即是使用的最经济点。这些点的位置,可作为标定功率时的参考。

图 9—5 所示为 6135Q 型柴油机的负荷特性。

从柴油机的负荷特性还可看出，与汽油机相比，柴油机 g_e 曲线较汽油机的低[*]，而且 g_e 曲线随负荷的变化也比较平坦，这说明柴油机不仅具有高的燃料经济性，而且在负荷变化较宽广的范围内仍能比较经济地工作。这对于负荷变化较大的汽车和工程机械发动机来说是非常有利的。

第三节　速度特性

当内燃机的燃料供给调节机构（化油器节气门或喷油泵油量调节杆）位置一定时，内燃机的性能参数（N_e、M_e、g_e 等）随转速变化的关系称为速度特性。

一、汽油机的速度特性

化油器式汽油机的速度特性是在节气门开度一定、点火提前角和化油器按使用工况调整完好的情况下，发动机的性能参数随转速变化的规律。当节气门全开时，所测得的速度特性为全负荷的速度特性（习惯上亦称外特性）。节气门部分打开时所测得的速度特性，称为部分负荷的速度特性（或称部分特性）。图 9—6 所示为 Q6100-I 型汽油机的速度特性。

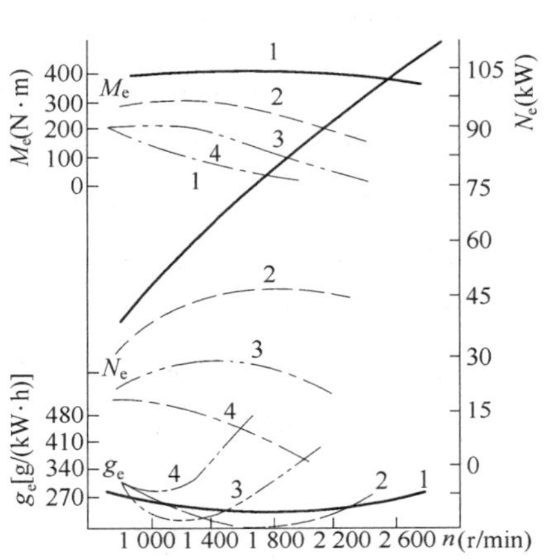

图 9—6　Q6100-I 型汽油机的速度特性
1—全负荷；2—75％负荷；
3—50％负荷；4—25％负荷。

发动机的外特性表示不同转速下发动机所能发出的最大扭矩和最大功率，代表了发动机所能达到的最高动力性能。同时，一般发动机铭牌上标明的功率 N_e、扭矩 M_e 及其相应的转速都是以外特性为依据的。因此在速度特性中，以外特性为最重要。

（一）外特性曲线历程分析

1. 扭矩 M_e 曲线的历程

扭矩 M_e 与平均有效压力 p_e 成正比，由于 $p_e = p_i - p_m$，所以 M_e 随 n 的变化规律，就取决于 p_i 和 p_m 随 n 的变化。

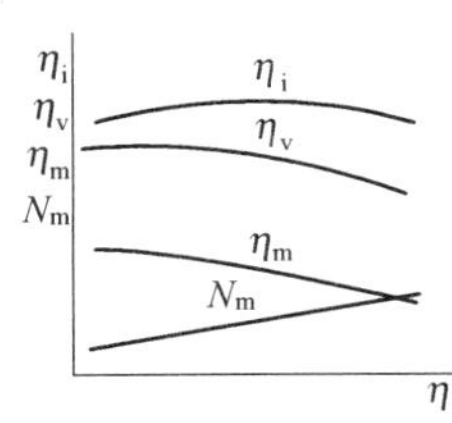

图 9—7　汽油机 η_i、η_v、η_m 和 N_m 随 n 的变化趋势

由公式 $p_i = 0.121 \dfrac{H_u}{\alpha L_0} \eta_i \eta_v \dfrac{p_s}{T_s}$（MPa）可以看出，发动机的平均指示压力 p_i 与 η_i / a 及 η_v 成正比。在汽油机中，尤其是外特性曲线上的 p_i 曲线的形状，主要是决定于充量系数 η_v 曲线的形状。由图 9—7 可见，η_v 在某一中间转速时最大，转速高或低于这个转速时，η_v 都将减小。这是由于高速时进气阻力增加，低速时新气产生倒流现象的缘故。其次，分析指示热效率 η_i 随 n 的变化情况可知，在低转速时，涡流减弱、火焰传播速度减低，燃油与空气的混合较差，燃烧气体与缸壁接触时间加

[*] 这是因为柴油机的压缩比高、过量空气系数 α 大。

长，散热损失增加，这些都使 η_i 值降低。而在高转速时，燃烧所占的曲轴转角增大，即燃烧损失增加，泵损失也较大，因此 η_i 降低。上述两方面综合影响的结果，使得在某一中间转速时 η_i 为最大，而在转速减低或增高时，η_i 都减小。加之，在汽油机沿外特性工作时 α 值的变化不大，所以 η_i/α 是按照略为凸起的曲线形状而改变的，它在实际上并不改变 η_v 对 p_i 的影响。

另外，当转速增加时，发动机运动零件的机械摩擦损失增加，因而平均机械损失压力 p_m 也随之增大(图 9—8)。综合 p_i 和 p_m 与 n 的关系，不难看出，当转速开始上升时，p_e 和 M_e 值开始稍有增加，而当转速超过一定值时，由于 p_m 的增加与 p_i 的减小同时发生，所以 p_e 下降较快。p_e 的最大值点相对 p_i 的最大值点偏向转速较低的方面。

2. 功率 N_e 曲线的历程

由于 N_e 与 $p_e \cdot n$ 成正比，因此当转速 n 从很低的数值增加时，p_e 增加，因而 N_e 迅速增大，直至 p_e 达到最大值 p_{emax} 点。n 继续增加时，p_e 虽有些下降，但当 n 增加的影响大于 p_e 降低的影响，即 $p_e \cdot n$ 的乘积是增加时，N_e 仍是增大的，但增加得不如前一段那样快。在 n 增至某一数值时，$p_e \cdot n$值最大，因此 N_e 达最大值。此后，N_e 曲线即发生转折，这是因为 p_e 的降低程度已超过 n 增加的程度，所以 N_e 降低。

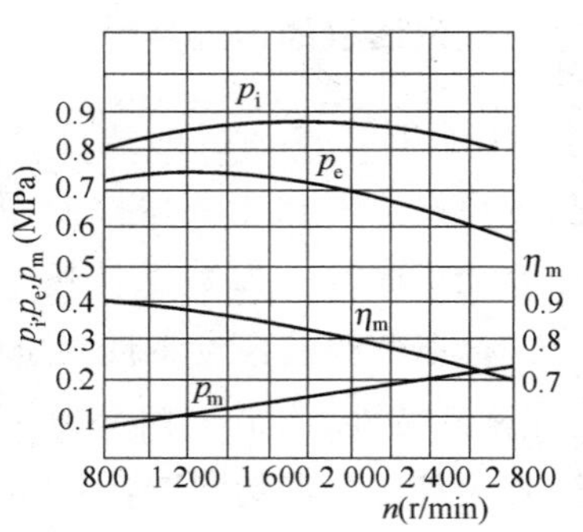

图 9—8 汽油机 p_i、p_e、p_m 和 η_m 值随 n 的变化关系

3. 燃油消耗率 g_e 曲线的历程

由公式(2—32)可知，g_e 与 $\eta_i \cdot \eta_m$ 成反比。因此，g_e 随 n 的变化关系就决定于 η_i 和 η_m 随 n 的变化关系。

η_i 随 n 的变化，如前所述，在某一中间转速时达最大值，而在 n 降低或增加时，η_i 都减小。

由于 n 增加时，p_m 增大，而 p_i 却降低，结果使 η_m 降低。

η_i 和 η_m 综合影响的结果，使 g_e 在某一中间转速时最低，当转速降低或增加时，g_e 都要增大。

(二)发动机的适应性系数

衡量发动机动力性能的指标之一是适应性系数。它表示发动机动力性能对外界阻力变化的适应能力。

1. 扭矩储备系数(或扭矩适应性系数)μ_M

$$\mu_M = \frac{M_{emax}}{M_{eb}} \tag{9—1}$$

式中 M_{emax}——外特性曲线上的最大扭矩值(N·m)；

M_{eb}——标定工况时的扭矩值(N·m)。

发动机的扭矩储备系数 μ_M 越高，表示汽车或工程机械在不换挡的情况下，发动机克服外界阻力的潜力越大。对于车用汽油机而言，μ_M 值一般在 1.25～1.35 范围内。

2. 转速储备系数(或转速适应性系数)μ_n

$$\mu_n = \frac{n_{eb}}{n_{M_{emax}}} \tag{9—2}$$

式中 n_{eb}——标定转速(r/min)；

$n_{M_{emax}}$——最大扭矩时的转速(r/min)。

发动机的转速储备系数 μ_n 越高,表示发动机利用内部运动零件的动能*来克服短期超负荷的能力越强。车用汽油机的 μ_n 值一般在1.6～2.5范围内。

有时也用扭矩储备系数和转速储备系数之积(称为适应性系数 K)来表示发动机动力性能对外界阻力变化的适应能力,即

$$K=\mu_M \cdot \mu_n \tag{9—3}$$

二、柴油机的速度特性

柴油机的速度特性是当喷油泵油量调节杆(拉杆或齿杆)位置一定时,发动机的性能参数随转速变化的关系。当喷油泵油量调节杆限定在标定功率位置时,测得的速度特性为全负荷的速度特性(外特性,见图9—9)。油量调节杆固定在小于标定功率位置所测得的速度特性,为部分负荷的速度特性(图9—10)。下面分析非增压柴油机的扭矩 M_e、功率 N_e 和燃油消耗率 g_e 随转速 n 而变化的趋势。

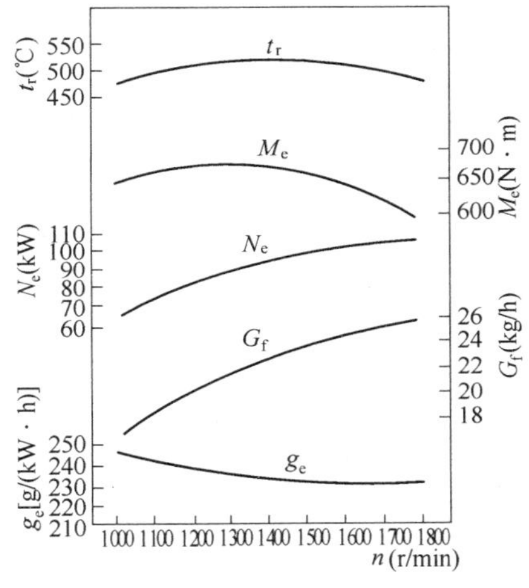

图9—9　6135K6型柴油机外特性

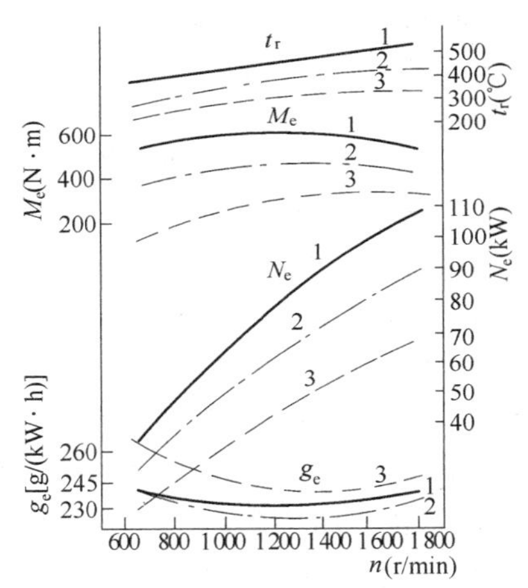

图9—10　6135型柴油机部分负荷速度特性

1—90%负荷;2—75%负荷;3—50%负荷。

1. 扭矩 M_e 曲线的历程

由公式(2—26),可以写成

$$p_e=K_1\frac{\eta_v}{\alpha}\eta_i\eta_m \tag{9—4}$$

根据公式(2—18)和公式(9—4),可以得出

$$M_e=\frac{318.3p_eV_hi}{\tau}=K_2\frac{\eta_v}{\alpha}\eta_i\eta_m \tag{9—5}$$

式中　K_1、K_2——比例常数。

由公式(9—5)可以看出,M_e 的变化决定于 η_v、α、η_i 和 η_m。而柴油机的负荷是"质调节",每循环充气量的大小,只不过提供了产生多大扭矩的可能性,究竟能发出多大扭矩,主要还取

* 包括汽车底盘运动零件的动能。

决于每循环供油量 g_b 的多少。因此，公式(9—5)中 α 主要取决于 g_b 的大小。而 η_v 随转速的增大或减小而略有下降(见图 9—11)，但变化不大，所以上式 $\frac{\eta_v}{\alpha}$ 的变化亦主要取决于 g_b 的变化情况。根据上述分析和下面公式

$$p_e = p_i \cdot \eta_m = \frac{Q_1 \cdot \eta_i}{V_h} \cdot \eta_m = K_3^* \cdot g_b \cdot \eta_i \cdot \eta_m \qquad (9—6)$$

可以看出 p_e(或 M_e)随 n 的变化就决定于 η_i、η_m 和 g_b 随 n 的变化关系。图 9—11 表示了在不同的转速下，η_i，η_m、η_v 和 g_b 的变化趋势。

根据喷油泵的速度特性，当油量调节杆位置一定时，g_b 随 n 的增加而增大。在某一适当的中间转速时，充气量和供油配合较佳，空气涡流较强，混合气形成条件较好，燃烧进行得较为及时、完善，η_i 较高。随转速上升，空气流速增大，各通道气流阻力增加而使 η_v 下降，g_b 则增加，使 α 下降较多，尽管气缸内涡流进一步加强，但由于转速上升使燃烧过程的时间缩短，混合气形成条件逐渐恶化，不完全燃烧及后燃现象增加，致使 η_i 有所下降。转速过低，也会由于空气涡流减弱，燃烧不良及传热、漏气损失增加，使 η_i 降低。

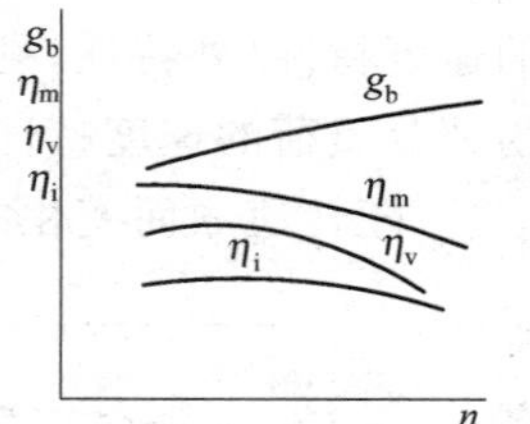

图 9—11 柴油机 η_i、η_m、η_V、g_b 随 n 的变化趋势

机械损失总是随 n 的增加而增加，故 η_m 随 n 的上升而下降。

由于 g_b 随 n 的上升而增加，抵消了 η_i、η_m 下降的影响，使 M_e(或 p_e)曲线随 n 的变化趋向比较平坦。

柴油机扭矩曲线平坦，意味着它的扭矩储备系数较小，这对柴油机用作使用工况范围宽广的汽车和工程机械发动机来说是不利的，因为它降低了柴油机克服短时超负荷的能力。为此。在柴油机的燃料供给系中常设有油量校正装置。

柴油机不带校正器时，扭矩储备系数 μ_M 为 1.05 左右。采用校正器后可使非增压柴油机的 μ_M 提高到 1.15～1.25。

柴油机的转速储备系数 μ_n 一般在 1.4～2.0 的范围内。

2. 燃油消耗率 g_e 曲线的历程

燃油消耗率 g_e 随 n 的变化决定于 η_i、η_m 随 n 的变化关系($g_e = \frac{K^*}{\eta_i \eta_m}$)。当转速从最高转速降低时，开始 η_m 和 η_i 均有些增加，所以 g_e 也随转速下降而降低一些。转速过低时，充量系数减小，空气涡流减弱导致燃烧不良，η_i 下降；虽然此时 η_m 仍有增加，但没有 η_i 降低得快，所以 g_e 稍有升高。

3. 功率 N_e 曲线的历程

发动机的功率 N_e 与 $M_e \cdot n$ 成正比。由于 M_e 曲线变化平坦，因而在一定转速范围内，N_e 几乎与转速 n 成比例的增加。如果喷油泵油量调节杆卡死(或调速器失灵)，而柴油机又卸去负荷的情况下，柴油机将发生飞车事故，这时转速大幅度上升，排气冒黑烟，排气管烧红，严重时可以造成机件损坏。这是由于柴油机进气阻力较小，η_v 随 n 的上升而下降较慢，而循环供油量 g_b 还是很大。因此不像汽油机那样，可燃混合气数量随转速上升而很快下降而不至于达到过高的飞车转速。

---

* K_3、K 为比例常数。

图 9—12 中的冒烟极限曲线是将各个转速下的碳烟极限连起来的。柴油机不允许在冒烟极限下运行，因此全负荷的速度特性必须位于冒烟极限以下。这一点就是确定标定供油量和校正油量特性的依据。

由于 g_b 随 n 的增加而增大，而且单位时间的循环次数也随 n 的增加而增加，故 G_f 随 n 的上升而增加较快。

排气温度 t_r 也随 n 而升高，供油量增大，放热增加，而使 t_r 上升。

从柴油机的速度特性还可看出，与汽油机相比，柴油机的 g_e 曲线比较平坦，这表明柴油机最经济区的转速范围很宽，这对于转速变化较大的汽车和工程机械发动机来说是十分有利的。

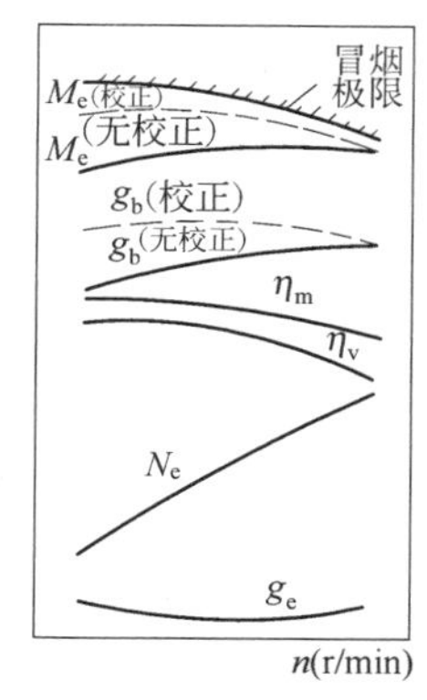

图 9—12　柴油机的冒烟极限曲线

第四节　调速特性

当柴油机的调速手柄固定在某一位置时，由调速器自动控制喷油泵油量调节杆（拉杆或齿杆）的移动，使负荷从零变到最大，此时柴油机的扭矩 M_e、功率 N_e、燃油消耗率 g_e 等参数随转速的变化关系称为调速特性。它主要用以考核调速器的性能是否满足使用要求。

调速特性与全负荷速度特性有密切联系，两者常绘在一张图上。柴油机在进行调速特性试验时，应同时测出速度特性曲线。图 9—13 为带全程调速器的柴油机的速度特性和调速特性。它以转速为横坐标，相当于速度特性的形式。图中的曲线 1 表示全负荷的速度特性，这时调速器不起作用。竖线 2～5 即相当于调速手柄在不同位置时的调速特性。这样的竖线有无穷多条，每一条竖线都对应一定的转速范围。当调速手柄固定在某一位置时，柴油机即沿相应该位置的调速特性工作，负荷可由零变化到全负荷速度特性上，而转速变化范围不大，扭矩曲线几乎变成竖线。例如竖线 2 对应的转速范围为 $n_2 \sim n'_2$，柴油机即在此转速范围内稳定工作。竖线 5 对应的是调速手柄紧靠高速限制螺钉时的调速特性，其转速范围为 $n_b \sim n_{0max}$，即从标定转速 n_b 到最高空转转速 n_{0max}。这种表示法特别适合工程机械用柴油机，调速特性和外特性衔接在一起，可以看出发动机工作的稳定性和克服超负荷的能力。

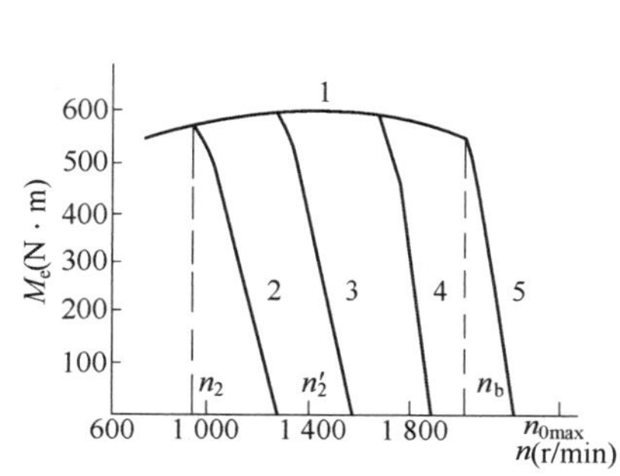

图 9—13　柴油机的速度特性和调速特性
1—外特性；2～5—调速特性。

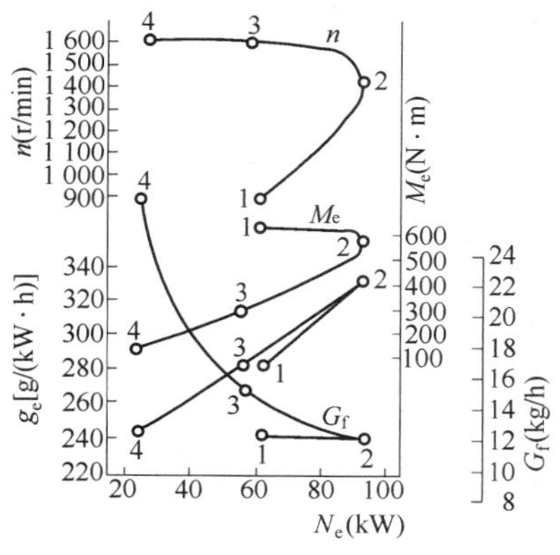

图 9—14　6135K-2 型柴油机的调速特性

为了更清楚地表明在标定工况下各性能参数随负荷变化的关系，调速特性还可作成如图9—14所示的形式。它以功率 N_e 为横坐标，以 M_e、g_e、G_f、n 为纵坐标。由于调速器起作用，转速变化很小，故调速特性可看成柴油机实际运行的负荷特性。其 g_e、G_f 曲线类似于负荷特性，可以明显看出经济性随负荷的变化。制取这种表示形式的调速特性时，柴油机的调速手柄应固定在标定工况位置，图中从点2到点4的曲线为 n、M_e、g_e 和 G_f 随负荷而变化的调速特性。从点1到点2的曲线为外特性，此时调速器不起作用。

第五节 万有特性

上面讲的负荷特性和速度特性只表示在某一指定转速或某一指定的燃料供给调节机构位置运行时，发动机性能参数间的变化规律。由于汽车和工程机械用发动机工况变化范围很广，要分析各种工况下的性能就需要许多负荷特性或速度特性，因此用负荷特性和速度特性分析工况变化较大的汽车和工程机械用发动机的性能仍不太方便。为了能在一张图上全面表示发动机的性能，经常应用多参数的特性曲线，这就是万有特性。

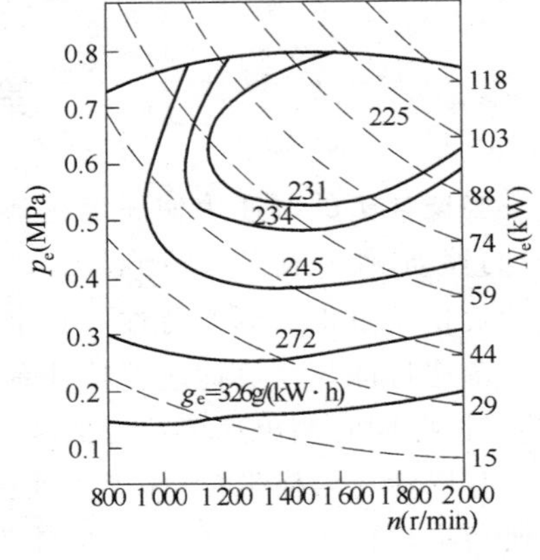

图9—15 6120型柴油机的万有特性

应用最广的万有特性是将转速作横坐标，平均有效压力 p_e（或扭矩 M_e）作纵坐标，在图上画出等燃油消耗率曲线和等功率曲线，组成一群曲线族，这样就很方便地表示出任一转速和负荷下的燃料经济性。图9—15为6120型柴油机的万有特性曲线。

万有特性可根据不同转速下发动机的负荷特性曲线族经过坐标转换后得到。其方法如图9—16所示。在负荷特性曲线族上，作若干条等 g_e 线，每条等 g_e 线都与各转速下的 g_e 曲线有1～2个交点，每个交点都对应有一个 p_e 值，然后将每个交点（对应一定的 n 和 p_e）转换到以 p_e 为纵坐标、n 为横坐标的坐标系内，这样，相应每条等 g_e 线，在 p_e—n 坐标系内，就可得到一条等燃油消耗率曲线，于是就可以得出若干条等 g_e 曲线。

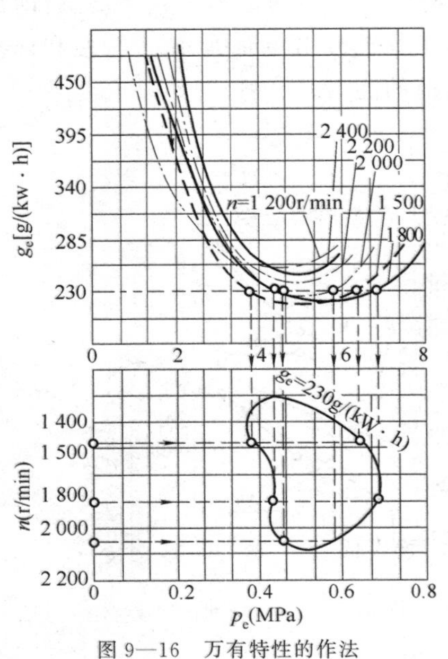

图9—16 万有特性的作法

等功率曲线是根据公式 $N_e=\dfrac{p_eV_hin}{30\tau}=K\cdot p_e\cdot n$ 作出的，对于一定的发动机 $K=\dfrac{iV_h}{30\tau}$ 是一常数，所以在 $p_e\cdot n$ 坐标系中，等功率曲线是一群双曲线。

从万有特性上很容易看到发动机最经济的负荷和转速，最内层的等 g_e 曲线相当于最经济的区域，曲线愈向外，经济性愈差。等 g_e 曲线的形状及分布情况对发动机的使用经济性有重要影响。对于汽车拖拉机等运输式发动机来说，希望最经济区最好在万有特性的中间位置，使常用转速和负荷落在最经济区域内，并希望等 g_e 曲线沿横坐标方向长一些。对于工程机械用发动机

(如发电用),转速变化范围相对较小而负荷变化较大,希望最经济区在标定转速附近,并沿纵坐标方向上较长,使其在负荷变化范围较大的工况下获得良好的经济性。如果发动机的万有特性不能满足工作机械的要求,则应重新选择发动机,或对发动机进行适当调整以改变其万有特性。

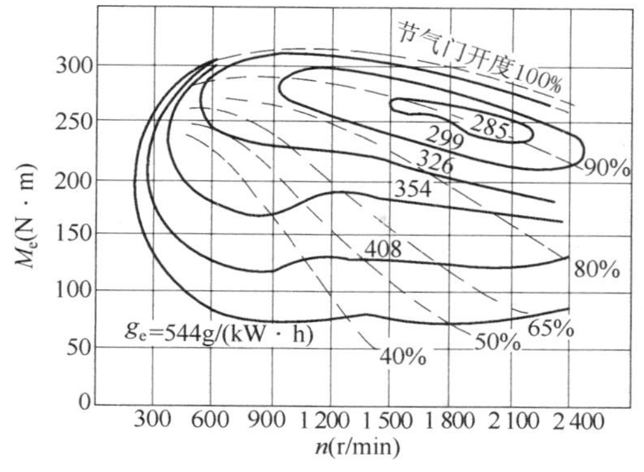

图 9—17　一种化油器式汽油机的万有特性

图 9—17 为一种汽油机的万有特性。由于化油器式汽油机节气门开度的变化,形成在不同节气门开度下,进气气流的阻力增大速度不同,造成混合气量减少的速度也不同,故在等 g_e 曲线上出现一些急剧变化的拐点,不像柴油机等 g_e 曲线那样平滑。此外,汽油机的最经济区偏上,而柴油机的比较适中,且汽油机的燃油消耗率比柴油机的高得多。

第六节　内燃机功率的标定及大气修正

一、功率的标定

对于内燃机来说,总是希望它能发出尽可能大的功率,可是功率提高后,发动机零件所受的机械负荷和热负荷也随之提高。由于发动机零件的损坏大多起因于机械疲劳和热疲劳,如果发动机长期在超负荷工况下运转,那就会造成发动机使用寿命缩短,或某些零件过早损坏。如果只在最大功率情况下短期工作,那么允许的最大功率就可以定高一些;而如果要在最大功率情况下长期运转,那么允许的最大功率就要低一些。例如车用发动机,经常是在较小的功率情况下工作,仅在上坡、越过障碍和加速等情况下,才短期使用最大功率,同时车用发动机一般来说都要求结构紧凑、质量轻,所以标定功率可以定得高一些,以获得较高的动力性能。对于带水泵或发电用的固定式发动机,经常使用在接近于最大功率的情况,同时还要保证发动机有足够的可靠性和使用寿命,所以标定功率要定得低一些。对于推土机、铲运机之类用途的发动机,重负荷率较高(50%～90%),工作条件恶劣,其标定功率应比车用发动机的标定功率低一些。一台发动机的功率究竟标定多大,是根据发动机的特性、使用特点以及使用寿命和可靠性等要求而人为确定的。内燃机的功率标定在国外有各种不同的标法。过去我国内燃机工业使用一个统一的“额定功率”的概念,即铭牌功率只标明一个“额定功率”。显然,“额定功率”不能充分反映各种使用要求,对“额定”也存在不同的认识,以致经常出现内燃机功率满足不了要求或者引起内燃机超负荷运行。这种功率标定的方法给内燃机制造和使用造成很多混乱,因此需要对功率标定重新作统一规定。

根据我国具体情况,《内燃机台架性能试验方法》(GB1105.1—87)规定了我国内燃机标定功率分为以下 4 种:

1. 15 min功率:内燃机允许连续运转15 min的标定功率;
2. 1 h功率:内燃机允许连续运转1 h的标定功率;
3. 12 h功率:内燃机允许连续运转12 h的标定功率;
4. 持续功率:内燃机允许长期连续运转的标定功率。

国家标准还规定：在给出标定功率时，应同时给出相应的转速，此即标定转速。根据使用特点，在内燃机铭牌上应标明上述4种功率中的一种功率及其相应的转速。当内燃机具有超负荷功率时，应同时标明超负荷功率及其相应转速。

一般情况下内燃机的标定功率应为净功率（即内燃机按不同用途带有实际工作所需全部附件的有效功率），当为总功率（即内燃机带有维持本身正常运转所需附件的有效功率）时应注明。

除持续功率外，其他几种标定功率均具有间隙性的特点，故常被称为间歇功率。15 min功率可作为汽车、摩托车和快艇追击功率。1 h功率可作为工程机械、大型载重汽车和机车的最大使用功率。12 h功率可作为工程机械、机车、拖拉机及矿用汽车的正常使用功率。持续功率可作为发电、船用主机和农业排灌机械的持续使用功率。上述4种功率的关系，从速度特性上可以定性的说明，如图9—18所示。图中的功率极限应理解为对不同发动机而异，可以是柴油机的冒烟极限，也可以是其他极限或综合极限。但标定功率离功率极限究竟多远，最大功率究竟在负荷特性的那一点上，并没有统一的规定。在使用过程中，标定间歇功率的发动机若需连续运转，或标定持续功率的发动机要强化其动力性指标，其标定功率要降低或提高多少，必须在实践中才能合理的确定。

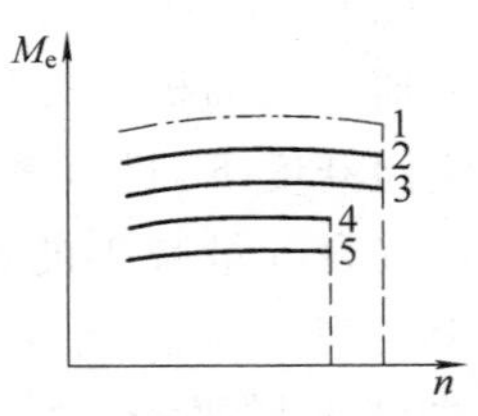

图9—18 内燃机功率的标定
1—功率极限；2—15 min功率；3—1 h功率；4—12 h功率；5—持续功率。

二、环境状况对内燃机性能的影响

内燃机所标定的功率都是针对一定环境状况而言的。环境状况是指内燃机运行地点的环境大气压力、环境温度和相对湿度，它对内燃机的性能有很大的影响。当环境大气压力降低，环境温度升高和相对湿度增大时，吸入内燃机气缸的干空气量都会减少，所以功率会降低，反之，功率亦增加。由于环境状况对内燃机的性能影响很大，因此在功率标定时，要规定标准环境状况。在国家标准《内燃机台架性能试验方法》（GB1105.1—87）中，规定的标准环境状况为：

大气压 $p_0=100$ kPa，相对湿度 $\phi_0=30\%$，环境温度 $T_0=298$ K或25 ℃，中冷器冷却介质进口温度 $T_{c0}=298$ K或25 ℃。

如果内燃机在非标准状况下运转时，其有效功率及燃油消耗率应修正到标准环境状况。

三、修正方法

国家标准（GB1105.1—87）规定的修正方法有两种：即可调油量法和等油量法。下面介绍可调油量法。

这种方法认为柴油机功率极限只受过量空气系数 α 的限制，因此功率修正要依照等 α 原则。在环境状况改变时，要相应改变供油量，使 α 保持不变。在此条件下，认为燃烧情况和指示效率不变，指示功率与进入气缸的干空气量和燃油量成正比。然后，考虑环境状况对机械损失的影响，修正有效功率和燃油消耗率。公式中下标带“0”的表示标准环境状况下的数值。不带“0”的为现场环境状况下的实测数值。

有效功率的换算公式为

$$N_e=\alpha N_{e0} \tag{9—7}$$

$$\alpha=k+0.7(k-1)\left(\frac{1}{\eta_m}-1\right) \tag{9—8}$$

$$k=\left(\frac{p-\alpha\phi\cdot p_{s\omega}}{p_0-\alpha\phi_0\cdot p_{s\omega 0}}\right)^m\left(\frac{T_0}{T}\right)^n\left(\frac{T_{c0}}{T_c}\right)^q \tag{9—9}$$

式中　N_e、N_{e0}——现场环境状况下和标准环境状况下的有效功率(kW)；

α——可调油量法功率校正系数；

k——指示功率比；

η_m——机械效率；

p、p_0——现场环境状况下和标准环境状况下的大气压(kPa)；

$p_{s\omega}$、$p_{s\omega 0}$——现场环境状况下和标准环境状况下的饱和蒸汽压(kPa)；

ϕ、ϕ_0——现场环境状况下和标准环境状况下的相对湿度；

T、T_0——现场环境状况下和标准环境状况下的环境温度(K)；

T_c、T_{c0}——现场环境状况下和标准环境状况下中冷器冷却介质进口温度(K)；

m、n、q——功率校正用指数。

燃油消耗率 g_e 的换算公式为

$$g_e=\beta g_{e0} \tag{9—10}$$

$$\beta=\frac{k}{\alpha} \tag{9—11}$$

式中　g_e——现场环境状况下的燃油消耗率[g/(kW·h)]；

β——可调油量法燃油消耗率校正系数。

上述各式中的 α、m、n、q、β 可在国标 GB1105.1—87 中查到。k 值可利用 GB1105.11—87 中给出的公式来确定。

第十章　内燃机的辅助系统

第一节　润　滑　系

一、概　　述

1. 润滑系的功用

在内燃机工作时，运动零件的表面间有高速的相对运动，如在曲轴与主轴承、活塞与气缸壁、凸轮轴与凸轮轴轴承、气门与气门导管、正时齿轮副的齿轮之间等等。零件的表面即使在精密加工后仍有一些粗糙度，当这些表面作相对运动时，这些不平处就互相碰触，产生阻碍运动的力，这种阻力称为摩擦力。

如果是金属表面间直接摩擦，摩擦力将很大，会增大内燃机内部的功率消耗；同时零件的工作表面将迅速磨损，而且摩擦产生大量的热甚至可能使某些零件的表面熔化。这样，内燃机将无法运转。

为避免发生上述现象，保证内燃机能正常工作，内燃机必须有润滑系统。润滑系中的润滑油在内燃机中循环流动到达各摩擦表面，在这些表面间形成油膜而避免它们彼此间直接接触，以减小内燃机中的摩擦阻力和磨损。流动的润滑油还可冷却摩擦表面并带走这些表面上的金属磨屑等杂质，零件的润滑油膜且可缓和零件所受的冲击。

2. 机油

内燃机所用的润滑剂包括润滑油（机油）和润滑脂。

机油的品质应满足一定的要求。

黏度是机油品质的重要指标，也是机油最重要的使用性能，是选用机油的主要依据。黏度通常用运动黏度来表示。运动黏度是根据一定量的机油在一定的压力之下，通过黏度计上一定直径与长度的毛细管所需的时间来确定的，其单位为 mm^2/s。所需的时间越长，表示机油的运动黏度越大。国产内燃机机油就是按 373K 时的运动黏度分类的。汽油机机油分为 4 类（按石油产品国家标准 GB485—84QB），其牌号为 HQ6D，HQ—6，HQ—10，HQ—15。柴油机机油分为 3 类（GB11122—89），其牌号为 HC—8，HC—11，HC—14。

机油的黏度最好能少受温度变化的影响。但实际上，温度变化时黏度总会有变化，温度高时黏度变小，温度低时则变大。因此夏季要用黏度较大的机油，冬季则要用黏度较小的，才能获得适当的润滑。

黏度随温度的变化程度在使用上有重要意义，通常用不同温度下运动黏度之比来表示。国产机油产品规格中，规定了机油在 323K 与 373K 时运动黏度比的最大值。这个比值小的机油其低温黏度较小，使冷内燃机润滑系内的阻力不会太大，内燃机容易起动；而且其高温黏度也不致过小，可保证适当的润滑性能。

为了改善机油某些方面的品质，常在机油中加入 10%左右的添加剂。这些添加剂中，有防止金属锈蚀的防锈添加剂；有用以增加机油黏度的增黏添加剂；有用以降低机油凝点的降凝添加剂，有防止机油对金属腐蚀和机油自身氧化的抗氧化、抗腐蚀添加剂；有促使沉积油中的淤渣、胶泥、积炭分散的清净分散添加剂等。

国产内燃机机油有汽油机机油和柴油机机油两种。由于柴油机的机械负荷和热负荷都较重，轴承所用材料往往与汽油机不同（不少柴油机用铅青铜轴承），为保证正常润滑，防止轴承腐蚀，柴油机应使用柴油机机油。

3. 机油的黏度分类

随着汽车工业和石油工业的发展，目前我国已试行内燃机质量分级。按黏度分级和质量分级选用适用于内燃机用的机油。

我国黏度分级是等效采用美国 SAEJ300 黏度分级法。采用了 5W、10W、20W、20、30、40、50 等 7 个等级（表 10—1）。对不同黏度级油品的低温 255.37K 和高温372.04 K的黏度均作了规定。

表 10—1　机油 SAE 黏度分级（单级机油）

SAE 等级	黏度/mm^2/s		使用温度	国产机油牌号	备　注
	255.37K	372.04K			
5W	869	>3.86	<249.85K		低温型（冬季用）
10W	1 303～2 606①	>4.18	>249.85K		
20W	2 606～10 423②	>5.73	>260.95K		
20	—	5.73～9.62	>273K	HQ－6 HC－8	
30	—	9.62～12.94	东南亚常用	HQ－10 HC－11	高温型（夏季用）
40	—	12.94～16.77	夏季用	HQ－15 HC－14	
50	—	16.77～22.63		高黏度柴油机油	

注：①255.37K 时的黏度最低，在 372.04K 黏度超过4.18 mm^2/s时，可省略。

②255.37K 时的黏度最低，在 372.04K 黏度超过5.73 mm^2/s时，可省略。

按上述机油等级编号的机油，只满足高温或低温一种温度的黏度要求，所以称为单级油。为了能同时满足对高、低温黏度的要求，在机油中加入了黏度添加剂。这种机油称为多级机油。如 20W/30（相当国产 11 号稠化柴油机油），20W/40（相当 14 号稠化柴油机油），20/30（相当 11 号稠化低、中增压柴油机油），20/40（相当 14 号稠化低、中增压柴油机油等）。

斜杠前表示该机油低温性能，包括 225.37K 温度时的运动黏度最大值、边界泵送温度及稳定倾点等。斜杠后表示高温 372.04K 时，该机油的运动黏度。如 20W/30 的机油，它表示在255.37 K温度时，可以像 20W 单级油一样稀，而在 372.04K 时又可以像 30 单级油一样稠。所以多级油在低温时流动性好，在高温时黏性好。能全天候使用。

机油的黏度等级是衡量、评定机油的重要品质之一，但它不能满足内燃机对机油品质的全面要求。为此还需对机油质量进行分级。

4. 机油的质量分级

我国机油质量分级和 1980 年美国 API（美国石油协会简称）分级方法类似。将汽油机油质量分为 5 级：QB、QC、QD、QE、QF。柴油机油质量分为 4 级：CA、CB、CC、CD。其质量依次提高。

表10—2列出我国机油质量分级与API分级(SAEJ183)对照的使用条件和品质。

表10—2 机油API质量分级

油型	中国分级	SAE J183分级	使用条件	品质						国产机油牌号	使用环境温度(K)
				清洁性	分散性	抗氧化性	抗腐蚀性	耐磨耗性	防锈性		
汽油机油		SA	适用于轻负荷运转及无特别要求条件的发动机,它为直馏矿物油,不含添加剂	—	—	—	—	—	—		
	QB*	SB	内含少量添加剂(抗氧化剂和抗腐蚀剂),适用于中负荷的发动机。它能防止刮痕、机油之氧化及轴承的腐蚀	—	—	—	△	△	—	HQ-10 HQ-15	
	QC*	SC	适用于未装PCV装置的1964~1967年生产的轿车及卡车的汽油机。它具有防止高温或低温时产生淤渣、磨耗、生锈、腐蚀等性能	○	△	○	○	△	△		
	QD*	SD	适用于装有PCV装置之1968年~1971年式轿车及卡车的汽油机。它对于防止高温或低温时产生淤渣、磨耗、生锈、腐蚀的性能较SC级为优	+	○	○	+	○	○		
	QE	SE	使用于1972年以后的轿车及卡车的汽油机。它的抗氧化及防止高温或低温时产生淤渣、磨耗、腐蚀等性能较SC及SD级更为优良	+	+	○	+	+	+		
	QF	SF	适用于1980年以后,装有废气涡轮增压进气的汽油机。它的抗氧化、耐高温、耐高压、抗腐蚀性等较SE级更为优良	+	+	+	+	+	+		
柴油机油	CA*	CA	适用于使用高品质燃料及轻负荷运转的柴油机。它具有防止高温时产生淤渣及腐蚀轴承等性能	△	—	○	○	—	—	HC—11,HC—14 11号稠化机油 14号稠化机油	>238 >238
	CB*	CB	适用于低品质燃料,轻、中负荷运转的柴油机。它具有防止使用高硫量成分燃油时,使柴油机轴承腐蚀及高温时产生淤渣的性能	○	—	○	○	—	—		
	CC*	CC	适用于装有增压器的高负荷柴油机(也适用于较重负荷的汽油机),多用于卡车、工程机械及农业机械方面。它具有防止柴油机在高温时产生淤渣、生锈、腐蚀与低温时产生淤渣等性能	+	△	○	○	—	△	11号低增压机油 14号低增压机油 11号稠化低增压机油 14号稠化低增压机油	263~303 >303 >238 >238
	CD	CD	适用于装有增压器的极重负荷及高速的柴油机。它具有防止上述使用条件下高温时易产生淤渣及腐蚀轴承现象发生等性能	+	—	○	○	—	—	11号低增压机油 14号中增压机油 11号稠化中增压机油 14号稠化中增压机油	263~303 >303 >238 >238

注:*—机油质量相当(近似);——对该性能没有要求;△—对该性能要求一般;○—对该性能要求较高;+—对该性能要求高。

每一机油的质量等级可以有不同的黏度等级。所以在选用内燃机机油时首先要根据内燃机类型(汽油机、还是柴油机,水冷还是风冷),性能强化程度,轴瓦材料,工作环境温度甚至还要注意内燃机的磨损程度等确定机油的质量等级,然后再合理选用黏度等级。此外还要注意合理的换油期。

国标《汽油机油》(GB11121—1995)规定了SC、SD、SE和SF等4个品种的汽油机油以及SD/CC、SE/CC和SF/CD 3个品种的汽油机/柴油机通用油的质量指标,每个品种按GB/

T14906 划分黏度等级。《柴油机油》(GB11122—1997)规定了 CC 和 CD 两个品种的柴油机油的质量指标，每个品种按 GB/T14906—94《内燃机油黏度分类》划分黏度等级。在选用机油时需遵照执行。

5. 润滑脂

内燃机上有些地方是用润滑脂润滑的。润滑脂(通称黄油)是一种半流体状胶性物质，是用稠化剂稠化润滑油而得到的。常用的润滑脂有以下几种：

(1)钙基润滑脂(GB491—65)

它具有耐水、耐潮湿的特点，但不耐高温。

(2)铝基润滑脂(ZBE36004—88)

具有高度耐水性。

(3)钙钠基润滑脂(ZBE36001—88)

它的耐水性比钙基润滑脂稍差，但较耐高温。

(4)合成钙基润滑脂(ZBE36005—88)

它可用于汽车和拖拉机及其他工业设备、机械工具的摩擦部分的润滑。

钙基、钙钠基和合成钙基润滑脂又按针入度各分为几种牌号，应按季节选用。针入度表示润滑脂的稠黏情况，它表示的是在一定的时间内，一个标准圆锥在其自身重量的作用下沉入润滑脂中的深度。针入度愈小(号数愈大)，表明润滑脂愈稠，而愈不易熔化，适用于温度较高的场合。

二、内燃机的润滑系

1. 复合式润滑系

现代内燃机都采用复合式润滑系。在这种润滑系中，根据各零件的负荷和相对运动速度的不同，分别以不同的方式进行润滑。对负荷和相对运动速度较大的零件，如主轴承、连杆轴承、凸轮轴轴承等，用压力润滑——用机油泵将机油以一定的压力送到这些摩擦表面；对负荷或相对运动速度较小的零件，如气缸壁、凸轮、挺柱等，则用激溅润滑——利用内燃机工作时运动零件激溅起来的油滴或油雾落到这些摩擦表面进行润滑。

内燃机的某些辅助装置(如风扇、水泵、发电机等)，只须定期地向其加注润滑油(脂)。

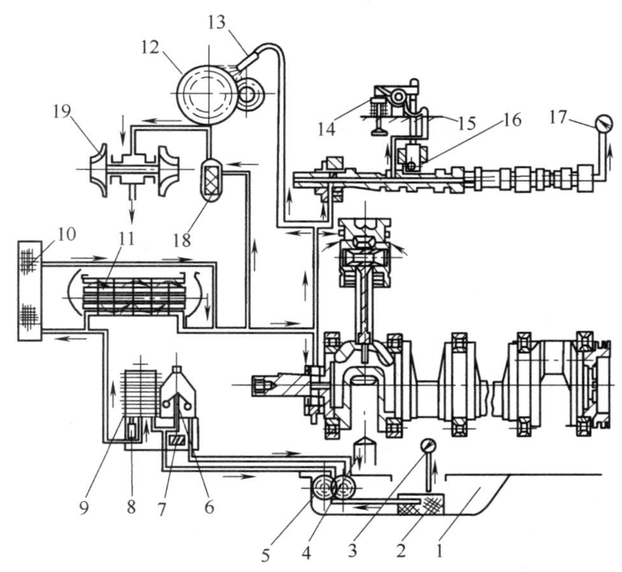

图 10—1　6135ZG 型柴油机润滑系

1—油底壳；2—粗滤网；3—油温表；4—加油口；5—机油泵；6—离心式精滤器；7—限压阀；8—旁通阀；9—粗滤器；10—机油散热器(风冷)；11—机油冷却器(水冷式)；12—传动齿轮；13—喷油嘴；14—摇臂；15—气缸盖；16—气门挺柱；17—油压表；18—网格式滤清器；19—涡轮增压器。

2. 6135ZG 型柴油机润滑系

6135ZG 型柴油机润滑系(图 10—1)采用的是复合式润滑方式。

在这个润滑系中，连杆轴承、凸轮轴轴承、正时齿轮以及增压器中间壳中的浮动轴承都用压力润滑，其余部分用激溅润滑。

机油由加油口4(装在气缸体侧面)加入油底壳1，在加油口附近装有机油标尺，用以测量油底壳中的机油量。油底壳底部装有放油塞。发动机工作时，机油泵5经粗滤网2和吸油管吸入机油，并将机油压送到机油滤清器底座，然后分成两路：一路到离心式机油细滤器6，经滤清后流回油底壳1。这一路机油不起润滑作用，只能起去污清洁作用；另一路到粗滤器9，滤清后机油进入机油散热器10。经机油散热器冷却后的机油又分两路：一路经滤清器18再次滤清后，进入涡轮增压器的中间壳润滑转子轴和浮动轴承，然后由中间壳下部的出油口经回油管流回发动机油底壳；另一路到传动齿轮盖板上的油管，由此，机油一部分经曲轴内油道，进入各连杆轴颈，润滑连杆轴承；另一部分经凸轮轴内油道润滑各凸轮轴轴承，并沿着第二道凸轮轴轴承引出的油道，直通到摇臂轴中去润滑气门传动件。小部分机油从传动齿轮盖板上的一个喷嘴13喷散到各传动齿轮12上。

利用运动件激溅起来的机油润滑活塞、气缸壁、主轴承、活塞销和连杆小头衬套等部位。

为使滤清器在被污物严重堵塞时润滑油的供应不致中断，在滤清器底座中装有旁通阀8。当粗滤器堵塞，作用在旁通阀上的压力差超过调整值时，旁通阀开启，机油就绕过粗滤器，直接进入各润滑表面(不过滤)。因此应按规定及时清洗粗滤器滤芯。

如果润滑系中的油压过高(例如冷起动时，机油黏度大，就可能出现这种情况)，将增大发动机的功率消耗。为此，在滤清器底座中还装有限压阀7。当油压超过调整值时，限压阀开启，机油流回油底壳，使润滑系中的油压下降。当油压降到正常值时，限压阀关闭。

在空心凸轮轴后端装有机油压力传感器；在油底壳侧面装有机油温度传感器，用导线分别与机油压力表17和机油温度表3相连，以指示润滑系中机油的压力和温度。该油压应保持在0.30～0.40 MPa(1 800 r/min时)，油温应为70～90 ℃。

3. CA6102型汽油机润滑系

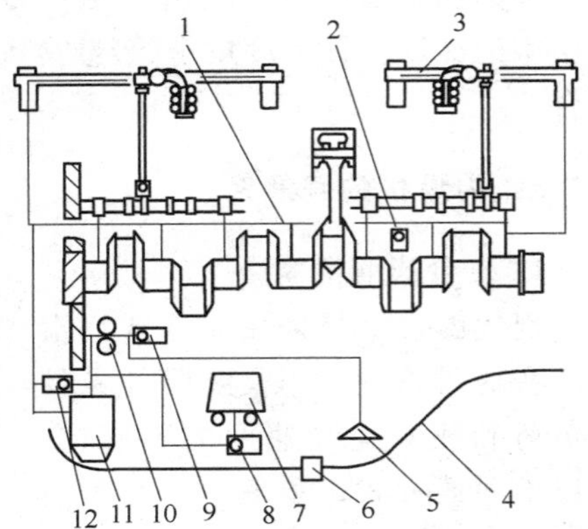

图10—2 CA6102型汽油机润滑系

1—主油道；2—调压阀；3—摇臂轴；4—机油盘；5—机油集滤器；6—放油螺塞；7—机油细滤器；8—低压限制阀；9—机油泵限压阀；10—机油泵；11—机油粗滤器；12—滤芯更换指示器。

CA6102型汽油机润滑系(图10—2)是复合式的。机油经集滤器5吸入机油泵10，由机油泵压出的机油分为两路：一路到机油细滤器7，经滤清后回到油底壳。另一路进入机油粗滤器11，滤清后进入主油道1，再经过气缸体隔墙上的油道进入主轴承及连杆轴承。气缸体的1、3、5、7隔墙上有通往凸轮轴4个轴承孔的油道，以润滑凸轮轴轴承。在气缸体的前部和后部钻有与凸轮轴前、后轴承油道相通的垂直油道，并通过缸盖螺栓孔及上端的斜油孔再与摇臂支座油孔相连，以润滑摇臂轴、气门端部和推杆球头。

利用曲柄连杆机构激溅起来的机油润滑挺杆、凸轮、活塞、缸壁、活塞销和连杆小头衬套等。正时齿轮的润滑靠传动机油泵的斜齿轮带起的机油来实现。

通过上述润滑油路的分析，可以了解到发动机润滑系的具体结构和特点。前两种典型润滑系的工作情况基本相同，不同之处在于135系列柴油机采用组合式曲轴，主轴承是滚动轴承，所以采用激溅润滑。而CA6102型汽油机的主轴承是滑动轴承，故采用压力润滑。

三、润滑系的主要机件

（一）机油泵

机油泵的功用是供给润滑系循环油路中具有一定压力和流量的机油。目前发动机上广泛采用齿轮式和转子式机油泵。

1. 齿轮式机油泵

齿轮式机油泵由于结构简单、制造容易、工作可靠、输油压力较高其应用最为广泛。

2. 转子式机油泵

转子式机油泵（图 10—3）的外壳 9 中装着一个主动的内转子 8 和一个从动的外转子 7。内转子固定在转子轴 10 上，外转子活装在油泵外壳内。两个转子之间有一定的偏心距。

内燃机工作时，内转子带动外转子旋转。转子的形状是设计得使转子转到任何角度时，内外转子各齿总有一点相接触，转子的旋转方向如箭头所示。与进油孔 12 相通的进油腔内，由于内外转子的齿逐渐脱离啮合，其容积逐渐增大，产生真空度，于是机油就从进油孔被吸入进油腔。转子继续旋转，机油被带到与出油孔 13 相通的出油腔内。在出油腔中，由于内外转子的齿逐渐进入啮合，腔内容积减小，油压升高，机油就从出油孔 13 被压出。

转子式机油泵的结构紧凑，吸油真空度高，泵油量较大且供油均匀，噪声小。在内燃机上的采用有日益增多之势。

（二）机油滤清器

在内燃机工作过程中，机油会被金属屑、尘垢和机油因受热氧化而形成的胶状物质所污染。不洁净的机油将增大零件的磨损并使油路堵塞，故必须对机油加以滤清。

在润滑系中一般装有几个不同滤清能力的滤清器——集滤器、粗滤器和细滤器。

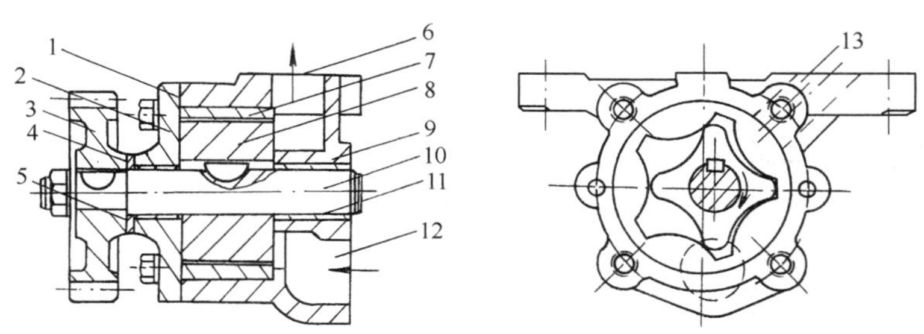

图 10—3　转子式机油泵

1—调整垫片；2—盖板；3—传动齿轮；4、11—滑动轴承；5—止推轴承；
6—调整垫片；7—外转子；8—内转子；9—外壳；10—转子轴；12—进油孔；13—出油孔。

1. 集滤器

集滤器通常就是一个滤网。其滤清能力差，但对油流的阻力很小。集滤器装在机油泵前，防止较大的杂质进入机油泵。

2. 粗滤器

粗滤器用以除去机油中较大的（直径约为0.05～0.1 mm）杂质。它对油流的阻力较小，故可串联于机油泵与主油道之间作为全流式滤清器，可对摩擦表面起到直接保护作用。

粗滤器一般是缝隙式的，其形式有片式和带式两种。

图 10—4 所示为金属片缝隙式粗滤器。粗滤器的滤芯由为数很多的两种磨光的薄钢片（滤清片 9 和隔片 10）组成。厚0.35 mm的滤清片 9 和厚0.08 mm的隔片 10 互相交替地套装

在矩形断面的滤芯轴 14 上，并用上下盖板和螺母将其压紧。由于滤清片之间有隔片，造成宽0.08 mm的间隙。机油从滤芯周围通过此间隙时，大于0.08 mm的杂质不能通过，就被滤出留在滤清片的外周。过滤后的机油进入滤芯中的 8 个空腔并向上由出油道流出。

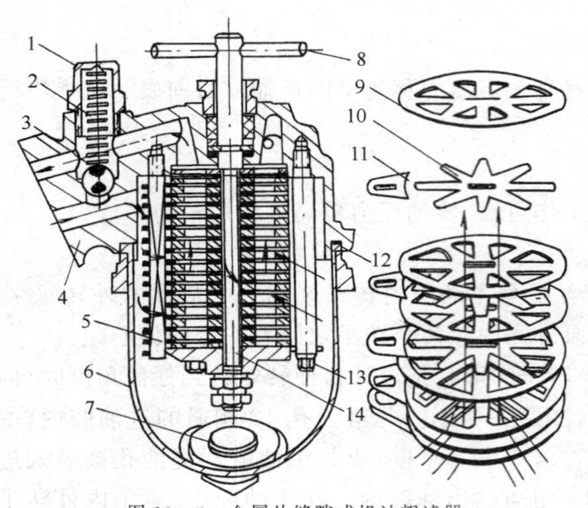

图 10—4 金属片缝隙式机油粗滤器

1—旁通阀盖；2—弹簧；3—旁通阀钢球；4—上盖；5—刮片杆；6—外壳；7—放污螺塞；8—手柄；9—滤清片；10—隔片；11—刮片；12—衬垫；13—固定螺栓；14—滤芯轴。

为了便于刮除聚积在滤芯外表的污物，在滤芯旁的刮片杆 5 上装有许多刮片 11(其厚度与隔片相同)，每一刮片均插入滤清片间的间隙中。拧转滤芯轴顶端的手柄 8 时，滤芯就转动，堵在滤清片间的污物就被刮片刮除。

滤清器上盖 4 上装有旁通阀 3，外壳 6 上装有放污螺塞 7。

金属带缝隙式粗滤器的构造如图 10—5 所示。在波纹形的金属圆筒上绕着薄黄铜带，带上每隔一定距离压出高为0.04～0.09 mm的突起部分，因而相邻黄铜带间便形成0.04～0.09 mm的间隙，可滤去大于此间隙的杂质。过滤后的机油从黄铜带与波纹筒间的夹层流出。

近年来锯木式粗滤器得到较多采用(如 CA6102 型汽油机)。粗滤器的滤芯是以木材的锯末为主要原料，以新型酚醛树脂为黏结剂而压制成的圆筒形整体滤芯。这种滤芯滤清效果好、成本低。

3. 细滤器

细滤器用以使机油得到较彻底的滤清。它的缝隙小，滤清能力强(可到0.01 mm)；但对油流的阻力大，所以通常并联在润滑系油路中作为分流式滤清器。通过细滤器的机油直接流回油底壳。这种滤清器的主要作用是改善曲轴箱机油的总体技术状态。

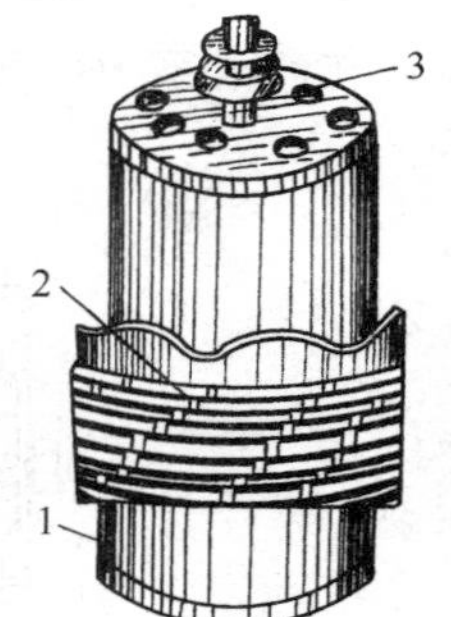

图 10—5 金属带缝隙式机油滤清器

1—粗滤芯；2—放大的金属带；3—中心螺栓。

细滤器分为离心式和过滤式两种。

(1)离心式细滤器

离心式细滤器是根据离心分离原理制成的。图 10—6 所示为一种离心式细滤器的构造，它是与主油道并联安装的。装在转子轴 2 上的转子 7 由铝合金制成，其上下端都压装了青铜衬套作为转子轴承。转子内有两根垂直的钢管，钢管上部开有进油口 5，并装有滤网，下部与转子的水平喷孔 4 相通。

来自机油泵的机油，一部分经转子轴 2 的轴心孔 1 和径向孔 6 流入转子中，在机油压力的作用下，机油进入钢管，并由水平喷孔 4 高速喷出。在喷油所产生的反作用力推动下，转子以很高的速度(约5 000～7 000 r/min)旋转。转子中的机油在离心力的作用下，将杂质甩向四周，黏附在转子壁上。由喷孔喷出的洁静的机油经过细滤器下面的空腔流回油底壳。

为保证转子的高速旋转，首先，进入转子的机油必须有足够的压力(要求不低于0.4～0.5MPa)。而且机油还要有正常的温度约(70～90 ℃)，机油温度低时黏度就大，喷射速度会降低，使转子不能高速旋转。同时在结构上和装配上也要采取适当措施，以减小转子旋转的阻力。

离心式细滤器的滤清效率高，通过能力好，不需更换滤芯，清洗周期长，使用保养方便，成本低，故在中小功率的内燃机上得到广泛应用。

但它也存在一些缺点，如结构复杂，制造成本高；机油中胶质（它的比重只比机油略大）的滤清能力差；以及由于机油要从喷孔喷出，泡沫化严重，受氧化作用的影响较大，缩短了机油的使用周期等。

(2)过滤式细滤器

过滤式细滤器有纸质滤芯和棉纱滤芯两种。目前，内燃机上广泛采用一种经化学处理过的微孔滤纸制成的滤芯。它的滤清效果好而对油的阻力又小，不仅可以作为分流式滤清器与主油道并联，也可作为全流式滤清器与主油道串联。这种滤清器已定为系列化产品。图 10—7 所示为纸质滤芯机油细滤器的结构。

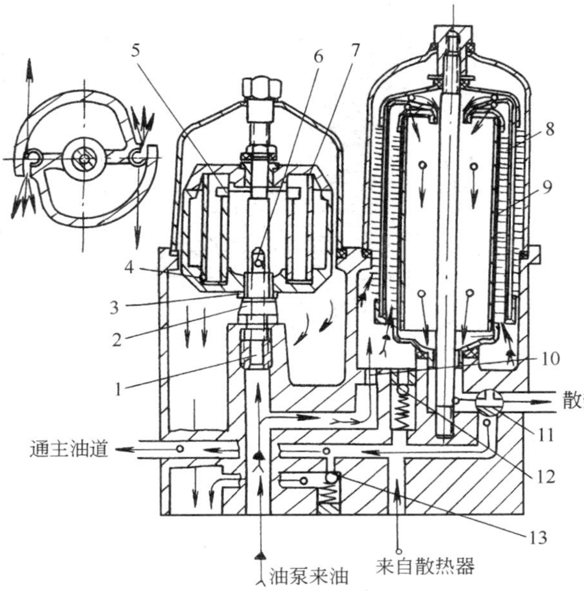

图 10—6　离心式机油细滤器

1—轴心孔；2—转子轴；3—转子轴承；4—喷孔；5—钢管进油口；6—径向孔；7—转子。

4. 复合式滤清器

有的内燃机上采用粗滤芯与细滤芯串联，并且设置在同一壳体内的复合式滤清器。粗滤芯为绕线式，细滤芯为纸质的。由机油泵来的机油经粗滤芯缝隙，再经细滤芯滤纸过滤后进入主油道。当细滤芯堵塞，其前后压力差超过0.12 MPa时，旁通阀打开，机油经粗滤器供入主油道。当粗滤芯堵塞，其前后油压差超过0.2 MPa时，安全阀打开，机油则不经滤芯直接供入主油道。

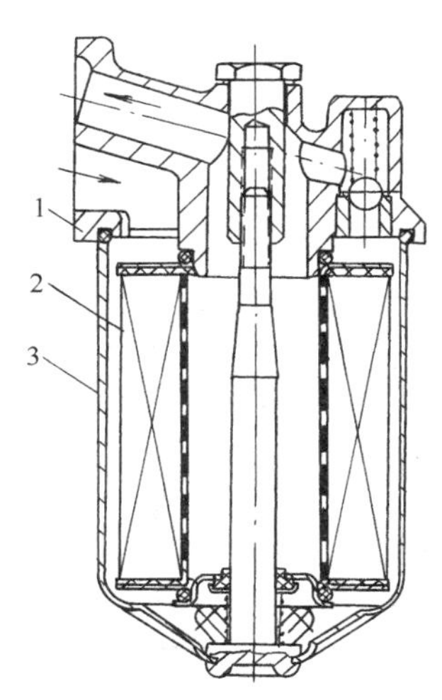

图 10—7　采用纸质滤芯的机油滤清器

1—上盖；2—纸质滤芯；3—外壳。

(三)机油散热装置

在一些热负荷较大的内燃机上，为了保持机油在最有利的温度范围内，除靠机油在油底壳内自然散热外，在润滑系中还装有机油散热装置。机油散热装置有机油散热器（风冷）和机油冷却器（水冷）两种。

机油散热器一般是管片式的，类似于冷却水散热器。它装在水散热器前面或后面，借风扇的风力，使机油冷却。

机油冷却器装在内燃机冷却水路中，对机油进行水冷却。这种散热方式可以更好地保持机油的工作温度，并且在冷发动机起动时，可以使机油得到预热。但在水温高的闭式冷却系中，它不能把机油冷却到较低的温度。

图 10—8 所示为 135 系列柴油机的机油冷却器结构。

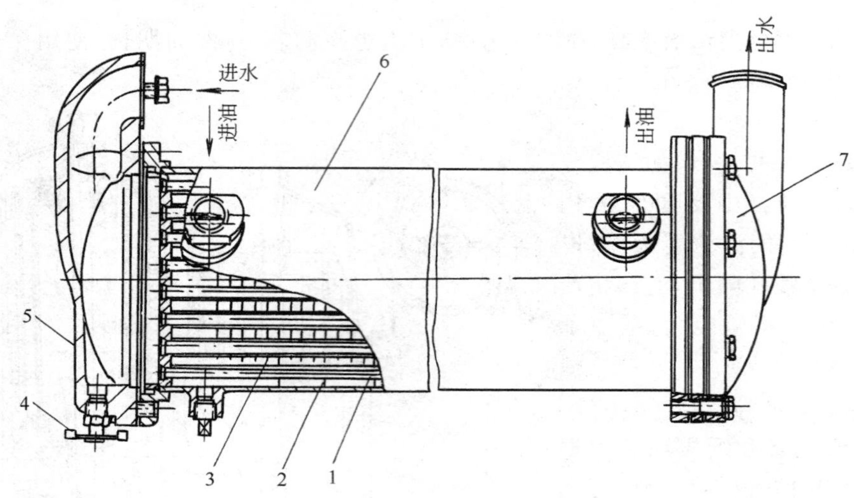

图 10—8 机油冷却器
1—冷却水管；2—隔片；3—散热片；4—放水阀；5—后盖；6—外壳；7—前盖。

四、曲轴箱通风

发动机工作时，有一部分混合气（汽油机）和废气经活塞环漏到曲轴箱中。汽油蒸汽在曲轴箱中凝结后，将使机油变稀，性能变坏。废气窜入曲轴箱，会形成水分和各种酸类，对零件有侵蚀和锈蚀作用。此外，混合气和废气进入曲轴箱内还会使曲轴箱内的气体压力增大，造成机油从油封、衬垫等处渗出。为保持润滑油的良好状态，延长机油的使用期限并减小零件的磨损，必须使内燃机曲轴箱保持通风，将混合气和废气自曲轴箱内抽出，使新鲜空气进入，形成对流。

从曲轴箱内抽出的气体可以直接导入大气中去，这种通风方式称为自然通风，一般多用于柴油机上；也可以导入内燃机进气管内，这种通风方式称为强制通风。现代汽油机曲轴箱一般都采用强制通风。这样，可以将窜入曲轴箱内的混合气回收利用，有利于提高内燃机经济性，减少大气污染。

1. 自然通风装置

自然通风装置又称呼吸器，许多内燃机（如 6135 型）都将机油加油口兼作呼吸口，在加油管口装有滤芯，以防尘土随空气进入曲轴箱，又可防止机油从曲轴箱中溅出。

2. 强制通风装置

图 10—9 所示为 EQ6100—1 型汽油机的曲轴箱通风装置。曲轴箱和进气管之间用抽气管 1 相连。当发动机工作时，曲轴箱内的气体，经抽气管吸入气缸中，而新鲜空气经气门室罩上的小空气滤清器 2 进入曲轴箱内。为了防止在发动机低速小负荷时进气管的真空度过大而将机油从曲轴箱内吸出，在抽气管上装有单向阀 3。

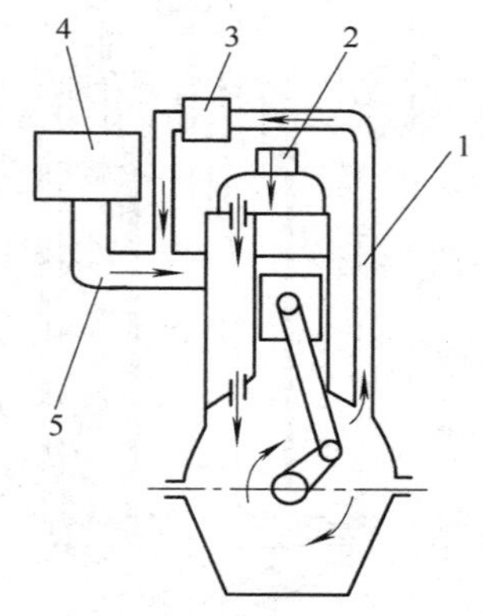

图 10—9 EQ6100—1 型汽油机曲轴箱通风装置
1—抽气管；2—小空气滤清器；3—单向阀；4—化油器；5—进气管。

图 10—10 所示 CA6102 型汽油机的曲轴箱通风装置。在气缸盖前罩盖上安装着曲轴箱

通风进气口空气滤清器(图中未画出),在气缸盖后罩盖上安装着曲轴箱通风出气口滤清器3,该滤清器还具有油气分离作用,因此它也称油气分离器。

当发动机工作时,漏入曲轴箱内的可燃混合气和废气在进气管真空度的作用下,经挺杆室、挡油板2、曲轴箱通风出气口滤清器3、通风管路5和单向阀(PCV阀)6进入进气歧管后与新鲜混合气混合,进入气缸中燃烧。新鲜混合气经气缸盖前罩盖上的曲轴箱通风进气口空气滤清器进入曲轴箱内。

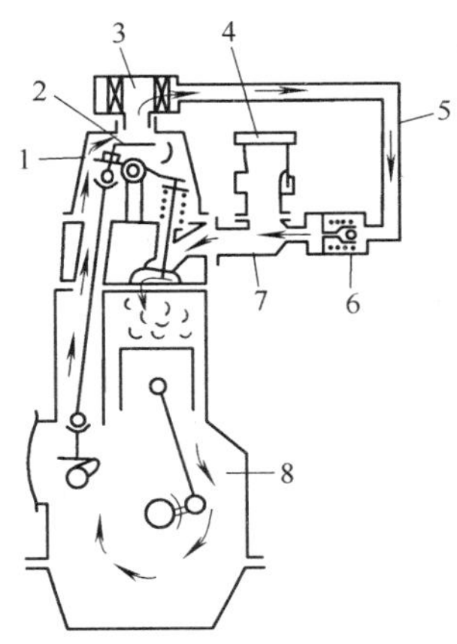

图10—10　CA6102型汽油机曲轴箱通风装置
1—气缸盖后罩盖;2—挡油板;3—曲轴箱通风出气口滤清器;4—化油器;5—通风管路;6—曲轴箱通风单向阀(PCV阀);7—进气歧管;8—曲轴箱。

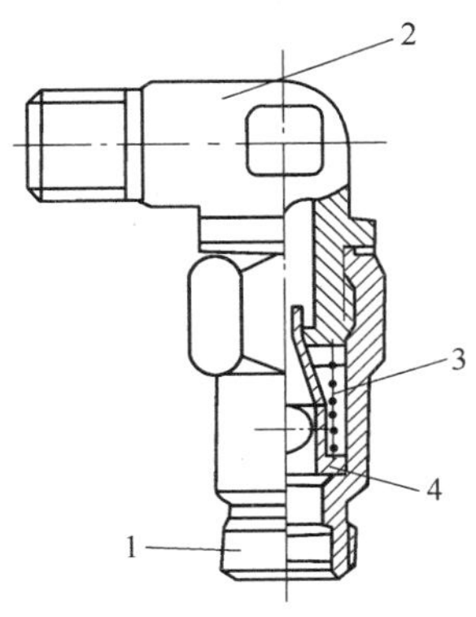

图10—11　曲轴箱通风单向阀(PCV阀)
1—阀体;2—阀座;3—弹簧;4—阀。

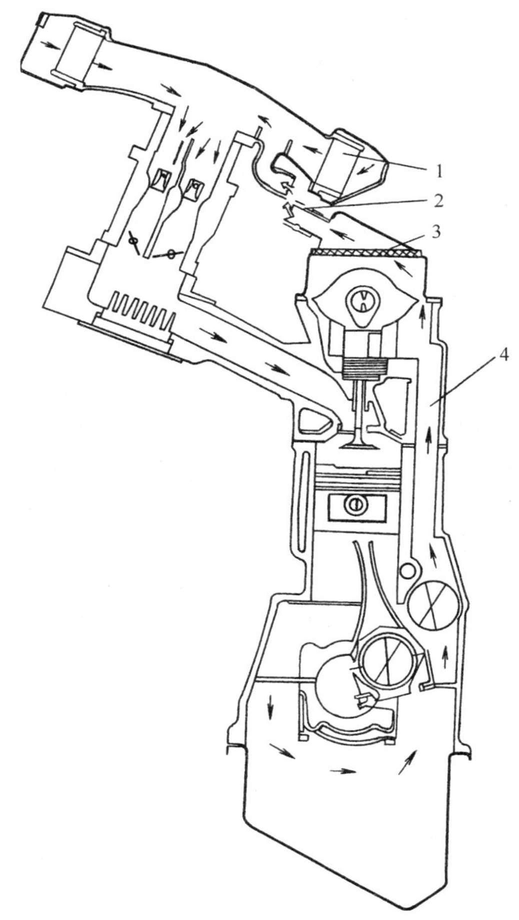

图10—12　奥迪100型轿车发动机的曲轴箱通风装置
1—空气滤清器滤芯;2—连接软管;3—铁网;4—通气道。

在该通风管路中设置挡油板和油气分离器的目的是挡住随曲轴箱通风抽出的机油,以减少曲轴箱内机油的消耗。为了同样目的,在CA6102型汽油机的曲轴箱通风管路上也装有单向阀(PCV阀),其构造如图10—11所示。当发动机在小负荷低转速情况下,由于进气管真空度较大,阀4克服弹簧3的压紧力被吸靠在阀座2上,曲轴箱内的废气经阀4中心的小孔进入进气管。由于节流作用,防止了曲轴箱内的机油被吸出。当负荷加大时,进气管真空度降低,阀在弹簧伸长力的作用下离开阀座，逐渐打开，通风量逐渐加大。当发动机在大负荷时，阀 4 全开，通风量最大。因此即更新了曲轴箱内的气体，又使机油消耗降至最低限度。

图 10—12 为奥迪 100 型轿车发动机的曲轴箱通风装置。当发动机工作时，在化油器喉管真空度的作用下，曲轴箱内的气体，经通气道、连接软管和化油器喉管吸入气缸中。

第二节 冷 却 系

一、概 述

在燃烧时，气缸内燃气的温度可高达2 200～2 800 K，循环的平均温度也有970～1 300 K。与高温气体接触的机件（如气缸盖、气缸、活塞、气门等）将剧烈受热，这些机件的高温将引起：

(1)内燃机功率下降。由于气缸充气变坏，混合气燃烧不正常。

(2)机件的磨损加剧、滞住甚至损坏。由于润滑油的性质变坏并发生分解、碳化和燃烧致使摩擦表面间的润滑情况恶化，零件间的正常间隙被破坏，以及材料的机械性质下降。

为保证内燃机的正常工作，必须将与高温气体接触的机件加以冷却（散热），将这些机件的热量或者直接地、或者利用一种介质（例如水）散入大气中。

在内燃机中，燃料燃烧所放出的热量，只有 20%～40%转变为机械功；其余的热量则随同废气流去、随同冷却水（或空气）流去以及被消耗在摩擦阻力上等。内燃机中燃料热量的分配，称为内燃机的热平衡。图 10—13 示出内燃机热平衡的大致数值。

随同冷却水（或空气）散去的热量约占燃料燃烧所放出热量的 20%～30%。内燃机的散热对热能是一种无益的消耗，但要使内燃机正常运转，不散热是不可能的。热能在其他方面的损失（废气、摩擦等）也是不可避免的。问题不在于有没有这些损失，而在于了解这些损失之所以产生的原因和规律，从而设法尽量减少它们，也就是尽量设法提高转变为有用机械功的热量所占的比例。内燃机技术的发展也正在不断作到这一点。

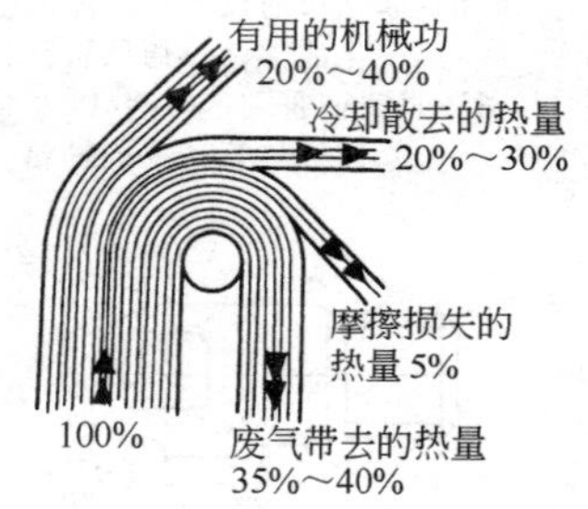

图 10—13 内燃机的热平衡

如前所述，内燃机冷却不足（温度过高）是有害的。同样，冷却过强（温度过低）也不利于内燃机的工作。

内燃机温度过低时，使汽油汽化的热量就不足，燃油中的重质成分不能汽化，这就需要用较多的燃油才能产生所需的动力。而且，内燃机中凉的表面会使燃烧部分地熄灭，一些未完全燃烧的燃油就形成烟垢。内燃机温度过低还会使燃烧生成的水分（每升燃油燃烧时约可生成一升的水）冷却而凝结。这些未燃烧的燃油、烟垢和水穿过活塞环漏入 曲轴箱，冲去气缸壁上的机油，使曲轴箱中的机油稀释，结果导致气缸壁和活塞环的擦伤和过度磨损。

此外，凝结水与未燃的烃类及燃油添加剂化合为碳酸、硫酸、硝酸及盐酸等酸类。这些酸类的侵蚀和锈蚀作用会加剧发动机的磨损。在冷却水温度低于约65～70 ℃时，气缸的磨损将大大加剧。

因此，为保证内燃机的正常运转和使用寿命，内燃机的温度状态必须适当。

冷却系的功用就是保证内燃机在最适宜的温度状态下工作（通常以气缸盖中冷却水的温度保持在80～90 ℃为宜）。起动时，应能使内燃机尽快热起到正常工作温度，并能在随后的工作中保持这一温度。

冷却内燃机所必需的机构和装置组成内燃机的冷却系。

冷却系有两种形式：水冷和风冷。用得最普遍的是水冷系。

二、水冷系的构造和工作

在水冷系中，高温机件的热量首先传给气缸周围水套中的水。水受热后进入散热器中，热量在散热器中再传给周围的空气，水因而得到冷却，冷却了的水重新流回水套。所以在冷却系内进行着不断的水的循环。

按照冷却水的循环方法，水冷系可分成两种：自然循环式（热流式）和强制循环式（用水泵）。

自然循环式水冷系由水套、散热器、风扇及连接水管等组成。图 10—14 所示为强制循环式水冷系，若风扇 9 后面没有水泵则为自然循环式水冷系。水在水套 3 中受热后，密度减小而上浮，经出水管 6 流入散热器 7；水在散热器中冷却后，密度增大而下沉，经进水管 8 回到水套。于是在发动机工作时，水就在冷却系中不断循环。风扇 4 可形成吹过散热器的强大空气流，以增加水的冷却强度。

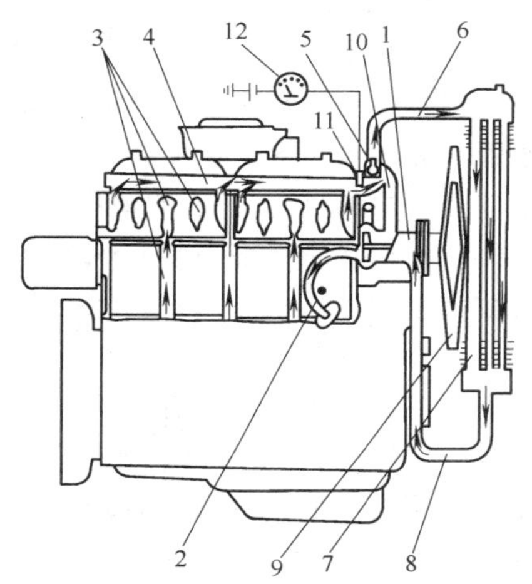

图 10—14　4135 型柴油机的水冷系

1—水泵；2—缸体进水管；3—水套；4—缸盖出水管；5—节温器；6—出水管；7—散热器；8—水泵进水管；9—风扇；10—回水管；11—水温传感器；12—水温表。

这种冷却系虽然构造简单，但水的循环较慢，这就需要较多的水量，因而冷却系的容量要大，结果内燃机的质量增大了。而且工作不可靠，冷却强度不能满足较大功率内燃机的要求，故只用在某些小型内燃机上。

为强化冷却强度，内燃机采用的水冷系大都是用水泵强制地使水在系统中循环流动的，称为“强制循环式水冷系”。这种冷却系的容积比自然循环式的小得多，因而内燃机的质量也相应减小，而且气缸上下的冷却比较均匀。

4135 型柴油机的水冷系是强制循环式的（见图 10—14）。柴油机的气缸盖和气缸体中都铸有储水的连通夹层（水套）。水泵 1 将冷却水加压，经进水管 2 进入缸体水套内，冷却水在流动的同时，吸收缸壁的热量，温度升高。继而流到缸盖水套，再次吸热升温，然后沿气缸盖出水管 4 经节温器 5 和出水管 6 流入散热器 7 内。与此同时，由于风扇 9 旋转抽吸，空气从散热器芯吹过，使流经散热器芯的热水降低温度，将热量不断散到大气中去。冷却后的水流到散热器底部后，又被水泵 1 经水泵进水管 8 吸上来，再沿缸体进水管 2 压入缸体水套中，如此不断循环，柴油机就不断地得到冷却。柴油机转速升高，水泵和风扇的转速也随之升高，则水的循环加快，扇风量增大，散热能力就增强。

为使各缸冷却均匀一致，多缸内燃机在缸体水套中设置有分水管或铸出配水室。分水管是一根金属管，沿纵向开了若干个出水孔，离水泵愈远处，出水孔愈大，这样就可使前后各缸的冷却强度相接近，整机冷却均匀。

水冷系中还设置有水温传感器 11 和水温表 12，操作人员可借助水温表随时了解冷却系的工作情况。

为了防止和减轻冷却水中的杂质对内燃机起腐蚀作用，国外某些内燃机（如康明斯 N855

型柴油机和卡特彼勒 3400 系列柴油机)在冷却系中还设有防腐蚀装置。在防腐蚀装置的外壳中装有用镁板夹紧着包有离子交换树脂的零件。其作用是由金属镁作为化学反应的金属离子的来源,当冷却水流经防腐蚀装置的内腔时,水中的碳酸根离子便和金属离子形成碳酸镁而沉淀,在该装置中被滤去,从而减小了冷却水对内燃机水套以及冷却系各部件的腐蚀。

三、水冷系的机件

(一)散热器

散热器(水箱)的功用是将从水套来的水的热量散入大气。散热器必须有足够的散热面积,并用导热好的材料制造。

散热器(图 10—15)的主要组成部分是上储水箱 2、下储水箱 7 和散热器芯子 5。上储水箱顶部有加水口 1,平时用盖(称为散热器盖)盖住,冷却水即由此注入冷却系。在上、下储水箱上分别装有进水管 9 和出水管 8。进水管和出水管用橡胶管分别与气缸盖上的出水口及水泵的进水口(在自然循环式水冷系是气缸体水套进水口)相连接。在出水管下部通常有一个放水开关。发动机水套中的热水从气缸盖上的出水口流出进入散热器的上储水箱,经散热器芯子冷却后流到下储水箱,再经出水管被吸入水泵。

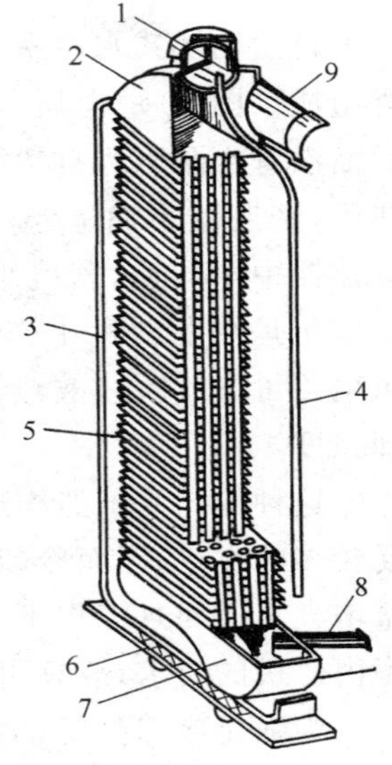

图 10—15 散热器

1—加水口;2—上储水箱;3—框架;4—蒸汽引出管;5—散热器芯子;6—软垫;7—下储水箱;8—出水管;9—进水管。

散热器芯子的构造有好几种型式,目前用得较多的是管片式(图 10—16)的。它由许多冷却水管和散热片组成。冷却水管是焊在上、下储水箱之间的直管,作为冷却水的通道。冷却水管通常是扁平形的,以增加传热面积、减小空气流的阻力及冻裂的危险。冷却水管外横向焊装了很多金属薄片(散热片)以增加对空气的传热面积。热量由冷却水管管壁传给散热片,再由空气流带走而散入大气。

图 10—17 所示为管带式散热器芯子简图。波纹状的散热带 2 与冷却水管相间排列,它们彼此间是焊在一起的。

管片式散热器芯子的刚度和强度较好,但制造工艺较复杂。管带式结构的制造工艺较简单,便于大量生产,在内燃机上的应用有日益增多之势。

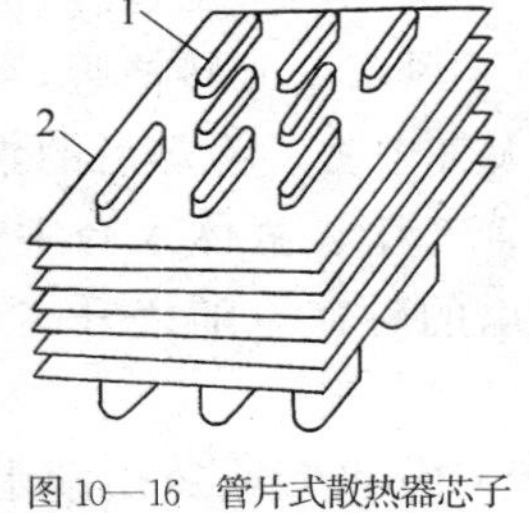

图 10—16 管片式散热器芯子

1—冷却水管;2—散热片。

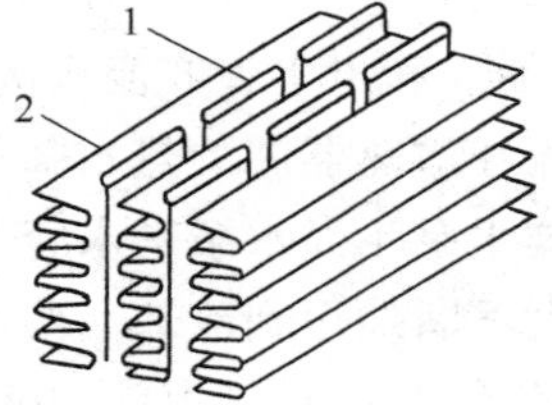

图 10—17 管带式散热器芯子

1—冷却水管;2—散热带。

散热器芯子多用黄铜制造。黄铜具有较好的导热和耐腐蚀性能,易于成形,有足够的强度且便于焊修。为了节约铜,近年来铝合金散热器也有一定发展。

加水口平时用散热器盖盖住,以防冷却水溅出。但冷却系与大气完全隔绝是不行的,因为冷却水产生的水蒸汽积聚在冷却系中,将使冷却系中的气压升高,可能胀裂散热器芯子。所以在加水口处装有蒸汽引出管以排出水蒸汽。通过此管经常与大气相通的冷却系，称为开式冷却系。

开式冷却系有一个缺点：因为水蒸汽不断从蒸汽引出管排出，耗水量较大，特别是在内燃机负荷重时，冷却水有可能沸腾。所以许多内燃机都在散热器盖上装一个空气—蒸汽阀（图10—18），平时阀门关闭，将冷却系与大气隔开，防止水蒸汽逸出，使冷却系内的压力稍高于大气压力，从而可提高冷却水的沸点，减少冷却水的消耗。这一点对在炎热、缺水或高原地区使用的内燃机更为重要。装有空气—蒸汽阀的冷却系称为闭式冷却系。

闭式冷却系除可减少冷却水消耗外，由于它提高了冷却水的沸点，还可使内燃机能经常在冷却水温95～100 ℃的情况下工作而无沸腾的危险。这样，就可提高散热器的散热效果，因为散热效果是和冷却水温与外界气温之差成正比的。适当提高冷却水温，还可减小气缸的磨损和内燃机工作的燃料经济性。

空气-蒸汽阀的工作原理见图 10—18。蒸汽阀 1 平时使冷却系与大气隔开。当散热器中的压力高达一定数值（一般高于大气压 0.02～0.03 MPa，此时水的沸点约为 105～108 ℃）时，蒸汽阀弹簧 2 被压缩，蒸汽阀 1 开启，水蒸汽就由蒸汽引出管排出（图 10—18b），以免冷却系中压力过高将散热器胀坏。当水温下降，水蒸汽凝结而使冷却系中的真空度达一定数值（一般低于大气压 0.01～0.02 MPa）时，空气阀弹簧 4 被压缩，空气阀 3 开启，使空气从蒸汽引出管进入散热器（图 10—18a），以免散热器被大气压力压坏。

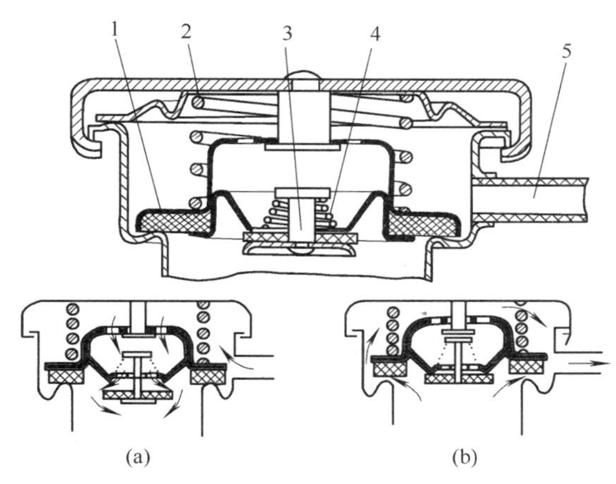

图 10—18　空气-蒸汽阀

1—蒸汽阀；2—蒸汽阀弹簧；3—空气阀；4—空气阀弹簧；5—蒸汽引出管。

空气-蒸汽阀一般装在散热器盖上。有的柴油机装在散热器上储水箱的侧面。

内燃机热时，如须打开闭式冷却系的散热器盖，应慢慢旋开，使冷却系内的压力逐渐降低，以免蒸汽和热水喷出伤人。要从放水开关放出冷却水时，也须先打开散热器盖，才能将水放尽。

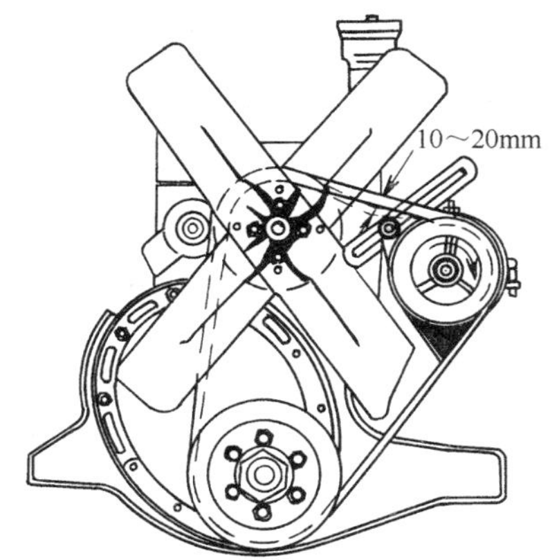

图 10—19　移动充电发电机支架以调整皮带张力

（二）风扇

风扇安装在散热器后面，其功用是使空气迅速吹过散热器芯子，以加快水的冷却。

风扇的位置应尽可能对准散热器芯子的中心，它与散热器间的距离也要适当（一般为 8～10 mm），以提高散热效果。为了使气流更集中地通过散热器芯，有时内燃机在散热器靠近风扇一侧装有护风罩。

风扇的扇风量主要与它的直径、转速、叶片形状、叶片数目及叶片安装角度有关。风扇叶片一般用薄钢板冲压制成，横断面多为弧形。片数通常为 4～6 片，叶片应安装得与风扇旋转平面成 30°～45°倾斜角。为了减少叶片扇风时的振动和噪声，叶片间的夹角往往不相等。近年来已开始采用塑料或铝合金铸成的翼形断面叶片风扇，以降低风扇的功率和噪声，提高扇风效率。但由于工艺复杂和成本高，目前尚未大量使用。

风扇与水泵通常装在同一轴上，由曲轴通过皮带来驱动，利用发电机皮带轮作张紧轮(图10—19)。风扇皮带的张力要适当，如皮带过松，皮带与皮带轮之间就会打滑，使冷却系散热不足，皮带也易磨损；如皮带过紧，会加速风扇(水泵)轴承和皮带的磨损，而且多消耗功率。风扇皮带的张力是否合适，一般是用30～40 N的力按压皮带，其挠度为10～20 mm即可(图10—19所示)。风扇皮带的张力因其结构不同，调整方法也各异，图10—19所示为移动充电发电机支架来调整其张力的。

(三)水泵

水泵的功用是对冷却水加压，使之在冷却系中加速循环流动。内燃机中几乎都使用离心式水泵，因为这种水泵结构简单，尺寸小而排水量大，工作可靠，并且当水泵由于故障而停止工作时，并不妨碍水在冷却系中的自然循环。

离心式水泵主要由水泵体、叶轮、水泵轴和水封等组成，其工作原理如图10—20所示。

当叶轮旋转时，水泵中的水被叶轮带动一起旋转，并在本身的离心力作用下，向叶轮的边缘甩出，经出水管而压送到水套内。与此同时，叶轮中心处压力降低，散热器中的水便经进水管流进叶轮的中心部分。

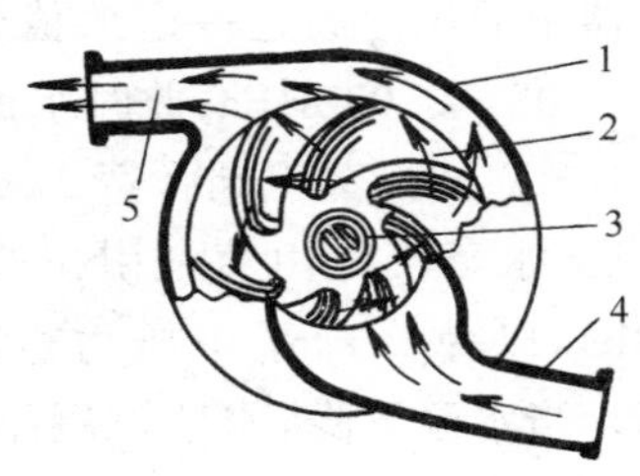

图10—20　离心式水泵的工作原理
1—水泵体；2—叶轮；3—水泵轴；4—进水管；5—出水管。

(四)冷却强度调节装置

冷却系是设计得使内燃机在困难的工作条件下(转速低负荷大，外界空气温度高)能得到可靠的冷却的。在工作条件变化时(如转速高负荷小，外界空气温度低)，就需要减小冷却强度，以保持冷却水的最有利温度而不致使内燃机过冷。

冷却强度可以用两种方法来调节：变更通过散热器的冷却水流量或空气流量。

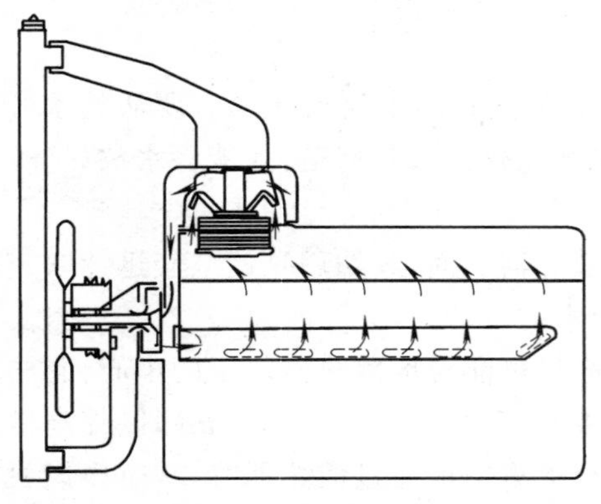
图10—21　用节温器调节冷却强度

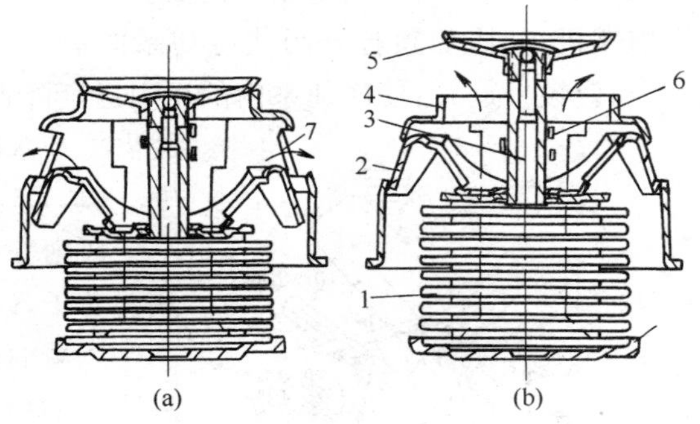

图10—22　皱纹筒式节温器
(a)小循环(主阀门关闭，副阀门开启)；
(b)大循环(主阀门开启，副阀门关闭)。
1—皱纹筒；2—副阀门；3—杆；4—壳体；5—主阀门；6—导向支架；7—旁通孔；8—底座。

1. 变更冷却水的流量

变更通过散热器的冷却水流量的方法是在冷却水循环的通路中(一般在气缸盖出水口处)安装节温器(图10—21)。

过去常用的是皱纹筒式节温器，其构造如图 10—22 所示。密闭的弹性皱纹筒 1 用铜皮制成，筒中装着易于挥发的液体——乙醚水溶液。节温器就是靠液体的蒸汽压随冷却水温度的变化来控制其阀门的开闭的。

当冷却水温度在约70 ℃以下时，液体很少蒸发，圆筒收缩到最小高度。此时，主阀门 5 关闭，副阀门 2 开启(图 10—22a)，切断了由水套通向散热器的通路(图 10—21)。水套中的水就从节温器旁通孔 7 流出，经旁通管进入水泵，又被水泵压入内燃机水套。这时冷却水并不流经散热器，只在水套与水泵间循环(小循环)。小循环可使发动机迅速而均匀地热起，并可防止水套中的水压过度升高。

当水温升高到约70 ℃以上时，皱纹筒由于其中液体的蒸发也伸张到某一中间高度，节温器的两个阀门处于与温度相适应的中间位置，部分冷却水流经散热器。

水温升高到约 80～85 ℃时，皱纹筒完全伸张，主阀门全开，副阀门关闭(图 10—22b)，冷却水全部流经散热器(大循环)，如图 10—14 所示。内燃机此时在正常的热状态下工作。

所以，冷却系中装了节温器，就可根据内燃机温度的不同自动变更流经散热器的水量，使内燃机温度保持正常。

皱纹筒式节温器由于工作可靠性差，使用寿命较短，制造工艺复杂，目前多采用蜡式节温器。

图 10—23 所示为 EQ6100 型汽油机所用的蜡式双阀节温器。上支架 4 与阀座 3，下支架 1 铆成一体。反推杆与固定于上支架的中心处，并插于橡胶套 7 的中心孔中。橡胶套与感温器外壳 9 之间形成的腔体内装有石蜡。为防止石蜡流出，感温器外壳上端向内卷边，并通过上盖与密封垫将橡胶套压紧在外壳的台肩面上。

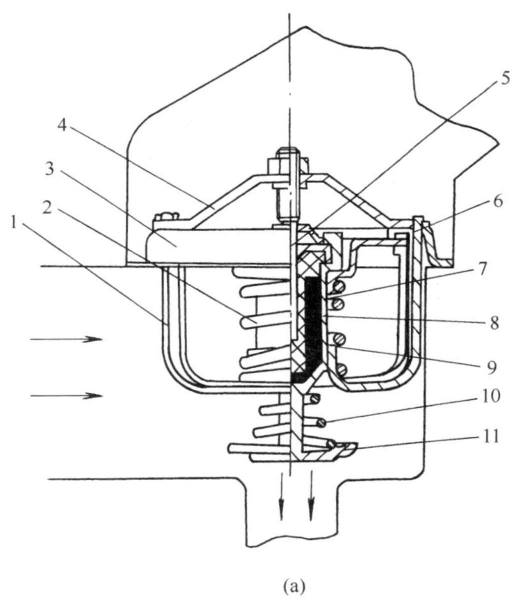

(a)

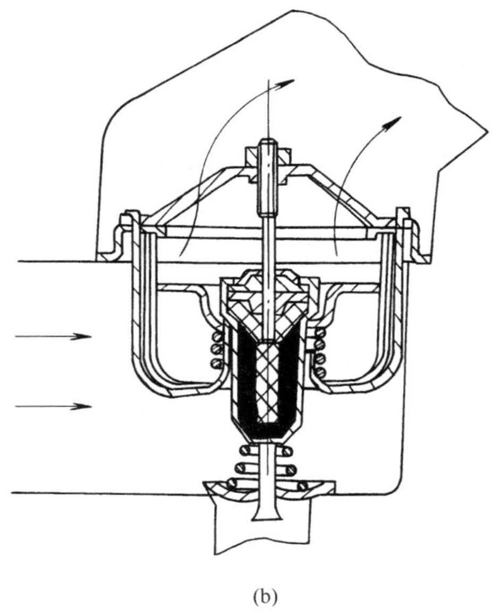

(b)

图 10—23 蜡式双阀节温器

(a)小循环；(b)大循环。

1—下支架；2—弹簧；3—阀座；4—上支架；5—反推杆；

6—主阀门；7—橡皮套；8—石蜡；9—感温器外壳；10—弹簧；11—副阀门。

常温时，石蜡呈固态，当水温低于76 ℃时，弹簧 2 将主阀门 6 压紧在阀座 3 上，主阀门关闭，同时将副阀门 11 向上带动离开副阀门座，使副阀门开启，此时冷却水进行小循环（图 10—23a）。当水温升高时，石蜡逐渐变成液态，其体积膨胀，迫使橡胶套收缩，而对反推杆 5 锥状端头产生向上的举力，固定的反推杆就对橡胶套、感温器外壳产生一个下推力。当内燃机水温达76 ℃时，反推杆对感温器外壳的下推力可以克服弹簧的张力使主阀门开始打开。水温超过86 ℃时，主阀门全开，而副阀门完全关闭了小循环通路，冷却水进行大循环（图 10—23b）。

2. 变更空气流量

变更通过散热器芯的空气流量也可以调节冷却系的冷却强度。为此，可在散热器前安装百叶窗或挡风帘以部分或全部遮蔽散热器芯子。百叶窗可由驾驶员通过驾驶室内的手柄来操纵。有的内燃机则用调温器自动控制百叶窗开度。

近年来在风扇驱动中常装用自动离合器。这种离合器通过感温元件，根据内燃机水温来自动调节风扇转速，改变风量，从而自动调节冷却强度。这样，既控制了内燃机工作温度，减少了风扇的功率消耗，又降低了噪声。

图 10—24 为硅油式风扇离合器的结构。主动轴 16 由内燃机带动，在轴的左端装有主动板 12，它随主动轴一起旋转。从动板 8 固定在离合器壳体 11 上，从动板 8 与壳体 11 之间的空间为工作腔。前盖 3 与从动板之间的空间为储油腔，该腔内装有高粘度的硅油。从动板 8 上的进油孔在常温时被控制阀片 7 所关闭，储油腔的硅油此时不能进入工作腔内。工作腔内没有硅油，主动板 12 上的扭矩不能传到从动板 8 上，离合器处于分离状态。主动轴旋转时，装有风扇叶片的离合器壳体 11 在主动轴的轴承 14 上打滑。在密封毛毡 13 和轴承摩擦力作用下，以很低的转速旋转。在前盖 3 上装有螺旋形的双金属片感温器 5，它的一端固定在前盖 3 上，另一端嵌在阀片轴 6 中。当内燃机负荷增大，冷却水温度升高时，通过散热器芯部气流的温度也随之升高。高温气流吹在感温器 5 上，使双金属片受热变形，带动阀片轴 6 和阀片 7 偏转。气流温度超过65 ℃后，阀片便将进油孔打开，储油腔中的硅油进入工作腔中。粘性的硅油流进主动板与从动板及主动板与离合器壳体之间的间隙中，将主动板上的扭矩传给离合器壳体，带动风扇高速旋转，离合器此时处于接合状态。进入工作腔的硅油在离心力的作用下甩向外缘，顶开球阀 18 流回储油腔，然后再进入工作腔。如此往复，形成循环。硅油在

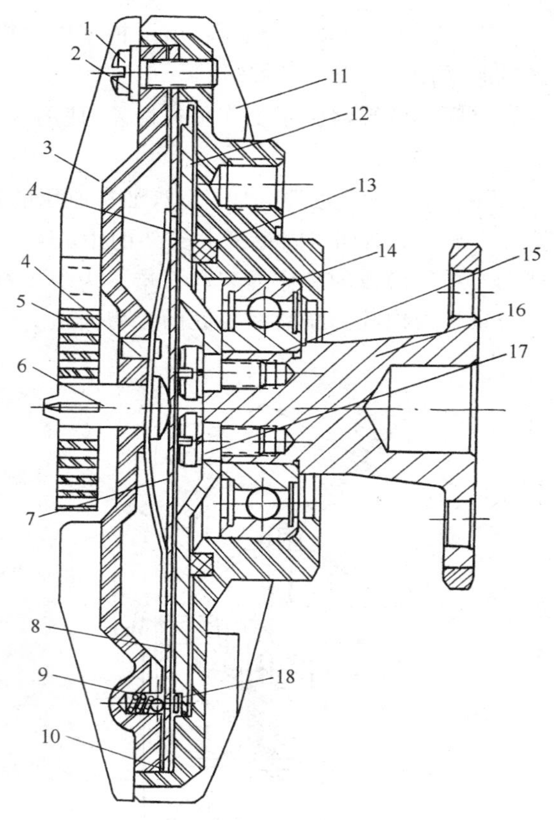

图 10—24　硅油式风扇离合器

1—螺钉；2—垫片；3—前盖；4—销钉；5—感温器；6—阀片轴；7—阀片；8—从动板；9—弹簧；10—垫片；11—壳体；12—主动板；13—密封毛毡圈；14—轴承；15—螺钉；16—主动轴；17—弹簧垫圈；18—球阀。

循环时将热量传给铸有散热片的前盖和外壳，而得到冷却，以避免工作时硅油温度过高。

当内燃机因负荷下降等原因，吹向感温器的气流温度低于35 ℃时，阀片将油孔关闭，硅油不再进入工作腔，而原来在工作腔中的硅油仍不断地在离心力作用下返回储油腔，直至排空为止。离合器此时又处于分离状态，风扇空转打滑。

单向球阀18可防止硅油在内燃机不工作时从储油腔流入工作腔中。

电磁风扇离合器是利用冷却水的温度来控制电磁离合器电路的接通与断开，使风扇按需要工作。其工作原理如图10—25所示。风扇离合器用螺母2固定在水泵轴上，离合器由主动和从动两部分组成。主动部分包括线圈6、滑环8、摩擦片5和带三角皮带槽的电磁壳体11，它们随水泵一起转动；从动部分包括衔铁环4、风扇毂1和导销3，衔铁环可随导销作轴向移动，风扇毂通过轴承装在电磁壳体上。

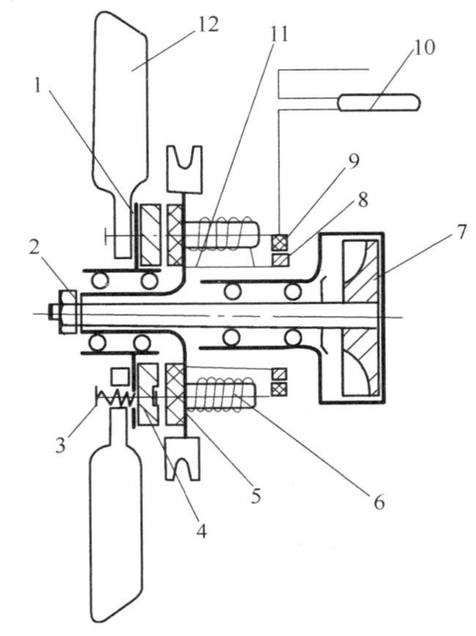

图10—25　电磁式风扇离合器

1—风扇毂；2—螺母；3—导销；4—衔铁环；5—摩擦片；6—线圈；7—水泵；8—滑环；9—炭刷；10—温控开关；11—电磁壳体；12—风扇。

当冷却水温度低于92 ℃时，温控开关10电路不通，线圈6不通电，电磁线圈对衔铁环4不产生吸力，衔铁环在弹簧力作用下贴在风扇毂1上，与摩擦片5分离。此时，离合器处于分离状态，风扇不转动。当冷却水温度超过92 ℃时，温控开关的电路自动接通，线圈通电，电磁线圈产生吸力，将衔铁环压紧在摩擦片上。此时，离合器处于结合状态，风扇随风扇毂一起被电磁壳体带动旋转。

四、冷却水与防冻液

内燃机冷却性能的好坏除与冷却系的零部件及系统结构有关外，还受到冷却液(冷却水)的影响。若冷却水为硬水(含钙、镁等矿物盐较多的水)，则在内燃机工作时，这些矿物质受热而沉析在水套和散热器的内壁上形成水垢和锈蚀物，造成管道堵塞和散热困难，内燃机容易过热，因此内燃机所用的冷却水应是清洁的软水。自然界中的雨水、雪水、自来水等可以代替软水使用，而井水、河水、泉水等都是硬水，不可直接用来作冷却水，需经过软化处理后才可使用。常用的软水处理方法是煮沸沉淀后取上面的清洁水用作冷却水。这种方法简单，但硬水软化不彻底。最好是在硬水中加软化剂，如碳酸氢钠(纯碱)和氢氧化钠(烧碱)。一般每升水加0.5～1.5 g碳酸氢钠或加0.5～0.8 g氢氧化钠。加入软化剂后待生成的杂质沉淀后取上面清洁水注入冷却系中。

冬季，在寒冷地区气温会下降到0 ℃以下，对于无保温措施且停止工作的内燃机来说，冷却系内的冷却水便会结冰，而使气缸体和气缸盖胀裂。因此必须对内燃机采取防冻措施。其方法有：给车辆保温，如设置暖车库等；在停机时放掉内燃机的冷却水；在冷却水中加防冻剂，以提高沸点，降低冰点。

较为理想的方法是在冷却水中加入防冻剂配成防冻液。一般防冻液有酒精加水、甘油加水和乙二醇加水3种。

目前最常用的为乙二醇加水防冻液见表10—3。乙二醇的沸点较高(197.4℃),所以它又可提高防冻液的沸点。这对于负荷变化大,冷却水容易沸腾的内燃机是有利的。

由于防冻液具有随温度升高体积增大的特点,所以在加入冷却系时,加入量应比冷却系的总容量少5%~6%。

在使用乙二醇配制的防冻液时,应注意:①乙二醇有毒,切勿用口吸;②乙二醇对橡胶有腐蚀作用;③乙二醇吸水性强,且表面张力小,易渗漏,故要求冷却系密封好;④使用中切勿混入石油产品,否则防冻液中会产生大量泡沫。

市场上有成品防冻液供应,可根据使用环境温度,按产品说明选用。

表10—3 防 冻 液

冰点℃	乙二醇(容积%)	水(容积%)	密 度
−10	26.4	73.6	1.034 0
−20	36.4	63.8	1.050 6
−30	45.6	54.4	1.062 7
−40	52.6	47.4	1.071 3
−50	58.0	42.0	1.078 0
−60	63.1	36.9	1.083 3

在防冻液中加入少量的添加剂(如亚硝酸钠、硼砂、磷酸三丁酯、着色剂等)可以配制成长效防锈防冻液。上海汽车拖拉机研究所研制的长效防锈防冻液,经使用实践证明,在保证内燃机冷却系正常工作的情况下,在两年内不更换冷却液,也不会使内燃机的冷却系锈蚀、冻坏、结垢,从而减少了保养修理工作量,提高了内燃机的使用寿命。

五、风 冷 系

风冷系内燃机采用空气作为冷却介质,高速流动的空气直接将高温机体的热量带走,使内燃机在最适宜的温度下工作。风冷系主要由散热片、风扇、导风罩和分流板等组成,如图10—26所示。

轴流式风扇1通过三角皮带由曲轴驱动,高速旋转产生强烈的气流。导流罩2将气流集中导向发动机,分流板5使气流均匀地分流到各缸,经气缸导流罩4排出。缸体和缸盖上的散热片3加大了散热面积,增强了冷却效果。

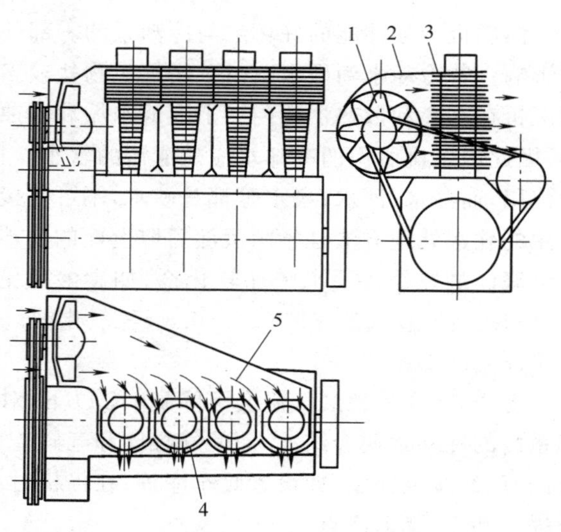

图10—26 发动机风冷系

1—风扇;2—导流罩;3—散热片;4—气缸导流罩;5—分流板。

在V型风冷内燃机上,轴流式风扇一般布置在发动机前端两排气缸夹角中间(如道依茨Deutz B/F8L 413F风冷柴油机),空气流从中间穿过各缸之间,由两排气缸的下侧排出。

风冷内燃机的冷却强度取决于流经散热片的空气流速和流量。改变空气流速则可改变冷却强度。其方法是改变风扇转速。在热负荷较低时,减低风扇转速,既能降低冷却强度，又降低了风扇的噪声，而且还节省了风扇消耗的功率，是一种较好的调节方法。一般采用液力偶合器传动来实现风扇的无级调速。利用装在排气管或排风口处的感温元件，控制进入液力偶合器中的油量，实现风扇的转速调节。除自动进行无级调速外，还由于动力是通过液体传递，在内燃机转速突变时，高速旋转的风扇的惯性不会引起传动系统的冲击，避免传动机件损坏。

冷却强度还可以用节流方法来控制，即改变冷却空气进口、流通通道或出口的面积来改变流经散热片的空气流速和流量。通常是在风扇进口处设置由感温元件控制的可变百叶窗，或是在风扇出口的通道内设置由感温元件控制的节流阀。改变百叶窗或节流阀的开度大小，即可改变流经散热片处空气的流速和流量。

这种调节方法较简单，但风扇消耗的功率和噪音较大。

与水冷系比较，风冷系结构简单，质量轻，使用维修方便，适应性强，起动后暖机时间短；但热负荷较高，工作可靠性较差，风扇消耗的功率较大且噪声大等缺点，所以目前多用在一些小功率的汽油机和摩托车上。在军用车辆和在高原干旱地区使用的动力中，风冷内燃机也占有较大的比例。目前在工程机械和载重汽车上采用风冷发动机的日渐增多。

第三节　起动装置

一、内燃机的起动

内燃机起动时，必须首先用外力摇转曲轴。起动时摇转内燃机所需的功率取决于内燃机转动时的阻力矩和起动内燃机所需的转速。

阻力矩主要视曲柄连杆机构和配气机构机件运动时的摩擦阻力以及气缸中气体的压缩阻力而定。因此与机油粘度、内燃机总排量及压缩比等有关。在机油粘度大(气温低)、内燃机总排量大或压缩比高时，阻力矩也较大。

起动所需的转速主要与内燃机类型有关。对汽油机，要求起动转速为 50～70 r/min。如转速过低，则进气管中的气流速度太小，气缸中的压缩温度太低，不利于汽油的雾化、蒸发并形成适当的混合气，因而会使起动困难。柴油机要求的起动转速要比汽油机高得多，约为 150～300 r/min。因为柴油机是靠压缩点火的，转速较高才能使压缩空气达到点火所需的高温。

柴油机的压缩比比汽油机大，要求的起动转速又高，所以，起动柴油机所需的功率要比起动汽油机大得多。

常用的起动方法有以下 4 种：

1. 手摇起动

手摇起动只用在某些小型内燃机上。这种方法虽然比较可靠，但因劳动强度大，且操作不便，所以在一般中等功率的汽油机上只作为后备起动装置，或在调整内燃机时作摇转曲轴之用。用手摇起动的小型柴油机通常需要有减低气缸内压力的机构，以减小开始摇转曲轴时的阻力，减压可以用顶起进(或排)气门或在气缸顶上设一个减压阀的方法来达到。功率稍大的柴油机，难以用手摇起动，所以也没有手摇起动装置。

2. 起动电动机起动

这是一般内燃机最常用的起动方法，它是用蓄电池供应电能给专门的起动电动机使之带动曲轴旋转的。这种起动装置结构紧凑，操纵方便；但目前所用的铅酸蓄电池使用寿命短，质量大，耐震性差，放电能力在低温时下降很多，连续放电时间和次数有限，不能对内燃机进行长时间拖动。

3. 起动汽油机起动

在有些柴油机上，装有一个专为起动用的小汽油机。这种起动装置的优点是起动可靠，起动次数不受限制，起动时拖动时间可长达 10～20 min，并有足够的起动功率；可利用起动的冷却水和废气预热主机；对外界的适应能力强，适用于在严寒、野外等恶劣条件下工作的较大型拖拉机和工程机械的柴油机。它的缺点是机构复杂庞大，配有离合器、减速箱、结合机构等装置；主机还必须有减压机构，操作不便，起动时间长，机动性差。

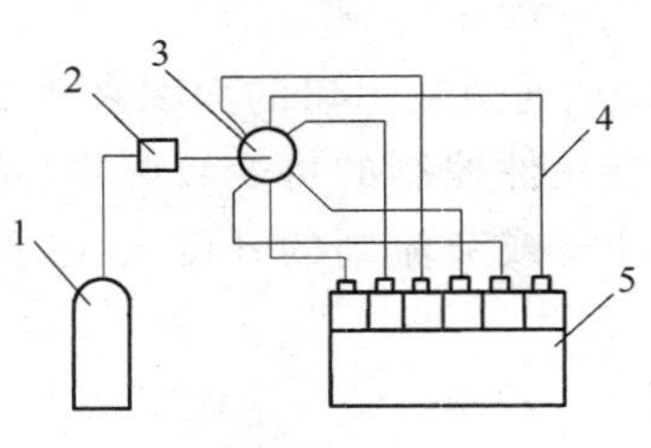

图 10—27　压缩空气起动装置

1—压缩空气瓶；2—控制阀；3—空气分配器；4—压缩空气管；5—柴油机。

4. 压缩空气起动

压缩空气起动多用于功率较大的固定式柴油机。图 10—27 为这种起动装置的示意图。

这种起动方法是将事先贮存在压缩空气瓶 1 中的压缩空气（压力为 1.5～3 MPa）通过空气分配器 3 按发动机的工作顺序供给气缸，使压缩空气推动活塞而转动柴油机曲轴的。当柴油机达一定转速后，停止供给压缩空气，随即喷油起动。

第一次起动所需的压缩空气可由专设的压气机或由人力用压气泵充入压缩空气瓶。

二、电动机起动装置

现代中、小型高速内燃机上广泛采用起动电动机（或称起动机）起动。起动机是一个串激式直流电动机，这种电动机在低速时扭矩很大，随着转速升高，其扭矩逐渐减小，这一特性很适合内燃机起动的要求。

起动机的构造主要由电枢、磁极、电刷等组成。图 10—28 为一种起动机（负极搭铁，直接操纵式）各主要部分和线路连接的简图。

起动机所需的功率与内燃机的总排量有关，此功率在汽油机约为 0.19～0.35 kW/L（总排量），电压一般为12 V。在柴油机是 1.10～1.47 kW/L（总排量），为使电枢电流不致过大，其电压一般采用24 V。

起动机除了串激电动机本身外，还包括传动机构和操纵部分。

起动机是通过其传动机构中的小齿轮与飞轮齿圈的啮合来传动的。起动机与内燃机曲轴间的传动比约为 15∶1。所以，内燃机起动后，传动机构应能自动使起动机小齿轮空转或脱离飞轮齿圈，以免电枢因被飞轮带动高速旋转而损坏。传动机构通常是强制啮合式的。

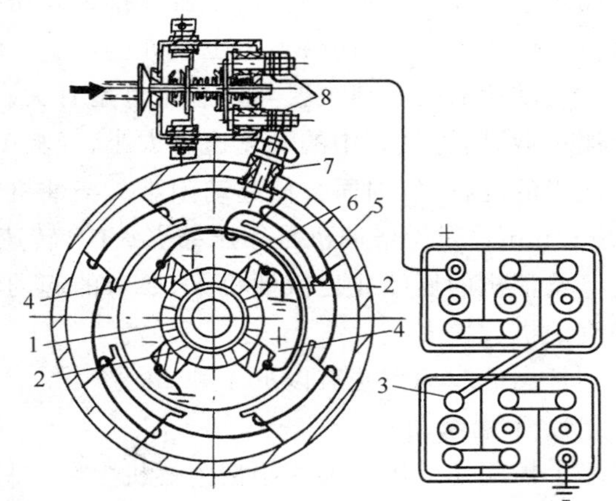

图 10—28　起动机的线路

1—整流子；2—负电刷；3—蓄电池；4—正电刷；5—激磁绕组；6—电枢；7—绝缘接柱；8—起动机开关接柱。

操纵部分主要用以接通起动机的电路，有直接操纵式和电磁操纵式两种。

1. 直接操纵强制啮合式起动机

图 10—29 示出这种起动机的传动机构和操纵部分。

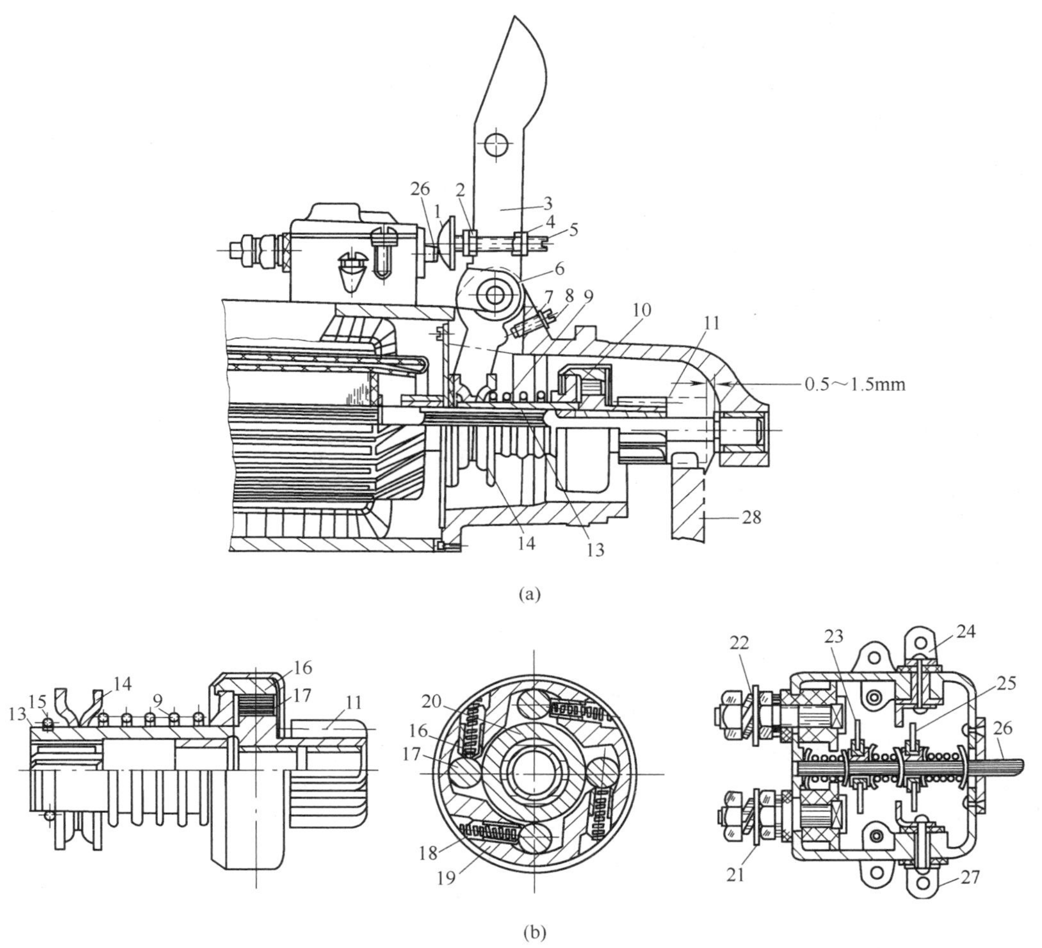

图 10—29　直接操纵强制啮合式起动机

1—起动开关压盘；2、4—调整螺帽；3—传动叉；5—推杆；6—传动叉回位弹簧；7、8—齿轮行程调整螺帽及螺杆；9—弹簧；10—单向啮合器；11—起动小齿轮；12—电枢轴后轴承；13—单向啮合器套管；14—滑环；15—弹簧锁圈；16—单向啮合器外环；17—滚子；18—滚子弹簧；19—活柱；20—单向啮合器内环；21、22—接线柱；23—起动开关接触盘；24、27—接线柱；25—接触盘；26—开关推杆；28—飞轮齿圈。

使用起动机时，推下传动叉 3。这时传动叉下端向后推动滑环 14，通过弹簧 9 和单向啮合器 10 使起动小齿轮 11 向后运动而与飞轮齿圈啮合。接着起动开关压盘 1 也推动了装在起动机壳上部的直接操纵式起动开关的推杆 26，使接触盘 23 和 25 分别将接线柱 21 与 22、24 与 27 接通。接线柱 21 和 22 接通起动机电路，而接线柱 24 和 27 则用以将点火线圈的附加电阻短路。

当传动叉 3 将小齿轮 11 向后推时，如其牙齿正好与飞轮齿圈的牙齿抵触，则弹簧 9 将被压缩，而压盘 1 就先将开关接通，起动机略一转动后，小齿轮就在弹簧 9 的推动下进入啮合。

放松传动叉时，弹簧 6 的作用使传动叉回位，开关切断，起动机停止旋转，传动叉和小齿轮也退回原位。如起动后未及时将传动叉松回，这时由于单向啮合器的作用，飞轮只能带动小齿轮空转，而不会带动电枢轴，避免了电枢的超速旋转。

单向啮合器的套管 13 与外环 16 制成整体，套管 13 内有花键，套在电枢轴的花键部分上；小齿轮 11 则与内环 20 制成整体，这一部分没有花键，套在电枢轴的光滑部分上。外环与内环这两部分是通过四个滚子 17 相联系的。滚子所在的槽左右宽窄不等，弹簧 18 通过活柱 19 将滚子 17 推向槽中较窄的一面。

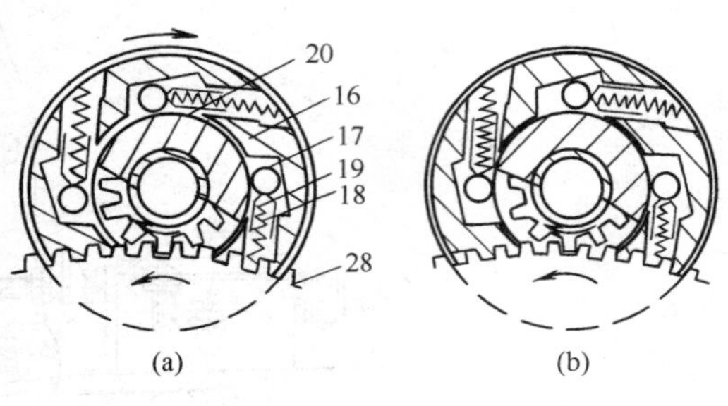

图 10—30 单向啮合器

起动时（图 10—30a），套管 13、外环 16 与电枢轴一起旋转，此时滚子 17 在槽中窄处被外环 16 与内环 20 所夹紧，外环就带动内环（连小齿轮）像一个整体一样转动，于是小齿轮就带动飞轮旋转。

内燃机起动后，飞轮转速升高，就反过来带动小齿轮及内环高速旋转（图 10—30b），此时滚子由于摩擦力的关系，被带到槽中较宽的位置，所以内环不能带动外环旋转；这时，小齿轮将空转，起动机电枢避免了超速的危险。

这种起动机的小齿轮由传动叉强制推动而与飞轮齿圈啮合，起动机电路则是由人力直接操纵的。

2. 电磁操纵强制啮合式起动机

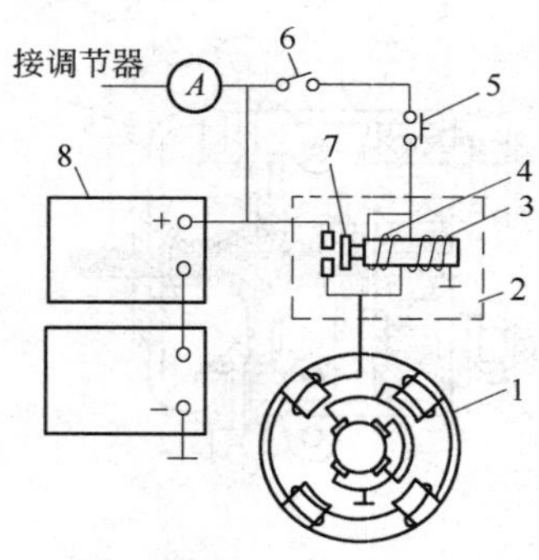

图 10—31 ST 614型起动机的电路
1—起动机；2—电磁开关；3—保持线圈；4—拉动线圈；5—起动按钮；6—电路钥匙；7—接触盘；8—蓄电池。

直接操纵式起动机结构简单，使用可靠，但操纵不便，目前已很少使用。电磁操纵式起动机宜于远距离操纵，且布置灵活，使用方便，故在汽车用的内燃机上，目前采用较多。

现以 6135Q 型柴油机上所用的 ST 614型起动机为例，说明电磁操纵强制啮合式起动机的构造和工作。

ST 614型起动机是24 V、5.14 kW，负极搭铁。在起动机外壳上装有控制起动机电路的电磁开关，图 10—31 为其电路图。

电磁开关 2 的铁心上绕着两个线圈：拉动线圈 4 和保持线圈 3。铁心的一端连着接触盘 7。

接通电路钥匙并按下起动按钮后，蓄电池电流一路经拉动线圈 4、起动机及搭铁而回蓄电池；另一路则经保持线圈 3。两个线圈的吸力吸动铁心，铁心的移动使接触盘 7 接通了起动机的主电路，大量电流进入起动机，使起动机开始转动。这时由于拉动线圈被短路，其中几乎没有电流；而保持线圈中仍有电流，保持铁心在吸住位置。

放松起动按钮，就切断了保持线圈中的电流，铁心在回位弹簧（图中未示出）的作用下退回原位，切断了起动机的主电路，起动机就停止。

图 10—32 示出这种起动机的传动机构。在起动机电枢轴 1 一端的螺旋花键上套着套筒 5。套筒的外面也有螺旋花键，其上套着离合器主动套 6，离合器被动套 13 是与小齿轮 14 制成一体的。离合器主动片 9 和被动片 8 的突起部分分别嵌入主动套 6 和被动套 13 的槽中。

当按下起动按钮、铁芯 3 被吸动时，通过杠杆拨动滑环 2，经弹簧 4 推动套筒 5，使整个机构向左移动。因为套筒是沿电枢轴的螺旋花键移动的，所以一面移动一面旋转，使小齿轮易于和飞轮齿圈啮合。

当小齿轮与飞轮齿圈完全啮合时，电磁开关的接触盘接通了起动机的主电路，电枢轴 1 就带着套筒 5 一起转动。套在套筒外面的花键上的离合器主动套 6，这时就因惯性而沿花键向左移动一些，使离合器主动片 9 与被动片 8 相互压紧，将扭矩传给起动小齿轮，带动曲轴旋转。

内燃机起动后，飞轮齿圈反过来带动小齿轮（连主动套 6）以高速旋转，其转速比电枢轴和套筒的快得多，于是主动套 6 沿花键向右移动，主动片 9 与被动片 8 分开，小齿轮不能带动电枢轴，避免了电枢轴的超速旋转。

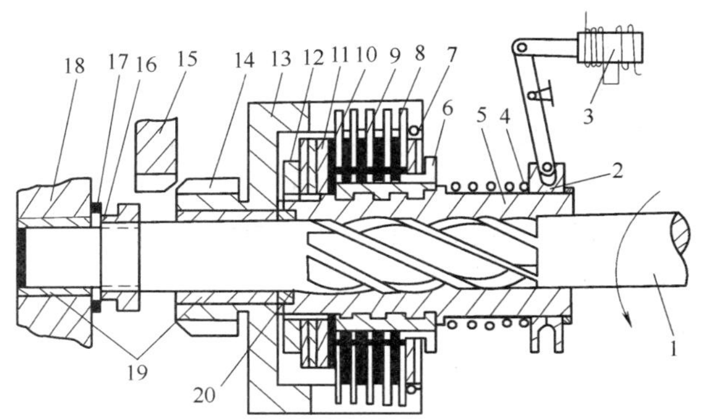

1—电枢轴；2—滑环；3—电磁开关铁芯；4—弹簧；5—套筒；6—离合器主动套；7、11—压盘；8—离合器被动片；9—离合器主动片；10—调整垫片；12—止推螺母；13—离合器被动套；14—起动小齿轮；15—飞轮齿圈；16—限位螺母；17—垫片；18—起动机外壳；19—铜套；20—止推垫圈。

图 10—32　ST 614型起动机的传动机构

起动按钮松回后，铁芯回位，通过杠杆拨动整个传动机构向右退回，小齿轮就退出啮合。

所以，这种起动机的小齿轮是强制啮合的，而小齿轮与电枢轴间的“离”“合”则是依靠惯性来实现的。

有的电磁操纵式起动机还附装有起动继电器，用以在内燃机起动后使起动机自动停止工作。在 CA1091 型汽车的 CA6102 型汽油机的起动电路中，就采用了组合继电器。它由起动继电器和充电指示继电器组合而成。起动继电器由点火开关控制，用来控制起动机电磁开关的电路。充电指示控制继电器用来控制电源指示灯，并实现起动的自动保护。

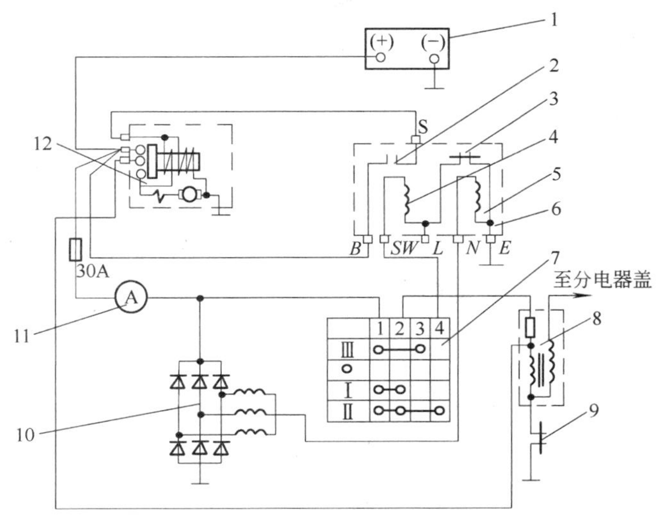

1—蓄电池；
2—起动继电器常开触点；
3—充电继电器常闭触点；
4—起动继电器线圈；
5—充电继电器线圈；
6—组合继电器；
7—点火开关；
8—点火线圈；
9—断电器；
10—交流发电机；
11—电流表；
12—起动机。

图 10—33　CA1091 型汽车的发动机起动线路

图 10—33 是 CA1091 型汽车的起动线路图。点火开关 7（内含起动开关）有 4 个挡位，即：空挡（0）、点火挡（Ⅰ）、起动挡（Ⅱ）、辅助电器挡（Ⅲ）。当开关置于起动挡（Ⅱ）时，电流从点火开关接线柱 4，经组合继电器 6 的“*SW*”接线柱、起动继电器线圈 4、充电继电器的常闭触点 3

搭铁，于是起动继电器常开触点2吸合，起动机12的电磁线圈通电，起动机开始工作，起动发动机。发动机起动后，发电机发电，中性点电压升高，并通过组合继电器的"N"接线柱，使充电继电器的线圈5通电，于是常闭触点3分开，切断了线圈4的电路。使常开触点2分开，自动切断起动机电路，起动机停止工作。防止发动机起动后因驾驶员未及时松开起动开关而造成起动机超速。

CA6102型汽油机的起动机采用的单向啮合器，其结构型式与图10—30相似，区别仅在于楔形槽是开在内环上的，而作用原理完全相同。

近年来出现了一种以永磁材料作为磁极的起动机，称为永磁起动机。它取消了传统起动机中的磁场绕组和磁极铁芯(其他结构与传统起动机并无太大差别)，而以永磁材料作为磁极，使起动机的结构简化、体积和质量减小，并节省金属材料。奥迪100型轿车上就使用的永磁起动机。若在永磁起动机的电枢轴与驱动齿轮之间加装齿轮减速器，即为永磁减速起动机，目前在奥迪100型轿车5缸增压汽油机上采用。

三、起动辅助装置

发动机在严寒季节起动困难，这是由于机油粘度增高，起动阻力矩增大，蓄电池工作能力降低，以及燃料汽化性能变坏的缘故。为便于起动，在冬季应设法将进气、润滑油和冷却水预热。柴油机冬季起动，困难更大。为了能在低温下迅速、轻便、可靠地起动，常采用一些用以改善燃料的着火条件和降低起动转矩的起动辅助装置，如电热塞、进气预热器(预热塞)、预热锅炉和起动液喷射装置以及减压装置等。

1. 电热塞

柴油机采用分开式燃烧室时，由于燃烧室表面积大，在压缩过程中热量损失较直接喷射式大，更难以起动。一般在涡流室或预燃室中装有电热塞，以便在起动时对燃烧室内的空气进行预热。电热塞构造见图10—34所示。螺旋形电阻丝2用铁镍铝合金制成，其一端焊于中心螺杆9上，另一端焊在用耐高温不锈钢制造的发热体钢套1底部。在中心螺杆与外壳5之间有瓷质绝缘体7。高铝水泥胶合剂8将中心螺杆固定于绝缘体上。外壳上端翻边，将绝缘体、发热体钢套、密封垫圈6和外壳互相压紧。为固定电阻丝2的空间位置，在钢套内装有具有一定绝缘性能、导热好、耐高温的氧化铝填充剂3。外壳带密封垫圈4装于气缸盖上，各电热塞中心螺杆用导线并联，并接到蓄电池上。起动前，先接通电热塞电路，很快发热的发热体钢套使气缸内空气温度升高，从而提高了压缩终了时的空气温度，使喷入气缸的柴油容易着火。电热塞通电时间，一般不应超过1 min。起动后，立即将电热塞断电。如起动失败，应停1 min后，再将电热塞通电作第二次起动。否则，电热塞寿命要降低。

2. 进气预热器

进气预热器(预热塞)通常装在柴油机进气管上，其作用是预热柴油机的进气。预热器的构造如图10—35所示，空心阀体2由线膨胀系数较大的金属材料制成。一端与进油管接头5相连，另一端通过内螺纹与带有外螺纹的阀芯3连接。阀芯的锥形端在预热器不工作时将油管接头的进油孔堵塞。阀体外绕有外表绝缘的电热丝1。

起动时，接通预热器电路后，电热丝通电发热并加热阀体，阀体受热伸长，带动阀芯移动，使阀芯的锥形端离开进油孔。燃油流入阀体内腔受热而汽化，从阀体的内腔喷出，并被炽热的电热丝点燃生成火焰喷入进气管，使进气得到预热。当关闭预热开关时，电路切断，电热丝变冷，阀体冷却收缩，其锥形端又堵住进油孔而截止燃油的流入，于是火焰熄灭，预热停止。

有些柴油机采用起动预热锅炉装置，促进低温起动。也有的柴油机（如 6130Q 型柴油机）上装用起动液喷射装置。当低温起动时，起动液通过喷嘴喷入进气管，并随同进气管内的空气一起被吸入燃烧室。因起动液是易燃燃料，故可在较低的温度和压力下迅速着火，点燃喷入燃烧室的柴油。为了降低起动力矩提高起动转速，在某些柴油机上装有减压装置。

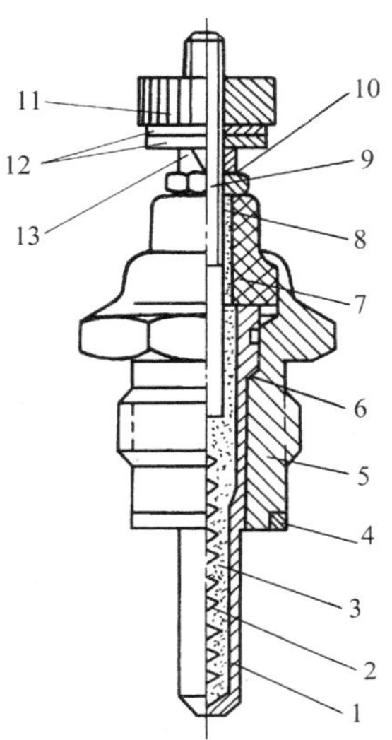

图 10—34　电热塞

1—发热体钢套；2—电阻丝；3—填充剂；4—密封垫圈；5—外壳；6—垫圈；7—绝缘体；8—胶合剂；9—中心螺杆；10—固定螺母；11—压紧螺母；12—压紧垫圈；13—弹簧垫圈。

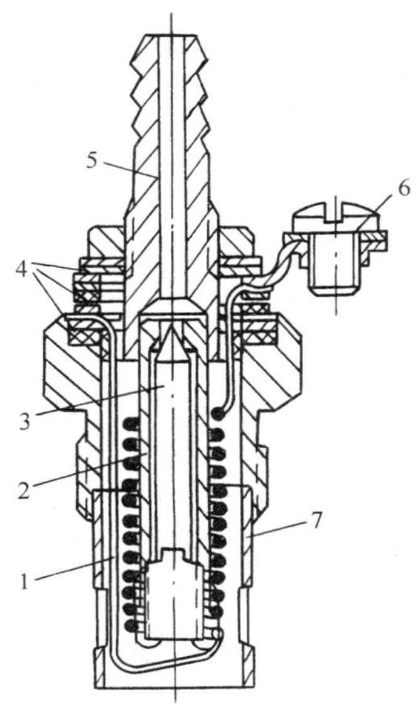

图 10—35　进气预热器

1—外表绝缘的电热丝；2—外表绝缘的阀体；3—阀芯；4—绝缘垫圈；5—油管接头；6—预热开关接线螺钉；7—稳焰罩。

第十一章　内燃机的增压

内燃机采用增压技术，可以使内燃机的功率提高、比质量减轻、升功率增大、燃油消耗率降低、排气污染改善。在内燃机的发展过程中，对动力性、经济性及环境保护等方面不断提出更高的要求，促使内燃机日益广泛地采用增压技术。在高原地区，因气压低、空气稀薄，导致内燃机功率下降。采用增压技术，可以恢复功率，提高内燃机的工作性能和经济效果。

近代各国都对内燃机的增压进行了大量研究工作，取得显著成绩，推动了增压技术迅速发展。内燃机的增压装置不仅大量应用于大型的工业用、船舶用及机车用柴油机上，而且也广泛应用于工程机械及载重汽车的柴油机上。

我国从 1958 年开始研制了一批涡轮增压器，成功地配置在柴油机上。以后，涡轮增压器系列化工作迅速地有了发展。自 1980 年以来，许多单位引进了世界先进的机型、先进的增压技术和生产设备，使国产的增压器性能有了较大的改善。随着节能及严格的排放标准的要求，正在积极开发新型的增压系统。我国的内燃机增压技术和生产水平进一步迅速发展，有力地促进了内燃机技术性能大幅度的提高。

第一节　内燃机增压的基本概念

一、增压的基本概念

内燃机输出机械功的多少，取决于气缸中燃烧的燃料量和所产生热能的有效利用程度。为了增加内燃机的输出有效功率 N_e，可以由下列途径考虑：(1)加大内燃机的总排量 iV_h，即改变内燃机结构参数(缸径 D、行程 S、气缸数 i)；(2)增加内燃机转速 n；(3)提高内燃机的平均有效压力 p_e。分析下列公式就可以证实：

$$N_e=\frac{p_e\cdot V_h\cdot i\cdot n}{30\tau}\quad(\text{kW})\tag{11—1}$$

但是，加大总排量 iV_h，受到内燃机总体尺寸的制约，有一定困难；而增加转速 n，又受到零件强度不够和工作过程恶化的限制。实践证明，提高平均有效压力 p_e 是增加内燃机有效功率 N_e 的主要途径。p_e 可以下式表示：

$$p_e=0.348\,5R\frac{H_u}{l_0}\cdot\frac{\rho_s}{\alpha}\cdot\eta_v\cdot\eta_i\cdot\eta_m\quad(\text{MPa})$$

$$=B\cdot\frac{\rho_s}{\alpha}\cdot\eta_v\cdot\eta_i\cdot\eta_m\tag{11—2}$$

p_e 与进气密度 ρ_s、充量系数 η_v、指示热效率 η_i、机械效率 η_m、过量空气系数 α 等因素有关。实际上提高 η_v、η_i 及 η_m 对 p_e 值的影响较小，而增加进气密度 ρ_s 来提高 p_e 值是最有效。

$\rho_k=p_k/RT_k$，提高进入气缸的空气压力 p_k，就增加了进气密度 ρ_k。我们采用增压技术来提高 p_k 值，内燃机上装了增压器，能大幅度提高功率，又改善了经济性和排放指标。

二、增压方法

增压方法按照驱动增压器所用能量来源的不同，基本可分为 3 类：(1)机械增压系统；(2)废气涡轮增压系统；(3)复合增压系统。除了上述加装增压器来提高 p_k 外，还有利用进排气管内的气体动力效应来提高气缸充气效率的惯性增压系统；和利用进排气的压力交换来提高 p_k 的气波增压器。

1. 机械增压系统

增压器由内燃机曲轴，通过机械传动系统(如齿轮、链条等)来直接驱动，称为机械增压系统(图 11—1a)。

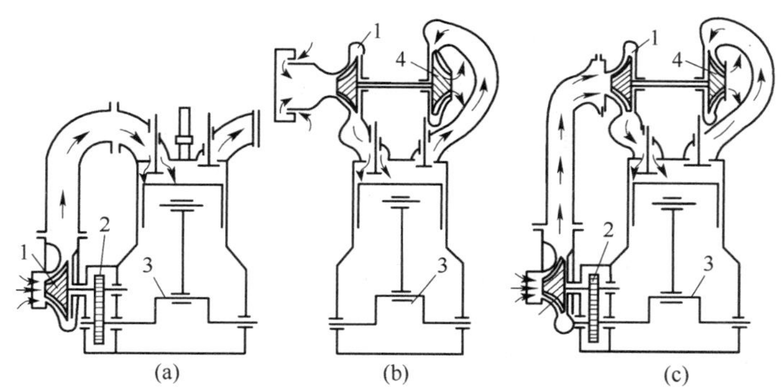

图 11—1　增压系统

(a)机械增压系统；(b)废气涡轮增压系统；(c)复合增压系统。

1—离心式压气机；2—齿轮；3—曲轴；4—废气涡轮。

增压器常用罗茨式压气机或离心式压气机。在增压压力 p_k 值较小时，罗茨式压气机的效率较高；在 p_k 值增大时，效率下降快而且噪声很大。离心式压气机单级压力比可达到 2.5 左右，它的效率高，但要求增速传动，并对传动系统的要求很高。

机械增压系统通常作为扫气或低增压用，p_k 值不超过 0.16～0.17 MPa，一般用于小功率的内燃机。

2. 废气涡轮增压系统

离心式压气机由内燃机排出的废气驱动涡轮来带动，称为废气涡轮增压系统(图 11—1b)。涡轮增压器用螺栓安装在内燃机上，其间没有机械驱动的联系。由于它的结构简单，工作可靠，在一般的自然吸气式内燃机上，作一些简单的改装，功率可提高 30%～50%。而涡轮增压器又适宜于专业厂大批量生产，可以保证质量，降低成本。又由于涡轮增压器利用了废气的部分能量，因而不仅可提高内燃机的功率，还可改善内燃机的燃料经济性。所以，废气涡轮增压系统在内燃机上得到广泛的应用。

3. 复合增压系统

在一些内燃机上，除了应用废气涡轮增压器外，同时还应用机械增压器，这种增压系统，称为复合增压系统(图 11—1c)。有些大型二冲程内燃机上，为了保证起动和低转速低负荷时仍有必需的扫气压力，需要采用复合增压系统。复合增压系统有二种基本型式：一种是串联增压系统，内燃机的废气进入废气涡轮带动离心式压气机，以提高空气压力，然后送入机械增压器中再增压，进一步提高空气压力后进入内燃机中；另一种是并联增压系统，废气涡轮增压器和机械增压器分别将空气压力提高后，进入内燃机中。

4. 其他增压方法

(1)惯性增压系统

这种增压方式是利用在进气和排气管内的气体，由于进排气过程中会产生一定的动力效应—气体的惯性效应和波动效应。以改善内燃机的换气过程，和提高气缸的充气效率，在图 11—2 中表示了惯性增压系统。系统中仅适当加长进气管，再加一个稳压箱，不需专门的增压设备和改变内燃机的结构尺寸。因此，易于在原机上安装实现。这种增压方法常用于小型高速柴油机上，尤其适合于负荷及转速变化范围不大的柴油机上。一般可增加功率 10%～20%，降低燃油消耗 10%左右，并降低了排气温度，改善了排气烟度。

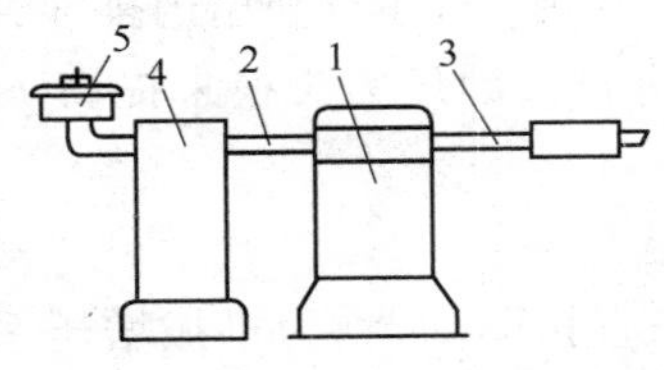

图 11—2 惯性增压系统

1—内燃机气缸；2—进气管；3—排气管；4—稳压箱；5—空气滤清器。

(2)气波增压器

它是将内燃机排出的高压废气直接与低压进气接触，在相互不混合的情况下，利用气波(压缩波和膨胀波)原理，高压废气的能量通过压力波传给低压进气，使进气压缩，进气压力提高。实际上它是一个压力转换器。气波增压器的结构及与内燃机的配置见图 11—3。

气波增压器的基本结构是由转子 6、转子外壳 7、空气定子 5、燃气定子 8 等组成。在空气定子上设有低压空气入口及高压空气出口，燃气定子上设有高压燃气入口及低压燃气出口，转子上装有许多直叶片，构成了狭长的通道，转子外壳将转子包在里面。当转子由曲轴通过 V 形皮带传动旋转时，大气中的低压空气进入转子通道的左端，内燃机排出的高压燃气进入转子通道的右端。高压燃气对低压空气产生一个压力波进行压缩，使空气压力增加，得到增压的空气，经出口进入内燃机的进气管 2 充入气缸，降低了压力的燃气经出口进入内燃机消声器排到大气。

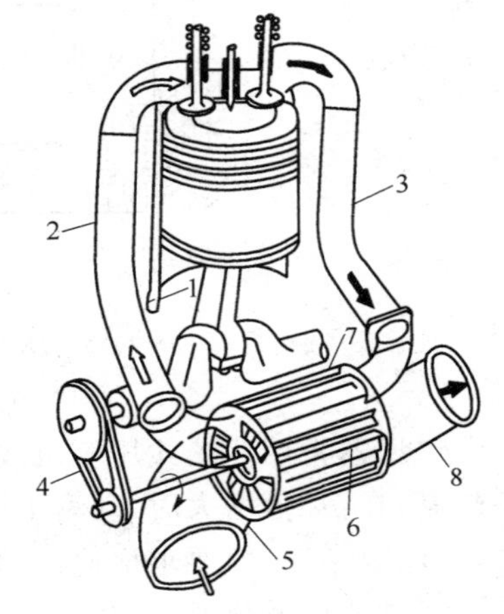

图 11—3 气波增压器的结构及与内燃机的配置

1—内燃机气缸；2—进气管；3—排气管；4—V 形皮带传动；5—空气定子；6—转子；7—转子外壳；8—燃气定子。

气波增压器的结构简单、制造方便、不需要耐热合金材料，它有良好的工作适应性，低速扭矩高，加速性能好，有很大的最高速度。而且还有排气冒烟少，废气污染小等优点。适用于中小型柴油机上，特别是车用柴油机。气波增压器也存在一些缺点：它本身是一个噪声源，所以噪声较大；它需要靠曲轴来驱动，安装位置受到限制；它的质量和体积都比较大。

第二节 废气涡轮增压器

废气涡轮增压器是用内燃机的废气推动涡轮机来带动压气机，以压缩进气，达到进气增压的要求。这种类型的增压器，多采用单级离心式压气机，废气涡轮一般采用单级涡轮。废气涡轮按其废气在涡轮中流动方向来区分，有径流式涡轮和轴流式涡轮两种。

有些增压发动机，在压气机出口和发动机进气管入口之间，增设中间冷却器(中冷器)，使压气机压缩后的空气，进入发动机前，温度降低，增大空气的密度，中冷器常采用水冷管片式结构，成为增压中冷型发动机。

一、离心式压气机

(一)离心式压气机的组成和工作过程

废气涡轮增压器中的离心式压气机一般由进气装置、工作轮、扩压器、出气涡壳组成，如图11—4所示。

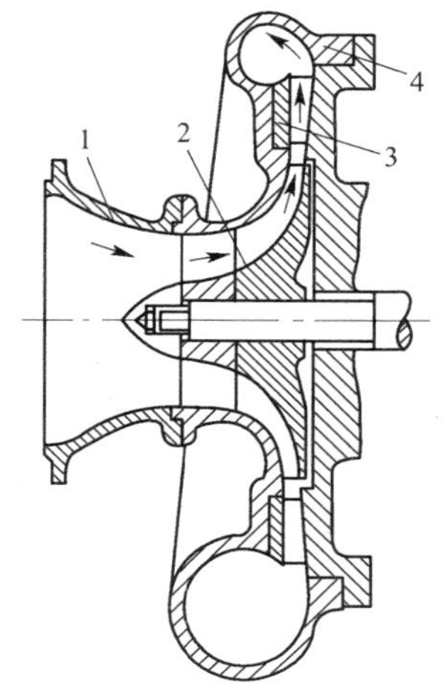

图11—4　离心式压气机
1—进气装置；2—工作轮；3—扩压器；4—出气蜗壳。

空气沿进气装置进入，使气流均匀地流进工作轮，压气机多采用收敛形轴向气道，气流速度 C(动能)略有增高。此时，气流与外界没有功或热的交换，它的压力 P(压能)和温度 T(内能)则稍有下降。

气流进入工作轮后，从工作轮中央流入由叶片组成的通道(在工作轮的外圈)，由于工作轮转动，气流在通道中受离心力作用并被甩到工作轮外缘。空气从工作轮得到了能量，它的速度 C、压力 P、温度 T 都增加，尤其是速度 C 增加更多。

气流经工作轮提高速度以后，进入扩压器，扩压器是一个流通断面逐渐增大的通道，气流进入扩压器后，速度降低，压力、温度升高，空气在工作轮中得到的动能，部分地在此转变为压力能。

出气蜗壳是收集从扩压器流出的空气，并继续把空气的动能转变为压力能。

空气经过这一系列过程，就完成了功和能的转换，把工作轮的机械功大部分转变为空气的压力能。图11—5为这一系列过程中空气参数变化的情况。

(二)离心式压气机的主要参数及工作特性

1. 离心式压气机的主要参数

它的主要参数有空气的增压比 π_k、空气的流量 G_k、压气机的转速 n_k、压气机的绝热效率 η_k。

(1)空气的增压比 π_k。空气在压气机出口处的压力 p_k 与在进口处的压力 p_0 的比值，称为空气的增压比，常用 π_k 表示，$\pi_k = p_k/p_0$。在离心式压气机中，空气增压比 π_k 的范围，一般为1.4～3,，个别的可达到5左右。

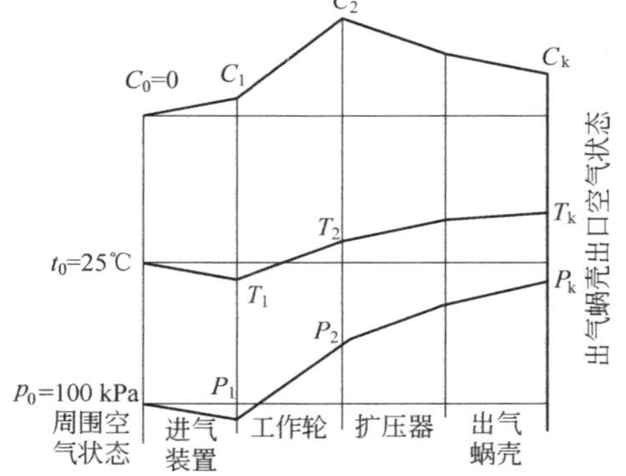

图11—5　空气参数沿压气机通道的变化

(2)空气流量 G_k。每秒进入压气机的空气流量，以质量表示的为 G_k(kg/s)；以对应于压气机进口处空气状态的容积表示的为 V_0(m^3/s)。在作为柴油机增压器时，G_k 的数值取决于柴油机所需要的空气消耗量。

(3)压气机的转速 n_k。压气机工作轮的转速(r/min)，以 n_k 表示。由于压气机工作轮是装在涡轮轴上，压气机的转速就是涡轮的转速，它的转速很高，1 min可达几万转到十几万转。

(4)压气机的绝热效率 η_k。压气机把外界空气绝热压缩所作的功 W_{ad}，与压缩空气实际消耗的功 W_k 之比，称为压气机的绝热效率 η_k。它的物理意义是：消耗在带动压气机的功有多少转变为有用的压缩功，以此表示压气机流通部分设计的完善程度。

空气在压气机中的压缩过程，如图11—6所示。从 p—V 图和 T—s 图可计算压气机的功和效率，图中点 a 表示压气机进口处的空气状态，0—4_{ad} 为绝热压缩线，点 4_{ad} 表示压缩终了的空气状态，根据绝热过程方程式

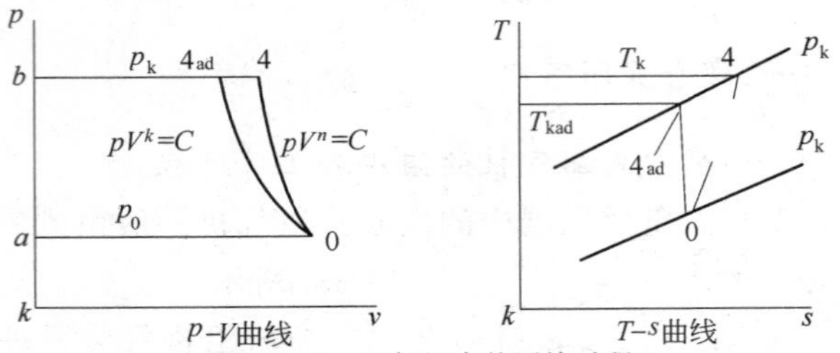

$$T_{kad}=T_0\left(\frac{p_k}{p_0}\right)^{\frac{k-1}{k}} \qquad (11—3)$$

图 11—6　压气机中的压缩过程

1 kg空气绝热压缩功为

$$W_{ad}=\frac{k}{k-1}RT_0\left[\left(\frac{p_k}{p_0}\right)^{\frac{k-1}{k}}-1\right]$$
$$=C_p(T_{kad}-T_0)\quad (J/kg) \qquad (11—4)$$

在实际压缩过程中，存在各种损失(例如工作轮和周围空气的摩擦损失)，使一部分功损耗而转化为热能以加热空气。因此，在 $T—S$ 图上压缩气体沿着熵值增加的方向达到点 4。这样，实际压缩过程的功耗就大于绝热压缩过程的功耗。1 kg空气的实际压缩功为

$$W_k=\frac{k}{k-1}RT_0\left[\left(\frac{p_k}{p_0}\right)^{\frac{n-1}{n}}-1\right]$$
$$=C_p(T_k-T_0)\quad (J/kg) \qquad (11—5)$$

式中　n——压气机实际压缩过程的多变压缩指数($n>k$)。

压气机的绝热效率为

$$\eta_k=\frac{W_{ad}}{W_k}=\frac{T_{kad}-T_0}{T_k-T_0} \qquad (11—6)$$

η_k 的数值，在离心式压气机中为 0.75～0.85。

2. 压气机的流量特性

压气机的流量特性，是表示压气机转速不变时，压气机的增压比 π_k 和绝热效率 η_k 随空气流量 V_0(或 G_k)的变化关系。它由实验测得，图 11—7 是径向叶片单级离心式压气机的流量特性。

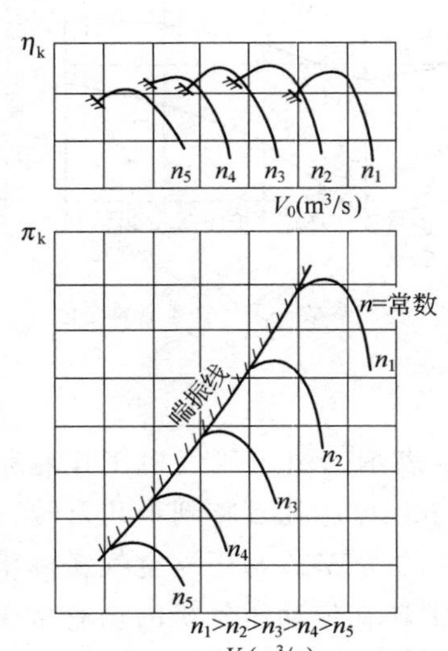

图 11—7　离心式压气机的流量特性

从图中的流量特性曲线可以看出，在某一转速下，随着空气流量 V_0 的减小，最初时，压气机的绝热效率 η_k 和增压比 π_k 是增加的，一直达到最大值，然后，η_k 和 π_k 值就随着 V_0 的减小而下降。当空气流量 V_0 减小到低于某一值时，压气机工作开始变得不稳定，流过压气机的气流便强烈地脉动起来，使压气机产生强烈的振动。这种现象，称为压气机的喘振。因此，喘振位置就是压气机在这一转速下的工作边界点。将各种转速下得到的工作边界点联接起来，就成为一条喘振线，也就是压气机稳定工作的边界线。

压气机具有的这种流量特性，是由于压气机中气流运动损失所形成，这种损失主要是摩擦损失和冲击损失。假如压气机的流道中没有任何流动损失，则加在压气机工作轮上的外功都可用来压缩空气，增压比 π_k 将不受空气流量 V_0 增减的影响，即在任何流量下，π_k 值不变，如图 11—8 中 $a—a$ 线(水平线)。实际上，压气机中气流运动是有损失的。由于空

气和工作轮表面的摩擦及空气内部的摩擦造成的摩擦损失(这一损失随空气流量的增加而加大,大致与空气流量的平方成正比),使 π_k 与 V_0 的关系,如图 11—8 中 b—B—b 线。

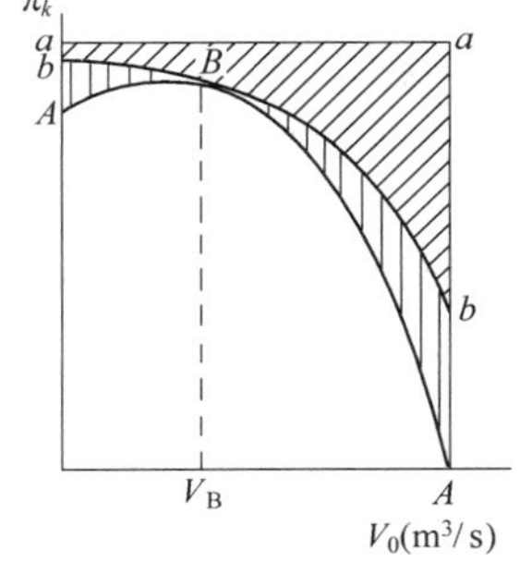

图11—8　气流运动损失对压气机流量特性的影响

由于气流速度方向与设计工况的叶片方向(工作轮叶片和扩压器叶片)有偏差时就产生冲击损失。压气机工作轮叶片和扩压器叶片的构造角都是按一定的压气机转速(一定的工作轮圆周速度)及空气流量(相应的空气速度)来设计的,称为设计工况。当压气机在设计工况时运转,气流进入流道的方向与叶片的构造角一致,不会产生冲击。但在非设计工况时运转,不论是压气机转速变化或是空气流量变化,都会使工作轮的进、出口速度三角形发生变化。对于进口速度三角形是由 C_1 或 u_1 的改变而引起变化(见图 11—9);对于出口速度三角形是由 W_2 或 u_2 的改变而引起变化(见图 11—10)。它使气流方向与叶片构造角偏离,而导致气流与叶片冲击,并在流道内产生漩涡,这就形成了冲击损失,使工作轮消耗掉一部分能量。因此,在考虑气流的冲击损失后,在图 11—8 上就得到 A—B—A 曲线。B 点的工况是设计工况,冲击损失可认为是零。在偏离设计工况 B 点时,都要引起冲击损失,压气机的实际运行工况偏离 B 点愈远,冲击损失愈大。

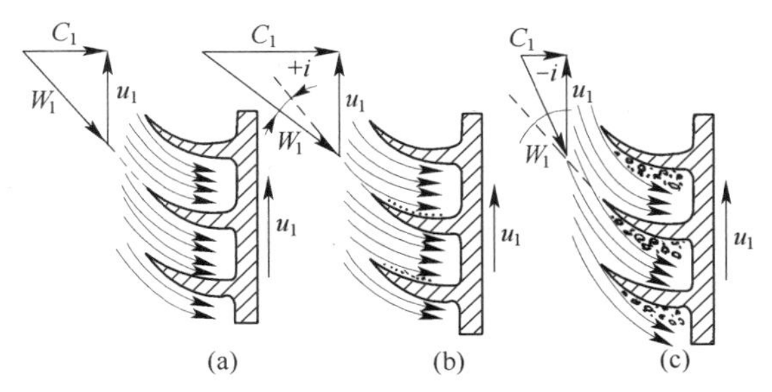

图 11—9　当转速一定时空气流量对工作轮内气流运动的影响
(a)设计工况;(b)大于设计工况;(c)小于设计工况。

在已确定的某一台离心式压气机中,当转速一定时,W_k(压缩1 kg空气所需要的外功)值与空气流量 V_0 无关,基本上是一个定值。根据压气机绝热效率的定义

$$\eta_k = \frac{W_{ad}}{W_k}$$

因此,η_k 与 W_{ad} 成比例。由于绝热压缩功 W_{ad} 与空气流量 V_0 的关系,基本上和增压比 π_k 与空气流量 V_0 的关系相同,这样,η_k 与 V_0 的关系,也基本上和 π_k 与 V_0 的关系相同,即与图 11—8 中的 A—B—A 曲线相似。

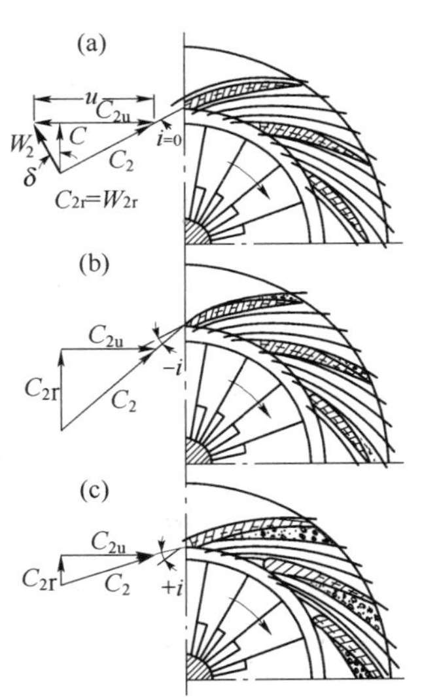

图 11—10　当转速一定时空气流量对叶片式扩压器内气流运动的影响
(a)设计工况;(b)大于设计工况;(c)小于设计工况。

从图 11—9 及图 11—10 中可以看出,压气机工作偏离设计工况以后,虽然在工作轮进口叶片边缘和扩压器中均产生漩涡,但其后果却是不一样的。当压气机在大于设计流量的工况下运转时:工作轮中的气流冲向叶片的凸面,在叶片的凹面则发生分离并形成涡流(见图 11—9b),由于气流的惯性,空气自然地挤向叶片的凹面,这种漩涡只限于进口边缘;扩压器中的气流则冲向叶片的凹面,在叶片的凸面则发生分离并形成涡流(见图 11—10b),由于气流在离开工作轮后,保持着沿对数螺旋线的自由轨迹运动,气流自然地贴靠叶片的凸面,所以,气流分离形成的涡流是不会扩展的。这样,压气机在大于设计流量下工作时,会引

起冲击损失的增加，而不致引起压气机失去工作稳定性。

当压气机在小于设计流量的工况下运转时：在工作轮中的气流冲向叶片的凹面，在叶片的凸面则发生分离并形成漩涡（见图 11—9c），由于气流惯性，空气也要挤向叶片的凹面，所以气流在叶片凸面产生的分离、漩涡，容易扩展到工作轮的内部；在扩压器中的气流则冲向叶片的凸面，在叶片的凹面则发生分离并形成漩涡（见图 11—10c），由于气流在离开工作轮后，保持着沿对数螺旋线的自由轨迹运动，空气也要贴靠叶片的凸面，所以气流的分离现象会扩展。随着空气流量进一步减少，气流的分离就愈加剧烈，当气流冲角 i 达到 17°～18°时，工作轮及扩压器的全部通道都将成为低压的漩涡区，使压气机无法正常工作。高压气流只能周期性地通过漩涡区进入柴油机的进气管，以致柴油机进气管内的压力产生周期性的大幅度变化，影响了柴油机的正常运转，这就是压气机喘振现象的物理概念。

在增压柴油机上，如果遇到压气机喘振，这时柴油机进气管压力便不稳定，柴油机转速也随之不稳定，在柴油机进气管中发出“轰隆轰隆”的响声，整个机组振动加剧。因此，增压柴油机不允许在压气机喘振情况下工作。

3. 压气机的通用特性曲线

上述的压气机流量特性是在一定的进气参数 p_0、T_0 下测得的，它表示在当时大气状态的空气参数。但是，大气状态是在随时变化的，所以测得的压气机流量特性也是不同的。因此，需要将它们统一起来，才能应用和比较。这样，我们可将压气机的特性试验数据换算到标准大气状态，或者，采用相似参数作坐标来绘制特性曲线，使不同的进气参数对这样绘制的特性曲线不发生影响，这样的特性曲线，称为通用特性曲线，它具有广泛的通用性。

由气体动力学中可知，气流在几何相同或几何相似的通道内流动，相对应点上的温度、压力、速度的参数均成比例时，称为流动相似。对可压缩性气流在几何相似通道内流动的相似准则，是气流的马赫数 M，$M=C/a$，$a=\sqrt{kRT}$。即在几何相似的通道内流动的气流，只要它们的马赫数相同，其流动就相似。

按此相似理论应用于压气机的计算中。若压气机进口处的绝对速度为 $C_1=C_{1a}$，进口处的大气温度为 T_0，则压气机进口处的气流马赫数 M_a，$M_a=C_{1a}/\sqrt{kRT_0}$；按工作轮进口平均直径上的圆周速度 u_1，算得马赫数 M_u，$M_u=U_1/\sqrt{kRT_0}$。只要 M_a、M_u 保持不变，则不管压气机进口大气状态如何变化，气体在流道内的流动相似，流动损失也相似。因此，压气机的增压比 π_k 和绝热效率 η_k 也保持不变。即，用相似参数 M_a、M_u 画出的压气机特性曲线与进口的大气状态无关，这种特性曲线是通用的。

但是，采用 M_a、M_u 作为相似参数不很直观，我们在实用上，常以一些与 M_a、M_u 成比例的参数来代替 M_a、M_u。由于，$V_0/\sqrt{T_0}$ 与 M_a 成正比，可以用 $V_0/\sqrt{T_0}$ 来代替表示流过压气机的空气流量。也可以用 $G_k\sqrt{T_0}/p_0$ 来代替表示压气机的空气流量，$G_k\sqrt{T_0}/p_0$ 与 M_a 也是成正比。另外，$n/\sqrt{T_0}$ 与 M_u 成正比，可以用 $n/\sqrt{T_0}$ 来代替表示压气机的转速。

这样，就常用与 $G_k\sqrt{T_0}/p_0$、$n/\sqrt{T_0}$ 成比例的折合流量 G_{np} 和折合转速 n_{np} 来表示压气机的通用特性。

折合流量
$$G_{np}=G_k\frac{760}{p_0}\sqrt{\frac{T_0}{293}} \tag{11—7}$$

折合转速
$$n_{np}=\frac{n}{\sqrt{\frac{T_0}{293}}} \tag{11—8}$$

从以上两式中可以看出，当试验条件和标准环境状况相同时，即 $p_0=1.015\times10^5$ Pa，$t_0=20$ ℃（293 K），则 G_{np} 及 n_{np} 在数值上正好等于实际流量和实际转速。

图 11—11 是用折合流量和折合转速作为相似参数绘制的10 GJ废气涡轮增压器的压气机流量特性。为了应用方便，通常还将等效率曲线画在同一坐标图上。

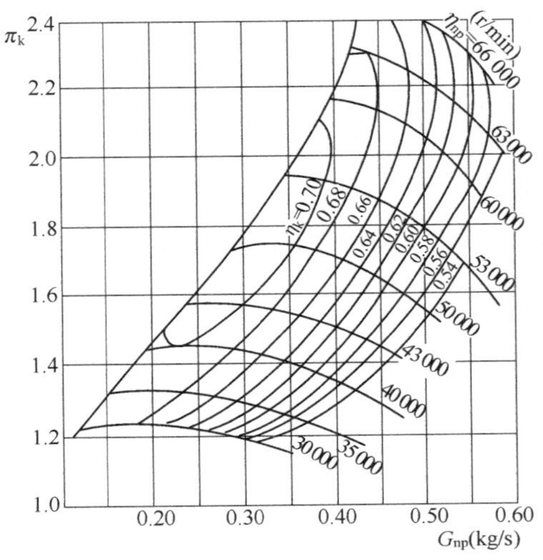

图 11—11　10 GJ型增压器的压气机特性曲线

二、废气涡轮

废气涡轮的主要部件是喷嘴环和工作轮（图 11—12）。喷嘴环是径向排列着的导向叶片的圆环，在工作轮的圆周边缘上嵌有一圈工作叶片。一个喷嘴环和一个工作轮（即一圈导向叶片和一圈工作叶片）组成涡轮的一个级。在废气涡轮增压器中常采用一个级的涡轮，称为单级涡轮。

图 11—12　废气涡轮结构

图 11—13 是一个涡轮级的简图，图中绘出了在叶片截面 a—b 处圆柱截面的平面展开图。

喷嘴环上的导向叶片构成的是渐缩曲线型通道，废气以压力 P_T、温度 T_T、速度 C_T 进入喷嘴通道，在此弯曲的收缩通道内废气膨胀，部分压力能变成动能，废气的绝对速度由 C_T 增至 C_1，温度和压力都相应地下降为 T_1 和 P_1。废气在喷嘴环喷出时，与工作轮的转动平面成 α_1 角，它以 W_1 的相对速度和 β_1 角进入工作轮。当 α_1 角一定时，W_1 的大小和方向是由绝对速度 C_1 和工作轮圆周速度 u 的数值来决定。因此，比值 u/C_1 是涡轮级的一个重要参数，它确定了工作轮进口处的气流运动。

工作轮上的工作叶片构成的通道也是渐缩型，废气在其中膨胀，压力降到在工作轮后的

p_2，废气的相对速度增加到 W_2，而温度下降为 T_2。由于废气在喷嘴中膨胀所得的动能大部分传给了工作轮，工作轮后的废气绝对速度 C_2 远远地小于 C_1。上述废气参数的一系列变化情况都表示在图 11—13 中。

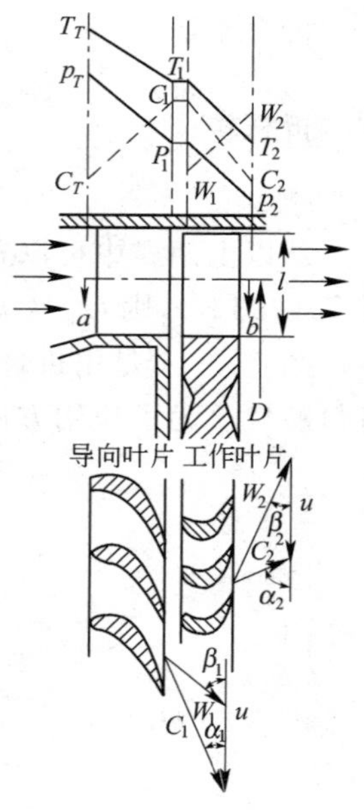

图 11—13 一个涡轮级简图

当废气流进工作轮叶片时，由于气流在通道内转弯，产生离心作用，以及气流的相对速度增加对叶片产生反作用的缘故，气流在叶片的凹面(叶凹)上压力提高，而在叶片的凸面(叶背)则压力减小(见图 11—14)。作用在工作叶片表面上的压力的合力，就形成了推动工作轮旋转的扭矩。

按照废气在涡流中的流动方向，废气涡轮可分为轴流式和径流式两大类(图 11—15)。

在轴流式涡轮中，废气沿涡轮旋转轴线方向流动。当流量较大时，它的效率较高，它适用于大流量的废气涡轮增压器。在径流式涡轮中，废气沿与涡轮旋转轴线相垂直的平面径向流动。在流量较小时，它的效率较高，制造又较简单，适用于小流量的废气涡轮增压器。

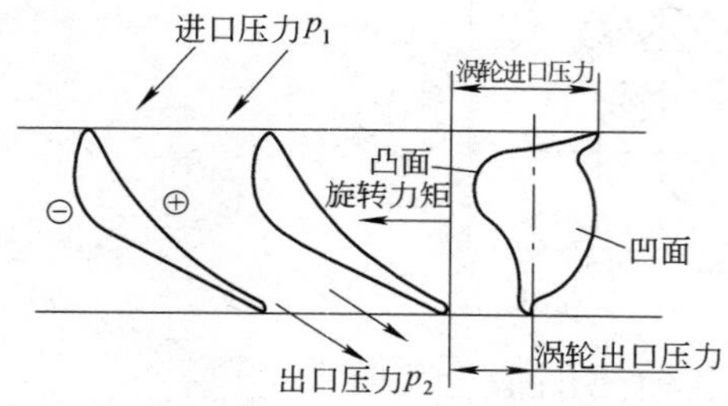

图 11—14 沿工作轮叶片表面气流压力的分布

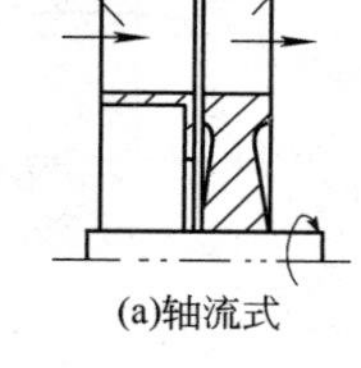

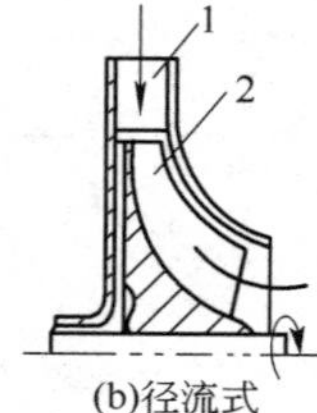

图 11—15 废气涡轮的类型

1—喷嘴环；2—工作轮。

(一)废气涡轮的组成部分

废气涡轮主要由涡轮进气壳、喷嘴环、工作轮、涡轮出气壳和涡轮轴等 5 个部分组成。

1. 涡轮进气壳

涡轮进气壳把柴油机和增压器连接起来，将柴油机排出的废气气流，经过整理引导到喷嘴环方向。并按照喷嘴环进口形状均匀地进入喷嘴环，以减少流动损失，充分利用废气能量。如在轴流式涡轮中，通过涡轮进气壳将废气引导成环形的轴向流动。在径流式涡轮中，则将废气引导成径向流动。

2. 喷嘴环

喷嘴环安装在涡轮进气壳与工作轮之间，废气从这里引入工作轮。喷嘴环的导向叶片均匀地分布在喷嘴环上，叶片的通道是渐缩的，叶片在喷嘴环的出口处有一定的出口角。这样，废气在流过喷嘴环后，均匀、高速并朝着一定方向冲击工作轮叶片。

3. 工作轮

工作轮把从喷嘴环出口引出的高速废气的动能和压力能的大部分转变成机械功。

4. 涡轮出气壳

涡轮出气壳是将作过功的废气引出涡轮增压器，由于它在涡轮增压器的几个壳体中间，它还起着支架的作用。通过它与柴油机连接，支承整个增压器的质量。

5. 涡轮轴

涡轮轴将涡轮工作轮和压气机工作轮连接在一起，起传递扭矩的作用。

(二)废气涡轮的工作参数

为了讨论废气在单级涡轮内的能量转换过程，常利用 $I—S$ 图来分析废气在单级涡轮内的膨胀过程，图 11—16 上绘出了废气在 $I—S$ 图上的膨胀过程。在图上 I_T 点相当于废气进入喷嘴环时的状态，由于废气进入喷嘴环时的速度为 C_T，它的动能为 $C_T^2/2$。废气进入喷嘴环时的状态用滞止参数表示，$I_T^* = C_P T_T^*$，即 $I_T^* = C_P T_T + C_T^2/2$。

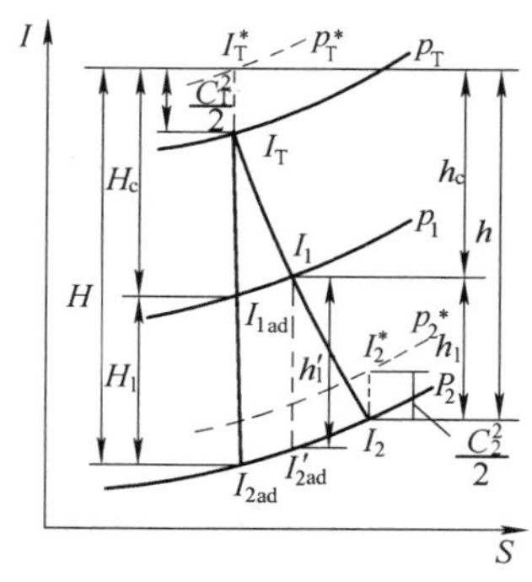

图 11—16　废气在单级涡轮内的膨胀过程

滞止参数是滞止状态下的气体参数。由于气流速度比较大(例如离心式压气机和废气涡轮中的气流)，气流速度的改变会引起气体状态参数 p、T 等的变化。因此，必须考虑动能的影响。滞止状态，就是认为在与外界没有热、功交换的情况下，气流速度被滞止到零时的状态，此时的气体状态参数以 p^*、T^* 等表示。

当废气的初始状态为 p_T^*、T_T^* 在单级涡轮中膨胀时，压力由 p_T^* 降到 p_2。如果废气在单级涡轮中按理想过程进行膨胀，就沿着图中的 $I_T^*—I_{1ad}$ 和 $I_{1ad}—I_{2ad}$ 线段进行。此二级段分别表示废气在喷嘴环中和工作轮中的绝热膨胀过程，即认为在过程中没有流动损失及与外界没有热量交换。此时废气的焓降是 $I_T^*—I_{2ad}$，以 H 表示，即 $H = I_T^* - I_{2ad}$。它表示在单级涡轮中没有流动损失及在工作轮后气流速度等于零时，涡轮得到的膨胀功，通常称为绝热膨胀功(或称可用焓降)，即废气在单级涡轮中所能作功的最大值。

$$H = C_P(T_T^* - T_{2ad}) = C_P T_T^* \left[1 - \left(\frac{p_2}{p_T^*}\right)^{\frac{K-1}{K}}\right] = \frac{C_0^2}{2} \tag{11—9}$$

式中　T_{2ad}——绝热膨胀至涡轮出口背压 P_2 时的温度；

C_0——按整个级绝热焓降计算的假想理论速度。

但是，在实际膨胀过程中存在各种损失，事实上，废气是按 $I_T—I_1$(在喷嘴中)及 $I_1—I_2$(在工作轮中)的线段膨胀，是一个多变过程。此过程中的实际焓降是 $I_T^* - I_2 = h$。

实际焓降与可用焓降的比值称为涡轮的绝热效率 η_{adT}

$$\eta_{adT} = \frac{h}{H} = \frac{I_T^* - I_2}{I_T^* - I_{2ad}} \tag{11—10}$$

η_{adT} 是用来说明在涡轮中，废气的可用焓降被利用的程度，也即用以评价涡轮的流通部分设计的完善程度。

但是，绝热效率 η_{adT} 仅考虑了废气在喷嘴环和工作轮中的流动损失，实际上废气流出涡轮时的速度 C_2 是很大的。因此还有动能 $C_2^2/2$ 没有被利用，这部分损失称为余速损失。在考虑余速损失时，膨胀过程的焓降点 I_2 应改为 I_2^*(在 $I—S$ 图上)，二者相差 $C_2^2/2$。所以，在单级涡轮的膨胀过程中，实际有效地被利用的功为 $h - C_2^2/2$ 即等于 $I_T^* - I_2^*$，就是废气涡轮输出功

$$\overline{W}=I_T^*-I_2-C_2^2/2=I_T^*-I_2^* \qquad (11—11)$$

这个有效地利用的膨胀功 $I_T^*-I_2^*$ 与可用焓降 H 的比值，称这涡轮的有效效率 η_T（又称涡轮内效率），即

$$\eta_T=\frac{I_T^*-I_2^*}{I_T^*-I_{2ad}} \qquad (11—12)$$

目前废气涡轮的绝热效率 $\eta_{adT}=0.70\sim0.90$（一般为 0.80～0.86），有效效率 $\eta_T=0.65\sim0.85$（一般为 0.75～0.80）。

在上面的分析中，考虑了涡轮内部的损失，进一步考虑到涡轮增压器轴承的摩擦损失，以增压器的机械效率 η_m 来反映这种损失。在废气涡轮增压器中，机械效率 $\eta_m=0.95\sim0.99$。

由此，废气涡轮增压器的涡轮轴上输出的实际有效功率为

$$N_T=\frac{G_T\cdot H}{1\,000}\eta_T\cdot\eta_m \quad (\text{kW}) \qquad (11—13)$$

式中　G_T——废气单位时间进入涡轮的流量(kg/s)。

三、废气涡轮增压器的结构

废气涡轮增压器的结构有单级离心式压气机和单级废气涡轮（径流式或轴流式）两个主要部分，还包括有轴承装置、密封装置、润滑及冷却系统。

轴承装置在废气涡轮增压器中是很重要的，它不仅保证高速旋转的转子可靠工作，而且还要确定转子的准确位置。在增压器中多采用滑动轴承，它结构简单、使用寿命长，价格低廉。目前，废气涡轮增压器常用多油楔轴承和浮动轴承。

密封装置在废气涡轮增压器中包括气封和油封两种。气封是防止压气机端的压缩空气和涡轮端的废气漏泄；油封主要是防止增压器轴承处的润滑油漏泄。常采用迷宫式密封装置。

增压器的润滑及冷却系统，结合典型的废气涡轮增压器来说明。

图 11—17 是 10ZJ 涡轮增压器的纵剖面图。

10ZJ 涡轮增压器（径流式）主要供 135 系列柴油机增压之用。

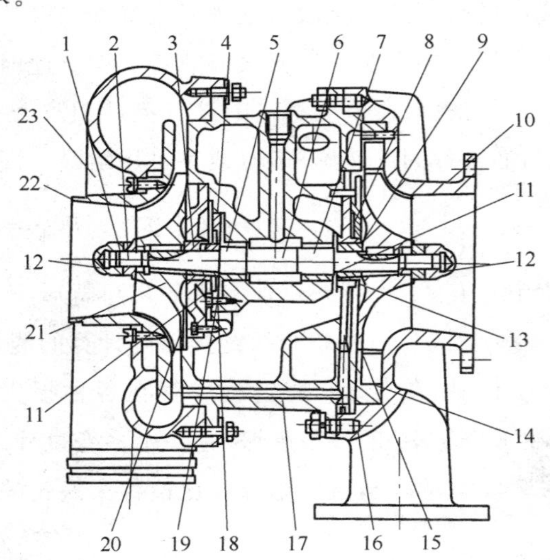

图 11—17　10ZJ 涡轮增压器纵剖面

1—盖形螺母；2—平肩螺母；3—压气机端油封；4—推力盘；5—压气机端浮环；6—涡轮轴；7—涡轮端浮环；8—油封环；9—涡轮端油封；10—涡轮壳；11—游动片；12—卡环；13—工作轮；14—喷嘴环；15—涡轮端气封板；16—涡轮端气封环；17—中间壳；18—止推片；19—止推轴承；20—压气机端气封环；21—压气机叶轮；22—扩压器；23—压气机壳。

压气机部分（单级离心式压气机）主要包括半开式叶轮 21、无叶扩压器 22、变截面出气涡壳（压气机壳）23。涡轮部分主要包括进气涡壳（涡轮壳）10、喷嘴环 14、半开式工作轮 13。压气机叶轮和工作轮装在同一轴（涡轮轴）6 上，分别用键联接，并用螺母压紧。

涡轮增压器的主要固定件是涡轮壳、出气涡壳和中间壳 17，中间壳内铸有单独的水套，以吸收并散出涡轮端传来的热量。涡轮壳和中间壳可绕轴线彼此转过 45°进行安装。压气机壳与中间壳可绕轴线彼此按任意角度安装。

增压器的涡轮轴轴承是双内支承式。采用浮动轴承5、7布置在中间壳的两端，并用压力润滑。润滑油从增压器的机油滤清器引至中间壳的油腔内，然后通过回油管直接流回柴油机油底壳。

在工作轮和压气机叶轮的两端均设有气封和油封装置(安装活塞环)16、20、3、9，以防止气体和润滑油渗漏。另外，在涡轮端还通过中间壳，从压气机中引入少量高压空气到涡轮气封板15，以增强对废气的气封。

10ZJ 型涡轮增压器的压气机叶轮及涡轮的直径均为110 mm。使柴油机增压后功率提高50%～60%，单位功率质量降低30%～40%。在此机型的基础上，将涡轮箱改为双进口同向进气，压气机叶轮及涡轮的直径适当增大(为116 mm)，转速由45 000 r/min提高为55 000 r/min，增压比由1.5提高为1.95，流量由0.27 kg/s增大为0.37 kg/s，发展为10GJ 型涡轮增压器，使柴油机增压后的功率增大了一倍。此增压机型可供工程机械、大型农业排灌、移动电站、重型载重汽车、轻型铁路机车、船舶主机或辅机等动力之用。

为了满足不同功率和不同类型柴油机的增压配套，我国已生产了一系列涡轮增压器，供配套选用。在表11—1中标出了我国生产的一部分涡轮增压器的主要参数。在表11—2中列出的引进英国荷尔塞特(Holset)公司产品的参数。

表11—1　部分国产涡轮增压器的主要参数表

参数 / 型号	压比	空气流量 (kg/s)	压气机叶轮直径 (mm)	最高转速 (r/min)	涡轮进气允许温度 (K)	适用功率范围 (kW)	质量 (kg)	外形尺寸(长×宽×高) (mm)
65J	2.0	0.09～0.22	65	110 000	973	44～103	7	170×185×176
80J	2.0	0.13～0.31	80	88 000	973	51～147	12	232×208×224
90J	2.2	0.10～0.54	86	90 000	1 023	147～280	16	264×255×216
95J	2.0	0.18～0.49	95	73 000	973	73～257	18	280×233×233
110J	2.0	0.26～0.62	110	64 000	973	99～294	24	313×252×272
200J	2.0	0.72～1.74	200	35 000	1 023	441～808	113	505×997×445

表11—2　引进英国荷尔塞特(Holset)公司产品的参数

参数 / 型号	压比	空气流量 (kg/s)	压气机叶轮直径 (mm)	最高转速 (r/min)	适用功率范围 (kW)	质量 (kg)	外形尺寸(长×宽×高) (mm)
H1A	2.9	0.05～0.23	60,65	125 000	44～132	5.8	185×163×143
H1B	2.9	0.05～0.26	60,65	125 000	73～154	10	220×237×160
H2A	3.4	0.05～0.36	72,76	110 000	88～205	11	226×220×158
H2B	3.5	0.05～0.42	80	110 000	110～250	13	226×248×158

第三节　废气涡轮增压柴油机

一、废气涡轮增压柴油机理论示功图

废气涡轮增压柴油机的理论示功图见图11—18。

空气在大气压力 p_0 下沿 k—2 线进入压气机，在压气机内沿 2—a 线压缩到 p_k 后，沿 a—

h 线排出。面积 $k—2—a—h—k$ 代表压气机压缩空气所消耗的功。

由压气机压缩到 p_k 的增压空气沿 $h—a$ 线进入柴油机，然后沿 $a—c$ 线进行压缩，$c—z'—z$ 线是燃烧过程，$z—b$ 线是膨胀过程，膨胀后的废气沿 $b—a—d—r$ 线从气缸中排出。于是增压柴油机就完成了一个工作循环，面积 $h—a—c—z'—z—b—a—d—r—h$ 表示柴油机所作的指示功，在排气期间，气缸内的废气压力低于增压空气压力。因此，进排气线 $h—a—d—r$ 所包围的面积是代表气体所作的正功。

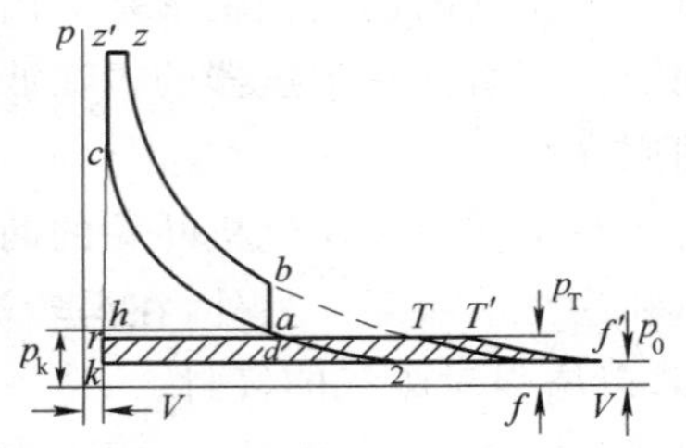

图 11—18 废气涡轮增压四冲程柴油机的理论示功图

气缸排出的废气，在排气管内膨胀到压力 p_T 以后，沿着 $r—T$ 线进入涡轮，在涡轮内沿 $T—f$ 线进行膨胀，然后沿 $f—k$ 线排入大气。面积 $r—T—f—k—r$ 代表涡轮所作的正功。

面积 $b—T—d—b$ 为经过排气门节流并进入排气管时自由膨胀所损失的功。这种损失将转化为热量并加热废气。因此，在进入涡轮前气体的实际状态将是 T' 点，相应地，涡轮所作的功则是面积 $r—T'—f'—k—r$。面积 $T'—f'—f—T$ 表示在涡轮中回收由于排气门节流和排气管中自由膨胀损失的部分能量，很明显它的面积远远小于 $b—T—d—b$。

二、柴油机废气能量的利用

从废气涡轮增压柴油机的理论示功图中可以看到，具有一定能量(约占燃料总发热量的30%～40%)的废气，没有被充分利用，而只回收了很小一部分废气能量。如何能利用好排出的废气能量？是需要研究的，一般采用以下二种方式来利用废气能量，即恒压涡轮增压系统和脉冲涡轮增压系统。

1. 恒压涡轮增压系统

这种增压系统的特点是涡轮前排气管内废气压力基本上是恒定的。把各缸的排气管都连接在一根排气总管(图 11—19a)，各缸的废气都进到一根排气总管，再引向涡轮的整个喷嘴环，由于排气管的断面积和长度(即排气管的容积)较大。同时各缸排气相互交替补充，使得排气管中压力 p_T 波动很小。因此，进入涡轮的废气压力基本上恒定。在试验中表明，四冲程柴油机中，排气管的压力波动一般为 $\Delta p=\pm(0.2\sim0.7)\times10^{-1}$MPa。

因排气管中压力波动小，压力趋近它的平均值 $p_{T \cdot j}$。在排气门打开初期(废气大部分是在这个时期排出)，气缸压力 p_1 和排气管压力 p_T 相差较大。所以，在排气门和排气管处就出现节流和自由膨胀，产生较大的涡流和摩擦损失。

图 11—20 是四冲程增压柴油机排气过程和涡轮工作的示功图。面积 $b'—a'—T—b'$ 是废气由 b' 膨胀到排气管压力 P_T 所降低的能量 E_1(即自由膨胀损失)，它最后转变为热能以加热废气，使实际进入涡轮的废气状态在 T' 点。面积 $g—T'—f'—i—g$ 是废气在涡轮内的膨胀功 E_2，其中面积 $i—g—r—k—i$ 表示扫气空气能量，而面积 $T—T'—f'—f—T$ 表示涡轮中回收由于节流损失的部分能量，它小于 E_1。如果增压压力较高(排气压力 p_T 也相应增加，即涡轮中的膨胀比增大)，节流损失可以更多地在涡轮中以焓降的形式加以利用。试验证明，当 $p_k=(1.5\sim1.6)\times10^{-1}$MPa时，恒压增压系统中只利用废气能量的 12%～15%；当 $p_k\geqslant3\times10^{-1}$MPa时，所利用的废气能量达到 30%～35%。

2. 脉冲涡轮增压系统

这种增压系统的特点是涡轮在进口压力有较大脉动的情况下工作。柴油机的每根排气管

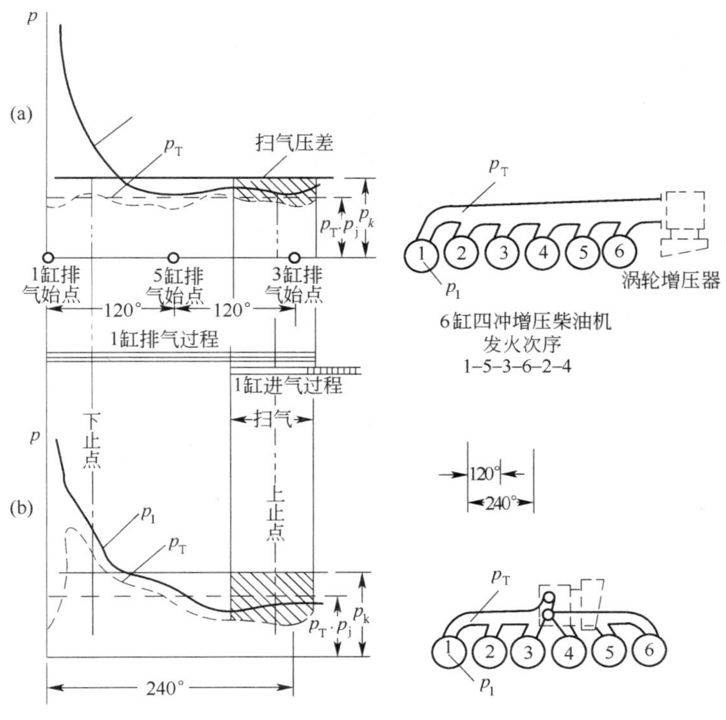

图 11—19　涡轮增压系统的二种基本型式和压力曲线

只连接较少几个气缸，排气管的断面积设计得较小(约等于排气门开启的最大断面积)，而且短(涡轮增压器靠近气缸)，排气管容积大大减小(图 11—19b)。这样，在气缸排气后，排气管中的压力 p_T 很快上升并接近气缸压力 p_1，由于在一根排气管内，没有别的气缸在同时排气。因此，随着废气进入涡轮，压力 p_T 便迅速下降。直到下一个气缸排气时，压力 p_T 再次迅速升高，然后又迅速下降，形成了排气管中压力的周期性脉动。

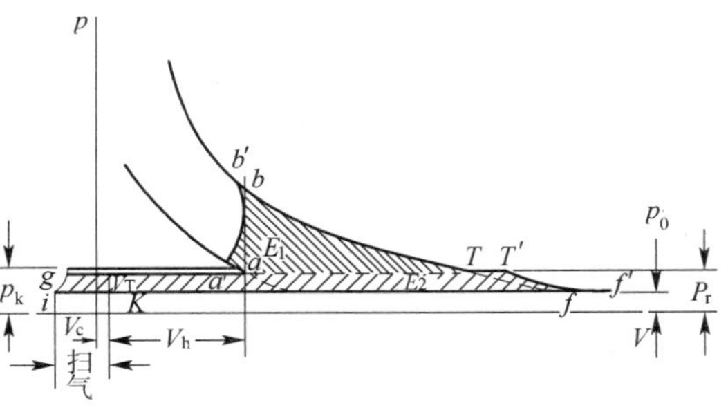

图 11—20　四冲程增压柴油机排气过程和涡轮工作示功图

在这种增压系统中，当气缸刚排气时，节流损失很大，但排气管中压力 p_T 迅速升高并接近气缸内压力 p_1，总的节流损失大大减少。所以在理论上可认为排气管中压力是沿 $b'—T—f$ 线变化(图 11—20)，即废气在涡轮内是沿 $b'—T—f$ 线膨胀的，把面积 $b'—T—a'—b'$ 所表示的能量 E_1 称作废气脉冲能，因为它以压力脉冲的形式出现在 p_T 线上并进入涡轮。相应地把 E_2 称作静压能。在脉冲涡轮增压系统中大约能利用相当于脉冲能 E_1 的 40%～50%的能量。与恒压涡轮增压系统相比，当排气管中的平均压力相同时，脉冲涡轮增压系统的涡轮功率约大 30%左右。

为使各缸排气不致相互干扰，在一根排气管上很少或没有重叠的排气过程的气缸相连接，废气从各个排气管各自通到涡轮壳的进气道(有 2～4 个)，再进入喷嘴环的各区段(喷嘴环被各进气道对应地划分为几个区段)。当然，这时的涡轮在部分进气下工作，其效率 η_T 要降低些。

在选用这二种增压系统时，一般认为：当低增压时，将排气系统设计正确，采用脉冲涡轮增压较为有利；当高增压时，则要根据柴油机的具体情况，如用途、缸数、采用增压器数量及其在柴油机上安装的位置等，经过仔细分析和试验研究，才能确定采用那一种增压系统。在这些考虑因素中，特别要注意用途和缸数二项。一般来说，对变工况运行要求高的柴油机，要把采用脉冲增压系统的方案放在优先考虑的位置。

在脉冲涡轮增压系统中，要得到良好的排气脉冲波和扫气效果。每根排气管所连接的气缸，这几个气缸的排气应相互错开，互不重叠（或重叠很少）。例如，四冲程柴油机的排气延续角约为 240°，因此，每根排气管所连接气缸的数目不应超过 720°/240°即 3 个。对于发火次序为 1—5—3—6—2—4 的 6 缸柴油机，就可采用 1、2、3、和 4、5、6 缸各连接一根排气管（如图 11—19b）。表 11—3 列出了几种典型的排气管连接方式。

表 11—3　脉冲涡轮增压柴油机的排气管连接方式

气缸数	排气管的连接	排气管数	发火次序
6		2	1—2—4—6—5—3 1—3—5—6—4—2
		2	1—5—3—6—2—4
8		4	1—6—2—4—8—3—7—5 1—5—7—3—8—4—2—6 1—6—2—5—8—3—7—4 1—3—7—5—8—6—2—4
8 V		4	4 2 1 3 1 3 4 2 4 3 1 2 1 2 4 3
12V		4	6 2 4 1 5 3 1 5 3 6 2 4 3 6 2 4 1 5 1 5 3 6 2 4
16V		8	8 4 2 6 1 5 7 3 1 5 7 3 8 4 2 6 8 3 7 5 1 6 2 4 1 6 2 4 8 3 7 5

三、废气涡轮增压柴油机性能变化和机构的改变

柴油机采用废气涡轮增压后，其动力性、经济性及废气排放等指标都得到改善。但是，其机械负荷及热负荷都严重，需要采取措施来改善。

柴油机增压后进气量增加，供油量加大，机械效率又提高，因而大大增加了柴油机功率，一般可增加柴油机功率达30%～100%。例如，6135型柴油机在增压以后，标定功率从88 kW提高到140 kW；最大扭矩从560 N·m提高到960 N·m。

增压后柴油机的平均有效压力的提高，大大超过平均机械损失压力的增加，因此，在一定增压范围内，增压提高了柴油机的机械效率 η_m。随着柴油机增压度的增加，η_m 的提高更加明显。

增压柴油机在增压后过量空气系数 α 增大，有利于改善燃烧过程，提高了柴油机工作循环的指示热效率 η_i，而机械效率 η_m 又提高。因此降低了柴油机的燃油消耗率，一般达到3%～12%。

同时，由于过量空气系数 α 值增加，增压后柴油机混合气中的含氧量增加，使得燃烧完善，CO、HC等有害物质的排放量降低，减少了环境污染。

增压柴油机的进气压力和温度都提高，使得柴油机的最高燃烧压力和工作循环的平均温度都增大，因此，增压柴油机的机械负荷和热负荷都严重，限制了柴油机增压度的提高。

在增大进气压力以后，最高燃烧压力的绝对值随着提高很多，引起了柴油机部件的机械应力变大，轴承负荷增大，气缸、活塞、轴瓦等磨损加剧。为了保证增压柴油机可靠工作，除了适当加强结构，而又不使柴油机过于笨重外，还应采取一些措施来限制最高燃烧压力。要适当降低压缩比，现代增压柴油机的压缩比 ε 往往降到11～13，以使最高燃烧压力大致保持原来的(增压前)压力升高比 λ 值。但是，降低压缩比 ε，应不致引起柴油机起动困难和燃油消耗率的增大。另外，要适当减小喷油提前角，以减少在上止点前燃油燃烧的数量，也能限制最高燃烧压力。在增压以后，压缩终了的压力、温度都提高，使燃油的滞燃期缩短，这就为减小喷油提前角提供了可能性。但是，过多地减小喷油提前角，会使燃烧过程大量地延续到膨胀线上，引起柴油机的经济性变差和排气温度过高，而使废气涡轮的工作条件恶化和柴油机的燃油消耗率加大。

增压也提高了进气温度并增加了喷油量，以致提高了工作循环的平均温度，使活塞、气缸盖、缸套和气门等受热零件的热负荷增大。因此需要采取措施来降低工作循环的平均温度。

(1)采用较大的过量空气系数 α，对于高速柴油机，α 值约增大20%～30%，可使燃烧温度升高值下降。

(2)利用增加扫气来冷却气缸的受热零件，可合理增大气门重叠角，以增加气缸扫气，使较多的空气经进气门进入气缸来冷却受热零件后，由排气门排出，这就降低了柴油机的热负荷。废气涡轮增压柴油机，气门重叠角为60°～150°CA，扫气系数 φ_s 为1.06～1.25。从试验表明，气门重叠角每增加10°CA，活塞平均温度降低4℃。合理增大气缸扫气，不仅可以降低柴油机热负荷，还由于气缸内废气扫除干净和进气终了温度降低，使柴油机的充量系数 η_v 增加；此外，降低了柴油机的排气温度，也改善了废气涡轮的工作条件。但是增加过量空气系数及扫气系数都会增加压气机的负担。

(3)采用中间冷却器以降低进气温度。这不仅可降低柴油机的热负荷，提高指示热效率，还可以增加进气密度，改善充量系数 η_v，从而增加柴油机功率。试验表明，增压空气温度每降低10 ℃，柴油机工作循环的平均温度可下降30℃，指示燃油消耗率减少15%，柴油机功率增大2.5%～3%。采用中间冷却器一般可使增压空气温度降低20～50℃。

在有些增压压力高的柴油机上，只采取降低柴油机热负荷的措施，而让最高燃烧压力保持很高的数值。考虑到较大的机械负荷比高的热负荷所造成的问题较容易解决，可以从合理加强结构，采用优质材料，就能在较高的燃烧压力下，把机械应力控制在允许的范围内。这样，就不要降低压缩比，这不但改善了柴油机的经济性，而且排气温度低，可使活塞、排气门、涡轮工作叶片等零件在较好的条件下工作。

除了对柴油机的压缩比 ε、过量空气系数 α、喷油提前角等主要参数作适当的选取外，为了适应增压的要求，还需对柴油机在机构上作必要的改变。

(1)供油系统的改变。在柴油机增压以后，供油量也随着增大，为了增加每循环的供油量，一般采用增大喷油泵柱塞直径、增加供油速率(喷油泵凸轮轮廓线变陡)、提高喷油压力及加大喷油器喷孔直径等措施。同时，由于供油量增大，高压油管及喷油器进油孔需有足够的流通断面。另外，由于喷油泵柱塞直径增大，使驱动喷油泵的扭矩增加，需要采用足够强度的联轴节。

增压后柴油机热负荷较大，喷油器应改用耐热较高的材料，以免喷油器咬死，或者因温度过高使油针密封锥面破坏，造成雾化不良，喷孔堵塞现象。

(2)配气机构的改变。增压柴油机一般采用较大的气门重叠角，增加进气门开启提前角，和排气门关闭延迟角。利用活塞到上止点附近 p_k 和 p_T 的压力差进行扫气(见图 11—19 中 $p-\alpha$ 图上的阴影线部分)。

在恒压增压系统中，气门重叠角的选取不仅考虑高负荷时扫气的要求，还要注意低负荷时排气倒流的可能。因此，气门重叠角不应过大。在脉冲增压系统中，可以采用较大的气门重叠角，一般在 110°～130°曲轴转角之间，这是由于在低负荷时，扫气时期排气管内压力是处于脉冲压力的低压阶段，仍能获得良好的扫气作用。但是，随着增压压力 p_k 的提高，尤其是高速柴油机($n>2\,000$ r/min)，气门重叠角反而应取得小些，防止柴油机低速和低负荷时排气倒流，以及避免在活塞顶面上铣出过深的气门凹坑。因此，在 p_k 接近 3×10^{-1}MPa时，采用的气门重叠角和非增压时相似。

为了增大增压柴油机的充气量，一般还可适当加大进、排气门的升程。气门升程的加大，可用改变摇臂比的办法。

由于增压后柴油机功率增大，进、排气门及气门座所受温度和压力都提高，特别是进气门和气门座接触锥面严重缺油引起剧烈磨损。所以进气门和气门座改用耐热高强度材料并增大其硬度。

(3)进排气系统的改变。增压柴油机的进气管容积，尽可能大一些，减少进气压力的脉动，以提高压气机效率，改善柴油机性能。空气滤清器容积也应该相应增大，以免压气机进口压力损失过大，造成柴油机性能恶化。对增压空气进行冷却，一般采用中冷器，用冷却水或大气进行冷却。

在恒压增压系统中，不把排气管分开。在脉冲系统中，为使扫气期间各缸的排气不致相互干扰，排气管必须分支。一根排气管所连各缸的排气应不相重叠(或重叠很小)，最多能连接 3 个气缸。在 4 缸、5 缸、8 缸的柴油机中，一根排气管可能连接 1～2 个气缸，在排气管中会出现在部分时间内废气流入中断，所以不能避免涡轮效率下降。为了弥补这种缺点，提出了利用喷射器的脉冲转换器，在图 11—21(a)中表示了这种原理，由于两根排气管的喷射器能够将压力脉冲变为动能，因而消除了气缸间的互相干扰，随后经扩压器再把动能转换成压力而供给涡轮。由于在采用这种方法时，气缸间的发火间隔在240 ℃A 以下也可以相互联结。因而，由于

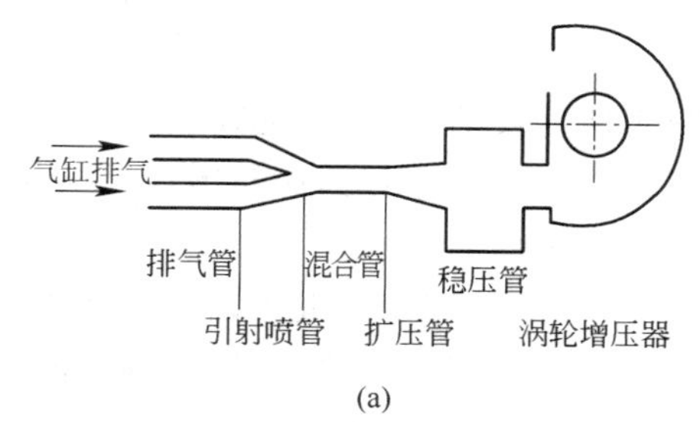

(a)

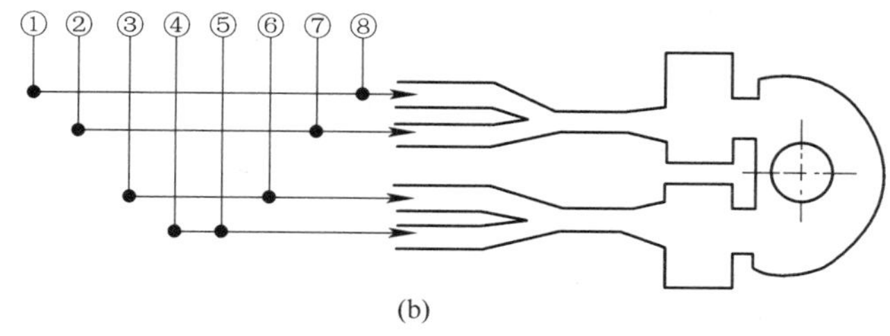

(b)

图 11—21　脉冲转换器原理及在 8 缸柴油机上的应用

废气流入在部分时间内中断而引起的损失可减少。在图 11—21(b)中表示这种联接方式应用于 8 缸柴油机上的管路系统。

第四节　废气涡轮增压器与柴油机的匹配及调整

一、废气涡轮增压器与柴油机匹配的要求

在柴油机进行增压需要选择废气涡轮增压器来配套时，必须选用合适的废气涡轮增压器。否则，柴油机和废气涡轮增压器在配套运行时会出现：柴油机达不到预期的增压效果；增压器工作不稳定，压气机出现喘振、废气涡轮出现阻塞（流道中气流达到临界速度，流量不能再增大）；柴油机排气温度过高等问题。要使选用的废气涡轮增压器在所有的工况与柴油机联合工作都能得到满意的效果，是相当困难的。而且，对于不同工作性质的柴油机，选用废气涡轮增压器，也有不同的匹配要求。在与工程机械和车用柴油机匹配的废气涡轮增压器，由于它们的工况变化复杂，要求柴油机在宽广的转速范围内工作有较高的效率；在低速时有大扭矩性能；以及有良好的加速性和起动性能。对涡轮增压器要求在所有工况下是在高效率区范围；工作平稳、不出现喘振和阻塞现象；在标定工况下不会超速；在外特性工况下工作温度在许可范围内。所以，必须正确地选用（或设计）恰当的废气涡轮增压器。有时，即使选到了合适的涡轮增压器，也可能在配套试验中出现不合适的情况，就需要对所选用的涡轮增压器作较小的修改，进行必要的调整，以改善涡轮增压器与柴油机的匹配。

二、废气涡轮增压器的选用

选用适合的废气涡轮增压器，是根据柴油机增压后所需空气量 G_k（或 V_0）及增压压力 p_k（或压比 π_k）。涡轮增压器的设计工况点是根据柴油机的用途来选定，对工程机械和车用柴油

机，可选取 60%～80%标定转速点为设计工况点（对按等转速运行或按螺旋桨特性运行的柴油机，可选取标定转速点为设计工况点）。

当增压柴油机的功率确定以后，所需要的空气量、进气压力也随之确定。增压柴油机所需要的空气量是由涡轮增压器的压气机供给的。因此，涡轮增压器的压气机空气流量与增压发动机所需要的空气量，在配套运行时是相同的。

1. 求出增压柴油机在标定工况时所需要的空气量 G_k（或 V_0）、增压压力 p_k。

容积流量 V_0 可根据柴油机需要的空气量来计算（对四冲程柴油机）。

$$V_0=\frac{iV_h n\eta_v\varphi_s}{2\times 60}\times 10^{-3}=\frac{iV_h n\varphi_k}{120}\times 10^{-3}\quad (m^3/s) \tag{11—14}$$

式中 i——缸数；

V_h——气缸工作容积(L)；

n——柴油机标定转速(r/min)

η_v——充量系数；

φ_s——扫气系数，$\varphi_s=\dfrac{G_s}{G_1}$；

φ_k——过量扫气空气系数或称给气比 $\varphi_k=\eta_v\cdot\varphi_s$。

其中 G_s——由空气流量计测得的吸入空气总流量；

G_1——留在气缸中的空气量 $G_1=G_s-g_s$；

g_s——扫气中直接进入排气管的空气量。

对于四冲程柴油机 φ_k 的经验数据为

气门叠开角(°CA)	φ_k
0～30	0.9
50～70	1.0
100～140	1.1

空气量 $$G_k=V_0\cdot\rho_k=\frac{iV_h n\varphi_k}{120}\cdot\rho_k\times 10^{-3}\quad (kg/s) \tag{11—15}$$

式中 ρ_k——压气机出口处空气密度(kg/m³)。

由式(11—6)压气机绝热效率 η_k 及气体状态方程式 $p\cdot\dfrac{1}{\rho}=RT$，可得

$$\frac{\rho_k}{\rho_0}=\frac{\dfrac{p_k}{p_0}}{1+\dfrac{1}{\eta_k}\left[\left(\dfrac{p_k}{p_0}\right)^{\frac{k-1}{k}}-1\right]} \tag{11—16}$$

式中 ρ_0——大气密度(kg/m³)。

将上式代入(11—15)后，可得

$$iV_h n\varphi_k=120\times 10^3\,\frac{1+\dfrac{1}{\eta_k}\left[\left(\dfrac{p_k}{p_0}\right)^{\frac{k-1}{k}}-1\right]}{\dfrac{p_k}{p_0}\cdot\rho_0}G_k \tag{11—17}$$

在增压空气不冷却时，η_k 取 0.70；$\rho_0=1.165$(kg/m³)，上式可绘成图 11—22，即$\dfrac{p_k}{p_0}$、G_k（或 V_0）及“$iV_h n\varphi_k$”的关系图。

求增压压力 p_k。要先找出增压压力 p_k 与平均有效压力 p_e 的关系。

四冲程柴油机的平均有效压力 p_e 为

$$p_e=\frac{120N_e}{iV_h n} \quad (\text{MPa})$$

燃油消耗率为 $$g_e=\frac{G_f}{N_{eb}} \quad [\text{g/(kW·h)}]$$

式中　N_{eb}——柴油机的标定功率(kW)；

G_f——柴油机每1 h耗油量(kg/h)。

柴油机 1 kW·h的空气消耗量 G_a 为

$$G_a=\frac{G_k}{N_e}\times 3\ 600 \quad [\text{kg/(kW·h)}]$$

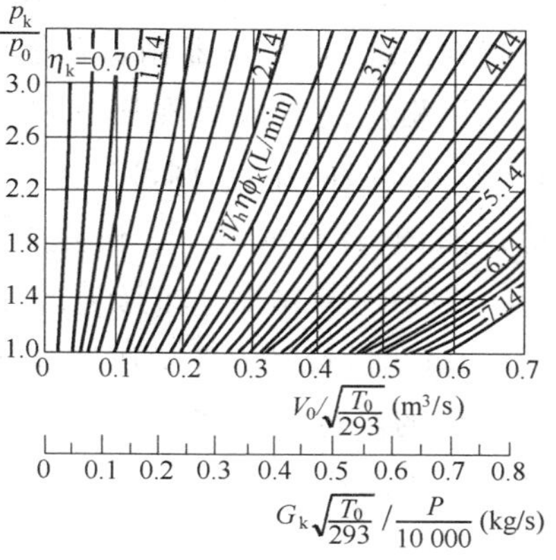

图 11—22　柴油机所需空气量曲线

对于高速四冲程柴油机，一般 G_a=5.85～7.5kg/(kW·h)。在选取 G_a 值时，考虑以下因素：

(1)燃油消耗率 g_e 值高，G_a 取偏大值；

(2)过量空气系数 α 值大，G_a 取偏大值；

(3)转速 n 值大，G_a 取偏小值。

对于水冷式，G_a 值取 5.85～6.85 kg/(kW·h)；

对于风冷式，G_a 值取 6.52～7.5 kg/(kW·h)；

对于二冲程柴油机，G_a 值取 10.2～11.55 kg/(kW·h)。

由 G_a 及式(11—17)，可以将 p_e 式写为

$$p_e=\frac{120N_e}{iV_h n}=\frac{120N_e}{120\times 10^3\dfrac{1+\dfrac{1}{\eta_k}\left[\left(\dfrac{p_k}{p_0}\right)^{\frac{k-1}{k}}-1\right]}{\dfrac{p_k}{p_0}\cdot\rho_0}\cdot\dfrac{G_k}{\varphi_k}}$$

$$=\frac{36\dfrac{p_k}{p_0}\cdot\rho_0}{\dfrac{G_a}{\varphi_k}\left\{1+\dfrac{1}{\eta_k}\left[\left(\dfrac{p_k}{p_0}\right)^{\frac{k-1}{k}}-1\right]\right\}} \quad (\text{MPa}) \qquad (11—18)$$

在增压空气不冷却时，η_k=0.70，ρ_0=1.165kg/m³，上式可绘成图 11—23。

可用上述公式和图表，方便地求出 G_k 和 p_k。

2. 选用步骤(对于增压空气不进行冷却的情况)。

(1)根据四冲程柴油机增压的要求，算出平均有效压力 p_e 值。

(2)选取 G_a 值及 φ_k 值。

(3)根据 p_e 及 G_a/φ_k，从图 11—23 中查出 p_k/p_0 值。

(4)根据四冲程柴油机的 $i\cdot V_h$、n 及选取的 φ_k 值，算出表征柴油机1 min容积流量的参数 $iV_h n\varphi_k$ 值。

(5)根据 p_k/p_0 值及 $iV_h n\varphi_k$ 值，在图 11—22 中查出 G_k 值。

(6)利用 p_k/p_0 值及 G_a 值，在废气涡轮增压器的压气机特性曲线图(增压器制造厂提供的)上，找出相应的点。如果相应的点能落在压气机特性曲线的高效率区内，又不太靠近喘振线，则可认为此废气涡轮增压器基本合适。如图 11—24 中，工作点与喘振线间的流量为 ΔG_k，一般 $\Delta G_k = 10\% \sim 30\% G_{kA}$。

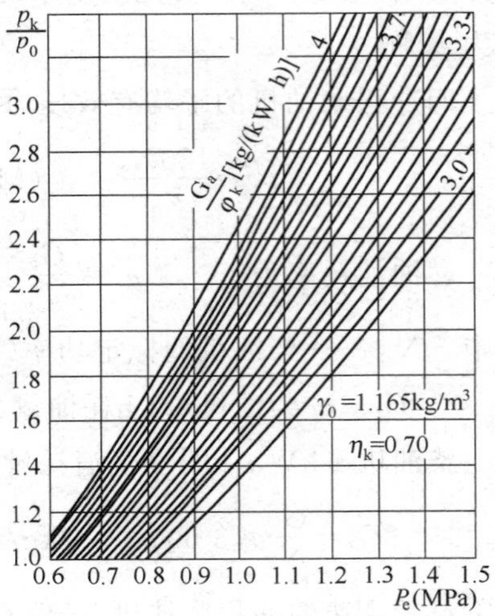

(7)选出的废气涡轮增压器与柴油机配合运行，根据联合工作的运行线及柴油机的工作特点，对废气涡轮增压器作修改调整。

图 11—23 平均有效压力 p_e、$\frac{G_a}{\varphi_k}$ 及 $\frac{p_k}{p_0}$ 的关系

三、废气涡轮增压器的匹配试验

(一)联合工作运行线

废气涡轮增压器与所匹配柴油机联合工作运行线的联系条件是：二者的空气增压比 p_k/p_0 和空气质量流量 G_k 相同。压气机的 p_k/p_0 与 G_k 的关系曲线就是它的流量特性曲线；对于柴油机，上述的关系曲线则是增压柴油机的流通特性(图 11—25)。它反映出整个增压柴油机的流道部分(柴油机气门重叠的时间截面，进排气管及涡轮的流道等)阻力的大小。当柴油机转速增加，气门重叠的时间截面增大，或涡轮喷嘴、工作轮流道的加大，都会使增压柴油机的流通阻力减小，则流通特性曲线都将往右移(即曲线 A 移到曲线 B)。

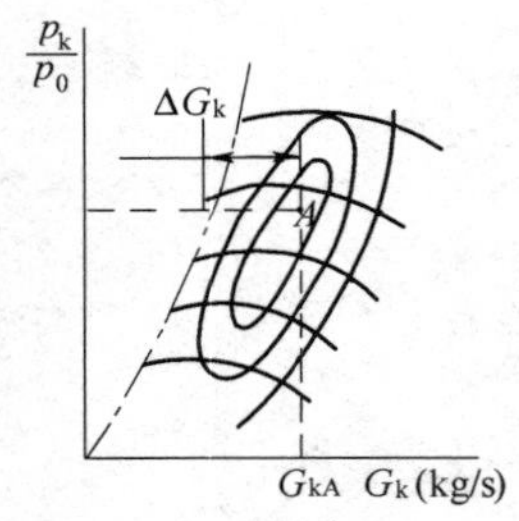

图 11—24 选用废气涡轮增压器的相应点

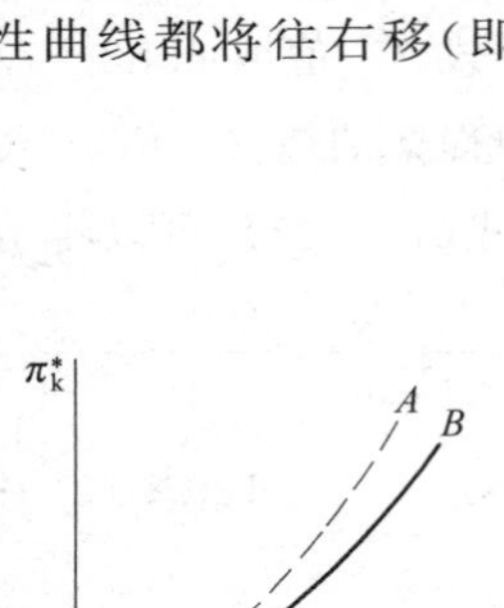

图 11—25 增压柴油机的流通特性

因此，涡轮增压器与柴油机的联合工作运行线，就是增压柴油机的流通特性线，也是增压器工况运行线。

涡轮增压器与柴油机的联合工作运行线，可以用计算方法估算，但因涉及的部件太多，计算较繁而又不易算准，所以实际的结果还要通过试验得出。

增压柴油机的载荷性质不同(即它的工况变化不同)时，柴油机与涡轮增压器的联合工作运行线也不同。例如，固定用(发电用)、船用、车用的柴油机，它们的载荷特性分别为等转速特性、螺旋桨特性、外特性，由此得出的运行线也不同。把得出的运行线与涡轮增压器的压气机特性曲线画在同一坐标图上，就得到各种载荷特性的联合工作运行图(图 11—26)。

根据联合工作运行线的位置，就可判断涡轮增压器与柴油机的特性配合是否良好(图

11—27)。当运行线穿过压气机的高效率区并大致与等效率曲线平行时(曲线 1),配合最理想;如果运行线太靠近喘振线或甚至穿出喘振线(曲线 2),则压气机工作不稳定;如果运行线太偏离喘振线(曲线 3)时,则压气机不但处于低效率区,而且涡轮部分常会出现达到流量阻塞区(即废气在喷嘴环中喷出时已达到临界速度),使柴油机排气背压升高。如出现后两种情况,就需要对所选用的涡轮增压器进行调整。

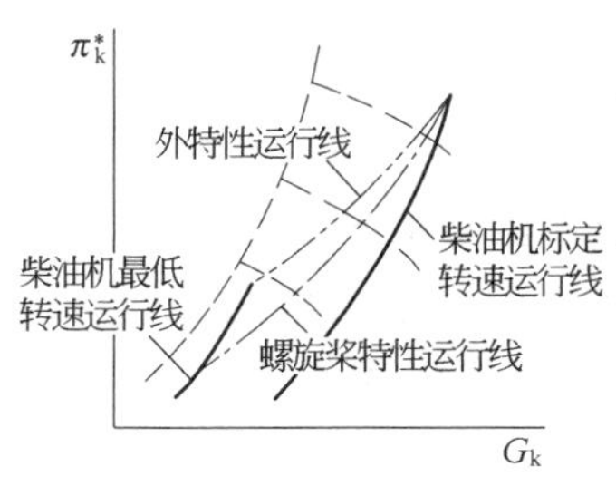

图 11—26　柴油机与涡轮增压器的联合工作运行线

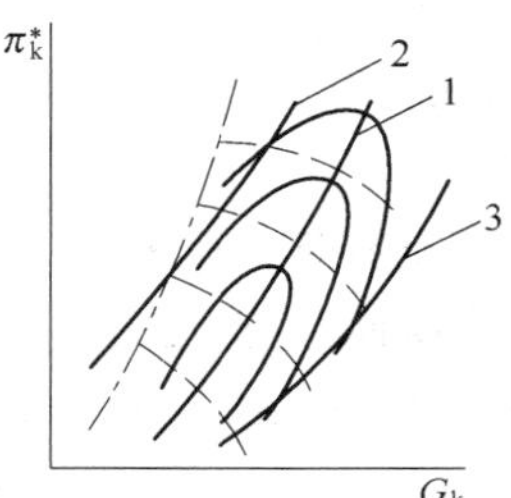

图 11—27　不同的联合工作运行线位置

(二)调整方法

如果有合适的涡轮增压器系列产品,就首先在这合适的系列中改选一个涡轮增压器,使联合工作运行线能够理想地穿过改选后的涡轮增压器的压气机特性曲线的高效率区。如图 11—28 所示。原来的联合工作运行线穿出了涡轮增压器(曲线 2)的喘振线,可改选小一号的涡轮增压器(曲线 1),运行线可在此曲线 1 的高效率区。当然,在改用小一号的涡轮增压器后,它与柴油机配合的联合工作运行线,已不是原来那条运行线位置,而是略向左移,因为此时采用的涡轮通过流道面积略有减少。所以,这样选用,是基本合适的。假如运行线太偏离喘振线,则进行相反的选择,即在系列中改选大一号的涡轮增压器。

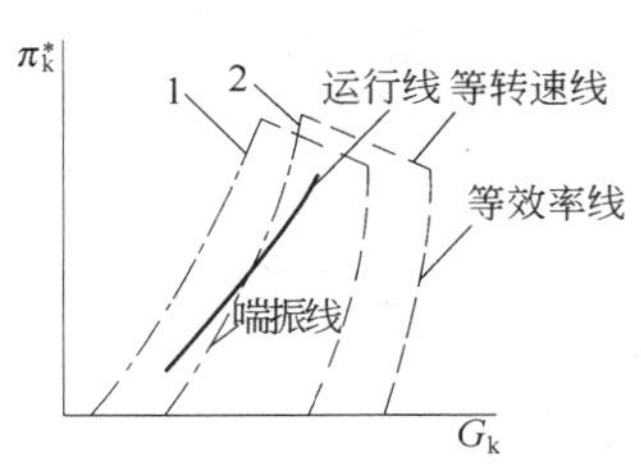

图 11—28　不同型号增压器的流量范围

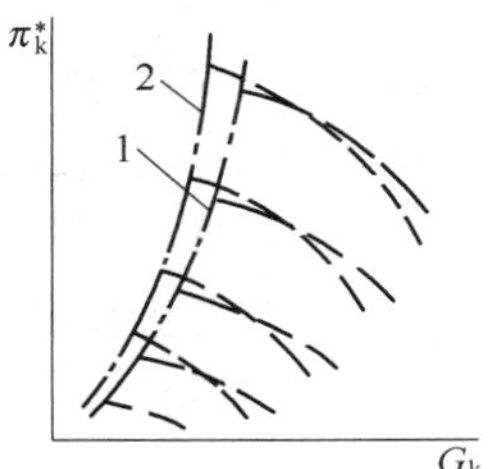

图 11—29　不同扩压器叶片角度的压气机特性

如果没有现成的增压器可供改选,或者选用小一号增压器后运行线又太偏离喘振线,则可以用改变增压器的压气机扩压器、压气机叶轮,和改变涡轮的喷嘴环等方法来调节压气机的特性和改变增压柴油机的运行线。一般情况,先从压气机方面作调整。

1. 改变叶片扩压器的叶片角度和高度

当所需调整的数值不太大时,可以先只改变叶片扩压器的叶片角度和叶片高度。扩压器叶片角度减小,压气机特性曲线向左移,如图 11—29 所示,由曲线 1 变成曲线 2。反之,角度变大,压气机特性曲线向右移。过多地改变扩压器的叶片角度将使压气机效率降低。另外,从图 11—29 中看到,特性曲线的移动实际上是绕原点转动。所以,当运行线下部穿过喘振线时,用这种方法调整的好处不大。

扩压器叶片高度减小，减小了扩压器的通道断面，压气机特性曲线大致平行地向左移动，如图 11—30 所示，由曲线 1 变为曲线 2。

2. 改变压气机叶轮进出口面积

要使压气机特性流量范围改变，可改变压气机叶轮进出口面积。叶轮进出口面积变大，压气机特性流量也变大。

3. 改变喷嘴环出口面积

在运行线偏离喘振线过大时，要在涡轮方面作调整。减少喷嘴环出口面积，使运行线向左移。图 11—31 中表示，喷嘴环出口面积$(\mu F)_{w2}$减小为$(\mu F)_{w1}$，运行线向左移；面积增加为$(\mu F)_{w3}$，运行线向右移。喷嘴环通道面积改变，改变了废气能量的转换。喷嘴环通道面积减小，废气涡轮的反作用度(工作轮中的绝热焓降 h_e' 与可用焓降 H 的比值)要下降，涡轮效率将降低。从试验的结果表示，在喷嘴环通道面积减小 20％时，反作用度下降 10％，涡轮效率下降 6％，这个数据被认为是调整喷嘴环通道面积的限度值。

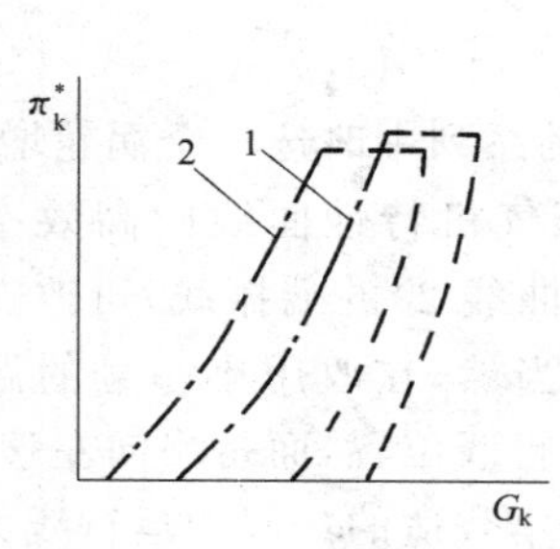

图 11—30 不同扩压器叶片高度的压气机特性

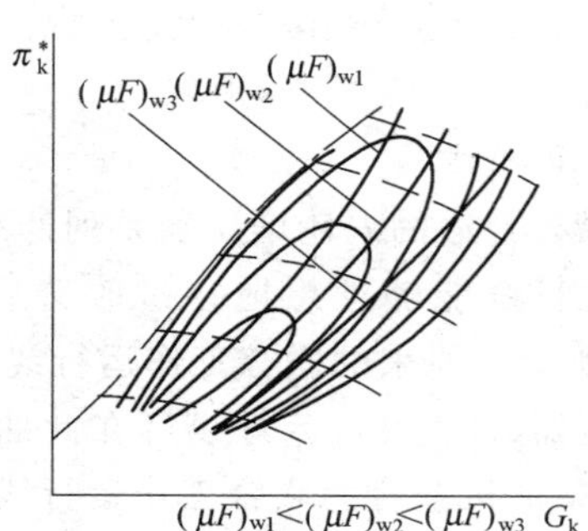

图 11—31 喷嘴环出口面积对运行线的影响

对上述调整方法的分析，我们可以看到在调整后的基本趋势，是定性的分析。要达到良好的匹配，往往还要经过多次反复的调整试验。

(三)工程机械和车用柴油机的废气涡轮增压器匹配

按外特性工作的工程机械和车用柴油机，其工况变化复杂，与废气涡轮增压器匹配时，要受到很多因素限制，如涡轮增压器最高转速、排气温度、柴油机排气冒烟、压气机喘振等。涡轮增压器超过最高转速会使叶轮、叶片产生过大的离心力，甚至可能使叶轮发生碎裂、叶片断裂飞出。柴油机排气温度过高，会使涡轮增压器叶轮、叶片材料强度下降，而使叶轮的叶片毁坏。柴油机排气冒烟或压气机喘振都会造成增压器早期损坏。此外，柴油机本身还受其最高、最低转速的限制。因此，涡轮增压器和柴油机的正确配合，应该在图 11—32 所示的区域内。这个区域是以柴油机最低转速 n_{gmin} 线、柴油机冒烟极限线、增压器压气机喘振线、最高排气温度 T_{Tmax} 线、涡轮增压器最高转速 n_{Tmax} 线及柴油机最高转速 n_{gmax} 所包围的范围内。

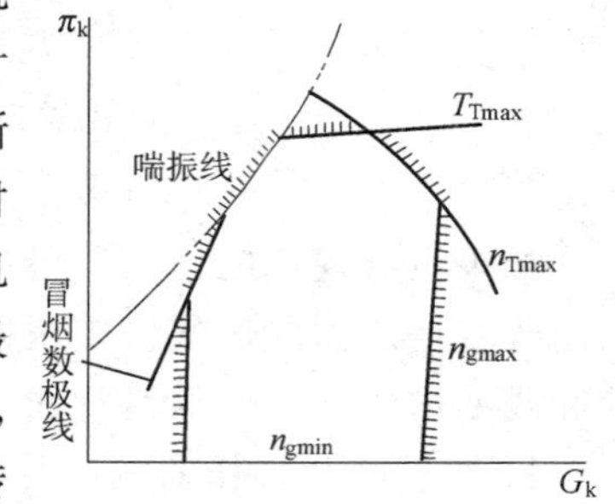

图 11—32 涡轮增压器与车用柴油机配合工作范围

对于工程机械和车用柴油机，因它的工作经常在部分负荷状态下，所以希望在部分负荷的工作点落在高效率区。这样，在计算 $iV_h n\varphi_k$ 值时，n 的数值按标定转速的 60%～80% 来选取。由此所选定的增压器较为合适。

图 11—33 是 110J 涡轮增压器与 6135AZQ 柴油机配合特性曲线。

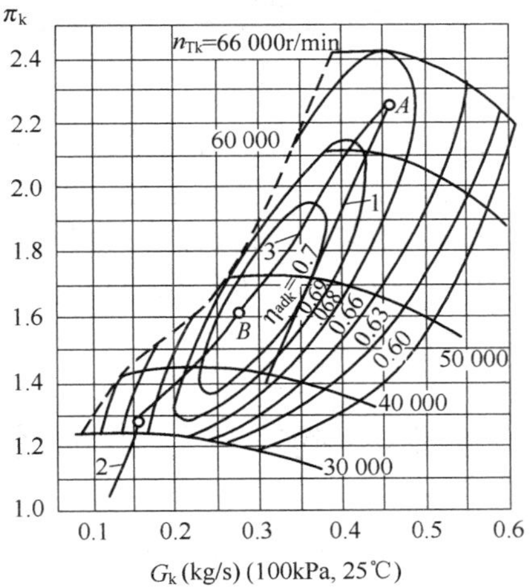

图 11—33　110J 涡轮增压器与 6135AZQ 柴油机配合特性线

1—n = 2 200 r/min 的等转速特性线；2—n = 900 r/min的等转速特性线；3—全负荷的速度特性线。

A—标定功率点（220 kW）；B—最大扭矩点（1 078 N·m/1 400～1 500 r/min）。

第十二章　内燃机的环境污染及其控制

内燃机是世界上用途最广泛的动力装置之一，在各行各业中起着不可替代的重要作用，内燃机工业水平也就成为一个国家发达程度的重要标志之一。但内燃机同时又是造成环境污染的主要污染源之一。内燃机对环境的污染，是指内燃机在使用过程中排放的废气、产生的噪声、振动及电磁波辐射超过国家有关标准，对环境造成的污染。其中，内燃机排放废气对人类的危害最大，并已发展成为全球性的问题。

第一节　内燃机的排放污染物及其危害

一、内燃机的排放物

内燃机排放物的种类极其复杂，依其对人类的危害性，可分为有害排放物和无害排放物两大类。有害排放物又称排放污染物（有害气体或有害成分），主要来自排气排放物（俗称尾气），少量来自曲轴箱排放物和燃油蒸发排放物。排气排放物是由内燃机排气管排出的有害物质。

内燃机使用的汽油、柴油等燃油为高分子的碳氢化合物，其在燃烧室内完全燃烧时，将只产生二氧化碳（CO_2）* 和水蒸汽（H_2O），加之过剩的氧（O_2）及残存的氮（N_2）等，这些组分是燃油和空气完全燃烧后的产物，从毒物学的观点看，排气中的这些成分是无害的。除上述基本成分外，内燃机排气中还含有不完全燃烧的产物和燃烧反应的中间产物，包括一氧化碳（CO）、碳氢化合物（HC）、氮氧化物（NO_x）、二氧化硫（SO_2）及微粒等。这些成分的质量总和在内燃机排气中所占的比例不大，例如汽油机中只占 5%，在柴油机中还不到 1%，但它们中大部分是有害的，或有强烈的刺激性的臭味，有的还有致癌、致突（变）作用，因此被列为有害排放物。

曲轴箱排放物包括来自燃烧室漏进曲轴箱的气体和润滑油蒸发物，主要是 HC，还有极少量的 CO 及 NO_x。

燃油蒸发排放物主要是汽油机的燃油箱、化油器等处蒸发的燃油蒸汽，即 HC。

三处排放源的相对排放量见表 12—1。

表 12—1　三处排放源的相对排放量

排放源	CO	HC	NO_x
排气管	98～99	55～65	98～99
曲轴箱	1～2	25	1～2
燃油系	0	10～20	0

* 过去并不认为 CO_2 是一种污染物，但因为石油燃料的大量使用，使地球大气中 CO_2 的体积分数已从工业时代开始的 280×10^{-6} 增加到现在的 340×10^{-6} 左右，造成“温室效应”，引起全人类的关注。

二、污染物的危害

内燃机的排放污染物对人类、动物、植物、制成品等都有不同程度的危害，任何一种污染物的危害程度取决于这些有害物质的毒性、它们在空气中的浓度、吸入沾污空气的时间以及每1 min吸入的体积。下面分别介绍各种污染物对人类健康造成的危害。

1. 一氧化碳

一氧化碳是无色、无味的有毒气体。它虽然对人的呼吸道无直接作用，但被吸入人体后，能与比氧强 240 倍的亲和力同血液中输送氧的载体血红蛋白结合，生成羰基血红蛋白，阻碍血液向心、脑等器官输送氧气，使人发生恶心、头晕、疲劳等症状，严重时会窒息死亡。一氧化碳也会使人慢性中毒，主要表现为中枢神经受损、记忆力衰退等。空气中 CO 的体积分数超过 0.1%时，就会导致人体中毒；超过 0.3%时，则可在30 min内使人致命。

2. 碳氢化合物

碳氢化合物包括未燃和未完全燃烧的燃油、润滑油及其裂解产物和部分氧化产物，如烷烃、烯烃、芳香烃、醛、酮、酸等数百种成分，有时简称为未燃烃。人体内吸入较多的未燃烃，会破坏造血机能，造成贫血，神经衰弱，并会降低肺对传染病的抵抗力。

碳氢化合物由于成分复杂，故其对人类的危害不能简单地以总浓度来衡量，而必须确定其中有毒成分的毒性及其安全浓度。例如，在碳氢化合物中，烷烃基本上无味，对人体健康不产生直接影响。烯烃略带甜味，有麻醉作用，对粘膜有刺激，经代谢转化会变成对基因有毒的环氧衍生物。烯烃与氮氧化物一起在太阳光的紫外线作用下形成有毒的“光化学烟雾”。芳香烃对血液和神经系统有害，特别是多环芳香烃（PAH）及其衍生物〔主要是苯并(a)芘及硝基烃〕有致癌作用。醛类（甲醛、乙醛、丙烯醛等）是刺激性物质，对眼、呼吸道、血液有毒害。

3. 氮氧化物

氮氧化物是燃烧过程中氮的各种氧化物总称，一般用 NO_x 表示，它包括 NO、NO_2、N_2O_4、N_2O、N_2O_3 和 N_2O_5 等。内燃机排气中的氮氧化物绝大多数为NO，而 NO_2 次之，其余的含量很少。

NO 是无色并具有轻度刺激性的气体，它在低浓度时对人体健康无明显影响，高浓度时能造成人与动物中枢神经系统障碍。尽管 NO 的直接危害性不大，但 NO 在大气中可以被氧化成具有剧毒的 NO_2。NO_2 是一种赤褐色的带强烈刺激性的气体，对人体肺和心肌有很强的毒害作用。NO_x 是在地面附近形成光化学烟雾的主要因素之一。

4. 二氧化硫

燃料中的硫燃烧时主要生成 SO_2，只有 1%～5%氧化成 SO_3。SO_2 是无色有强烈气味的气体，在浓度低时，主要是刺激上呼吸道粘膜；浓度高时，对呼吸道深部也有刺激作用。当人体吸入较高浓度的 SO_2 时，会发生急性支气管炎、哮喘、发绀和意识障碍等症状，有时还会引起喉头痉挛而窒息。低浓度 SO_2 长期暴露会发生慢性中毒，使嗅觉和味觉减退，产生萎缩性鼻炎、慢性支气管炎、结膜炎和胃炎。此外，如大气中含 SO_2 过多时，SO_2 则会溶于水蒸汽而形成酸雨，还会使大片农作物及森林叶子变黄，造成对动、植物的危害，还会加速许多物质的腐蚀，从而影响自然界的生态平衡。

SO_2 对内燃机废气净化使用的催化剂也有破坏作用，即使很少量的 SO_2 也会逐渐在催化剂表面上堆积起来，使催化剂活性降低（俗称催化剂“中毒”），从而使净化效果减弱，甚至危及其使用寿命。

5. 微粒

排气中的微粒(亦称颗粒或颗粒物)是指经空气稀释、温度降到52 ℃后用涂有聚四氟乙烯的玻璃纤维滤纸收集的除水以外的物质。微粒对人类健康的危害性与微粒大小及其组成有关。微粒愈小,停滞于人体肺部、支气管的比例愈大,对人体的危害就愈大,其中0.1～0.5 μm的微粒对人体危害最大。柴油机排出的微粒大多小于0.3 μm,其主要成分是碳及其吸附的有机物质。吸附物中有多种多环芳香烃(PAH),具有不同程度的致癌作用。在汽油机中,含铅汽油的铅和汽油中硫形成的硫酸盐,是排气微粒的主要成分。用含铅0.15 g/L的汽油时,会排放微粒100～150 mg/km,其中一半左右是铅。铅可通过肺部、消化器官、皮肤等途径在人体内逐渐积蓄起来,妨碍红血球的生长和发育。当血液中含铅量超过10～60 μg/100 mL时,将引起贫血、牙齿变黑、神经麻痹、腕臂不能曲伸、肝功能障碍等慢性中毒症状,而且提高了便秘、血管病、脑溢血和慢性肾炎的发病率。当血液中含铅量超过80 μg/100 mL时,随着血液中红血球状态的变化,会出现四肢肌肉麻痹、严重腹痛、脸色苍白以至死亡等典型铅中毒症状。

另外,铅化物还会吸附在催化剂表面,使催化剂“中毒”,从而降低催化剂的净化效果,并显著缩短其使用寿命。

如果使用无铅汽油,加上汽油含 硫量一般都很低,故可以认为汽油机基本上不排放微粒。

6. 二氧化碳

二氧化碳是一种无色、无臭的气体,本身并没有毒性,但当大气中含量过高时,则会影响肺部吸氧呼碳,使进入血液中的C-O逐出困难,而形成贫氧现象。在隧道、地下坑道等封闭空间内,由于CO_2的高度积累也可能使人发生中毒现象,甚至导致死亡。当大气中CO_2含量超过6%时,将严重威胁人体健康。

此外,由于地球上森林资源日益减少,而燃料燃烧后排入大气层中的CO_2不断增加,“温室效应”愈来愈显著。如大气中CO_2含量不断增多,CO_2气体就好像一层日益加厚的透明薄膜一样,太阳的辐射热量透进来容易,却难以逸出,日积月累,全球气候将变暖,这就在世界范围内造成反常的气候变化,破坏了自然界的生态平衡。

三、污染物的排放指标

为了评定内燃机对环境的污染程度或排放特性,常用下列指标:

1. 排放物体积分数和质量浓度

单位排气体积中排放污染物的体积,称为排放物的体积分数,通常以%和10^{-6}(百万分比,即ppm)表示,质量浓度常用mg/m^3等计量。

2. 质量排放量

在环境保护实践中,要求对污染物进行总量控制。因此,作为污染源的内燃机或装内燃机的车辆,要确定运转单位时间、按某标准进行一次测试或车辆按规定的工况组合行驶后折算到单位里程的污染物排放量。质量排放量用g/h、g/测试或g/km等单位表示。

3. 比排放量

内燃机发出1 kW功率时,每运转1 h排出的污染物的质量称为比排放量,用g/(kW·h)作单位表示,它可以更客观地评价内燃机的排放性能。这个指标与燃油消耗率相似,也可以称为污染物排放率。

第二节　内燃机排放污染物的生成机理

一、一氧化碳

CO是碳氢化合物燃料在燃烧过程中生成的中间产物和不完全燃烧产物之一，是因燃烧时供氧不足而形成的。汽油机用浓混合气工作时，会产生较多的CO。柴油机虽然总是用稀混合气工作(指平均过量空气系数大于1)，但在燃烧室内由于燃油与空气混合不均匀，局部地区缺氧或温度低，同样要产生CO。不过柴油机的CO排放量要比汽油机低得多。

二、未燃碳氢化合物(未燃烃)

内燃机排放物中没燃烧和部分燃烧的碳氢化合物统称为未燃烃(未燃HC)。在汽油机中，除排气中的未燃烃外，还有燃油系统的蒸发排放物及曲轴箱排放物都含有少量的未燃烃。

(一)汽油机

汽油机排气中所出现的未燃烃，除因混合气过浓或过稀造成外，还归因于燃烧室内所发生的局部不完全燃烧。产生局部不完全燃烧的原因就是所谓的冷激效应、缝隙效应和吸附效应。以下就生成未燃烃的机理作一简述。

1. 冷激效应

燃烧室壁面对火焰的迅速冷却(称为冷激或淬冷)使火焰中产生的活性自由基复合，燃烧链反应中断，使化学反应缓慢或停止。结果，火焰不能一直传播到气缸壁表面，在表面上留下一薄层未燃烧的或不完全燃烧的混合气。冷激效应造成的火焰淬熄层厚度在0.05～0.4 mm间变动，小负荷时较厚。不过在正常运转工况下，冷激层中的未燃HC在火焰掠过后会扩散到已燃气体主流中，在缸内已基本被氧化，只有极少一部分成为未燃HC排放。但在冷起动、暖机和怠速工况时，因燃烧室壁温较低，形成淬熄层较厚，同时已燃气体温度较低及较浓的混合气使后期氧化作用较弱，因此壁面冷激是此类工况未燃HC的重要来源。

缝隙效应是冷激效应的主要表现。汽油机燃烧室中各种狭窄的缝隙，例如活塞、活塞环与气缸壁之间的间隙，火花塞中心电极周围、进排气门头部周围以及气缸盖衬垫气缸孔边缘等地方，由于面容比很大，壁面的冷激作用特别强烈，火焰根本不能在其中传播，从而使在压力升高的压缩、燃烧过程中被挤入狭隙内的未燃混合气错过主要燃烧过程，在压力降低的膨胀、排气过程又返回气缸内温度已较低的已燃气体中，部分被氧化，其余以未燃HC形式排出。虽然缝隙容积较小，但因其中气体压力高，温度低，密度大，流回气缸时温度已下降，氧化比例小，所以能生成相当多的HC排放，据研究可占总量的50%～70%。

2. 油膜和沉积物吸附(吸附效应)

在进气和压缩过程中，气缸套内壁面和活塞顶面上的润滑油膜会吸附未燃混合气的燃油蒸气，随后当混合气中燃油浓度由于燃烧而降到零时，油膜就释放出油气。由于释放时刻较迟，这部分油气只有少部分被氧化。据研究，这种机理产生的HC占总量的25%～30%。

在燃烧室壁面和进、排气门上生成的多孔性含碳沉积物也会吸附燃油及其蒸汽，并通过后期释放造成HC排放，这部分约占总量的10%左右。

3. 容积淬熄

在冷起动和暖机工况下，因发动机温度较低致使燃油雾化、蒸发和混合气形成变差，从而导致燃烧变慢或不稳定，有可能使火焰在到达壁面前因膨胀使缸内气体温度和压力下降造成可燃混合气大容积淬熄，使 HC 排放激增。这种情况在混合气过稀或过浓时，或废气再循环率大时，或怠速和小负荷工况下发生。加、减速瞬态工况更易发生容积淬熄，使 HC 排放量大增。

4. 碳氢化合物的后期氧化

错过发动机主要燃烧过程的碳氢化合物，会重新扩散到高温的已燃气体主流中，很快被氧化，至少是部分被氧化。所以，排放的 HC 是未燃的燃油及其部分氧化产物的混合物，前者大约要占 40%左右。碳氢化合物也在排气管路中被氧化，占离开气缸的碳氢化合物的百分之几到 40%。发动机产生最高排气温度和最长停留时间（低转速）的运转工况，使 HC 排放降低最多。推迟点火提高排气温度，将有利于 HC 后期氧化。促进这种后期氧化的另一途径是降低排气歧管处的热损失，如增大横断面积，对壁面进行绝热（例如用陶瓷涂层）等。

（二）柴油机

由于柴油机的工作原理是喷油压燃，燃油停留在燃烧室中的时间比汽油机短得多，因而受壁面冷激效应、缝隙效应、吸附效应的作用很小。这是柴油机 HC 排放比汽油机低得多的主要原因。

柴油机燃烧室中由喷油器喷入的柴油与空气形成的混合气可能太稀或太浓，使柴油不能自燃，或火焰不能传播。如在喷油初期的滞燃期内，可能因为油气混合太快使混合气过稀，造成未燃 HC。在喷油后期的高温燃气气氛中，可能因为油气混合不足使混合气过浓，或者由于燃烧淬熄产生不完全燃烧产物随排气排出，但这时较重的 HC 多被碳烟微粒吸附，构成微粒的一部分。

因此，柴油机未燃 HC 的排放主要来自柴油喷注的外缘混合过度造成的过稀混合气地区，结果造成柴油机怠速或小负荷运转时的 HC 排放高于全负荷工况。

喷油嘴针阀后压力室容积过大是形成柴油机未燃 HC 排放的重要原因，因为针阀关闭后留在压力室容积内的剩余燃油会在膨胀行程通过喷孔渗漏出来。此外，起动时不着火、发动机窜机油、不正常喷射等也是柴油机产生未燃 HC 的原因。

三、氮氧化物

氮氧化物包括 NO、NO_2、N_2O_4 等，其中对环境危害性最大的是 NO 和 NO_2。通常，提到氮氧化物（NO_x）的污染，即指 NO 及 NO_2 污染。在内燃机排气中，NO_2 的浓度比 NO 低得多，N_2O_4 的浓度更低，因而主要讨论 NO 的生成机理，同时简要说明 NO_2 及 N_2O_4 的成因。

1. NO 的生成

NO 可以由空气中的氮生成（称热 NO），也可由燃料中含氮的成分生成（称燃料 NO）。对于内燃机，其使用的燃料中一般含氮量不到 0.02%，因此排气中的 NO 主要是由空气中所含的氮在高温下氧化而成（热 NO），其氧化反应过程可用扩充的捷尔杜维奇（Zeldovich）机理加以说明：

$$O_2 \rightleftharpoons 2O \tag{12—1}$$

$$N_2 + O \rightleftharpoons NO + N \tag{12—2}$$

$$O_2 + N \rightleftharpoons NO + O \tag{12—3}$$

$$OH + N \rightleftharpoons NO + H \tag{12—4}$$

上述反应中的氧原子是氧气（O_2）在高温分解时所产生的，氧原子的存在诱发了 NO 生成的链锁反应。由于在整个反应过程中，式（12—1）起决定作用，所以氧原子浓度以及反应温度对 NO 生成最为重要。NO 生成量还与反应时间有关。如果燃气在富氧和高温条件下停留时间长，NO 的生成量必然增加。因此，富氧、高温和氧与氮在高温中停留时间长，是内燃机燃烧过程中 NO 生成的三要素。

2. NO_2 及 N_2O_4 的生成

NO_2 及 N_2O_4 都不是在气缸内产生的。当废气排入大气后，温度下降（低于620 ℃时），NO 就缓慢氧化成 NO_2，其反应方程式为

$$2NO+O_2 \longrightarrow 2NO_2 \quad (12\text{—}5)$$

反应时间约为 2～3 h。NO_2 的数量取决于燃烧产物和外界空气之间的扩散条件。当温度更低时（低于140 ℃），NO_2 就聚合成 N_2O_4，其反应方程式为

$$NO_2+NO_2 \rightleftharpoons N_2O_4 \quad (12\text{—}6)$$

研究表明，汽油机的 NO 排放在理论空燃比附近达最大值。当采用稀混合气燃烧时，随着空燃比的增加，NO 生成量迅速减少，燃油经济性也得到改善。但是，在除空燃比外的其他因素变化时，几乎总可看到这样的倾向，即凡是有利于提高燃油经济性的措施，总是导致 NO 排放的增加。例如，从提高燃油经济性出发，要求加快火焰传播速度，并使放热集中在上止点附近。但火焰传播速度的提高，使更多的燃气层有较长的焰后反应时间；放热集中在上止点附近，会造成气缸内较高的燃气温度。显然，这些都会使 NO 的生成量增加。

在汽油机中，NO 排放最严重的工况是低速、大负荷。大负荷工况下，气缸内的气体温度最高，空燃比又接近于理论值；低转速时，燃烧产物有较长的焰后反应时间，这些都有利于 NO 的生成。

与汽油机的情况一样，柴油机气缸内达到的最高燃烧温度也控制 NO_x 的生成。在燃烧过程中，最先燃烧的混合气比例（预混合燃烧比例）对 NO_x 的生成有很大的影响。

研究表明，柴油机几乎所有 NO 都是在燃烧开始后 20℃A 内生成的。喷油较迟时 NO 生成较低，因为最高燃烧温度较低。

柴油机的 NO 生成还随燃烧室结构形式的不同而有所差别。实践表明，间喷式柴油机的 NO 生成量比直喷式柴油机低。

四、二氧化硫

SO_2 是完全燃烧产物，它是因燃油中的硫份燃烧时产生的，其生成量完全取决于燃油中的含硫量。显然，汽油机的 SO_2 排放比柴油机的低得多。

五、微　　粒

在汽油机中，含铅汽油的铅和汽油中硫形成的硫酸盐，是排气微粒的主要成分。用无铅汽油，加上汽油含硫量一般都很低，可以认为汽油机基本上不排放微粒。

柴油机的微粒排放量要比汽油机大几十倍。这种微粒由在燃烧时生成的含碳粒子（碳烟）及其表面上吸附的多种有机物组成，后者称为有机可溶成分（SOF）。

碳烟生成的条件是高温和缺氧。由于柴油机混合气极不均匀，尽管总体是富氧燃烧，但局部的缺氧还是导致碳烟的生成。一般认为碳烟形成的过程如下：燃油中烃分子在高温缺氧的条件下发生部分氧化和热裂解，生成各种不饱和烃类，如乙烯、乙炔及其较高的同系物和多环

芳香烃。它们不断脱氢、聚合成以碳为主的直径2 nm左右的碳烟核心。气相的烃和其他物质在这个碳烟核心表面的凝聚，以及碳烟核心互相碰撞发生凝聚，使碳烟核心增大，成为直径 20～30 nm的碳烟基元。最后，碳烟基元经过聚集作用堆积成直径1 μm以下的球团状或链状的聚集物。

除了燃料燃烧产生微粒排放外，润滑油也能产生微粒排放。研究表明，由润滑油产生的微粒在有机可溶成分中占有重要地位。

应当指出，柴油机的排气微粒中还存在相当的硫酸盐成分，其排放量随燃油中的含硫量和燃烧情况而变。一般来说，燃油含硫量的 2%～6%是以硫酸盐的形式从微粒中排出的。

第三节　汽油机的排放控制

内燃机的排放控制，即废气净化是减少内燃机排放废气中所含的有害成分，它可分为前处理、改进内燃机工作过程和后处理 3 类方式。前处理是对燃料或空气在进入气缸前进行预先处理，以减少气缸内工作过程中所产生的有害排放物。后处理是对内燃机排出的废气在进入大气前进行处理，使废气中有害成分的含量进一步降低。在排气系统中安装催化、水洗、微粒过滤器（又称颗粒物捕集装置）等装置都属于后处理。由于前、后处理均在内燃机气缸外进行，故称机外净化；从污染物的生成机理出发，改进内燃机的工作过程（尤其是燃烧过程）和燃油系统、点火系统进排气系统等，从而抑制污染物的产生，常称为机内净化。机内净化是内燃机废气净化的先决条件，也是最根本的净化措施。

一、机内净化措施

（一）怠速排放的控制

内燃机在实际使用中怠速工况占很大的比例，汽油机在怠速工况下由于残余废气量大，混合气不得不加浓，导致 CO 和 HC 排放很高。世界各国的排放法规都是首先限制怠速排放。我国首先颁布并且贯彻实施比较好的也是怠速排放法规。

降低怠速时的 CO 和 HC 排放，首先要精确调整怠速的混合比。一般当混合气很浓时，CO 排放高，HC 相对较低；反之调稀时，CO 大幅度下降，但 HC 上升。怠速转速对怠速排放有很大的影响。传统的观点是怠速转速应尽可能低，以节约燃油消耗，怠速转速多在 400～500 r/min之间。在这样的转速下，降低排放很困难。现代高速车用汽油机怠速转速多在 800～1 000 r/min之间，使怠速排放大大降低。

对于化油器式汽油机，为降低怠速排放，要进一步改进化油器怠速系的设计，提高其制造精度，改善其调整的一致性和耐久性。

（二）化油器的改进和调整

1. 化油器的改进

增设怠速限制器、混合气限制螺钉、调温怠速螺钉、热怠速补偿装置、节气门缓闭器、燃油切断装置及阻风门自动控制装置等，从而改善化油器在不同工况下混合气的调整与控制精度。

2. 化油器的怠速调整

化油器的怠速调整是降低化油器式汽油机怠速排放的主要技术措施之一，它对 CO 值影响较大。此法是目前化油器式汽油机怠速排放达标的一种简易调整方法，在我国已普遍采用。但它只是一种临时性的达标方法，并不能从根本上解决降低 CO 及 HC 排放的问题。

怠速调整的实质是找出最佳空燃比的位置，因为空燃比对怠速 CO 及 HC 排放有着决定性的影响。而怠速空燃比的调整，主要靠调整怠速供油量和节气门开度，再酌情配上适当的怠速油量孔和怠速空气量孔。这样，即可将怠速空燃比调到最佳值，使排气达标。

（三）点火系统的改进与调整

采用高能点火、电子点火系统可以保证可靠点火，减少甚至消除缺火现象，改善发动机工作的稳定性，降低排气污染。适当延迟点火、采用计算机控制点火系统，能优化点火定时，降低 NO_x 的排放量。因为延迟点火，降低了最高燃烧温度并缩短已燃气体停留在高温下的时间，故可减少 NO_x 排放。

（四）进气系统的改进

1. 进气加热系统

汽油机在低温下起动或运转时，进气温度低，燃油蒸发雾化不良。这时发动机要能顺利起动或运转，不得不供给较浓的混合气，造成燃油经济性和排放性能变差，因此必须采取进气加热措施。利用发动机排气或冷却水的热量加热进气，可以改善低温时的混合气质量，降低 CO 和 HC 排放。

2. 采用多气门可变配气定时

采用多气门可变配气定时和进气涡流等技术，优化燃烧室结构，可使燃油与空气充分地均匀混合，燃烧良好，降低排放。

研究表明，配气定时对发动机的动力性、经济性及排放性能有较大的影响，固定的配气定时很难在较宽广的转速和负荷范围内适应发动机的要求。因此，近年来可变配气定时得到较大的发展。改变进气门的定时对发动机性能的影响相对要比改变排气门的定时要明显。

（五）采用稀薄分层燃烧技术

使用空燃比为 18 以上的混合气时，为可靠地点燃混合气，可采用高能无触点点火和分层燃烧系统。火花塞附近是空燃比为 12～13.5 的混合气，要保证引燃这部分混合气，其他部分混合气浓度较稀，这样既可提高燃油经济性，又可大幅度降低排放。

（六）采用电控燃油喷射系统

基于流体力学的配剂原理，化油器式燃料供给系统很难保证混合气具有规定的精确混合比，尤其难以针对不同工况给出各自最优的混合比。新机的混合比就是在一个较大的公差带内波动，且随着车辆的使用，对最优情况的偏离越来越大，因此越来越多的车辆（尤其是轿车）采用燃油喷射代替化油器，它的喷油量由计算机控制，精度大为提高，而且取消了喉管之类的节流部位，使发动机充气量增加，从而最大限度地提高了功率；喷油雾化较好，可减小冷起动加浓的程度。因而在动力性能、经济性能和排放性能等方面都优于化油器式汽油机。

（七）改进燃烧系统

汽油机燃烧室形状越紧凑，燃烧过程就完成得越迅速，CO 及 HC 排放降低。但另一方面，燃烧迅速将导致燃烧温度升高，可能使 NO_x 生成量增加。因此，圆盘形、浴盆形、楔形燃烧室越来越让位于半球形、帐篷形等面容比小的紧凑燃烧室。

（八）采用先进的发动机管理系统，尽快推广使用车载诊断系统（OBD），对汽车排放控制系统进行自动监控。

二、机外净化措施

(一)前处理技术

汽油机的前处理技术主要有废气再循环,燃油掺水及燃料改质等。

1. 废气再循环(EGR)

废气再循环(EGR)是将少量排气引入进气管,使之与进气混合,并根据发动机的不同工况,对再循环的废气量进行最佳的控制与调节。它能有效地降低汽油机(或柴油机)NO_x 的生成量。

在发动机燃烧后的废气中,水蒸汽约占 14%,CO_2 约占 11%,还有大量的 N_2。水蒸汽和 CO_2 为三原子分子,它们都具有较高的热容量。当这些不活泼气体被吸入燃烧室后,燃烧状况就会发生改变。大量的 N_2 和 CO_2 起到了稀释气缸内反应气体的作用,从而减慢了燃烧反应速度,降低了最高燃烧温度。高热容量的水蒸汽和 CO_2 气体温度上升需吸收较多的热量,这就更为有效地降低了气缸内的燃烧温度,使 NO_x 生成量减少。

废气再循环系统基本的结构如图 12—1 所示。图 12—1(a)所示的是在进、排气管壁之间安装孔径大小经过计算和试验的喷嘴,它将一定量的废气由排气管引入进气管;图 12—1(b)所示是将废气再循环阀与化油器联在一起,根据化油器节气门开度的大小,利用真空度的变化控制再循环的废气量。

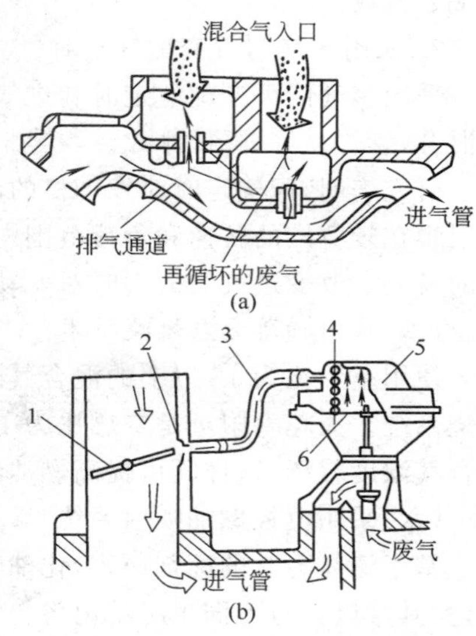

图 12—1 废气再循环系统的基本结构
1—化油器节气门;2—真空孔;3—真空管;4—弹簧;5—废气再循环阀;6—膜片。

采用废气再循环虽能有效地降低汽油机 NO_x 排放,但全负荷用 EGR 使最大功率下降;中等负荷用较大的 EGR 率(即废气再循环量的多少)使燃油消耗率增加,HC 排放上升;小负荷特别是怠速用 EGR 使燃烧不稳定,甚至导致缺火。因此应用 EGR 控制 NO_x 排放技术的关键是控制 EGR 率,使之在各种不同工况下,得到各种性能的最佳折中,实现 NO_x 的控制目标。显然,上述的真空控制系统难以得出理想的控制规律。如采用电控系统控制 EGR 阀,将会取得满意的效果(参见第五章第八节)。

废气再循环是控制 NO_x 生成的一种有效措施,从节能的角度考虑,它比延迟点火法效果要好。因此在严格控制排放的国家,废气再循环作为控制汽油机 NO_x 排放的主要措施而被普遍采用。

2. 燃油掺水

燃油掺水降低排污的原理是:燃油掺水后,在压缩及燃烧过程中,水分蒸发吸收大量的热量,使火焰传播速度减慢,最高燃烧温度降低,最高温度持续的时间缩短,氧被由水反应而生成的 H、H_2、OH 等抢先化学反应(它们的活性比 N_2 大)。因此,NO_x 的生成量减少。试验表明,汽油掺水燃烧时的 NO_x 排放量不到烧纯汽油时的一半。

至于 CO 和碳,掺水燃烧存在着水煤气反应。燃油掺水后能使较难燃烧(相对而言)的碳先生成较易燃烧的 H_2 和 CO,最后生成 H_2O 和 CO_2。因此,水煤气反应能促进碳及 CO 的加速燃烧和完全燃烧,因而 CO 和碳粒的排放量降低。对于 HC 排放,其变化趋向或高或低,或大致持平。

燃油掺水的方法有乳化油法、进气管和气缸内喷水法、掺水蒸汽法等。燃油掺水存在着使气缸腐蚀增加、发动机耐久性变差、油底壳内积水污染机油等缺点。

(二)排气后处理技术

汽油机常见的排气后处理装置有空气喷射装置、热反应器、氧化催化转化器及三效催化转化器等,其中广泛采用的是氧化催化转化器和三效催化转化器。

1. 氧化催化转化器

氧化催化转化器(又称氧化催化箱或净化器)是借助氧化催化剂的作用,使内燃机排气中的 CO 和 HC 转化为 CO_2 及 H_2O。这种转化器在国内外的汽油车上已获得广泛使用。

(1)催化剂

催化剂是一种能够加速化学反应速度而自身又不被消耗的化学物质。这种由于催化剂的存在而使化学反应加速的现象称为催化作用。催化剂之所以能加速化学反应是因为催化剂对参与化学反应的分子起一种活化作用,使反应分子的化学结构发生有利于化学反应的变化。借助催化剂的催化作用可以使反应过程不需具有像非催化过程那样高的能量就能进行化学反应,而且能保持很高的反应速度。例如排气中的 CO 及 HC 使用热反应器使其氧化,反应温度需在600 ℃以上;当使用适当的氧化催化剂时,反应温度在300 ℃以下就可以使 CO、HC 氧化成 CO_2 和 H_2O,而且反应速度快,转化效率(净化率)高。

内燃机上常用的氧化催化剂有贵金属〔如铂(Pt)、钯(Pd)等〕催化剂、普通金属(如铜、铬、镍、锰、钴等)催化剂、含稀土催化剂等。内燃机上多采用铂催化剂,它具有低温活性好、净化效率高(对 CO 的净化率可达 90%以上,对 HC 的净化率达 50%左右)、使用寿命长等优点,尽管其价格昂贵,大多还是用它作为催化剂。目前国外采用钯催化剂的逐渐增多,其净化效果与铂催化剂相近,但价格却比铂低廉。含稀土催化剂具有价格低廉、活性稳定、抗铅性及热稳定性好的优点,对 CO、HC 的净化效果接近铂催化剂的水平。在我国,目前已开始用于汽油车的排气净化上。

催化剂一般是用氧化铝(AL_2O_3)或陶瓷作为载体,外面涂敷一层活性组合(如贵金属铂、钯)制成。载体的形状有小球状(又称颗粒状,其直径为 2～4 mm)和蜂窝状两种。小球状催化剂具有耐冲击性好、使用方便、成型容易、便于生产等优点,但它有易收缩、磨损及气流阻力大等缺点。蜂窝状催化剂是近年来才发展起来的一种催化剂,它具有低温活性好、流阻小、机械强度高、不易磨损、热稳定性好等优点。目前这两种催化剂在实际工作中都得到了应用。

催化剂中金属的含量对催化剂的性能影响很大。铂催化剂中,铂的含量一般占总重的 0.1%～0.3%。

催化剂的净化率* 取决于催化剂本身的物理、化学性质,还取决于催化剂使用的工作条件。在内燃机使用条件下,影响催化剂净化效率的主要因素是温度,一般称净化率为 50% 所对应的温度为催化剂的起燃温度,其氧化催化剂的起燃温度一般为250 ℃左右。在发动机冷起动与暖机时,催化剂温度很低,净化效果很差。为解决此问题,正在研究用电加热催化剂加速它在冷起动后的起燃。

---

* 装排放物控制系统后,某种排放物浓度降低的比率,以百分数表示,即 $R=\left(1-\frac{B}{A}\right)\times 100$

式中　R——净化率;

A——装排放物控制系统前的浓度;

B——装排放物控制系统后的浓度。

(2)催化转化器

盛放催化剂的催化转化器(或称催化反应器),其外形类似排气消声器,如图 12—2 所示。它由金属外壳、钢丝网内衬、载体和催化剂涂层组成。载体有小球状(颗粒状)和蜂窝状两种。发动机排出的废气可通过小球状催化剂的空隙(图 12—2a)或蜂窝状催化剂载体上的无数孔穴(图 12—2 b),使其得以净化。

2. 三效催化转化器

三效催化转化器(三效催化反应器)是现在最成功的一种排气后处理装置,它可以同时净化汽油机排气中的 3 种主要污染物 CO、HC 及 NO_x,使其排放量减少 80%~90%,现已成为发达国家汽油车的必备装置。我国的汽油车已愈来愈多的采用了这种装置。

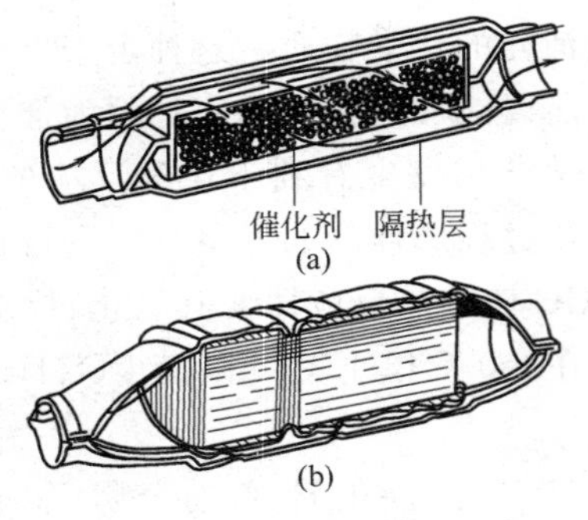

图 12—2 催化转化器结构
(a)小球状载体;
(b)蜂窝状整体陶瓷载体。

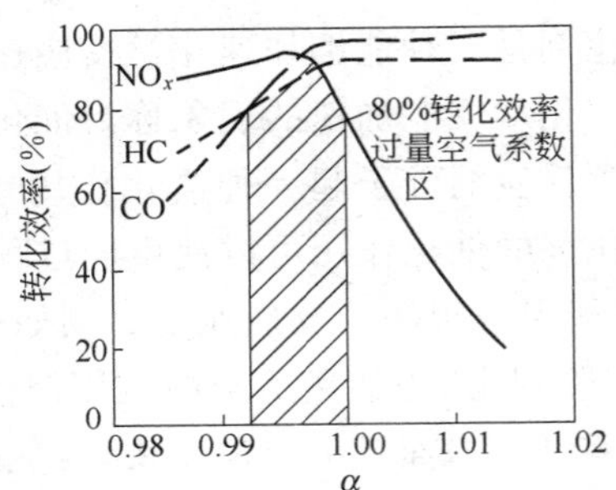

图 12—3 过量空气系数 α 对三效催化转化器效能的影响

三效催化转化器同时净化 3 种排放物的效果,只有在化学当量燃烧,也就是过量空气系数 $\alpha=1$ 时才能实现,因为 NO_x 在催化剂上还原需要 H_2、CO 和 HC 等作为还原剂。当空气过量($\alpha>1$)时,这些还原剂首先与氧反应,NO_x 的还原反应就不能进行;当空气不足($\alpha<1$)时,CO 和 HC 则不能被完全氧化。三效催化剂对 CO、HC 和 NO_x 的转化效率与汽油机 α 的关系如图 12—3 所示。因此,三效催化转化器只能与用排气管中的 α 传感器反馈控制的汽油喷射发动机相配才能很好起作用。

除了 α 外,温度对催化剂的转化效率也有很大影响。一般三效催化剂对各种污染物的起燃温度在 220~270 ℃之间。

对车用三效催化剂的要求为:起燃温度低;有较高的储氧能力,以补偿 α 的波动;耐高温,不易热老化;对杂质不敏感,不易中毒;尽量不产生 H_2S、NH_3 等物质;成本合理。

三效催化转化器由外壳和芯子构成(图 12—4)。芯子是浸渍催化剂的载体。现在几乎全部采用整体式陶瓷载体。它用膨胀系数很小的堇青石陶瓷($2MgO_2 \cdot 2Al_2O_3 \cdot 5SiO_2$)挤压烧结而成。外形可根据需要做成圆形、椭圆形或跑道形。为了在较小的体积内有较大的表面,载体中做出很多方形细孔(故称为蜂窝陶瓷)。一般轿车用蜂窝陶瓷载体体积是发动机总排量的 50%~100%。

三效催化剂的主要活性材料是贵金属铂(Pt)和铑(Rh)。铂(Pt)主要催化 CO 及 HC 的氧化反应,铑(Rh)催化 NO_x 的还原反应。一般贵金属的用量为每升载体 1~2 g,Pt/Rh 比率一般为 5/1~7/1。由于铂(Pt)和铑(Rh)(尤其是 Rh)很昂贵,如适当加入钯(Pd),可降低贵金属含量即降低 Pt/Rh 比率,达到降低催化剂成本的目的。

催化转化器一般要求寿命在10万km以上。贵金属催化剂报废后，贵金属可以回收再用。

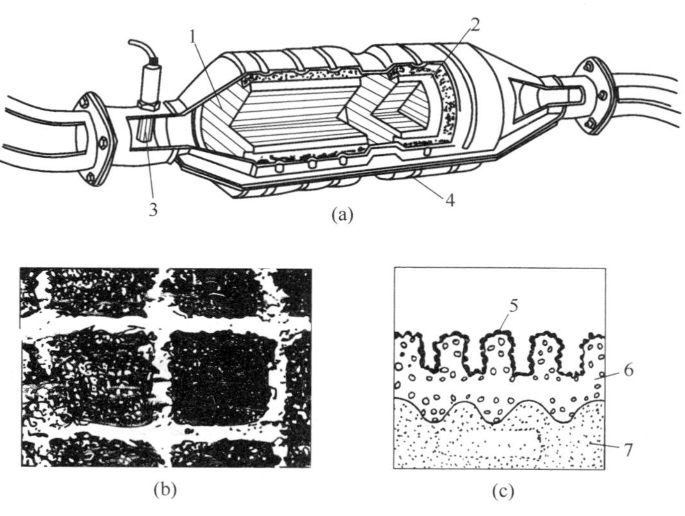

图12—4　三效催化反应器

(a)三效催化反应器;(b)载体与活性组份;(c)载体与活性组份放大图。

1—催化剂载体与活性组份;2—弹性金属丝网;3—氧传感器;4—不锈钢壳体;

5—催化活性层;6—洗涂层和中间层;7—陶瓷载体。

目前，也有用金属作为催化剂的载体材料。一般用厚度不超过0.1 mm的极薄不锈钢带，一层带波纹一层不带波纹地交替叠合，卷成螺线形或S形，焊装在金属圆筒内。这种载体的优点是结构紧凑，热容量小，有利于提高内燃机冷起动时的净化效果，机械强度和热强度高，工作可靠；缺点是质量大，成本高，涂敷活性层困难。它一般做成小的，安装在陶瓷主催化转化器前，用来改善冷起动净化性能，或用于振动较大的场合，如摩托车。

催化转化器在使用中会逐渐老化，表现在催化剂起燃温度提高，转化效率下降。老化的原因为过热和中毒。热老化是由于温度过高造成活性涂层和催化剂表面烧结、晶粒长大，导致活性表面损失。一般催化转化器的温度不宜超过900 ℃，因此如汽油机工作不好，排放过多的CO和HC，就可能使催化转化器迅速老化甚至烧坏。化学中毒是燃油和润滑油中的铅、磷、硫等元素与催化剂活性成分反应，或覆盖堵塞催化剂，使其活性下降。因此，配三效催化转化器的汽油机必须使用无铅汽油。催化转化器的应用也对润滑油添加剂成分提出了新的要求。

为了改善三效催化剂的性能，除了氧化铝和贵金属外，三效催化剂中还可能含有各种各样的添加剂或助催化剂，如镍(Ni)、铈(Ce)、镧(La)、钡(Ba)、锆(Zr)、铁(Fe)和硅(Si)等。它们起多种多样的作用，如加强催化活性、稳定载体以及防止贵金属烧结等。

(三)曲轴箱排放物控制装置

汽油机运转时，燃烧室中的高压可燃混合气和已燃气体，或多或少会通过活塞组与气缸之间的间隙漏入曲轴箱。为防止曲轴箱压力过高，早期内燃机一般都通过机油加油口让曲轴箱与大气相通而进行“呼吸”。但因为曲轴箱的窜气中含有大量未燃碳氢化合物及其不完全燃烧产物，排入大气会引起污染。

为了防止曲轴箱排放物的危害，世界各国的车用汽油机从1963年起先后采用曲轴箱强制通风装置，图12—5表示一个实例。在©管中装有闭式呼吸口6，它与空气滤清器1的净气室连通，新鲜空气经空气滤清器后引入曲轴箱，和箱内的窜气混合，经气缸盖罩通入Ⓐ管，通过计量阀3控制后，吸入进气管4，从而实现窜气的再燃烧。

曲轴箱强制通风计量阀（又称PCV阀）实际上是一个流通断面随阀两端压差变化而变化的单向阀（图12—6）。它根据弹簧力和进气管真空度的平衡情况开闭气体通路。进气管真空度大时，就把阀芯吸向右方（图12—6a），气体流通断面变小；反之则变大，不过到阀芯接近全闭时，由于左侧阀座的作用又变小。为特定发动机选配PCV阀时，可改变阀芯的弹簧特性来适应发动机的窜气量。

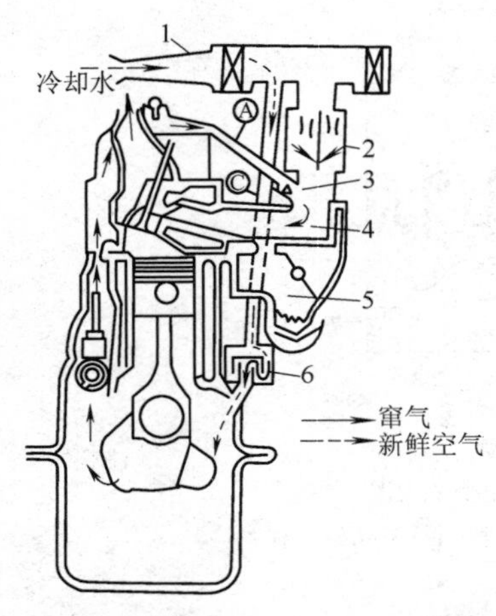

图12—5　曲轴箱强制通风装置

1—空气滤清器；2—化油器；3—计量阀；4—进气管；5—排气管；6—闭式呼吸口。

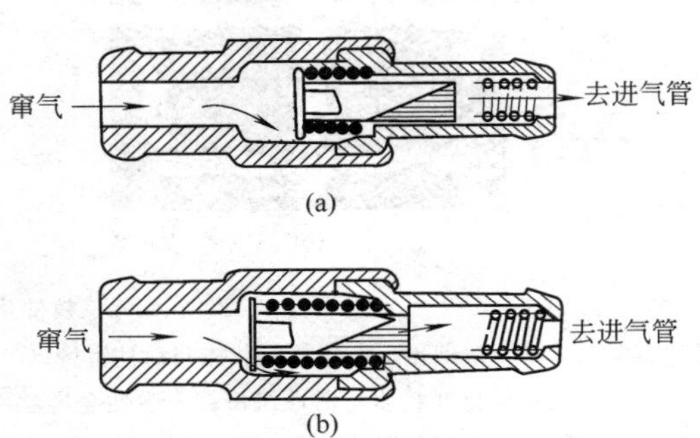

图12—6　曲轴箱强制通风计量阀（PCV阀）

(a)进气管真空度大时；(b)进气管真空度小时。

曲轴箱强制通风装置现已成为排放法规规定的汽油机必须采用的装置，该装置应保证曲轴箱中的压力永远不超过大气压力。

（四）燃油蒸发排放物控制装置

化油器式汽油机的化油器在发动机工作时受热严重，温度较高，如在这样的情况下停车，化油器浮子室中的汽油大量蒸发，流入进气管并通过空气滤清器流入大气，这部分HC排放称为热浸损失。燃油箱中的汽油由于昼夜温度变化造成油箱呼吸（换气）现象，使油箱内汽油蒸气流出箱外，这部分HC排放称为昼夜损失。这种热浸损失与昼夜损失数量不小，约占汽油机HC总排放量的20％左右。

为了防止汽油机排放的燃油蒸气扩散到空气中，常用活性炭罐作为汽油蒸气的暂存空间，实现对汽油蒸发排放物的控制。当发动机不运转时，来自化油器、燃油箱的汽油蒸气进入活性炭罐中被吸附在活性炭上；当发动机运转时，利用进气管真空度将吸附在活性炭上的汽油蒸气与进入炭罐的新鲜空气（清除空气）一起吸入发动机燃烧室烧掉。

图12—7所示为一种燃油蒸发排放控制装置。在发动机不运转时，点火开关断开，浮子室电磁蒸气放出阀5打开通风管路，来自化油器浮子室和燃油箱的燃油蒸气被送至活性炭罐4（见图12—8a），且被活性炭吸附；而当发动机运转时，点火开关接通，电磁蒸气放出阀切断蒸气通风管路6，阻止浮子室的燃油蒸气进入炭罐，只有来自燃油箱的燃油蒸气被送入活性炭罐。

发动机怠速、低速运转时，由于净化管13的喷油量孔8位于节气门上方，此时没有真空度作用于活性炭罐，单向阀 1 关闭，无燃油蒸气吸进进气管，从而防止了发动机怠速转速过高或怠速不稳，以及暖车时混合气过浓。

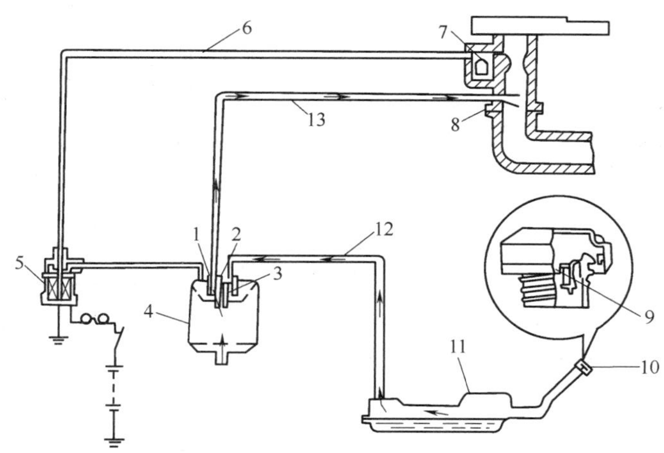

图 12—7　燃油蒸发排放控制装置
1、2、3—单向阀；4—活性炭罐；5—电磁蒸气放出阀；6—通风管；
7—浮子室；8—喷油量孔；9—单向阀；10—燃油箱盖；
11—燃油箱；12—通风管；13—净化管。

发动机中、高速运转时，喷油量孔 8 位于节气门下方，单向阀 1 开启，在进气管真空度作用下，新鲜空气从炭罐底部进入，携带吸附在活性炭上的燃油分子，经净化管路进入进气管（见图 12—8b）。

如果燃油箱压力升高，单向阀 2 打开，燃油箱的蒸气进入炭罐。若燃油箱内出现真空，单向阀 2 关闭，单向阀 3 打开，空气经炭罐、单向阀 3 和燃油箱盖上的单向阀进入燃油箱，平衡燃油箱内的压力。

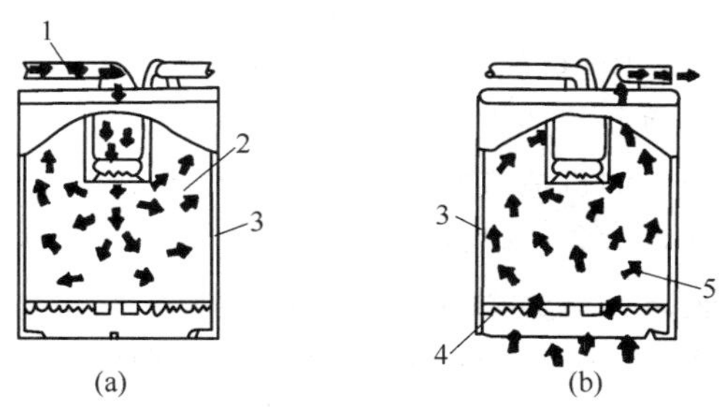

图 12—8　燃油蒸气在炭罐内的流动
(a)燃油蒸气被活性炭吸收；
(b)新鲜空气清洁净化炭罐。
1—燃油蒸气；2—活性炭；3—活性炭罐；
4—滤芯；5—新鲜空气。

活性炭罐 4（图 12—7）是整个装置的核心。必须选择适当的活性炭，使它既有很好的吸附能力，又容易释放进行清除（再生）。一般用木材或坚果壳热解炭，并通过在 500 ℃左右用磷酸化学处理活性化。

在现代的电控车用汽油机中开始应用电控燃油蒸发排放物控制装置，其框图如图 12—9 所示。该装置中电磁式清除阀 4 的开启时间和开度由电控单元 1 通过脉宽调制电流控制。耐油橡胶阀具有柔性密封唇，以消除工作中的噪声（图 12—10）。泄漏检测泵 5 用来进行装置密封性的车载诊断。它是一个由电控单元 1 驱动的膜片泵。如果燃油蒸发控制装置不泄漏，检测泵工作将引起装置压力提高，使膜片脉动周期延长，直至超过某一规定值。如果装置有泄漏，脉动周期将不会超过此规定值，借此进行泄漏诊断。

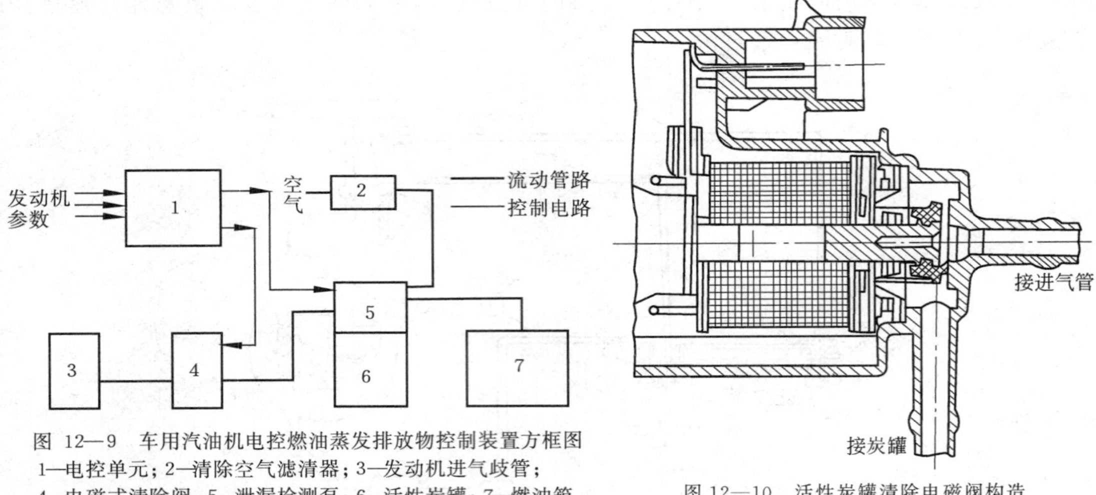

图 12—9 车用汽油机电控燃油蒸发排放物控制装置方框图
1—电控单元；2—清除空气滤清器；3—发动机进气歧管；
4—电磁式清除阀；5—泄漏检测泵；6—活性炭罐；7—燃油箱。

图 12—10 活性炭罐清除电磁阀构造

第四节 柴油机的排放控制

如前所述，柴油机的 CO 和 HC 排放量相对汽油机来说要少得多，但 NO_x 与汽油机在同一数量级，而微粒和碳烟的排放要比汽油机大几十倍甚至更多。因此，柴油机的排放控制，重点是 NO_x 与微粒，其次是 HC。降低微粒和碳烟排放与改善柴油机燃烧过程是完全一致的，不过 NO_x 排放往往与之矛盾，这就为柴油机的排放控制造成特殊的困难。由于汽油机排放的 NO_x 可以通过三效催化剂或稀燃来解决，而柴油机排气中富氧条件下的 NO_x 催化剂尚在研究开发中，目前尚无成功的催化剂可用，如何在保持柴油机良好性能的同时减少 NO_x 的生成，是目前面临的重大技术挑战。

柴油机造成污染物排放的根本原因在于燃油与空气混合不好。柴油机运转时，平均过量空气系数 α 一般都在 1.3 以上，如果达到理想的混合，碳烟是不可能生成的，NO_x 的生成也不会很多。但混合不好导致局部缺氧，使碳烟大量生成。同时存在很多 $\alpha=1.0\sim1.1$ 的高 NO_x 生成区。所以，柴油机的排放控制要围绕改善油气混合这一中心任务，防止局部 α 超过 0.9（这有利于 NO_x 生成）和低于 0.6（这有利于碳烟生成），做到油、气、室（燃烧室）三者的最佳匹配，这是降低柴油机排放最为常见和治本的措施。

一、机内净化措施

（一）选择低污染燃烧系统

在柴油机的机内净化措施中，燃烧室的形式、形状和结构参数对污染物排放的影响占有主要地位。相对于直喷式燃烧系统而言，间喷式燃烧系统（涡流室、预燃室）就属于低污染燃烧系统。两者排放污染物的最大浓度范围见表 12—2、表 12—3。

国外生产的地下用柴油动力设备一般都采用间喷式燃烧系统，如 Deutz FL413FW 系列柴油机（二级燃烧系统）、Caterpillar 3306 PCT 型柴油机（预燃室）及 Deutz-MWM D916/D932 系列柴油机（预燃室）等。

表 12—2　车用和工程机械用柴油机排放污染物的最大浓度范围

燃烧室形式	CO（$\times10^{-6}$）	HC(C)折合成碳数浓度（$\times10^{-6}$）	NO_x（$\times10^{-6}$）	SO_2（$\times10^{-6}$）	碳　烟（mg/Nm^3）	微　粒（$mg/Nm^3$①）	C_nH_mO②（$\times10^{-6}$）
直喷式	600～2 500	500～1 000	1 000～2 000	20～200	150～300	250～500	50～80
间喷式	300～1 000	200～500	500～1 500	20～200	100～200	150～250	20～40

注：①mg/Nm^3 指 mg/m^3（标态）；

②C_nH_mO 表示醛类。

表 12—3　车用和工程机械用柴油机排放污染物的比排放量范围

〔按稳态十三工况法试验，单位：g/(kW·h)〕

燃烧室形式	CO	HC	NO_x
直喷式	4～12	2～5	10～20
间喷式	3～8	1～3	5～12

间喷式柴油机的污染物比直喷式柴油机低得多的原因是：间喷式燃烧系统有强烈的气流运动，而且又是两次混合和两次燃烧〔一是在辅助燃烧室（涡流室或预燃室）内的混合与燃烧，二是在燃气从辅助燃烧室流出之后在主燃烧室内的混合与燃烧〕，又存在压缩涡流和燃烧涡流。因此，间喷式燃烧系统的混合气形成和燃烧比较充分及完善，故 CO 排放远比直喷式的低。

对 HC 来说，由于间喷式柴油机混合气形成质量大为改善，因此减少了混合气中的过浓区和过稀区，进而减少了过浓缺氧区 HC 的未燃、裂解和不完全燃烧，降低了在稀燃极限以外的碳氢燃料无法完全燃烧而留下 HC，这样就减少了 HC 排放。

间喷式柴油机 NO_x 排放也比直喷式低，因为涡流室（或预燃室）中温度虽高，但氧的浓度很低，不利于 NO_x 生成。当燃烧不完全的高温燃气夹带着未燃烧的燃油一起喷入主燃室后，很快与空气混合，这时氧虽有富余，但活塞已开始下行，燃气温度降低，而且气体在高温下停留的时间较短，也不利于 NO_x 生成。

对碳烟微粒而言，间喷式柴油机亦比直喷式低，原因是间喷式燃烧系统具有强烈的空气涡流运动，混合气经两次混合、两次燃烧。在辅助燃烧室里生成的碳烟，在相当程度上经主燃室的后续燃烧而被氧化。

直喷式燃烧室具有油耗低和冷起动性能好的显著优点，因而在柴油机上获得了广泛应用，但其主要缺点是排污严重。目前人们力求通过研制新的直喷式燃烧系统来兼顾低油耗、低排放的要求，具有代表性的是微涡流型半开式燃烧室，如日本五十铃四角形燃烧室、日野微混合燃烧系统（HMMS）、小松微涡流燃烧室（MTCC）等。这些燃烧室依靠气流运动、供油系统与燃烧室的合理匹配，因而可以在保持低油耗的同时降低排气污染。

（二）改进供油系统

1. 延迟喷油定时

延迟喷油定时是柴油机降低 NO_x 排放的一项行之有效的措施。由于延迟喷油定时，因而降低了气缸内最高燃烧温度，故抑制了 NO_x 的生成。

但延迟喷油定时会引起碳烟和微粒排放增加以及动力性、经济性的损失。

2. 提高喷油速率

提高喷油速率，可使喷油持续期缩短，这样可防止着火后有较多的燃油喷到高温火焰中去。因为后者会引起热束缚效应，并使燃油高温裂解而形成碳烟及微粒。所以，柴油机应有较高的喷油速率。但提高喷油速率会使 NO_x 排放增加。

3. 减小喷油嘴压力室容积

喷油嘴压力室容积对 HC 排放有很大的影响。无压力室（VCO，即针阀关闭喷孔式）的喷油嘴，HC 排放明显低于有压力室喷油嘴。因此，要获得低的 HC 排放，对喷油嘴来说，可采用无压力室或减小压力室容积到最小程度。但压力室容积的减小受喷油嘴寿命的限制。

4. 采用高压喷射系统

研究表明，较高的喷油压力对改善燃油雾化、油气混合、缩短燃烧持续期和改善排放有利，它可使 HC、烟度及微粒排放降低。目前传统的泵-管-嘴系统的喷油压力可达 110～130 MPa，泵-喷嘴系统对高速柴油机可提供150 MPa或更高的喷油压力。

5. 采用泵-喷嘴结构的供油系统

泵-喷嘴由于具有高的喷油压力和喷油能量而又不易发生二次喷油及穴蚀的优点，因此引起人们日益重视与青睐。采用泵-喷嘴的柴油机，不仅燃油经济性好，而且排放低，特别是 HC、碳烟和微粒排放低。如再适当延迟喷油，则可使 NO_x 降低。

（三）改进进气系统

柴油机技术发展的趋势是提高喷油压力，降低进气涡流强度，以减小进气（压力）损失，配合多孔数、小孔径喷油器来获得良好的混合气。

进气系统的改进可从三方面进行：

1. 采用谐振进气系统

一般的惯性充气系统只能在柴油机某一较窄的工况范围内起作用，而可变谐振进气系统可在全负荷和部分负荷的整个转速范围内调节进气量。

2. 采用可变涡流进气系统

由于进气涡流强度对 NO_x 影响较大，则采用可变涡流进气系统的方式依据转速和负荷的变化来控制涡流强度，可在不牺牲经济性的情况下降低 NO_x 的生成量。

3. 采用多气门技术

采用多气门（每缸 4 气门）可扩大进、排气门的总流通截面积，充量系数增加，且喷油器可垂直布置在气缸轴线上，有利于燃油在燃烧室空间中均匀分布，其混合气形成和燃烧条件大为改善，使放热规律更为合理，NO_x 下降，CO 也有所减少，而且碳烟在大负荷时也明显下降。

（四）采用增压及中冷技术

由于增压既可以改善柴油机性能，又可以降低排放，故柴油机将更普遍地采用废气涡轮增压技术。

柴油机采用增压后，由于提高了进入气缸的空气密度，因而可降低 CO 及 HC 的生成量。在不带中冷器时，因进气温度较高，有可能使 NO_x 的排放量增加。采用中冷器后，可使进气温度降低，故 NO_x 的排放量将随之下降。

（五）降低润滑油消耗量

研究表明，润滑油消耗量对柴油机微粒排放限值大小有着显著的影响。因此应严格地控制润滑油的消耗量，其目标为：① 在高负荷、高速运转工况下，润滑油消耗量小于 0.19 g/(kW·h)；②在热态标定转速工况下，若 100%从润滑油得到微粒排放时，润滑油消耗小于 0.5g/h×排量(L)。由润滑油产生的微粒的控制目标为：不大于0.040 8 g/(kW·h)。

减少润滑油微粒排放的对策有：①减少气缸壁上润滑油的消耗量；②减少进入燃烧室和增

压器内润滑油消耗量;③开发低消耗润滑油。

(六)采用电控燃油喷射技术

为了满足柴油机日益严格的排放法规的要求,柴油机电控化已成为柴油机必不可少的技术。柴油机采用电控燃油喷射技术可优化控制喷油规律及喷油量,控制预混合燃烧和扩散燃烧部分的燃油量。在主喷射前进行预喷射可有效降低 NO_x 及噪声,因为预喷射抑制了预混合燃烧,延缓了扩散燃烧,进而降低了燃气平均温度,因此 NO_x 生成减少。

(七)柴油机的使用与维护保养

1. 合理选择柴油机的常用工况

柴油机的运转工况(负荷及转速)直接影响着排气中有害成分的含量。对地下作业用柴油机,应选择排污较低而动力性及经济性又较好的工况作为常用工况;当排放指标和动力性、经济性指标发生矛盾时,则应选择排污较少,而动力性、经济性损失较小的工况为常用工况。这是目前为达到排放标准所采取的措施之一。在选择工况时,应对柴油机的排放特性有较全面的了解。利用废气排放特性曲线,可以回避在某些污染较重的工况使用,以获得较好的排气质量。另外,柴油机怠速运转时间不宜过长(一般以不超过15 min为宜),以减少排污。

2. 降低功率使用

柴油机降低标定功率使用,可以减少标定工况的喷油量,这不仅可以降低排气烟度,而且还可以降低 CO、HC 及 NO_x 的排放量,但油耗率将有所增加。目前国外在地下用柴油机上有降低标定功率使用的趋势。因此地下用柴油机应有足够的功率储备和扭矩储备,一般功率储备应达 15%以上,即在各种作业工况下,柴油机应在冒烟极限功率以下、污染物排放量较低的功率段工作,有时还要牺牲部分动力性能和经济性能来降低污染物排放量。

3. 加强柴油机的维护保养

柴油动力设备(如装载机、自卸汽车、窄轨内燃机车等)在隧道及地下工程作业时,应注意对柴油机作定期检查和保养,使柴油机保持良好的技术状态,以减少排气对作业环境的污染。因此,柴油机应有严格的维护保养制度。除对"三漏"(燃油、润滑油及燃气的泄漏)经常进行检查外,还应加强对柴油机进气系统、供油系统、润滑系统、冷却系统及废气净化系统的维护保养。

二、机外净化措施

(一)前处理技术

柴油机的前处理技术主要有废气再循环(EGR)、燃油掺水、燃料改质及采用代用燃料等。有关燃料改质及代用燃料将在本章第五节中介绍。

1. 废气再循环(EGR)

与汽油机类似,柴油机也可以通过废气再循环(EGR)来降低 NO_x 排放。由于柴油机排气中氧含量比汽油机高,所以柴油机允许并需要较大的 EGR 率来降低 NO_x 的排放。直喷式柴油机的 EGR 率可以超过 40%,间喷式可达到 25%。

为了防止产生较多的微粒,一般在中、低负荷时用较大的 EGR 率,在全负荷时不用,以保证性能。当转速提高时也降低 EGR 率,以保证较多的新鲜空气充量。最佳 EGR 脉谱用试验标定法制取。

柴油机所用 EGR 系统与汽油机类似。在增压柴油机中,再循环废气一般流到增压器后的进气管中,以免沾污增压器叶轮。这时,为防止增压压力大于排气压力时再循环废气的倒流,要在 EGR 阀前加一个单向阀,以便利用排气脉冲进行 EGR。

试验证明，把再循环的废气加以冷却，采用所谓冷 EGR，可以提高降低 NO_x 排放的效果。

为防止柴油机采用 EGR 后磨损加剧，应选用高质量润滑油和低硫柴油。

2. 燃油掺水

燃油掺水可以降低排污。燃油掺水的方法有进气管喷水、乳化柴油等。

(1)进气管喷水

进气管喷水的作用主要在于其吸热和稀释燃油密度。当有一部分水进入燃烧室并雾化良好时，由于水蒸汽的“微爆”作用使油滴破碎成更细小的油滴，因而促进了混合气的形成和燃烧。在燃烧过程中由于水的吸热作用可使最高燃烧温度降低，如水与油混合喷入可降低燃油密度，使最高燃烧温度进一步降低，因此 NO_x 排放减少。其缺点主要是气缸腐蚀增加，喷油泵、喷油嘴和柴油机的耐久性变差，油底壳内积水污染机油，冬季储水箱需防冻，并要求随负荷大小自动调节喷水量等。因此实用上还存在不少问题。

(2)乳化柴油

在柴油中掺水，即乳化柴油，由于其“微爆”作用，使其燃油雾化良好，并促使燃烧室内的空气形成强烈紊流，燃油与空气的分布更加均匀，生成的碳烟减少。水蒸汽的水煤气反应也使碳烟排放降低。另外，乳化柴油可降低最高燃烧温度，因此 NO_x 生成量减少。

柴油掺水乳化法同样存在着气缸腐蚀等问题，同时需要增加乳化剂开支和有关设备。

(二)排气后处理技术

对柴油机排气进行后处理的方法主要有催化法、水洗法、再燃烧法、文氏管净化法以及微粒捕集法等。目前只有氧化催化法和水洗法比较成熟，应用较普遍。车用柴油机的微粒捕集器正在开发之中，已研制的样品可降低柴油机微粒排放 50%～80%，但由于技术上和经济上尚存在一系列问题，目前尚未大量推广。

1. 催化法

氧化催化法是一种净化 CO 和 HC 的有效方法。由于它具有净化效率高、体积较小、结构简单、操作方便等优点，所以十几年来一直是国内外柴油机机外净化的主要方法。目前在隧道工程、地下矿等封闭空间作业的柴油机上已普遍使用。国外在柴油轿车及城市公交车辆上也有采用。

在柴油机上用还原催化法净化 NO_x 还比较困难。直到目前为止，还没有一种较为理想的还原催化剂用以净化 NO_x。

柴油机上使用的氧化催化剂与汽油机类似，大多采用铂(Pt)催化剂，国外有采用钯(Pd)催化剂的，我国正在开发适合柴油机用的含稀土催化剂。催化剂载体有小球状与蜂窝状两种。

催化剂的转化效率(净化率)取决于催化剂本身的理化性质及其使用的工作条件。在柴油机使用条件下，影响催化剂转化效率的主要因素是排气温度，而排温又随负荷而变化，因此负荷对催化剂的净化率便起了决定性的作用。实践证明，CO 及 HC 净化率随负荷的增加而迅速升高。在低负荷时，由于排温过低而净化效果较差。为了保证催化剂有足够的温度，应使催化箱的位置尽量靠近排气歧管，并尽可能避免柴油机在怠速下长期运转。

柴油机虽不像汽油机那样，排气中有铅化物* 而引起催化剂“中毒”、失去活性，但在柴油机上经常遇到的问题是低温时排气中的碳粒、焦油以及 SO_2 等附着在催化剂表面，降低活性。

---

* 汽油机采用无铅汽油时，排气中即无铅化物。

为此，必须避免低负荷或变工况下燃烧恶化，以致大量碳烟和燃油进入催化箱。对于失去活性的催化剂需要经过处理，烧掉覆盖于表面的碳粒与焦油，使催化剂再生。

柴油动力设备的催化转化器（催化箱或净化器）有多种结构形式，图 12—11 所示为地下柴油装载机常用的一种圆筒型催化箱。

催化箱一般用耐热不锈钢制成，外形为圆筒状，两端为锥形圆柱体，内腔中间隔成三个室。最内层为中心室，其次为催化反应室，最外层为外室。催化反应室内外壁用耐高温的多孔镍铬不锈钢板制成，板上再覆盖一层每平方英寸有数个孔（12 孔以上）的不锈钢丝滤网，构成带筛孔的圆筒，里面充填小球状催化剂形成催化床。当发动机工作时，废气首先进入中心室并在其中扩散，使夹带的较重固体状物质沉积下来，再经过带筛孔的圆筒进入催化反应室。通过环状催化床时与催化剂接触起氧化反应，在催化剂的作用下，废气中的部分有害成分迅速地向无害成分转化，最后经外室由排气口排出。

图 12—12 所示为德国小玛（Schöma）35t 及 45t 窄轨内燃机车上采用的 ECS 型催化箱，其结构及作用原理与前述者相似。

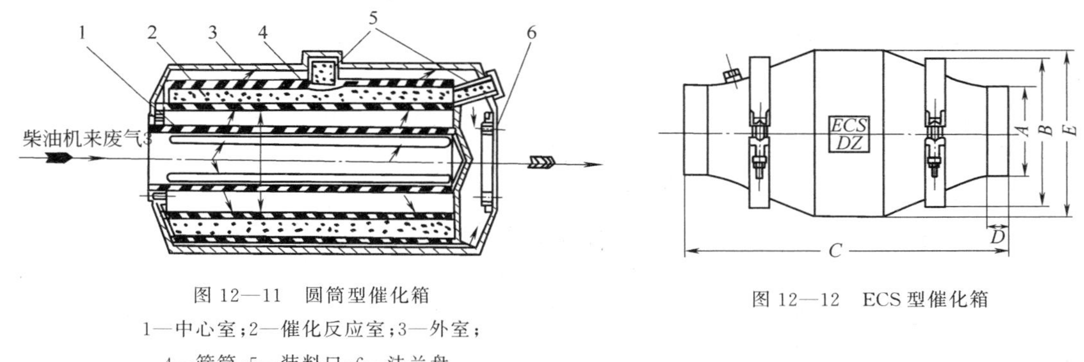

图 12—11　圆筒型催化箱

1—中心室；2—催化反应室；3—外室；4—筛筒；5—装料口；6—法兰盘。

图 12—12　ECS 型催化箱

在实际工作中，柴油机铂催化剂的装量可参照下列比例来确定；即每1 kW为0.136 L，或每1 kW为 0.081 6～0.109 kg。催化床厚度一般为 30～50 mm。

2. 水洗法

水洗法是一种溶液吸收的方法，它能有效地沉积碳粒，溶解和稀释 HC、醛类、SO_2 等有刺激性气味的气体，净化少量的 NO_x，同时能有效地降低排气温度、减轻废气排放的噪声，是地下柴油动力设备机外净化的一项重要措施。

水洗净化的方法有多种，常见的有水洗箱洗涤和喷水洗涤法两种。在地下用柴油机上多采用水洗箱洗涤法（如 Schöma 35 t及45 t窄轨内燃机车）。

水洗箱洗涤法多采用隔板式（又称挡板式或堵隔式）水洗箱。它是一种串联在排气管路中的水洗箱，能对柴油机排出的废气起到净化作用。隔板式水洗箱主要由扩散室、喷气管、隔板、排气室等组成，其净化原理如图 12—13 所示。

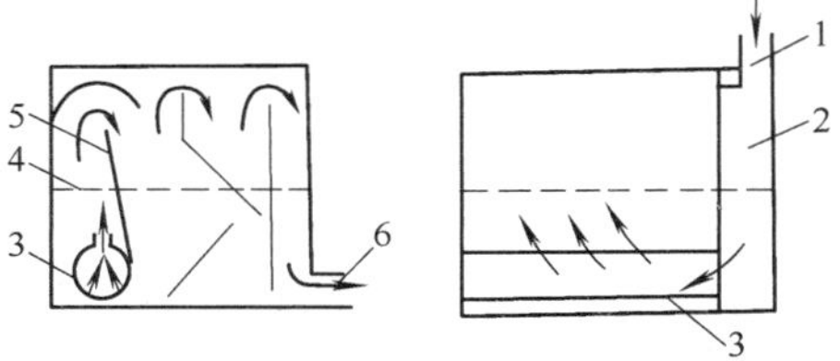

图 12—13　隔板式水洗箱示意图

1—废气入口；2—扩散室；3—喷气管；4—水面；5—隔板；6—废气出口。

由柴油机排气管（或催化箱）来的炽热气体，首先进入水洗箱扩散室 2，由于扩散室截面积比排气管大得多，故废气流速大大降低，并缓慢地进入喷气管 3。喷气管有许多小孔（或缝隙）把废气射入水中。炽热气体遇水即产生许多水蒸气并弥散在水洗箱上部空间。废气中的一部分有害物质被水溶解和稀释，细小的碳粒被水沉积。冲出水面的废气沿各隔板缓缓前进。由于前进道路被隔板分隔得迂回曲折，故废气与水蒸气又有足够的时间接触，使得有害物质能充分溶解和稀释于水蒸气。随着温度的下降，水蒸气与有害物质重新凝结为液体流回洗涤液中，另一部分水蒸气则随废气经出口排入大气。

水洗箱内隔板数目与柴油机功率有关，一般为 3～4 块以上。为了防止酸性物质的腐蚀，水洗箱一般用不锈钢制成。

一般根据柴油机功率决定水洗箱容水量(约为2.75 L/kW)和液面高度。

水洗箱中的洗涤液一般为清水。如在水中加入某些可溶性物质(称为洗涤剂)，则可以增加吸收有害气体的能力。原地矿部探矿工程研究所研制成一种 CJD 涤烟剂，这是一种以粘土为主的表面活性剂，加入水洗箱中与水混合成为一种具有一定粘度的胶体溶液。实践证明，CJD 涤烟剂是一种性能良好的碳烟吸附剂，具有良好的消烟除醛作用。

喷水洗涤的基本原理是将洗涤液喷成雾状，从而增加洗涤液与有害物质的接触面积，使吸收过程更加充分地进行，以达到净化的目的。喷水洗涤法有同向喷射洗涤和逆向喷射洗涤两种，图 12—14 所示为我国铁路施工中引进的意大利佩尔利尼(Perlini)DP205C 型自卸汽车采用的多喷嘴同向喷射洗涤净化系统。

这种净化装置是在不锈钢制的水洗箱内装置若干组喷管构成。每组喷管的构造如图 12—15 所示。发动机排出的废气由收缩的烟道 1(图 12—15)进入若干组喷管 2，从喷管 2 中高速射出，在吸水管 3 的出口处形成真空度，水洗箱 5(图 12—14)中的水在大气压力作用下从吸水管射出，并被高速气流喷射为细小的水滴，随同废气在水洗箱上方的旋流器内作旋流运动。废气中的可溶性有害气体与水滴接触并溶解于水中。碳烟微粒则在与水接触后凝聚为较大的颗粒，从而加速碳烟微粒的沉淀。较大的水滴与颗粒在离心力作用下被甩向导流板，然后流回箱底。净化后的废气由终排管排出。

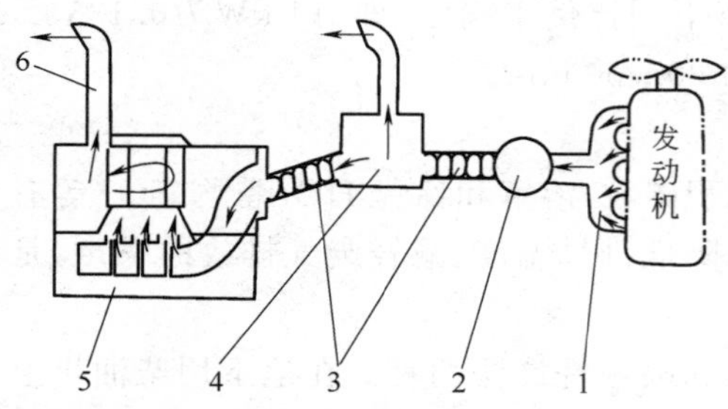

图 12—14 喷水洗涤净化系统

1—发动机排气管；2—真空切断阀；3—金属软管；4—分流阀；5—水洗箱；6—终排管。

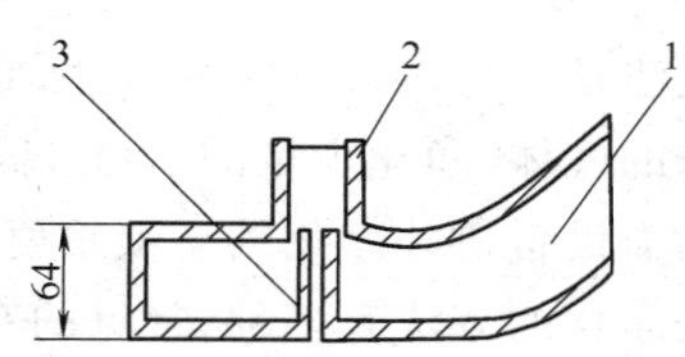

图 12—15 喷管构造

1—烟道；2—喷管；3—吸水管。

3. 综合净化法

综合净化法是将两种机外净化装置结合起来进行净化的方法。目前在地下柴油动力设备中多采用氧化催化法＋水洗法组成的二级净化系统，如图 12—16 所示。这种综合净化法的净化过程是：柴油机排出的废气先经过催化箱 1 被第一次净化，再导入水洗箱 3 被第二次净化。实践证明，这种净化方法不仅能同时起到上述两种净化装置的作用，而且由于经过催化箱后的 NO_2，其亲水性增加，因此 NO_2 的净化效果也有相应的提高。

柴油机排气管后面装设催化箱和水洗箱后，将引起排气背压增大，而水洗箱的阻力要比催化箱大得多。因此，在进行废气净化装置设计时，必须十分注意降低排气背压。

Schöma 35 t及45 t窄轨内燃机车即采用上述综合净化法。为进一步提高净化效果，经水洗箱出来的废气不是直接排入大气，而是进入一个废气分离器3中，废气经离心分离作用，较大的碳粒等杂质将沉淀下来。因此，分离器3应经常冲水清洗，否则分离器淤塞并使其净化效果变差。图12—17所示为Schöma 35 t及45 t机车的水洗净化装置。

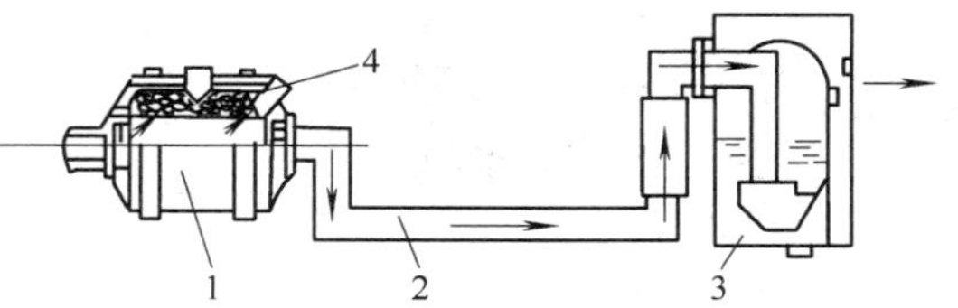

图12—16　催化箱＋水洗箱的二级净化系统
1—催化箱；2—管道；3—水洗箱；4—催化剂。

4. 排气微粒捕集器

目前正在开发的微粒捕集器有体积型和表面型两大类，前者被捕集的微粒沉积在过滤材料体内，后者则大部分沉积在表面上。

体积型微粒捕集器的滤芯用泡沫陶瓷、钢丝棉或陶瓷纤维筒等较疏松的材料制成。它们受热均匀，在热再生过程中不易损坏，但捕集效率不高，一般在50%～70%之间，特别在气流速度较高时效率下降；另一个缺点是阻力大，因而紧凑性不好。

表面型微粒捕集器主要用与汽油机三效催化剂整体蜂窝陶瓷载体类似的堇青石蜂窝陶瓷块作为滤芯。这种滤芯与催化剂载体的主要差别有：

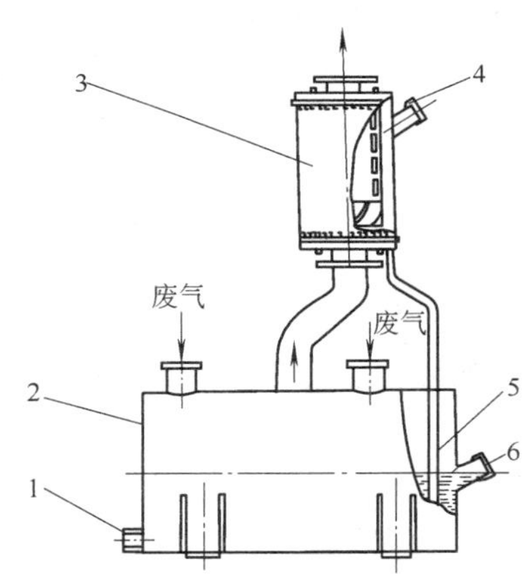

图12—17　Schöma机车水洗净化装置
1—排放口；2—水洗箱；3—废气分离器；4—冲洗嘴；5—排泄管；6—加水口。

(1)载体的蜂窝孔道是贯通的，其设置孔道的唯一目的是增加结构的几何表面积，因而流动阻力很小；而蜂窝陶瓷滤芯各相邻的两个孔道，一个在进口处被堵住，另一个在出口处被堵住。这样，柴油机排气从一个孔道流入后，必须穿过陶瓷壁面从另一孔道流出，结果排气中的微粒就被沉积在流入孔道的壁面上，实现表面过滤作用(图12—18)。

(2)催化剂载体为了获得尽可能大的几何表面积，蜂窝孔道密度较大(平均62孔/cm^2)；而蜂窝陶瓷滤芯为保证孔壁的机械强度和耐热强度，孔道密度较小，平均15.5孔/cm^2(100孔/in^2)，即孔道断面尺寸为2 mm×2 mm左右，壁厚为0.4 mm左右。

(3)催化剂载体的陶瓷材料当然也是多孔性的，但为保证在很薄的壁厚下有足够的强度，平均孔径较小，为0.7～1.0 μm；而蜂窝陶瓷滤芯为保证较大的透气性，以减小气流阻力，陶瓷材料有较大的多孔度(平均50%左右)，平均孔径在10～15 μm的范围内。虽然陶瓷材料平均孔径远大于柴油机微粒直径(绝大多数在0.3 μm以下)，但由于微孔分布很曲折，捕集机理除了机械拦截(粘附沉积)外，还有撞击和扩散，所以这种滤芯具有很高的捕集效率，从干净时的85%～90%到满载微粒时的90%～95%。图12—19所示为捕集器的捕集机理。

(1)拦截。微粒随气流运动，当它们与过滤材料接触时，被拦截在过滤材料上。微粒越大，拦截效果越好(图12—19a)。

(2)撞击。排气流中较大的颗粒，当气流遇到过滤材料改变方向时，离开气流撞击在过滤材料上而被捕集(图12—19b)。

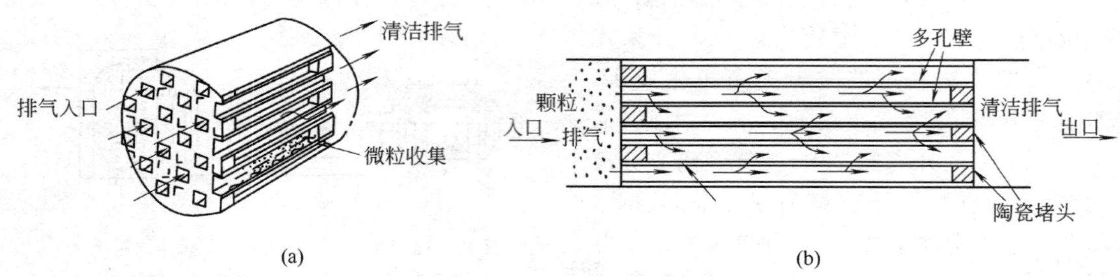

图 12—18 整体式蜂窝陶瓷捕集器
(a)用作捕集器滤芯的蜂窝陶瓷块；
(b)整体型壁流式捕集元件。

(3)扩散。排气流中较小的微粒，由于布朗运动会偏离气流运动方向。当它们与过滤材料接触时，就会被吸附在过滤材料上。扩散捕集的效果随微粒直径的减小、气流速度的降低以及排气温度的升高而提高(图 12—19c)。

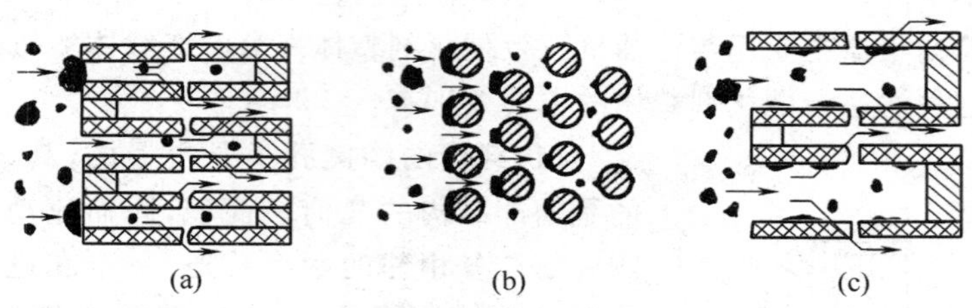

图 12—19 捕集器捕集机理
(a)拦截；(b)撞击；(c)扩散。

蜂窝陶瓷微粒捕集器捕集的微粒中也包括有机可溶成分 SOF，但这种主要由高沸点 HC 组成的 SOF 在排气温度升高时会重新挥发出来，向环境排放。如果在透气陶瓷壁面上加上氧化催化剂，则可以促使 SOF 氧化，降低柴油机的 HC 排放。

目前，柴油机微粒捕集器的捕集效果已通过蜂窝陶瓷滤芯的应用而解决。但捕集器中积聚的微粒会逐渐增加柴油机排气背压，影响柴油机的换气和燃烧，降低功率输出，增加燃油消耗，因而必须及时清除以恢复其低阻力特性，这个过程称为再生。由于柴油机微粒很大部分为可燃物，故定期将其烧掉是最简单可行的再生办法。不过尽管微粒是可燃物，但在含氧 5%以上的气氛中，在650 ℃温度下，也要2 min以上的时间才能完成燃烧，这样的条件在柴油机排气中很难实现。因此，可靠地再生已成为微粒捕集器开发的关键。

微粒捕集器最可靠的再生方法是定期(一般为每工作10 h左右)从柴油机排气管上拆下来，放在通风的控温电炉里将沉积的微粒烧掉。其缺点是使用麻烦，增加了操作人员的劳动强度，且捕集器要有备份以供轮流工作。

要在柴油机上实现微粒捕集器的再生，一般需要附加能源，例如用燃烧器加热、电阻加热或微波加热。

微粒捕集器目前尚不很成熟，如用于地下柴油动力设备和城市公交车辆，将会有一定的应用前景；而用于柴油轿车及轻型车，可能为时尚远。

第五节　低排放燃料

一、石油燃料的改善

1. 汽油的改善

汽油的辛烷值不足就不得不降低汽油机的压缩比，以避免爆燃，这就降低了汽油机的热效率，增加了 CO_2 排放；汽油的挥发性(雷德蒸汽压)会影响燃油蒸发排放；不完全燃烧的芳香烃对臭氧形成影响很大。因此，目前对汽油中各种成分的比例规定得越来越严格。

现代汽油中，辛烷值较低的以烷烃为主的直馏成分不到 20%，而且都是其中辛烷值相对较高的部分，如丁烷和异戊烷等。大部分直馏汽油都要进行催化重整(异构化和脱氢)，重整产物含有较多异构烷烃和芳香烃，辛烷值高，是无铅汽油的主要成分。

四乙铅作为提高汽油辛烷值的添加剂，由于铅对人体神经系统和三效(或氧化)催化剂的毒害作用而已经被禁用。取代铅有机化合物来提高辛烷值的添加物是一些含氧的有机化合物，如醇类和醚类，特别是甲基叔丁基醚(MTBE)，它在汽油中的体积分数可达 15%，而不影响汽油的其他特性，是无铅汽油最重要的添加物。燃油含氧能促进燃油不完全燃烧产物 HC 和 CO 的氧化，降低其排放。

现在开始推广所谓“改制汽油”或“新配方汽油”，其主要目标是降低污染物排放和减少形成臭氧活性高的成分(非甲烷有机气体 NMOG、CO 和 NO_x)。

2. 柴油的改善

柴油的十六烷值不足即着火性差，使滞燃期延长，预混合燃烧量过多，导致工作粗暴，噪声加大，NO_x 排放增加。

柴油机各种污染物的排放，一般均随燃油十六烷值的提高而下降。常规柴油的十六烷值在 40～50 之间，今后低排放柴油要求十六烷值在 55 以上。

柴油的芳香烃含量与十六烷值有逆变关系。芳香烃由于 C/H 比高、着火性差，使柴油机的 CO、HC 和微粒排放增加。低排放的改制柴油要求芳香烃体积分数在 10%以下。

低排放柴油要求降低含硫量，降低柴油含硫量就相应地降低了 SO_2 及微粒的排放量。

曾在柴油中加入少量碱土金属或过渡金属(Ba、Ca、Fe 等)的有机酸盐，可显著降低柴油机排气烟度，这类添加剂称为消烟剂。但进一步的研究表明，虽然可见的烟度通过添加消烟剂而下降，但微粒的质量排放量往往反而增加，加上大多数这类金属对人体有害，所以现在不推荐使用消烟剂。

二、代用燃料与排放

根据已探明的世界石油蕴藏量和今天的石油消耗量，估计最多可满足人类对石油 50～100 年的需求。到 21 世纪中期，石油的代用能源将在能源结构中扮演重要角色。

应用代用燃料的另一个重要原因是减少环境污染，特别是降低造成大气温室效应的 CO_2 排放。因此，在太阳能作用下获得的二次能源，如植物能源以及氢和电就很有发展前景。在大城市中，使用排放 CO、HC 和 NO_x 较低、产生臭氧较少的代用燃料和电动汽车可改善局部环境。

较有前途的内燃机代用燃料有植物油、天然气、醇类燃料、氢、电等。除了天然气直接取自一次能源外，其余都取自植物、煤炭、太阳能、水能、风能、核能等。

三、气体燃料及其应用

目前，在内燃机上使用的气体燃料有天然气、液化石油气、沼气、焦炉煤气、高炉煤气等，其中以压缩天然气（CNG——Compressed Natural Gas）和液化石油气（LPG——Liquefied Petroleum Gas）为主。CNG 及 LPG 发动机的最大优点是燃料费用与污染物排放低。以 CNG 汽车为例，与汽油车相比，NMHC（不含甲烷的未燃碳氢化合物）排放可下降 70%左右，NO_x 排放下降 40%～50%，CO 排放下降 20%以上。

1. 液化石油气（LPG）

在石油加工过程中的石油蒸汽中，有一部分较重的烃类（在天然气中也有小部分），在平常的温度下，可用不大的压力（约0.6 MPa），即可将它变为液体，这种气体称为液化石油气（LPG），把它储存于储气瓶等容器内可供发动机使用。

LPG 的主要成分是丙烷和丁烷，发动机用的 LPG 一般是纯丙烷或丙烷与丁烷的混合物。LPG 发动机的主要技术特点如下：

（1）汽化温度低。常温下，石油气在 0.2～0.6 MPa的压力下即可液化（随组分不同而定）。因此，液化石油气的汽化较为容易，与空气混合的均匀性大大优于汽油，有利于燃料的完全燃烧。

（2）LPG 的燃烧特性与汽油相当，其热值略高于汽油。

（3）LPG 的辛烷值高，抗爆性能优于汽油，故允许采用较高的压缩比，有利于提高发动机的热效率。

（4）汽化的 LPG 对发动机的充量系数有不利影响，因此简单改装后的气体燃料发动机的功率会有所下降。

2. 天然气（NG）

NG 的主要成分是甲烷，它的存储方式主要有两种：一是直接将其压缩至特制的容器中（压力为20 MPa左右），再经减压器减压后供给发动机；二是将天然气液化后（液化天然气 LNG）存入压力容器内，使用时经汽化减压后供给发动机。甲烷的临界温度为－82.5 ℃，故只能采用低压（或略高于常压）和低温（－160 ℃左右）储存，因此 LNG 的储运要求较高，相应的成本也较高。相比之下，压缩天然气（CNG）的应用要比液化天然气（LNG）方便和广泛得多。

CNG 发动机的主要技术特点如下：

（1）CNG 发动机的排放指标及经济性要优于 LPG 发动机。同时，由于天然气资源十分丰富，CNG 发动机具有更广阔的发展前景。

（2）CNG 的辛烷值比较高，抗爆性好，许用压缩比高，因此 CNG 可用于点燃式发动机，也可用于压燃式发动机。

（3）CNG 的能量密度较小，CNG 汽车的续驶里程低于 LPG 汽车。

目前，LPG 与 CNG 作为内燃机的代用燃料，大多是在常规汽车上采用加装气体燃料供给系统的方法来实现的。这种方法没有充分发挥 LPG（CNG）的潜力，但具有燃料灵活性的优点。LPG 及 CNG 的大规模使用取决于气体燃料的价格、环境保护的要求和供气网络的建立和完善，但可以预见，CNG（LPG）发动机将得到进一步的发展。目前在城市（如北京市）的公交汽车上和对环境保护要求严格的地区（如某些旅游风景区）已开始推广使用。

第六节　内燃机排放标准

内燃机排放标准(又称排放法规)是为实现大气环境质量标准,对内燃机污染物排放作出的限制,其作用是直接控制内燃机排出的污染物排放量,以防止大气污染。

一、国外的排放标准

从20世纪60年代开始,世界各国及地区相继以法规形式对车用内燃机排放物予以强制性限制。领导这一潮流的是汽车最多的美国,然后是日本和欧洲各国。目前,各国排放法规中对排放测试装置、取样方法、分析仪器等方面,大都取得了一致,但测试规范(车辆的行驶工况或内燃机的运转工况组合方案)和排放量限值仍有很大差异。我国将逐步等效采用欧洲的排放法规体系。表12—4～表12—7为美国和欧洲的汽车排放标准。

表12—4　美国轻型车排放限值③　单位:g/km

保证里程(km) \ 排放物	CO	NO_x①	NMHC	PM②
80 000	2.11	0.25	0.16	0.03
160 000	2.61	0.37	0.19	0.04

注:①按NO_2的分子质量算得的值;

②微粒排放只用于柴油车;

③美国1994年开始实行。

表12—5　欧洲轻型车排放限值①　单位:g/km

法　规	生效日期	汽油车			柴油车			
		CO	HC	NO_x	CO	HC	NO_x	PM
欧洲Ⅰ	1992年	2.72	0.97		2.72	0.97		0.14
欧洲Ⅱ	1995年10月	2.2	0.50		2.2② 1.0③	0.50② 0.90③		0.08② 0.10③
欧洲Ⅲ	2000年	2.3	0.2	0.15	0.64	0.56	0.50	0.05
欧洲Ⅳ	2005年	1.0	0.1	0.08	0.50	0.30	0.25	0.025

注:①表列值为新车型型式认证限值,对新产品一致性质量检验限值为表列值的1.2倍;

②间喷式柴油机;

③直喷式柴油机。

表12—6　美国重型车用柴油机排放限值　单位:g/(kW·h)

生效日期	CO	HC	NO_x	PM
1994年	20.8	1.74	6.7	0.13
1998年	20.8	1.74	5.4	0.13

表 12—7 欧洲重型车用柴油机排放限值 单位:g/(kW·h)

排放标准	欧洲Ⅰ	欧洲Ⅱ	欧洲Ⅲ①	欧洲Ⅲ
测试循环	ECE R49	ECE R49	ESC④	ETC⑤
生效日期	1992 年	1996 年	2000 年	2000 年
CO	4.5	4.0	2.1	5.45
HC	1.1	1.1	0.66	—
NMHC	—	—	—	0.78
CH_4	—	—	—	1.6
NO_x	8.0	7.0	5.0	5.0
PT	0.36/0.61②	0.15/0.25③	0.10/0.13③	0.21③

注:①还有动态烟度限值 $0.8m^{-1}$;

②适用于标定功率不大于85 kW的柴油机;

③适用于单缸工作容积小于0.7 L、标定转速大于 3 000 r/min 的柴油机;

④欧洲稳态标准测试循环;

⑤欧洲瞬态循环。

二、我国的排放标准

我国从 1981 年开始制订标准,于 1983 年颁布了国家汽车排放标准 GB3842～3847—83,该标准于 1984 年 4 月开始实施。其中,GB3842～3844—83 分别为四冲程汽油机新车和在用车怠速时的排放标准、柴油车自由加速时的烟度标准、柴油机全负荷时的烟度标准。GB3845～3847—83 为与上述标准相对应的测量方法。

1987 年我国制订了适用于汽车、工程机械、地下矿、隧道工程及机车等用途的《柴油机排放限值》(GB_n* 267—87)及其相应的试验方法。GB6456—86 为《柴油机排放试验方法——第 1 部分:汽车及工程机械用》,GB8189—87 为《柴油机排放试验方法——第 2 部分:地下矿、机车、船舶及其他工农业机械用》。表 12—8、表 12—9 为《柴油机排放限值》(GB_n267—87)。

表 12—8 汽车、工程机械等用途柴油机排放限值 单位:g/(kW·h)

柴油机配套用途	CO	NO_x	HC
汽车及其他专用道路运输车辆	34	18	3
工程机械		20	

表 12—9 地下矿、隧道工程用柴油机排放限值 单位:$\times10^{-6}$

CO	NO_x
1 500	1 000

注:柴油机 HC 排放量较少,国外地下矿也不计测 HC 组分,而且由于缺少符合要求的 HC 测试仪器,因此暂不考核 HC 指标。

此后,1989 年我国又制订了 GB11641—89《轻型汽车排气污染物排放标准》及其对应的测试方法 GB1642—89《轻型汽车排气污染物测试方法》。

* GB_n——国家标准(内部发行)。

前几年执行的汽车大气污染物排放标准是1993年11月批准、1994年5月开始实施的排放标准。该标准包括:《轻型汽车排气污染物排放标准》(GB14761.1—93)、《车用汽油机排气污染物排放标准》(GB14761.2—93)、《汽油车燃油蒸发污染物排放标准》(GB14761.3—93)、《汽车曲轴箱污染物排放标准》(GB14761.4—93)、《汽油车怠速污染物排放标准》(GB14761.5—93)、《柴油车自由加速烟度排放标准》(GB14761.6—93)、《汽车柴油机全负荷烟度排放标准》(GB14761.7—93)等7项标准和对应的测量方法。

GB14761.1～GB14761.7—93为我国现行标准中最为全面的一个国家排放标准。虽然在污染物排放限值方面比美、欧、日等国宽松得多,但测量方法却是大同小异的。

1999年3月,国家技术监督局又颁布了4项比现行汽车排放标准加严了80%的新国家标准,并于2000年起开始实施。这4项标准分别是《汽车排放污染物限值及测试方法》(GB14761—1999)、《压燃式发动机和装用压燃式发动机的车辆排气污染物排放限值及测试方法》(GB17691—1999)、《压燃式发动机和装用压燃式发动机的车辆排气可见污染物排放限值及测试方法》(GB3847—1999)、《汽车用发动机净功率测试方法》(GB/T17692—1999)。这4项标准采用了联合国欧洲经济委员会排放法规体系,限值为欧洲20世纪90年代初期水平。

表12—10　车用压燃式发动机排气污染物排放限值(型式认证试验①时)

单位:g/(kW·h)

实施阶段	实施日期	一氧化碳(CO)	碳氢化合物(HC)	氮氧化物(NO_x)	颗粒物(PM)	
					≤85 kW②	>85 kW②
1	2000.9.1	4.5	1.1	8.0	0.61	0.36
2	2003.9.1	4.0	1.1	7.0	0.15	0.15

①"型式认证试验"指制造厂应提交该厂生产车型的代表车辆1辆,按试验规范要求进行试验;

②指发动机功率。

表12—11　轻型汽车污染物(型式认证Ⅰ型试验时⑦)**排放限值**　　单位:g/km

车辆类型	基准质量④ RM/kg	限值						
		一氧化碳(CO)L_1		碳氢化合物+氮氧化物($HC+NO_x$)L_2			颗粒物①(PM)L_3	
		点燃式发动机	压燃式发动机	点燃式发动机	非直喷压燃式发动机	直喷压燃式发动机	非直喷压燃式发动机	直喷压燃式发动机
第一类车⑤	全部	2.72		0.96		1.36②	0.14	0.20②
第二类车⑥	RM≤1 250	2.72		0.97		1.36②	0.14	0.20③
	1 250<RM≤1 700	5.17		1.40		1.90③	0.19	0.27③
	RM<1 700	6.90		1.70		2.38③	0.25	0.35③

注:①只适用于以压燃式发动机为动力的车辆;

②表中所列的以直喷式柴油机为动力的车辆的排放限值的有效期为2年;

③表不所列的以直喷式柴油机为动力的车辆的排放限值的有效期为1年;

④基准质量RM指,整车整备质量加100 kg质量。

⑤第一类车指设计乘员数不超过6人(包括司机),且最大总质量≤2.5 t的M_1类车(M_1类车指至少有4个车轮,或有3个车轮且厂定最大总质量超过1 t,除驾驶员座位外,乘客座位不超过8个的载客车辆);

⑥第二类车指GB18352.1—20001标准适用范围内除第一类车以外的其他所有轻型汽车;

⑦Ⅰ型试验指排气排放物试验。

2001 年 8 月 30 日，国家环保总局发布：从 2001 年 9 月 1 日起，我国正式实施新的机动车国家排放标准。新标准的排放控制水平相当于欧洲 1992 年实施的 Ⅰ 号排放法规水平。与老标准相比，柴油车排放污染降低了 10%～30%，轻型汽油机排放污染降低了 80%左右。

该标准规定，自 2001 年 9 月 1 日起，所有新生产的装用压燃式发动机的大于3.5 t的重型车辆及车用发动机（包括柴油车和柴油与天然气混烧的客车及货车），都必须满足 GB17691—2001《车用压燃式发动机排气污染物排放限值及测量方法》（见表 12—10）的要求；自 2001 年 10 月 1 日起，所有新生产的3.5 t以下的轻型车（包括客车和货车）都必须满足 GB18352.1—2001《轻型汽车污染物排放限值及测量方法（Ⅰ）》（见表 12—11）的要求。不能达标者，停止生产。

2001 年 7 月，我国北京市获得 2008 年奥运会主办权，随着对大气环境质量要求的日益严格，预计日后我国将在机动车排放法规方面进一步加严。

第七节 内燃机的噪声及其控制

一、噪声的基础知识

机械振动在介质（空气、液体或固体）中传播，介质的压力产生周期性变化，其频率在 20～20 000 Hz以内，人耳可以听觉到，这样的压力波就叫做声音。从物理性质上来说，噪声是各种频率与声强不同的声音无规律的组合。

声波是疏密波。物体振动时使周围的空气时而变密，时而变稀。空气变密时压强升高，空气变稀时压强降低。由于机械振动使空气压强产生的变化称为声压。正常人耳能听到的频率为1 000 Hz的纯音最低声压为 2×10^{-5} Pa，称为听阈声压。当频率为1 000 Hz的纯音声压达到20 Pa时，耳膜就感到疼痛，称为痛阈声压。从听阈到痛阈，声压相差 100 万倍。用声压的绝对值来衡量声音的强弱很不方便，因此采用声压的对数比例——声压级来表示声音的强弱，实验证明，这和人耳的感觉也很相符。

声压级 L_p 的定义为：

$$L_{\mathrm{p}}=20\lg\frac{p}{p_{\mathrm{r}}}\quad[\mathrm{dB(A)}]$$

式中 p——实际声压；

p_{r}——基准声压，国际基准声压为 2×10^{-5}(Pa)。

声压级越高，声音就越响。但是在一台机器周围的某一点测定的声压，不仅与该机器所辐射的声波能量有关，还与机器所在的环境有关。环境不同，声波反射的情况就不同，因此在某一点测定的声压级也不同。此外，在一台机器周围的某一点测定的声压还与其他的噪声源有关。由于以上原因，现在国家标准规定以声功率级取代过去采用的声压级作为评定噪声强弱的单位。

声功率级 L_{W} 的定义为

$$L_{\mathrm{W}}=10\lg\frac{w}{w_{\mathrm{r}}}\quad[\mathrm{dB(A)}]$$

式中 w——声源声功率，即声源在单位时间内辐射的总声能量；

w_{r}——基准声功率，国际基准声功率为 10^{-12}(W)。

声功率级不能直接测量。通常采用声级计测定声压级，再通过计算求出声功率级。

由于工业与交通运输的发展，我国城市噪声日益严重，它同大气污染一样，成为一大公害。噪声对人体健康极为有害，它使人容易疲劳。长期暴露在强烈的噪声下可引起心血管、消化与神经系统的各种疾病。

内燃机是城市噪声的主要来源之一。内燃机噪声可分为燃烧噪声、机械噪声和气体动力噪声3种。图12—20所示为内燃机噪声源示意图。

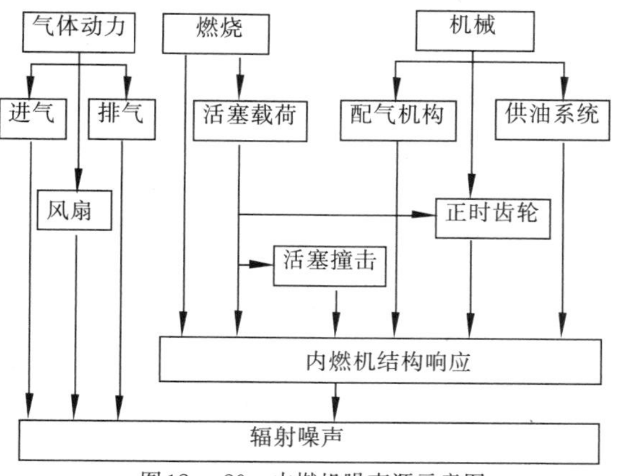

图12—20　内燃机噪声源示意图

二、噪声源及其控制

1. 燃烧噪声

内燃机中的燃烧反应速度是很快的，具有爆炸的性质。柴油机在着火时，相当数量的可燃混合气同时燃烧，在极短的时间内生成大量高压高温的燃气，猛烈冲击燃烧室壁，使燃烧室壁产生振动，这种振动传输到与燃烧室相连的所有零件，结果使整个发动机的外廓表面都向外辐射燃烧噪声。

汽油机的正常燃烧是靠火焰传播完成的，火焰面由小逐步增大，燃料放热速度也由小到大，因此汽油机工作较为柔和，其燃烧噪声比柴油机小得多。

燃烧噪声的强弱主要决定于燃烧过程的压力升高率$\frac{\Delta p}{\Delta\varphi}$。$\frac{\Delta p}{\Delta\varphi}$越大，噪声越强。要降低$\frac{\Delta p}{\Delta\varphi}$，就要缩短滞燃期，减少滞燃期内形成的可燃混合气数量，为此，可采取以下措施：

(1)改善燃烧过程，适当减小喷油提前角，以缩短滞燃期。试验表明，喷油定时每迟后10 ℃A，噪声可降低6 dB(A)左右。但是推迟喷油通常引起功率下降，油耗率上升。

(2)采用间喷式燃烧室。涡流室发动机由于空气涡流强，可燃混合气形成条件较好，可以采用较小的喷油提前角，因此滞燃期缩短。此外，涡流室通常只有一条油束，着火中心较少，放热速度较慢，因此压力升高率$\frac{\Delta p}{\Delta\varphi}$较小。

由于预燃室温度高，预燃室发动机的滞燃期较短，因此$\frac{\Delta p}{\Delta\varphi}$也较小。

涡流室和预燃室在主、副燃烧室之间的通道都很小，产生很大的节流损失，因此主燃烧室内的$\frac{\Delta p}{\Delta\varphi}$较小，这是间喷式燃烧室噪声较小的主要原因之一。

(3)采用增压技术。柴油机采用增压技术后进气压力与温度提高，滞燃期缩短，$\frac{\Delta p}{\Delta\varphi}$下降，和相同功率的非增压发动机比较，燃烧噪声减小。

2. 机械噪声

机械噪声产生的原因是：(1)动配合零件之间在工作时发生撞击；(2)发动机由于惯性力不平衡而产生振动。

发动机动配合零件发生撞击的地方很多，例如：活塞敲缸；配气机构由于气门间隙产生撞击；曲轴与轴承撞击；传动齿轮在啮合时的撞击等。在发动机设计与制造时应力求减小动配合零件之间的间隙，在使用中应及时维修与调整，以减小由于动配合而产生的噪声。

惯性力不平衡使发动机产生振动。理论上平衡的发动机，由于制造与装配的误差，可能造成发动机实际上不平衡而产生振动。因此在装配与维修中应注意保证发动机的实际平衡。

扭转振动特别是强烈共振（主谐波共振）时，曲轴发生较大的扭转变形，同时曲轴上各点的角速度产生周期性的变化，从而破坏发动机的平衡，引起直线振动，产生强烈的噪声，在控制发动机噪声时，不能忽略这个问题。

由于往复惯性力与离心力的大小均与曲轴转速的平方成正比，而且当转速上升时，动配合零件撞击的频率增加，因此，机械噪声随发动机转速上升而加剧。

3. 气体动力噪声

气体动力噪声包括进、排气噪声与风扇噪声。

排气噪声是由于废气高速流过排气门流通截面处、在排气管中产生压力波动以及废气自排气管流出时对大气产生冲击而形成的。

非增压发动机进气流速很低，进气噪声很小。增压发动机进气噪声较强，产生噪声的原因是：①进气气流高速流过压气机和进气门流通截面处；②进气管中产生压力波动。

降低进、排气噪声的方法：①合理选择进、排气道，减小压力波动与气流速度并避免发生共振；②采用消声器。

风扇噪声是由于风扇叶片对大气的扰动造成的。风扇的转速越高，直径越大，风扇的风量就越大，对大气的扰动越强烈，因此噪声越大。此外，噪声的大小还与叶片的形状及材料有关。

控制风扇噪声的措施：①正确选择风扇叶片的形状和安装角，尽量减小风扇直径；②合理配置发动机冷却系统，提高换热效率，从而减少风量，以减小风扇直径；③采用不等距叶片分布，降低某些频率的峰值噪声；④安装硅油风扇离合器；⑤采用较大阻力的尼龙做叶片材料；⑥改善风冷柴油机导风装置的空气动力学特性；⑦采用可变安装角风扇，使叶片安装角随转速改变，从而减少功率消耗和所发出的噪声。

三、表面辐射噪声控制

噪声源的控制受到内燃机性能上的各种限制，其降噪量有限，技术难度较大。根据噪声辐射的传播途径，也可从结构上采取措施。表面辐射噪声的声功率与表面振动功率成正比，而后者与介质的阻抗特性、振动表面积、振动速度有关。因此可以改变传递介质的阻抗特性、减少辐射表面积、降低振动速度来减少表面辐射噪声。若采取上述措施后仍不能满足要求，则应考虑隔声措施。如增加机体刚度、增加表面振动阻尼、减小机体辐射表面积、隔振和隔声等。

世界各主要国家都用法规对汽车、内燃机的噪声进行控制。我国现行的噪声限值标准为GB1495—79《机动车辆允许噪声》和GB1496《机动车辆噪声测量方法》、GB14097—1999《中小功率柴油机噪声限值》、GB15739—1995《小型汽油机噪声限值》及QC/T471—1999《重型汽车柴油机技术条件》等。

第八节　电磁波公害

汽车及车用汽油机产生的电磁波是无线电通信和电视广播的主要干扰源。它来源于发动机的点火系（来自分电器和火花塞）和各种电机（如发电机、雨刷电机、空调电机等）。

实践表明，汽车电路系统，尤其是点火系统工作时，会向汽车四周空间辐射出频率范围很宽的电磁波(通常为 0.15～1 000 MHz),影响安装在汽车上及周围数百米处的无线电接收装置的正常工作。

为防止汽车电器对无线电接收机的干扰,除接收机本身要采取一定的防干扰措施外,有效的方法是对干扰源采取抑制措施:

1. 加接阻尼电阻和电容器。在点火装置的高压电路中串入阻尼电阻(一般是用高压阻尼点火线);在低压电路中有火花产生的电器装置上加旁路电容 C 和 C_1。图 12—21 所示方案在一般民用车辆上已可满足要求。C 值一般为 0.05～0.5 μF,C_1 值一般为 0.5～2.0 μF。

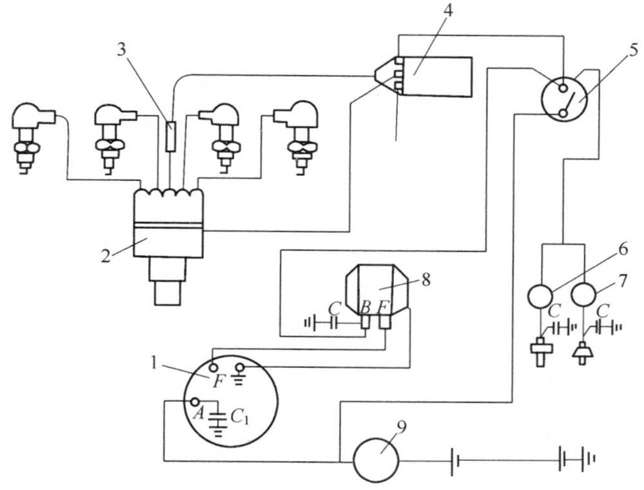

图 12—21　民用车辆的防干扰装置

1—交流发电机;2—分电器;3—阻尼电阻;4—点火线圈;5—点火锁;6—水温表;7—油压表;8—调节器;9—电流表。A—电枢;B—蓄电池;C、C_1—旁路电容;F—磁场。

2. 用金属物体屏蔽。对通信车辆,需将分电器和点火线圈用金属物体屏蔽,将高压导线用防波套屏蔽,并装用屏蔽式火花塞。也可以用整体的金属罩把整个点火系统屏蔽起来,对产生干扰电磁波的低压电器附近的导线加防波套及滤波器。图 12—22 所示为采用金属物体屏蔽的方法之一。其中 C_1 值一般为 0.5～2.0 μF,C_2 值一般为 0.05～0.5 μF。

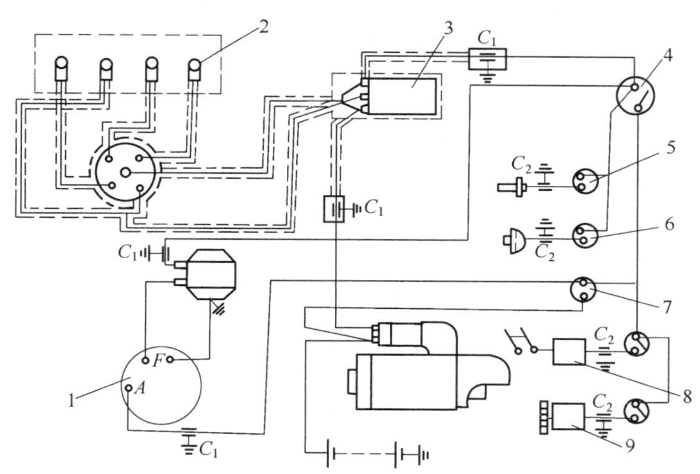

图 12—22　通信车辆的防干扰装置

1—交流发电机;2—屏蔽式火花塞;3—点火线圈;4—点火锁;5—水温表;6—油压表;7—电流表;8—刮水电动机;9—暖风电动机;A—电枢;C_1、C_2—旁路电容;F—磁场。

如果把上述两种抑制措施结合起来,效果就会更好。

3. 对各种电机,采取与对一般电器部件相同的措施来防止干扰。

世界各主要国家都用法规对汽车的电磁波进行控制,我国的控制标准为 GB14023—92《车辆、机动船和电火花点火发动机驱动的装置的无线电干扰特性的测量方法及允许值》。

第十三章　内燃机的试验

内燃机试验是内燃机生产和科研工作中，评定内燃机性能的重要环节。它对进行内燃机工作过程的研究，提高内燃机整机及各系统零件的工作性能，使用寿命，以及推动内燃机工业的发展具有十分重要的意义。

内燃机试验一般是在试验室内通过内燃机试验台进行台架性能试验，也可在装在机械的情况下，通过实际使用进行装机性能试验。

第一节　内燃机试验的分类及测量参数

一、试验的分类

根据试验的目的不同，内燃机试验可分为 3 类：

1. 性能试验

该试验目的是对新产品或经重大改进的内燃机进行全面的性能测试，以评定其性能指标是否符合有关标准及设计要求。

全面的性能试验一般包括有起动性能、负荷特性、速度特性、调速特性、怠速特性、万有特性、机械效率和各缸均匀性试验、标定工况下的稳定性试验，排放分析及噪声测定以及可靠性、耐久性试验等。

2. 检查性试验

该试验目的是对内燃机产品质量进行检查，一般包括有出厂试验、及定期抽查试验。

3. 单项专题试验

它是对内燃机进行研究性的专门试验，其试验内容很广泛，根据研究工作的内容来进行。有些试验，除采用一般性的设备外，还需配置一些特殊装置和仪器。

二、试验的测量参数

在内燃机试验中随着试验的不同要求，测量的项目是多种多样的，不尽一致，所需测量的参数也很多。有些参数可以直接测量得到，有些参数则用直接测量得到的参数值，经计算得出。试验的测量参数及其精度要求见表 13—1。

表 13—1　内燃机性能试验的测量参数及精度

测　量　参　数		单　位	要求测量精度
环境状况	大气压力	Pa	±133.322 Pa
	温度	K	±0.2%
	湿度	%	

续上表

测　量　参　数		单　位	要求测量精度
有效功率	有效扭矩	N·m	±1%
	转速	r/min	±0.5%
燃料消耗量		kg/h	±1%
空气消耗量		kg/h	±2%
进气系统	温度	K	±1.5%
	压力	kPa	±1%
排气系统	温度	K	±1.5%
	压力	kPa	±1.5%
润滑系统	温度	K	±2.5%
	压力	kPa	±2.5%
冷却系统	温度	K	±2.5%

第二节　内燃机功率、转速、燃油消耗率的测量

标志内燃机性能的主要指标有效扭矩 M_e、有效功率 N_e 表明了动力性。燃料消耗率 g_e 表明了经济性。对于内燃机性能试验，主要测量上述参数。

一、有效功率的测量

内燃机的有效功率 N_e，由公式 $N_e=M_e\cdot n/9\,550$(kW)可知，在测定有效扭矩 M_e(N·m)及输出轴的转速 n(r/min)后，即可得出有效功率。

在内燃机试验台上，通常采用测功器来测量。测功器由制动器、测力机构及测速装置等部分组成。测功器按制动器工作原理的不同来分类，分为水力测功器，电力测功器、机械测功器、空气动力测功器。常用的是水力测功器和电力测功器。

1. 水力测功器

水力测功器的主体是水力制动器，基本原理是利用水分子间相互摩擦，吸收内燃机输出的扭矩。其外形见图 13—1，有测功器主体 4、摆锤式测力机构 1、测速装置 9、及底座 10 等部分。测功器主体(吸收扭矩)结构见图 13—2 所示，外壳由上壳 7、下壳 16 及左、右侧壳 12 构成空腔，左、右侧壳外端各装有端盖 4，端盖 4 装有滚动轴承 14，使定子可绕轴线摆动。转子 8 装在测功器轴 1 上，架在滚动轴承 13 上。

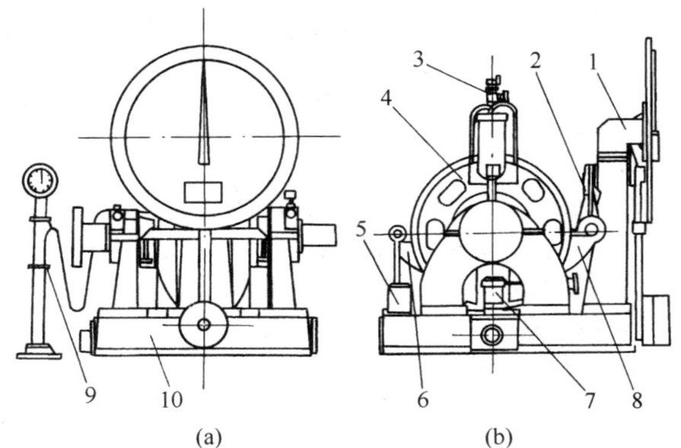

图 13—1　D 系列水力测功器外形图
(a)正视图；(b)侧视图。
1—测力机构；2—连接杆；3—进水阀；4—测功器主体；5—减震器；6、8—耳环；7—排水阀；9—转速表；10—底座。

进行试验时，将内燃机的输出轴与测功器轴联接，打开进水阀，水流进入测功器内的空腔。内燃机运转后，带动测功器的转子转动，转子上搅水棒，搅动水流形成环形涡流圈，水流与外壳内壁和阻水柱摩擦，形成阻力矩，与内燃机输出扭矩对应。作用在外壳的力矩，使外壳偏转，通过测力机构，可测出其作用力矩，即为内燃机的有效扭矩。由于水流吸收的功率，转换为热能，水温上升，要使水流循环散出热量，使水流出口处温度保持在50～60℃。调节水流量，可改变测功器内的水面高度，适应内燃机功率变化。

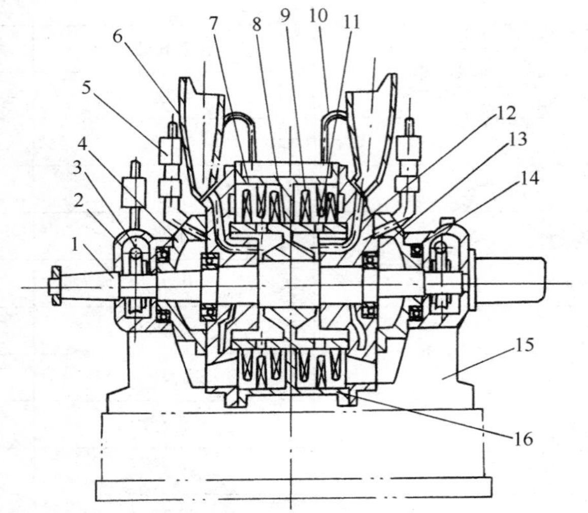

图 13—2　D系列水力测功器结构简图

1—测功器轴；2—轴承盖；3—蜗轮蜗杆；4—端盖；5—油杯；6—水斗；7—上壳；8—转子；9—搅水棒；10—通气管；11—阻水柱；12—侧壳；13—轴承；14—轴承；15—轴承座；16—下壳。

水力测功器的工作范围见图 13—3。图中 A、B、C、D、E 线段围成的面积即为测功器的工作范围，所测试内燃机的外特性曲线应在测功器的工作范围内。二者需选择匹配合适。

2. 电涡流测功器

电涡流测功器由电涡流制动器和测力机构组成。电涡流制动器的结构图见图 13—4 所示。

电涡流制动器有转子部分、摆动部分、和固定部分。转子部分是以转子轴 1 带动转子盘 3 转动。摆动部分有涡流环 7、励磁线圈 6 和外环 5。固定部分有底座 18 和支架 2。

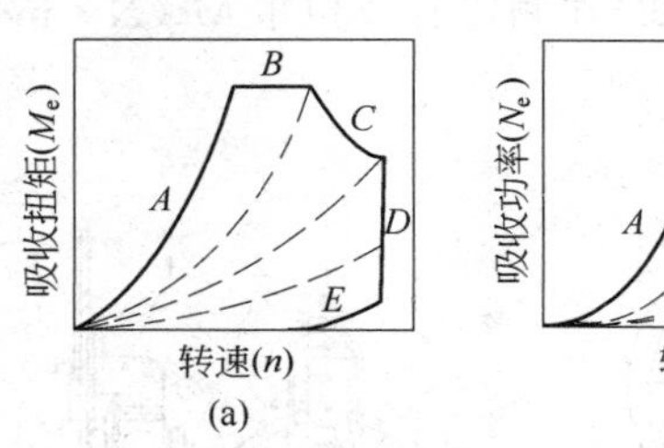

图 13—3　水力测功器工作范围图

线段 A—最大负荷调节位置（测功器内充满水）；线段 B—最大扭矩下；线段 C—最大功率下（最大允许出水温度）；线段 D—最高限制转速下；线段 E—最小扭矩和功率（测功器内无水）。

当励磁线圈中，通入直流电时，产生磁场，磁力线通过转子盘、涡流环、摆动体外环和它们之间的空气隙而闭合。转子盘外圆上有均布的齿，槽相间，转子盘外圆上的空气隙宽、窄间隔均布。因此，转子盘外缘产生疏密相间磁力线。当转子盘转动时，疏密相间磁力线，与转子盘同步旋转。对于涡流环内表面上的任一固定点，穿过它的磁力线发生周期性变化，就产生了电涡流。

电涡流在励磁磁场作用下，受力方向与转动方向相同，使摆动体向转子转动方向偏转，摆动体对转子产生制动扭矩。此制动扭矩，由摆动体通过测力臂架 17 作用在扭矩传感器 16 上，将扭矩值信号输出。

转速信号是由装在电涡流制动器转轴上的测速齿盘 11，一般有 60 个齿，与对应安装的转速传感器 13 接收脉冲信号，输出转速信号。

内燃机输出的功率，可由测得的扭矩，转速，经测控系统"计算"后，由显示系统标出。

涡流环和转子盘都采用高导磁率，高电导率的纯铁制造，转子尺寸和质量与相同功率容量的直流电机要小得多，其结构简单，可在高转速下运行。

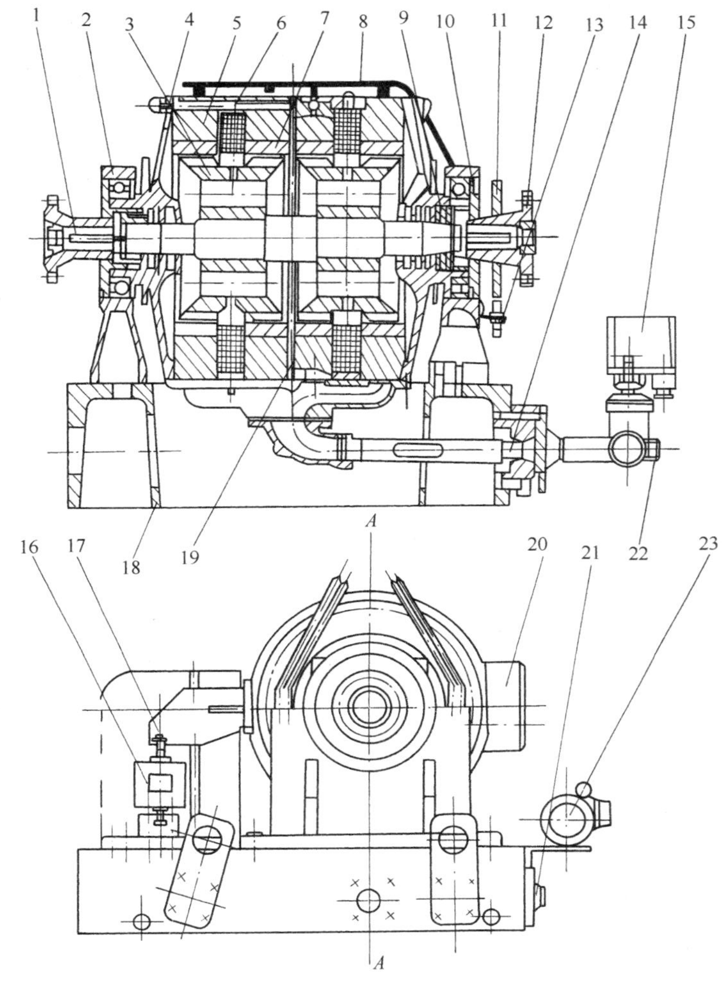

图 13—4　电涡流制动器结构图

1—转子轴；2—摆动体支架；3—转子盘；4—轴承座；5—外环；6—励磁线圈；7—涡流环；8—摆动排水管；9—主轴轴承；10—轴承端盖；11—测速齿盘；12—联轴节；13—转速传感器；14—摆动进水管；15—水压监测器；16—扭矩传感器；17—测力臂架；18—底座；19—通风环；20—配重块；21—出水口法兰盘；22—回水口；23—油泵。

电涡流测功器的工作特性如图 13—5(c)所示。从图中可看到，在低转速范围内，制动力矩随励磁电流 I 和转速的增加而迅速增大。当 I 值一定时，在达到一定转速后，扭矩几乎不再增加；当转速不变时，扭矩随 I 值增加而增大，在 I 值增大到励磁线路的磁通饱和时，扭矩则不再增加。

在进行内燃机试验时，内燃机扭矩曲线随转速上升至某一转速区间，单纯增减激磁电流 I，来保持转速一定进行试验是很困难的。因此，电涡流测功器，除了用手动调整励磁电流的控制方式外，多附加自动控制装置，使励磁电流随转速自动变化。

不少电涡流测功器采用等电流自动控制装置，装置的接线示意图见图 13—5(a)、(b)，使激磁电流保持一定，与转速，电源电压和励磁线圈电阻的变化无关，其工作特性曲线如图 13—5(c)所示。

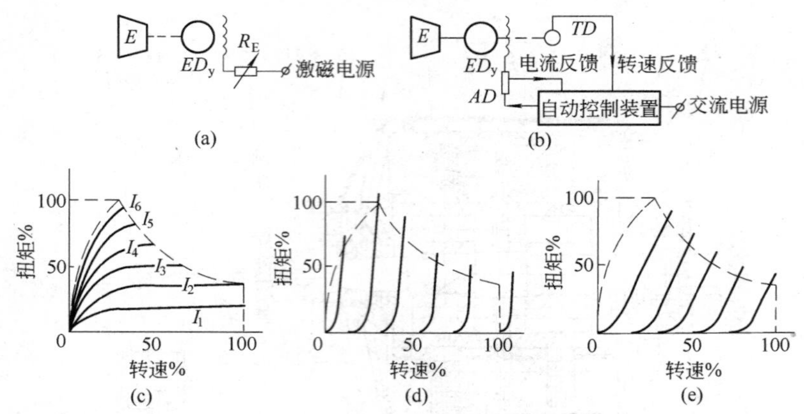

图 13—5 电涡流测功器的控制方式及其特性

(a)手动控制；(b)自动控制；(c)等激磁电流特性；

(d)等转速特性；(e)增压控制特性。

E—发动机；ED_y—电涡流测功器；R_E—激磁调节电阻；

TD—转速传感器；AD—电流传感器。

另有一种是自动等速控制方式。在测出转速偏离给定转速时，反馈到励磁回路中，使励磁电流急剧增减，保持恒定转速，其工作特性见图 13—5(d)。

第三种是增压控制方式，它使励磁电流与转速成正比增加，其增加比例及调整范围可任意设定，其工作特性见图 13—5(e)。

电涡流测功器所消耗的励磁功率很小，只需变动几个安培励磁电流就能自由控制吸收的扭矩，这样，便能方便地实现控制自动化。有利于实现按预定规范试验，和耐久性试验时无人操纵运转。

二、扭矩的测量

用扭矩仪来测量扭矩。其工作原理是通过测量轴(用特制的联轴节或利用实际的传动轴)传递扭矩时，产生的扭转变形来测定扭矩值。扭转变形(扭转角)的测量，可采用机械的、光学、或电测等方法。下面介绍两种常用的扭矩仪。

1. 相位差式扭矩仪

它是利用中间轴，在弹性变形范围内，其相隔一定距离的两截面上产生的扭转角相位差与扭矩值成正比的工作原理。其原理如图 13—6 所示。

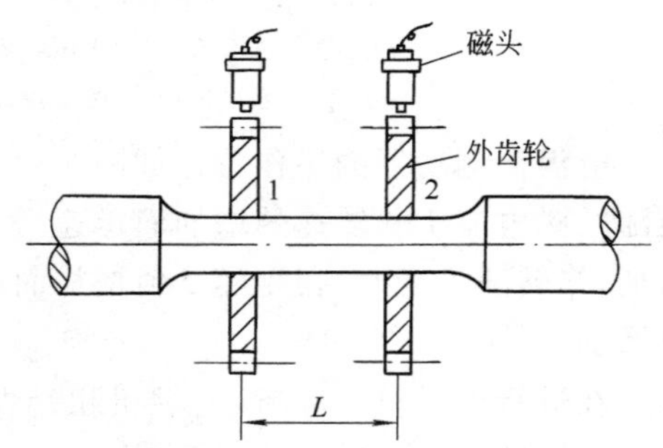

图 13—6 相位差式扭矩仪

在相距 L 的两截面上，装有两个性能相同的传感器，运转时，轴每转一圈，在传感器上产生一个脉冲信号，轴受到扭矩产生扭转变形，则从两个传感器上得到的两列脉冲波形间有一个与扭转角成正比的相位差。将此相位差，引入测量电路，经数据处理后，可显示其扭矩值。

2. 应变式扭矩仪

它是利用应变原理来测量扭矩，当转动轴受到扭矩时，只产生剪应力，在轴的外圆表面上的应力最大，两个主应力轴线成 45°或 135°夹角，把应变片粘贴在测点的主应力方向上测出应变值，由此能标示出扭矩值。

为了提高测量灵敏度，用 4 个应变片，按拉、压应力平均分配，4 个应变片组成全桥回路，保证测量为纯扭矩值。

三、转速的测量

测量转速的仪表种类较多。随着科学技术的迅速发展，现在多用非接触式的电子与数字化测速仪表来测量。这类仪表，体积小、质量轻、读数准确、使用方便，易于实现计算机屏幕显示和打印输出，能连续反映转速变化，能够测定内燃机稳定工况下的平均转速，也能测定在特定条件下的瞬时转速。

1. 磁电式转速传感器

如图 13—7 所示，它由齿轮和磁头组成。齿轮由导磁材料制成，有 Z 个齿，安装在被测轴上，磁头由永久磁铁和线圈构成，安装紧靠齿轮边缘约2 mm，齿轮每转一齿，切割一次磁力线，发出一次电脉冲信号，每转一圈，发出 Z 次电脉冲信号。磁电式转速传感器，结构简单，无需配置专门电源装置，发出的脉冲信号不因转速过高而减弱，在仪表显示范围内，可以测量高、中、低各种转速，它有广泛的使用场合。

2. 红外测速传感器

图 13—8 所示的是测量近距离用的反射式红外传感器，它利用红外线发射管发射红外线射向转轴，并接收从转轴反射回来的红外线脉冲，进行测速。这种传感器，可不受可见光的干扰。

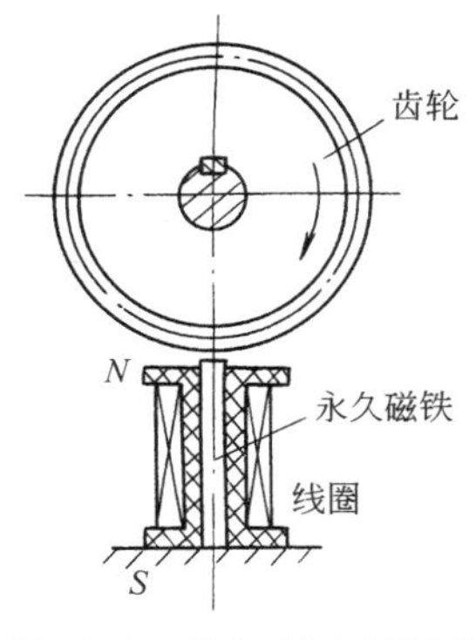

图 13—7　磁电式转速传感器

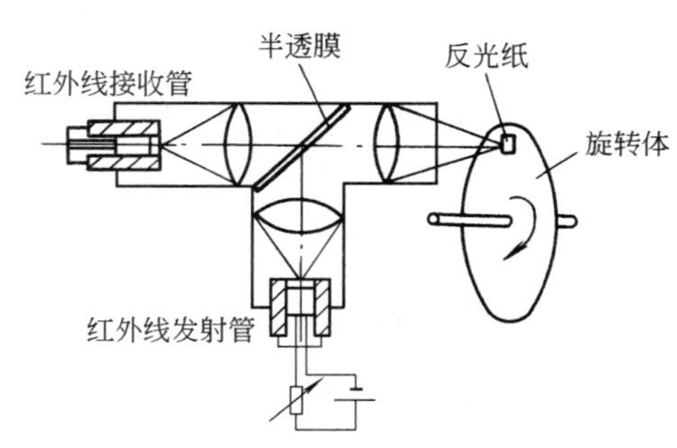

图 13—8　反射式红外传感器

四、燃油消耗率的测定

燃油消耗率是通过测定在某一功率下消耗一定量燃油所经历的时间，经计算后得到。常用的方法有称量法和容积法两种。

1. 称量法

它是测定消耗一定质量的燃油所经历的时间，其测量装置见图 13—9。试验中以天平来称量油杯中油量 m(g)，用秒表测定消耗 m(g)燃油所需经历的时间 t(s)，试验时，内燃机输出功率为 N_e(kW)。则以公式可求得燃油消耗率

$$g_e=\frac{m\times 3\ 600}{t\cdot N_e}\qquad \text{g/(kW}\cdot\text{h)}$$

2. 容积法

它是测定消耗一定容积的燃油所经历的时间。其测量装置见图 13—10，在玻璃量瓶 4 的细颈处均有刻线，表明各油泡内的容积量。

试验时，调整内燃机输出功率为 N_e(kW)稳定工况，用秒表测定消耗 V(cm^3)燃油所经历的时间 t(s)秒。以燃油比重 γ(g/cm^3)计算消耗燃油量为 m(g)($m=V\cdot\gamma$)。再以前述公式，可计算得出燃油消耗率 g_e 值。

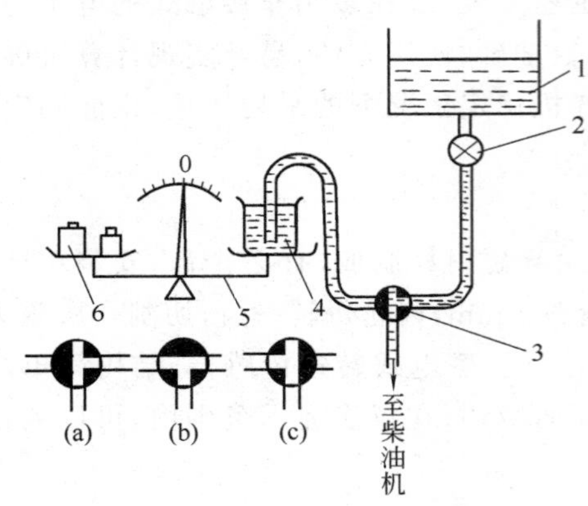

图 13—9 称量法测油耗示意图

(a)供油；(b)充油；(c)测量。

1—油箱；2—开关；3—三通阀；4—油杯；5—天平；6—砝码。

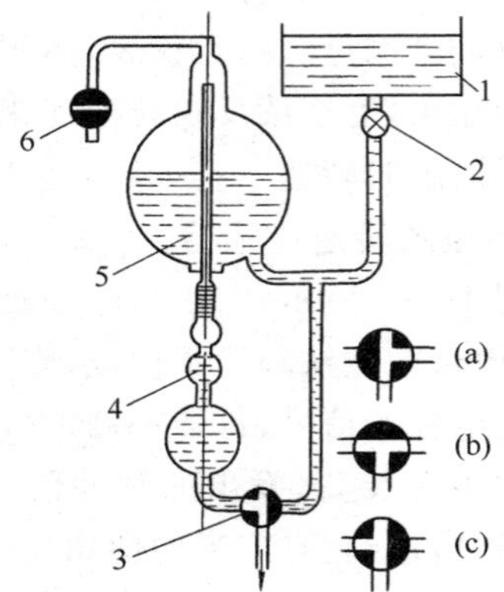

图 13—10 容积法测油耗装置简图

(a)供油；(b)充油；(c)测量。

1—油箱；2—开关；3—三通阀；4—玻璃量瓶；5—稳压泡；6—空气阀。

第三节 内燃机排放污染物试验规范

内燃机排放污染物分析，包括烟度、微粒和排气成份测定等内容，是防治内燃机排气污染和保护环境质量的重要问题。各国都对内燃机、汽车的排放提出了要求，并制订了有关的排放法规，且日趋严格(参见第十二章第六节)。

一、排气成份测定的试验规范

在制订的内燃机排放有关法规中，排气成分测定的试验规范，基本上有 3 种：怠速法、工况法、烟度法。

1. 怠速法

它是对汽油机在怠速运转时排气中的 CO 及 HC 容积浓度进行监测的方法。

试验时，汽车离合器处于接合位置，油门踏板与手油门位于松开位置，变速器位于空挡，发动机阻风门全开，待发动机达到规定热状态，将汽油机转速调整到规定的怠速转速和点火正时。

进行测量时，发动机由怠速提升到中等转速，维持5 s以上，再降至怠速状态，然后将取样探头放置在连接排气管和取样器的管路中(尽可能地接近排气管)，读数取最大值。

怠速法简单易行，可以采用便携式气体分析仪，在任何场合对内燃机的怠速排放进行监测。

2. 工况法

它是对汽车在行驶条件下排气中的有害成份进行监测的方法。由于汽车在道路上行驶时条件差异很大，测量较困难。因此，制订了模拟汽车运行工况的模拟规范，在底盘测功器（转鼓试验台）上运转，测定内燃机排气中各种有害成份的浓度和数量。这种方法比较复杂，一般是在“型式认证试验”（定型车鉴定）、科研及生产一致性试验（按 2%生产车抽检）时采用。

试验工况的规范要求，有简有繁，各国采用的情况不同。我国的试验规范如下：

（1）GB14761—1999《汽车排放污染物限值及测试方法》的试验规范。该试验规范是模拟城市（市区和郊区）道路上汽车运行工况，在规范中采用试验运转循环是由 1 部（市区运转循环）和 2 部（市郊运转循环）组成。见图 13—11 所示。

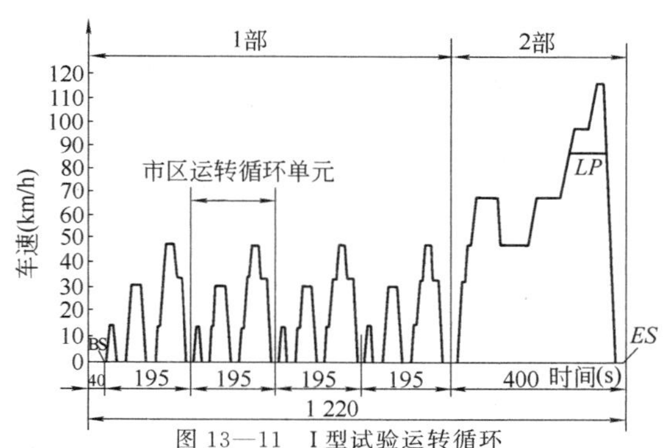

图 13—11　I 型试验运转循环

BS—取样开始；*ES*—取样结束；*LP*—低功率车辆（试验采用）。

I 型试验—是车辆冷起动后排气污染物排放试验。

图中 1 部——市区运转循环是由 4 个“市区运转循环单元”组成，即连续运行 4 个“循环单元”。“市区运转循环单元”是 15 工况运行循环，见图 13—12 所示。2 部——市郊运转循环，见图 13—13 所示，对于低功率车辆，在高车速时按 *LP* 工况试验。

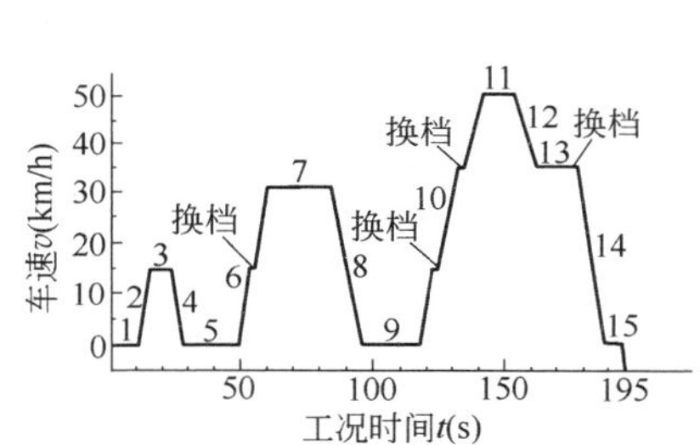

图 13—12　市区运转循环单元

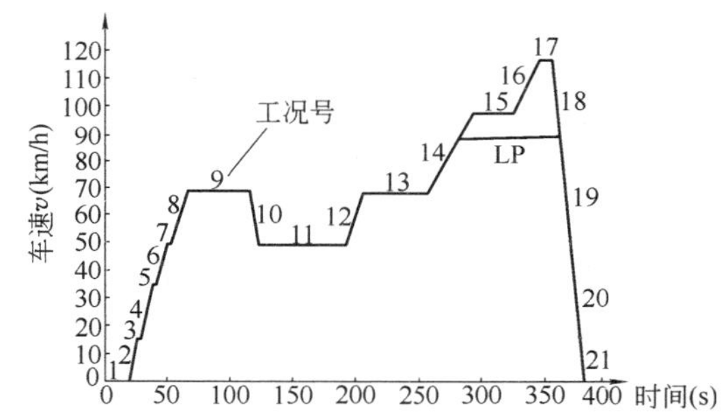

图 13—13　市郊运转循环（2 部）

在进行Ⅰ型试验运转循环试验时，被试验车辆在室温（20～30 ℃）下停放 6 h以上，在冷起动后，先保持怠速运转 40 s，然后按图 13—11 所示的运转循环运行，并进行取样检测。

（2）GB17691－1999《压燃式发动机和装用压燃式发动机的车辆排气污染物限值及测试方法》中的试验规范。此规范试验采用的是 13 工况循环，见表 13—2 所示。

表 13—2*　试验运行 13 工况循环

工况号	发动机转速	负荷百分比
1	怠速	—
2	中间转速	10
3	中间转速	25
4	中间转速	50
5	中间转速	75
6	中间转速	100
7	怠速	—
8	标定转速	100
9	标定转速	75
10	标定转速	50
11	标定转速	25
12	标定转速	10
13	怠速	—

* 试验中，用 NDIR 仪分析 CO；用 HFID 仪分析 HC；用 CLD 仪分析 NO_x；微粒质量测定；用微粒取样滤纸取样，微克天平称重。

3．烟度法

由于柴油机排出的碳烟微粒要比汽油机高出 30～80 倍。所以，要对柴油机的排烟浓度进行监测。烟度法分为稳态和非稳态两种。

(1)稳态烟度测量。稳态烟度通常是在全负荷稳定运转时测量。GB3847—1999《压燃式发动机和装用压燃式发动机的车辆排气可见污染物限值及测试方法》中,规定了"全负荷稳定转速试验"规程,在全负荷曲线上不同稳定转速下测定排气中可见污染物排放的方法。进行测定试验时,在全负荷曲线上,由最低转速到额定转速之间,适当分布地选取6~7个不同稳定转速,在不同转速稳定运行下,由不透光度仪进行全负荷烟度测量。在此不同稳定转速中,必须包括最大扭矩转速和最大功率转速。

稳态烟度测量适合于在台架上进行,较难在车辆上测定。对于一些高强化和增压柴油机,由于在突然加速过程中排烟浓度很高,稳态烟度测量,不能反映出柴油机的全部冒烟特性。因此,发展了非稳态烟度测量。

(2)非稳态烟度测量。非稳态烟度测量在GB3847—1999中采用"自由加速试验法"。自由加速试验法是:对柴油机从怠速状态突然加速至最高转速状态下,进行排气烟度测定的一种方法。在GB3847—1999中规定:自由加速试验法,在进行测量试验时,车辆处于空档变速器位置,柴油机在怠速状态下,迅速踏下油门(但不是猛烈踏下),使发动机达到规定的最高转速,在达到最高转速后,又立即松开油门踏板,使柴油机恢复到怠速。在试验中,用不透光度仪测量读数。这样,先重复进行6次以上,为了吹净排气系统,然后,对仪器系统作必要的调整。在进行正式测试中,仪器读数要达到稳定的最大值。测量的读数,连续4次没有下降趋势,就认定为读数值是稳定。将这4次读数取算术平均值,即为测量的结果。

二、排气成分的分析方法

现代内燃机排气成分的分析方法,要求有较高的灵敏度和良好的选择性,测量范围适中,能进行高、低浓度的精确分析,仪表线性度好、反应快,读数稳定可靠、不受干扰等。

目前,许多国家采用不分光红外分析仪(NDIR)作为测定CO的标准方法,采用氢火焰离子检测器(FID)作为测定HC总量的标准方法,采用化学发光测试仪(CLD)作为测定NO_x的标准方法。

不分光红外分析仪(NDIR),不仅可用来测定CO,还可用来测定CO_2和HC的浓度,也能分析NO,但其测量精度不及测定CO的精度。有些单位对内燃机排气成分检测,采用手提式自动五气分析仪,是应用"不分光红外分析"原理,可测定CO、CO_2、HC、NO_x、O_2。

三、排气烟度的测定

测定排气烟度的方法有:(1)滤纸式烟度计,(2)不透光度烟度计,(3)质量式烟度计。

1. 滤纸式烟度计

它是用一定容积的抽气泵(采样泵)将排气抽入泵内,在抽气过程中,排气通过一张圆片白滤纸,碳黑物质将滤纸染黑,滤纸染黑的程度与气样中碳粒浓度有关,用检测仪(反射光检测器)测量滤纸染黑程度,表示排气烟度的大小,单位为FSN(Filter Smoke Number)范围:0~10,全白色滤纸色度为0,全黑色滤纸色度为10。

在以前采用的GB14763.6—93"柴油车自由加速烟度排放标准"及GB14763.7—93"汽车柴油机全负荷烟度排放标准",就是采用滤纸式烟度计来检测。其烟度排放限值分别为:3.5FSN和4.0FSN。

2. 不透光度烟度计

它是在一定距离的通道两侧,安装有光源和光源接收装置。当排气进入通道时,接收装置接收的光强度将削弱,光强度的大小,反映了排气烟度的大小。烟度的测定值由 0～100,0 表示无烟,100 表示全黑。

现在,我国采用 GB3847—1999《压燃式发动机和装用压燃式发动机的车辆排气可见污染物限值及测试方法》,就是规定采用不透光度烟度计,测定不透光度,即光吸收系数(m^{-1})。

这种烟度计反应灵敏,可以测定稳态或瞬态烟度(非稳态)排放。

3. 质量式烟度计

现在的烟度排放法规中有微粒(PM)排放质量值(g/km)。GB14761—1999《汽车排放污染物限值及测试方法》中,对微粒质量的测定,就是采用质量式烟度计。质量式烟度计的组成见图 13—14 所示。测定时,通过真空气泵的作用,使全部排气都通过过滤式收集器,测出收集器质量增大值,同时,用流量计测出排气的容积流量,然后算出单位容积排气中所含碳烟微粒的质量。

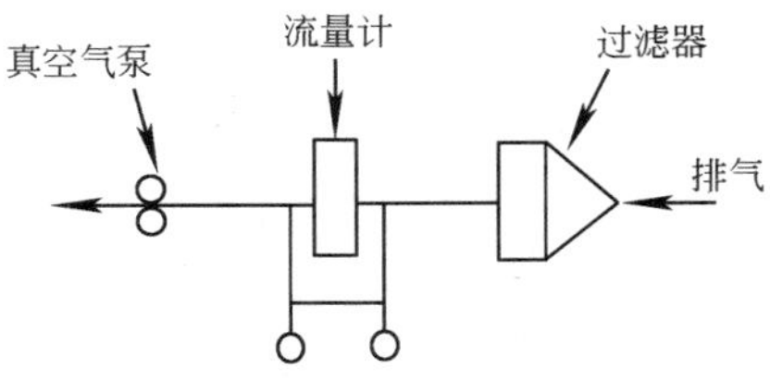

图 13—14　质量式烟度计

第四节　内燃机噪声的测量

一、内燃机噪声测量的项目

内燃机噪声测量的主要项目是测量噪声级和噪声频谱。

1. 测量噪声级

用声级计来测量噪声级,ND_2 型精密声级计是噪声测量中使用广泛和操作简便的仪器,见图 13—15 所示。它的工作原理是:将被测的声波通过传声器转换为电压信号,根据信号大小,选择衰减或放大,放大后的信号,送入计权网络作处理,最后,经过检波,并在以 dB 标度的表头上指示出噪声数值。

声级计单独使用可进行噪声级的测量,它和相应的仪器配套,可进行频谱分析。

2. 噪声频谱的测绘

噪声不是单一频率的纯音,而是由很多频率和强度不同的成分杂乱地组合而成的。应用频谱分析仪可测出噪声各频率范围在每个频带内声压级(称频带声压级)。以所选用的倍频程中心频率为横坐标,以频带声压级(或声功率级)为纵坐标,即绘出所测噪声的频谱图。图 13—16 是一台内燃机用 1/3 倍频程所测得的噪声频谱。从图中可了解噪声成分和各频率噪声的强弱,进而分析噪声的性质和产生的原因。

二、内燃机噪声的测量方法

内燃机噪声测量,通常是在消声室内进行,见图 13—17 所示。

若无消声室时,也可在平坦地面的室外开阔场地,或符合规定条件的普通内燃机台架试验室内进行噪声测量,将测量的结果进行环境修正。

测量整机噪声时,内燃机装有规定附件,对多缸机,则用管道把排气引到室外,即不包括排气噪声在内。

对内燃机测量,一般以内燃机在标定功率和标定转速时的噪声为主,在内燃机的工况稳定后，开始进行测量。主要用声级计按要求测量每个测点位置上的 *A* 声级、1/1 倍频带或 1/3 倍频带声压级，并从各测点所得平均声压级计算 *A* 声功率级和频带声功率级。

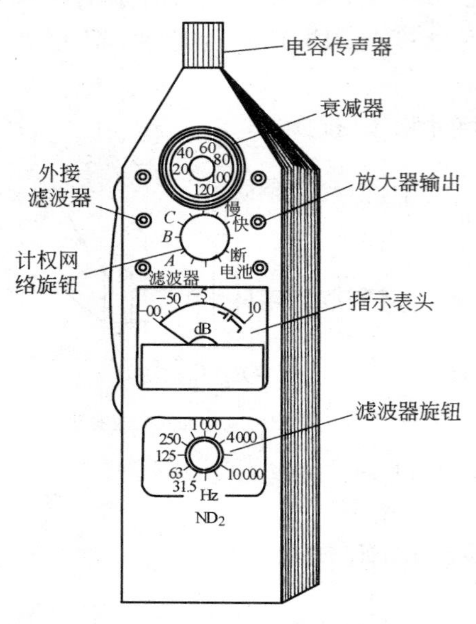

图 13—15　ND_2 型精密声级计外形图

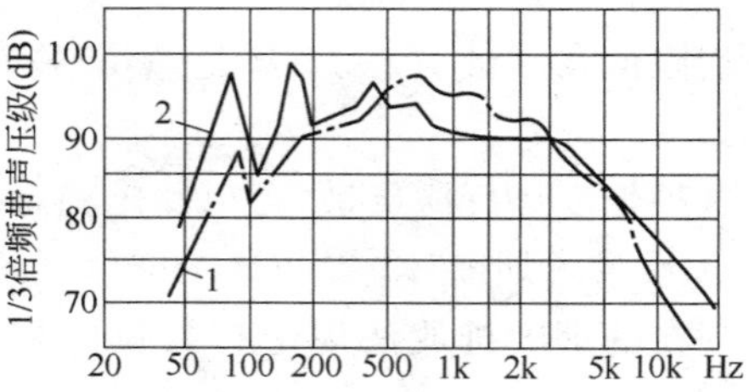

图 13—16　411*R*4 缸内燃机的噪声频谱
1—$N_e=1.9$ kW，$n=2\ 600$ r/min；
2—$N_e=29$ kW，$n=2\ 300$ r/min。

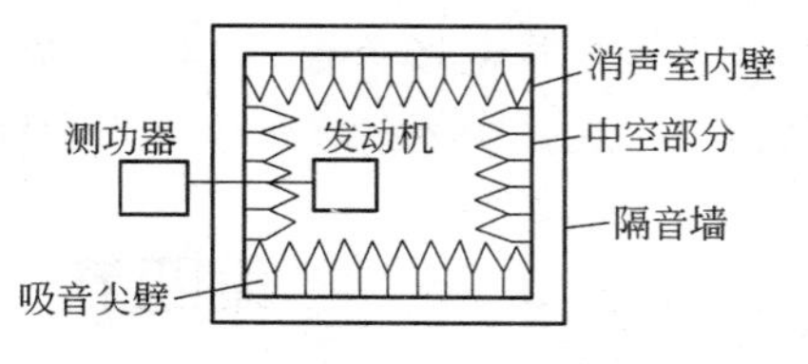

图 13—17　消声室示意图

三、测点布置

将内燃机的形体简化为矩形体，作为基准体。测量点数量和位置根据内燃机外形尺寸和噪声辐射的空间均匀性来定。测量点布置在内燃机的四周和顶部。

测量点与基准体间的距离为 *d*，一般选用1 m，测量点均匀布置在测量表面上，这样能比较正确地反映整机的噪声情况。当背景噪声较高，房间混响较大时，可适当减小测距 *d*，但不要小于0.5 m。

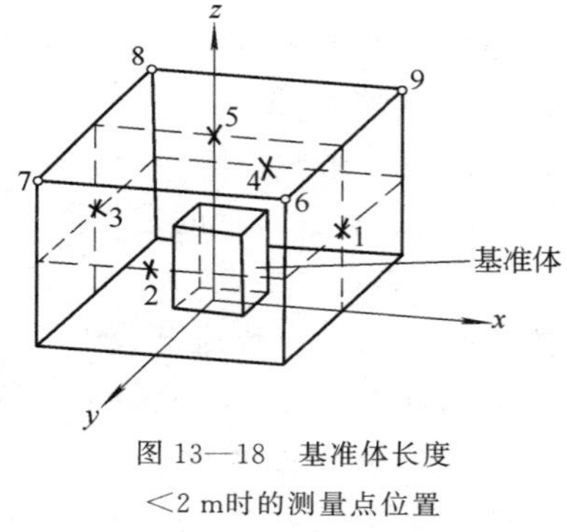

图 13—18　基准体长度<2 m时的测量点位置

当基准体长度<2 m时，按工程法要求，布置 9 个测点(1～9 编号)；按简易法要求，布置 5 个测点(1～5 编号)，如图 13—18 所示。

第五节　内燃机试验系统自动化

内燃机试验中要进行多种参数测试，这些参数中，有的可直接测量，如温度、转速、压力等；而有的是通过间接测得的，如功率、燃料消耗率、机械效率等，是由几个直接测量的参数，测得数值再经计算得到。

直接测量的参数，目前，大多数应用传感器来测定，由传感器将被测的非电量变换成电压、频率等电信号，输入信息处理系统，显示测定数值。对于间接测量的参数，可由有关的直接测量的参数测定数值，在信息处理系统中计算处理而得数值。

现用的内燃机台架试验装置，已发展成为了采用微型信息处理机的测量系统。如图13—19所示，就是利用各种传感器，并应用计算机进行信息处理的自动测量系统。这种测量系统可以进行测量，并由计算机显示、存储测量数值，及打印、输出各种测量数值。

在计算机中配置内燃机试验研究需要的各种计算机软件，则此测量系统，还可根据计算机预先给定试验程序，通过控制系统，以控制和同步采集各种参数的测量数据，形成由计算机自动控制的试验系统，即实现内燃机试验系统自动化。

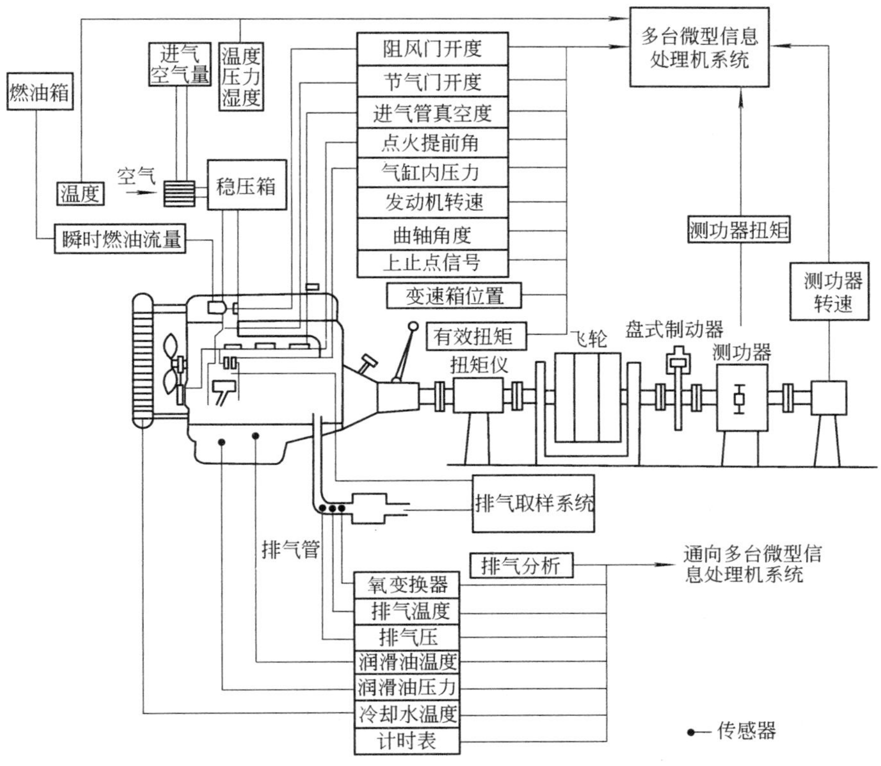

图 13—19　应用微型信息处理机的内燃机测量系统实例

参考文献

1 周龙保,刘巽俊,高宗英．内燃机学．北京:机械工业出版社,1999

2 许维达,杨寿藏,骆周全．柴油机动力装置匹配．北京:机械工业出版社,2000

3 蒋德明．内燃机原理(修订本)．北京:机械工业出版社,1988

4 孙业保．车用内燃机．北京:北京理工大学出版社,1997

5 魏春源,刘福水,薛剑青．车用内燃机构造．北京:国防工业出版社,1997

6 机械工程手册电机工程手册编辑委员会．机械工程手册(第二版)第 11、15、16 卷．北京:机械工业出版社,1997

7 秦有方,陈士尧,王文波．车辆内燃机原理．北京:北京理工大学出版社,1997

8 董敬,庄志,常思勤．汽车拖拉机发动机(第 3 版)．北京:机械工业出版社,1996

9 陈家瑞．汽车构造(第 3 版)．北京:人民交通出版社,1995

10 蒋耘农．汽车构造．上海:上海科学技术出版社,1997

11 谭正三．内燃机构造(第 2 版)．北京:机械工业出版社,1997

12 邹长庚,赵琳．现代汽车电子控制系统构造原理与故障诊断．北京:北京理工大学出版社,1999

13 皇甫鉴,范明强．现代汽车电子技术与装置．北京:北京理工大学出版社,1999

14 孙平,付文范．国产汽车燃油喷射系统 365 问．北京:中国林业出版社,2000

15 古永棋,赵明．汽车电器及电子设备．重庆:重庆大学出版社,1995

16 尚宇辉等．车用柴油机电控燃油喷射系统的研究现状和发展趋势．柴油机,1999(4):17～23

17 魏春源,何长贵．风冷柴油机．北京:机械工业出版社,1998

18 钱耀义．现代汽车发动机燃料供给装置．北京:人民交通出版社,1996

19 胡逸民,李飞鹏．内燃机废气净化．北京:中国铁道出版社,1994

20 程至远,解建光．内燃机排放与净化．北京:北京理工大学出版社,2000

21 李兴虎．汽车排气污染与控制．北京:机械工业出版社,1999

22 李勤．现代内燃机排气污染物的测量与控制．北京:机械工业出版社,1998

23 杨建华,龚金科,吴义虎．内燃机性能提高技术．北京:人民交通出版社,2000

24 何学良,李疏松．内燃机燃烧学．北京:机械工业出版社,1990

25 李飞鹏,甘振明．工程机械内燃机使用手册．北京:中国铁道出版社,1997

26 徐兀．汽车发动机现代设计．北京:人民交通出版社,1995

27 杨连生．内燃机设计．北京:中国农业机械出版社,1981

28 沈权．内燃机增压技术．北京:中国铁道出版社,1990